Cahier d'entraînement en physique-chimie

Classes prépas MP/MP*-MPI/MPI*

Auto-entraînement

Conçu par un collectif de 44 professeurs en classes préparatoires
Sous la direction de Colas Bardavid et Catherine Lavainne

Cahier d'entraînement en physique-chimie

Classes prépas MP/MP*-MPI/MPI*

Auto-entraînement

J'intègre

DUNOD

Couverture : création Hokus Pokus, adaptation Studio Dunod

Retrouvez nos ouvrages pour les prépas scientifiques ici

http://dunod.link/prepassc

NOUS NOUS ENGAGEONS EN FAVEUR DE L'ENVIRONNEMENT :

PAPIER CERTIFIÉ

Nos livres sont imprimés sur des papiers certifiés pour réduire notre impact sur l'environnement.

Le format de nos ouvrages est pensé afin d'optimiser l'utilisation du papier.

Depuis plus de 30 ans, nous imprimons 70 % de nos livres en France et 25 % en Europe et nous mettons tout en œuvre pour augmenter cet engagement auprès des imprimeurs français.

Nous limitons l'utilisation du plastique sur nos ouvrages (film sur les couvertures et les livres).

11 rue Paul Bert, 92240 Malakoff
www.dunod.com
ISBN 978-2-10-088087-4

Sommaire

Électronique

Physique moderne

Thermochimie (MP)

Électrochimie (MP)

Réponses et corrigés

Mode d'emploi

Qu'est-ce que le cahier d'entraînement ?

Le *cahier d'entraînement en physique-chimie* est un outil destiné à renforcer l'acquisition de **réflexes utiles en physique et en chimie**.

Il ne se substitue en aucun cas aux TD donnés par votre professeur ; travailler avec ce cahier d'entraînement vous permettra en revanche d'aborder avec plus d'aisance les exercices de physique-chimie.

Pour donner une analogie, on pourrait dire que ce cahier d'entraînement est comparable aux **exercices de musculation** d'un athlète : ils sont nécessaires pour mieux réussir le jour J lors de la compétition, mais ils ne sont pas suffisants. Un coureur de sprint fait de la musculation, mais il fait également tout un tas d'autres exercices.

Pour vous aider à mieux vous entraîner, nous avons ajouté quelques exercices sur des thèmes qui ne figurent pas au programme, en prenant soin de rappeler, dans ce cas, les équations en jeu. Il faut voir ces exercices comme des occasions supplémentaires pour s'entraîner à manipuler des mathématiques au service de la physique et de la chimie.

Ce cahier a été conçu par une large équipe de professeurs en classes préparatoires, tous soucieux de vous apporter l'aide et les outils pour réussir.

Comment est-il organisé ?

Le cahier est organisé en *fiches d'entraînement*, chacune correspondant à un thème issu de votre programme de deuxième année.

Chaque fiche est composée d'une suite de petits exercices, appelés *entraînements*, dont le temps de résolution estimé est indiqué par une (○○○●), deux (○○●●), trois (○●●●) ou quatre (●●●●) horloges.

Les pictogrammes

Certains entraînements sont accompagnés d'un pictogramme.

Ces entraînements sont **basiques et transversaux**.

Les compétences qu'ils mettent en jeu ne sont pas forcément spécifiques au thème de la fiche et peuvent être transversales.

Ce pictogramme a été choisi parce que le bulldozer permet de construire les fondations et que c'est sur des fondations solides que l'on bâtit les plus beaux édifices. Ces entraînements sont donc le gage pour vous d'acquérir un socle solide de savoir-faire.

Ces entraînements vous entraînent au **calcul à la main**.

Dans ces entraînements, les calculs doivent être faits **sans calculatrice**.

Comment utiliser ce cahier ?

Le cahier d'entraînement ne doit pas remplacer vos TD. Il s'agit d'un outil à utiliser en complément de votre travail « normal » en physique-chimie (apprentissage du cours, recherche de TD, recherche des DM).

Un travail personnalisé.

Le cahier d'entraînement est prévu pour être **utilisé en autonomie**.

Choisissez vos entraînements en fonction des difficultés que vous rencontrez, des chapitres que vous étudiez, ou bien en fonction des conseils de votre professeur.

Ne cherchez pas à faire linéairement ce cahier : les fiches ne sont pas à faire dans l'ordre mais en fonction des points que vous souhaitez travailler.

Un travail régulier.

Pratiquez l'entraînement à un rythme régulier : **une dizaine de minutes par jour** par exemple. Privilégiez un travail régulier sur le long terme plutôt qu'un objectif du type « faire dix fiches par jour pendant les vacances ».

Un travail efficace.

Utilisez les réponses et les corrigés de façon appropriée : il est important de chercher suffisamment par vous-même avant d'aller les regarder. Il faut vraiment **persévérer** dans votre raisonnement et vos calculs avant d'aller voir le corrigé si vous voulez que ces entraînements soient efficaces.

Une erreur ? Une remarque ?

Si jamais vous voyez une erreur d'énoncé ou de corrigé, ou bien si vous avez une remarque à faire, n'hésitez pas à écrire à l'adresse `cahier.entrainement@gmail.com`.

Si vous pensez avoir décelé une erreur, merci de donner aussi l'identifiant de la fiche, écrit en gris en haut à gauche de chaque fiche.

Énoncés

Opérateurs vectoriels

Prérequis
Notation avec et sans le symbole nabla $\vec{\nabla}$ des opérateurs :
- gradient : $\overrightarrow{\text{grad}}(f) = \vec{\nabla} f$
- divergence : $\text{div}(\vec{A}) = \vec{\nabla} \cdot \vec{A}$
- rotationnel : $\overrightarrow{\text{rot}}(f) = \vec{\nabla} \wedge \vec{A}$

Expressions de ces opérateurs vectoriels en coordonnées cartésiennes.

Dans toute cette fiche, les grandeurs a, b et c sont des constantes ayant la dimension d'une longueur.

Sur l'opérateur gradient

Entraînement 1.1 — Quelle écriture pour le gradient ?

Le gradient est un opérateur vectoriel qui s'applique à des fonctions scalaires. Pour un système de coordonnées cartésiennes (x, y, z) décrivant l'espace, la définition du gradient d'une fonction $f(x, y, z)$ est :

$$\overrightarrow{\text{grad}}(f) = \vec{\nabla}(f) = \begin{pmatrix} \dfrac{\partial f}{\partial x} \\ \dfrac{\partial f}{\partial y} \\ \dfrac{\partial f}{\partial z} \end{pmatrix} = \frac{\partial f}{\partial x}\overrightarrow{e_x} + \frac{\partial f}{\partial y}\overrightarrow{e_y} + \frac{\partial f}{\partial z}\overrightarrow{e_z}.$$

On considère la fonction $V(x, y, z) = xyz$. Quelle est la bonne expression du gradient de V ?

(a) $\nabla(V) = zy\,\overrightarrow{e_x} + zx\,\overrightarrow{e_y} + yx\,\overrightarrow{e_z}$

(b) $\text{grad}\Big(\vec{V}\Big) = \begin{pmatrix} yz \\ xz \\ yz \end{pmatrix}$

(c) $\overrightarrow{\text{grad}}(V) = zy\,\overrightarrow{e_y} + zx\,\overrightarrow{e_x} + yx\,\overrightarrow{e_z}$

(d) $\vec{\nabla}(V) = \begin{pmatrix} yz \\ xz \\ xy \end{pmatrix}$

....

Entraînement 1.2 — Calcul de gradients en coordonnées cartésiennes.

On munit l'espace d'un repère cartésien dont le système de coordonnées est noté (x, y, z).

On rappelle l'expression de l'opérateur gradient dans ce système de coordonnées :

$$\overrightarrow{\text{grad}}(f(x, y, z)) = \frac{\partial f}{\partial x}\overrightarrow{e_x} + \frac{\partial f}{\partial y}\overrightarrow{e_y} + \frac{\partial f}{\partial z}\overrightarrow{e_z}.$$

Développer les expressions suivantes :

a) $\overrightarrow{\text{grad}}\Big(xy + yz + zx + \dfrac{xyz}{a}\Big)$ ....

b) $\overrightarrow{\text{grad}}\big(3x^2 + 2a(y - z) + b^2\big)$ ....

c) $\overrightarrow{\text{grad}}(x^2y + y^2z + z^2x + a^3)$ ....

d) $\overrightarrow{\text{grad}}\Big(2xy + 8a^2\mathrm{e}^{z/(2b)} - 6c^2\Big)$ ......

e) $\overrightarrow{\text{grad}}\left(8x^2y + \dfrac{6a^4}{y} - 5b^2z\right)$ ....

Entraînement 1.3 — Calcul de gradients en coordonnées cylindriques.

On munit l'espace d'un repère cylindrique dont le système de coordonnées est noté (r, θ, z).

On donne l'expression de l'opérateur gradient dans ce système de coordonnées :

$$\overrightarrow{\text{grad}}(f(r,\theta,z)) = \frac{\partial f}{\partial r}\overrightarrow{e_r} + \frac{1}{r}\frac{\partial f}{\partial \theta}\overrightarrow{e_\theta} + \frac{\partial f}{\partial z}\overrightarrow{e_z}.$$

Développer les expressions suivantes :

a) $\overrightarrow{\text{grad}}\left(3z - \dfrac{r^2}{a} - 2r\theta\right)$ ....

b) $\overrightarrow{\text{grad}}\left(\dfrac{a^2}{r^2}\mathrm{e}^{5\theta}\right)$ ....

c) $\overrightarrow{\text{grad}}\left(\sqrt{r^2 - a^2}\right)$ ....

d) $\overrightarrow{\text{grad}}\left(7\theta\left(\dfrac{r}{a}\right)^4 + \ln(z/b)\right)$ ....

e) $\overrightarrow{\text{grad}}\left(\dfrac{z}{r}\sin(\theta)\right)$ ....

Entraînement 1.4 — La bonne formule.

On introduit deux systèmes de coordonnées pour décrire un plan : des coordonnées cartésiennes (x_1, x_2) et des coordonnées polaires (ρ, α).

Parmi les formules suivantes de gradient à deux dimensions d'une fonction scalaire g du plan, identifier la seule écriture valable :

(a) $\overrightarrow{\text{grad}}(g(x_1,x_2)) = \dfrac{\partial g}{\partial x_1}\overrightarrow{e_{x_1}} + \dfrac{\partial g}{\partial x_2}\overrightarrow{e_{x_2}}$

(b) $\vec{\nabla} g(x_1,x_2) = \dfrac{\partial g}{\partial x_2}\overrightarrow{e_{x_1}} + \dfrac{\partial g}{\partial x_1}\overrightarrow{e_{x_1}}$

(c) $\overrightarrow{\text{grad}}(g(r,\alpha)) = \dfrac{\partial g}{\partial \rho}\overrightarrow{e_\rho} + \dfrac{1}{r}\dfrac{\partial g}{\partial \rho}\overrightarrow{e_\alpha}$

(d) $\vec{\nabla} \cdot g(r,\rho) = \dfrac{\partial g}{\partial \rho}\overrightarrow{e_\rho} + \dfrac{1}{\rho}\dfrac{\partial g}{\partial \alpha}\overrightarrow{e_\alpha}$

....

Entraînement 1.5 — Valeurs et projections d'un gradient.

On munit l'espace d'un repère cartésien dont le système de coordonnées est noté (x, y, z).

On donne l'expression de l'opérateur gradient dans ce système de coordonnées :

$$\vec{\nabla}(f(x,y,z)) = \frac{\partial f}{\partial x}\vec{e_x} + \frac{\partial f}{\partial y}\vec{e_y} + \frac{\partial f}{\partial z}\vec{e_z}.$$

On considère la fonction $g(x,y,z) = (x-2)^2 + (y+1)^2 + z^2 - 1$, on note $\mathrm{M}(x,y,z)$ un point quelconque de l'espace et A le point de coordonnées $(-1, 1, 2)$.

a) Calculer $g(\mathrm{A})$ ....

b) La quantité $2z$ correspond à :

(a) $\overrightarrow{\mathrm{grad}}(g) \cdot \vec{e_x}$ (b) $\overrightarrow{\mathrm{grad}}(g) \cdot \vec{e_y}$ (c) $\overrightarrow{\mathrm{grad}}(g) \cdot \vec{e_z}$

....

c) La quantité $2y + 2$ correspond à :

(a) $\overrightarrow{\mathrm{grad}}(g) \cdot \vec{e_x}$ (b) $\overrightarrow{\mathrm{grad}}(g) \cdot \vec{e_y}$ (c) $\overrightarrow{\mathrm{grad}}(g) \cdot \vec{e_z}$

....

d) La quantité $2x - 4$ correspond à :

(a) $\overrightarrow{\mathrm{grad}}(g) \cdot \vec{e_x}$ (b) $\overrightarrow{\mathrm{grad}}(g) \cdot \vec{e_y}$ (c) $\overrightarrow{\mathrm{grad}}(g) \cdot \vec{e_z}$

....

e) La quantité $\vec{\nabla}g(M)$ correspond au vecteur :

(a) $\begin{pmatrix} 2(x-2) \\ 2(y-1) \\ 2z \end{pmatrix}$ (b) $\begin{pmatrix} 2(y-1) \\ 2(x+2) \\ 2z \end{pmatrix}$ (c) $\begin{pmatrix} 2(x-2) \\ 2(y+1) \\ 2z \end{pmatrix}$

....

f) Calculer $\left\|\vec{\nabla}g(\mathrm{A})\right\|$ ....

Entraînement 1.6 — Enquête sur une fonction.

On considère une fonction $f(x,y,z)$ inconnue telle que $\overrightarrow{\mathrm{grad}}(f) = 2xy\vec{e_x} + x^2\vec{e_y} + a^2\vec{e_z}$.

a) Quelle est l'unique relation valable ?

(a) $\dfrac{\partial f(x,y,z)}{\partial x} = 2xy$ (b) $\dfrac{\partial f(x,y,z)}{\partial z} = x^2$ (c) $\dfrac{\partial f(x,y,z)}{\partial x} = y$

....

b) Quelle primitive est solution de la réponse précédente ?

(a) $f(x,y,z) = xy^2 + g(x,y)$ (b) $f(x,y,z) = x^2y + g(y,z)$ (c) $f(x,y,z) = x^2y + yx^2$

....

c) Que vérifie la dérivée partielle par rapport à y de la réponse précédente ?

(a) $\dfrac{\partial g}{\partial y} = 0$ (b) $\dfrac{\partial g}{\partial y} = x^2$ (c) $\dfrac{\partial g}{\partial y} = 1$

....

d) En s'appuyant sur les réponses précédentes, quelle est la bonne expression de g ?

(a) $g = a^2y + \text{cste}$ (b) $g = a^2z + \text{cste}$ (c) $g = a^2 + \text{cste}$

e) Quelle est l'expression de la fonction $f(x, y, z)$ telle que $f(0, 0, 0) = 0$?

(a) $f = x^2y + a^2z$ (b) $f = y^2z + a^2x$ (c) $f = x^2z + a^2y$

Sur l'opérateur divergence

Entraînement 1.7 — Calcul de divergences en coordonnées cartésiennes.

On munit l'espace d'un repère cartésien dont le système de coordonnées est noté (x, y, z).

On donne l'expression de l'opérateur divergence dans ce système de coordonnées :

$$\text{div}(\vec{A}) = \frac{\partial A_x}{\partial x} + \frac{\partial A_y}{\partial y} + \frac{\partial A_z}{\partial z}.$$

Développer les expressions suivantes :

a) $\text{div}\big(3x^2\vec{e_x} + 2ay\vec{e_y} - 2bz\vec{e_z}\big)$

b) $\text{div}\big(2xy\vec{e_y} + 8a^2\text{e}^{\frac{z}{2b}}\vec{e_z} - 6b^2\vec{e_x}\big)$

c) $\text{div}\left(8x^2y\vec{e_x} + \frac{6x^4}{y}\vec{e_y}\right)$

d) $\text{div}(x\vec{e_z} + z\vec{e_x})$

e) $\text{div}\big(x^2y\vec{e_x} - yx^2(\vec{e_y} - \vec{e_z})\big)$

Entraînement 1.8 — Calcul de divergences en coordonnées cylindriques.

On munit l'espace d'un repère cylindrique dont le système de coordonnées est noté (r, θ, z).

On donne l'expression de l'opérateur divergence dans ce système de coordonnées :

$$\text{div}(\vec{A}) = \frac{1}{r}\frac{\partial(rA_r)}{\partial r} + \frac{1}{r}\frac{\partial A_\theta}{\partial \theta} + \frac{\partial A_z}{\partial z}.$$

Développer les expressions suivantes :

a) $\text{div}\left(-\frac{r^2}{a}\vec{e_r} - 2r\theta\vec{e}_\theta + 3z\vec{e}_z\right)$

b) $\text{div}(r\vec{e}_\theta)$

Entraînement 1.9 — Bataille de divergences.

Quel est le champ dont la divergence au point A(−1, −1, 1) est maximale ?

Ⓐ $x^2\overrightarrow{e_x} + y^2\overrightarrow{e_y} + z^2\overrightarrow{e_z}$ Ⓒ $z^2\overrightarrow{e_x} + x^2\overrightarrow{e_y} + y^2\overrightarrow{e_z}$

Ⓑ $y^2\overrightarrow{e_x} + x^2\overrightarrow{e_y} + z^2\overrightarrow{e_z}$ Ⓓ $y^2\overrightarrow{e_x} + x^2\overrightarrow{e_z} + z^2\overrightarrow{e_y}$

Entraînement 1.10 — Choix du système de coordonnées.

On munit l'espace d'un système de coordonnées cartésiennes (x, y, z) et d'un système de coordonnées sphériques (r, θ, φ). On s'intéresse au champ vectoriel $\overrightarrow{\mathrm{OM}} = x\overrightarrow{e_x} + y\overrightarrow{e_y} + z\overrightarrow{e_z} = r\overrightarrow{e_r}$ et on donne l'expression de l'opérateur divergence en coordonnées sphériques :

$$\mathrm{div}(\overrightarrow{A}) = \frac{1}{r^2}\frac{\partial r^2 A_r}{\partial r} + \frac{1}{r\sin(\theta)}\frac{\partial(\sin(\theta)A_\theta)}{\partial\theta} + \frac{1}{r\sin(\theta)}\frac{\partial A_\varphi}{\partial\varphi}.$$

Développer les expressions suivantes :

a) $\mathrm{div}(x\overrightarrow{e_x} + y\overrightarrow{e_y} + z\overrightarrow{e_z})$

b) $\mathrm{div}(r\overrightarrow{e_r})$

On munit l'espace de dimension 2 d'un système de coordonnées cylindro-polaires (r, θ).

On s'intéresse au champ vectoriel $\overrightarrow{\mathrm{OM}} = x\overrightarrow{e_x} + y\overrightarrow{e_y} = r\overrightarrow{e_r}$.

c) La divergence de ce champ (définie dans l'entraînement **1.8**), en tout point, vaut :

Ⓐ 1 Ⓑ 2 Ⓒ 3 Ⓓ 4

Sur l'opérateur rotationnel

Entraînement 1.11 — Calcul de rotationnels en coordonnées cartésiennes.

On munit l'espace d'un repère cartésien dont le système de coordonnées est noté (x, y, z).

On donne l'expression de l'opérateur rotationnel dans ce système de coordonnées :

$$\overrightarrow{\mathrm{rot}}(\overrightarrow{A}) = \left(\frac{\partial A_z}{\partial y} - \frac{\partial A_y}{\partial z}\right)\overrightarrow{e_x} + \left(\frac{\partial A_x}{\partial z} - \frac{\partial A_z}{\partial x}\right)\overrightarrow{e_y} + \left(\frac{\partial A_y}{\partial x} - \frac{\partial A_x}{\partial y}\right)\overrightarrow{e_z}.$$

Développer les expressions suivantes :

a) $\overrightarrow{\mathrm{rot}}(3x^2\overrightarrow{e_x} + 2by\overrightarrow{e_y} - 2cz\overrightarrow{e_z})$

b) $\overrightarrow{\mathrm{rot}}(2xy\overrightarrow{e_x} + 8c^2\mathrm{e}^{\frac{z}{2c}}\overrightarrow{e_y} - 6c^2\overrightarrow{e_z})$

c) $\overrightarrow{\mathrm{rot}}\left(8x^2y\overrightarrow{e_x} + \frac{6x^4}{y}\overrightarrow{e_y}\right)$

d) $\overrightarrow{\mathrm{rot}}(-x\overrightarrow{e_z} + z\overrightarrow{e_x})$

e) $\overrightarrow{\mathrm{rot}}(x^2y\overrightarrow{e_x} - yx^2(\overrightarrow{e_y} - \overrightarrow{e_z}))$

Entraînement 1.12 — Calcul de rotationnels en coordonnées cylindriques.

On munit l'espace d'un repère cylindrique dont le système de coordonnées est noté (r, θ, z).

On donne l'expression de l'opérateur divergence dans ce système de coordonnées :

$$\overrightarrow{\mathrm{rot}}(\vec{A}) = \left(\frac{1}{r}\frac{\partial A_z}{\partial \theta} - \frac{\partial A_\theta}{\partial z}\right)\vec{e_r} + \left(\frac{\partial A_r}{\partial z} - \frac{\partial A_z}{\partial r}\right)\vec{e_\theta} + \left(\frac{1}{r}\frac{\partial r A_\theta}{\partial r} - \frac{\partial A_r}{\partial \theta}\right)\vec{e_z}.$$

Développer les expressions suivantes :

a) $\overrightarrow{\mathrm{rot}}\left(-\frac{r^2}{a}\vec{e_r} - 2r\theta\vec{e_\theta} + 3z\vec{e_z}\right)$ ....

b) $\overrightarrow{\mathrm{rot}}(r\vec{e_\theta})$ ....

Sur la représentation graphique

Entraînement 1.13 — Exploiter une carte de champ.

On considère un champ $\vec{v}(\mathrm{M})$ dérivant d'un gradient de potentiel Φ, c'est-à-dire tel qu'en tout point M :

$$\vec{v}(\mathrm{M}) = \overrightarrow{\mathrm{grad}}\ \Phi(\mathrm{M})$$

La figure ci-dessous représente les lignes de champ (en trait plein) et les équipotentielles (en tirets). Le système est invariant par translation orthogonalement au plan de la figure. Les valeurs du potentiel $\Phi(\mathrm{M})$ sont données pour chaque équipotentielle en UA (unité arbitraire).

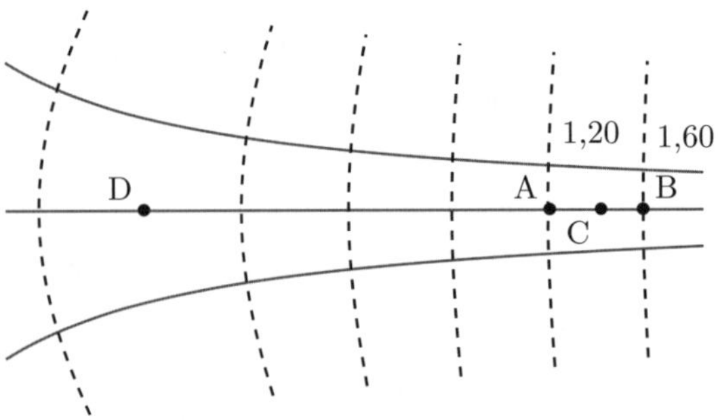

On admet que le champ est tel que div $\vec{v} = \vec{0}$, c'est-à-dire à flux conservatif. Autrement dit, le long d'un tube de champ de section S, la quantité vS est conservée.

a) Par rapport aux équipotentielles, les lignes de champ sont orientées :

(a) parallèlement (b) orthogonalement (c) aléatoirement

....

b) Estimer graphiquement $v(\mathrm{C})$ en UA/m sachant que AB ≈ 50 cm ....

c) Le vecteur $\vec{v}(\mathrm{C})$ est orienté dans le sens du vecteur :

(a) $\overrightarrow{\mathrm{AB}}$ (b) $\overrightarrow{\mathrm{BA}}$

d) Estimer graphiquement $\dfrac{v(\mathrm{C})}{v(\mathrm{D})}$ en calculant un rapport de longueurs

Sur les opérateurs laplaciens

Entraînement 1.14 — Opérateur laplacien scalaire en coordonnées cartésiennes.

On munit l'espace d'un repère cartésien dont le système de coordonnées est noté (x, y, z).

On donne l'expression de l'opérateur laplacien (scalaire) dans ce système de coordonnées :

$$\Delta(f(x,y,z)) = \frac{\partial^2 f}{\partial x^2} + \frac{\partial^2 f}{\partial y^2} + \frac{\partial^2 f}{\partial z^2}.$$

Développer les expressions suivantes :

a) $\Delta\left(\dfrac{x^2 y}{a} + bz + c^2\right)$

b) $\Delta(y^2 - 5az)$

c) $\Delta\left(b^2 \ln(\dfrac{z}{a}) + 3x^2\right)$

Entraînement 1.15 — Opérateur laplacien vectoriel en coordonnées cartésiennes.

On munit l'espace d'un repère cartésien dont le système de coordonnées est noté (x, y, z).

On donne l'expression de l'opérateur laplacien (vectoriel) dans ce système de coordonnées :

$$\Delta(\vec{A}(x,y,z)) = \Delta A_x \vec{e_x} + \Delta A_y \vec{e_y} + \Delta A_z \vec{e_z}.$$

On dispose d'un vecteur $\vec{A}$ dont les coordonnées cartésiennes sont les suivantes : $\begin{pmatrix} \dfrac{x^2 y}{a} + bz + c^2 \\ y^2 - 5az \\ b^2 \ln\left(\dfrac{z}{a}\right) + 3x^2 \end{pmatrix}$.

Développer $\Delta\vec{A}$

Bilan sur les opérateurs

Entraînement 1.16 — Scalaire ou vecteur ?

Les différents opérateurs rencontrés peuvent être des opérateurs :

- (a) scalaires s'appliquant à des scalaires
- (b) scalaires s'appliquant à des vecteurs
- (c) vectoriels s'appliquant à des scalaires
- (d) vectoriels s'appliquant à des vecteurs

a) Quel cas correspond à l'opérateur « gradient » ? .... ☐

b) Quel cas correspond à l'opérateur « divergence » ? .... ☐

c) Quel cas correspond à l'opérateur « rotationnel » ? .... ☐

d) Quel cas correspond à l'opérateur « laplacien » appliqué à un champ scalaire ? .... ☐

e) Quel cas correspond à l'opérateur « laplacien » appliqué à un champ vectoriel ? .... ☐

Réponses mélangées

0 (b)   (b)   (c) $\frac{r}{\sqrt{r^2-a^2}}\vec{e_r}$ $\left(z+y+\frac{yz}{a}\right)\vec{e_x}+\left(x+z+\frac{xz}{a}\right)\vec{e_y}+\left(x+y+\frac{yx}{a}\right)\vec{e_z}$

$28\frac{\theta r^3}{a^4}\vec{e_r}+7\frac{r^3}{a^4}\vec{e}_\theta+\frac{1}{z}\vec{e_z}$ 3 (b) $-\frac{2a^2}{r^3}e^{5\theta}\vec{e_r}+\frac{5a^2}{r^3}e^{5\theta}\vec{e}_\theta$ (d)   (a)

$6x\vec{e_x}+2a\vec{e_y}-2a\vec{e_z}$ 2 (a)   (a) $-4ce^{\frac{z}{2c}}\vec{e_x}-2x\vec{e_z}$ $\frac{8x^2}{y}(3x-y)\vec{e_z}$

$x^2\vec{e_x}-2xy(\vec{e_y}+\vec{e_z})-x^2\vec{e_z}.$ $2\vec{e_z}$ $2x+4\frac{a^2}{b}e^{\frac{z}{2b}}$ (b) 16 (a) $\vec{0}$

$2y\vec{e_x}+2x\vec{e_y}+4\frac{a^2}{b}e^{z/(2b)}\vec{e_z}$ $-4\theta\vec{e_z}$ $16xy\vec{e_x}+\left(8x^2-\frac{6a^4}{y^2}\right)\vec{e_y}-5b^2\vec{e_z}$ (b)

$16xy-\frac{6x^4}{y^2}$ $\frac{2y}{a}$ (c) $\begin{pmatrix}\frac{2y}{a}\\ 2\\ 6-\frac{b^2}{z^2}\end{pmatrix}$ $-3\frac{r}{a}+1$ $(2xy+z^2)\vec{e_x}+(2yz+x^2)\vec{e_y}+(2xz+y^2)\vec{e_z}$

$0{,}80\,\mathrm{UA/m}$ $2\sqrt{17}$ 3 $\left(-\frac{2r}{a}-2\theta\right)\vec{e_r}-2\vec{e}_\theta+3\vec{e_z}$ (d)

$-\frac{z\sin(\theta)}{r^2}\vec{e_r}+\frac{z\cos\theta}{r^2}\vec{e}_\theta+\frac{\sin(\theta)}{r}\vec{e_z}$ $x(2y-x)$ 2 $6x+2a-2b$

(a)   (d)   (a) $2\vec{e_y}$ (b)   (c)   (a) $6-\frac{b^2}{z^2}$ 0 (b)

► Réponses et corrigés page 234

Changements de référentiel

Prérequis
Principe fondamental. Mouvement relatif de référentiels. Forces d'inertie.
Constantes utiles
→ Accélération de la pesanteur : $g = 9{,}81\,\mathrm{m/s^2}$

Avant toute chose

Entraînement 2.1 — Trajectoires et référentiels.

On s'intéresse ici au mouvement de la valve V d'une roue de vélo. En changeant de référentiel, la trajectoire de ce point peut être perçue de manière différente.

On définit trois référentiels :

- le référentiel $\mathcal{R}_1$ lié à la Terre,
- le référentiel $\mathcal{R}_2$ lié au cadre du vélo,
- le référentiel $\mathcal{R}_3$ lié à la roue du vélo.

Voici différentes trajectoires pour le point V.

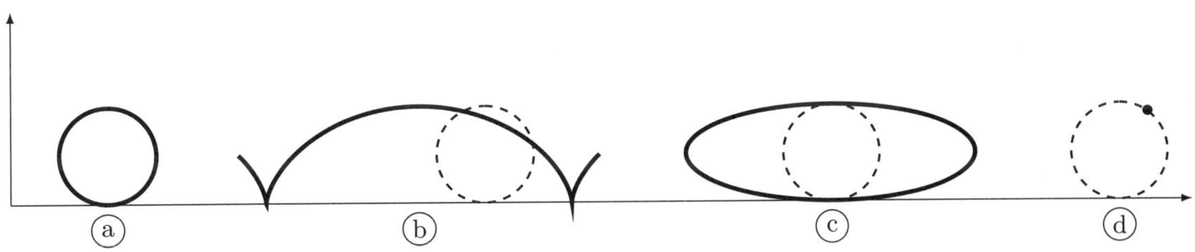

Parmi les quatre trajectoires présentées ci-dessus, quelle est celle qui peut correspondre à un mouvement décrit dans :

a) le référentiel $\mathcal{R}_1$? ....

b) le référentiel $\mathcal{R}_2$? ....

c) le référentiel $\mathcal{R}_3$? ....

Entraînement 2.2 — Référentiel galiléen... ou pas (I) ?

Un référentiel galiléen est un référentiel dans lequel tout solide ne subissant aucune force extérieure est immobile ou animé d'un mouvement rectiligne uniforme. Tout référentiel en translation rectiligne uniforme par rapport à un référentiel galiléen est lui-même galiléen.

On considère un référentiel $\mathcal{R}_0(\mathrm{O}, \overrightarrow{e_x}, \overrightarrow{e_y}, \overrightarrow{e_z})$ galiléen ainsi que les trois référentiels suivants :

- $\mathcal{R}_1(\mathrm{O}', \overrightarrow{e_x}, \overrightarrow{e_y}, \overrightarrow{e_z})$, en translation rectiligne uniforme par rapport à $\mathcal{R}_0$,
- $\mathcal{R}_2(\mathrm{O}, \overrightarrow{e_r}, \overrightarrow{e_\theta}, \overrightarrow{e_z})$, animé d'un mouvement de rotation uniforme par rapport à $\mathcal{R}_0$,
- $\mathcal{R}_3(\mathrm{A}, \overrightarrow{e_x}, \overrightarrow{e_y}, \overrightarrow{e_z})$, en translation non uniforme par rapport à $\mathcal{R}_0$.

a) $\mathcal{R}_1$ est un référentiel galiléen : vrai ou faux ? ....

b) $\mathcal{R}_2$ est un référentiel galiléen : vrai ou faux ? ....

c) $\mathcal{R}_3$ est un référentiel galiléen : vrai ou faux ? ....

Entraînement 2.3 — Référentiel galiléen... ou pas (II) ?

Un référentiel galiléen est un référentiel dans lequel tout solide ne subissant aucune force extérieure est animé d'un mouvement rectiligne uniforme. Tout référentiel en translation rectiligne uniforme par rapport à un référentiel galiléen est lui-même galiléen.

Dans le référentiel terrestre, supposé galiléen, on s'intéresse aux mouvements d'un train et de l'un des passagers à bord. On note $\mathcal{R}_\mathrm{t}$ le référentiel lié au train et $\mathcal{R}_\mathrm{p}$ le référentiel lié au passager à bord du train.

Dans chacune des situations proposées, indiquez quel(s) est (sont) le(s) référentiel(s) galiléen(s) parmi les options suivantes :

(a) $\mathcal{R}_\mathrm{t}$ et $\mathcal{R}_\mathrm{p}$

(b) ni $\mathcal{R}_\mathrm{t}$ ni $\mathcal{R}_\mathrm{p}$

(c) uniquement $\mathcal{R}_\mathrm{t}$

(d) uniquement $\mathcal{R}_\mathrm{p}$

a) Le train suit une ligne droite à vitesse constante ; le passager est assis sur son siège.

....

b) Le train suit une courbe à vitesse constante ; le passager est assis sur son siège.

....

c) Le train freine sur une ligne droite ; le passager marche le long du train à vitesse constante.

....

d) Le train suit une courbe à vitesse constante ; le passager marche le long du train.

....

Composition de mouvements

Entraînement 2.4 — Autour de l'accélération.

On considère un référentiel $\mathcal{R}$ galiléen lié au repère $(\mathrm{O}, \overrightarrow{e_x}, \overrightarrow{e_y}, \overrightarrow{e_z})$ et un référentiel $\mathcal{R}'$, lié au repère cylindrique $(\mathrm{O}, \overrightarrow{e_r}, \overrightarrow{e_\theta}, \overrightarrow{e_z})$. Un point M, en mouvement dans ces deux référentiels, est repéré par ses coordonnées cylindriques habituelles r, θ et $z = 0$. L'angle θ suit la loi : $\theta = \omega t$ où ω est une constante.

• Caractérisation du mouvement de $\mathcal{R}'$ par rapport au référentiel $\mathcal{R}$

a) Le vecteur rotation du référentiel $\mathcal{R}'$ par rapport au référentiel $\mathcal{R}$, $\overrightarrow{\Omega}$, vaut :

(a) $\theta\overrightarrow{e_z}$ (b) $-\dot{\theta}\overrightarrow{e_x}$ (c) $\omega\overrightarrow{e_z}$ (d) $\dot{\omega}\overrightarrow{e_z}$

b) Le référentiel $\mathcal{R}'$ est galiléen.

(a) Vrai (b) Faux

• Composantes de l'accélération de M dans le référentiel $\mathcal{R}$

c) Par homogénéité, identifier l'expression de l'accélération radiale a_r de M dans $\mathcal{R}$ en coordonnées cylindriques.

(a) $r - r\dot{\theta}^2$ (b) $\dot{r} - r^2\dot{\theta}$ (c) $\ddot{r} - r^2\dot{\theta}^2$ (d) $\ddot{r} - r^2\dot{\theta}$

d) Par homogénéité, identifier l'expression de l'accélération orthoradiale a_θ de M dans $\mathcal{R}$ en coordonnées cylindriques.

(a) $2\dot{r}\dot{\theta} + r\dot{\theta}$ (b) $2\dot{r}\dot{\theta} + r\ddot{\theta}$ (c) $2\dot{r}\ddot{\theta} + r\ddot{\theta}$ (d) $2\dot{r}\dot{\theta}$

• Composition des accélérations

La loi de composition des accélérations assure que :

$$\vec{a}_{\mathcal{R}}(\mathrm{M}) = \vec{a}_{\mathcal{R}'}(\mathrm{M}) + \overrightarrow{a_\mathrm{e}} + \overrightarrow{a_\mathrm{C}},$$

avec $\vec{a}_{\mathcal{R}}(\mathrm{M}) = \left.\dfrac{\mathrm{d}^2\overrightarrow{\mathrm{OM}}}{\mathrm{d}t^2}\right|_{\mathcal{R}}$, $\vec{a}_{\mathcal{R}'}(\mathrm{M}) = \left.\dfrac{\mathrm{d}^2\overrightarrow{\mathrm{OM}}}{\mathrm{d}t^2}\right|_{\mathcal{R}'}$ et, comme $\mathcal{R}'$ est en rotation uniforme autour d'un axe fixe par rapport à $\mathcal{R}$,

$$\overrightarrow{a_\mathrm{e}} = \overrightarrow{\Omega} \wedge \left(\overrightarrow{\Omega} \wedge \overrightarrow{\mathrm{OM}}\right) \quad \text{et} \quad \overrightarrow{a_\mathrm{C}} = 2\overrightarrow{\Omega} \wedge \left.\frac{\mathrm{d}\overrightarrow{\mathrm{OM}}}{\mathrm{d}t}\right|_{\mathcal{R}'}.$$

e) Exprimer $\overrightarrow{a_\mathrm{e}}$ en fonction de r, ω et d'un vecteur unitaire de la base cylindrique

f) Exprimer $\overrightarrow{a_\mathrm{C}}$ en fonction de $\dot{r}$, ω et d'un vecteur unitaire de la base cylindrique

g) En déduire l'accélération $\vec{a}_{\mathcal{R}'}(\mathrm{M})$

Forces d'inertie

Entraînement 2.5 — Forces d'inertie à prendre en compte.

Le référentiel terrestre $\mathcal{R}_t$ est considéré galiléen. On considère l'étude d'une masse ponctuelle M dont on observe le mouvement dans différents référentiels $\mathcal{R}_i$ en mouvement par rapport à $\mathcal{R}_t$.

On définit les quatre référentiels suivants :

- $\mathcal{R}_1$ lié à un manège en rotation uniforme autour d'un axe fixe dans $\mathcal{R}_t$,
- $\mathcal{R}_2$ lié à un paquebot en mouvement rectiligne uniforme dans $\mathcal{R}_t$,
- $\mathcal{R}_3$ lié à un train en phase de décélération uniforme en ligne droite dans $\mathcal{R}_t$.
- $\mathcal{R}_4$ lié à une caisse en chute libre dans $\mathcal{R}_t$.

L'étude du mouvement de M dans ces référentiels $\mathcal{R}_i$ amène à envisager de prendre en compte des forces d'inertie :

(a) force d'inertie d'entraînement centrifuge quand $\mathcal{R}_i$ est en rotation dans $\mathcal{R}_t$

(b) force d'inertie de Coriolis

(c) force d'inertie d'entraînement quand $\mathcal{R}_i$ est en translation rectiligne dans $\mathcal{R}_t$

(d) aucune force d'inertie

Déterminer les forces d'inertie à prendre en compte dans les situations suivantes :

a) M est immobile dans $\mathcal{R}_1$ ....

b) M est en mouvement dans $\mathcal{R}_1$ ..

c) M est en mouvement dans $\mathcal{R}_2$ ..

d) M est en mouvement dans $\mathcal{R}_3$ ..

e) M est fixe dans $\mathcal{R}_3$ ....

f) M est en mouvement dans $\mathcal{R}_4$ ..

Entraînement 2.6 — Force d'inertie centrifuge.

Un point M de masse m est animé d'une vitesse $\vec{v}(\mathrm{M}) = v\vec{e_\theta}$ dans un référentiel galiléen $\mathcal{R}_0$ lié au repère $(\mathrm{O}, \vec{e_x}, \vec{e_y}, \vec{e_z})$. On étudie le mouvement de M dans le référentiel non galiléen $\mathcal{R}_1$ en rotation par rapport à $\mathcal{R}_0$ caractérisée par le vecteur rotation instantanée $\vec{\omega}$.

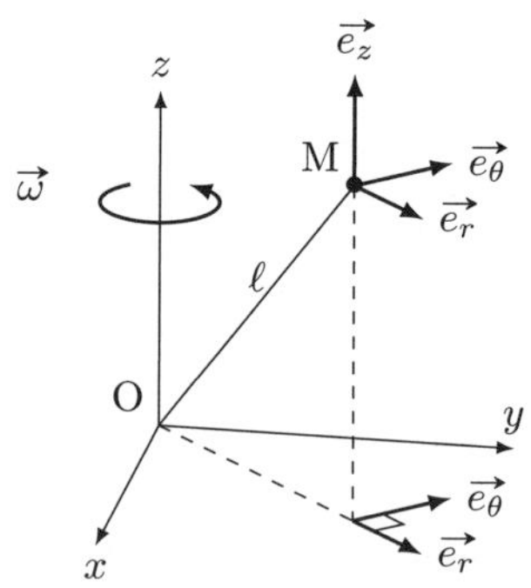

Une force d'inertie d'entraînement, ici centrifuge, s'exerce sur le point M : $\vec{f_{\mathrm{ie}}} = m\omega^2\overrightarrow{\mathrm{HM}}$, où H est le projeté orthogonal de M sur l'axe de rotation. La distance OM vaut ℓ.

Déterminer, dans la base $(\vec{e_r}, \vec{e_\theta}, \vec{e_z})$, l'expression de la force d'inertie centrifuge dans les situations suivantes.

a) $\vec{\omega} = \omega_0\vec{e_z}$ et le point M est placé sur l'axe (Oz) ....

b) $\vec{\omega} = \omega_0\vec{e_z}$ et le point M possède les coordonnées cylindriques $(\ell,0,0)$ ...

c) $\vec{\omega} = \omega_0\vec{e_z}$ et $\overrightarrow{\mathrm{OM}}$ est incliné de $\dfrac{\pi}{3}$ par rapport à (Oz) ....

Entraînement 2.7 — Force de Coriolis (I).

L'étude du mouvement d'un point M est réalisée dans un référentiel non galiléen $\mathcal{R}_1$, en rotation uniforme autour d'un axe fixe dans un référentiel galiléen $\mathcal{R}_0$.

Ce point matériel M de masse m possède un vecteur vitesse $\vec{v} = v_1\vec{e_x}$ dans $\mathcal{R}_1$, quand il passe en O. Le vecteur rotation de $\mathcal{R}_1$ par rapport à $\mathcal{R}_0$ vaut $\vec{\Omega} = \Omega_0(\vec{e_y} + \vec{e_z})$.

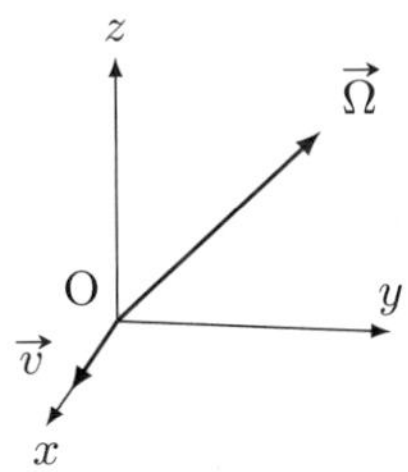

On rappelle l'expression de la force d'inertie de Coriolis : $\overrightarrow{f_{\text{iC}}} = -2m\vec{\Omega} \wedge \vec{v}$.

La force de Coriolis subie par le point M en O vaut :

(a) $\overrightarrow{f_{\text{iC}}} = 2mv_1\Omega_0(-\vec{e_y} - \vec{e_z})$

(b) $\overrightarrow{f_{\text{iC}}} = 2mv_1\Omega_0(\vec{e_y} + \vec{e_z})$

(c) $\overrightarrow{f_{\text{iC}}} = 2mv_1\Omega_0(-\vec{e_y} + \vec{e_z})$

(d) $\overrightarrow{f_{\text{iC}}} = 2mv_1\Omega_0(\vec{e_y} - \vec{e_z})$

....

Entraînement 2.8 — Force de Coriolis (II).

Un point M de masse m est animé d'une vitesse $\vec{v}(\text{M})$ dans un référentiel non galiléen $\mathcal{R}$ en rotation par rapport à un référentiel galiléen $\mathcal{R}_0$. Le vecteur rotation de $\mathcal{R}$ dans $\mathcal{R}_0$ est noté $\vec{\omega}$.

Dans chacun des cas suivants, déterminer l'expression de la force de Coriolis définie par

$$\overrightarrow{f_{\text{iC}}} = -2m\vec{\omega} \wedge \vec{v}(\text{M}).$$

- **Premier cas : on étudie le mouvement de M dans la base cartésienne.**

a) $\vec{v}(\text{M}) = v_1\vec{e_y}$ et $\vec{\omega} = \omega_0\vec{e_z}$ ....

b) $\vec{v}(\text{M}) = v_1\vec{e_y} + v_2\vec{e_z}$ et $\vec{\omega} = \omega_0\vec{e_x}$ ....

- **Deuxième cas : on étudie le mouvement de M dans la base cylindrique.**

c) $\vec{v}(\text{M}) = v_1\vec{e_r}$ et $\vec{\omega} = \omega_0\vec{e_z}$ ....

d) $\vec{v}(\text{M}) = v_1\vec{e_\theta} + v_2\vec{e_z}$ et $\vec{\omega} = \omega_0\vec{e_z}$ ....

Entraînement 2.9 — Force de Coriolis dans le référentiel terrestre.

On s'intéresse au référentiel terrestre $\mathcal{R}_t$, lié au repère $(A, \overrightarrow{e_x}, \overrightarrow{e_y}, \overrightarrow{e_z})$. Ce référentiel est en rotation autour de l'axe (O, Z) par rapport au référentiel géocentrique $\mathcal{R}_g$, supposé galiléen. Le mouvement de rotation de $\mathcal{R}_t$ par rapport à $\mathcal{R}_g$ est caractérisé par le vecteur rotation $\overrightarrow{\Omega} = \Omega\overrightarrow{e_z}$.

Le point A est repéré par sa latitude λ.

Ces référentiels sont représentés ci-dessous.

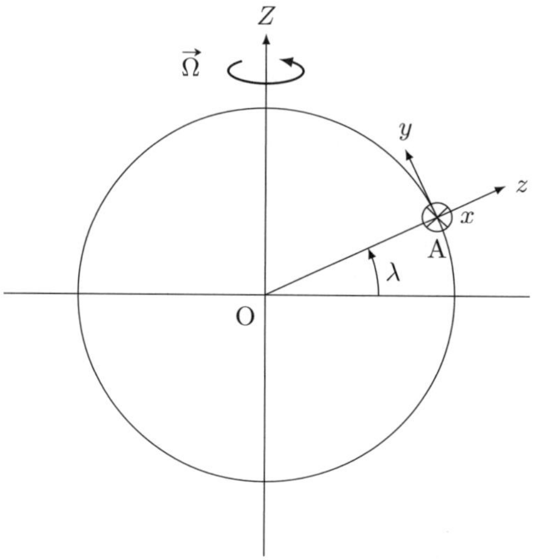

a) Quelle est la valeur numérique de Ω ?

(a) $2{,}6 \times 10^{-2}\,\mathrm{rad \cdot s^{-1}}$

(b) $1{,}7 \times 10^{-3}\,\mathrm{rad \cdot s^{-1}}$

(c) $7{,}3 \times 10^{-5}\,\mathrm{rad \cdot s^{-1}}$

....

b) Parmi les projections du vecteur $\overrightarrow{\Omega}$ dans la base $(\overrightarrow{e_x}, \overrightarrow{e_y}, \overrightarrow{e_z})$, laquelle est correcte ?

(a) $\Omega\begin{pmatrix} 0 \\ \sin\lambda \\ \cos\lambda \end{pmatrix}$

(b) $\Omega\begin{pmatrix} \cos\lambda \\ 0 \\ \sin\lambda \end{pmatrix}$

(c) $\Omega\begin{pmatrix} 0 \\ \cos\lambda \\ \sin\lambda \end{pmatrix}$

....

On s'intéresse au mouvement d'un point M de masse m dans le référentiel terrestre $\mathcal{R}_t$; on suppose qu'il est animé d'une vitesse $\overrightarrow{v}(M) = \dot{z}\overrightarrow{e_z}$.

On rappelle l'expression de la force de Coriolis subie par M *dans* $\mathcal{R}_t$ *:*

$$\overrightarrow{f_{iC}} = -2m\overrightarrow{\Omega} \wedge \overrightarrow{v}(\mathrm{M}).$$

c) Exprimer $\overrightarrow{f_{iC}}$ en fonction de m, Ω, $\dot{z}$ et d'un vecteur de la base $(\overrightarrow{e_x}, \overrightarrow{e_y}, \overrightarrow{e_z})$.

....

Entraînement 2.10 — Pendule en rotation.

On s'intéresse à un pendule composé d'une tige (masse négligeable, longueur $\ell = 1{,}0\,\text{m}$) et d'une bille placée en M de masse m. Ce pendule est fixé en O à un axe vertical en rotation uniforme à la vitesse angulaire $\vec{\omega} = \omega\vec{e_z}$. Sous l'action de la rotation, le pendule s'incline d'un angle α par rapport à la verticale tout en restant dans le plan $(\text{O}, \vec{e_r}, \vec{e_z})$.

On rappelle que la force d'inertie centrifuge vaut

$$\vec{f_{\text{ie}}} = m\omega^2\,\overrightarrow{\text{HM}},$$

où H est le projeté orthogonal de M sur l'axe de rotation.

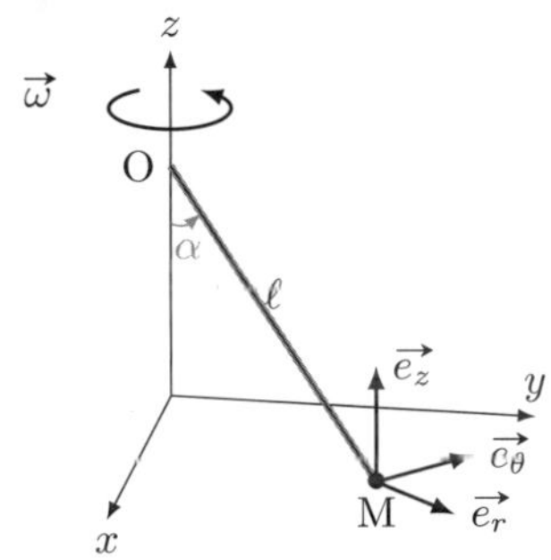

a) La force centrifuge subie par le point M vaut :

(a) $\vec{f_{\text{ie}}} = -m\omega^2\overrightarrow{\text{OM}}$

(b) $\vec{f_{\text{ie}}} = m\omega^2\ell\sin(\alpha)\vec{e_z}$

(c) $\vec{f_{\text{ie}}} = m\omega^2\ell\sin(\alpha)\vec{e_r}$

(d) $\vec{f_{\text{ie}}} = -m\omega^2\ell\vec{e_\theta}$

....

b) Par homogénéité, déterminer la relation qui lie ω et α :

(a) $\omega = \dfrac{\ell}{g\sqrt{\cos\alpha}}$

(b) $\omega = \sqrt{\dfrac{g}{\ell\cos\alpha}}$

(c) $\omega = \dfrac{g}{\ell}\sqrt{\cos\alpha}$

(d) $\omega = \sqrt{\dfrac{\ell}{g}\cos\alpha}$

....

c) Déterminer pour quelle valeur de la vitesse angulaire ω l'angle α vaut 45° ....

Entraînement 2.11 — Un pendule sur une voiture.

On s'intéresse à un pendule de masse $m = 5\,\text{g}$ suspendu au rétroviseur d'une voiture animée pour $t < 0$ d'une vitesse $\vec{v} = v_0\vec{e_x}$ constante dans le référentiel terrestre (galiléen) $\mathcal{R}_0(\text{O}, \vec{e_x}, \vec{e_y}, \vec{e_z})$.

À $t = 0$, le véhicule accélère avec une accélération $\vec{a} = a\vec{e_x}$ constante, avec $a = 5\,\text{m}\cdot\text{s}^{-2}$.

L'étude du mouvement du pendule est menée dans le référentiel $\mathcal{R}_1$ lié à la voiture.

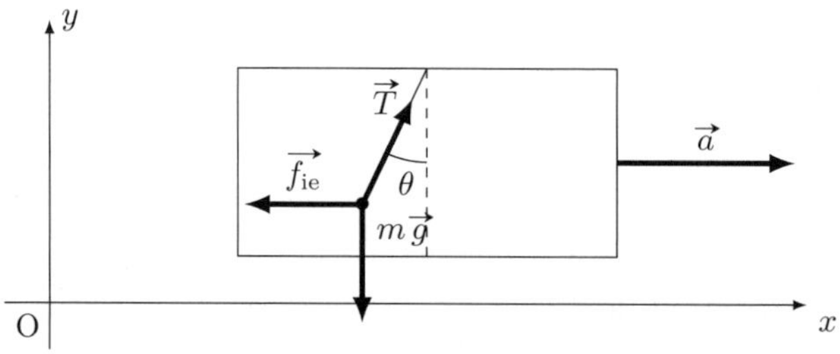

On rappelle que la force d'inertie d'entraînement vaut $\vec{f_{\text{ie}}} = -m\vec{a_{\text{e}}}$. Sous l'action de cette force, le pendule se stabilise pour une valeur particulière de l'angle θ notée θ_{e}.

a) Déterminer $\dfrac{f_{\text{ie}}}{P}$, le rapport de la norme de $\vec{f_{\text{ie}}}$ sur celle du poids ....

b) La force d'inertie d'entraînement est négligeable devant le poids.

(a) vrai (b) faux

....

c) Décomposer le vecteur $\vec{P}$ dans la base $(\vec{e_x}, \vec{e_y})$ ....

d) Décomposer le vecteur $\vec{T}$ dans la base $(\vec{e_x}, \vec{e_y})$ ....

e) Décomposer le vecteur $\vec{f_{\text{ie}}}$ dans la base $(\vec{e_x}, \vec{e_y})$ ....

f) Parmi les quatre expressions du principe fondamental appliqué à la bille, dans le référentiel de la voiture, laquelle est juste ?

(a) $m\left.\dfrac{\text{d}\vec{v}}{\text{d}t}\right|_{\mathcal{R}_1} = \vec{P} + \vec{T}$

(b) $m\left.\dfrac{\text{d}\vec{v}}{\text{d}t}\right|_{\mathcal{R}_1} + \vec{f_{\text{ie}}} = \vec{P} + \vec{T}$

(c) $m\left.\dfrac{\text{d}\vec{v}}{\text{d}t}\right|_{\mathcal{R}_1} = \vec{P} + \vec{T} + m\vec{a}$

(d) $m\left.\dfrac{\text{d}\vec{v}}{\text{d}t}\right|_{\mathcal{R}_1} = \vec{P} + \vec{T} + \vec{f_{\text{ie}}}$

....

g) L'application du principe fondamental permet d'exprimer la position d'équilibre du pendule. Parmi les trois propositions, laquelle est homogène ?

(a) $\tan(\theta_{\text{e}}) = \dfrac{g}{ma}$ (b) $\tan(\theta_{\text{e}}) = \dfrac{a}{g}$ (c) $\tan(\theta_{\text{e}}) = mag$

....

h) Grâce à la relation trouvée à la question précédente, calculer θ_{e} en degrés ....

Entraînement 2.12 — Palet sur un disque en rotation.

Un disque horizontal de centre O tourne autour de son axe (Oz) à vitesse angulaire constante $\vec{\omega} = \omega\vec{e_z}$.

Un palet (assimilable à un point matériel de masse m) est posé en un point A du disque, à une distance OA $= d$. On rappelle la force d'inertie centrifuge : $m\omega^2\overrightarrow{\mathrm{OA}}$.

a) Quelle est l'orientation de la force centrifuge ?

ⓐ $-\vec{e_\theta}$ ⓑ $\vec{e_r}$ ⓒ $-\vec{e_r}$ ⓓ $\vec{e_\theta}$

b) Sans frottement entre le disque et le palet, quel mouvement du palet peut-on prévoir ?

ⓐ Le palet se rapproche inexorablement du centre du disque.

ⓑ Le palet reste immobile dans le référentiel du disque.

ⓒ Le palet est expulsé radialement du disque.

Il existe une force de frottement telle que le palet reste immobile tant que la norme de la force d'inertie centrifuge est inférieure à μmg.

c) Déterminer l'expression de la valeur limite ω_{max} de la vitesse angulaire en deçà de laquelle le palet reste immobile.

d) Calculer ω_{max} sachant que $d = 5\,\text{cm}$, $m = 150\,\text{g}$ et $\mu = 0{,}5$

Entraînement 2.13 — Anneau sur tige en rotation.

On s'intéresse dans cet entraînement au mouvement d'un anneau de masse m placé sur une tige en rotation à la vitesse angulaire ω. Cet anneau subit aussi une force de rappel exercée par un ressort de raideur k fixé sur l'axe de rotation. L'abscisse x de l'anneau sur la tige satisfait l'équation différentielle suivante :

$$\ddot{x} + \left(\frac{k}{m} - \omega^2\right)x = 0.$$

a) Quelle est la dimension du terme $\dfrac{k}{m}$?

On propose les solutions suivantes pour $x(t)$, dans lesquelles A, Ω, φ et β sont des constantes.

ⓐ $x(t) = A\cos(\Omega t + \varphi)$

ⓑ $x(t) = A\cosh(\Omega t + \varphi)$

ⓒ $x(t) = A\mathrm{e}^{-\beta t}\cos(\Omega t + \varphi)$

b) Quelle est la forme des solutions si $\omega^2 > \dfrac{k}{m}$?

c) Quelle est la forme des solutions si $\omega^2 < \dfrac{k}{m}$?

d) On pose $\Omega^2 = \dfrac{k}{m} - \omega^2 > 0$. Expliciter la solution dans le cas où $x(0) = 0$ et $\dot{x}(0) = v_0$.

.... ☐

e) Parmi les trois solutions représentées sur les graphiques ci-dessous, laquelle correspond à la situation de la question b) ?

.... ☐

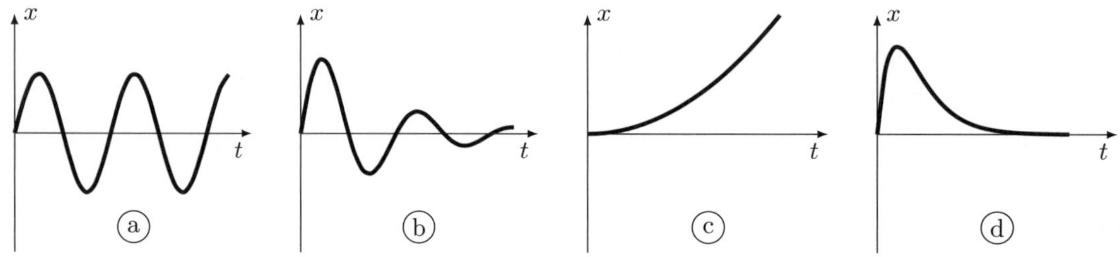

Réponses mélangées

27° ⓒ Vrai ⓒ ⓑ ⓑ $m\omega_0^2\ell\overrightarrow{e_r}$ ⓓ ⓑ ⓒ ⓓ

$-2m\omega_0 v_1\overrightarrow{e_\theta}$ $\quad T\sin(\theta_\mathrm{e})\overrightarrow{e_x} + T\cos(\theta_\mathrm{e})\overrightarrow{e_y}$ Faux $-2m\Omega\dot{z}\cos\lambda\overrightarrow{e_x}$ ⓑ $-mg\overrightarrow{e_y}$ 0,5

$\dfrac{v_0}{\Omega}\sin(\Omega t)$ $2\omega\dot{r}\overrightarrow{e_\theta}$ $10\,\mathrm{rad\cdot s^{-1}}$ $2m\omega_0 v_1\overrightarrow{e_r}$ ⓐ ⓑ $-ma\overrightarrow{e_x}$ $2m\omega_0 v_1\overrightarrow{e_x}$

$\dfrac{m\omega_0^2\ell\overrightarrow{e_r}}{2}$ ⓐ T^{-2} $3{,}8\,\mathrm{rad\cdot s^{-1}}$ ⓐ ⓒ ⓐ ⓒ ⓑ

ⓒ ⓑ $-\omega^2 r\overrightarrow{e_r}$ $\vec{0}$ ⓑ ⓓ ⓐ et ⓑ $\ddot{r}\overrightarrow{e_r}$ ⓑ Faux

ⓒ ⓓ ⓑ $2m\omega_0(v_2\overrightarrow{e_y} - v_1\overrightarrow{e_z})$ ⓒ $\sqrt{\dfrac{\mu g}{d}}$ ⓒ ⓐ ⓒ

► Réponses et corrigés page 241

Loi du frottement solide

Avant toute chose

Entraînement 3.1 — Les mots justes.

Pour chacune des situations exposées, indiquer si, entre les deux solides en jeu, il y a :

(a) adhérence (b) roulement (c) glissement

a) Une brosse est frottée contre un tableau à feutre pour l'effacer ....

b) Une roue d'un vélo se déplace en ligne droite sur une route ....

c) Une roue d'une voiture dérape dans un virage sur lequel elle s'engage trop vite ....

d) Un livre est posé sur le tapis roulant d'une caisse de supermarché ....

Vitesse de glissement

Entraînement 3.2 — Bagages sur un tapis roulant.

Étudions l'évolution de différents bagages placés sur un tapis roulant dans le référentiel $\mathcal{R}_0$ lié au sol. La vitesse du tapis roulant s'écrit :

$$\vec{v}(\text{tapis})_{\mathcal{R}_0} = v_0 \vec{u}_x \quad \text{avec} \quad v_0 = 3{,}6\,\text{km}\cdot\text{h}^{-1}.$$

La vitesse et la quantité de mouvement des différents bagages en translation sur ce tapis s'écrivent :

$$\vec{v}(\text{bagage})_{\mathcal{R}_0} = v_1 \overrightarrow{u_x}\ ;$$

$$\vec{p}(\text{bagage})_{\mathcal{R}_0} = p_1 \overrightarrow{u_x}.$$

Rappelons la définition de la vitesse de glissement à l'instant t d'un bagage sur le tapis :

$$\vec{v}_{\text{glissement}}(\text{bagage/tapis}) = (v_1 - v_0)\overrightarrow{u_x}.$$

Les affirmations suivantes sont-elles « vraies » ou « fausses » ?

a) La valise de Sam ($m = 20\,\text{kg}$ et $v_1 = 1\,\text{m}\cdot\text{s}^{-1}$) glisse sur le tapis roulant ....

b) La valise de Paul ($m = 15\,\text{kg}$ et $p_1 = 8{,}0\,\text{N}\cdot\text{s}$) glisse sur le tapis roulant ....

c) Le sac d'Assia ($m = 8\,\text{kg}$ et $v_1 = -1{,}0\,\text{m}\cdot\text{s}^{-1}$) ne glisse pas sur le tapis roulant .....

Phase d'adhérence et limite de glissement

Entraînement 3.3 — La bonne relation.

Un solide immobile sur le sol parfaitement horizontal subit une force de frottement tangentielle (colinéaire à l'axe $(\mathrm{O}x)$) lui permettant d'être à la limite de glissement. Ainsi, nous pouvons écrire la relation suivante :

$$\left\|\overrightarrow{R_\mathrm{T}}\right\| = \mu_\mathrm{s}\left\|\overrightarrow{R_\mathrm{N}}\right\|.$$

Le bilan des forces sur ce solide conduit à considérer le poids du solide $\vec{P}$, la réaction normale du sol sur le solide $\overrightarrow{R_\mathrm{N}}$, la réaction tangentielle du sol sur le solide $\overrightarrow{R_\mathrm{T}}$ et la force de frottement tangentielle $\vec{F}$. La situation est représentée sur le schéma ci-dessous.

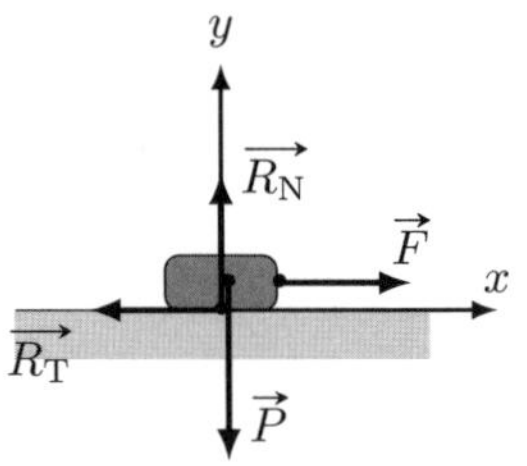

Sachant que le solide est de masse $m = 1\,\mathrm{kg}$, que l'intensité de pesanteur vaut $g = 10\,\mathrm{m\cdot s^{-2}}$, que le coefficient de frottement statique vaut $\mu_\mathrm{s} = 0{,}5$, identifier la seule relation correcte.

(a) $\overrightarrow{R_\mathrm{T}} \cdot \overrightarrow{e_x} = -5\,\mathrm{N}$

(b) $\overrightarrow{R_\mathrm{N}} \cdot \overrightarrow{e_y} = 5\,\mathrm{N}$

(c) $\vec{F} \cdot \overrightarrow{e_y} = 10\,\mathrm{N}$

(d) $\overrightarrow{R_\mathrm{T}} \cdot \overrightarrow{e_x} = -10\,\mathrm{N}$

....

Entraînement 3.4 — Quelle force appliquer ?

Un solide de masse $m = 350\,\mathrm{g}$ est placé sur un plan incliné faisant un angle $\alpha = 20\,°$ par rapport au plan horizontal.
La force $\vec{F} = F\cdot\overrightarrow{e_x}$ permet de maintenir le solide à la limite de glissement vers le haut. Ainsi, nous pouvons écrire la relation suivante :

$$\left\|\overrightarrow{R_\mathrm{T}}\right\| = \mu_\mathrm{s}\left\|\overrightarrow{R_\mathrm{N}}\right\|,$$

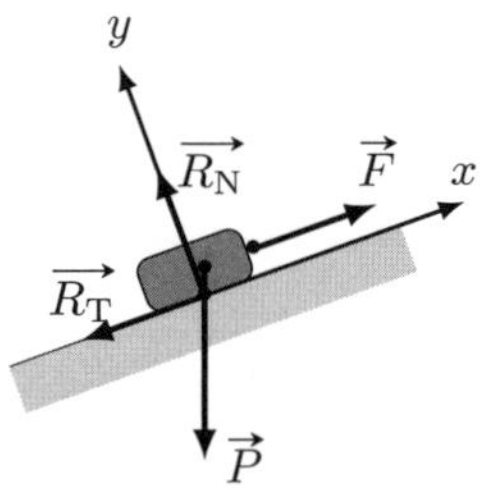

avec le coefficient de frottement statique $\mu_\mathrm{s} = 0{,}5$ et $\vec{R} = -R_\mathrm{T}\overrightarrow{e_x} + R_\mathrm{N}\overrightarrow{e_y}$ ($R_\mathrm{T} > 0$ et $R_\mathrm{N} > 0$).

On prend $g = 10\,\mathrm{m\cdot s^{-2}}$.

a) Quelle est l'expression de F ?

(a) $mg\cos(\alpha)(1 - \mu_\mathrm{s}\tan(\alpha))$

(b) $mg\cos(\alpha)(\tan(\alpha) - \mu_\mathrm{s})$

(c) $mg\cos(\alpha)(1 + \mu_\mathrm{s}\tan(\alpha))$

(d) $mg\cos(\alpha)(\mu_\mathrm{s} + \tan(\alpha))$

....

b) Calculer F ....

Entraînement 3.5 — Fixe ou mobile ?

Un cube de masse $m = 200\,\text{g}$ est posé sur une table fixe dans le référentiel d'étude. Un opérateur exerce une action mécanique sur le cube afin de le mettre en mouvement.

Y parviendra-t-il ?

Afin de répondre à cette question, nous allons seulement exprimer la force de réaction modélisant l'action de la table sur le cube :

$$\vec{R} = \vec{T} + \vec{N} = T\,\vec{e_x} + N\,\vec{e_z}.$$

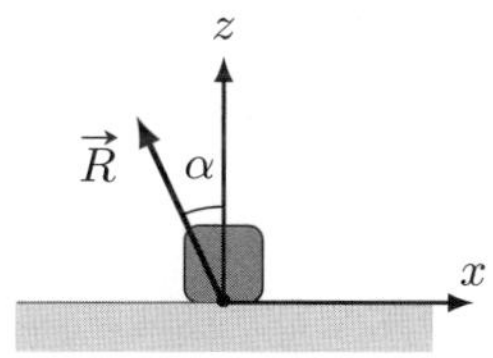

D'après la loi de Coulomb, le cube ne glissera pas sur son support si :

$$\left\|\vec{T}\right\| < \mu_s \left\|\vec{N}\right\|,$$

avec $\mu_s = 0{,}6$ le coefficient statique de frottement.
Des mesures donnent $\left\|\vec{R}\right\| = 3{,}5\,\text{N}$ avec $\alpha = 25°$.

a) Calculer la composante tangentielle T de $\vec{R}$ ....

b) Calculer la composante normale N de $\vec{R}$ ....

c) Vrai ou faux ? Le cube glisse sur la table ....

Entraînement 3.6 — Cône de frottement.

L'ouverture du cône de frottement d'un contact solide/solide, noté α, dépend du coefficient de frottement statique μ_s et des normes maximales R_N et R_T des réactions normale et tangentielle où aucun glissement ne se produit. La relation exacte est la suivante :

$$\mu_s = \tan(\alpha) = \frac{R_T}{R_N}.$$

On considère différents couples de solides et, pour chaque couple, on mesure une grandeur différente. Quelle est la situation de plus grande ouverture de cône de frottement ?

(a) $R_N = 2R_T$

(b) $\alpha = 30°$

(c) $\mu_s = 0{,}8$

(d) $2\alpha = \frac{\pi}{4}$

....

Phase de glissement

Entraînement 3.7 — Une luge tractée (I).

Un enfant assis dans une luge est tracté par un adulte. L'ensemble {enfant + luge} de masse m évolue suivant la direction (Ox) et est soumis à l'ensemble des forces représentées sur le schéma ci-contre.

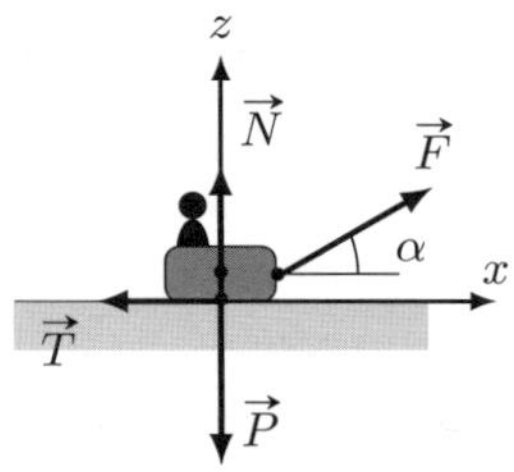

Comment écrire la réaction $\vec{R}$ totale du sol sur la luge ?

(a) $\vec{R} = \vec{N}$

(b) $\vec{R} = \vec{T}$

(c) $\vec{R} = \vec{N} - \vec{T}$

(d) $\vec{R} = \vec{N} + \vec{T}$

....

Entraînement 3.8 — Une luge tractée (II).

Un enfant assis dans une luge est tracté par un adulte. L'ensemble {enfant + luge} de masse m évolue suivant la direction (Ox) et est soumis à l'ensemble des forces représentées sur le schéma ci-contre.
Comme la luge glisse sur la neige, la loi de Coulomb impose :

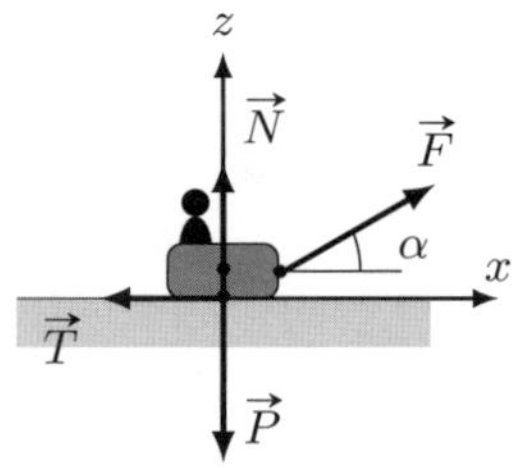

$$\left\|\vec{T}\right\| = f_{\mathrm{d}}\left\|\vec{N}\right\|,$$

avec f_{d} le coefficient de frottement dynamique neige/luge.
Le bilan mécanique permet d'écrire les deux relations suivantes :

$$\begin{cases} N = mg - F\sin(\alpha) & (1) \\ m\ddot{x} = T + F\cos(\alpha) & (2), \end{cases}$$

avec $T = \vec{R} \cdot \vec{e_x}$ et $N = \vec{R} \cdot \vec{e_z}$.

a) Exprimer T en fonction de f_{d}, m, g, F et α ....

b) Quelle est alors l'équation différentielle régissant le mouvement ?

(a) $\ddot{x} = -f_{\mathrm{d}}g + \dfrac{F}{m}(\cos(\alpha) + f_{\mathrm{d}}\sin(\alpha))$

(b) $\ddot{x} = f_{\mathrm{d}}g + \dfrac{F}{m}(\cos(\alpha) + f_{\mathrm{d}}\sin(\alpha))$

(c) $\ddot{x} = f_{\mathrm{d}}g + \dfrac{F}{m}(\cos(\alpha) - f_{\mathrm{d}}\sin(\alpha))$

(d) $\ddot{x} = -f_{\mathrm{d}}g + \dfrac{F}{m}(\cos(\alpha) - f_{\mathrm{d}}\sin(\alpha))$

....

c) Que devient l'équation du mouvement pour $\alpha = 0$? ....

Entraînement 3.9 — Fin de la phase de glissement.

Un solide de masse m, lié à un ressort, glisse sur un support horizontal et fixe dans le référentiel d'étude. L'équation différentielle régissant l'évolution de ce solide, lorsque ce dernier se déplace suivant les x croissants, s'écrit :

$$\ddot{x} + \frac{k}{m}x = -fg,$$

avec $m = 300\,\text{g}$, $k = 20\,\text{N} \cdot \text{m}^{-1}$, $f = 0{,}2$ et $g = 10\,\text{m} \cdot \text{s}^{-2}$.

À l'instant initial, le solide a une vitesse nulle et sa position est repérée par $x(t=0) = x_0 = -9{,}0\,\text{cm}$. Nous pourrons poser $\omega_0 = \sqrt{\dfrac{k}{m}}$.

a) Quelle expression de $x(t)$ est correcte ?

ⓐ $\left(x_0 + \dfrac{fmg}{k}\right)\cos(\omega_0 t) - \dfrac{fmg}{k}$

ⓑ $\left(x_0 - \dfrac{fmg}{k}\right)\cos(\omega_0 t) + \dfrac{fmg}{k}$

ⓒ $x_0 \cos(\omega_0 t)$

ⓓ $-\dfrac{fmg}{k} + x_0 \cos(\omega_0 t)$

....

b) Quelle est la vitesse du solide ?

ⓐ $-\left(x_0 + \dfrac{fmg}{k}\right)\omega_0 \sin(\omega_0 t)\overrightarrow{u_x}$

ⓑ $-\left(x_0 - \dfrac{fmg}{k}\right)\omega_0 \sin(\omega_0 t)\overrightarrow{u_x}$

ⓒ $-x_0\omega_0 \sin(\omega_0 t)\overrightarrow{u_x}$

ⓓ $x_0\omega_0 \sin(\omega_0 t)\overrightarrow{u_x}$

....

c) Déterminer l'expression littérale de la vitesse de glissement du solide sur son support.

....

d) À quel instant t_1 (en ms) la phase de glissement s'arrête-t-elle ? ....

e) Déterminer la position x_1 (en cm) du solide à l'instant t_1 ....

Entraînement 3.10 — Calcul du coefficient de frottement.

La masse m glisse sur une table, entraînée par la masse $M = \dfrac{4}{3}m$. Lorsque les deux masses se sont déplacées d'une distance $h = 15\,\text{cm}$, leur vitesse est $v = 82\,\text{cm} \cdot \text{s}^{-1}$.

Une étude énergétique conduit à la relation suivante :

$$\frac{1}{2}mv^2 + \frac{1}{2}Mv^2 = Mgh - f_\text{d}mgh,$$

avec $g = 10\,\text{m} \cdot \text{s}^{-2}$.

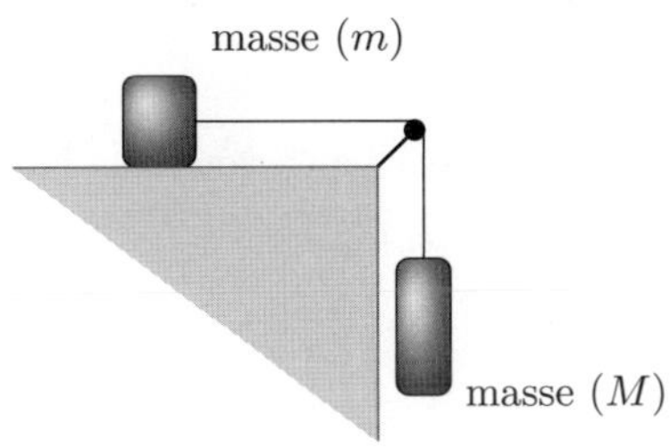

a) Déterminer l'expression de f_d en fonction de g, h et v ....

b) Déterminer la valeur numérique de f_d ....

Entraînement 3.11 — Palet glissant sur un tapis roulant.

Un palet de centre d'inertie G et de masse m glisse sur un tapis roulant. La position et la vitesse de ce palet par rapport au sol fixe sont données respectivement par $\overrightarrow{OG} = x(t)\overrightarrow{e_x}$ et $\vec{v}(G,t) = v(t)\overrightarrow{e_x}$.

La vitesse du tapis par rapport au sol est $\vec{v}_{\text{tapis}} = v_0\overrightarrow{e_x}$ tel que $v_0 = 1\,260\,\text{m}\cdot\text{h}^{-1}$.

Les courbes suivantes donnent l'évolution de la position et de la vitesse du palet au cours du temps.

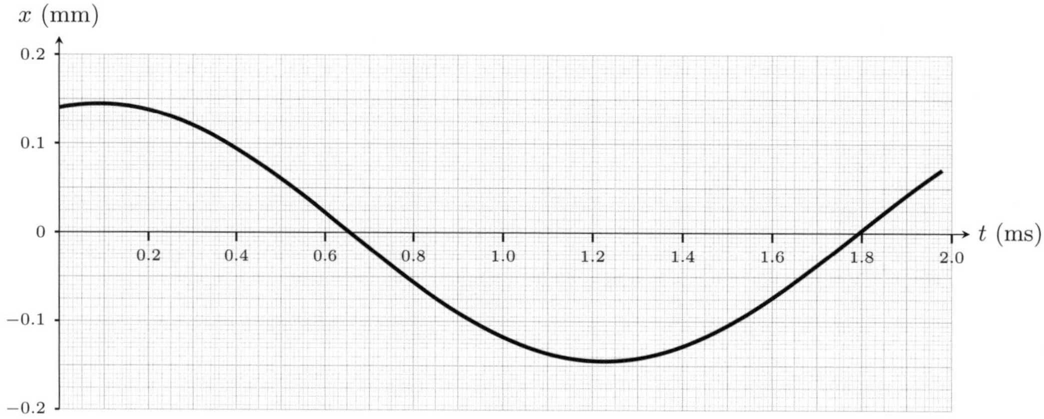

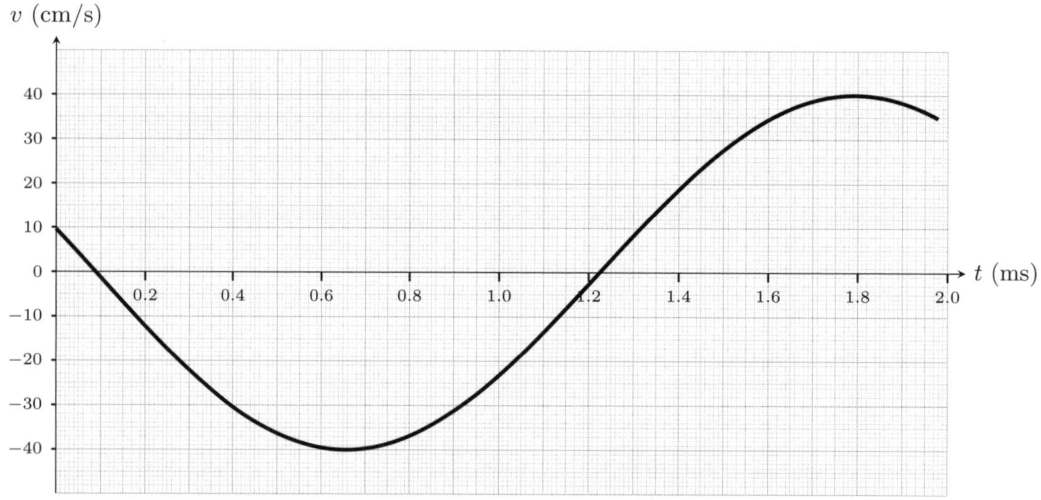

a) Quelle est l'expression de la vitesse de glissement du palet sur le tapis ?

(a) $(v(t) - v_0)\overrightarrow{e_x}$

(b) $(v(t) + v_0)\overrightarrow{e_x}$

(c) $(v_0 - v(t))\overrightarrow{e_x}$

....

b) Déterminer la date t_1 pour laquelle le glissement s'arrête ....

c) Déterminer la position du palet x_1 en µm à la date t_1 ....

De l'adhérence au glissement

Entraînement 3.12 — Déplacement d'une armoire.

Une armoire, trop lourde pour être portée, est déplacée dans une pièce par glissement sur le sol qui est parfaitement horizontal.
Au cours de la manœuvre, on enregistre l'évolution au cours du temps de la norme de $\vec{R}_T$.

Le vecteur $\vec{R}_T$ est la composante tangentielle de la force exercée par le sol sur l'armoire. Nous noterons R_T sa norme.

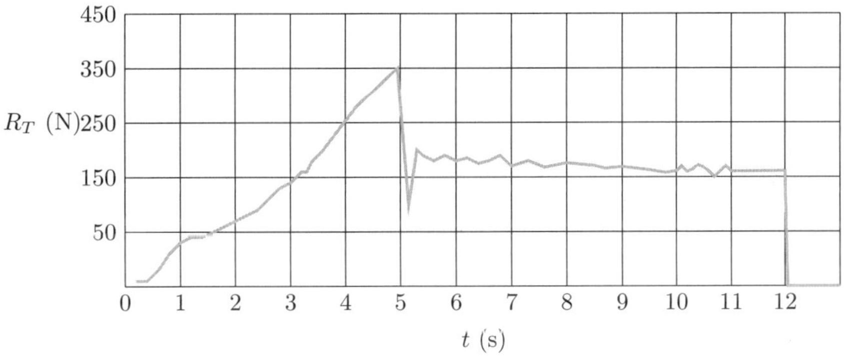

Déterminer par exploitation graphique :

a) L'instant où démarre la phase de glissement ....

b) La durée pendant laquelle l'armoire glisse ....

c) La force tangentielle maximale en phase statique ....

d) La force tangentielle en phase dynamique ....

On cherche à exploiter ces données pour évaluer les coefficients de frottement statique et dynamique sol/armoire, que l'on note respectivement μ_s et μ_d. On estime que l'armoire pèse entre 70 kg et 90 kg et on rappelle les lois de Coulomb : $R_T \leqslant \mu_s R_N$ en phase d'adhérence ; $R_T = \mu_d R_N$ en phase de glissement.

e) Quel est l'ordre de grandeur de μ_s le plus probable ?

(a) 0,2 (b) 0,5 (c) 0,9

....

f) Quel est l'ordre de grandeur de μ_d le plus probable ?

(a) 0,2 (b) 0,5 (c) 0,9

....

Réponses mélangées

1,6 ms	ⓒ	0,8	Faux	$\ddot{x} = -f_\mathrm{d}g + \dfrac{F}{m}$	7 s	$f_\mathrm{d}(F\sin(\alpha) - mg)$				
$-\left(x_0 + \dfrac{fmg}{k}\right)\omega_0 \sin(\omega_0 t)\overrightarrow{u_x}$	ⓓ	3,0 cm	ⓐ	350 N	$\dfrac{1}{6}\left(8 - 7\dfrac{v^2}{gh}\right)$	ⓐ				
ⓐ	Faux	ⓐ	ⓐ	Faux	−1,5 N	ⓑ	ⓐ	5 s	384 ms	
ⓑ	3,2 N	−75 µm	ⓐ	Vrai	ⓒ	ⓓ	ⓒ	2,8 N	175 N	

► Réponses et corrigés page 245

Électrostatique

Prérequis
Repérages cartésien, cylindrique et sphérique.
Intégrales curvilignes, de surface et de volume.
Champs scalaires et vectoriels. Gradient. Théorème de Gauss.

Constantes utiles
→ Charge élémentaire : $e = 1{,}60 \times 10^{-19}\,\mathrm{C}$
→ Permittivité diélectrique du vide : $\varepsilon_0 = 8{,}85 \times 10^{-12}\,\mathrm{F \cdot m^{-1}}$

Distributions de charge : symétries, invariances, charge totale

Entraînement 4.1 — Calculs intégraux de longueurs, surfaces et volumes.

On rappelle les déplacements élémentaires dans chacun des trois systèmes de coordonnées :

- en coordonnées cartésiennes : $\overrightarrow{\mathrm{d}\ell} = \mathrm{d}x\,\overrightarrow{e_x} + \mathrm{d}y\,\overrightarrow{e_y} + \mathrm{d}z\,\overrightarrow{e_z}$
- en coordonnées cylindriques (ou cylindro-polaires) : $\overrightarrow{\mathrm{d}\ell} = \mathrm{d}r\,\overrightarrow{e}_r + r\,\mathrm{d}\theta\,\overrightarrow{e}_\theta + \mathrm{d}z\,\overrightarrow{e_z}$
- en coordonnées sphériques : $\overrightarrow{\mathrm{d}\ell} = \mathrm{d}r\,\overrightarrow{e}_r + r\,\mathrm{d}\theta\,\overrightarrow{e}_\theta + r\sin(\theta)\,\mathrm{d}\varphi\,\overrightarrow{e}_\varphi$

a) Exprimer l'élément de circonférence $\mathrm{d}\mathcal{C}$ d'un disque de rayon R ....

b) Grâce à un calcul intégral, retrouver la circonférence d'un cercle de rayon R.

....

c) En coordonnées cylindriques, exprimer l'aire $\mathrm{d}\mathcal{S}$ de l'élément de surface orthogonal à $\overrightarrow{e_z}$.

....

d) Grâce à un calcul d'intégrale, retrouver la surface d'un disque de rayon R ....

e) Grâce à un calcul d'intégrale, retrouver le volume d'une boule de rayon R ....

Entraînement 4.2 — Charge totale d'une distribution linéique.

Dans chacun des cas suivants, déterminer la charge totale des distributions linéiques suivantes à l'aide de la relation : $Q = \displaystyle\int \lambda(\mathrm{M})\,\mathrm{d}\ell_{\mathrm{M}}$.

a) Pour une tige de longueur ℓ chargée avec une densité linéique de charge uniforme λ_0.

....

b) Pour un anneau de rayon a dont la densité linéique de charge, non uniforme, est $\lambda(\mathrm{M}) = q_0\theta/a$ avec q_0 une constante et θ l'angle qui repère le point M sur l'anneau.

....

Entraînement 4.3 — Feuille d'aluminium chargée.

Soit une feuille d'aluminium de format A4 à laquelle 1 000 électrons ont été arrachés. La feuille porte alors la charge électrique Q.

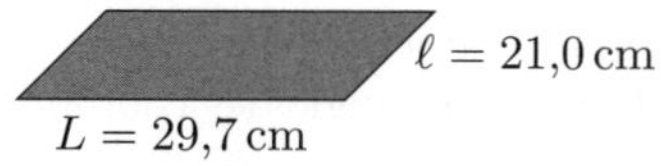

a) Exprimer la charge Q en fonction de la charge électrique élémentaire e ....

b) Exprimer la surface S de la feuille en fonction des longueurs L et ℓ ....

c) En déduire la valeur de la charge surfacique moyenne $\sigma = Q/S$ portée par la feuille ....

Entraînement 4.4 — Quadrupôle électrostatique.

On considère la distribution de charge ci-dessous.

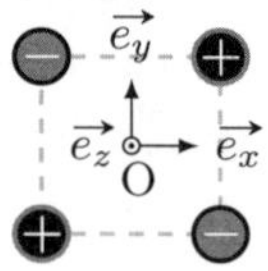

a) Quels sont les trois plans de symétrie de la distribution ?

....

b) Quels sont les deux plans d'antisymétrie de la distribution ?

....

Entraînement 4.5 — Autour d'une sphère chargée.

Tous les résultats devront être donnés en écriture scientifique.

a) Quel est le volume en m^3 d'une sphère de rayon $R = 25\,\text{cm}$? ....

b) Que vaut la charge totale de la sphère, en coulombs, si celle-ci est chargée avec une densité volumique uniforme de $\rho_0 = 50{,}0\,\text{nC} \cdot \text{m}^{-3}$?

....

c) Quelle est l'aire de la surface de la sphère en m^2 ? ....

d) Que vaut la charge totale de la sphère, en coulombs, si celle-ci est chargée avec une densité surfacique uniforme $\sigma = 8\,\mu\text{C} \cdot \text{m}^{-2}$?

....

Entraînement 4.6 — Tube chargé localement.

Un tube conducteur d'axe (Oz) possède une densité surfacique de charge $\sigma(\theta) = \sigma_0 \cos(\theta)$, avec σ_0 une constante et θ l'angle des coordonnées cylindriques (r, θ, z).

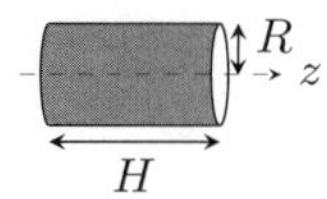

a) Comment s'exprime l'aire d'un élément de surface dS du tube ?

(a) $\mathrm{d}r\,\mathrm{d}z$ (b) $R\,\mathrm{d}\theta\,\mathrm{d}z$ (c) $R\sin(\theta)\,\mathrm{d}\theta\,\mathrm{d}z$ (d) $R\,\mathrm{d}r\,\mathrm{d}\theta$

....

b) Comment s'exprime la charge totale Q portée par le tube ?

(a) $Q = \int_{r=0}^{R}\int_{z=0}^{H} \sigma(\theta)\,\mathrm{d}r\,\mathrm{d}z$

(b) $Q = \int_{\theta=0}^{2\pi}\int_{z=0}^{H} \sigma(\theta) R\sin(\theta)\,\mathrm{d}\theta\,\mathrm{d}z$

(c) $Q = \int_{\theta=0}^{2\pi}\int_{z=0}^{H} \sigma(\theta) R\,\mathrm{d}\theta\,\mathrm{d}z$

(d) $Q = \int_{r=0}^{R}\int_{\theta=0}^{2\pi} \sigma(\theta) R\,\mathrm{d}r\,\mathrm{d}\theta$

....

c) À l'aide du calcul d'une intégrale, déterminer la charge totale Q ....

Entraînement 4.7 — Autour d'un cylindre chargé.

Soit un câble cylindrique d'axe (Oz), de hauteur h et de rayon R, doté d'une densité volumique de charge ρ.

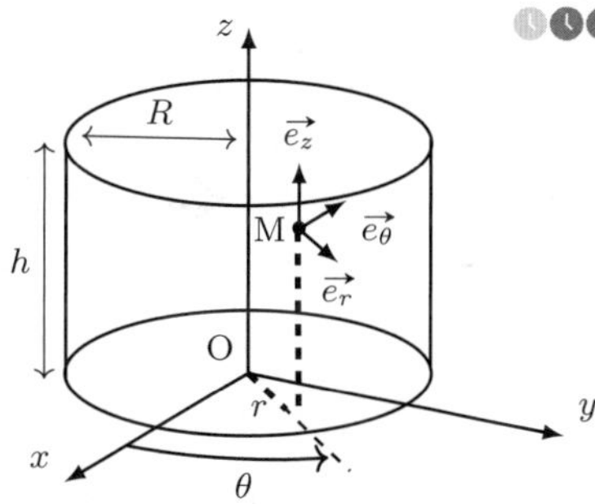

a) Laquelle de ces formules permet de calculer l'aire de la surface latérale du cylindre ?

(a) $\pi R^2 h$ (c) $4\pi R^2 h$

(b) $2\pi R h$ (d) $4\pi R h$

....

b) Sans négliger les effets de bords, déterminer les invariances de cette distribution de charge si,

$$\text{pour } 0 \leqslant z \leqslant h,\ \rho = \rho_0 \left(\frac{r}{R}\right)^3,$$

avec ρ_0 une constante homogène à une charge volumique.

(a) invariance par translation parallèlement à $\vec{e_x}$ (c) invariance par translation parallèlement à $\vec{e_z}$

(b) invariance par rotation autour de l'axe (Oz) (d) aucune invariance

....

c) Même question si, pour $0 \leqslant z \leqslant h$, $\rho = \rho_0 \left(\frac{r}{R}\right)^3 \sin\left(\frac{\theta}{2}\right)$ ....

d) Même question si le cylindre est de hauteur infinie avec $\rho = \rho_0 \left(\frac{r}{R}\right)^3$ ....

De la distribution de charge au champ électrostatique

Entraînement 4.8 — Superpositions et symétries.

Sur le schéma ci-contre figurent, en M_1 et M_2, les champs électrostatiques $\vec{E}_1$ et $\vec{E}_2$ respectivement générés par les deux charges $q_1 = +e$ et $q_2 = +e$.

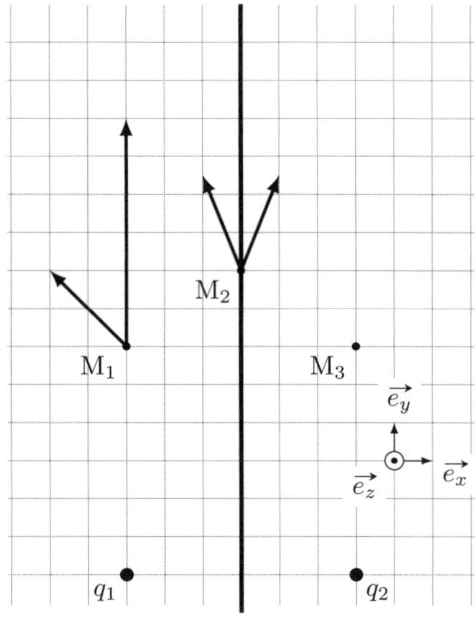

a) Exprimer le champ électrostatique total $\vec{E}$ au point M_1 en fonction des vecteurs de la base.

.... [ ]

b) Exprimer le champ électrostatique total $\vec{E}$ au point M_2 en fonction des vecteurs de la base.

.... [ ]

Le plan $(M_2, \vec{e_y}, \vec{e_z})$, nommé $\mathcal{P}$, est un plan de symétrie de la distribution de charge.

c) Quelles propositions sont correctes ?

(a) $\vec{E}(M_3) = -2\vec{e_x} + 8\vec{e_y}$ (c) $\vec{E}(M_2) \in \mathcal{P}$

(b) $\vec{E}(M_3) = 2\vec{e_x} + 8\vec{e_y}$ (d) $\vec{E}(M_2) \perp \mathcal{P}$

.... [ ]

Entraînement 4.9 — Symétrie d'une distribution volumique de charge.

Le champ électrostatique créé par la distribution volumique ci-dessous est noté $\vec{E}$. Le plan (Π_1) est un plan de symétrie de la distribution. Le plan (Π_2) est un plan d'antisymétrie de la distribution.

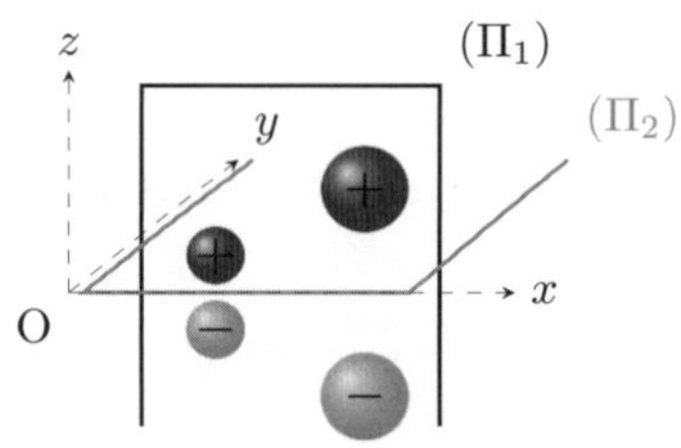

On rappelle qu'en tout point d'un plan de symétrie (resp. antisymétrie) de la distribution, le champ électrostatique appartient (resp. est perpendiculaire) à ce plan.

a) Quel vecteur unitaire est normal au plan (Π_1) ? .... [ ]

b) Quel vecteur unitaire est normal au plan (Π_2) ? .... [ ]

c) En un point $M(x, 0, 0)$ de l'axe (Ox), identifier l'expression correcte parmi celles proposées.

(a) $\vec{E}(M) = \vec{0}$ (b) $\vec{E}(M) = E(M)\vec{e_x}$ (c) $\vec{E}(M) = E(M)\vec{e_y}$ (d) $\vec{E}(M) = E(M)\vec{e_z}$

.... [ ]

Entraînement 4.10 — Invariances d'une distribution volumique de charge.

La grille infinie représentée ci-dessous est constituée de tiges infinies selon $\overrightarrow{e_z}$ et est chargée uniformément négativement.

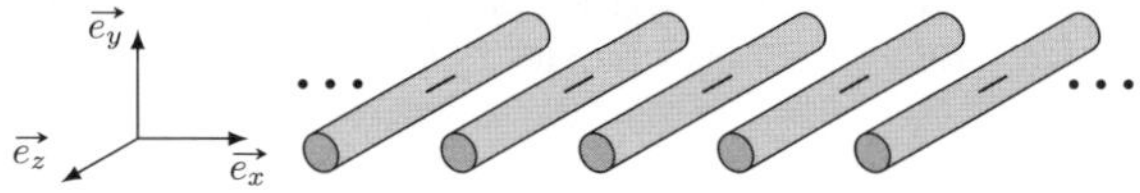

Soit M un point de l'espace repéré par (x, y, z).

Sachant que les composantes du champ électrique $\vec{E}$ possèdent les mêmes invariances que celles de la distribution de charge, lesquelles de ces expressions sont valides si l'étude des symétries a déjà été menée ?

(a) $\vec{E}(x,y,z) = E_x(y)\overrightarrow{e_x} + E_y(y)\overrightarrow{e_y}$

(b) $\vec{E}(x,y,z) = E_x(x,y)\overrightarrow{e_x} + E_y(x,y)\overrightarrow{e_y}$

(c) $\vec{E}(x,y,z) = E_x(x,y) + E_y(x,y)$

(d) $\|\vec{E}\|(x,y,z) = \|\vec{E}\|(x,y,0)$

....

Entraînement 4.11 — Homogénéités.

Dans les expressions suivantes, ρ, σ et λ sont des densités de charge volumique, surfacique et linéique. Le potentiel électrostatique est noté V, et a, ℓ, h et r sont des longueurs.

a) Parmi les expressions suivantes, identifier celles qui sont homogènes à une charge électrique.

(a) $4\pi a^2 \rho$ (b) $\lambda \pi a^2$ (c) $\rho \pi a^2 h$ (d) $\dfrac{\sigma \ell^3}{a}$

....

b) Parmi les expressions suivantes, identifier celles qui sont homogènes à un champ électrostatique.

(a) $\dfrac{\sigma}{\varepsilon_0}$ (b) $(V_2 - V_1)e$ (c) $\dfrac{q^2}{4\pi\varepsilon_0 r}$ (d) $\dfrac{\rho r}{\varepsilon_0}$

....

Entraînement 4.12 — Tracé d'une composante du champ.

La composante radiale du champ électrostatique créé au point M par une sphère de centre O, de rayon R, dotée d'une densité volumique de charge ρ_0, est donnée en fonction de la distance $r = \text{OM}$ par

$$E_r(r < R) = \frac{\rho_0 r}{3\varepsilon_0} \qquad \text{et} \qquad E_r(r > R) = \frac{3\rho_0 R^3}{\varepsilon_0 r^2}.$$

Laquelle de ces courbes décrit l'évolution de E_r en fonction de r ? ....

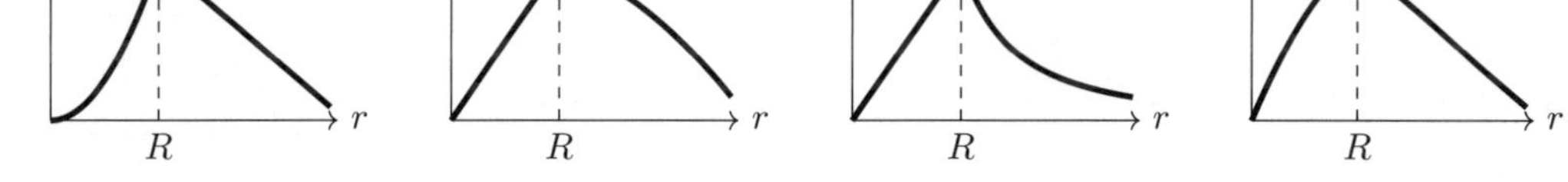

Entraînement 4.13 — Calcul d'un champ électrostatique par intégration.

Un disque, d'axe $(\mathrm{O}z)$ et de rayon R, possède une charge surfacique uniforme σ. On note P un point du disque tandis que M est un point de l'espace qui appartient à l'axe $(\mathrm{O}z)$.

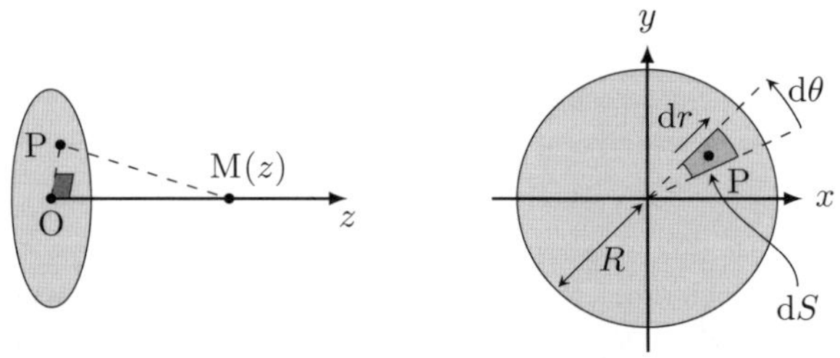

a) Comment s'exprime l'aire élémentaire $\mathrm{d}S$ centrée sur $\mathrm{P}(r,\theta)$?

(a) $\mathrm{d}S = r\,\mathrm{d}r\,\mathrm{d}z$

(b) $\mathrm{d}S = r\sin(\theta)\,\mathrm{d}r\,\mathrm{d}\theta$

(c) $\mathrm{d}S = \mathrm{d}x\,\mathrm{d}z$

(d) $\mathrm{d}S = r\,\mathrm{d}r\,\mathrm{d}\theta$

b) Quelle est l'expression du produit scalaire $\overrightarrow{\mathrm{PM}}\cdot\overrightarrow{e_z}$?

(a) $\overrightarrow{\mathrm{PM}}\cdot\overrightarrow{e_z} = \mathrm{PM}$

(b) $\overrightarrow{\mathrm{PM}}\cdot\overrightarrow{e_z} = \mathrm{d}z$

(c) $\overrightarrow{\mathrm{PM}}\cdot\overrightarrow{e_z} = z$

(d) $\overrightarrow{\mathrm{PM}}\cdot\overrightarrow{e_z} = r$

c) Quelle est l'expression de la distance $\mathrm{PM} = \left\|\overrightarrow{\mathrm{PM}}\right\|$?

(a) $\mathrm{PM} = z^2 + r^2$

(b) $\mathrm{PM} = \sqrt{z^2 + r^2}$

(c) $\mathrm{PM} = \sqrt{\mathrm{d}z^2 + \mathrm{d}r^2}$

(d) $\mathrm{PM} = \mathrm{d}r + \mathrm{d}z$

Le principe de superposition énonce que le champ électrostatique en M est la somme des champs électrostatiques créés par chaque élément de surface d'aire $\mathrm{d}S$ et de charge $\mathrm{d}Q = \sigma\,\mathrm{d}S$. L'expression du champ créé par une source ponctuelle permet alors d'exprimer la composante axiale $E_z = \overrightarrow{E}\cdot\overrightarrow{e_z}$ du champ créé par le disque sur l'axe $(\mathrm{O}z)$ par :

$$E_z = \iint_P \frac{\sigma\,\mathrm{d}S}{4\pi\varepsilon_0}\frac{\overrightarrow{\mathrm{PM}}\cdot\overrightarrow{e_z}}{\mathrm{PM}^3} = \int_{r=0}^{r=R}\int_{\theta=0}^{\theta=2\pi}\frac{\sigma\,r\,\mathrm{d}r\,\mathrm{d}\theta}{4\pi\varepsilon_0}\frac{z}{(r^2+z^2)^{3/2}}.$$

d) Calculer l'intégrale précédente à l'aide du changement de variable $u = r^2$.

e) Simplifier l'expression obtenue en d) si $z \ll R$ afin de retrouver l'expression du champ créé par un plan infini uniformément chargé.

f) Sachant que $(1+\varepsilon)^\alpha = 1 + \alpha\varepsilon$ à l'ordre 1 en ε quand $\varepsilon \to 0$, simplifier l'expression obtenue en d) si $z \gg R$ afin de retrouver l'expression du champ créé par une charge ponctuelle $Q_0 = \pi R^2\sigma$.

Flux électrostatique

Entraînement 4.14 — Signe d'un flux électrostatique à travers une surface.

Le flux $\phi = \iint \vec{E} \cdot \mathrm{d}\vec{S}$ du champ électrostatique $\vec{E}$ à travers une surface orientée (S) dépend de l'orientation de cette surface (voir ci-dessous la flèche sur chaque contour).

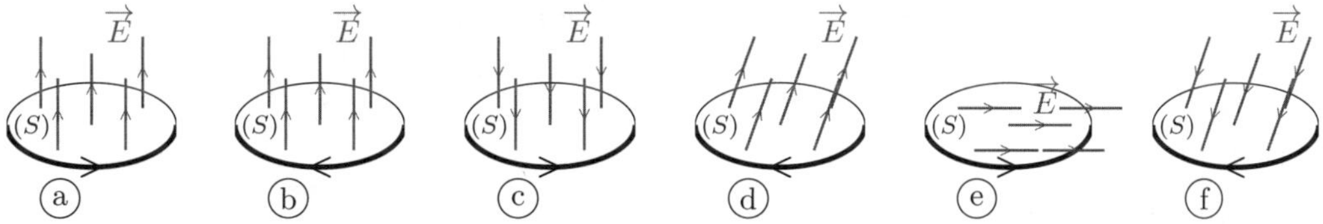

a) Quels sont les cas pour lesquels $\phi > 0$? ....

b) Que vaut ϕ dans le cas (e) ? ....

Entraînement 4.15 — Flux électrostatique à travers une calotte sphérique.

Une charge ponctuelle q, placée au centre O d'un repère sphérique, crée le champ électrostatique $\vec{E} = \dfrac{1}{4\pi\varepsilon_0}\dfrac{q}{r^2}\vec{e}_r$ avec (r, θ, φ) les coordonnées sphériques du point M.

La calotte sphérique représentée ci-contre (en deux dimensions) est la portion de sphère de rayon R qui intersecte le demi-cône d'axe de révolution (Oz) et de demi-angle $\alpha > 0$.

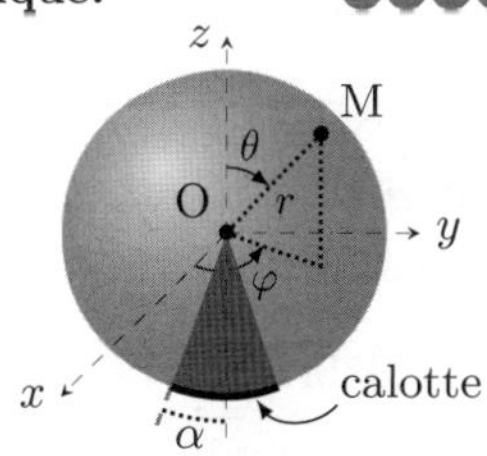

a) Comment s'exprime un élément de surface dS de la calotte sphérique ?

(a) $\mathrm{d}S = R^2\cos(\varphi)\,\mathrm{d}\varphi\,\mathrm{d}\theta$

(b) $\mathrm{d}S = R\sin(\varphi)\,\mathrm{d}\varphi\,\mathrm{d}\theta$

(c) $\mathrm{d}S = R\cos(\theta)\,\mathrm{d}\theta\,\mathrm{d}\varphi$

(d) $\mathrm{d}S = R^2\sin(\theta)\,\mathrm{d}\theta\,\mathrm{d}\varphi$

....

b) Comment s'exprime le flux ϕ du champ électrostatique $\vec{E}$ à travers la calotte sphérique ?

(a) $\phi = \displaystyle\int_{\varphi=\pi-\alpha}^{\pi+\alpha}\int_{\theta=0}^{2\pi} \vec{E}\cdot R^2\cos(\varphi)\,\mathrm{d}\varphi\,\mathrm{d}\theta\,\vec{e}_r$

(b) $\phi = \displaystyle\int_{\varphi=-\alpha}^{\alpha}\int_{\theta=0}^{\pi} \vec{E}\cdot R^2\cos(\varphi)\,\mathrm{d}\varphi\,\mathrm{d}\theta\,\vec{e}_r$

(c) $\phi = \displaystyle\int_{\theta=\pi-\alpha}^{\pi}\int_{\varphi=0}^{2\pi} \vec{E}\cdot R^2\sin(\theta)\,\mathrm{d}\theta\,\mathrm{d}\varphi\,\vec{e}_r$

(d) $\phi = \displaystyle\int_{\theta=-\alpha}^{\alpha}\int_{\varphi=0}^{2\pi} \vec{E}\cdot R^2\sin(\theta)\,\mathrm{d}\theta\,\mathrm{d}\varphi\,\vec{e}_r$

....

c) Calculer la double intégrale. Écrire le résultat obtenu sous la forme $\phi = K(1 - \cos\alpha)$, avec K une constante à exprimer en fonction de q et ε_0. ....

d) Réaliser l'application numérique de ϕ dans le cas où $\alpha = \pi$ et $q = e$. ....

Entraînement 4.16 — Avec le théorème de Gauss.

Une distribution volumique, de charge volumique inconnue, crée un champ électrostatique dont l'expression en repérage sphérique est $\vec{E}(\mathrm{M}) = E_r\,\vec{e}_r = \dfrac{q}{4\pi\varepsilon_0}\dfrac{1}{r^2}\left(1+\dfrac{r}{a}\right)\mathrm{e}^{-r/a}\vec{e}_r$, où q et a sont des constantes positives.

a) Exprimer le flux électrostatique $\phi(\vec{E})$ à travers une sphère de rayon r en fonction de $E(r)$ et r.

....

b) Exprimer la charge $Q = \varepsilon_0\phi(\vec{E})$ (théorème de Gauss) située à l'intérieur de la sphère de rayon r.

(a) $\dfrac{q}{\varepsilon_0}\left(1+\dfrac{r}{a}\right)\mathrm{e}^{-r/a}$

(b) $q\left(a+\dfrac{r}{a}\right)\mathrm{e}^{-r/a}$

(c) $q\left(1+\dfrac{r}{a}\right)\mathrm{e}^{-r/a}$

(d) $-q\,\mathrm{e}^{-r/a}$

....

c) Quelles sont les valeurs limites de Q pour $r \to 0$ et $r \to +\infty$? ....

Circulation du champ électrostatique – Potentiel électrostatique

Entraînement 4.17 — Signe d'une circulation électrostatique le long d'un chemin.

Les lignes du champ électrostatique $\vec{E}$ produit par une charge ponctuelle q négative convergent vers cette charge. La circulation $\mathcal{C} = \displaystyle\int \vec{E}\cdot\overrightarrow{\mathrm{d}\ell}$ le long d'un chemin orienté dépend de l'orientation de ce chemin.

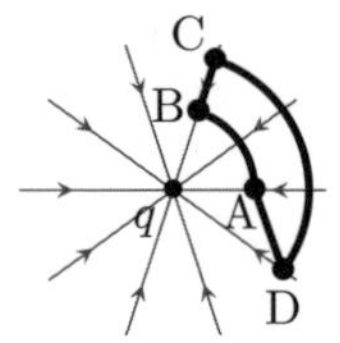

Pour chaque chemin orienté, indiquer si la circulation $\mathcal{C}$ est positive, négative ou nulle.

a) A→B ...   b) B→C ...   c) C→D ...   d) D→A ..

Entraînement 4.18 — Orientation du champ au sein d'un condensateur plan.

Le schéma ci-dessous représente un condensateur plan dont les armatures sont portées aux potentiels $V_1 = -6\,\mathrm{V}$ et $V_2 = 3\,\mathrm{V}$. Deux surfaces équipotentielles sont représentées par des lignes en tirets.

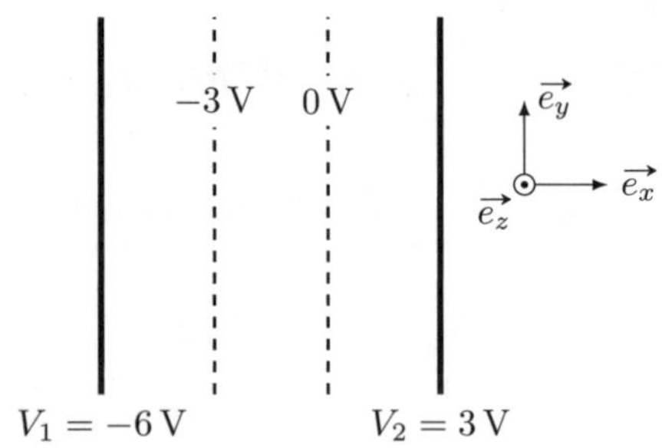

a) Donner l'orientation du vecteur $\overrightarrow{\mathrm{grad}}\,V$.

(a) $\vec{e_x}$ (b) $-\vec{e_y}$ (c) $-\vec{e_x}$ (d) $\vec{e_z}$

....

b) Donner l'orientation du vecteur champ électrostatique $\vec{E}$.

(a) $\vec{e_x}$ (b) $-\vec{e_y}$ (c) $-\vec{e_x}$ (d) $\vec{e_z}$

....

Entraînement 4.19 — Circulation et différence de potentiel.

Soit un segment orienté allant d'un point A à un point B de coordonnées cartésiennes respectives $(a, 0)$ et $(2a, 2a)$. Le vecteur déplacement élémentaire en repérage cartésien s'exprime comme $\overrightarrow{\mathrm{d}\ell} = \mathrm{d}x\overrightarrow{e_x} + \mathrm{d}y\overrightarrow{e_y}$.

a) Laquelle des relations suivantes est valable le long du segment AB ?

(a) $\mathrm{d}y = \mathrm{d}x$ (b) $\mathrm{d}y = 2\,\mathrm{d}x$ (c) $\mathrm{d}x = 0$ (d) $\mathrm{d}y = 0$

....

Soit un champ $\overrightarrow{E} = E_0\left(1 - \mathrm{e}^{-x/a}\right)\overrightarrow{e_x}$, avec $a > 0$.

b) Sachant que le champ électrostatique est orienté dans le sens des potentiels électriques V décroissants, déterminer sans calcul lequel de $V(x = a)$ ou $V(x = 2a)$ est le potentiel le plus élevé ....

c) La circulation électrostatique sur le segment AB est reliée à la différence de potentiel électrique par

$$V(\mathrm{A}) - V(\mathrm{B}) = \int_{\mathrm{A}}^{\mathrm{B}} \overrightarrow{E} \cdot \overrightarrow{\mathrm{d}\ell}.$$

Exprimer $V(\mathrm{A}) - V(\mathrm{B})$ en fonction de E_0 et a ....

Entraînement 4.20 — Approximation dipolaire.

Soit un dipôle électrostatique constitué de deux charges ponctuelles opposées $+q$ et $-q$, séparées par une distance $\mathrm{AB} = a$. D'après le principe de superposition, le potentiel créé par ce doublet en un point M s'écrit

$$V(\mathrm{M}) = \frac{q}{4\pi\varepsilon_0}\left(\frac{1}{\mathrm{AM}} - \frac{1}{\mathrm{BM}}\right).$$

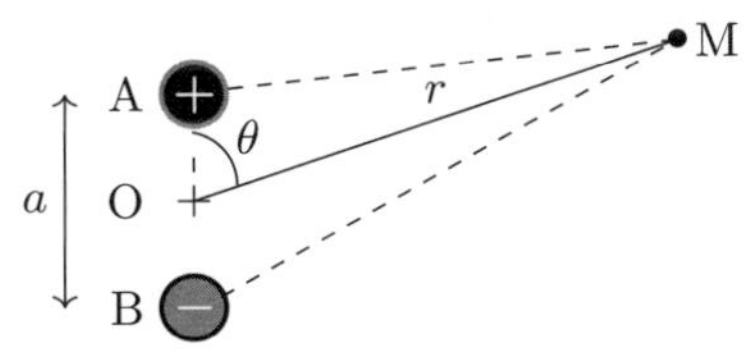

a) Laquelle de ces propositions donne l'expression de $\mathrm{AM} = \|\overrightarrow{\mathrm{AM}}\|$ au carré en fonction de a et θ ?

(a) $\mathrm{AM}^2 = r^2 + \left(\frac{a}{2}\right)^2 - ar\sin(\theta)$

(b) $\mathrm{AM}^2 = r^2 + \left(\frac{a}{2}\right)^2 + ar\cos(\theta)$

(c) $\mathrm{AM}^2 = r^2 + \left(\frac{a}{2}\right)^2 - ar\cos(\theta)$

....

On se place dans l'approximation dipolaire, c'est-à-dire loin du doublet de charges : $r \gg a$.

b) Réaliser un développement limité de $1/\mathrm{AM}$ à l'ordre 1 en a/r ......

c) Même question pour $1/\mathrm{BM}$ ....

d) En déduire l'expression du potentiel $V(\mathrm{M})$ dans l'approximation dipolaire.

....

Entraînement 4.21 — Effet de pointe.

Un individu porte une charge négative, ce qui modifie localement les propriétés du champ électrostatique. La figure ci-dessous représente qualitativement les lignes de champ en trait plein tandis que les (surfaces) équipotentielles sont illustrées en pointillés. L'échelle du schéma est 1 division ↔ 40 cm.

a) Comment sont orientées les lignes de champ électrostatique ?

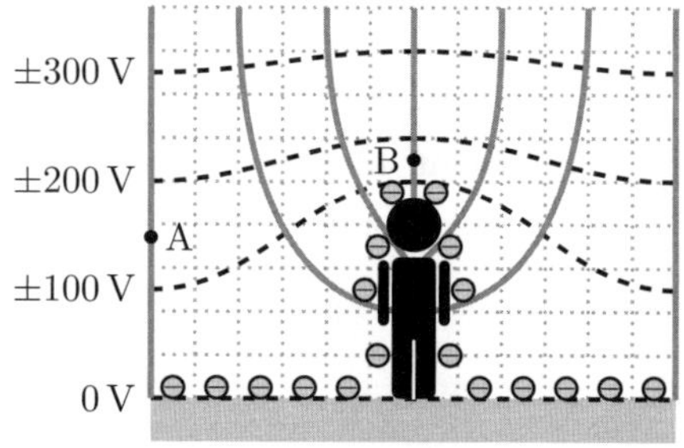

(a) vers l'individu

(b) sortant de l'individu

....

b) Quel est le signe des valeurs de potentiel électrostatique des équipotentielles représentées ? ....

c) Évaluer l'ordre de grandeur du champ en A ...

d) Indiquer par une analyse de la carte de champ, et sans aucun calcul, laquelle de ces propositions est vraisemblable :

(a) $\vec{E}(B) > \vec{E}(A)$

(b) $\|\vec{E}(B)\| > \|\vec{E}(A)\|$

(c) $\vec{E}(B) = \vec{E}(A)$

(d) $\|\vec{E}(B)\| < \|\vec{E}(A)\|$

....

Toujours plus d'électrostatique

Entraînement 4.22 — Charge totale et charge moyenne.

La charge totale d'une distribution occupant un volume V s'exprime comme $Q = \iiint_{(V)} \rho \, \mathrm{d}V$ avec ρ la charge volumique et $\mathrm{d}V$ le volume élémentaire dont les expressions en repérages cartésien, cylindrique et sphérique sont respectivement $\mathrm{d}V = \mathrm{d}x\,\mathrm{d}y\,\mathrm{d}z$, $\mathrm{d}V = r\,\mathrm{d}r\,\mathrm{d}\theta\,\mathrm{d}z$ et $\mathrm{d}V = r^2\sin(\theta)\,\mathrm{d}r\,\mathrm{d}\theta\,\mathrm{d}\varphi$.

Déterminer la charge totale et la charge volumique moyenne $\rho_\mathrm{m} = Q/V$ des distributions ci-dessous.

On notera que ρ_0 est une constante homogène à une charge volumique.

a) Un pavé, d'épaisseur $2H$ selon la direction $\vec{e_z}$ $(-H \leqslant z \leqslant +H)$ et de base d'aire $\mathcal{A}$ a une charge volumique $\rho(x,y,z) = \rho_0\left(1 - \dfrac{z^2}{H^2}\right)$.

....

b) Un cylindre, de rayon R et de hauteur H, a une charge volumique $\rho(r,\theta,z) = \rho_0\left(1 - \dfrac{r^2}{R^2}\right)$.

....

c) L'espace (infini) a une charge volumique $\rho(r,\theta,\varphi) = \rho_0 \dfrac{R^2}{r^2}\exp\left(-\dfrac{r}{R}\right)$ où R est une constante homogène à une distance.

....

Entraînement 4.23 — Analyse dimensionnelle.

Laquelle de ces expressions n'est pas homogène à un potentiel électrostatique V (ou une tension U) si C est une capacité de condensateur, q une charge électrique, T une température, R la constante des gaz parfaits, $\mathcal{N}_A$ la constante d'Avogadro, E_z un champ électrostatique et d une distance ?

(a) $U = Cq$ (b) $V = RT/q\mathcal{N}_A$ (c) $U = E_z d$

....

Entraînement 4.24 — Calcul de divergence de champ électrostatique.

Le champ électrostatique et sa divergence en repérage cylindrique sont respectivement

$$\vec{E} = E_r\vec{e_r} + E_\theta\vec{e_\theta} + E_z\vec{e_z} \quad \text{et} \quad \operatorname{div}\vec{E} = \frac{1}{r}\frac{\partial(rE_r)}{\partial r} + \frac{1}{r}\frac{\partial E_\theta}{\partial \theta} + \frac{\partial E_z}{\partial z}.$$

Exprimer la divergence du champ $\vec{E_1} = \dfrac{\alpha}{r}\vec{e_r}$ avec α une constante ....

Entraînement 4.25 — Tracé d'une composante du champ – *Bis repetita.*

Une distribution de charge à symétrie cylindrique, d'axe (Oz), de rayons caractéristiques R_1 et R_2, produit en un point de coordonnée radiale r un champ électrostatique de composante radiale donnée par

$$\begin{cases} E_r(r < R_1) = -\dfrac{\alpha r^2}{3\varepsilon_0} \\ E_r(R_1 < r < R_2) = -\dfrac{\alpha R_1^3}{3\varepsilon_0 r} \\ E_r(r > R_2) = \dfrac{1}{\varepsilon_0 r}\left(-\dfrac{\alpha R_1^3}{3} + \sigma R_2\right), \end{cases}$$

avec α et σ deux constantes positives.

Laquelle de ces courbes décrit l'évolution de E_r en fonction de r ? ....

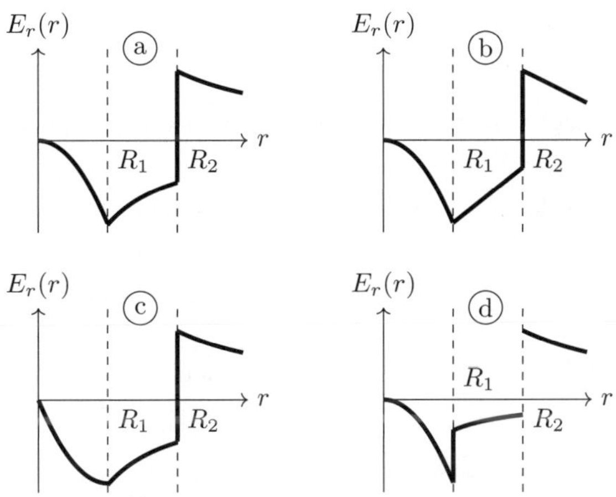

Entraînement 4.26 — Orientation du champ créé par une charge ponctuelle.

Sur le schéma ci-contre, on trouve 3 surfaces équipotentielles générées par une charge ponctuelle placée au centre.

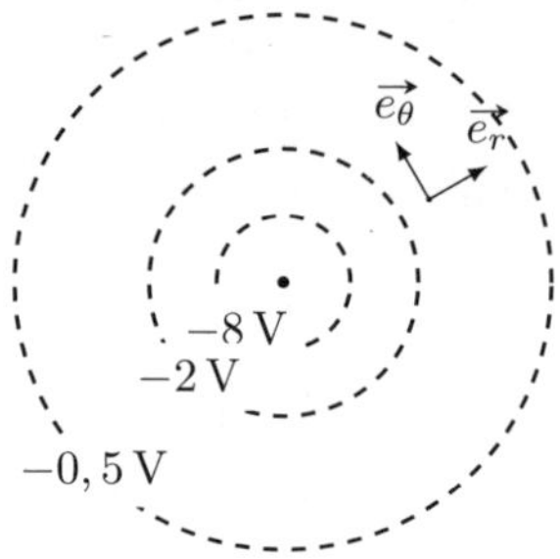

a) Donner l'orientation du vecteur $\overrightarrow{\text{grad}}\,V$.

ⓐ $\vec{e_\theta}$ ⓑ $-\vec{e_r}$ ⓒ $-\vec{e_\theta}$ ⓓ $\vec{e_r}$

b) Donner l'orientation du vecteur champ électrostatique $\vec{E}$.

ⓐ $\vec{e_\theta}$ ⓑ $-\vec{e_r}$ ⓒ $-\vec{e_\theta}$ ⓓ $\vec{e_r}$

Entraînement 4.27 — Un potentiel, une courbe.

Les expressions des potentiels électrostatiques V_a, V_b et V_c données ci-après rendent compte de situations physiques volontairement non détaillées ici. Les fonctions V_a, V_b et V_c sont définies pour des valeurs de r strictement positives. Enfin, λ, σ et ρ sont des constantes positives.

$$V_a(r) = \frac{-\lambda}{2\pi\varepsilon_0}\ln\left(\frac{r}{r_0}\right) \quad , \quad V_b(r) = \begin{cases} \dfrac{\rho}{6\varepsilon_0}(3R^2 - r^2) & \text{si } r \leqslant R \\ \dfrac{\rho}{3\varepsilon_0}\dfrac{R^3}{r} & \text{si } r \geqslant R \end{cases} \quad \text{et} \quad V_c(x) = V_0 - \frac{\sigma}{\varepsilon_0}x.$$

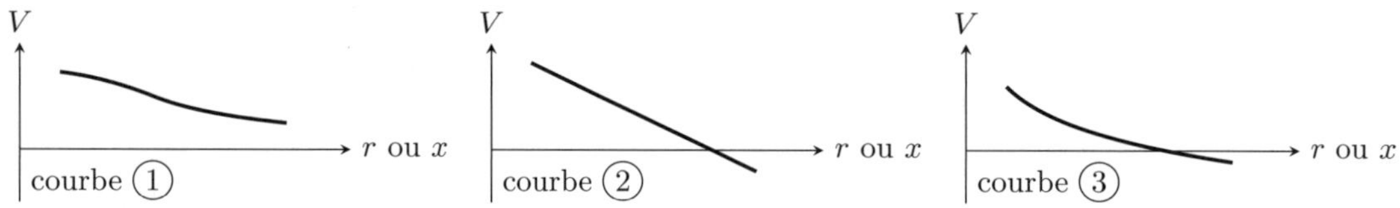

Attribuer à chaque potentiel électrostatique une courbe.

a) V_a .... b) V_b .... c) V_c ....

Entraînement 4.28 — Énergie électrostatique au sein d'un condensateur.

Soit un condensateur sphérique dont l'armature interne est une sphère de rayon R et l'armature externe une sphère de rayon $R + h$. Le champ électrostatique entre les deux armatures est $\vec{E} = -\dfrac{Q}{4\pi\varepsilon_0 r^2}\vec{e_r}$, avec $-Q$ la charge portée par l'armature interne.

L'énergie électrostatique stockée entre les armatures du condensateur est

$$\mathcal{E} = \int_{r=R}^{R+h}\int_{\theta=0}^{\pi}\int_{\varphi=0}^{2\pi} \frac{\varepsilon_0\vec{E}^2}{2} r^2 \sin\theta \,\mathrm{d}r\,\mathrm{d}\theta\,\mathrm{d}\varphi.$$

Exprimer $\mathcal{E}$ en fonction de R, h, Q et ε_0 ....

Réponses mélangées

positive   ⓒ   ⓑ et ⓒ   ⓑ   ⓐ $\underbrace{\dfrac{q}{2\varepsilon_0}}_{K}(1-\cos\alpha)$ $2\pi R$ Courbe ①

nulle   négative   ⓓ $\dfrac{qa\cos(\theta)}{4\pi\varepsilon_0 r^2}$ $-2\overrightarrow{e_x}+8\overrightarrow{e_y}$ ⓐ $\overrightarrow{e_z}$ ⓓ $R\,\mathrm{d}\theta$

$\dfrac{1}{r}\left(1-\dfrac{a\cos(\theta)}{2r}\right)$ ⓑ   ⓑ 0 $\overrightarrow{e_y}$ ⓑ $Q=4\rho_0\mathcal{A}H/3,\ \rho_\mathrm{m}=2\rho_0/3$

ⓑ et ⓓ $2{,}57\times10^{-15}\,\mathrm{C\cdot m^{-2}}$ $4\pi r^2E(r)$ πR^2 ⓑ et ⓒ $\dfrac{\sigma}{2\varepsilon_0}$

$Q=\rho_0\pi R^2H/2,\ \rho_\mathrm{m}=\rho_0/2$ $\dfrac{4}{3}\pi R^3$ $E_0a(1+\mathrm{e}^{-2}-\mathrm{e}^{-1})$ ⓓ   ⓐ $1\times10^{2}\,\mathrm{V\cdot m^{-1}}$

ⓐ $6{,}5\times10^{-2}\,\mathrm{m^3}$ ⓐ et ⓓ   ⓐ et ⓕ $1{,}8\times10^{-8}\,\mathrm{V\cdot m}$ ⓒ

$(\mathrm{O},\overrightarrow{e_x}+\overrightarrow{e_y},\overrightarrow{e_z})$, $(\mathrm{O},\overrightarrow{e_x}-\overrightarrow{e_y},\overrightarrow{e_z})$ et $(\mathrm{O},\overrightarrow{e_x},\overrightarrow{e_y})$ $L\times\ell$ 0 $3{,}3\times10^{-9}\,\mathrm{C}$ Courbe ②

$Q=\rho_0 4\pi R^3,\ \rho_\mathrm{m}=0$ ⓑ $6\times10^{-6}\,\mathrm{C}$ ⓒ $\dfrac{Q^2}{8\pi\varepsilon_0}\dfrac{h}{R(R+h)}$ ⓑ $\dfrac{Q_0}{4\pi\varepsilon_0 z^2}$

ⓒ   ⓒ $(\mathrm{O},\overrightarrow{e_x},\overrightarrow{e_z})$ et $(\mathrm{O},\overrightarrow{e_y},\overrightarrow{e_z})$ $\dfrac{\sigma}{2\varepsilon_0}\left(1-\sqrt{\dfrac{z^2}{z^2+R^2}}\right)$ $5\overrightarrow{e_y}$ $2\pi^2q_0$

$7{,}9\times10^{-1}\,\mathrm{m^2}$ ⓒ et ⓓ $+1\,000\times e$ nulle   Courbe ③ $r\,\mathrm{d}r\,\mathrm{d}\theta$ ⓑ

ⓒ   ⓓ   ⓓ 0 $\lambda_0\ell$ ⓒ $V(a)$ positif q et 0 $\dfrac{1}{r}\left(1+\dfrac{a\cos(\theta)}{2r}\right)$

► Réponses et corrigés page 250

Magnétostatique

Prérequis
Repérages cartésien, cylindrique et sphérique. Intégrales curvilignes, de surface et de volume. Champs scalaire et vectoriel. Théorème d'Ampère.

Constantes utiles

→ Charge électrique élémentaire : $e = 1{,}602 \times 10^{-19}$ C

→ Masse de l'électron : $m_e = 9{,}11 \times 10^{-31}$ kg

→ Perméabilité magnétique du vide : $\mu_0 = 4\pi \times 10^{-7}\,\mathrm{H \cdot m^{-1}}$

Distributions de courant et densités de courant

Entraînement 5.1 — Dimension de densités de courant.

La dimension d'une intensité électrique est notée I, celle d'un temps T, et celle d'une longueur L.

a) On note $\vec{j}$ une densité volumique de courant, $\vec{j_s}$ une densité surfacique de courant et I l'intensité d'un courant. Quelles sont les relations correctes ?

(a) $I = \iint \vec{j} \cdot \overrightarrow{dS}$ (b) $\vec{j} = \iint I\overrightarrow{dS}$ (c) $I = \iiint \vec{j} \cdot \overrightarrow{dV}$ (d) $I = \int \vec{j_s} \cdot \overrightarrow{d\ell}$

....

b) Comment s'écrit la dimension de la norme d'une densité volumique de courant $\vec{j}$?

(a) $\mathrm{I \cdot L^{-3}}$ (b) $\mathrm{I \cdot T \cdot L^{-2}}$ (c) $\mathrm{I \cdot T \cdot L^{-3}}$ (d) $\mathrm{I \cdot L^{-2}}$

....

c) Comment s'écrit la dimension de la norme d'une densité surfacique de courant $\vec{j_s}$?

(a) $\mathrm{I \cdot L^{-1}}$ (b) $\mathrm{I \cdot T \cdot L^{-1}}$ (c) $\mathrm{I \cdot L^{2}}$ (d) $\mathrm{I \cdot L^{-2}}$

....

Entraînement 5.2 — Densité volumique de courant en coordonnées cylindriques.

Soit un conducteur cylindrique (rayon a et longueur ℓ) d'axe (Oz) parcouru par un courant d'intensité

$$I = \iint \vec{j} \cdot \overrightarrow{dS},$$

où $\vec{j} = j_0 \dfrac{b}{r} \vec{e_z}$ est le vecteur densité volumique de courant, avec j_0 et b constants, et $\overrightarrow{dS} = dS\vec{e_z}$ un élément de section orientée.

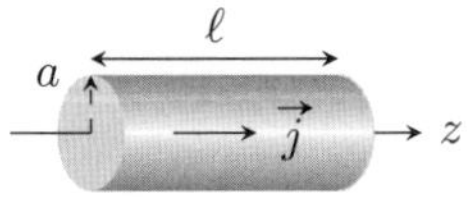

Exprimer I en fonction de la section S du conducteur, du rayon a et des constantes j_0 et b.

....

Entraînement 5.3 — Densité surfacique de courant en coordonnées cylindriques.

Soit un conducteur cylindrique (rayon a et longueur ℓ) d'axe (Oz) parcouru par un courant d'intensité

$$I = \int \overrightarrow{j_s} \cdot \overrightarrow{d\ell},$$

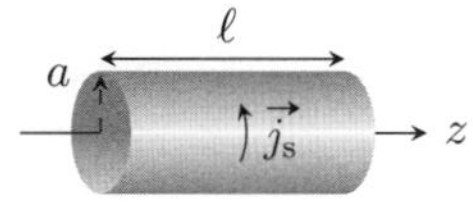

où $\overrightarrow{j_s} = j_{s,0}\overrightarrow{e_\theta}$ est un vecteur densité surfacique de courant constant et où $\overrightarrow{d\ell} = dz\overrightarrow{e_\theta}$ un élément de longueur orientée.

Exprimer I en fonction de la longueur ℓ du conducteur et de la constante $j_{s,0}$.

....

Symétries et invariances

Entraînement 5.4 — Vent solaire.

Le vent solaire est un flux de particules chargées, majoritairement constitué de protons et de noyaux d'hélium. Le Soleil est considéré comme ponctuel et placé à l'origine O d'un repère sphérique. En première approximation, le vent solaire est assimilé à un courant de particules radial et stationnaire.

a) Si l'émission est isotrope, quelle est l'expression simplifiée du vecteur densité de courant en M(r,θ,φ) ?

ⓐ $\vec{j}(M) = j_r(r,\theta)\overrightarrow{e_\theta}$

ⓑ $\vec{j}(M) = j_\theta(r)\overrightarrow{e_\theta}$

ⓒ $\vec{j}(M) = j_r(r,\theta)\overrightarrow{e_r}$

ⓓ $\vec{j}(M) = j_r(r)\overrightarrow{e_r}$

....

b) Exprimer alors l'intensité I_R du courant électrique traversant une sphère de rayon R.

....

Entraînement 5.5 — Propriétés de symétrie d'une distribution de courant (I).

Soit un solénoïde d'axe (Ox), parcouru par un courant stationnaire d'intensité I.

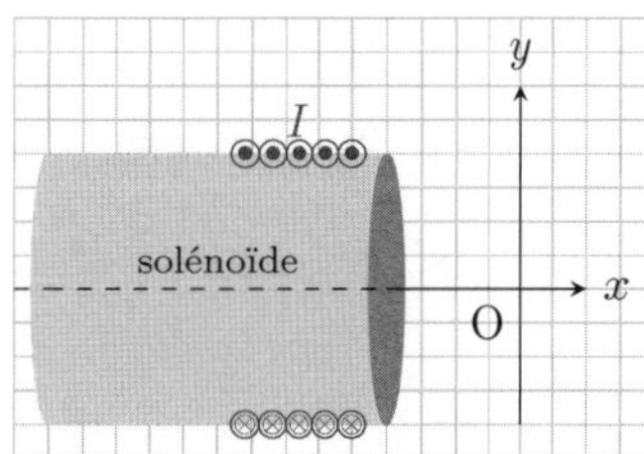

On rappelle qu'un plan de symétrie (resp. antisymétrie) d'une distribution de courant est un plan pour lequel, de part et d'autre de celui-ci, les courants de la distribution sont répartis de manière strictement identique (resp. opposée).

Parmi les propositions ci-dessous, quelles sont celles qui sont correctes ?

ⓐ Le plan (xOy) est un plan de symétrie de la distribution.

ⓑ Le plan (xOy) est un plan d'antisymétrie de la distribution même si le solénoïde n'est pas infiniment long.

ⓒ Le plan (xOz) est un plan d'antisymétrie de la distribution.

ⓓ Le plan (xOz) est un plan de symétrie de la distribution seulement si le solénoïde est infiniment long.

....

Entraînement 5.6 — Propriétés de symétrie d'une distribution de courant (II).

On considère la situation suivante, où deux fils infinis sont parcourus par des courants de même intensité I et de même sens (de l'arrière vers l'avant).

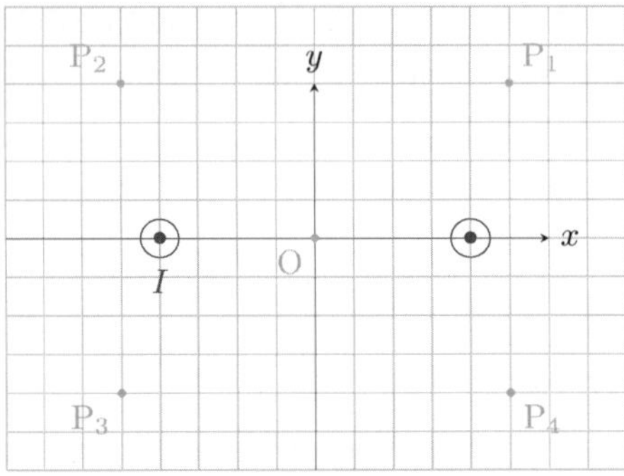

On rappelle qu'en tout point d'un plan de symétrie (respectivement d'antisymétrie) de la distribution, le champ magnétostatique est perpendiculaire (respectivement appartient) à ce plan.

a) Le plan (xOy) est un plan d'antisymétrie pour la distribution.

Quelles sont les propositions correctes ?

(a) Le vecteur $\vec{e_z}$ est normal à ce plan.

(b) Au point O, le champ $\vec{B}$ est selon $\pm\vec{e_z}$.

(c) Au point P_1, le champ $\vec{B}$ appartient à ce plan.

(d) Au point P_3, le champ $\vec{B}$ appartient à ce plan.

....

b) Le plan (yOz) est un plan de symétrie pour la distribution.

Quelles sont les propositions incorrectes ?

(a) Le vecteur $\vec{e_x}$ est normal à ce plan.

(b) $\vec{B}(P_4) = B_y(P_4)\vec{e_y} + B_z(P_4)\vec{e_z}$

(c) Au point P_2, le champ $\vec{B}$ est selon $\pm\vec{e_y}$.

(d) $\vec{B}(O) = B(O)\vec{e_z}$

....

c) Quelles sont les propositions incomplètes ou incorrectes ?

(a) Le plan (xOz) est un plan d'antisymétrie pour la distribution.

(b) $\vec{B}(O) = \vec{0}$

(c) Le champ $\vec{B}$ est toujours perpendiculaire au plan (xOz).

(d) $\vec{B}(P_2) = -\vec{B}(P_1)$

....

Entraînement 5.7 — Couche épaisse infinie parcourue par un courant.

Soit une couche infinie suivant les axes (Ox) et (Oy), située entre les plans d'équations $z = d$ et $z = -d$, parcourue par un courant de densité volumique uniforme $\vec{j} = j_0\vec{e_x}$.

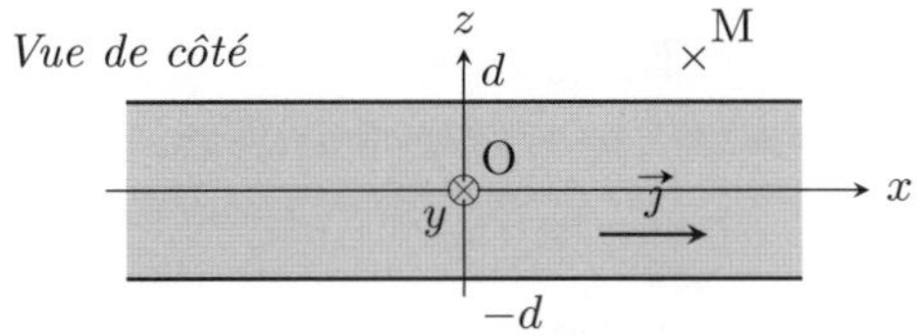

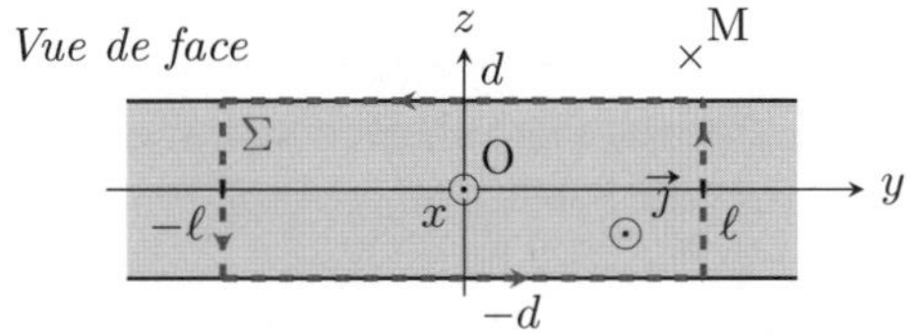

a) Exprimer l'intensité I du courant qui traverse la surface Σ orientée suivant $\vec{e_x}$ ...

b) Quelles sont les invariances de cette distribution de courant ?

(a) invariance par translation parallèlement à l'axe (Ox)

(b) invariance par rotation autour de l'axe (Oz)

(c) invariance par translation parallèlement à l'axe (Oy)

(d) aucune invariance

....

c) Le champ magnétostatique au point M est suivant le vecteur $\vec{e_y}$.

Sachant que les composantes du champ magnétostatique possèdent les mêmes invariances que la distribution, déterminer l'expression correcte.

(a) $\vec{B}(M) = B_y(y)\vec{e_y}$ (b) $\vec{B}(M) = B_y(z)\vec{e_y}$ (c) $\vec{B}(M) = B_y(y,z)\vec{e_y}$

....

Champs magnétostatiques

Entraînement 5.8 — Théorème de superposition.

Deux solénoïdes longs, parcourus par des courants stationnaires d'intensités I_1 et I_2, sont positionnés perpendiculairement entre eux et à égale distance d'un point O. En ce point, le champ magnétostatique produit par le solénoïde (1) est supposé s'écrire $\vec{B_1}(O) = \mu_0 n_1 I_1 \vec{e_x}$, avec n_1 le nombre de spires par unité de longueur du solénoïde (1).

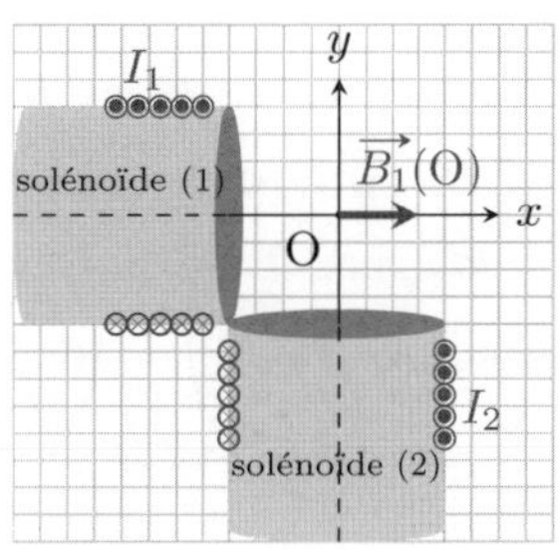

a) Par analogie avec l'expression fournie pour le solénoïde (1), écrire le champ magnétostatique produit par le solénoïde (2) au point O.

....

b) D'après le théorème de superposition, comment s'écrit alors le champ total produit au point O ?

(a) $\vec{B}(O) = \mu_0(n_1I_1 + n_2I_2)\vec{e_z}$

(b) $\vec{B}(O) = \mu_0(n_1I_1 - n_2I_2)\vec{e_z}$

(c) $\vec{B}(O) = \mu_0(n_1I_1 - n_2I_2)(\vec{e_x} + \vec{e_y})$

(d) $\vec{B}(O) = \mu_0(n_1I_1\vec{e_x} - n_2I_2\vec{e_y})$

....

Entraînement 5.9 — Analyse dimensionnelle et champ magnétique.

Sachant que la force magnétique s'exprime comme $\vec{F} = q\vec{v} \wedge \vec{B}$, avec $\vec{v}$ une vitesse, q une charge électrique et $\vec{B}$ un champ magnétique, déterminer laquelle des expressions ci-dessous est homogène à la norme B d'un champ magnétique si m est une masse et R un rayon.

(a) $\dfrac{qv}{mR}$ (b) $\dfrac{mR}{qv}$ (c) $\dfrac{qR}{mv}$ (d) $\dfrac{mv}{qR}$

....

Entraînement 5.10 — Graphes et expressions d'un champ magnétique.

On donne les graphes associés aux champs magnétiques créés par divers dispositifs, chacun étant parcouru par un courant d'intensité I.

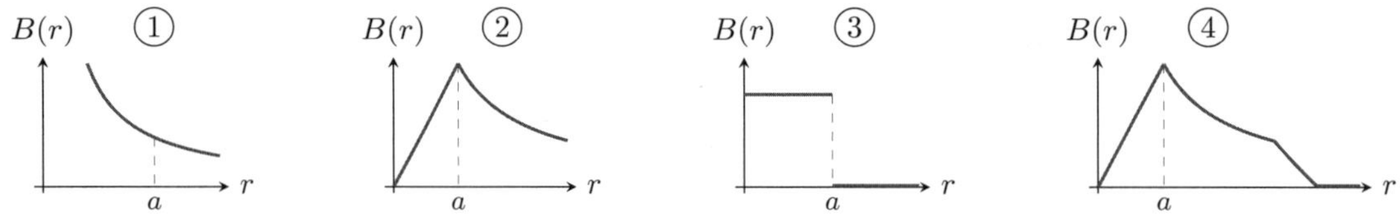

Le champ magnétique d'un conducteur cylindrique de rayon a parcouru par un courant volumique uniforme est donné par

$$B = \frac{\mu_0 I r}{2\pi a^2} \text{ pour } 0 < r < a \qquad \text{et} \qquad B = \frac{\mu_0 I}{2\pi r} \text{ pour } r > a.$$

Quel graphe correspond au champ magnétique créé par ce conducteur cylindrique ? ....

Entraînement 5.11 — Champ magnétostatique quadrupolaire.

En repérage cartésien et dans le plan d'équation $z = 0$, les composantes du champ magnétostatique créé par un quadrupôle sont $B_x = ky$, $B_y = kx$ et $B_z = 0$, avec k une constante non nulle.

a) Quelle carte de champ correspond à l'expression du champ donnée ci-dessus ? ....

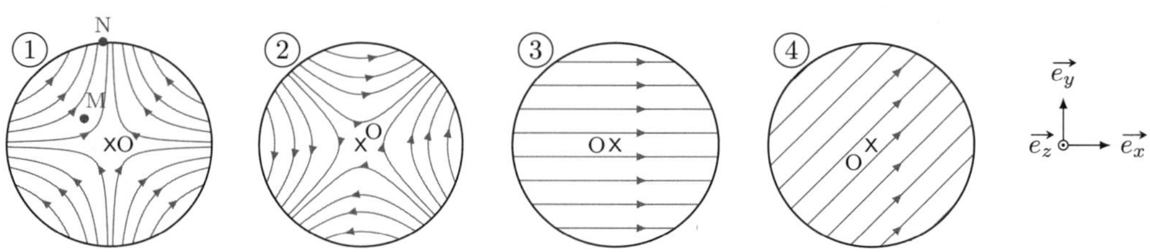

b) En ce qui concerne la carte de champ ①, quelle est la proposition valide ?

(a) $\vec{B}(\mathrm{M}) = \vec{B}(\mathrm{N})$ (b) $B(\mathrm{M}) < B(\mathrm{N})$ (c) $B(\mathrm{M}) > B(\mathrm{N})$

....

Circulation et flux magnétostatiques

Entraînement 5.12 — Circulation d'un champ magnétostatique sur un chemin.

La circulation $\mathcal{C} = \int_{(\Gamma)} \vec{B} \cdot \overrightarrow{\mathrm{d}\ell}$ du champ magnétostatique $\vec{B}$ le long d'un chemin orienté (Γ) dépend de l'orientation de ce chemin. Pour chaque cas, exprimer $\mathcal{C}$ le long du chemin $\overset{\frown}{ABC}$ en fonction du pas d du quadrillage. Sur chaque ligne de champ, la norme B du champ est supposée uniforme.

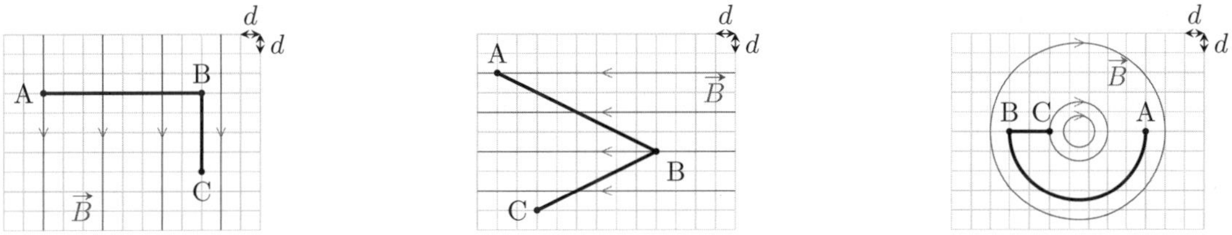

a) ....

b) ....

c) ....

Entraînement 5.13 — Courants enlacés.

Pour chaque cas, exprimer l'intensité I_{enl} des courants enlacés par le contour (C) en fonction de l'intensité du courant I. Attention aux signes !

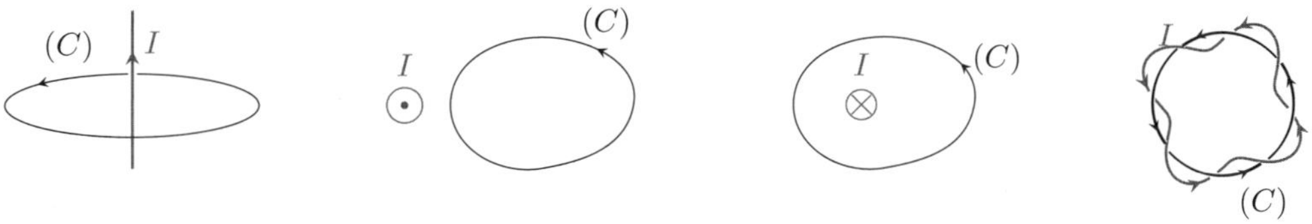

a) .....

b) .....

c) .....

d) .....

Entraînement 5.14 — Signe d'un flux magnétostatique à travers une surface.

On sait que le flux $\phi = \iint \vec{B} \cdot \overrightarrow{\mathrm{d}S}$ du champ magnétostatique $\vec{B}$ à travers une surface orientée (S) dépend de l'orientation de cette surface (voir ci-dessous la flèche sur chaque contour).

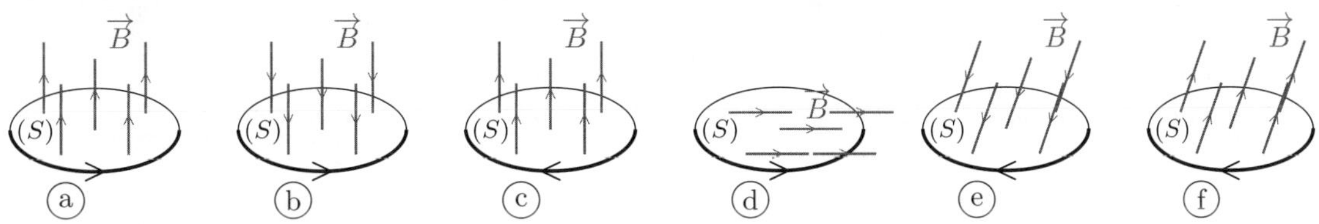

a) Quels sont les cas pour lesquels $\phi > 0$? ....

b) Que vaut ϕ dans le cas (d) ? ....

Entraînement 5.15 — Flux à travers une spire carrée.

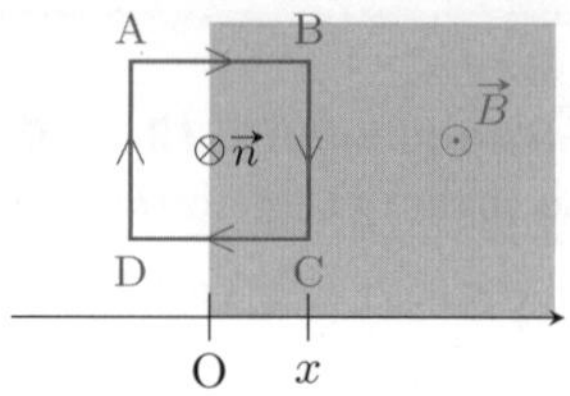

Soit une spire carrée de côté a, orientée dans le sens ABCD. On note x l'abscisse du côté BC. Dans le demi-espace tel que $x \geqslant 0$, règne un champ magnétostatique $\vec{B}$ uniforme perpendiculaire au plan de la spire.

Exprimer le flux magnétostatique à travers la spire orientée, de normale $\vec{n}$, défini par $\phi(\vec{B}) = \iint \vec{B} \cdot \vec{n}\, \mathrm{d}S$.

a) Pour $x < 0$ ...

b) Pour $x \in [0, a]$

c) Pour $x > a$ ...

Entraînement 5.16 — Théorème d'Ampère et flux d'un champ non uniforme.

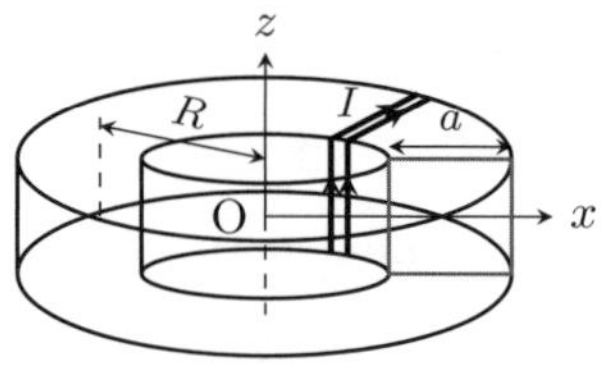

Un fil conducteur est bobiné en N spires jointives sur un tore circulaire de rayon moyen R à section carrée de côté a. La normale de chaque spire est orientée suivant le vecteur $\vec{e_\theta}$ de la base cylindrique. L'intensité du courant parcourant la bobine est notée I.

Le champ magnétostatique créé par cette bobine à l'intérieur du tore s'écrit : $\vec{B} = B(r)\vec{e_\theta}$.

a) Soit un cercle de centre O, de rayon $R - \dfrac{a}{2} < r < R + \dfrac{a}{2}$ et orienté suivant le vecteur $\vec{e_\theta}$. Quelle est l'intensité du courant enlacé par ce cercle ?

(a) I (b) NI (c) $\dfrac{a}{R}I$ (d) $\dfrac{a}{R}NI$

....

b) Le théorème d'Ampère s'écrit : $\oint \vec{B} \cdot \vec{\mathrm{d}l} = \mu_0 I_{\mathrm{enl}}$, avec I_{enl} l'intensité du courant enlacé par le contour fermé choisi. En déduire l'expression de la composante $B(r)$ du champ ....

c) Exprimer le flux $\phi(\vec{B}) = \iint \vec{B} \cdot \mathrm{d}S\vec{e_\theta}$ à travers la surface d'une spire ......

Entraînement 5.17 — Flux magnétostatique au sein d'un circuit magnétique.

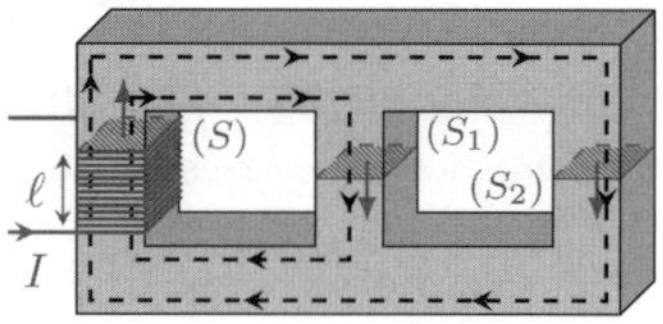

Dans le circuit magnétique représenté ci-contre, de perméabilité relative $\mu_{\mathrm{r}} = 4\,000$, chaque colonne possède une section carrée de côté $a = 20\,\mathrm{cm}$. Celle de gauche est bobinée, formant un solénoïde de $N = 1\,000$ spires jointives et de longueur $\ell = 10\,\mathrm{cm}$.

Le circuit est alimenté par un courant d'intensité $I = 200\,\mathrm{mA}$. Le champ magnétostatique produit est guidé dans le circuit selon les lignes fléchées en tirets et a pour intensité $B = \mu_0\mu_{\mathrm{r}}NI/\ell$.

a) Calculer avec un chiffre significatif la valeur du champ magnétostatique au sein du solénoïde.

....

b) Le flux magnétostatique à travers (S) s'exprime comme $\phi = NBS$. Calculer ϕ ....

c) Sachant que le flux ϕ_2 traversant (S_2) vérifie $4\phi_2 = \phi$, calculer le flux ϕ_1 traversant (S_1) .

Dipôle magnétostatique

Entraînement 5.18 — Spire circulaire et développement dipolaire.

Le champ magnétostatique créé en un point $\mathrm{M}(0, 0, z)$ par un courant d'intensité I parcourant une spire de rayon R et d'axe $(\mathrm{O}z)$ est $\overrightarrow{B}(\mathrm{M}) = \dfrac{\mu_0 I R^2}{2(R^2 + z^2)^{3/2}} \overrightarrow{e_z}$.

a) Quel est le moment magnétique associé à cette source de champ magnétostatique ?

(a) $\overrightarrow{\mathcal{M}} = \pi R^2 I$ (b) $\overrightarrow{\mathcal{M}} = \mu_0 \pi R^2 I \overrightarrow{e_z}$ (c) $\overrightarrow{\mathcal{M}} = \pi R^2 I \overrightarrow{e_z}$

....

b) Simplifier l'expression du champ magnétostatique dans l'approximation dipolaire $z \gg R$.

....

Entraînement 5.19 — Champ créé par un dipôle.

La carte de champ d'un dipôle magnétique de centre O et de moment magnétique $\overrightarrow{m}$ est représentée ci-contre. Le champ magnétostatique est noté $\overrightarrow{B}$.

En s'aidant de la carte fournie et en étudiant la situation pour certains angles particuliers, identifier l'expression correcte de $\overrightarrow{B}$ en un point M quelconque loin du dipôle.

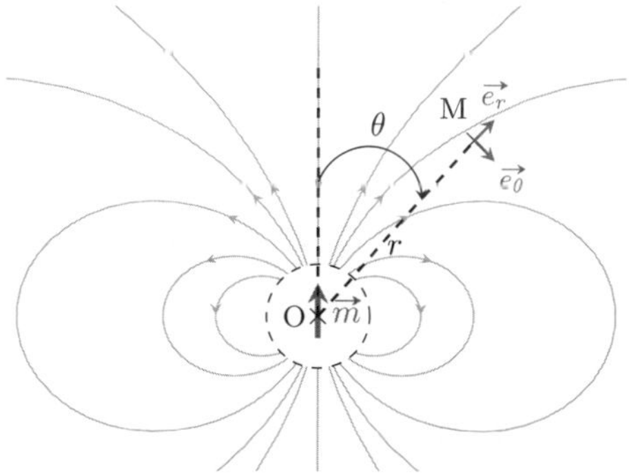

(a) $\overrightarrow{B}(M) = \dfrac{\mu_0 m}{4\pi r^3}(2\sin(\theta)\overrightarrow{e_r} - \cos(\theta)\overrightarrow{e_\theta})$

(b) $\overrightarrow{B}(M) = \dfrac{\mu_0 m}{4\pi r^3}(2\sin(\theta)\overrightarrow{e_r} + \cos(\theta)\overrightarrow{e_\theta})$

(c) $\overrightarrow{B}(\mathrm{M}) = \dfrac{\mu_0 m}{4\pi r^3}(2\cos(\theta)\overrightarrow{e_r} - \sin(\theta)\overrightarrow{e_\theta})$

(d) $\overrightarrow{B}(\mathrm{M}) = \dfrac{\mu_0 m}{4\pi r^3}(2\cos(\theta)\overrightarrow{e_r} + \sin(\theta)\overrightarrow{e_\theta})$

....

Entraînement 5.20 — Équilibre d'un aimant.

Un aimant très fin, de moment magnétique $\overrightarrow{m}$, est posé sur une pointe en un point O différent de son centre de gravité G. L'ensemble est plongé dans un champ magnétostatique $\overrightarrow{B_{\text{ext}}}$ vertical uniforme. L'aimant subit le couple magnétique de moment $\overrightarrow{\Gamma} = \overrightarrow{m} \wedge \overrightarrow{B_{\text{ext}}}$. À l'équilibre, il est à l'horizontale.

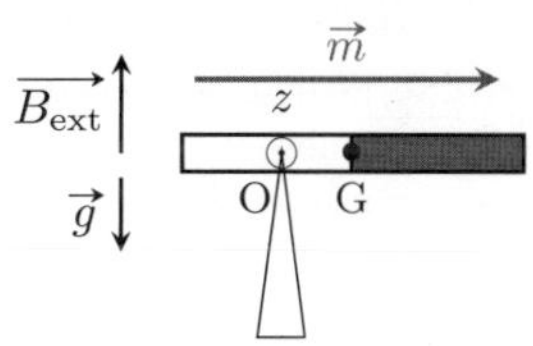

a) Exprimer la projection du moment $\overrightarrow{\Gamma}$ suivant l'axe $(\mathrm{O}z)$ ....

b) Le moment du poids par rapport à l'axe $(\mathrm{O}z)$ s'écrit $-dMg$, avec M la masse de l'aimant et $d = \mathrm{OG}$. En supposant qu'il n'y a pas d'autre moment, exprimer la distance d à l'équilibre.

....

Entraînement 5.21 — Moment de force magnétique.

On rappelle qu'un dipôle de moment magnétique $\vec{m}$, baignant dans un champ magnétostatique extérieur uniforme $\vec{B}$, subit des forces magnétiques de moment $\vec{\Gamma} = \vec{m} \wedge \vec{B}$.

Pour chaque situation suivante (boucle de courant ou aimant droit), les vecteurs $\vec{m}$ et $\vec{B}$ sont dans le plan (Oxy). Indiquer la direction et le sens du moment $\vec{\Gamma}$.

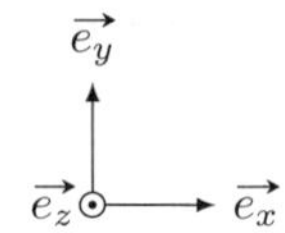

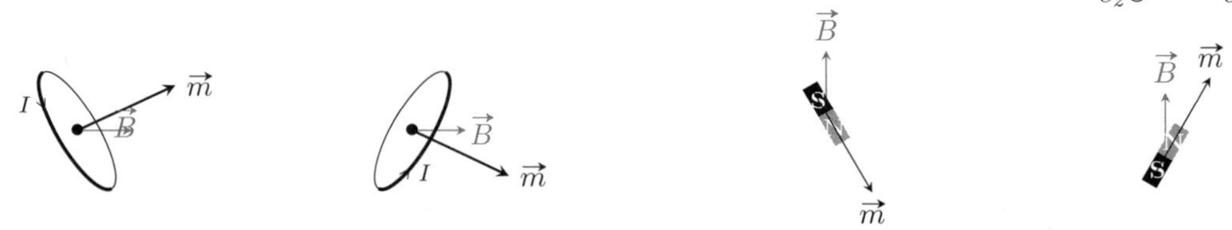

a) ..... ☐ b) ..... ☐ c) ..... ☐ d) ..... ☐

Entraînement 5.22 — Force exercée sur un dipôle.

Un dipôle de moment magnétique $\vec{m}$ dans un champ magnétostatique $\overrightarrow{B_{\text{ext}}}$ non uniforme subit la force $\vec{F} = -\overrightarrow{\text{grad}}(E_{\text{p}})$, avec $E_{\text{p}} = -\vec{m} \cdot \overrightarrow{B_{\text{ext}}}$. En coordonnées cylindriques, on a $\overrightarrow{\text{grad}}(f(r)) = \dfrac{\mathrm{d}f}{\mathrm{d}r}\vec{e_r}$.

a) Déterminer l'expression de $\vec{F}$ pour un dipôle qui serait de même direction et de même sens qu'un champ d'expression $\overrightarrow{B_{\text{ext}}} = \dfrac{\mu_0 I}{2\pi r}\vec{e_\theta}$ (fil rectiligne infini d'axe (Oz)).

.... ☐

b) Vers quelles zones le dipôle est-il alors attiré ?

ⓐ celles de champ plus faible ⓑ celles de champ plus intense

.... ☐

Toujours plus de magnétostatique

Entraînement 5.23 — Encore une analyse dimensionnelle (I).

Quelle expression est homogène à la norme B d'un champ magnétique si I est une intensité électrique, μ_0 la perméabilité magnétique du vide et R un rayon ?

ⓐ $\dfrac{I}{2\pi R}$ ⓑ $\dfrac{2\pi R\mu_0}{I}$ ⓒ $\dfrac{\mu_0 I}{2\pi R}$ ⓓ $\dfrac{2\pi\mu_0}{IR}$

.... ☐

Entraînement 5.24 — Encore une analyse dimensionnelle (II).

Quelle expression est homogène à une norme B de champ magnétique si I est une intensité électrique, N un nombre de spires, S une surface et L une inductance ?

ⓐ $B = \dfrac{LI}{NS}$ ⓑ $B = \dfrac{LS}{NI}$ ⓒ $B = \dfrac{NS}{LI}$ ⓓ $B = \dfrac{NL}{IS}$

.... ☐

Entraînement 5.25 — Moment magnétique élémentaire : magnéton de Bohr.

Dans le cadre du modèle classique de Bohr, l'électron (charge $-e$, masse m_e) de l'atome d'hydrogène décrit un cercle (rayon r, période de révolution T) centré sur le noyau atomique (origine O du repère). L'orbite est supposée dans le plan $z = 0$. Le vecteur vitesse $\vec{v}$ indique le sens de rotation de l'électron. La constante de Planck est $h = 6{,}63 \times 10^{-34}\,\mathrm{J \cdot s}$.

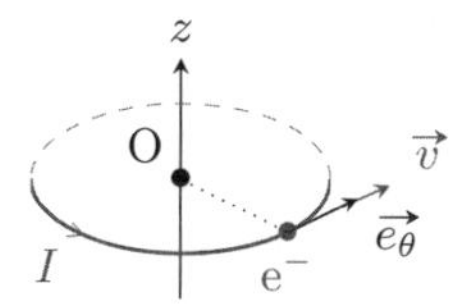

a) En considérant que l'électron définit une boucle de courant circulaire (une spire), comment s'exprime l'intensité I correspondante (voir schéma pour l'orientation) ?

ⓐ $I = eT$ ⓑ $I = e/T$ ⓒ $I = -eT$ ⓓ $I = -e/T$

.... ☐

b) De loin, le système est équivalent à un dipôle magnétique de moment magnétique $\vec{m} = I\vec{S}$, avec $\vec{S}$ le vecteur surface de la spire. Donner l'expression de $\vec{m}$ en fonction de e, T, r et $\vec{e_z}$.

.... ☐

c) Le moment cinétique de l'électron par rapport au noyau (point O) est $\vec{\sigma} = \dfrac{2m_e}{T}\vec{S}$. Montrer alors que $\vec{m} = \gamma\vec{\sigma}$, avec γ le rapport gyromagnétique de l'électron à exprimer en fonction de e et m_e.

.... ☐

d) La quantification du moment cinétique $\|\vec{\sigma}\| = n\hbar$, avec $n \in \mathbb{N}^*$ et $\hbar = \dfrac{h}{2\pi}$, conduit à définir un moment magnétique élémentaire μ_B (magnéton de Bohr). Indiquer alors la ou les propositions correctes.

ⓐ $\mu_B = \hbar\gamma$ ⓑ $\mu_B = \dfrac{e\hbar}{2m_e}$ ⓒ $\mu_B = 9{,}28 \times 10^{-24}\,\mathrm{N \cdot m}$

.... ☐

Entraînement 5.26 — Énergie magnétique d'un câble coaxial.

Un cylindre long et creux de rayon R_1 est parcouru en surface par un courant d'intensité I. Ce courant « revient » par un cylindre de rayon $R_2 > R_1$, coaxial au premier et d'épaisseur négligeable. Cet ensemble forme un câble coaxial de longueur ℓ et d'axe (Oz).

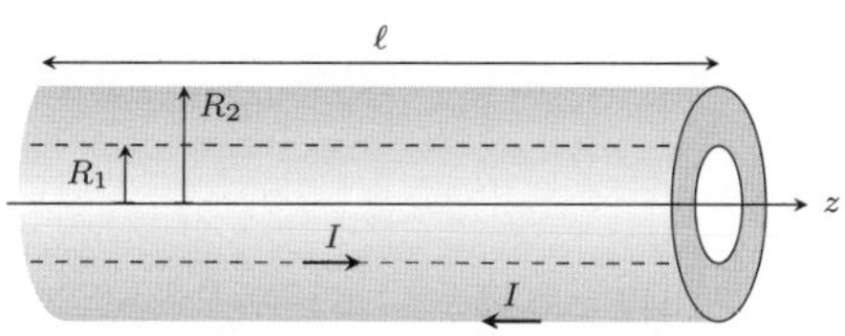

Le champ magnétostatique produit est, en coordonnées cylindriques :

$$\vec{B} = \begin{cases} \vec{0} & \text{pour } r < R_1 \\ \dfrac{\mu_0 I}{2\pi r}\vec{e_\theta} & \text{pour } R_1 \leqslant r \leqslant R_2 \\ \vec{0} & \text{pour } r > R_2 \end{cases}$$

a) Exprimer le flux propre Φ_p, c'est-à-dire le flux du champ magnétostatique à travers une tranche du câble de surface $S = \ell R_2$, en fonction de I, ℓ, R_1 et R_2.

....

b) En déduire l'expression de l'inductance propre par unité de longueur $\Lambda = \dfrac{L}{\ell} = \dfrac{\Phi_\mathrm{p}}{\ell I}$ du câble en fonction de R_1 et R_2.

....

On rappelle que la densité volumique d'énergie magnétique a pour expression $w_\mathrm{m} = \dfrac{B^2}{2\mu_0}$ et que l'énergie magnétique s'exprime alors comme $W_\mathrm{m} = \displaystyle\iiint w_\mathrm{m}\,\mathrm{d}\tau$.

c) Déterminer l'expression de l'énergie magnétique W_m correspondant à une portion de longueur ℓ du câble ainsi formé en fonction de I, ℓ, R_1 et R_2.

....

d) En déduire l'expression de l'inductance propre par unité de longueur $\Lambda = \dfrac{L}{\ell} = \dfrac{2W_\mathrm{m}}{\ell I^2}$ du câble en fonction de R_1 et R_2.

....

Réponses mélangées

$\dfrac{\mu_0 I\ell}{2\pi}\ln\dfrac{R_2}{R_1}$; (d) ; $+\overrightarrow{e_z}$; (d) ; (b), (c) et (d) ; (d) ; (a) et (c) ; I ; (b)

mB_ext ; 3×10^2 Wb ; 1×10^1 T ; $-\dfrac{e}{2m_\mathrm{e}}$; (2) ; $\dfrac{\mu_0 NIa}{2\pi}\ln\left(\dfrac{R+a/2}{R-a/2}\right)$; (d)

$\dfrac{\mu_0 NI}{2\pi r}$; (c) ; $+\overrightarrow{e_z}$; (d) ; (c) ; (a) et (e) ; (a) et (d) ; (a), (c) et (d)

(b) ; (b) ; $\dfrac{\mu_0\overrightarrow{\mathcal{M}}}{2\pi z^3}$; $4d\ell j_0$; 0 ; (a) ; (b) ; $\dfrac{\mu_0}{2\pi}\ln\dfrac{R_2}{R_1}$; $-Bax$; $\dfrac{7\pi}{2}Bd$

$-\dfrac{\mu_0 Im}{2\pi r^2}\overrightarrow{e_r}$; $4I$; (2) ; (a) ; $-Ba^2$; $\dfrac{mB_\mathrm{ext}}{Mg}$; $4\pi R^2 j_r(R)$; $-\dfrac{e}{T}\underbrace{\pi r^2\overrightarrow{e_z}}_{\vec{S}}$

$\dfrac{\mu_0 I^2\ell}{4\pi}\ln\dfrac{R_2}{R_1}$; $-\overrightarrow{e_z}$; (d) ; $4Bd$; $+\overrightarrow{e_z}$; (b) et (c) ; $-2Bd$; 0 ; 0

4×10^2 Wb ; $-I$; $-\mu_0 n_2 I_2\overrightarrow{e_y}$; (b) ; (a), (c) et (d) ; $\dfrac{\mu_0}{2\pi}\ln\dfrac{R_2}{R_1}$; $2j_0S\dfrac{b}{a}$; $j_{\mathrm{s},0}\ell$

► Réponses et corrigés page 257

Équations de Maxwell

Prérequis
Équations de Maxwell. Opérateurs différentiels.
Constantes utiles
→ Permittivité du vide : $\varepsilon_0 = 8{,}85 \times 10^{-12}\,\mathrm{F \cdot m^{-1}}$
→ Perméabilité magnétique du vide : $\mu_0 = 1{,}26 \times 10^{-6}\,\mathrm{T \cdot m \cdot A^{-1}}$
→ Dans le vide : $\varepsilon_0\mu_0 = \dfrac{1}{c^2}$, où c est la célérité de la lumière dans le vide

Pour commencer

Entraînement 6.1 — Équations de Maxwell et dimensions.

On munit l'espace d'un repère cartésien (x, y, z) et on note t la dépendance temporelle.

On s'intéresse aux équations de Maxwell auxquelles obéissent les champs électrique $\vec{E}$ et magnétique $\vec{B}$ dans un milieu caractérisé par une densité volumique de charge ρ et une densité volumique de courant $\vec{j}$.

a) Parmi les quatre équations suivantes, laquelle n'est pas une équation de Maxwell ?

(a) $\mathrm{div}(\vec{E}) = \dfrac{\rho}{\varepsilon_0}$

(b) $\overrightarrow{\mathrm{rot}}(\vec{E}) = -\dfrac{\partial \vec{B}}{\partial t}$

(c) $\overrightarrow{\mathrm{rot}}(\vec{B}) = \mu_0 \vec{j} + \varepsilon_0\mu_0 \dfrac{\partial \vec{E}}{\partial t}$

(d) $\dfrac{\partial \rho}{\partial t} + \mathrm{div}(\vec{j}) = 0$

....

On s'intéresse aux relations entre les dimensions qui découlent des équations de Maxwell.

On considère les dimensions suivantes : L pour une longueur, T pour un temps, M pour une masse et I pour une intensité du courant électrique.

On rappelle l'expression de la force de Lorentz : $\vec{F} = q\vec{E} + q\vec{v} \wedge \vec{B}$.

b) Donner la dimension d'une charge électrique q ....

c) Donner la dimension d'un champ magnétique à l'aide de l'expression de la force de Lorentz.

....

d) Donner la dimension d'un champ électrique à l'aide de l'expression de la force de Lorentz.

....

e) Retrouver la dimension d'un champ électrique, à l'aide de l'équation de Maxwell-Faraday.

....

Entraînement 6.2 — Courants et ordres de grandeur.

L'équation de Maxwell-Ampère s'écrit aussi, en introduisant le courant de conduction $\vec{j}_{\text{cond}}$ et le courant de déplacement $\vec{j}_{\text{dépl}}$:

$$\overrightarrow{\text{rot}}(\vec{B}) = \mu_0\big(\vec{j}_{\text{cond}} + \vec{j}_{\text{dépl}}\big), \quad \text{qui est équivalente à} \quad \overrightarrow{\text{rot}}(\vec{B}) = \mu_0\,\vec{j}_{\text{cond}} + \varepsilon_0\mu_0\frac{\partial \vec{E}}{\partial t}.$$

On admet la loi d'Ohm $\vec{j}_{\text{cond}} = \sigma\vec{E}$ et on considère un champ électrique $\vec{E} = E_0\cos(\omega t + \varphi)\vec{e_x}$.

a) Comment s'exprime l'ordre de grandeur de la quantité $\alpha = \dfrac{\|\vec{j}_{\text{cond}}\|}{\|\vec{j}_{\text{dépl}}\|}$?

(a) $\dfrac{\sigma}{2\varepsilon_0}$

(b) $\dfrac{\sigma}{\varepsilon_0\omega}$

(c) $\dfrac{\sigma}{2\varepsilon_0\omega}$

....

b) Laquelle des conditions suivantes permet d'obtenir $\alpha \gg 1$ dans un conducteur (où σ a pour ordre de grandeur $10^7\,\text{S}\cdot\text{m}^{-1}$) ?

(a) $f \ll 10^3\,\text{Hz}$

(b) $f \ll 10^9\,\text{Hz}$

(c) $f \ll 10^{17}\,\text{Hz}$

....

On considère une onde électromagnétique de pulsation $\omega = 1{,}0\,\text{rad}\cdot\text{MHz}$.

c) Calculer α si cette onde se propage dans un métal de conductivité $\sigma = 1{,}0\times10^{7}\,\text{S}\cdot\text{m}^{-1}$ ..

d) Calculer α si cette onde se propage dans de l'eau de mer avec $\sigma = 1{,}0\times10^{-4}\,\text{S}\cdot\text{m}^{-1}$ .....

e) Calculer α si cette onde se propage dans du verre avec $\sigma = 1{,}0\times10^{-13}\,\text{S}\cdot\text{m}^{-1}$ ....

Entraînement 6.3 — Transposition réels $\longleftrightarrow$ complexes.

On considère les deux champs électriques suivants :

$$\underline{\vec{E}}_1 = E_0\exp[\mathrm{i}(\omega t - kx)]\vec{e_y} - \mathrm{i}E_0\exp[\mathrm{i}(\omega t - kx)]\vec{e_z}$$
$$\text{et} \quad \vec{E}_2 = -E_0\cos[\omega t + kz]\vec{e_x} - E_0\sin[\omega t + kz]\vec{e_y}.$$

a) Exprimer le champ $\vec{E}_1$ associé à $\underline{\vec{E}}_1$.

....

b) Exprimer le champ $\underline{\vec{E}}_2$ associé à $\vec{E}_2$.

....

Champs et opérateurs

Entraînement 6.4 — Voir la divergence.

Le théorème de Green-Ostrogradski affirme que, pour un champ de vecteurs $\vec{A}$, on a

$$\iiint_{\mathcal{V}} \operatorname{div}(\vec{A})\,\mathrm{d}\tau = \oiint_{\mathcal{S}} \vec{A} \cdot \overrightarrow{\mathrm{d}S},$$

où $\mathcal{V}$ est le volume délimité par la surface $\mathcal{S}$ fermée.

Ce théorème indique que si le flux élémentaire $\mathrm{d}\phi$ du champ de vecteurs $\vec{A}$ à travers une surface infinitésimale fermée $\mathrm{d}\mathcal{S}$ autour d'un point M est non nul, alors la divergence de ce même champ de vecteurs au point M est non nulle. En particulier, si $\mathrm{d}\phi > 0$ (flux sortant) alors $\operatorname{div}\vec{A}(\mathrm{M}) > 0$.

On considère le champ de vecteurs suivant :

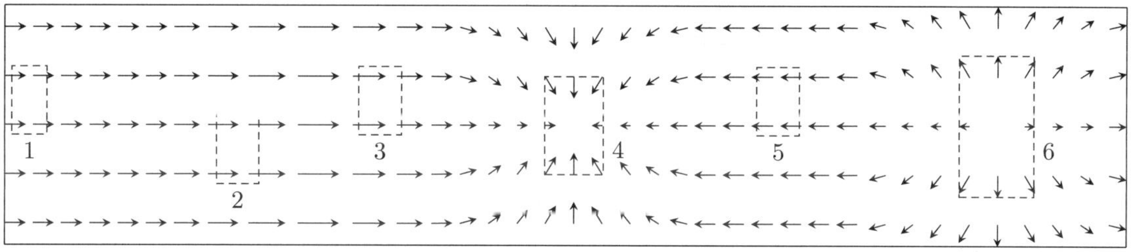

Pour chacune des zones suivantes, en estimant le flux du champ de vecteurs sur la zone, indiquer si la divergence du champ de vecteurs y est nulle, positive ou négative.

a) Zone 1 ....

b) Zone 2 ....

c) Zone 3 ....

d) Zone 4 ....

e) Zone 5 ....

f) Zone 6 ....

Entraînement 6.5 — Voir le rotationnel.

Le théorème de Stokes affirme que, pour un champ de vecteurs $\overrightarrow{A}$, on a

$$\iint_{\mathcal{S}} \overrightarrow{\text{rot}}\,\overrightarrow{A}\cdot\overrightarrow{\text{d}S} = \oint_{\Gamma} \overrightarrow{A}\cdot\overrightarrow{\text{d}\ell},$$

où $\mathcal{S}$ est la surface délimitée par le contour Γ fermé.

Ce théorème indique que si la circulation élémentaire $\text{d}\mathcal{C}$ du champ de vecteurs $\overrightarrow{A}$ à travers un contour fermé Γ délimitant une surface infinitésimale $\text{d}S$ est non nulle, alors le rotationnel de ce même champ de vecteurs au point M est non nul. En particulier, si $\text{d}\mathcal{C} > 0$ alors $\overrightarrow{\text{rot}}\,\overrightarrow{A}(\text{M}) > 0$.

On considère les champs de vecteurs suivants :

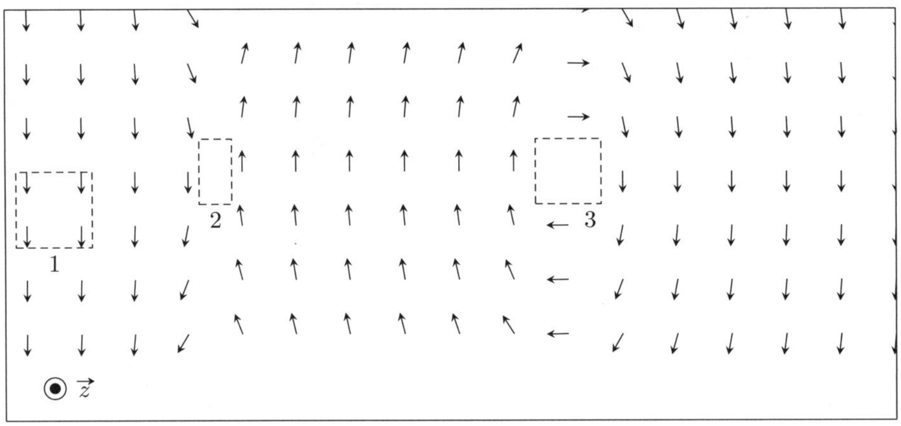

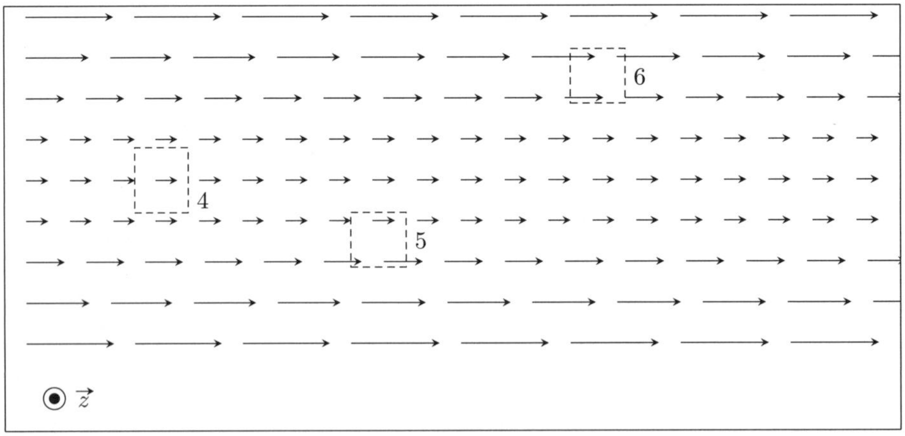

Pour chacune des zones suivantes, en estimant la circulation du champ de vecteurs sur la zone, indiquer si la composante du rotationnel selon $\overrightarrow{e_z}$ du champ de vecteurs y est nulle, positive ou négative.

a) Zone 1 ....

c) Zone 3 ....

e) Zone 5 ....

b) Zone 2 ....

d) Zone 4 ....

f) Zone 6 ....

Conservation de la charge et potentiel électrique

Entraînement 6.6 — Conservation de la charge.

On note ρ la densité volumique de charge et $\vec{j}$ le vecteur densité volumique de courant.

On rappelle les équations de Maxwell-Ampère : $\overrightarrow{\mathrm{rot}}\,\vec{B} = \mu_0\vec{j} + \mu_0\varepsilon_0\dfrac{\partial\vec{E}}{\partial t}$, et de Maxwell-Gauss : $\mathrm{div}\,\vec{E} = \dfrac{\rho}{\varepsilon_0}$.

On rappelle aussi le théorème de Schwarz : pour tout champ $\vec{A}$, on a $\mathrm{div}\left(\dfrac{\partial\vec{A}}{\partial t}\right) = \dfrac{\partial(\mathrm{div}\,\vec{A})}{\partial t}$.

a) Développer $\mathrm{div}(\overrightarrow{\mathrm{rot}}\,\vec{B})$ à l'aide de l'équation de Maxwell-Ampère.

b) Exprimer $\mathrm{div}(\overrightarrow{\mathrm{rot}}\,\vec{B})$ en injectant l'équation de Maxwell-Gauss.

c) On rappelle que, pour tout vecteur $\vec{A}$, $\mathrm{div}(\overrightarrow{\mathrm{rot}}\,\vec{A}) = 0$. Quelle équation obtient-on ?

(a) $\mathrm{div}\,\vec{j} - \dfrac{\partial\rho}{\partial t} = 0$ (b) $\mathrm{div}\,\vec{j} + \dfrac{\partial\rho}{\partial t} = 0$ (c) $\mu_0\,\mathrm{div}\,\vec{j} + \dfrac{\partial\rho}{\partial t} = 0$ (d) $\mu_0\,\mathrm{div}\,\vec{j} - \dfrac{\partial\rho}{\partial t} = 0$

Entraînement 6.7 — Piège électrostatique.

On considère une région de l'espace, vide de charge, dans laquelle règne un potentiel :

$$V(x, y, z) = \frac{V_0}{a^2}(x^2 + 2y^2 - 3z^2),$$

où V_0 (en V) et a sont des constantes positives.

a) Donner l'unité de a

L'opérateur laplacien en coordonnées cartésiennes est donné par $\Delta V = \dfrac{\partial^2 V}{\partial x^2} + \dfrac{\partial^2 V}{\partial y^2} + \dfrac{\partial^2 V}{\partial z^2}$.

b) Déterminer l'expression de ΔV

c) L'équation de Poisson $\Delta V = -\dfrac{\rho}{\varepsilon_0}$ est-elle vérifiée ?

d) L'allure de $V(x, 0, 0)$ en fonction de l'abscisse x est une portion :

(a) de cercle (b) d'hyperbole (c) d'exponentielle (d) de parabole

L'opérateur gradient en coordonnées cartésiennes est donné par $\overrightarrow{\mathrm{grad}}\,V = \dfrac{\partial V}{\partial x}\vec{e_x} + \dfrac{\partial V}{\partial y}\vec{e_y} + \dfrac{\partial V}{\partial z}\vec{e_z}$.

e) Calculer le champ électrique $\vec{E} = -\overrightarrow{\mathrm{grad}}\,V$ en O, origine du repère

Théorèmes de Stokes-Ampère et Green-Ostrogradski

Entraînement 6.8 — Théorème de Stokes-Ampère.

Dans le repère $(\mathrm{O}, \vec{e_x}, \vec{e_y}, \vec{e_z})$, considérons le vecteur fixe

$$\vec{\omega} = \omega\,\vec{e_z}.$$

Rappelons que, pour tout point M de l'espace, on a :

- $\overrightarrow{\mathrm{OM}} = r\vec{e_r} + z\vec{e_z}$ dans la base cylindrique $(\vec{e_r}, \vec{e_\theta}, \vec{e_z})$;
- $\overrightarrow{\mathrm{OM}} = x\vec{e_x} + y\vec{e_y} + z\vec{e_z}$ dans la base cartésienne.

On considère par ailleurs un cylindre infini d'axe $(\mathrm{O}z)$ et de rayon a.

On considère le champ de vecteurs défini par :

$$\begin{cases} \vec{v} = \vec{\omega} \wedge \overrightarrow{\mathrm{OM}} & \text{pour } r < a\,; \\ \overrightarrow{\mathrm{rot}}\,\vec{v} = \vec{0} & \text{pour } r > a\,. \end{cases}$$

a) Déterminer l'expression de $\vec{v} = \omega\vec{e_z} \wedge (r\vec{e_r} + z\vec{e_z})$ ....

b) Déterminer l'expression de $\vec{v} = \omega\vec{e_z} \wedge (x\vec{e_x} + y\vec{e_y} + z\vec{e_z})$ ....

En coordonnées cartésiennes, l'opérateur rotationnel est défini par :

$$\overrightarrow{\mathrm{rot}}\,\vec{v} = \left(\frac{\partial v_z}{\partial y} - \frac{\partial v_y}{\partial z}\right)\vec{e_x} + \left(\frac{\partial v_x}{\partial z} - \frac{\partial v_z}{\partial x}\right)\vec{e_y} + \left(\frac{\partial v_y}{\partial x} - \frac{\partial v_x}{\partial y}\right)\vec{e_z}.$$

c) Calculer $\overrightarrow{\mathrm{rot}}\,\vec{v}$ pour $r < a$ en coordonnées cartésiennes ....

Le théorème de Stokes s'énonce de la façon suivante.

Soit Γ un contour fermé et orienté, et soit Σ une surface quelconque s'appuyant sur Γ et orientée avec la règle du tire-bouchon de Maxwell ou la règle de la main droite. Pour un champ de vecteurs $\vec{A}$ défini en tout point, on a :

$$\oint_\Gamma \vec{A}_{(\mathrm{M})} \cdot \overrightarrow{\mathrm{d}\ell}_{(\mathrm{M})} = \iint_\Sigma \overrightarrow{\mathrm{rot}}(\vec{A})_{(\mathrm{M})} \cdot \vec{n}\,\mathrm{d}S_{(\mathrm{M})}.$$

En appliquant ce théorème sur un contour fermé circulaire Γ de rayon r, calculer $v(r)$ dans les deux cas suivants :

d) Pour $r < a$ ....

e) Pour $r > a$ ....

Entraînement 6.9 — Application du théorème de Green-Ostrogradski.

On considère le champ suivant :

$$\vec{A}(r,\theta,\varphi) = (ar - br^3)\vec{e_r},$$

en coordonnées sphériques, où a et b sont des constantes.

En coordonnées sphériques, l'opérateur divergence est défini par :

$$\operatorname{div} \vec{A} = \frac{1}{r^2}\frac{\partial(r^2 A_r)}{\partial r} + \frac{1}{r\sin\theta}\frac{\partial(\sin\theta A_\theta)}{\partial\theta} + \frac{1}{r\sin\theta}\frac{\partial A_\varphi}{\partial\varphi}.$$

a) Calculer $\operatorname{div}(\vec{A})$ ....

b) Quelle est l'expression de l'élément de volume d'une boule en coordonnées sphériques ?

(a) $\mathrm{d}\tau = r\sin\theta\,\mathrm{d}r\,\mathrm{d}\theta\,\mathrm{d}\varphi$

(b) $\mathrm{d}\tau = r^2\sin\theta\,\mathrm{d}r\,\mathrm{d}\theta\,\mathrm{d}\varphi$

(c) $\mathrm{d}\tau = r\sin\theta\sin\varphi\,\mathrm{d}r\,\mathrm{d}\theta\,\mathrm{d}\varphi$

(d) $\mathrm{d}\tau = r^2\sin\theta\sin\varphi\,\mathrm{d}r\,\mathrm{d}\theta\,\mathrm{d}\varphi$

....

On rappelle le théorème de Green-Ostrogradski.

Soit $\mathcal{S}$ une surface fermée de volume intérieur $\mathcal{V}$, orientée vers l'extérieur par convention. Pour un champ de vecteurs $\vec{A}$ défini en tout point, on a :

$$\oiint_{\mathcal{S}} \vec{A}\cdot\vec{\mathrm{d}S} = \iiint_{\mathcal{V}} \operatorname{div}(\vec{A})\,\mathrm{d}\tau.$$

c) À l'aide de ce théorème, exprimer le flux $\oiint_{\text{sphère}} \vec{A}\cdot\vec{\mathrm{d}S}$ du champ à travers une sphère de centre O de rayon R.

....

d) Quelle est l'expression de l'élément de surface d'une sphère en coordonnées sphériques ?

(a) $\mathrm{d}S = \sin\theta\,\mathrm{d}\theta\,\mathrm{d}\varphi$

(b) $\mathrm{d}S = r\sin\theta\,\mathrm{d}\theta\,\mathrm{d}\varphi$

(c) $\mathrm{d}S = r^2\sin\theta\,\mathrm{d}\theta\,\mathrm{d}\varphi$

....

e) Calculer directement le flux du champ à travers la sphère de centre O et de rayon R à partir de l'expression du champ $\vec{A}$.

....

Jouons avec les équations de Maxwell

On donne pour les quatre prochains exercices les expressions du rotationnel en coordonnées cartésiennes :

$$\overrightarrow{\mathrm{rot}}\,\vec{A} = \left(\frac{\partial A_z}{\partial y} - \frac{\partial A_y}{\partial z}\right)\vec{e_x} + \left(\frac{\partial A_x}{\partial z} - \frac{\partial A_z}{\partial x}\right)\vec{e_y} + \left(\frac{\partial A_y}{\partial x} - \frac{\partial A_x}{\partial y}\right)\vec{e_z}$$

et en coordonnées cylindriques :

$$\overrightarrow{\mathrm{rot}}\,\vec{A} = \left(\frac{1}{r}\frac{\partial A_z}{\partial \theta} - \frac{\partial A_\theta}{\partial z}\right)\vec{e_r} + \left(\frac{\partial A_r}{\partial z} - \frac{\partial A_z}{\partial r}\right)\vec{e_\theta} + \frac{1}{r}\left(\frac{\partial r A_\theta}{\partial r} - \frac{\partial A_r}{\partial \theta}\right)\vec{e_z}.$$

Entraînement 6.10 — Existence ou non d'un champ électromagnétique.

Vérifier à l'aide des équations de Maxwell si les champs électromagnétiques suivants existent ou non.

Répondre par « oui » par « non ».

On se place dans le vide ; on rappelle donc que $\varepsilon_0\mu_0 = \dfrac{1}{c^2} = \dfrac{\omega^2}{k^2}$.

a) $\vec{E} = E_0\cos(\omega t - kx + \varphi_0)\vec{e_y}$ et $\vec{B} = \dfrac{E_0 k}{\omega}\cos(\omega t - kx + \varphi_0)\vec{e_z}$ ....

b) $\vec{E} = E_0\cos(\omega t + ky)\vec{e_y}$ et $\vec{B} = \dfrac{E_0 k}{\omega}\cos(\omega t + ky)\vec{e_y}$ ....

c)

$$\begin{cases} \vec{E} = E_1\cos(\omega t + kz + \varphi_1)\vec{e_x} + E_2\cos(\omega t + kz + \varphi_2)\vec{e_y} \\ \vec{B} = \dfrac{E_2 k}{\omega}\cos(\omega t + kz + \varphi_2)\vec{e_x} - \dfrac{E_1 k}{\omega}\cos(\omega t + kz + \varphi_1)\vec{e_y} \end{cases}$$

....

Entraînement 6.11 — Utilisation de l'équation de Maxwell-Faraday.

On rappelle l'équation de Maxwell-Faraday :

$$\overrightarrow{\mathrm{rot}}(\vec{E}) = -\frac{\partial \vec{B}}{\partial t}.$$

On se place dans un milieu vide de charge et de courant (sans champ statique).

Déterminer l'expression du champ magnétique $\vec{B}$ associé à chacun des champs électriques $\vec{E}$ suivants.

a) En coordonnées cartésiennes : $\vec{E} = E_0\cos(\omega t - kz + \varphi)\vec{e_x}$

....

b) En coordonnées cartésiennes : $\vec{E} = E_0\cosh(\sqrt{\varepsilon_0\mu_0}\,\alpha z)\exp(-\alpha t)\vec{e_x}$

....

c) En coordonnées cylindriques : $\vec{E} = \dfrac{E_0}{(kr)^2}\cos(\omega t)\vec{e_z}$

....

Entraînement 6.12 — Utilisation de l'équation de Maxwell-Ampère.

On rappelle l'équation de Maxwell-Ampère : $\overrightarrow{\mathrm{rot}}(\vec{B}) = \mu_0 \vec{j} + \varepsilon_0\mu_0 \dfrac{\partial \vec{E}}{\partial t}$.

On se place dans un milieu vide de charge et de courant (pas de champs statiques).

Déterminer l'expression du champ électrique $\vec{E}$ associé à chacun des champs magnétiques $\vec{B}$ suivants.

a) En coordonnées cartésiennes : $\vec{B} = B_0 \sin(\omega t - kz + \varphi)\vec{e_y}$

....

b) En coordonnées cartésiennes : $\vec{B} = B_0 \sinh(\sqrt{\varepsilon_0\mu_0}\alpha z)\exp(-\alpha t)\vec{e_y}$

....

c) En coordonnées cylindriques : $\vec{B} = \dfrac{cB_0}{(kr)^2}\sin(\omega t)\vec{e_\theta}$

....

Entraînement 6.13 — Détermination de $\vec{E}$ à partir de $\vec{B}$.

Le champ magnétique créé dans un solénoïde infini de rayon R, d'axe (Oz), comportant n spires par unité de longueur et parcouru par un courant d'intensité électrique $i(t)$ dépendant du temps est

$$\vec{B} = \mu_0 n i(t)\vec{e_z}.$$

On rappelle que le champ magnétique à l'extérieur d'un solénoïde est nul.

On rappelle les expressions de l'équation de Maxwell-Faraday sous formes locale et intégrale :

$$\overrightarrow{\mathrm{rot}}\,\vec{E} = -\frac{\partial \vec{B}}{\partial t} \qquad \text{et} \qquad \oint_\Gamma \vec{E}\cdot\vec{\mathrm{d}\ell} = -\iint_\Sigma \frac{\partial \vec{B}}{\partial t}\cdot\vec{\mathrm{d}S}.$$

a) Par analyse des invariances, déterminer la ou les variable(s) dont dépend le champ électrique. On adoptera les coordonnées cylindriques.

(a) r (b) θ (c) z (d) r et θ

....

Le champ électrique $\vec{E}$ est dirigé selon $\vec{e_\theta}$.

En utilisant l'équation locale de Maxwell-Faraday, déterminer l'expression du champ électrique créé par le solénoïde dans les deux cas suivants.

b) Pour $r < R$ ....

c) Pour $r > R$, sachant que le champ est continu ....

On souhaite retrouver ces résultats en passant par la forme intégrale de l'équation de Maxwell-Faraday. Cette méthode nécessite de choisir une surface sur laquelle nous allons calculer le flux et la circulation.

d) En tenant compte de la direction du champ $\vec{B}$ et des dépendances spatiales du champ $\vec{E}$, quelle surface pouvons-nous choisir ?

(a) Un cylindre de hauteur h et de rayon r

(b) Un plan rectangulaire de dimension $r \times z$

(c) Un disque d'axe (Oz) et de rayon r

(d) Une sphère de rayon r

....

En utilisant la forme intégrale de l'équation de Maxwell-Faraday sur cette surface, déterminer l'expression du champ électrique créé par le solénoïde dans les deux cas suivants.

e) Pour $r < a$ ....

f) Pour $r > a$ ....

Vecteur de Poynting

Entraînement 6.14 — Vecteur de Poynting.

La forme générale du vecteur de Poynting vérifie : $\vec{\Pi} = \dfrac{1}{\mu_0}\vec{E} \wedge \vec{B}$.

Développer les vecteurs de Poynting pour les champs électromagnétiques suivants :

a) $\vec{E} = E_0 \cos(\omega t - kz + \varphi)\vec{e_x}$ et $\vec{B} = B_0 \sin(\omega t - kz + \varphi)\vec{e_y}$

....

b) $\vec{E} = E_0 \cosh(\beta z) \exp(-\alpha t)\vec{e_z}$ et $\vec{B} = B_0 \sinh(\beta z) \exp(-\alpha t)\vec{e_y}$

....

Entraînement 6.15 — Vecteur de Poynting complexe.

Une onde électromagnétique plane monochromatique se propage suivant l'axe (Oz). Les expressions des composantes du champ électrique sont :

$$\vec{E} \left| \begin{array}{l} E_x = E_{0x} \cos(k\,z - \omega\,t + \psi_1) \\ E_y = E_{0y} \cos(k\,z - \omega\,t + \psi_2) \\ E_z = 0. \end{array} \right.$$

Le vecteur d'onde est noté $\vec{k} = k\,\vec{e_z}$ avec $\omega = k\,c$.

On travaille tout d'abord en notation réelle :

a) Déterminer l'expression du champ magnétique $\vec{B} = \dfrac{\vec{k} \wedge \vec{E}}{\omega}$ ....

b) Déterminer l'expression du vecteur de Poynting $\vec{\Pi} = \dfrac{\vec{E} \wedge \vec{B}}{\mu_0}$ ....

On travaille maintenant en notation complexe :

c) Déterminer l'expression du champ électrique $\underline{\vec{E}}$ ....

d) Déterminer l'expression du champ magnétique $\underline{\vec{B}}$ ....

e) Déterminer l'expression du conjugué du champ magnétique $\underline{\vec{B}}^*$ ..

f) Calculer les composantes du vecteur complexe $\dfrac{\underline{\vec{E}} \wedge \underline{\vec{B}}^*}{2\,\mu_0}$ ....

Conclusion :

g) On en déduit que $\left\langle \vec{\Pi} \right\rangle = \left\langle \dfrac{\vec{E} \wedge \vec{B}}{\mu_0} \right\rangle$ vaut : ⓐ $\left\langle \dfrac{\underline{\vec{E}} \wedge \underline{\vec{B}}^*}{2\,\mu_0} \right\rangle$ ⓑ $\left\langle \dfrac{2\,\underline{\vec{E}} \wedge \underline{\vec{B}}^*}{2\,\mu_0} \right\rangle$ ⓒ $\left\langle \dfrac{\underline{\vec{E}} \wedge \underline{\vec{B}}^*}{\mu_0} \right\rangle$?

....

Entraînement 6.16 — Un bilan d'énergie.

On considère un condensateur composé de deux disques métalliques de surface S, de rayon R, distants de $L \ll R$ et séparés par du vide. Lors de la charge, on suppose que, dans le système de coordonnées cylindriques, les champs électrique et magnétique régnant entre les deux armatures sont :

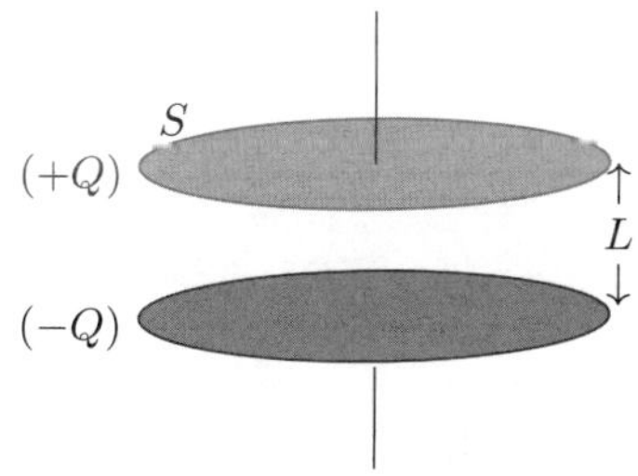

$$\vec{E}(t) = \frac{Q(t)}{\varepsilon_0 S}\vec{e_z} \qquad \text{et} \qquad \vec{B}(r,t) = \frac{\mu_0}{2S}\frac{\mathrm{d}Q}{\mathrm{d}t} r\vec{e_\theta}.$$

On ne considère aucun courant de conduction dans cet exercice.

On considère que l'énergie stockée dans le condensateur est essentiellement sous forme électrique. La densité volumique d'énergie électromagnétique s'écrit alors $e = \dfrac{\varepsilon_0 E^2}{2}$.

a) Calculer l'énergie stockée $\mathcal{E} = \iiint_{\mathcal{V}} e\,\mathrm{d}\tau$ dans le condensateur sachant que l'élément de volume $\mathrm{d}\tau$, en coordonnées cylindriques, vaut $\mathrm{d}\tau = r\,\mathrm{d}r\,\mathrm{d}\theta\,\mathrm{d}z$.

....

b) Calculer le vecteur de Poynting $\vec{\Pi} = \dfrac{\vec{E} \wedge \vec{B}}{\mu_0}$ en $r = R$ ....

c) Calculer le flux sortant $\phi = \iint_{\text{cylindre}} \vec{\Pi} \cdot \mathrm{d}\vec{S}$ à travers la surface cylindrique délimitant le volume entre les deux armatures.

....

d) Les résultats précédents permettent de déduire que :

ⓐ $\mathcal{E} + \phi = 0$ ⓑ $\mathcal{E} + \dfrac{\partial \phi}{\partial t} = 0$ ⓒ $\dfrac{\partial \mathcal{E}}{\partial t} + \phi = 0$ ⓓ $\dfrac{\partial \mathcal{E}}{\partial t} + \dfrac{\partial \phi}{\partial t} = 0$

....

e) On rappelle le théorème de Green-Ostrogradski.

Soit Σ une surface fermée de volume intérieur $\mathcal{V}$, orientée vers l'extérieur par convention. Pour un champ de vecteurs $\overrightarrow{A}$ défini en tout point, on a :

$$\oiint_{\Sigma} \overrightarrow{A} \cdot \overrightarrow{\mathrm{d}S} = \iiint_{\mathcal{V}} \mathrm{div}(\overrightarrow{A})\,\mathrm{d}\tau.$$

En utilisant ce théorème, quelle relation (appelée *théorème de Poynting*) obtient-on ?

ⓐ $\dfrac{\partial e}{\partial t} + \dfrac{\partial\left(\mathrm{div}\,\overrightarrow{\Pi}\right)}{\partial t} = 0$

ⓑ $\dfrac{\partial e}{\partial t} + \mathrm{div}\,\overrightarrow{\Pi} = 0$

ⓒ $e + \dfrac{\partial\left(\mathrm{div}\,\overrightarrow{\Pi}\right)}{\partial t} = 0$

ⓓ $e + \mathrm{div}\,\overrightarrow{\Pi} = 0$

.... ☐

Réponses mélangées

$-\dfrac{E_{0y}}{c}\cos(k\,z-\omega\,t+\psi_2)\,\overrightarrow{e_x} + \dfrac{E_{0x}}{c}\cos(k\,z-\omega\,t+\psi_1)\,\overrightarrow{e_y}$ — $\dfrac{c^3B_0}{k^2\omega r^3}\cos(\omega t)\overrightarrow{e_z}$ — $4\pi R^3(a-bR^2)$ — $2\omega\overrightarrow{e_z}$

$\dfrac{1}{c}\Big(E_{0x}\,\mathrm{e}^{\mathrm{i}(k\,z-\omega\,t+\psi_1)}\,\overrightarrow{e_y} - E_{0y}\,\mathrm{e}^{\mathrm{i}(k\,z-\omega\,t+\psi_2)}\,\overrightarrow{e_x}\Big)$ — $1{,}1\times10^{1}$ — Oui — $E_0\dfrac{k}{\omega}\cos(\omega t-kz+\varphi)\overrightarrow{e_y}$

$-\dfrac{2E_0}{k^2r^3}\displaystyle\int\cos(\omega t)\overrightarrow{e_\theta}\,\mathrm{d}t$ — $-\mu_0 n\dfrac{\mathrm{d}i}{\mathrm{d}t}\dfrac{r}{2}\overrightarrow{e_\theta}$ — $\mu_0\,\mathrm{div}\,\overrightarrow{j} + \varepsilon_0\,\mu_0\,\dfrac{\partial\,\mathrm{div}\,\overrightarrow{E}}{\partial t}$

$E_0\sqrt{\varepsilon_0\mu_0}\sinh(\sqrt{\varepsilon_0\mu_0}\alpha z)\exp(-\alpha t)\overrightarrow{e_y}$ — non — ⓒ — $\dfrac{E_{0x}^2+E_{0y}^2}{2\,\mu_0\,c}\,\overrightarrow{e_z}$ — ⓒ — ⓒ

Positive — oui — $B_0\dfrac{k}{\varepsilon_0\mu_0\omega}\sin(\omega t-kz+\varphi)\overrightarrow{e_x}$ — Nulle — Nulle — ⓐ — $\dfrac{E_x^2+E_y^2}{\mu_0\,c}\,\overrightarrow{e_z}$

Négative — $-\dfrac{L}{\varepsilon_0 S}Q\dfrac{\mathrm{d}Q}{\mathrm{d}t}$ — $\dfrac{LQ^2}{2\varepsilon_0 S}$ — oui — ⓑ — $1{,}1\times10^{-8}$ — Negative — ⓑ

$I\cdot T$ — Négative — $\mu_0\,\mathrm{div}\,\overrightarrow{j} + \mu_0\,\dfrac{\partial\rho}{\partial t}$ — ⓓ — $\overrightarrow{0}$ — $r\omega\overrightarrow{e_\theta}$ — $\dfrac{a^2}{r}\omega$ — $r\omega$

$1{,}1\times10^{12}$ — Positive — $\dfrac{E_0B_0}{\mu_0}\cos(\omega t-kz+\varphi)\sin(\omega t-kz+\varphi)\overrightarrow{e_z}$ — Nulle — $-\mu_0 n\dfrac{\mathrm{d}i}{\mathrm{d}t}\dfrac{R^2}{2r}\overrightarrow{e_\theta}$

$E_{0x}\,\mathrm{e}^{\mathrm{i}(k\,z-\omega\,t+\psi_1)}\,\overrightarrow{e_x} + E_{0y}\,\mathrm{e}^{\mathrm{i}(k\,z-\omega\,t+\psi_2)}\,\overrightarrow{e_y}$ — $3a-5br^2$ — ⓑ — $-\dfrac{E_0B_0}{\mu_0}\cosh(\beta z)\sinh(\beta z)\exp(-2\alpha t)\overrightarrow{e_x}$

$\dfrac{M\cdot L}{I\cdot T^3}$ — ⓑ — $\dfrac{1}{c}\Big(E_{0x}\,\mathrm{e}^{-\mathrm{i}(k\,z-\omega\,t+\psi_1)}\,\overrightarrow{e_y} - E_{0y}\,\mathrm{e}^{-\mathrm{i}(k\,z-\omega\,t+\psi_2)}\,\overrightarrow{e_x}\Big)$ — Nulle — Positive — $-\mu_0 n\dfrac{\mathrm{d}i}{\mathrm{d}t}\dfrac{r}{2}\overrightarrow{e_\theta}$

$-\dfrac{R}{2\varepsilon_0S^2}Q\dfrac{\mathrm{d}Q}{\mathrm{d}t}\overrightarrow{e_r}$ — $4\pi R^3(a-bR^2)$ — $-\omega y\overrightarrow{e_x}+\omega x\overrightarrow{e_y}$ — $E_0\cos[\omega t-kx]\overrightarrow{e_y}+E_0\sin[\omega t-kx]\overrightarrow{e_z}$

$\dfrac{M\cdot L}{I\cdot T^3}$ — ⓐ — 0 — Positive — ⓓ — $-\mu_0 n\dfrac{\mathrm{d}i}{\mathrm{d}t}\dfrac{R^2}{2r}\overrightarrow{e_\theta}$ — ⓒ — $\dfrac{M}{I\cdot T^2}$

$\dfrac{B_0}{\sqrt{\varepsilon_0\mu_0}}\cosh(\sqrt{\varepsilon_0\mu_0}\alpha z)\exp(-\alpha t)\overrightarrow{e_x}$ — m — $-E_0\exp[\mathrm{i}(\omega t+kz)]\overrightarrow{e_x} + \mathrm{i}E_0\exp[\mathrm{i}(\omega t+kz)]\overrightarrow{e_y}$ — Négative

► Réponses et corrigés page 264

Induction

Fiche du « Cahier d'entraînement 1re année » pour se préparer
⟶ *Champ magnétique, Induction*

Prérequis
Champ magnétique. Loi de Faraday. Orientation d'une surface à l'aide de la règle de la main droite (règle du tire-bouchon).
Flux du champ magnétique $\Phi = \iint_S \vec{B} \cdot \overrightarrow{dS}$.
Force élémentaire de Laplace $d\overrightarrow{F_L} = i\overrightarrow{d\ell} \wedge \vec{B}$. Loi des mailles.

Pour commencer

Entraînement 7.1 — Orientation d'une surface.

On associe à un contour orienté son vecteur normal en utilisant la règle dite de la main droite ou du tire-bouchon.

Pour chaque contour Γ_i orienté suivant, exprimer le vecteur normal unitaire $\overrightarrow{n_i}$ de la surface qu'il délimite en fonction des vecteurs $\vec{e}_x$, $\vec{e}_y$, $\vec{e}_z$.

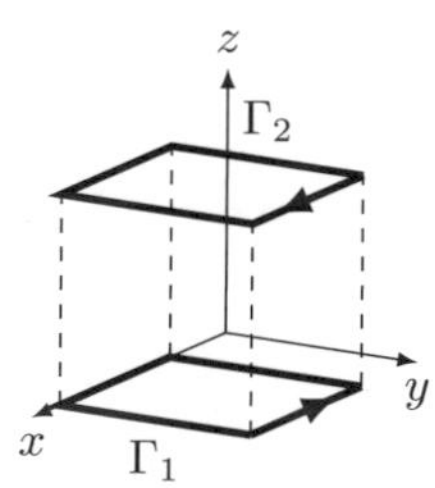

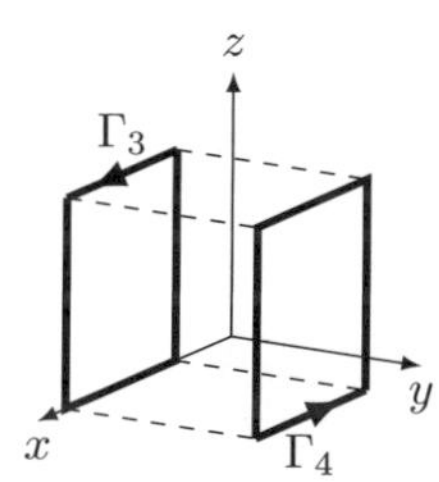

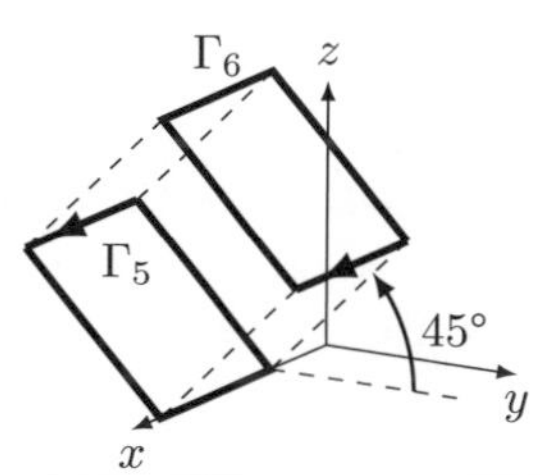

a) $\overrightarrow{n_1}$ ....

b) $\overrightarrow{n_2}$ ....

c) $\overrightarrow{n_3}$ ....

d) $\overrightarrow{n_4}$ ....

e) $\overrightarrow{n_5}$ ....

f) $\overrightarrow{n_6}$ ....

Entraînement 7.2 — Orientation d'un contour.

On associe à un contour orienté son vecteur normal en utilisant la règle dite de la main droite ou du tire-bouchon. Quelle représentation du contour pourrait correspondre aux vecteurs suivants ?

La réponse peut être « aucune » !

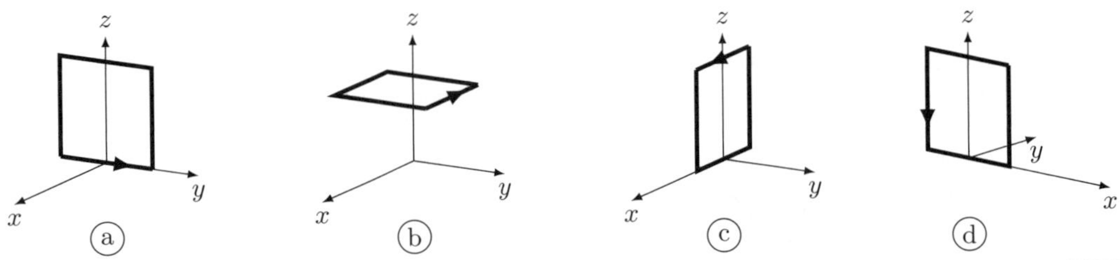

a) $-\vec{e_y}$ ....

b) $-\vec{e_x}$ ....

c) $\vec{e_z}$ ....

d) $\vec{e_x}$ ....

Entraînement 7.3 — Varie ou ne varie pas ? Telle est la question.

Soit un cadre de vecteur normal $\vec{n}$ et un champ magnétique $\vec{B}$.

Dans les situations suivantes, le flux de $\vec{B}$ à travers le cadre varie-t-il au cours du temps ?

Répondre par « oui » ou « non ».

On rappelle que le flux est défini par $\Phi = \iint_S \vec{B} \cdot \overrightarrow{dS}$.

a) $\vec{B}$ est uniforme et initialement $\vec{B} \wedge \vec{n} = \vec{0}$. Le cadre tourne autour d'un de ses côtés ...

b) Le cadre pénètre dans une zone où règne $\vec{B}$ uniforme. $\vec{B}$ et $\vec{n}$ sont colinéaires ....

c) Le champ $\vec{B}(t)$ dépend du temps et est perpendiculaire à $\vec{n}$. Le cadre est fixe et indéformable.

....

d) Le cadre est animé d'un mouvement de translation rectiligne dans $\vec{B}$ uniforme et constant.

....

e) La surface du cadre diminue. Le champ $\vec{B}$ est uniforme, colinéaire de sens opposé à $\vec{n}$.

....

f) Le cadre est fixe. Le champ $\vec{B}$ est colinéaire à $\vec{n}$, non uniforme et indépendant du temps.

....

Flux du champ magnétique

Entraînement 7.4 — Flux à travers un circuit mobile (I).

On considère un circuit carré de côté ℓ se déplaçant à la vitesse $\vec{v} = v\vec{e_x}$ et dont le côté droit est repéré par l'abscisse x_c.

Un champ magnétique uniforme $\vec{B} = B\vec{e_z}$ règne dans la zone comprise entre $x = 0$ et $x = a > \ell$.

On oriente le circuit tel que $\vec{n} = -\vec{e_z}$.

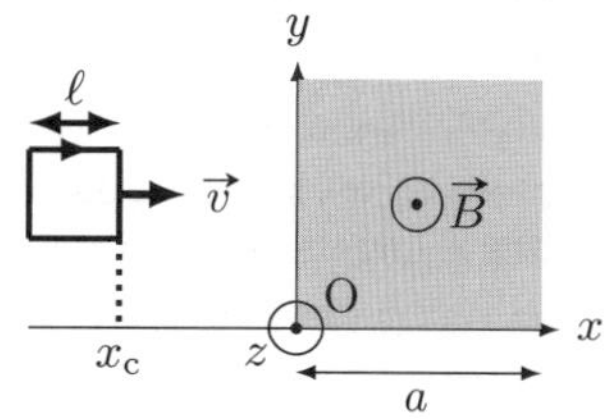

Exprimer le flux du champ magnétique $\Phi = \iint_S \vec{B} \cdot \vec{\mathrm{d}S}$ en fonction de B, x_c, ℓ et a si :

a) $x_\mathrm{c} < 0$ ....

b) $0 < x_\mathrm{c} < \ell$ ....

c) $\ell < x_\mathrm{c} < a$ ....

d) $a < x_\mathrm{c} < a + \ell$ ....

En déduire la dérivée du flux par rapport au temps en fonction de B, v et ℓ si :

e) $x_\mathrm{c} < 0$ ....

f) $0 < x_\mathrm{c} < \ell$ ....

g) $\ell < x_\mathrm{c} < a$ ....

h) $a < x_\mathrm{c} < a + \ell$ ....

Entraînement 7.5 — Flux à travers un disque.

On considère le système de coordonnées cylindriques (r, θ, z) de base $(\vec{e_r}, \vec{e_\theta}, \vec{e_z})$. Soit un champ magnétique uniforme

$$\vec{B} = B_\mathrm{m}\cos(\omega t)\vec{e_z} \text{ si } r < a \quad \text{et} \quad \vec{B} = \vec{0} \text{ si } r > a.$$

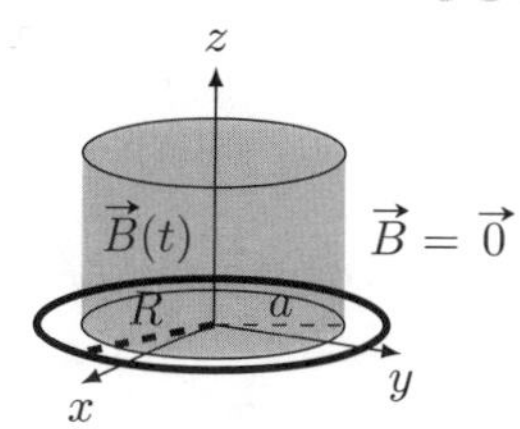

Déterminer le flux Φ du champ magnétique à travers un disque de rayon R d'axe z et de vecteur normal $\vec{e_z}$ si :

a) $R < a$ ....

b) $R > a$ ....

On considère maintenant un champ magnétique $\vec{B'}$ défini par

$$\vec{B'}(\mathrm{M}) = B_0\left(1 - \frac{r}{a}\right)\vec{e_z} \text{ si } r < a \qquad \text{et} \qquad \vec{B'} = \vec{0} \text{ si } r > a.$$

On désire exprimer son flux Φ' aussi à travers le disque de rayon R d'axe z et de vecteur normal $\vec{e_z}$.

c) Quelle sera l'expression de l'élément de surface $\mathrm{d}S$ du disque à considérer pour calculer le flux de $\vec{B'}$?

....

Déterminer Φ' si :

d) $R < a$ ....

e) $R > a$ ....

Entraînement 7.6 — Flux à travers un circuit mobile (II).

Dans une zone de champ magnétique uniforme

$$\vec{B} = B\vec{e_z},$$

on considère une spire orientée de rayon R en rotation autour d'un axe Δ perpendiculaire à l'axe (Oz) avec une vitesse angulaire constante ω.

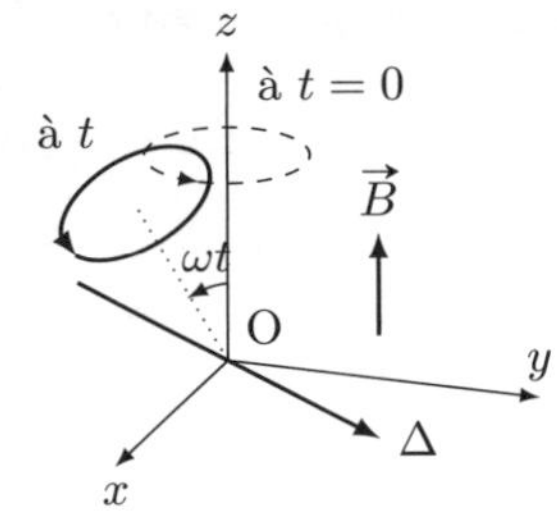

a) Quelle est l'expression du flux de $\vec{B}$ à travers la spire à t quelconque ? ....

Exprimer le flux en fonction de B et R pour les différentes valeurs de ωt suivantes :

b) $\frac{\pi}{2}$ .... c) $\frac{2\pi}{3}$ ... d) $\frac{11\pi}{6}$ .. e) 2π ...

Entraînement 7.7 — Flux propre d'un tore.

Soit un tore d'axe (Oz), constitué de N spires carrées de côté a. Le champ magnétique créé par ce dispositif est tel que

$$\vec{B}(\mathrm{M}) = \frac{\mu_0 N I}{2\pi r}\vec{e_\theta}$$

pour $0 < z < a$ ou $d < r < d + a$, et nul sinon.

On désire, dans un premier temps, calculer le flux de ce champ à travers une seule des spires. Le vecteur normal à la spire est le vecteur $\vec{e_\theta}$.

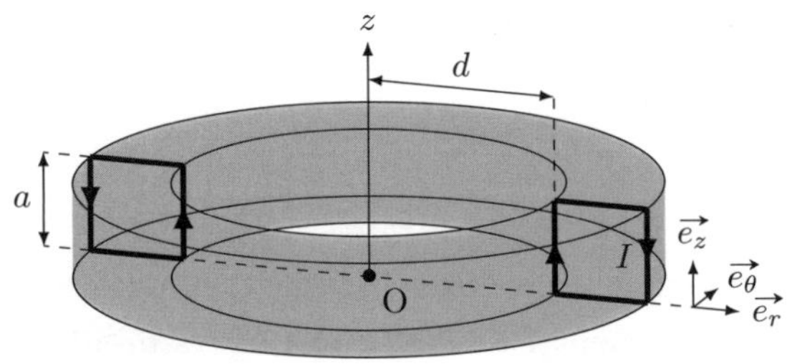

a) Quelle sera la surface élémentaire $\mathrm{d}S$ à utiliser pour le calcul du flux $\Phi = \iint_S \vec{B} \cdot \mathrm{d}S\vec{e_\theta}$?

(a) $\mathrm{d}S = \mathrm{d}r\,\mathrm{d}z$ (b) $\mathrm{d}S = r\,\mathrm{d}\theta\,\mathrm{d}r$ (c) $\mathrm{d}S = r\,\mathrm{d}\theta\,\mathrm{d}z$ (d) $\mathrm{d}S = \mathrm{d}\theta\,\mathrm{d}z$

....

b) Quelle sera l'expression du flux à travers une spire ?

(a) $\Phi = \int_{r=d}^{a+d}\int_{z=0}^{a} \frac{\mu_0 N I}{2\pi r}\,\mathrm{d}r \times \mathrm{d}z$

(b) $\Phi = \int_{r=0}^{a}\int_{z=0}^{a} \frac{\mu_0 N I}{2\pi r}\,\mathrm{d}r \times \mathrm{d}z$

(c) $\Phi = \int_{\theta=0}^{2\pi}\int_{z=0}^{a} \frac{\mu_0 N I}{2\pi r} r\,\mathrm{d}\theta \times \mathrm{d}z$

(d) $\Phi = \int_{r=d}^{a+d}\int_{z=0}^{a} \frac{\mu_0 N I}{2\pi r} r\,\mathrm{d}\theta \times \mathrm{d}z$

....

c) En réalisant le calcul intégral, calculer Φ ....

d) En déduire l'expression du coefficient d'auto-induction L défini par $\Phi_{\text{tore}} = LI$, où Φ_{tore} désigne le flux du champ créé par le tore à travers ses N spires (aussi appelé *flux propre*).

....

Lien avec l'équation de Maxwell-Faraday

Entraînement 7.8

Soit $\vec{E}$ un champ électrique d'expression $E(r)\vec{e_\theta}$ et soit $\vec{B}$ un champ magnétique d'expression $B_0\cos(\omega t)\vec{e_z}$.

Ils sont reliés par l'équation de Maxwell-Faraday $\overrightarrow{\mathrm{rot}}\,\vec{E} = -\dfrac{\partial \vec{B}}{\partial t}$.

On rappelle l'expression du rotationnel en coordonnées cylindriques :

$$\overrightarrow{\mathrm{rot}}\,\vec{A} = \left(\frac{1}{r}\frac{\partial A_z}{\partial \theta} - \frac{\partial A_\theta}{\partial z}\right)\vec{e_r} + \left(\frac{\partial A_r}{\partial z} - \frac{\partial A_z}{\partial r}\right)\vec{e_\theta} + \frac{1}{r}\left(\frac{\partial (rA_\theta)}{\partial r} - \frac{\partial A_r}{\partial \theta}\right)\vec{e_z}.$$

a) Quelle est l'équation vérifiée par $E(r)$?

(a) $\dfrac{1}{r}\dfrac{\mathrm{d}(rE(r))}{\mathrm{d}r} = -B_0\sin(\omega t)$

(b) $-\dfrac{\mathrm{d}(E(r))}{\mathrm{d}r} = B_0\omega\sin(\omega t)$

(c) $\dfrac{1}{r}\dfrac{\mathrm{d}(rE(r))}{\mathrm{d}r} = B_0\omega\sin(\omega t)$

(d) $\dfrac{1}{r}\dfrac{\mathrm{d}E(r)}{\mathrm{d}\theta} = B_0\omega\cos(\omega t)$

....

b) En déduire $E(r)$.

On prendra $E(r=0)=0$.

....

Systèmes d'équations couplées

Entraînement 7.9

Après écriture de la loi des mailles et de la relation fondamentale de la dynamique, un étudiant obtient ce système d'équations à résoudre :

$$\begin{cases} Ri + aBv = 0 \\ m\dfrac{\mathrm{d}v}{\mathrm{d}t} - iBa = mg. \end{cases}$$

a) Quelle est l'équation différentielle vérifiée par v ?

(a) $\dfrac{\mathrm{d}v}{\mathrm{d}t} - \dfrac{a^2B^2v}{Rm} = g$

(b) $\dfrac{\mathrm{d}v}{\mathrm{d}t} + \dfrac{a^2B^2v}{R} = g$

(c) $\dfrac{\mathrm{d}v}{\mathrm{d}t} + \dfrac{a^2B^2v}{Rm} = g$

....

b) Quelle est la dimension du coefficient $\dfrac{a^2B^2}{Rm}$?

On note T *la dimension d'un temps et* M *la dimension d'une masse.*

(a) T^{-1}

(b) 1

(c) T

(d) $\mathrm{T}\cdot\mathrm{M}^{-1}$

....

Entraînement 7.10 — Passage en complexe.

On considère un dispositif dont les équations mécaniques et électriques permettent d'établir le système suivant, où u est une tension :

$$\begin{cases} Ri + L\dfrac{\mathrm{d}i}{\mathrm{d}t} - \alpha Bv = u \\ m\dfrac{\mathrm{d}v}{\mathrm{d}t} = -iB\alpha - kz - hv \\ v = \dfrac{\mathrm{d}z}{\mathrm{d}t}. \end{cases}$$

Les grandeurs i, u et v sont sinusoïdales donc du type $x(t) = X_{\mathrm{m}}\cos(\omega t + \varphi)$.

Leur grandeur complexe associée est du type $\underline{x}(t) = X_{\mathrm{m}}\exp(\mathrm{j}\omega t + \varphi)$ et leur amplitude complexe associée $\underline{X} = X_{\mathrm{m}}\exp(\mathrm{j}\varphi)$ (où $\mathrm{j}^2 = -1$).

a) Comment s'écrit le système après passage en complexe ?

ⓐ $\begin{cases} R\underline{I} + \dfrac{L}{\mathrm{j}\omega}\underline{I} - \alpha B\underline{V} = \underline{U} \\ \mathrm{j}m\omega\underline{V} = -B\alpha\underline{I} - \mathrm{j}k\omega\underline{V} - h\underline{V} \\ \underline{V} = \mathrm{j}\omega\underline{Z} \end{cases}$

ⓑ $\begin{cases} R\underline{I} + \mathrm{j}L\omega\underline{I} - \alpha B\underline{V} = U_{\mathrm{m}}\cos(\omega t) \\ \dfrac{m}{\mathrm{j}\omega}\underline{V} = -B\alpha\underline{I} - k\dfrac{1}{\mathrm{j}\omega}\underline{V} - h\underline{V} \\ \underline{V} = \mathrm{j}\omega\underline{Z} \end{cases}$

ⓒ $\begin{cases} R\underline{I} + \mathrm{j}L\omega\underline{I} - \alpha B\underline{V} = \underline{U} \\ \mathrm{j}m\omega\underline{V} = -B\alpha\underline{I} - k\dfrac{1}{\mathrm{j}\omega}\underline{V} - h\underline{V} \\ \underline{V} = \mathrm{j}\omega\underline{Z} \end{cases}$

....

b) Exprimer l'amplitude complexe $\underline{V}$ en fonction de $\underline{I}$.

....

c) En éliminant $\underline{V}$ dans les deux premières équations du système, déterminer la bonne expression de l'impédance complexe $\underline{Z_{\mathrm{eq}}} = \dfrac{\underline{U}}{\underline{I}}$ parmi les expressions suivantes.

ⓐ $\underline{Z_{\mathrm{eq}}} = R + \dfrac{L}{\mathrm{j}\omega} + \dfrac{\alpha^2B^2}{h + \mathrm{j}(k\omega - \frac{m}{\omega})}$

ⓑ $\underline{Z_{\mathrm{eq}}} = R + \mathrm{j}L\omega + \alpha^2B^2\left(h + \mathrm{j}\left(m\omega - \dfrac{k}{\omega}\right)\right)$

ⓒ $\underline{Z_{\mathrm{eq}}} = R + \mathrm{j}L\omega + \dfrac{\alpha^2B^2}{h + \mathrm{j}(m\omega - \frac{k}{\omega})}$

ⓓ $\underline{Z_{\mathrm{eq}}} = \dfrac{R + \mathrm{j}L\omega + \alpha^2B^2}{(h + \mathrm{j}(m\omega - \frac{k}{\omega}))}$

....

Entraînement 7.11 — Bilan de puissance.

On considère le système d'équations électrique (EE) et mécanique (EM) suivant avec la force électromotrice induite $e = -Bav$, avec la force de Laplace de valeur $f_L = Bai$ et où f est une force exercée par un opérateur extérieur :

$$\begin{cases} e = Ri & \text{(EE)} \\ m\dfrac{\mathrm{d}v}{\mathrm{d}t} = f + f_L & \text{(EM).} \end{cases}$$

On rappelle que l'énergie cinétique de la barre est $E_c = \frac{1}{2}mv^2$ *et que la puissance dissipée par effet Joule est* $\mathcal{P}_J = Ri^2$.

a) Exprimer, en fonction de R et i, le terme $Bavi$ à partir de e dans (EE) ...

b) Exprimer, en fonction de m, v et f, le terme $Bavi$ à partir de f_L dans (EM).

....

c) Égaliser les expressions obtenues en a) et b) pour exprimer la puissance fournie par l'opérateur fv en fonction de E_c et $\mathcal{P}_J$.

On rappelle que $\left(f^2(x)\right)' = 2f'(x)f(x)$.

....

Force de Laplace

Entraînement 7.12 — Force de Laplace sur une spire rectangulaire.

On considère un champ magnétique $\vec{B}$ uniforme ainsi qu'un circuit rectangulaire (appelé « circuit 1 »), parcouru par un courant i.

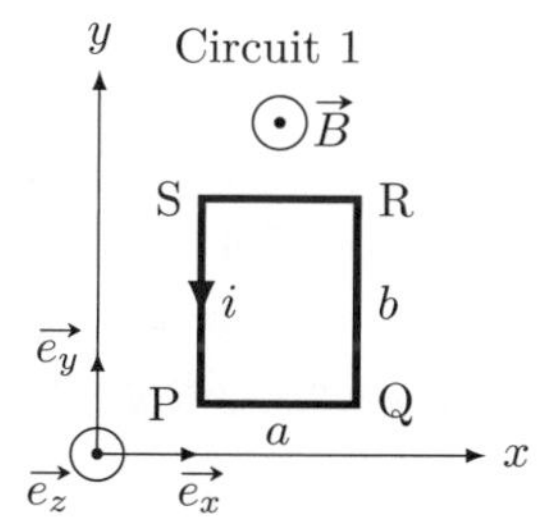

Quelle est l'expression de la force de Laplace s'exerçant sur chaque portion du circuit 1 en fonction de B, a, i et des vecteurs unitaires du repère ?

a) PQ ....

b) QR ....

c) RS ....

d) SP ....

e) Quelle est la résultante des forces de Laplace exercées sur le circuit 1 ? ....

Entraînement 7.13 — **Force de Laplace sur une spire triangulaire.**

On considère un champ magnétique $\vec{B}$ uniforme et un circuit triangulaire (appelé « circuit 2 »), parcouru par un courant i.

Quelle est l'expression de la force de Laplace s'exerçant sur chaque portion du circuit 2 en fonction de B, a, i et des vecteurs unitaires du repère ?

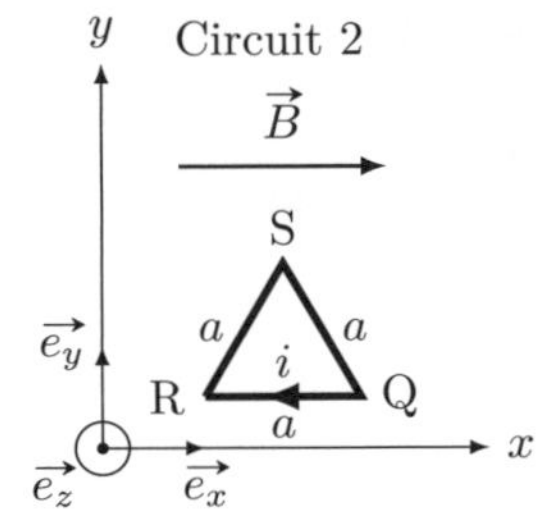

a) QR. ...

b) RS ....

c) SQ ....

Entraînement 7.14 — **Couple des forces de Laplace sur une spire.**

Un circuit mobile $\mathcal{C}$ de surface S dans lequel circule un courant d'intensité I est soumis à différents champs magnétiques uniformes et constants produits par trois bobines tels que :

$\overrightarrow{B_1} = B\overrightarrow{e_x}$; $\overrightarrow{B_2} = B\overrightarrow{e_y}$; $\overrightarrow{B_3} = B\overrightarrow{e_z}$.

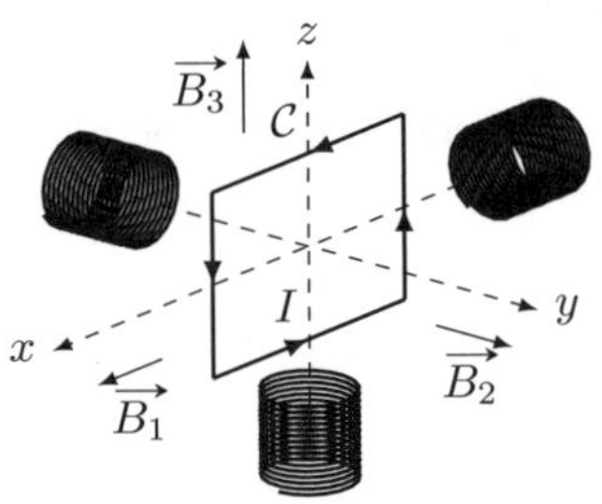

On rappelle que le moment magnétique d'une spire $\overrightarrow{\mathcal{M}}$ est défini par $\overrightarrow{\mathcal{M}} = I\vec{S}$ avec $\vec{S}$ son vecteur surface.

a) Exprimer le vecteur surface $\vec{S}$ en fonction de S et de la base $(\overrightarrow{e_x}, \overrightarrow{e_y}, \overrightarrow{e_z})$ ....

Exprimer le couple des forces de Laplace $\vec{\Gamma}_{\text{L}} = \overrightarrow{\mathcal{M}} \wedge \vec{B}$ que subit la spire $\mathcal{C}$ en fonction de S, I et B pour :

b) $\overrightarrow{B_1}$ ...

c) $\overrightarrow{B_2}$ ...

d) $\overrightarrow{B_3}$ ...

Les couples des forces de Laplace mettent la spire en rotation. Parmi les champs produits par les bobines, déterminer à l'aide de la règle de la main droite celui qui provoque les rotations du circuit $\mathcal{C}$ données ci-dessous.

e) La rotation de la spire autour de l'axe (Ox) dans le sens direct.

ⓐ $\overrightarrow{B_1}$ ⓑ $\overrightarrow{B_2}$ ⓒ $\overrightarrow{B_3}$ ⓓ aucun

....

f) La rotation de la spire autour de l'axe (Oy) dans le sens direct ?

ⓐ $\overrightarrow{B_1}$ ⓑ $\overrightarrow{B_2}$ ⓒ $\overrightarrow{B_3}$ ⓓ aucun

....

g) La rotation de la spire autour de l'axe (Oz) dans le sens direct ?

ⓐ $\overrightarrow{B_1}$ ⓑ $\overrightarrow{B_2}$ ⓒ $\overrightarrow{B_3}$ ⓓ aucun

....

Autour du rail de Laplace

Le rail de Laplace est un circuit constitué de deux rails conducteurs parallèles horizontaux espacés d'une distance $\ell = 10$ cm sur lesquels repose une tige conductrice $\mathcal{T}$ de masse $m = 10$ g.

Celle-ci glisse sans frottement sur les rails tout en leur restant perpendiculaire.

On repère la position x de la tige sur l'axe (Ox). On suppose que les rails conducteurs et la tige ont une résistance nulle.

L'ensemble est soumis à un champ magnétique uniforme permanent $\overrightarrow{B} = B\overrightarrow{e_z}$, avec $B = 1$ T. À l'instant initial, la tige est lancée à une vitesse $\overrightarrow{v}(t = 0) = v_0\overrightarrow{e_x}$.

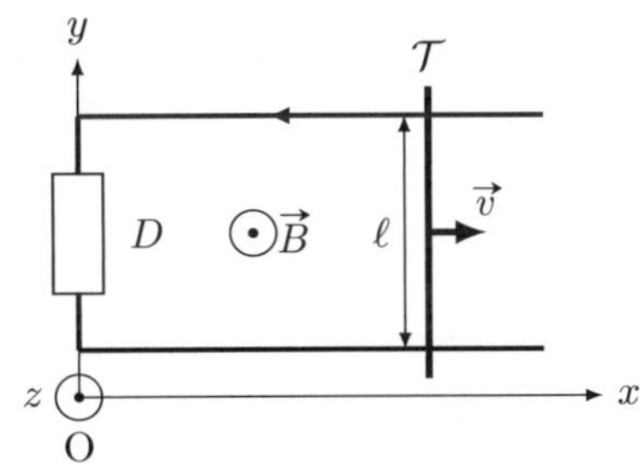

Le composant D est un dipôle dont la nature sera indiquée dans les exercices suivants.

Entraînement 7.15 — Rail de Laplace (I).

Dans cet entraînement, le dipôle D est une résistance R. On peut établir l'équation électrique (EE) et l'équation mécanique (EM) suivantes :

$$\begin{cases} B\ell v = Ri & \text{(EE)} \\ m\dfrac{\mathrm{d}v}{\mathrm{d}t} = -B\ell i & \text{(EM).} \end{cases}$$

a) Déterminer l'équation différentielle vérifiée par $v(t)$ ....

b) Quelle est l'expression de la vitesse $v(t)$?

ⓐ $v_0 \exp\left(-\dfrac{mR}{B^2\ell^2}t\right)$

ⓑ $v_0 \exp\left(-\dfrac{B\ell}{mR}t\right)$

ⓒ $v_0 \exp\left(-\dfrac{B^2\ell^2}{mR}t\right)$

ⓓ $v_0 \exp\left(-\dfrac{B^2\ell^2}{R}t\right)$

....

Entraînement 7.16 — Rail de Laplace (II).

Dans cet entraînement, le dipôle D est un générateur de tension non idéal (constitué d'un générateur de tension idéal de force électromotrice E en série avec sa résistance interne r). On peut établir l'équation électrique (EE) et l'équation mécanique (EM) suivantes :

$$\begin{cases} B\ell v(t) + E = ri & \text{(EE)} \\ m\dfrac{\mathrm{d}v(t)}{\mathrm{d}t} = -B\ell i & \text{(EM).} \end{cases}$$

a) Déterminer l'équation différentielle vérifiée par $v(t)$ ....

b) Quelle est l'expression de la vitesse limite v_{lim} atteinte par la tige ? ....

Entraînement 7.17 — Rail de Laplace (III).

Dans cet entraînement, le dipôle D est une bobine d'inductance $L = 0{,}5\,\text{H}$ et de résistance $r = 1\,\Omega$.

On peut établir l'équation électrique (EE) et l'équation mécanique (EM) suivantes :

$$\begin{cases} B\ell v = L\dfrac{\mathrm{d}i(t)}{\mathrm{d}t} + ri(t) & \text{(EE)} \\ m\dfrac{\mathrm{d}v}{\mathrm{d}t} = -B\ell i(t) & \text{(EM).} \end{cases}$$

a) Déterminer l'équation différentielle vérifiée par $i(t)$ ……………………

b) Quelle est l'équation caractéristique associée à l'équation différentielle vérifiée par $i(t)$?

(a) $x^2 + \dfrac{r}{L}x + \dfrac{B^2\ell^2}{mL} = 0$

(b) $x^2 + \dfrac{L}{r}x + \dfrac{B^2\ell^2}{mL} = 0$

(c) $x^2 + \dfrac{L}{r}x + \dfrac{B^2\ell^2}{mL}x = 0$

……………………………………………………………………

c) Comment peut-on qualifier le discriminant associé à l'équation caractéristique ?

(a) Il est strictement positif.

(b) Il est nul.

(c) Il est strictement négatif.

……………………………………………………………………

d) Quelle est l'expression de $i(t)$?

Les nombres α et β sont réels.

(a) $\alpha \mathrm{e}^{\left(-\frac{r}{2L}+\frac{1}{2}\sqrt{\frac{r^2}{L^2}-4\frac{B^2\ell^2}{mL}}\right)t} + \beta \mathrm{e}^{\left(-\frac{r}{2L}-\frac{1}{2}\sqrt{\frac{r^2}{L^2}-4\frac{B^2\ell^2}{mL}}\right)t}$

(b) $\mathrm{e}^{-\frac{r}{2L}t}\left(\alpha\cos\left(\dfrac{1}{2}\sqrt{\dfrac{r^2}{L^2}-4\dfrac{B^2\ell^2}{mL}}t\right) + \beta\sin\left(\dfrac{1}{2}\sqrt{\dfrac{r^2}{L^2}-4\dfrac{B^2\ell^2}{mL}}t\right)\right)$

(c) $(\alpha+\beta t)\mathrm{e}^{-\frac{r}{2L}t}$

(d) $\mathrm{e}^{-\frac{r}{2L}t}\left(\alpha\cos\left(\dfrac{1}{2}\sqrt{4\dfrac{B^2\ell^2}{mL}-\dfrac{r^2}{L^2}}t\right) + \beta\sin\left(\dfrac{1}{2}\sqrt{4\dfrac{B^2\ell^2}{mL}-\dfrac{r^2}{L^2}}t\right)\right)$

……………………………………………………………………

Entraînement 7.18 — Équations différentielles.

On considère un circuit constitué d'un générateur de force électromotrice constante E, d'un dipôle et d'une tige mobile $\mathcal{T}$ de résistance R repérée par la coordonnée x sur l'axe (Ox), plongé dans un champ magnétique $\vec{B}$. On oriente le circuit dans le sens horaire.

On admet que le principe fondamental de la dynamique appliqué à la tige $\mathcal{T}$ selon l'axe (Ox) permet d'écrire la relation $m\ddot{x} = iaB$. De plus, la force électromotrice induite est $e = -Ba\dot{x}$.

On étudie les cas où le dipôle correspond à ces trois montages suivants.

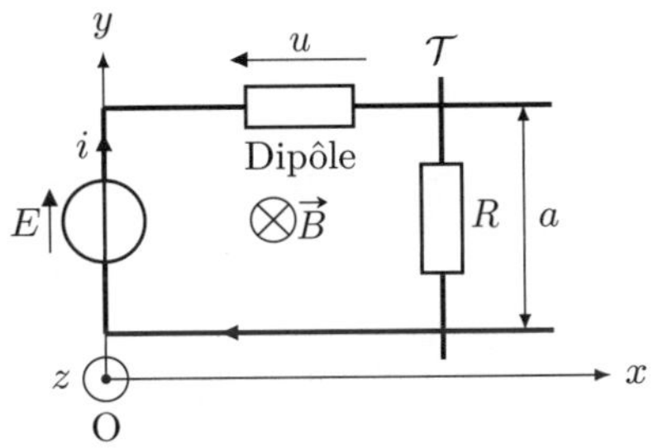

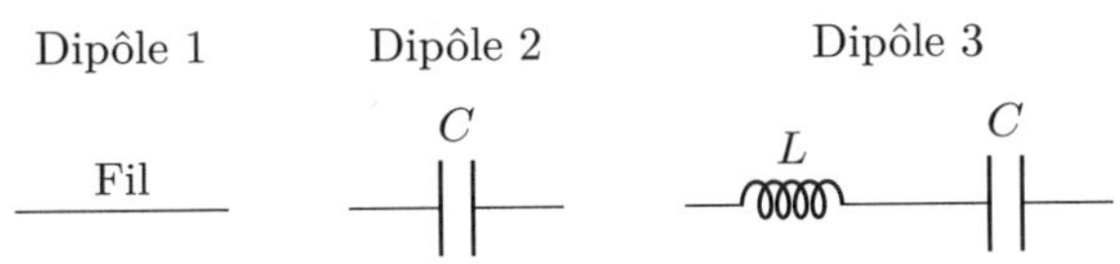

a) Quel sera le montage complet en tenant compte de la force électromotrice induite e ?

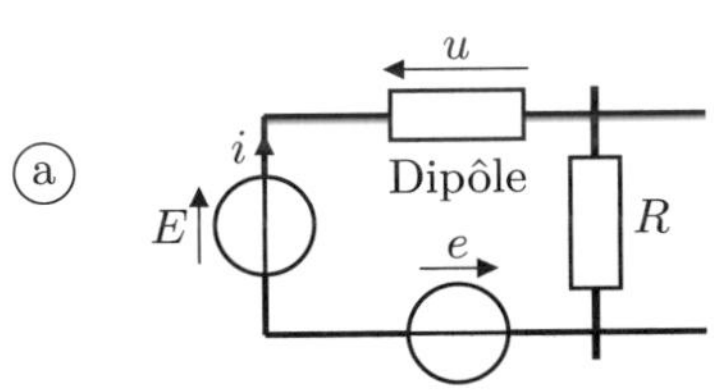

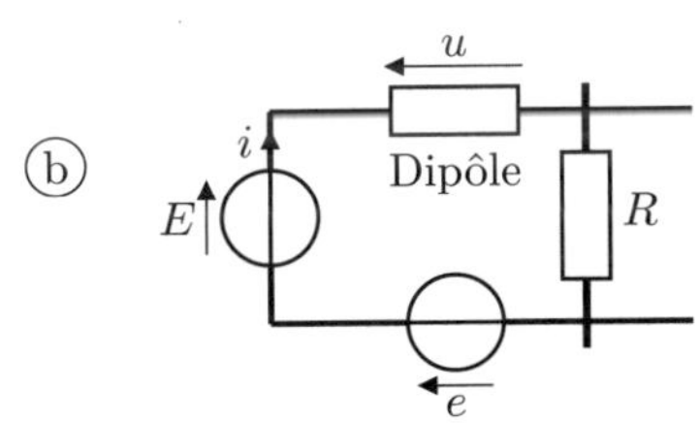

....

b) Exprimer la tension u à partir de la loi des mailles en fonction de E, i, R, B, a et $\dot{x}$.

....

c) Exprimer $\dfrac{\mathrm{d}u}{\mathrm{d}t}$ en fonction de B, a, m, R, i et de $\dfrac{\mathrm{d}i}{\mathrm{d}t}$ ....

d) Donner l'équation différentielle vérifiée par i pour le dipôle 1.

....

e) Donner l'équation différentielle vérifiée par i pour le dipôle 2.

....

f) Donner l'équation différentielle vérifiée par i pour le dipôle 3.

....

Réponses mélangées

non $\quad \frac{\mathrm{d}v}{\mathrm{d}t}+\frac{B^2\ell^2}{mR}v=0 \quad 2\pi B_0\frac{a^2}{6} \quad \overrightarrow{e_y} \quad -\overrightarrow{e_z}$ ⓒ oui ⓒ

$\frac{\mathrm{d}^2 i(t)}{\mathrm{d}t^2}+\frac{r}{L}\frac{\mathrm{d}i(t)}{\mathrm{d}t}+\frac{B^2\ell^2}{mL}i(t)=0$ ⓐ ⓒ $i\frac{\sqrt{3}}{2}aB\overrightarrow{e_x} \quad \frac{-\alpha B\underline{I}}{h+\mathrm{j}(m\omega-\frac{k}{\omega})}$

$Bv\ell$ ⓓ non $B\pi R^2 \quad \vec{0}$ ⓓ 0 ⓒ $-\frac{B\pi R^2}{2}$ ⓑ

$-IBS\overrightarrow{e_z} \quad \frac{\sqrt{3}}{2}B\pi R^2 \quad 0 \quad S\overrightarrow{e_y} \quad \pi a^2 B_\mathrm{m}\cos(\omega t) \quad \frac{\mathrm{d}v(t)}{\mathrm{d}t}+\frac{B^2\ell^2}{mr}v(t)=-\frac{B\ell E}{mr}$

non $\quad \frac{\mathrm{d}E_\mathrm{c}}{\mathrm{d}t}+\mathcal{P}_\mathrm{J} \quad B_0\omega\sin(\omega t)\frac{r}{2} \quad -iaB\overrightarrow{e_y} \quad B\pi R^2\cos(\omega t) \quad -\frac{\sqrt{2}}{2}(\overrightarrow{e_y}+\overrightarrow{e_z})$

ⓒ $-i\frac{\sqrt{3}}{2}aB\overrightarrow{e_z} \quad -\frac{E}{B\ell}$ ⓒ $\overrightarrow{e_y} \quad L\frac{\mathrm{d}^2 i}{\mathrm{d}t^2}+R\frac{\mathrm{d}i}{\mathrm{d}t}+\left(\frac{(Ba)^2}{m}+\frac{1}{C}\right)i=0$

$R\frac{\mathrm{d}i}{\mathrm{d}t}+\left(\frac{(Ba)^2}{m}+\frac{1}{C}\right)i=0 \quad 0 \quad \frac{\sqrt{2}}{2}(\overrightarrow{e_y}+\overrightarrow{e_z})$ ⓓ $\pi R^2 B_\mathrm{m}\cos(\omega t) \quad \vec{0} \quad IBS\overrightarrow{e_x}$

ⓐ $R\frac{\mathrm{d}i}{\mathrm{d}t}+\frac{(Ba)^2}{m}i=0$ ⓐ $-Bx_\mathrm{c}\ell \quad 0 \quad \mathrm{d}S=r\,\mathrm{d}\theta\,\mathrm{d}r \quad \frac{\mu_0 NIa}{2\pi}\ln\left(\frac{d+a}{d}\right)$

aucune $\quad -Ri^2 \quad 2\pi B_0\left(\frac{R^2}{2}-\frac{R^3}{3a}\right) \quad \overrightarrow{e_z} \quad iaB\overrightarrow{e_y}$ oui $\vec{0} \quad -B(a-(x_\mathrm{c}-\ell))\ell$

ⓒ $E-Ba\dot{x}-Ri$ ⓐ ⓑ $mv\frac{\mathrm{d}v}{\mathrm{d}t}-fv$ ⓓ $-ibB\overrightarrow{e_x} \quad ibB\overrightarrow{e_x}$

oui ⓐ $-\frac{(Ba)^2}{m}i-R\frac{\mathrm{d}i}{\mathrm{d}t} \quad -B\ell^2 \quad -Bv\ell \quad \frac{\mu_0 N^2 a}{2\pi}\ln\left(\frac{d+a}{d}\right)$

► Réponses et corrigés page 274

Ondes électromagnétiques I

Prérequis

Pour une onde plane progressive monochromatique : $\lambda = c/f$ et $f = 1/T$.
Équations de Maxwell dans un espace vide de charges et de courants :

$$\operatorname{div} \vec{E} = 0 \qquad \text{(Maxwell-Gauss)}$$

$$\operatorname{div} \vec{B} = 0 \qquad \text{(Maxwell-Thomson)}$$

$$\overrightarrow{\operatorname{rot}}\, \vec{E} = -\frac{\partial \vec{B}}{\partial t} \qquad \text{(Maxwell-Faraday)}$$

$$\overrightarrow{\operatorname{rot}}\, \vec{B} = \mu_0 \varepsilon_0 \frac{\partial \vec{E}}{\partial t} \qquad \text{(Maxwell-Ampère)}$$

Formules d'analyse vectorielle, en coordonnées cartésiennes :

$$\operatorname{div} \vec{A} = \frac{\partial A_x}{\partial x} + \frac{\partial A_y}{\partial y} + \frac{\partial A_z}{\partial z}$$

$$\overrightarrow{\operatorname{rot}}\, \vec{A} = \left(\frac{\partial A_z}{\partial y} - \frac{\partial A_y}{\partial z}\right)\vec{e_x} + \left(\frac{\partial A_x}{\partial z} - \frac{\partial A_z}{\partial x}\right)\vec{e_y} + \left(\frac{\partial A_y}{\partial x} - \frac{\partial A_x}{\partial y}\right)\vec{e_z}$$

$$\vec{\Delta} \vec{A} = \Delta A_x \vec{e_x} + \Delta A_y \vec{e_y} + \Delta A_z \vec{e_z}$$

$$\Delta v = \frac{\partial^2 v}{\partial x^2} + \frac{\partial^2 v}{\partial y^2} + \frac{\partial^2 v}{\partial z^2}$$

Constantes utiles

→ Célérité de la lumière dans le vide : $c = 3{,}00 \times 10^8\ \mathrm{m \cdot s^{-1}}$

→ Perméabilité magnétique du vide : $\mu_0 = 4\pi \times 10^{-7}\ \mathrm{H \cdot m^{-1}}$

→ Permittivité du vide : $\varepsilon_0 = 9 \times 10^{-12}\ \mathrm{F \cdot m^{-1}}$

Calculs numériques

Entraînement 8.1 — Fréquence, longueur d'onde, vitesse de propagation.

Calculer, avec un chiffre significatif, les grandeurs suivantes :

a) la vitesse de propagation des ondes électromagnétiques dans le vide $c = \dfrac{1}{\sqrt{\mu_0 \varepsilon_0}}$ ..

b) La fréquence f d'une onde de longueur d'onde dans le vide $\lambda = 600\,\mathrm{nm}$ ....

c) La longueur d'onde dans le vide d'une onde de fréquence $f = 3\,\mathrm{GHz}$ ....

d) La période d'une onde de longueur d'onde dans le vide $\lambda = 3\,\mathrm{pm}$ ....

Entraînement 8.2 — Combat de grandeurs (I).

On considère un pointeur laser émettant une onde représentée par son champ électromagnétique

$$\vec{E}(M,t) = E_0 \cos(\omega t - kx)\vec{e_z} \quad \text{et} \quad \vec{B}(M,t) = -\frac{E_0}{c}\cos(\omega t - kx)\vec{e_y},$$

avec $E_0 = 100\,\mathrm{V\cdot m^{-1}}$ et une ampoule classique à filament de puissance lumineuse égale à 100 W. Le faisceau laser est un cylindre de section $S = 1{,}0\,\mathrm{mm^2}$.

a) Expliciter la puissance moyenne surfacique $\langle P\rangle = \left\langle \iint \vec{\Pi}\cdot\mathrm{d}\vec{S}\right\rangle$, avec $\vec{\Pi} = \dfrac{\vec{E}\wedge\vec{B}}{\mu_0}$.

On rappelle que $\langle \cos^2(\alpha)\rangle = 1/2$ *si* α *dépend du temps* ....

b) Calculer numériquement la puissance moyenne du laser ....

c) Qui de l'ampoule classique ou du laser est le plus puissant en moyenne ? ....

Entraînement 8.3 — Combat de grandeurs (II).

On souhaite comparer le champ magnétique terrestre égal à 5×10^{-5} T à une onde radiofréquence représentée par son champ magnétique $\vec{B}(M,t) = B_0\cos(\omega t - kx)\vec{e_z}$, de puissance moyenne 1 W.

Le faisceau a une section $S = 1\,\mathrm{m^2}$. On rappelle que dans ce cas $B_0 = \dfrac{E_0}{c}$ où E_0 est la norme du champ électrique de l'onde plane.

a) Exprimer B_0 en fonction de la puissance moyenne rayonnée $\langle P\rangle = \dfrac{E_0^2 S}{2\mu_0 c}$ ....

b) Que dire du champ magnétique de l'onde radiofréquence ?

(a) Il est plus intense que le champ terrestre.

(b) Il est moins intense que le champ terrestre.

(c) Il est du même ordre de grandeur que le champ terrestre.

....

Dérivées partielles et opérateurs

Entraînement 8.4 — Calcul de dérivées partielles (I).

On considère le champ électrique suivant : $\vec{E}(M,t) = E_0\cos(\omega t - kx)\vec{e_z}$. Calculer :

a) $\dfrac{\partial \vec{E}}{\partial t}$ ....

b) $\dfrac{\partial \vec{E}}{\partial x}$ ....

c) $\dfrac{\partial \vec{E}}{\partial z}$ ....

d) $\dfrac{\partial^2 \vec{E}}{\partial x^2}$ ....

e) $\dfrac{\partial^2 \vec{E}}{\partial t^2}$ ....

Entraînement 8.5 — Calcul de dérivées partielles (II).

On considère le champ magnétique suivant : $\vec{B}(M,t) = B_0 \sin\left(\frac{\pi y}{a}\right)\cos(\omega t - kx)\vec{e_z}$. Calculer :

a) $\dfrac{\partial \vec{B}}{\partial t}$ ....

b) $\dfrac{\partial \vec{B}}{\partial x}$ ....

c) $\dfrac{\partial \vec{B}}{\partial y}$ ....

d) $\dfrac{\partial^2 \vec{B}}{\partial t^2}$ ....

e) $\dfrac{\partial^2 \vec{B}}{\partial x^2}$ ....

f) $\dfrac{\partial^2 \vec{B}}{\partial y^2}$ ....

Entraînement 8.6 — Calcul d'opérateurs vectoriels (I).

On considère le champ électrique suivant : $\vec{E}(M,t) = E_0 \cos(\omega t - kx)\vec{e_z}$. Calculer :

a) $\operatorname{div} \vec{E}$ ....

b) $\overrightarrow{\text{rot}}\, \vec{E}$ ....

c) $\vec{\Delta}\vec{E}$ ....

Entraînement 8.7 — Calcul d'opérateurs vectoriels (II).

On considère le champ $\vec{A}(M,t)$ dont les composantes sont données par :

$$\begin{cases} A_x &= 0 \\ A_y &= A_0 \cos\left(\frac{\pi y}{a}\right)\cos(\omega t - kz) \\ A_z &= \alpha A_0 \sin\left(\frac{\pi y}{a}\right)\cos(\omega t - kz). \end{cases}$$

Calculer :

a) $\operatorname{div} \vec{A}$ ....

b) $\overrightarrow{\text{rot}}\, \vec{A}$ ....

c) $\vec{\Delta}\vec{A}$ ....

Entraînement 8.8 — Équation de propagation.

On cherche dans cet entraînement à démontrer l'équation de propagation des ondes électromagnétiques dans le vide. On rappelle pour cela la formule du double rotationnel d'un vecteur $\vec{A}$:

$$\overrightarrow{\mathrm{rot}}(\overrightarrow{\mathrm{rot}}\,\vec{A}) = \overrightarrow{\mathrm{grad}}(\mathrm{div}\,\vec{A}) - \vec{\Delta}\vec{A}.$$

a) En utilisant l'équation de Maxwell-Faraday puis celle de Maxwell-Ampère, on montre que :

$$\overrightarrow{\mathrm{rot}}(\overrightarrow{\mathrm{rot}}\,\vec{E}) = \alpha\frac{\partial^2\vec{E}}{\partial t^2}.$$

Quelle est l'expression de α ?

(a) $\alpha = \mu_0\varepsilon_0$ (b) $\alpha = \dfrac{1}{\mu_0\varepsilon_0}$ (c) $\alpha = -\mu_0\varepsilon_0$

....

b) En utilisant l'équation de Maxwell-Gauss et la formule du double rotationnel, établir une seconde expression de $\overrightarrow{\mathrm{rot}}(\overrightarrow{\mathrm{rot}}\,\vec{E})$ ....

c) En égalisant les expressions de $\overrightarrow{\mathrm{rot}}(\overrightarrow{\mathrm{rot}}\,\vec{E})$ obtenues aux questions précédentes, on obtient l'équation de d'Alembert $\vec{\Delta}\vec{E} = \dfrac{1}{c^2}\dfrac{\partial^2\vec{E}}{\partial t^2}$.

Exprimer c en fonction de ε_0 et μ_0 ....

Solutions de l'équation de propagation

Entraînement 8.9 — Représentation d'un signal.

On considère trois signaux :

- signal n° 1 :
$$E(x_0,t) = 2 + \cos\left(2\pi\frac{t}{T_1}\right) \text{ avec } T_1 = 5\,\mathrm{s}$$
- signal n° 2 :
$$E(x_0,t) = 0{,}5\cos\left(2\pi\frac{t}{T_2} + \frac{\pi}{2}\right) \text{ avec } T_2 = 4\,\mathrm{s}$$
- signal n° 3 :
$$E(x_0,t) = 0{,}5\cos\left(2\pi\frac{t}{T_3} + \frac{\pi}{2}\right) \text{ avec } T_3 = 2{,}5\,\mathrm{s}$$

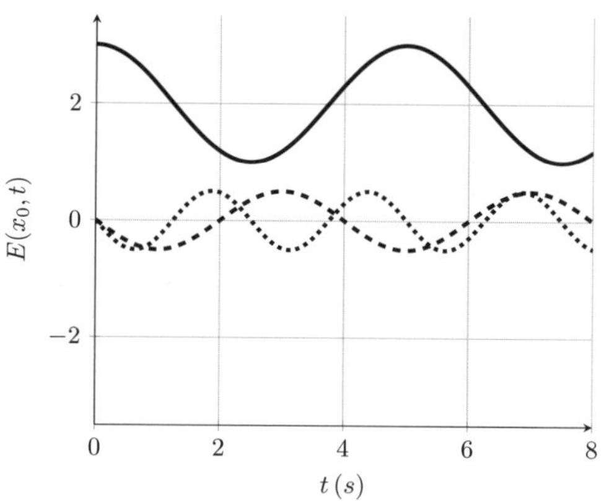

On donne ci-contre leurs représentations graphiques (à x_0 fixé, en fonction du temps).

a) À quel signal la courbe en trait plein est-elle associée ? ....

b) À quel signal la courbe en tirets est-elle associée ? ....

c) À quel signal la courbe en pointillés est-elle associée ? ....

Entraînement 8.10 — Caractérisation d'une onde.

Dans chaque cas, dire si l'onde représentée est progressive (c'est-à-dire de la forme $f(x-ct)$ ou $g(x+ct)$) et/ou harmonique (dont la dépendance temporelle est sinusoïdale).

a)

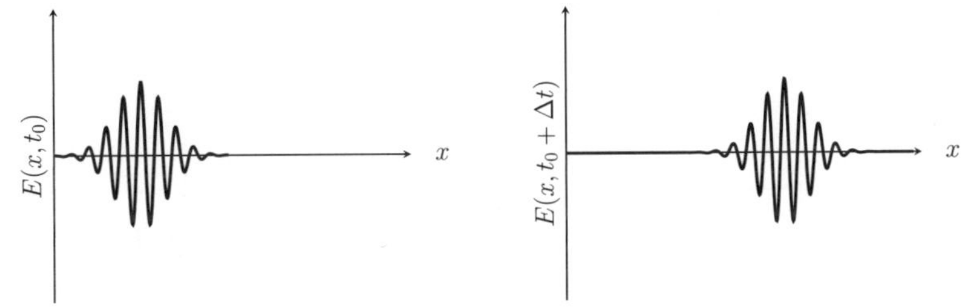

b)

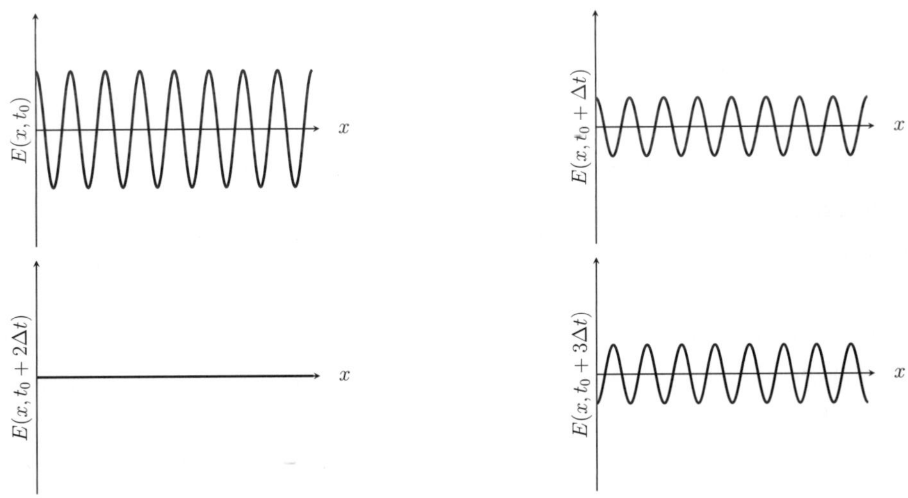

c)

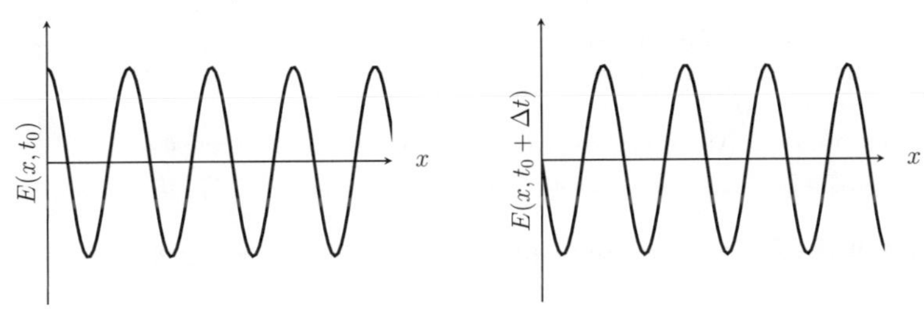

Entraînement 8.11 — Onde représentée par son champ magnétique.

On étudie une onde électromagnétique dont le champ magnétique s'écrit :

$$\vec{B}(M,t) = B_0 \exp\big(-(t/\tau - x/\delta)^2\big)\vec{u_y}.$$

Choisir la représentation qui convient :

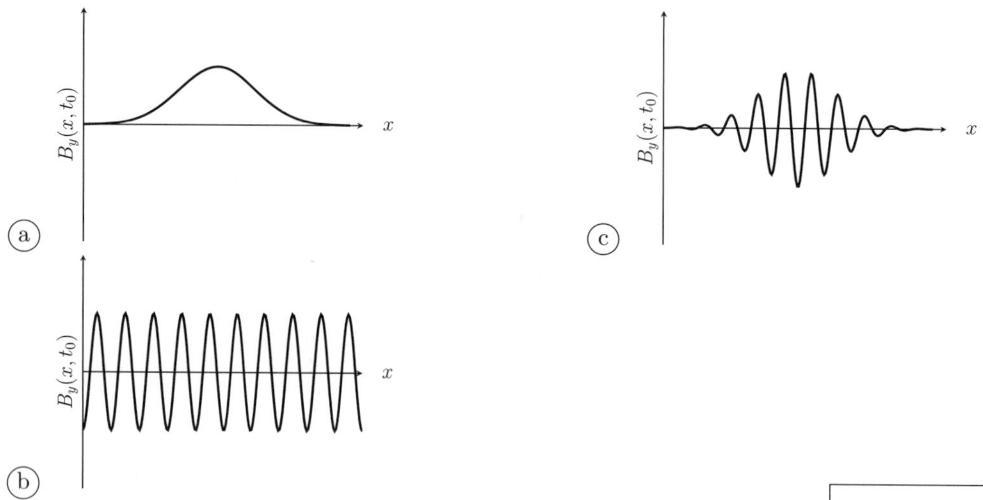

....

Entraînement 8.12 — Onde électromagnétique dans un guide d'ondes.

Soit une onde électromagnétique, dont le champ électrique est donné par :

$$\vec{E} = E_0 \cos(\alpha z)\sin(\omega t - kx)\vec{e_y},$$

où E_0 et α sont des constantes. On rappelle l'équation de propagation d'une onde électromagnétique dans le vide, aussi appelée équation de d'Alembert :

$$\vec{\Delta}\vec{E} = \frac{1}{c^2}\frac{\partial^2 \vec{E}}{\partial t^2}.$$

a) Calculer $\vec{\Delta}\vec{E}$ ....

b) Calculer $\dfrac{\partial^2 \vec{E}}{\partial t^2}$, sans utiliser l'équation de d'Alembert ....

c) En utilisant l'équation de d'Alembert, exprimer k en fonction de ω, α et c ....

On rappelle qu'il y a dispersion si la vitesse de phase $v_\varphi = \dfrac{\omega}{k}$ de l'onde dépend de ω.

d) Y a-t-il dispersion ici ? ....

Entraînement 8.13 — Onde sphérique progressive.

On considère le champ électrique sphérique suivant : $\overrightarrow{E}(r,t) = \dfrac{a}{r}\cos(\omega t - kr)\,\overrightarrow{e_\theta}$.

On rappelle l'expression du rotationnel en coordonnées sphériques :

$$\overrightarrow{\mathrm{rot}}\,\overrightarrow{A} = \frac{1}{r\sin(\theta)}\left(\frac{\partial(\sin\theta A_\varphi)}{\partial\theta} - \frac{\partial A_\theta}{\partial\varphi}\right)\overrightarrow{e_r} + \frac{1}{r}\left(\frac{1}{\sin(\theta)}\frac{\partial A_r}{\partial\varphi} - \frac{\partial(rA_\varphi)}{\partial r}\right)\overrightarrow{e_\theta} + \frac{1}{r}\left(\frac{\partial(rA_\theta)}{\partial r} - \frac{\partial A_r}{\partial\theta}\right)\overrightarrow{e_\varphi}.$$

a) Calculer le rotationnel du champ $\overrightarrow{E}$.

....

b) En déduire le champ $\overrightarrow{B}$ associé à l'aide de l'équation de Maxwell-Faraday.

....

c) Indiquer les caractéristiques de la structure de ce champ électromagnétique :

- (a) L'onde est transverse.
- (b) L'onde est longitudinale.
- (c) Les vecteurs $(\overrightarrow{k}, \overrightarrow{E}, \overrightarrow{B})$ forment un trièdre direct.
- (d) Les vecteurs $(\overrightarrow{k}, \overrightarrow{E}, \overrightarrow{B})$ forment un trièdre indirect.
- (e) Les vecteurs $(\overrightarrow{B}, \overrightarrow{k}, \overrightarrow{E})$ forment un trièdre direct.

....

On attend plusieurs réponses.

Entraînement 8.14 — Onde dans un guide d'ondes.

On considère le champ électrique suivant :

$$\overrightarrow{E}(x,z,t) = E_0\sin\left(\frac{\pi x}{a}\right)\cos(\omega t - kz)\overrightarrow{e_y}.$$

a) Exprimer les valeurs de z pour lesquelles le champ $\overrightarrow{E}$ s'annule.

....

b) Exprimer les valeurs de x pour lesquelles le champ $\overrightarrow{E}$ s'annule.

....

Entraînement 8.15 — Onde plane en notation complexe.

On considère le champ électrique complexe polarisé rectilignement suivant :

$$\underline{\vec{E}} = \underline{E}_0 \exp\Big(\mathrm{j}(\omega t - k_x x - k_y y - k_z z)\Big)\vec{e_x} \qquad \text{et} \qquad \vec{k} = k_x\vec{e_x} + k_y\vec{e_y} + k_z\vec{e_z}.$$

Calculer :

a) la dérivée temporelle de $\underline{\vec{E}}$ ....

b) la divergence de $\underline{\vec{E}}$ ....

c) le rotationnel de $\underline{\vec{E}}$ ....

d) le laplacien vectoriel de $\underline{\vec{E}}$ ....

Attribuer alors à chaque opération de dérivation ci-dessous l'expression qui lui est associée.

(a) $-\mathrm{j}\vec{k}\cdot\underline{\vec{E}}$ (b) $-k^2\underline{\vec{E}}$ (c) $-\mathrm{j}\vec{k}\wedge\underline{\vec{E}}$ (d) $\mathrm{j}\omega\underline{\vec{E}}$

e) $\dfrac{\partial\underline{\vec{E}}}{\partial t}$ ....

f) $\operatorname{div}\underline{\vec{E}}$ ....

g) $\overrightarrow{\mathrm{rot}}\,\underline{\vec{E}}$ ....

h) $\vec{\Delta}\underline{\vec{E}}$ ....

Entraînement 8.16 — Vitesse de phase et vitesse de groupe.

On considère une onde plane progressive harmonique pour laquelle la pulsation ω et le vecteur d'onde k vérifient la relation de dispersion $k^2 = \dfrac{\omega^2 - \omega_0^2}{c^2}$, où ω_0 est une constante positive telle que $\omega_0 < \omega$.

a) Exprimer la vitesse de phase $v_\varphi = \dfrac{\omega}{k}$ de cette onde.

....

b) En différentiant l'expression de k^2, exprimer la vitesse de groupe $v_\mathrm{g} = \dfrac{\mathrm{d}\omega}{\mathrm{d}k}$ de cette onde.

....

Puissance et énergie des ondes électromagnétiques

Le vecteur de Poynting $\vec{\Pi}$ et l'énergie volumique du champ w_{em} sont respectivement définis par :

$$\vec{\Pi} = \frac{\vec{E} \wedge \vec{B}}{\mu_0} \qquad \text{et} \qquad w_{\text{em}} = \frac{\varepsilon_0 E^2}{2} + \frac{B^2}{2\mu_0}.$$

Entraînement 8.17 — Puissance d'une onde plane progressive.

On considère le champ électromagnétique plan progressif monochromatique suivant :

$$\vec{E}(y,t) = E_0 \cos(\omega t - ky)\vec{e_z} \qquad \text{et} \qquad \vec{B}(y,t) = \frac{E_0}{c}\cos(\omega t - ky)\vec{e_x}.$$

a) Calculer le vecteur de Poynting ....

b) Calculer l'énergie volumique électromagnétique ....

Entraînement 8.18 — Puissance d'une onde sphérique progressive.

On considère le champ électromagnétique sphérique suivant :

$$\vec{E}(r,t) = \frac{a}{r}\cos(\omega t - kr)\vec{e_\theta} \qquad \text{et} \qquad \vec{B}(r,t) = \frac{a}{cr}\cos(\omega t - kr)\vec{e_\varphi}.$$

a) Calculer le vecteur de Poynting ....

b) Calculer l'énergie volumique électromagnétique ....

c) Calculer la puissance rayonnée $P = \iint \vec{\Pi} \cdot \mathrm{d}\vec{S}$ à travers une sphère de centre O et de rayon r.

....

Entraînement 8.19 — Puissance d'une onde dans un guide d'ondes.

Pour un certain champ électromagnétique dans le vide, on a : $\vec{E}(x,z,t) = E_0 \sin\left(\frac{\pi x}{a}\right)\cos(\omega t - kz)\vec{e_y}$.

a) Calculer le champ $\vec{B}$ associé à l'aide de l'équation de Maxwell-Faraday.

....

b) Calculer le vecteur de Poynting ....

c) Donner la moyenne temporelle du vecteur de Poynting.

On rappelle que $\langle \cos^2(\alpha) \rangle = \frac{1}{2}$ *si* α *dépend du temps* ......

Réponses mélangées

signal n° 2 — (a), (c) et (e) — $-\omega^2 B_0 \sin\left(\frac{\pi y}{a}\right)\cos(\omega t - kx)\overrightarrow{e_z}$ — $-(\alpha^2 + k^2)\overrightarrow{E}$

$kE_0 \sin(\omega t - kx)\overrightarrow{e_z}$ — $z = ct - (2p+1)\frac{\lambda}{4}$ — $-k^2 E_0 \cos(\omega t - kx)\overrightarrow{e_z}$ — oui

$4\pi\varepsilon_0 c a^2 \cos^2(\omega t - kr)$ — 5×10^{14} Hz — $k^2 = \frac{\omega^2}{c^2} - \alpha^2$ — $c = \frac{1}{\sqrt{\mu_0 \varepsilon_0}}$

$3 \times 10^8\ \mathrm{m \cdot s^{-1}}$ — $v_g = c\sqrt{1 - \left(\frac{\omega_0}{\omega}\right)^2}$ — (b) — $v_\varphi = \frac{c}{\sqrt{1 - \left(\frac{\omega_0}{\omega}\right)^2}}$

$-\omega^2 E_0 \cos(\omega t - kx)\overrightarrow{e_z}$ — $\frac{ak}{r}\sin(\omega t - kr)\overrightarrow{e_\varphi}$ — signal n° 1 — signal n° 3 — (c)

(c) — 1×10^{-1} m — $B_0 = \sqrt{\frac{2\mu_0 \langle P \rangle}{cS}}$ — $-\mathrm{j}k_z \underline{E}_x \overrightarrow{e_y} + \mathrm{j}k_y \underline{E}_x \overrightarrow{e_z}$ — $x = qa$

$\frac{ak}{\omega r}\cos(\omega t - kr)\overrightarrow{e_\varphi}$ — $\varepsilon_0 c E_0^2 \cos^2(\omega t - ky)\overrightarrow{e_y}$ — $\frac{E_0^2 S}{2\mu_0 c}$ — (a) — $\frac{\varepsilon_0 c a^2}{r^2}\cos^2(\omega t - kr)\overrightarrow{e_r}$

$-\left(\frac{\pi}{a}\right)^2 B_0 \sin\left(\frac{\pi y}{a}\right)\cos(\omega t - kx)\overrightarrow{e_z}$ — $-A_0\cos(\omega t - kz)\left(\left(\frac{\pi}{a}\right)^2 + k^2\right) \times \left(\cos\left(\frac{\pi y}{a}\right) + \alpha \sin\left(\frac{\pi y}{a}\right)\right)\overrightarrow{e_x}$ — (d)

$-k^2 \underline{\overrightarrow{E}}$ — $\frac{\varepsilon_0 c E_0^2}{2}\sin^2\left(\frac{\pi x}{a}\right)\overrightarrow{e_z}$ — $-k^2 B_0 \sin\left(\frac{\pi y}{a}\right)\cos(\omega t - kx)\overrightarrow{e_z}$ — 1×10^{-5} W

(a) — $\varepsilon_0 E_0^2 \cos^2(\omega t - ky)$ — $\frac{E_0}{\omega}\left[-k\sin\left(\frac{\pi x}{a}\right)\cos(\omega t - kz)\overrightarrow{e_x} - \frac{\pi}{a}\cos\left(\frac{\pi x}{a}\right)\sin(\omega t - kz)\overrightarrow{e_z}\right]$ — $\overrightarrow{0}$

$-\omega^2 \overrightarrow{E}$ — $kB_0 \sin\left(\frac{\pi y}{a}\right)\sin(\omega t - kx)\overrightarrow{e_z}$ — $\mathrm{j}\omega\underline{\overrightarrow{E}}$ — $-\mathrm{j}k_x \underline{E}_x$ — Ampoule classique

(b) — $\frac{\varepsilon_0 a^2}{r^2}\cos^2(\omega t - kr)$ — Progressive — Progressive et harmonique

Stationnaire, donc non progressive et harmonique — $A_0 \sin\left(\frac{\pi y}{a}\right)\left(-\frac{\pi}{a}\cos(\omega t - kz) + k\alpha\sin(\omega t - kz)\right)$ — $-\overrightarrow{\Delta}\overrightarrow{E}$

$-\omega E_0 \sin(\omega t - kx)\overrightarrow{e_z}$ — $k^2 E_0 \cos(\omega t - kx)\overrightarrow{e_z}$ — $-kE_0 \sin(\omega t - kx)\overrightarrow{e_y}$

$\frac{E_0^2}{\mu_0}\sin\left(\frac{\pi x}{a}\right)\left[\frac{1}{c}\sin\left(\frac{\pi x}{a}\right)\cos^2(\omega t - kz)\overrightarrow{e_z} - \frac{\pi}{a\omega}\cos\left(\frac{\pi x}{a}\right)\cos(\omega t - kz)\sin(\omega t - kz)\overrightarrow{e_x}\right]$ — $\frac{\pi}{a}B_0\cos\left(\frac{\pi y}{a}\right)\cos(\omega t - kx)\overrightarrow{e_z}$ — 1×10^{-20} s

$A_0 \cos\left(\frac{\pi y}{a}\right)\left(\frac{\pi}{a}\alpha\cos(\omega t - kz) - k\sin(\omega t - kz)\right)\overrightarrow{e_x}$ — 0 — $-\omega B_0 \sin\left(\frac{\pi y}{a}\right)\sin(\omega t - kx)\overrightarrow{e_z}$

► Réponses et corrigés page 280

Ondes électromagnétiques II

Prérequis

Maxwell-Gauss (M-G)	Maxwell-Thomson (M-T)
$\operatorname{div}\vec{E} = \dfrac{\rho}{\varepsilon_0}$	$\operatorname{div}\vec{B} = 0$
Maxwell-Faraday (M-F)	Maxwell-Ampère (M-A)
$\overrightarrow{\operatorname{rot}}\,\vec{E} = -\dfrac{\partial\vec{B}}{\partial t}$	$\overrightarrow{\operatorname{rot}}\,\vec{B} = \mu_0\,\vec{j} + \varepsilon_0\,\mu_0\,\dfrac{\partial\vec{E}}{\partial t}$
Relation entre c, μ_0 et ε_0	Loi d'Ohm locale
$\varepsilon_0\,\mu_0 c^2 = 1$	$\vec{j} = \gamma\vec{E}$

Pour bien commencer

Entraînement 9.1 — Vecteurs orthogonaux ou colinéaires.

Dans chaque cas, déterminer si les vecteurs $\vec{a}$, $\vec{b}$ et $\vec{c}$ sont cohérents avec les équations fournies.

Répondre simplement par « oui » ou « non ».

a) $\vec{a}\cdot\vec{b} = 0$ et $\vec{a}\cdot\vec{c} = 0$

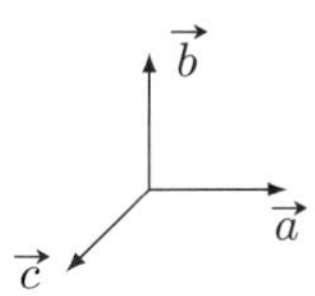

....

b) $\vec{a}\wedge\vec{b} = \vec{c}$

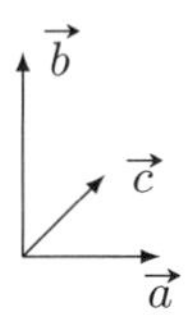

....

c) $\vec{a}\wedge\vec{b} = \vec{0}$ et $\vec{a}\cdot\vec{c} = 0$

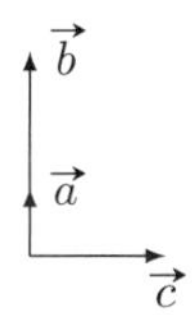

....

Entraînement 9.2 — Dériver des exponentielles complexes.

Établir une relation de dispersion liant $\underline{k}$ à ω pour chaque équation différentielle.

On s'appuiera sur un champ électrique de la forme :

$$\underline{\vec{E}}(z,t) = E_0\exp[\mathrm{i}(\omega t - \underline{k}z)]\vec{e_x}.$$

a) $\dfrac{\partial\underline{\vec{E}}}{\partial t} + \alpha\dfrac{\partial^2\underline{\vec{E}}}{\partial z^2} = \vec{0}$ ....

b) $\dfrac{\partial^3\underline{\vec{E}}}{\partial t^3} + \alpha\dfrac{\partial^3\underline{\vec{E}}}{\partial z^3} + \beta\dfrac{\partial\underline{\vec{E}}}{\partial t} = \vec{0}$ ....

c) $\dfrac{\partial^2\underline{\vec{E}}}{\partial t^2} + \alpha\dfrac{\partial\underline{\vec{E}}}{\partial z} + \beta\underline{\vec{E}} = \vec{0}$ ....

Entraînement 9.3 — Conservation de la charge.

On considère dans un plasma « dilué » une onde électromagnétique de fréquence suffisamment élevée, ce qui simplifie l'écriture de la densité volumique de courant en notation complexe $\underline{\vec{j}} = \underline{\alpha}(\omega)\,\underline{\vec{E}}$.

En régime sinusoïdal forcé, l'équation de conservation de la charge s'écrit $\mathrm{i}\omega\underline{\rho} + \mathrm{div}\,\underline{\vec{j}} = 0$.

a) Établir une relation entre $\underline{\rho}$, $\underline{\alpha}$ et ω ....

b) En tenant compte de l'expression de la conductivité complexe $\underline{\alpha} = \dfrac{N\,e^2}{\mathrm{i}\,m\,\omega}$ et en introduisant la pulsation plasma $\omega_p = \sqrt{\dfrac{N\,e^2}{m\,\varepsilon_0}}$, établir une relation liant ω, ω_p et $\underline{\rho}$ ....

Entraînement 9.4 — Expression du vecteur d'onde.

On considère une onde plane progressive monochromatique polarisée rectilignement et caractérisée par le champ électrique complexe $\underline{\vec{E}} = E_0 \exp[\mathrm{i}\,(\omega\,t - \underline{k}\,z)]\,\vec{e_x}$. On pose $\alpha_0 = \omega_p^2\tau\varepsilon_0 = \dfrac{\omega_p^2\,\tau}{\mu_0\,c^2}$.

Cette onde se propage dans un métal réel de conductivité α. On admet que la relation de dispersion est :

$$\underline{k}^2 = \frac{\omega^2}{c^2}\left[1 + \mathrm{i}\frac{\omega_p^2\,\tau^2}{\omega\,\tau\,(1 - \mathrm{i}\,\omega\,\tau)}\right].$$

Dans les différents cas, déterminer l'expression de $\underline{k}$.

a) $\omega \ll \dfrac{1}{\tau} \ll \omega_p$ ......

b) $\dfrac{1}{\tau} \ll \omega < \omega_p$ ......

c) $\dfrac{1}{\tau} \ll \omega_p < \omega$ ......

d) $\dfrac{1}{\tau} \ll \omega_p \ll \omega$ ......

Entraînement 9.5 — Vitesse de phase.

Dans un milieu de propagation, les vitesses de phase v_φ et de groupe v_g d'une onde sont définies par

$$v_\varphi = \frac{\omega}{k'} \quad \text{et} \quad v_g = \frac{\mathrm{d}\omega}{\mathrm{d}k'},$$

où k' est la partie réelle positive du vecteur d'onde $\underline{\vec{k}}$. Dans un plasma, la relation de dispersion s'écrit :

$$\underline{k}^2 = \frac{\omega^2 - \omega_p^2}{c^2},$$

où ω_p est une constante.

a) Exprimer la vitesse de phase v_φ lorsque $\omega > \omega_p$ ....

b) Exprimer la vitesse de groupe v_g lorsque $\omega > \omega_p$ ....

Énergie et puissance

Entraînement 9.6 — Vecteur de Poynting et énergie du champ.

On considère un champ électromagnétique dans un milieu d'indice réel n défini par

$$\vec{E} = E_0 \cos(\omega t - kz)\vec{e_x}$$
$$\text{et} \quad \vec{B} = \frac{n}{c} E_0 \cos(\omega t - kz)\vec{e_y}.$$

Le vecteur de Poynting $\vec{\Pi}$ et l'énergie volumique du champ w_{em} sont définis par

$$\vec{\Pi} = \frac{\vec{E} \wedge \vec{B}}{\mu_0} \quad \text{et} \quad w_{em} = \frac{\varepsilon_0 E^2}{2} + \frac{B^2}{2\mu_0}.$$

a) Exprimer le vecteur de Poynting ....

b) Exprimer la moyenne temporelle du vecteur de Poynting .....

c) Déterminer l'énergie volumique associée à l'onde ....

d) Exprimer la moyenne temporelle de l'énergie ....

Entraînement 9.7 — Puissance dans un conducteur.

On considère une onde dans un conducteur d'épaisseur de peau δ, de conductivité réelle γ, vérifiant

$$\vec{E} = E_0 \mathrm{e}^{-\frac{x}{\delta}} \cos\left(\omega t - \frac{x}{\delta}\right)\vec{e_y}$$
$$\text{et} \quad \vec{B} = \frac{E_0}{\omega\delta} \exp\left(-\frac{x}{\delta}\right)\left[\sin\left(\omega t - \frac{x}{\delta}\right) + \cos\left(\omega t - \frac{x}{\delta}\right)\right]\vec{e_z}.$$

Le vecteur de Poynting $\vec{\Pi}$ et la puissance volumique perdue par effet Joule p_J sont définis par

$$\vec{\Pi} = \frac{\vec{E} \wedge \vec{B}}{\mu_0} \quad \text{et} \quad p_J = \vec{j} \cdot \vec{E}.$$

a) Exprimer la moyenne du vecteur de Poynting.

....

b) Exprimer la puissance moyenne perdue par effet Joule.

....

Entraînement 9.8 — Vecteur de Poynting en notation complexe.

En notation complexe, la moyenne temporelle du vecteur de Poynting pour des ondes planes progressives monochromatiques est donnée par

$$\left\langle \overrightarrow{\Pi} \right\rangle = \frac{\mathrm{Re}(\overrightarrow{\underline{E}}^* \wedge \overrightarrow{\underline{B}})}{2\mu_0},$$

où le symbole * désigne la conjugaison complexe. On considère un champ électromagnétique dans un milieu d'indice complexe $\underline{n}$ défini par

$$\overrightarrow{\underline{E}} = \underline{E}_0 \exp[\mathrm{i}(\omega t - kz)]\overrightarrow{e_x} \qquad \text{et} \qquad \overrightarrow{\underline{B}} = \frac{\underline{n}\,\underline{E}_0}{c} \exp[\mathrm{i}(\omega t - kz)]\overrightarrow{e_y}.$$

Déterminer la moyenne du vecteur de Poynting ....

Manipuler les équations de Maxwell

Entraînement 9.9 — Relation de dispersion.

On considère l'équation de propagation complexe dans un plasma :

$$\Delta\overrightarrow{\underline{E}} - \frac{1}{c^2}\frac{\partial^2 \overrightarrow{\underline{E}}}{\partial t^2} = \mu_0 \frac{\partial \overrightarrow{\underline{j}}}{\partial t}.$$

Le champ électrique qui se propage dans le plasma vaut : $\overrightarrow{\underline{E}} = E_0 \exp[\mathrm{i}\,(\omega\, t - \underline{k}\, z)]\, \overrightarrow{e_x}$ avec $\overrightarrow{\underline{k}} = \underline{k}\, \overrightarrow{e_z}$.

En tenant compte de l'expression du vecteur densité de courant $\overrightarrow{\underline{j}} = \underline{\alpha}\, \overrightarrow{\underline{E}} = \dfrac{n\, e^2}{\mathrm{i}\,\omega\, m}\, \overrightarrow{\underline{E}}$, établir l'équation de dispersion, liant k, ω, c et $\omega_p^2 = \dfrac{n\, e^2}{m\varepsilon_0}$.

....

Entraînement 9.10 — Établir une équation d'onde.

On considère un milieu ohmique localement neutre tel que : $\rho = 0$ et $\overrightarrow{j} = \gamma\overrightarrow{E}$. On pourra utiliser la relation

$$\overrightarrow{\mathrm{rot}}(\overrightarrow{\mathrm{rot}}\, \overrightarrow{E}) = \overrightarrow{\mathrm{grad}}(\mathrm{div}\, \overrightarrow{E}) - \Delta\overrightarrow{E}.$$

a) Exprimer l'équation de Maxwell-Gauss modifiée.

....

b) Exprimer l'équation de Maxwell-Ampère modifiée.

....

c) Déterminer l'équation différentielle à laquelle $\overrightarrow{E}$ obéit.

....

Entraînement 9.11 — Vérification des équations de Maxwell (I).

Nous nous plaçons dans le vide ($\rho = 0$ et $\vec{j} = \vec{0}$) et nous supposons que $\vec{E}$ et $\vec{B}$ s'écrivent

$$\vec{E}(z,t) = E_0 \cos(\omega t - kz)\vec{e_z}$$

$$\text{et} \quad \vec{B}(z,t) = \frac{kE_0}{\omega}\cos(\omega t - kz)\vec{e_x} \quad \text{avec} \quad k = \omega/c.$$

a) Le champ électrique vérifie-t-il l'équation de Maxwell-Gauss ? ....

b) Les champs électrique et magnétique vérifient-ils l'équation de Maxwell-Faraday ? ......

c) Les champs électrique et magnétique vérifient-ils l'équation de Maxwell-Ampère ? ......

d) Le champ magnétique vérifie-t-il l'équation de Maxwell-Thomson ? ....

Entraînement 9.12 — Vérification des équations de Maxwell (II).

On se place dans un plasma où l'on a

$$\underline{\vec{j}}(z,t) = -\mathrm{i}\frac{\varepsilon_0\omega_p^2}{\omega}\,\underline{\vec{E}}(z,t), \qquad \underline{\rho}(z,t) = \underline{0} \qquad \text{et} \qquad \vec{k} = \frac{\omega}{c}\sqrt{1 - \frac{\omega_p^2}{\omega^2}}\,\vec{e_z} \quad \text{avec} \quad \omega > \omega_p.$$

On suppose que

$$\underline{\vec{E}}(z,t) = E_0 \exp[\mathrm{i}(\omega t - kz)]\vec{e_x}$$

$$\text{et} \quad \underline{\vec{B}}(z,t) = \frac{kE_0}{\omega}\exp[\mathrm{i}(\omega t - kz)]\vec{e_y} \quad \text{avec} \quad k = \omega/c.$$

a) Le champ électrique vérifie-t-il l'équation de Maxwell-Gauss ? ....

b) Les champs électrique et magnétique vérifient-ils l'équation de Maxwell-Faraday ? ......

c) Les champs électrique et magnétique vérifient-ils l'équation de Maxwell-Ampère ? ......

d) Le champ magnétique vérifie-t-il l'équation de Maxwell-Thomson ? ....

Différentes familles d'ondes

Entraînement 9.13 — Onde progressive ou onde évanescente.

Nous nous intéressons à un champ électrique de la forme

$$\underline{\vec{E}}(x,t) = E_0 \exp[\mathrm{i}(\omega t - \underline{k}x)]\vec{e_z},$$

avec $\underline{k} = k' + \mathrm{i}k"$ et où $k" \leqslant 0$.

Pour chaque relation de dispersion, déterminer si le champ électrique se présente sous la forme d'une onde

(a) progressive $\underline{\vec{E}}(x,t) = E_0 \exp[\mathrm{i}(\omega t - k'x)]\vec{e_z}$

(b) évanescente $\underline{\vec{E}}(x,t) = E_0 \exp(k"x)\exp(\mathrm{i}\omega t)\vec{e_z}$

(c) progressive atténuée $\underline{\vec{E}}(x,t) = E_0 \exp(k"x)\exp[\mathrm{i}(\omega t - k'x)]\vec{e_z}$

a) $\underline{k}^2 = -i\dfrac{\omega}{c}$ ....

b) $\underline{k}^2 = \dfrac{\omega^2 - \omega_p^2}{c^2}$ avec $\omega > \omega_p$ ....

c) $\underline{k}^2 = \dfrac{\omega^2 - \omega_p^2}{c^2}$ avec $\omega < \omega_p$ ....

Entraînement 9.14 — Courbes et expressions.

Dans chaque cas, indiquer la ou les courbes qui correspondent à chaque expression de $\vec{E}$ fournie.

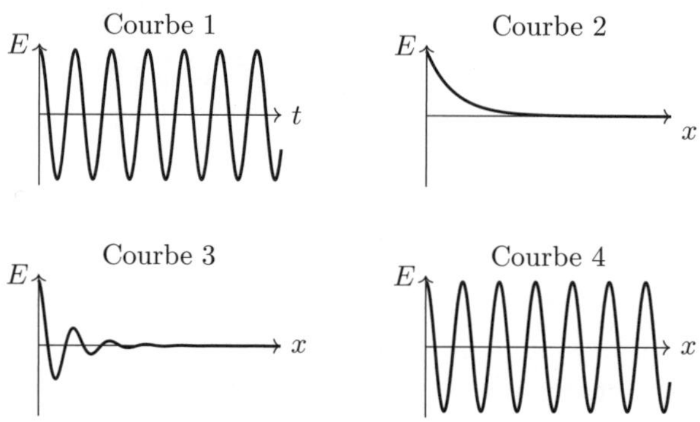

a) $\vec{E}(x,t) = E_0\cos(\omega t - kx)\vec{e_z}$ ....

b) $\vec{E}(x,t) = E_0\cos(\omega t)\exp(-kx)\vec{e_z}$ avec $k > 0$ ....

c) $\vec{E}(x,t) = E_0\cos(\omega t - k'x)\exp(-k"x)\vec{e_z}$ avec $k" > 0$ ....

Réflexion et transmission

Entraînement 9.15 — Coefficients de réflexion et transmission en amplitude.

On considère les champs $\{\vec{E}_i, \vec{B}_i\}$ dans le milieu d'indice n_1 en incidence normale sur un dioptre en $x = 0$ produisant les champs réfléchis $\{\vec{E}_r, \vec{B}_r\}$ dans le milieu d'indice n_1 et transmis $\{\vec{E}_t, \vec{B}_t\}$ dans le milieu d'indice n_2 tels que :

$$\begin{cases} \vec{E}_i = E_0 \cos(\omega t - k_1 x)\vec{e_y} \\ \vec{B}_i = \dfrac{n_1 E_0}{c} \cos(\omega t - k_1 x)\vec{e_z} \end{cases} \quad \begin{cases} \vec{E}_r = rE_0 \cos(\omega t + k_1 x)\vec{e_y} \\ \vec{B}_r = -\dfrac{n_1 r E_0}{c} \cos(\omega t + k_1 x)\vec{e_z} \end{cases} \quad \begin{cases} \vec{E}_t = tE_0 \cos(\omega t - k_2 x)\vec{e_y} \\ \vec{B}_t = \dfrac{n_2 t E_0}{c} \cos(\omega t - k_2 x)\vec{e_z}. \end{cases}$$

a) Les relations de continuité des champs entre les milieux 1 et 2 en $x = 0$ imposent :

$$\vec{E}_1 = \vec{E}_2 \quad \text{et} \quad \vec{B}_1 = \vec{B}_2.$$

En déduire deux relations entre r, t, n_1 et n_2 ....

b) En déduire l'expression des coefficients r et t ....

Entraînement 9.16 — Coefficients de réflexion et transmission.

Un dioptre en $x = 0$ sépare du vide d'indice $n_1 = 1$ pour $x < 0$ d'un plasma d'indice réel n_2 pour $x > 0$. On rappelle les coefficients de réflexion et de transmission en amplitude (r, t) :

$$\begin{cases} r = \dfrac{E_r(x=0)}{E_i(x=0)} = \dfrac{n_1 - n_2}{n_1 + n_2}, \\ t = \dfrac{E_t(x=0)}{E_i(x=0)} = \dfrac{2n_1}{n_1 + n_2}, \end{cases}$$

et en puissance (R, T) :

$$R = |r|^2 \quad \text{et} \quad T = |t|^2 \frac{n_2}{n_1}.$$

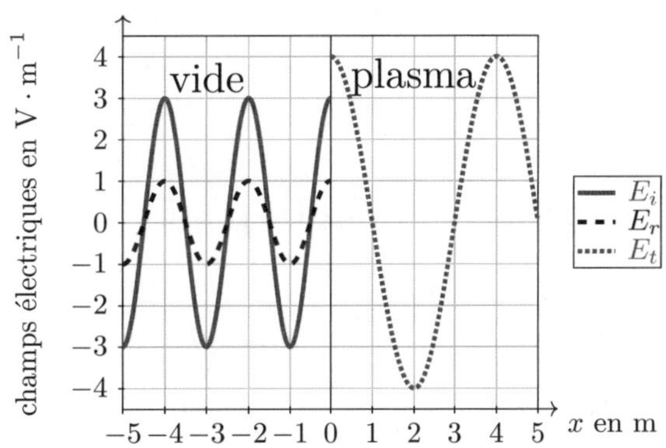

a) Donner la longueur d'onde dans chaque domaine ......

b) À l'aide du graphique, évaluer r et t ....

c) En déduire l'indice n_2 du plasma ....

d) Calculer les coefficients R et T ....

Entraînement 9.17 — Coefficients de réflexion et transmission en puissance.

En notation complexe, pour des ondes planes progressives monochromatiques de vecteur d'onde $\underline{\vec{k}}_1$ perpendiculaire au champ électrique $\underline{\vec{E}}$, le champ magnétique $\underline{\vec{B}}$ associé est

$$\underline{\vec{B}} = \frac{\underline{\vec{k}}_1 \wedge \underline{\vec{E}}}{\omega},$$

et la moyenne temporelle du vecteur de Poynting est donnée par $\left\langle \vec{\Pi} \right\rangle = \dfrac{\mathsf{Re}(\underline{\vec{E}}^* \wedge \underline{\vec{B}})}{2\mu_0}$.

On rappelle la relation d'analyse vectorielle $\vec{u} \wedge (\vec{v} \wedge \vec{w}) = (\vec{u} \cdot \vec{w})\vec{v} - (\vec{u} \cdot \vec{v})\vec{w}$.

a) Calculer la moyenne temporelle du vecteur de Poynting ......

Ce champ, en incidence normale sur un dioptre, donne lieu à un champ réfléchi de coefficient d'amplitude $\underline{r}$ de vecteur d'onde $-\underline{\vec{k}}_1$ ainsi qu'à un champ transmis de coefficient d'amplitude $\underline{t}$ de vecteur d'onde $\underline{\vec{k}}_2$.

b) Exprimer les puissances réfléchie et transmise.

....

c) En déduire l'expression de $R = -\dfrac{\langle \Pi_r \rangle}{\langle \Pi \rangle}$ et $T = \dfrac{\langle \Pi_t \rangle}{\langle \Pi \rangle}$ ....

Réponses mélangées

$\operatorname{div} \vec{E} = 0$ | $\pm\dfrac{\sqrt{\omega^2 - \omega_p^2}}{c}$ | $\underline{\rho}\left(\dfrac{\alpha}{\varepsilon_0} + \mathrm{i}\,\omega\right)$ | oui | 2 m et 4 m | $\underline{k}^3 = \dfrac{\omega^3}{\alpha} - \dfrac{\beta}{\alpha}\omega$

$k^2 = \dfrac{\omega^2 - \omega_p^2}{c^2}$ | oui | 1 et 2 | oui | $|\underline{r}|^2$ et $|\underline{t}|^2\,\mathsf{Re}\left(\dfrac{\underline{k}_2}{\underline{k}_1}\right)$ | $\dfrac{\gamma E_0^2}{2}\mathrm{e}^{-\frac{2x}{\delta}}$

oui | $\dfrac{\varepsilon_0 E_0^2}{2}(1 + n^2)\cos^2(\omega t - kz)$ | $\dfrac{\varepsilon_0 E_0^2}{4}(1 + n^2)$ | $\begin{cases} r = \dfrac{n_1 - n_2}{n_1 + n_2} \\ t = \dfrac{2n_1}{n_1 + n_2} \end{cases}$

$\begin{cases} r + 1 = t \\ n_1 - rn_1 = tn_2 \end{cases}$ | $\mathrm{i}\,\omega\,\underline{\rho}\left(1 - \dfrac{\omega_p^2}{\omega^2}\right) = 0$ | $\dfrac{nE_0^2}{2\mu_0 c}\vec{e_z}$ | (a) | $\dfrac{1}{9}$ et $\dfrac{8}{9}$ | non

oui | non | $\Delta\vec{E} - \dfrac{1}{c^2}\dfrac{\partial^2\vec{E}}{\partial t^2} = \mu_0\gamma\dfrac{\partial\vec{E}}{\partial t}$ | $\dfrac{nE_0^2}{\mu_0 c}\cos^2(\omega t - kz)\vec{e_z}$ | $\dfrac{1}{2}$

non | $v_\varphi = \dfrac{c}{\sqrt{1 - \dfrac{\omega_p^2}{\omega^2}}}$ | $\pm\dfrac{1 + \mathrm{i}}{\delta}$ avec $\delta = \sqrt{\dfrac{2}{\mu_0\,\alpha\,\omega}}$ | $-\dfrac{|\underline{E}|^2|\underline{r}|^2}{2\mu_0\omega}\mathsf{Re}\left(\underline{\vec{k}}_1\right)$ $\dfrac{|\underline{E}|^2|\underline{t}|^2}{2\mu_0\omega}\mathsf{Re}\left(\underline{\vec{k}}_2\right)$

$\dfrac{E_0^2}{2\mu_0\omega\delta}\mathrm{e}^{-\frac{2x}{\delta}}\vec{e_x}$ | oui | $\underline{k} = \dfrac{\beta - \omega^2}{\mathrm{i}\alpha}$ | oui | $\pm\mathrm{i}\dfrac{\omega}{c}\sqrt{\omega_p^2 - \omega^2}$ | non

$\overrightarrow{\mathrm{rot}}\,\vec{B} = \mu_0\gamma\vec{E} + \dfrac{1}{c^2}\dfrac{\partial\vec{E}}{\partial t}$ | 1 et 4 | $\dfrac{1}{3}$ et $\dfrac{4}{3}$ | $\dfrac{|\underline{E}|^2}{2\mu_0\omega}\mathsf{Re}\left(\underline{\vec{k}}_1\right)$ | $\underline{k}^2 = \dfrac{\mathrm{i}\omega}{\alpha}$

$\dfrac{|\underline{E}_0|^2}{2\mu_0 c}\mathsf{Re}(\underline{n})\vec{e_z}$ | 1 et 3 | (b) | $v_g = c\sqrt{1 - \dfrac{\omega_p^2}{\omega_p}}$ | $\pm\dfrac{\omega}{c}$ | (c)

► Réponses et corrigés page 286

Modèle scalaire de la lumière

Prérequis
Optique géométrique (rayons, indice optique, lentilles, lois de Snell-Descartes). Trigonométrie. Longueurs d'onde dans le vide et dans un milieu, période, fréquence et pulsation.

Constantes utiles
→ Célérité de la lumière dans le vide : $c = 3{,}00 \times 10^8\ \mathrm{m \cdot s^{-1}}$

Exprimer un chemin optique

Dans un milieu homogène, le chemin optique entre deux points A et B est défini comme le produit de l'indice optique n du milieu par la distance géométrique AB parcourue par un rayon lumineux : $(\mathrm{AB}) = n \times \mathrm{AB}$.

Entraînement 10.1 — De l'eau dans un verre.

Un rayon issu d'une source ponctuelle arrive sous incidence normale à la surface de l'eau contenue dans un verre. Les indices optiques de l'air et de l'eau sont respectivement notés n_{air} et n_{eau}.

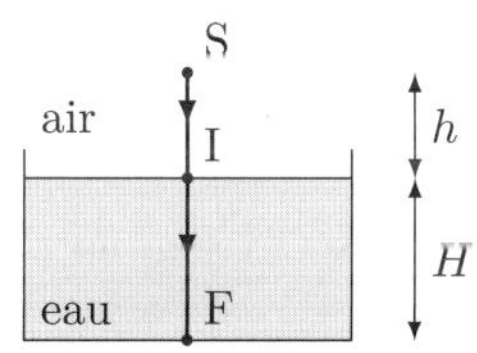

a) Exprimer le chemin optique (SI) en fonction de n_{air} et h ....

b) Exprimer le chemin optique (IF) en fonction de n_{eau} et H ....

c) En déduire l'expression du chemin optique (SF) ....

d) Comment se réexprime cette expression si l'air est assimilé au vide ? ......

Entraînement 10.2 — Points conjugués par une lentille.

Deux points A et A′ sont conjugués par une lentille convergente : tous les rayons issus de A et arrivant en A′ ont des chemins optiques identiques. Pour simplifier, ces points sont choisis sur l'axe optique de la lentille. L'air est assimilé au vide.

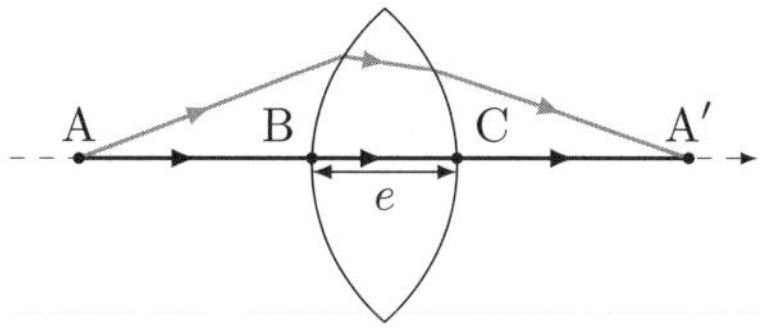

On note e l'épaisseur maximale de la lentille et n l'indice optique du verre.

En travaillant avec le rayon confondu avec l'axe optique, exprimer :

a) le chemin optique dans le verre (BC), en fonction de e et n ....

b) le chemin optique dans l'air (AB) + (CA′) en fonction de la distance AA′ et e ...

c) l'expression générale du chemin optique (AA′) qu'on peut en déduire ....

Entraînement 10.3 — Lentille éclairée avec un angle d'incidence non nul.

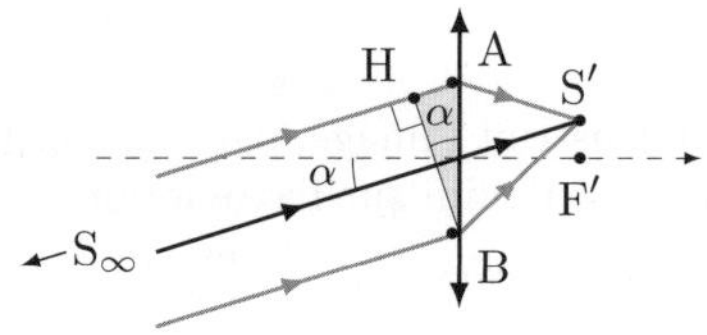

Des rayons, provenant d'une source S à l'infini, éclairent une lentille sous un angle d'incidence α. Ils convergent en un point S′ du plan focal image de la lentille. Les points A et B sont situés à gauche, juste avant la lentille. L'indice optique du verre est n. L'air est assimilé au vide.

a) En sachant que le plan passant par H et B est une surface d'onde pour la source S, exprimer la différence de chemin optique (SA) − (SB) en fonction de la distance AB et de l'angle α.

....

b) Les points S et S′ sont conjugués donc les chemins optiques (SAS′) et (SBS′) sont égaux.

En déduire la différence de chemin optique (AS′) − (BS′) en fonction de la distance AB et de l'angle α.

....

Surfaces d'onde et théorème de Malus

D'après le théorème de Malus, les rayons lumineux issus d'un point source S sont perpendiculaires aux surfaces d'onde relatives à cette source, la surface d'onde étant le lieu des points d'égal chemin optique par rapport à la source.

Entraînement 10.4 — Action d'une lentille inconnue sur des surfaces d'onde.

On considère ici des surfaces d'onde issues d'un point objet (en tirets) et celles de son image (en pointillés) par une lentille inconnue. Pour chaque situation, déterminer si la lentille est « convergente » ou « divergente ».

a) 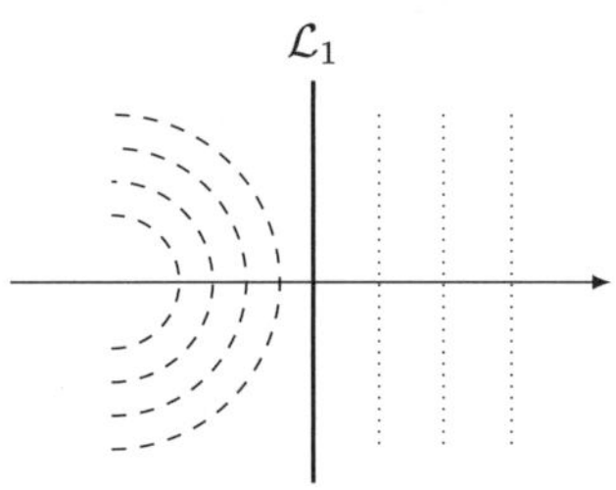

....

c) 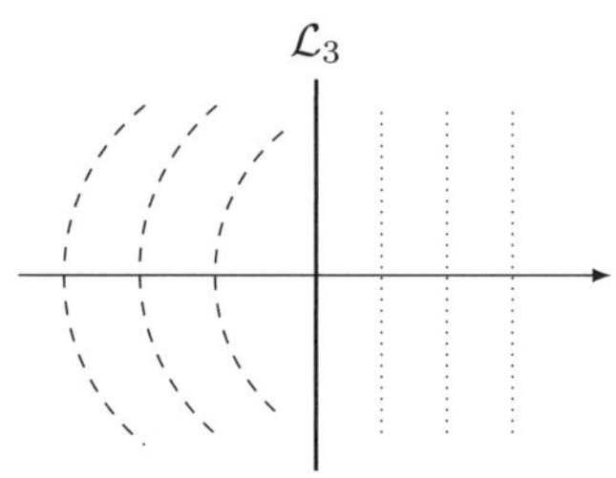

....

b) 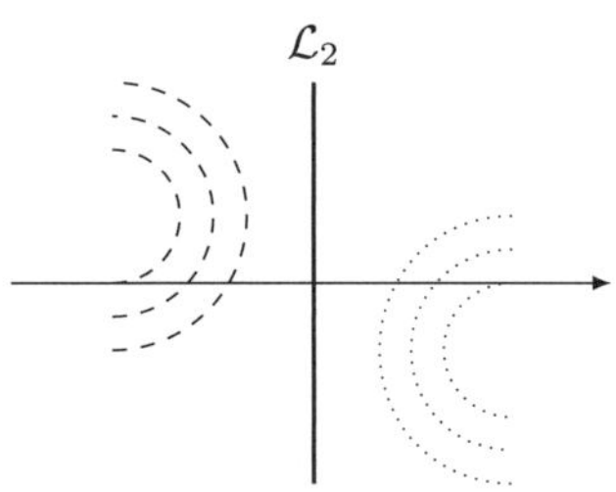

....

d) 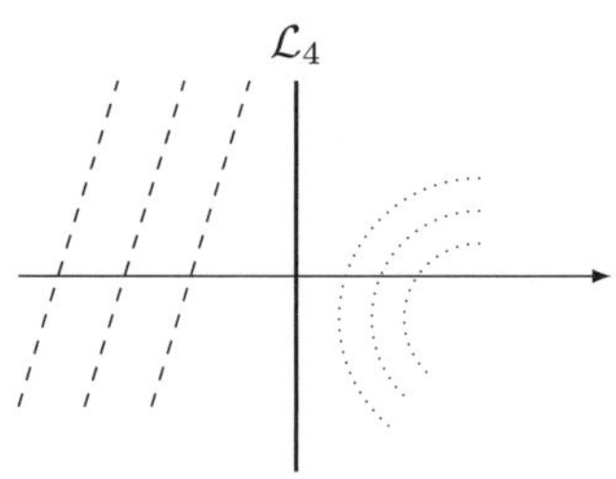

....

Entraînement 10.5 — Action d'une lentille divergente sur des surfaces d'onde.

On construit l'image, par une lentille divergente $\mathcal{L}$, d'une source lumineuse placée à l'infini sur l'axe optique.

Une ou plusieurs réponses sont possibles.

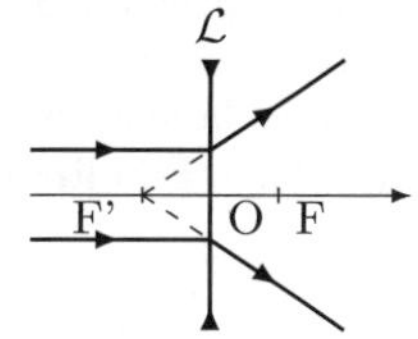

a) En amont de la lentille, les surfaces d'onde sont :

(a) perpendiculaires à l'axe optique

(b) des cercles concentriques centrés sur F

(c) des plans parallèles entre eux

b) En aval de la lentille, les surfaces d'onde sont :

(a) des cercles concentriques centrés sur F

(b) des plans perpendiculaires à l'axe optique

(c) des cercles concentriques centrés sur F'

Entraînement 10.6 — Une loi bien connue...

Une onde plane arrive sur un dioptre plan séparant deux milieux d'indices n_1 et n_2.

On note H_1 le projeté orthogonal de I_2 sur le rayon (2) et H_2 le projeté orthogonal de I_1 sur le rayon (1).

On note $I_1I_2 = a$.

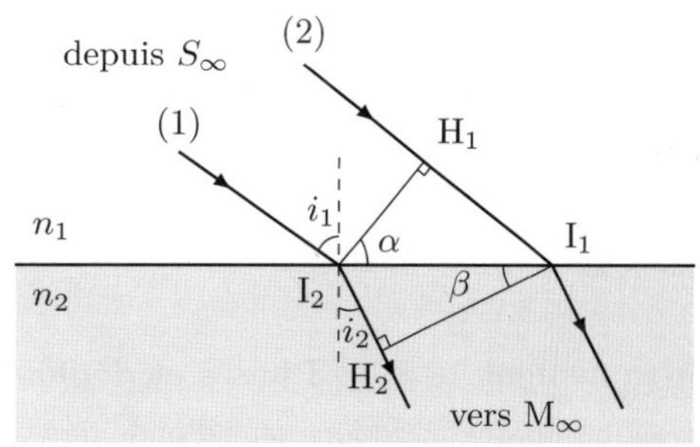

a) Quels couples de points appartiennent à la même surface d'onde ?

(a) I_2 et I_1 (b) I_2 et H_1 (c) I_1 et H_2

b) Que vaut l'angle α ?

(a) $\dfrac{\pi}{2} - i_1$ (b) i_1 (c) $\dfrac{\pi}{2} + i_1$

c) Exprimer le chemin optique (H_1I_1) en fonction de n_1, a et α.

d) Que vaut l'angle β ?

(a) i_2 (b) $\dfrac{\pi}{2} - i_2$ (c) $\dfrac{\pi}{2} + i_1$

e) Exprimer le chemin optique (I_2H_2) en fonction de n_2, a et β

f) À partir des questions c) et e), déduire une relation entre n_1, $\sin(i_1)$, n_2 et $\sin(i_2)$.

Retard de phase

Le *retard de phase* (ou, plus simplement, la *phase*) d'un rayonnement en un point M par rapport à sa source au point S est défini par $\phi(\mathrm{M}) = \dfrac{2\pi}{\lambda_0}(\mathrm{SM})$, où (SM) est le chemin optique entre les deux points.

Entraînement 10.7 — Surface d'onde et déphasage.

Un point source S émettant un rayonnement monochromatique de longueur d'onde λ_0 est placé au foyer objet d'une lentille mince convergente. Une lame d'indice n et d'épaisseur e est placée à une distance d de la lentille et recouvre une partie du faisceau. On considère que les points A et A′, à équidistance de S, se situent juste après la lentille. On prendra l'indice de l'air égal à 1.

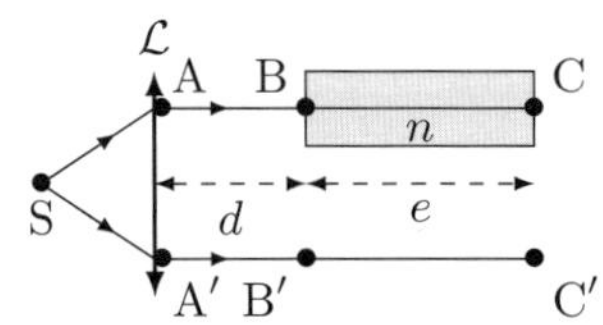

a) Quels couples de points appartiennent à la même surface d'onde ?

ⓐ A et A′ ⓑ B et B′ ⓒ C et C′

b) Exprimer la phase $\phi(\mathrm{C}')$ en fonction de λ_0, (SA'), d et e.

c) Exprimer la phase $\phi(\mathrm{C})$ en fonction de λ_0, (SA), d, n et e.

d) En déduire le déphasage $\Delta\phi = \phi(\mathrm{C}) - \phi(\mathrm{C}')$ en fonction de λ_0, n et e.

Entraînement 10.8 — Phases et déphasage.

Un signal lumineux de longueur d'onde dans le vide λ_0 est émis depuis une source en S. On considère que le point d'incidence A se situe juste avant le miroir, et on rappelle qu'une réflexion sur un miroir métallique produit un retard de phase de π.

Exprimer la phase ϕ_1 du rayon 1 réfléchi par le miroir de gauche en fonction de h et θ_1 aux points de l'espace suivants :

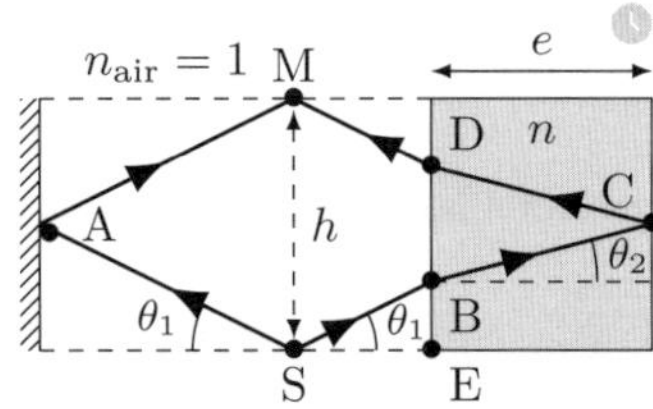

a) $\phi_1(\mathrm{A})$ b) $\phi_1(\mathrm{M})$

c) Exprimer la distance BD en fonction de e et θ_2

d) Exprimer la distance EB en fonction de e, h et θ_2

e) Quelle est l' expression correcte de $\phi_2(\mathrm{B})$, la phase du rayon de droite au point B ?

ⓐ $\dfrac{2\pi}{\lambda_0}\left(\dfrac{h}{2n\sin(\theta_1)} - \dfrac{e}{\cos(\theta_2)}\right)$ ⓑ $\dfrac{2\pi}{\lambda_0}\left(\dfrac{h}{2\sin(\theta_1)} - \dfrac{e}{n\cos(\theta_2)}\right)$ ⓒ $\dfrac{2\pi}{\lambda_0}\left(\dfrac{e}{\cos(\theta_2)} - \dfrac{h}{2n\sin(\theta_1)}\right)$

f) Exprimer la phase de ce rayon en M, $\phi_2(\mathrm{M})$, en fonction de h, e, n, θ_1 et $\cos(\theta_2)$.

....

g) Exprimer le déphasage $\Delta\phi = \phi_2(\mathrm{M}) - \phi_1(\mathrm{M})$ en fonction de e, n et $\cos(\theta_2)$.

....

h) Quelle est l'expression correcte de $\Delta\phi$? *On rappelle que* $\sin^2(a) + \cos^2(a) = 1$.

(a) $\dfrac{4\pi}{\lambda_0} \dfrac{e(n^2-1)}{\sqrt{n^2 - \sin^2(\theta_1)}} - \pi$ (b) $\dfrac{4\pi}{\lambda_0} \dfrac{e(n^2-1)}{\sqrt{n^2 - \sin^2(\theta_1)}} + \pi$ (c) $\dfrac{2\pi}{\lambda_0} \dfrac{e(n^2-1)}{\sqrt{n^2 - \sin^2(\theta_1)}} + \pi$

....

Entraînement 10.9 — Déphasage dû à une lame.

On souhaite exprimer les différences de phase $\Delta\phi = \phi(\mathrm{N}) - \phi(\mathrm{M})$ entre le rayon passant par N et le rayon passant par M issus de la même source à l'infini S de longueur d'onde dans le vide λ_0.

L'indice de l'air est pris égal à 1.

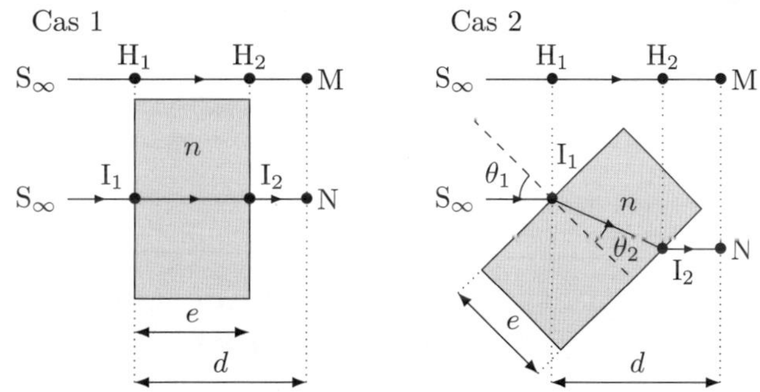

a) Pour le cas 1, exprimer le déphasage $\Delta\phi = \phi(\mathrm{N}) - \phi(\mathrm{M})$ selon e, λ_0 et n.

....

On considère maintenant le cas 2.

b) Exprimer la distance $\mathrm{I_1I_2}$ en fonction de e et θ_2 ....

c) Exprimer la distance $\mathrm{H_1H_2}$ en fonction de $\mathrm{I_1I_2}$ et $\theta_1 - \theta_2$ ....

d) Exprimer le déphasage $\Delta\phi = \phi(\mathrm{N}) - \phi(\mathrm{M})$ en fonction de e, λ_0, n, θ_2 et $\theta_1 - \theta_2$.

....

e) Quelle est l'expression correcte de $\cos(\theta_1 - \theta_2)$?

On rappelle que $\cos(a-b) = \cos(a)\cos(b) + \sin(a)\sin(b)$ *et que* $\sin^2(a) + \cos^2(a) = 1$.

(a) $\cos(\theta_1)\cos(\theta_2) - n + n\sin^2(\theta_2)$

(b) $\sin(\theta_1)\sin(\theta_2) + n - n\sin^2(\theta_2)$

(c) $\cos(\theta_1)\cos(\theta_2) + n - n\cos^2(\theta_2)$

....

f) En déduire une expression de $\Delta\phi$ fonction de e, λ_0, n, $\cos(\theta_2)$ et $\cos(\theta_1)$.

....

Entraînement 10.10 — Lame séparatrice.

Un signal lumineux de longueur d'onde dans le vide λ_0 est émis depuis une source en S. Il est séparé en deux rayons par une lame semi-réfléchissante inclinée d'un angle $\theta_1 = 45°$. On cherche à déterminer le déphasage $\Delta\phi$ entre les deux rayons en sortie de la lame après réflexion sur les deux miroirs en M_1 et M_2. On rappelle qu'un rayon subit un déphasage de π après réflexion sur un miroir métallique, ou sur un dioptre si le rayon incident se propage dans le milieu le moins réfringent (celui d'indice de réfraction le plus faible).

Cas 3

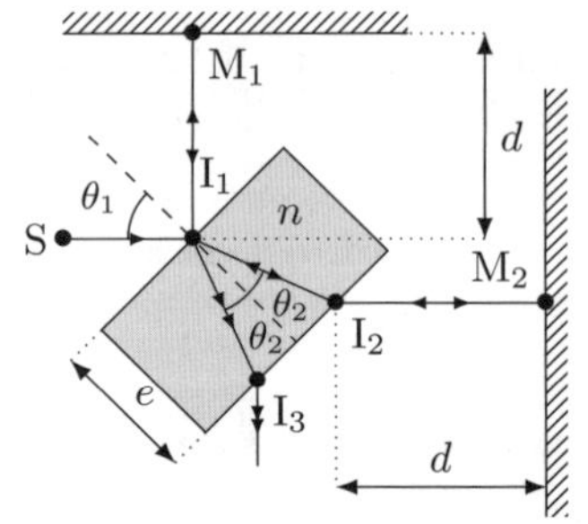

a) Déterminer le déphasage du rayon réfléchi par M_1 dû aux différentes réflexions ..

b) Déterminer le déphasage du rayon réfléchi par M_2 dû aux différentes réflexions ..

c) Exprimer la distance I_1I_2 en fonction de e et θ_2 ....

d) Exprimer la différence de phase $\Delta\phi$ entre le rayon réfléchi par M_2 et le rayon réfléchi par M_1 au point I_3 en fonction e, λ_0, n et θ_2 ....

Largeur spectrale et cohérence temporelle

Entraînement 10.11 — Différentes sources.

Une onde lumineuse est émise par des trains d'onde successifs de durée individuelle moyenne τ_c (temps de cohérence) et de longueur individuelle moyenne $\ell_c = c \times \tau_c$ (longueur de cohérence) dans le vide. D'après l'analyse de Fourier, à cette onde de durée finie correspond un spectre de largeur $\Delta f \simeq \dfrac{1}{\tau_c}$ (en fréquence).

On considère trois sources :

- une lampe spectrale basse pression à vapeur de mercure telle que $\tau_c \simeq 10\,\text{ps}$ (source ①),
- un laser de TP tel que $\tau_c \simeq 0{,}1\,\mu\text{s}$ (source ②),
- et une source de lumière blanche munie d'un filtre ayant une bande passante $\Delta\lambda = 50\,\text{nm}$ autour de la longueur d'onde $\lambda = 820\,\text{nm}$ (source ③).

On rappelle que la cohérence temporelle d'une source est d'autant meilleure que son temps de cohérence est important.

a) Estimer Δf en hertz pour la source ① ....

b) Estimer Δf en hertz pour la source ② ....

c) En utilisant la relation $\dfrac{\Delta\lambda}{\lambda} = \dfrac{\Delta f}{f}$, estimer τ_c en picosecondes pour la source ③ ....

d) Classer les sources, de celle possédant la meilleure cohérence temporelle à la moins bonne.

....

Photométrie

Entraînement 10.12 — Intensité lumineuse.

Un signal $s(t) = S_0 \cos(\omega t)$ de période T est détecté par deux capteurs de temps de réponse $\tau = 1\,\text{ns}$.

Les capteurs A et B délivrent des signaux de tension u_1 et u_2 respectivement proportionnels à la moyenne de s et au carré de la moyenne de s^2 : on a

$$u_1 = K_1\langle s(t)\rangle \qquad \text{et} \qquad u_2 = K_2\big\langle s^2(t)\big\rangle,$$

où K_1 et K_2 sont des constantes.

On considère que les signaux u_1 et u_2 émergent du bruit de mesure lorsque leur valeur absolue est respectivement supérieure à $\dfrac{K_1 S_0}{2\pi \times 100}$ et $\dfrac{K_2 S_0^2}{2}$.

On indique que la moyenne temporelle d'un signal $f(t)$ mesuré pendant une durée τ est

$$\langle f(t)\rangle = \frac{1}{\tau}\int_0^\tau f(t)\,\mathrm{d}t.$$

a) Exprimer u_1 en fonction de K_1, S_0, τ et T.

....

b) Quelle est la valeur maximale de u_1 fonction de $\dfrac{\tau}{T}$?

(a) $2\pi K_1 S_0 \dfrac{T}{\tau}$

(b) $2\pi K_1 S_0 \dfrac{\tau}{T}$

(c) $K_1 S_0 \dfrac{\tau}{2\pi T}$

(d) $K_1 S_0 \dfrac{T}{2\pi \tau}$

....

c) En déduire la fréquence maximale du signal exploitable par le capteur A.

....

d) Exprimer u_2 en fonction de K_2, S_0, τ et T.

On rappelle que $\cos^2 a = \dfrac{1+\cos(2a)}{2}$.

....

e) Quelle est la valeur maximale de u_2 fonction de $\dfrac{\tau}{T}$?

(a) $\dfrac{K_2 S_0^2}{2\tau}\left(T + \dfrac{\tau}{4\pi}\right)$

(b) $\dfrac{K_2 S_0^2}{2\tau}\left(\tau + \dfrac{T}{4\pi}\right)$

(c) $\dfrac{K_2 S_0^2}{\tau}\left(\tau + \dfrac{T}{4\pi}\right)$

....

f) Existe-t-il une fréquence maximale du signal exploitable par le capteur B ?

....

Entraînement 10.13 — Choix d'une photodiode.

La *sensibilité* d'une photodiode s est, au cours d'une mesure de durée τ, le rapport de proportionnalité entre l'intensité du courant électrique produit I_{mes} et la puissance lumineuse mesurée $\mathcal{P}_{\text{mes}}$: on a

$$s = I_{\text{mes}}/\mathcal{P}_{\text{mes}}.$$

De plus, l'intensité du courant d'obscurité I_{obs} d'une photodiode correspond à l'intensité électrique minimale que doit dépasser le courant produit au cours d'une mesure.

On dispose de trois photodiodes détectant respectivement trois radiations de longueurs d'onde dans le vide différentes. Les caractéristiques des photodiodes et des radiations sont données ci-dessous.

photodiode 1	$\lambda_1 = 470\,\text{nm}$	$s_1 = 0{,}300\,\text{A}\cdot\text{W}^{-1}$	$I_{\text{obs 1}} = 3{,}00 \times 10^{-5}\,\mu\text{A}$	$\tau_1 = 2{,}00 \times 10^{-4}\,\text{ms}$
photodiode 2	$\lambda_2 = 550 \times 10^3\,\text{pm}$	$s_2 = 200\,\text{mA}\cdot\text{W}^{-1}$	$I_{\text{obs 2}} = 150\,\text{pA}$	$\tau_2 = 0{,}450\,\mu\text{s}$
photodiode 3	$\lambda_3 = 0{,}660\,\mu\text{m}$	$s_3 = 300\,\text{A}\cdot\text{kW}^{-1}$	$I_{\text{obs 3}} = 2{,}00\,\text{nA}$	$\tau_3 = 50{,}0\,\text{ns}$

Calculer en watts les puissances lumineuses minimales détectables par les photodiodes.

a) $\mathcal{P}_{\text{min 1}}$ .... b) $\mathcal{P}_{\text{min 2}}$ .... c) $\mathcal{P}_{\text{min 3}}$ ....

Calculer en joules les énergies minimales détectables au cours d'une durée τ par les photodiodes.

d) $E_{\text{min 1}}$ .... e) $E_{\text{min 2}}$ .... f) $E_{\text{min 3}}$ ....

g) Sachant que l'énergie d'un photon est donnée par $E = h\nu$, où $h = 6{,}63 \times 10^{-34}\,\text{J}\cdot\text{s}$ est la constante de Planck, quelle photodiode permet de mesurer le plus petit nombre de photons ?

(a) Photodiode 1 (b) Photodiode 2 (c) Photodiode 3

....

Réponses mélangées

(2), (1) puis (3) — Divergente — (b) — $\dfrac{e}{\cos(\theta_2)}$ — (a) et (c) — $\text{AA}' + (n-1)e$

(a) — $1{,}00 \times 10^{-10}\,\text{W}$ — $n_2 a \sin(\beta)$ — $K_1 S_0 \dfrac{T}{2\pi\tau}\sin\left(2\pi\dfrac{\tau}{T}\right)$ — $\dfrac{2\pi}{\lambda_0}e(n\cos(\theta_2) - \cos(\theta_1))$

$\dfrac{4\pi}{\lambda_0}\dfrac{e}{\cos(\theta_2)}\left(n - \dfrac{1}{n}\right) - \pi$ — (b) et (c) — (b) — $-\text{AB}\sin(\alpha)$ — $\Delta f = 1{,}0 \times 10^7\,\text{Hz}$

$\dfrac{2\pi}{\lambda_0}((\text{SA}') + d + e)$ — $6{,}67 \times 10^{-9}\,\text{W}$ — $2 \times 10^{-17}\,\text{J}$ — $\dfrac{4\pi}{\lambda_0}\dfrac{ne}{\cos(\theta_2)} - \pi$ — Convergente

$3{,}38 \times 10^{-16}\,\text{J}$ — $\dfrac{K_2 S_0^2}{2\tau}\left(\tau + \dfrac{T}{4\pi}\sin\left(4\pi\dfrac{\tau}{T}\right)\right)$ — (a) — $\dfrac{2\pi}{\lambda_0}e(n-1)$ — $\Delta f = 1{,}0 \times 10^{11}\,\text{Hz}$

$1 \times h + n_{\text{eau}} \times H$ — $\dfrac{2\pi}{\lambda_0}(n-1)e$ — $n \times e$ — $\text{AB}\sin(\alpha)$ — $\dfrac{2\pi}{\lambda_0}\dfrac{e}{\cos(\theta_2)}(n - \cos(\theta_1 - \theta_2))$

non — π — $\dfrac{h}{2} - e\tan(\theta_2)$ — $7{,}50 \times 10^{-10}\,\text{W}$ — $\tau_c = 45 \times 10^3\,\text{ps}$ — (c) — $n_{\text{air}} \times h$

$2e\tan(\theta_2)$ — Convergente — 100 GHz — $n_{\text{eau}} \times H$ — (a) et (b) — $\dfrac{e}{\cos(\theta_2)}$

$\dfrac{4\pi}{\lambda_0}\left(\dfrac{h}{2\sin\theta_1} + \left(n - \dfrac{1}{n}\right)\dfrac{e}{\cos(\theta_2)}\right)$ — Convergente — $n_1\sin(i_1) = n_2\sin(i_2)$ — (b)

$n_1 a \sin(\alpha)$ — $\dfrac{\pi}{\lambda_0}\dfrac{h}{\sin(\theta_1)}$ — $\dfrac{2\pi}{\lambda_0}\dfrac{h}{\sin(\theta_1)} + \pi$ — (a) — $\text{I}_1\text{I}_2\cos(\theta_1 - \theta_2)$ — (d)

$\dfrac{2\pi}{\lambda_0}((\text{SA}) + d + ne)$ — 2π — $n_{\text{air}} \times h + n_{\text{eau}} \times H$ — $3{,}33 \times 10^{-16}\,\text{J}$ — $1 \times (\text{AA}' - e)$ — (c)

► Réponses et corrigés page 292

Interférences à deux ondes

Prérequis
Fonctions trigonométriques. Signaux (fréquence, période, pulsations temporelle et spatiale, nombre d'onde, longueur d'onde, phase).
Constantes utiles
→ Célérité de la lumière $c = 3{,}00 \times 10^8\ \mathrm{m \cdot s^{-1}}$

Pour commencer

Entraînement 11.1 — Des relations trigonométriques.

On donne les relations trigonométriques suivantes :

$$\cos(a-b) = \cos(a)\cos(b) + \sin(a)\sin(b) \quad (1) \qquad \cos(a+b) = \cos(a)\cos(b) - \sin(a)\sin(b) \quad (2)$$

$$\sin(a-b) = \sin(a)\cos(b) - \cos(a)\sin(b) \quad (3) \qquad \sin(a+b) = \sin(a)\cos(b) + \cos(a)\sin(b) \quad (4)$$

a) Sommer les relations (1) et (2) et isoler $\cos(a)\cos(b)$ ....

b) Réécrire la relation précédente pour $a = b$ ....

c) Soustraire les relations (1) et (2), isoler $\sin(a)\sin(b)$ puis réécrire la relation obtenue pour $a = b$.

....

d) Sommer les relations (3) et (4), isoler $\sin(a)\cos(b)$ puis réécrire la relation obtenue pour $a = b$.

....

Entraînement 11.2 — Somme de signaux périodiques.

On définit deux signaux lumineux : $s_1(x,t) = S_0\cos(\omega t - kx)$ et $s_2(x,t) = S_0\cos(\omega t - kx + \varphi)$ avec ω leur pulsation temporelle, k leur pulsation spatiale et φ une phase à l'origine. La superposition $s(x,t)$ de ces deux vibrations peut se mettre sous la forme :

$$s(x,t) = s_1(x,t) + s_2(x,t) = S_0\Big(f(x,t)\ (1+\cos(\varphi)) + g(x,t)\ \sin(\varphi)\Big).$$

On utilisera la relation trigonométrique : $\cos(a+b) = \cos(a)\cos(b) - \sin(a)\sin(b)$.

Exprimer les fonctions suivantes :

a) $f(x,t)$ ....

b) $g(x,t)$ ....

c) Pour quelle valeur de phase φ le signal $s(x,t)$ s'annule-t-il ?

(a) $\varphi = 0$ (b) $\varphi = \dfrac{\pi}{2}$ (c) $\varphi = \pi$

....

Entraînement 11.3 — Valeurs moyennes (I).

Un détecteur mesure la moyenne temporelle d'un signal périodique $s(t)$ de période T.

Cette moyenne, notée $\langle s(t) \rangle$, est définie par :

$$\langle s(t) \rangle = \frac{1}{T} \int_0^T s(t)\,\mathrm{d}t.$$

On donne les relations trigonométriques suivantes :

- $\cos(a)\cos(b) = \dfrac{\cos(a-b)+\cos(a+b)}{2}$
- $\sin(a)\sin(b) = \dfrac{\cos(a-b)-\cos(a+b)}{2}$
- $\sin(a)\cos(b) = \dfrac{\sin(a-b)-\sin(a+b)}{2}$.

On étudie les signaux suivants :

$$s_1(t) = S_1\cos(\omega_1 t - k_1 x) \quad \text{et} \quad s_2(t) = S_2\sin(\omega_2 t - k_2 x + \varphi_2).$$

a) Exprimer la période T_1 de $s_1(t)$ en fonction de ω_1.

....

b) À partir de la définition fournie, calculer $\langle s_1(t) \rangle$ sur T_1.

....

c) Exprimer la période T_2 de $s_2(t)$ en fonction de ω_2.

....

d) À partir de la définition fournie, calculer $\langle s_2(t) \rangle$ sur T_2.

....

e) Exprimer la période T_3 de $f_1(t) = s_1^2(t)$ en fonction de ω_1.

....

f) À partir de la définition fournie, calculer $\langle f_1(t) \rangle$ sur T_3.

....

g) Exprimer la période T_4 de $f_2(t) = s_2^2(t)$ en fonction de ω_2.

....

h) À partir de la définition fournie, calculer $\langle f_2(t) \rangle$ sur T_4.

....

Entraînement 11.4 — Valeurs moyennes (II).

Les moyennes temporelles des fonctions cosinus et sinus pour un nombre entier de périodes vérifient :

$$\langle A\cos(a\omega t+b)\rangle = 0 \quad \text{et} \quad \langle A\sin(a\omega t+b)\rangle = 0,$$

avec A, a, ω et b des constantes.

On donne les relations trigonométriques suivantes :

- $\cos(a)\cos(b) = \dfrac{\cos(a-b)+\cos(a+b)}{2}$
- $\sin(a)\sin(b) = \dfrac{\cos(a-b)-\cos(a+b)}{2}$
- $\sin(a)\cos(b) = \dfrac{\sin(a-b)+\sin(a+b)}{2}$.

Calculer la moyenne temporelle, sur un nombre entier de périodes, des fonctions ci-dessous.

a) $\left\langle [\cos(\omega_0 t+\varphi_1)+\cos(\omega_0 t+\varphi_2)]^2 \right\rangle$

b) $\left\langle [A\cos(3\omega_0 t+\varphi_1)+A\cos(\omega_0 t+\varphi_2)]^2 \right\rangle$

c) $\left\langle [A\cos(42\omega_0 t+\varphi_1)+B\sin(43\omega_0 t+\varphi_2)]^2 \right\rangle$

d) $\left\langle \left[\dfrac{A}{4}\sin\!\left(\dfrac{\omega_0}{2}t+\varphi_0\right)+\dfrac{A}{2}\sin\!\left(\dfrac{\omega_0}{2}t+2\varphi_0\right)\right]^2 \right\rangle$

Entraînement 11.5 — Bataille de contrastes.

On mesure les maxima et les minima d'éclairement de différentes figures d'interférence.

Étant donné les mesures d'intensité $I_{\max}$ et $I_{\min}$ suivantes, quelle figure présente le contraste $C = \dfrac{I_{\max}-I_{\min}}{I_{\max}+I_{\min}}$ le plus élevé ?

On rappelle que $1\,\text{pW} = 1\times10^{-12}\,\text{W}$.

(a) $I_{\max} = 10{,}0\times10^{6}\,\text{W}\cdot\text{m}^{-2}$ et $I_{\min} = 1{,}00\,\text{MW}\cdot\text{m}^{-2}$

(b) $I_{\max} = 660\,\text{mW}\cdot\text{mm}^{-2}$ et $I_{\min} = 0{,}220\,\text{kW}\cdot\text{dm}^{-2}$

(c) $I_{\max} = 5{,}00\,\text{mW}\cdot\text{mm}^{-2}$ et $I_{\min} = 2{,}00\,\text{mW}\cdot\text{cm}^{-2}$

(d) $I_{\max} = 72{,}0\,\text{pW}\cdot\text{µm}^{-2}$ et $I_{\min} = 3{,}00\,\text{MW}\cdot\text{km}^{-2}$

Entraînement 11.6 — Signaux isophases.

Une source émet deux vibrations lumineuses $s(x,t) = S_0\cos(\omega t - kx)$ et $s'(x',t') = S_0\cos(\omega t' - kx')$ de période temporelle T (associée à la pulsation $\omega = \dfrac{2\pi}{T}$ et à la fréquence $f = \dfrac{1}{T}$) et de longueur d'onde λ (associée à la pulsation spatiale $k = \dfrac{2\pi}{\lambda}$). On note $n \in \mathbb{Z}$.

a) Exprimer $\Delta\varphi$ le retard de phase entre s et s' pour $t = t' = t_0$ ....

b) Pour $t = t' = t_0$, comment s'expriment les écarts de position Δx_n lorsque s et s' ont la même excitation lumineuse ?

(a) $\Delta x_n = n\lambda$ (b) $\Delta x_n = \left(n + \dfrac{1}{2}\right)\lambda$ (c) $\Delta x_n = n\dfrac{\lambda}{2}$

....

c) Exprimer $\Delta\varphi$ le retard de phase entre s et s' pour $x = x' = x_0$ ....

d) Pour $x = x' = x_0$, comment s'expriment les écarts d'instant Δt_n lorsque s et s' ont la même excitation lumineuse ?

(a) $\Delta t_n = nT$ (b) $\Delta t_n = \left(n + \dfrac{1}{2}\right)T$ (c) $\Delta t_n = n\dfrac{T}{2}$

....

Études d'éclairements

Entraînement 11.7 — Fentes de Young.

L'éclairement $I(x)$ obtenu en un point M d'un écran à une distance D des fentes de Young est représenté sur la figure ci-contre. Il vérifie :

$$I(x) = f(x)\left[1 + \cos\left(\frac{2\pi n a x}{\lambda D}\right)\right],$$

où $f(x)$ est une fonction dont nous ne tiendrons pas compte, où a est la distance entre les deux fentes, où n est l'indice du milieu et où λ est la longueur d'onde du signal.

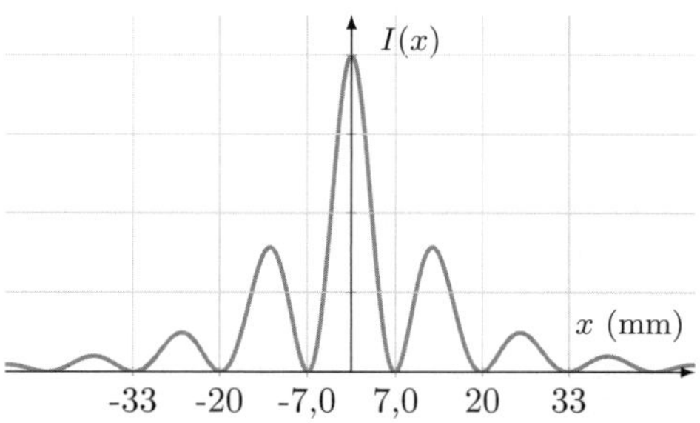

a) Identifier, grâce à la formule fournie, l'interfrange i (c'est-à-dire la distance entre deux maxima d'éclairement consécutifs).

(a) $i = \dfrac{na}{\lambda D}$ (b) $i = \dfrac{2\pi na}{\lambda D}$ (c) $i = \dfrac{\lambda D}{na}$ (d) $i = \dfrac{\lambda D}{2\pi na}$

....

b) Mesurer, à partir de la figure, l'interfrange i ....

c) En déduire a, sachant que $n = 1{,}0$, que $D = 1{,}0\,\text{m}$ et que $\lambda = 630\,\text{nm}$ ....

Entraînement 11.8 — Doublet spectral.

On éclaire des fentes de Young verticales espacées d'une distance a, avec un doublet spectral de longueurs d'onde λ_1 et λ_2 (on pose $\Delta\lambda = \lambda_2 - \lambda_1$ et $\lambda_{\text{moy}} = \dfrac{\lambda_2 + \lambda_1}{2}$). L'éclairement $I(x)$, obtenu en un point M d'un écran à une distance D des fentes, est représenté sur la figure ci-dessous. Il vérifie :

$$I(x) = I_{\text{moy}}\left[1 + C(x)\cos\left(\frac{2\pi n a x}{\lambda_{\text{moy}} D}\right)\right],$$

où $C(x)$, appelé *terme de contraste*, est défini par $C(x) = \cos\left(\dfrac{\pi n a x \Delta\lambda}{\lambda_{\text{moy}}^2 D}\right)$.

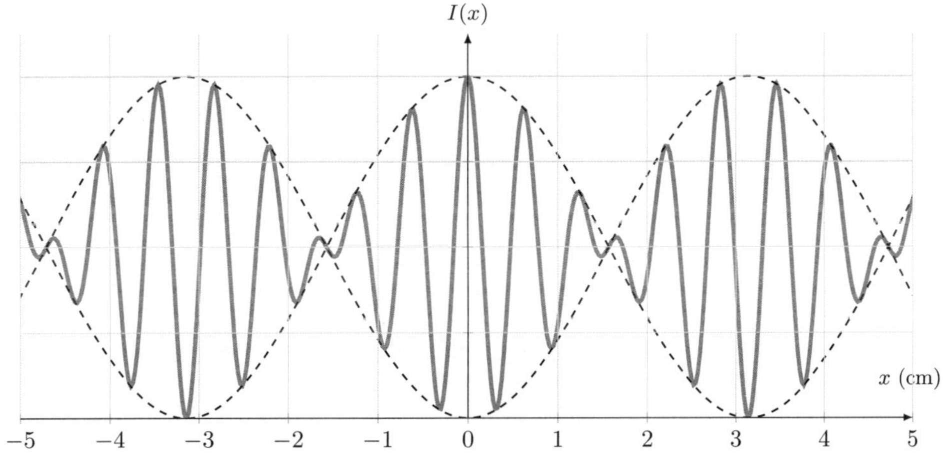

a) Identifier, grâce à la formule fournie, la période X du terme de contraste.

ⓐ $X = \dfrac{\lambda_{\text{moy}}^2 D}{na\Delta\lambda}$

ⓑ $X = \dfrac{2\lambda_{\text{moy}}^2 D}{na\Delta\lambda}$

ⓒ $X = \dfrac{\lambda_{\text{moy}}^2 D}{2na\Delta\lambda}$

ⓓ $X = \dfrac{\lambda_{\text{moy}}^2 D}{2\pi na\Delta\lambda}$

....

b) On rappelle que $i = \dfrac{\lambda_{\text{moy}} D}{na}$. Déterminer graphiquement l'interfrange i.

....

c) En déduire λ_{moy}, sachant que $n = 1{,}0$, que $D = 1{,}5\,\text{m}$ et $a = 0{,}20\,\text{mm}$.

....

d) Déterminer graphiquement la période X du terme de contraste.

....

e) En déduire l'écart spectral $\Delta\lambda$ du doublet.

....

Interférométrie

Dans cette section, nous exploiterons les trois figures d'interférence suivantes.

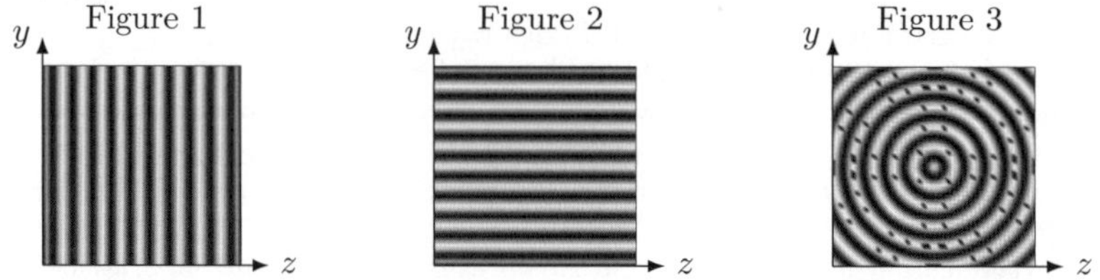

Entraînement 11.9 — Fentes « deux » Young.

On éclaire des fentes de Young en faisceau parallèle conformément au schéma ci-dessous. La différence de marche entre les deux rayons 1 et 2 est : $\delta_{SM} = \mathcal{L}_{SM,2} - \mathcal{L}_{SM,1} = \mathcal{L}_{S_2H}$.

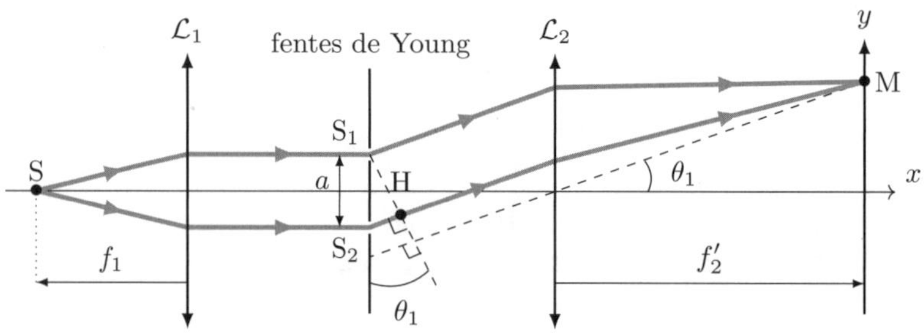

On donne le développement limité suivant : $\sin(x) = x - \dfrac{x^3}{6} + o(x^4)$ quand $x \to 0$.

a) En étudiant le triangle S_1S_2H, exprimer la longueur S_2H en fonction de θ_1 et a.

....

b) En étudiant un autre triangle, exprimer l'angle θ_1 en fonction de y et f'_2.

....

c) Exprimer δ_{SM} en fonction de a, y et f'_2 lorsque $\theta_1 \ll 1\,\text{rad}$ ....

d) Exprimer l'interfrange i de la figure d'interférence au niveau de l'écran, sachant que l'éclairement y est tel que $I = 2I_0\left[1 + \cos\left(\dfrac{2\pi}{\lambda}\delta_{SM}\right)\right] = 2I_0\left[1 + \cos\left(2\pi\dfrac{y}{i}\right)\right]$.

....

e) Quelle est la figure d'interférence observée sur l'écran ?

(a) Figure 1 (b) Figure 2 (c) Figure 3

....

Entraînement 11.10 — Interféromètre de Mach-Zehnder.

On a positionné une lame d'épaisseur e et une lame prismatique d'épaisseur $e' = e - \alpha y$, toutes deux d'indice n, au niveau des bras d'un interféromètre de Mach-Zehnder (on ne tiendra pas compte de la réfraction en sortie de la lame prismatique).

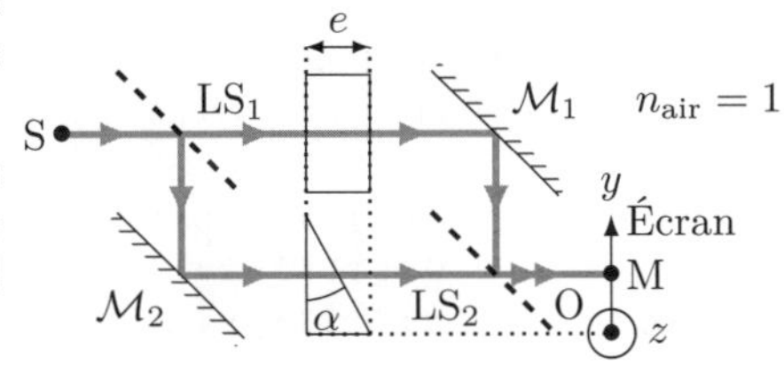

Les lames séparatrices LS atténuent l'éclairement I_0 des rayons d'un facteur 2. On rappelle que l'amplitude S_0 d'un rayon est liée à son éclairement de telle manière que I_0 est proportionnel à S_0^2. La différence de marche entre les deux rayons 1 et 2 est :

$$\delta_{\text{SM}} = \mathcal{L}_{\text{SM},1} - \mathcal{L}_{\text{SM},2} = \mathcal{L}_{\text{LS}_1\mathcal{M}_1} - \mathcal{L}_{\mathcal{M}_2\text{LS}_2}.$$

a) De combien est atténuée l'amplitude d'un seul rayon après la deuxième séparatrice ?

(a) 1/2 (b) 1/4 (c) 1/8

b) Exprimer la différence de marche δ_{SM} entre les deux bras en fonction de n, α et y

c) Exprimer l'interfrange i de la figure d'interférence au niveau de l'écran, sachant que l'éclairement y est tel que $I = I'[1 + \cos(\Delta\varphi)] = I'\left[1 + \cos\left(2\pi\frac{y}{i}\right)\right]$

d) Quelle est la figure d'interférence observée sur l'écran ?

(a) Figure 1 (b) Figure 2 (c) Figure 3

Entraînement 11.11 — Interféromètre de Michelson en lame d'air.

Un interféromètre de Michelson en configuration lame d'air repose sur l'association de deux miroirs $\mathcal{M}_1$ et $\mathcal{M}_2$ dont le schéma optique équivalent est présenté ci-contre. Les rayons se propagent dans l'air, assimilé à un milieu d'indice optique n.

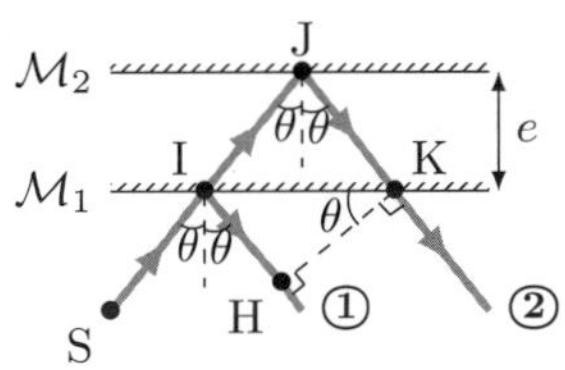

Dans ce cas, la différence de marche entre les deux rayons 1 et 2 est : $\delta_{\text{SM}} = \mathcal{L}_{\text{SM},2} - \mathcal{L}_{\text{SM},1} = \mathcal{L}_{\text{IJ}} + \mathcal{L}_{\text{JK}} - \mathcal{L}_{\text{IH}}$.

a) Exprimer les longueurs IJ et JK en fonction de θ et e

b) Exprimer la longueur IK en fonction de θ et e

c) Exprimer la longueur IH en fonction de θ et IK

On rappelle l'identité trigonométrique : $\cos^2(x) + \sin^2(x) = 1$.

d) Exprimer alors la longueur IH en fonction de $\cos(\theta)$ et e

e) En déduire l'expression de la différence de marche δ_{SM} en fonction de $\cos(\theta)$, n et e.

f) Quelle est la figure d'interférence observée sur l'écran ?

(a) Figure 1 (b) Figure 2 (c) Figure 3

Entraînement 11.12 — Interféromètre de Fabry-Perot.

Un interféromètre de Fabry-Perot est constitué de deux miroirs séparés d'une distance e par un milieu d'indice n. On s'intéresse aux deux rayons ci-contre. En sortie de l'interféromètre, une lentille permet de les focaliser afin qu'ils interfèrent en un point M d'un écran. Au niveau de chaque miroir, l'amplitude d'un rayon est multipliée par un coefficient r, qu'on approxime à $1/\sqrt{2}$, ou par un coefficient $t = 1 + r$ selon qu'il est réfléchi ou transmis. On considérera que l'air et le milieu entre les miroirs sont d'indice $n = 1$, et on notera i l'angle de réflexion tel que $\widehat{\text{ABD}} = 2i$ et $\widehat{\text{BEH}} = i$.

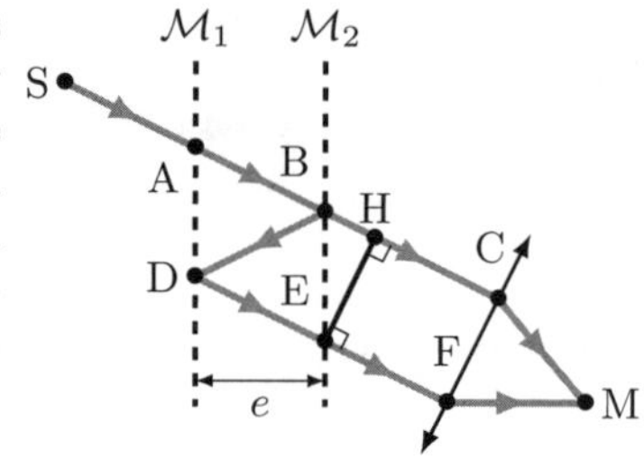

On rappelle que l'éclairement est proportionnel au carré de l'amplitude.

a) Quel est le rapport des éclairements entre le rayon du bas et celui du haut ?

ⓐ 1/2 ⓑ 1/4 ⓒ 1/8

b) Exprimer la longueur BH en fonction de e et i

c) Exprimer la longueur BD en fonction de e et i

d) Exprimer la différence de marche $\delta_{\text{SM}} = \mathcal{L}_{\text{SABDFM}} - \mathcal{L}_{\text{SABHCM}}$

e) Quelles formes auront les franges d'interférence sachant que $I(\text{M}) = 2I_0\left[1 + \cos\left(\frac{\delta_{\text{SM}}}{2\pi}\right)\right]$?

ⓐ bandes rectilignes ⓑ carrés évidés ⓒ anneaux

Réponses mélangées

$\cos(a)\cos(b) = \dfrac{\cos(a-b)+\cos(a+b)}{2}$ $\quad \dfrac{nay}{f_2'}$ $\quad 0$ $\quad$ ⓒ $\quad (n-1)\alpha y$ $\quad$ ⓑ $\quad$ ⓒ

$\dfrac{S_2^2}{2}$ $\quad$ ⓑ $\quad$ ⓐ $\quad \dfrac{\pi}{\omega_1}$ $\quad \dfrac{\pi}{\omega_2}$ $\quad \omega(t-t')$ $\quad A^2$ $\quad$ ⓑ $\quad \arctan\left(\dfrac{y}{f_2'}\right)$ $\quad$ ⓐ

ⓐ $\quad 0{,}57\ \text{cm}$ $\quad k(x'-x)$ $\quad$ ⓒ $\quad -\sin(\omega t - kx)$ $\quad \dfrac{e}{\cos(\theta)}$ $\quad 6{,}4\ \text{cm}$ $\quad 0{,}76\ \mu\text{m}$

$\cos(\omega t - kx)$ $\quad a\sin(\theta_1)$ $\quad$ ⓒ $\quad 1{,}3\ \text{cm}$ $\quad \text{IK}\sin(\theta)$ $\quad \dfrac{A^2+B^2}{2}$ $\quad \dfrac{\lambda_0}{(n-1)\alpha}$ $\quad$ ⓑ

$\sin(a)\cos(a) = \dfrac{\sin(2a)}{2}$ $\quad 2e\tan(\theta)$ $\quad \dfrac{2e\sin^2 i}{\cos(i)}$ $\quad \dfrac{A^2}{8}\left(\dfrac{5}{4}+\cos(\varphi_0)\right)$ $\quad 0{,}14\ \mu\text{m}$ $\quad \dfrac{S_1^2}{2}$

$\cos^2 a = \dfrac{1+\cos(2a)}{2}$ $\quad \sin^2 a = \dfrac{1-\cos(2a)}{2}$ $\quad 2e\dfrac{1-\cos^2(\theta)}{\cos(\theta)}$ $\quad 1+\cos(\pm\varphi_1 \mp \varphi_2)$

ⓒ $\quad \dfrac{2\pi}{\omega_2}$ $\quad 2ne\cos(i)$ $\quad 48\ \mu\text{m}$ $\quad 0$ $\quad \dfrac{f_2'\lambda}{na}$ $\quad \dfrac{2\pi}{\omega_1}$ $\quad 2ne\cos(\theta)$ $\quad \dfrac{e}{\cos(i)}$

► Réponses et corrigés page 299

Interférences à N ondes (MP)

Prérequis
Nombres complexes et formules trigonométriques.

Avant toute chose

Entraînement 12.1 — Complexes et conjugués.

On considère le nombre complexe suivant :

$$\underline{Z}_1 = 1 + e^{j\theta}.$$

a) Quelle est l'expression de $\underline{Z}_1^*$, le conjugué de $\underline{Z}_1$?

ⓐ $\underline{Z}_1^* = -1 + e^{j\theta}$ ⓑ $\underline{Z}_1^* = 1 - e^{j\theta}$ ⓒ $\underline{Z}_1^* = 1 + e^{-j\theta}$ ⓓ $\underline{Z}_1^* = 1 - e^{-j\theta}$

b) En déduire $\underline{Z}_1\underline{Z}_1^*$ et le mettre sous la forme d'une fonction de $\cos(\theta)$ ......

Reprenons l'étude avec le nombre complexe suivant :

$$\underline{Z}_2 = 1 - e^{-j\theta}.$$

c) Quelle est l'expression de $\underline{Z}_2^*$, le conjugué de $\underline{Z}_2$?

ⓐ $\underline{Z}_2^* = 1 + e^{-j\theta}$ ⓑ $\underline{Z}_2^* = 1 - e^{j\theta}$ ⓒ $\underline{Z}_2^* = -1 - e^{-j\theta}$ ⓓ $\underline{Z}_2^* = 1 + e^{+j\theta}$

d) En déduire $\underline{Z}_2\underline{Z}_2^*$ et le mettre sous la forme d'une fonction de $\cos(\theta)$ ......

Entraînement 12.2 — Des expressions complexes aux fonctions sinusoïdales (I).

On considère le nombre complexe suivant :

$$\underline{Z}_1 = 1 + e^{j\theta}.$$

a) Écrire $\underline{Z}_1$ sous la forme suivante :

$$\underline{Z}_1 = \underline{f}\left(\frac{\theta}{2}\right)\cos\left(\frac{\theta}{2}\right).$$

Donner l'expression de $\underline{f}\left(\frac{\theta}{2}\right)$ ....

b) En déduire $\underline{Z}_1\underline{Z}_1^*$ et le mettre sous la forme d'une fonction de $\cos\left(\frac{\theta}{2}\right)$ ....

Entraînement 12.3 — Des expressions complexes aux fonctions sinusoïdales (II).

Reprenons l'étude avec le nombre complexe suivant :

$$\underline{Z}_2 = 1 - \mathrm{e}^{-\mathrm{j}\theta}.$$

a) Écrire $\underline{Z}_2$ sous la forme suivante :

$$\underline{Z}_2 = \underline{g}\left(\frac{\theta}{2}\right)\sin\left(\frac{\theta}{2}\right).$$

Donner l'expression de $\underline{g}\left(\frac{\theta}{2}\right)$ ....

b) En déduire $\underline{Z}_2\underline{Z}_2^*$ et le mettre sous la forme d'une fonction de $\sin\left(\frac{\theta}{2}\right)$ ....

Entraînement 12.4 — Deux calculs entre nombres complexes et trigonométrie.

Soit $R \in \mathbb{R}$. On considère le nombre complexe suivant :

$$\underline{s} = \frac{1}{1 - R\mathrm{e}^{-\mathrm{j}\varphi}}.$$

On admet que $\underline{ss}^*$ peut se mettre sous la forme suivante :

$$\underline{ss}^* = \frac{a}{1 + m\sin^2(\varphi/2)}.$$

a) Donner l'expression de a en fonction de R ....

b) Donner l'expression de m en fonction de R ....

Entraînement 12.5 — Résolution d'une équation trigonométrique (I).

Soit $\theta \in [-90°, 0°[$.
Nous cherchons l'ensemble des angles θ' avec $\theta' \in [-90°, 90°]$ vérifiant l'équation suivante :

$$\cos(\theta') = \cos(\theta).$$

L'ensemble des solutions s'écrit : $\theta' = \{a, b, c, d, ...\}$.

a) De combien d'éléments est composé l'ensemble des solutions ? ....

b) Donner le plus petit élément de l'ensemble des solutions ....

c) Donner le plus grand élément de l'ensemble des solutions ....

Entraînement 12.6 — Résolution d'une équation trigonométrique (II).

Soit $\theta \in [-90°, 0°]$.

Nous cherchons l'ensemble des angles θ' avec $\theta' \in [-90°, 90°]$ vérifiant l'équation suivante :

$$\sin(\theta') = \sin(\theta).$$

L'ensemble des solutions s'écrit : $\theta' = \{a, b, c, d, ...\}$.

De combien d'éléments est composé l'ensemble des solutions ? ....

Pour continuer...

Entraînement 12.7 — Suite géométrique.

On rappelle que la somme des $n+1$ premiers termes d'une suite géométrique u_k de raison $q \neq 1$ vérifie :

$$\sum_{k=0}^{n} u_k = u_0 + \cdots + u_n = u_0(1 + q + \cdots + q^n) = u_0 \frac{1 - q^{n+1}}{1 - q}.$$

Soit $\varphi \in \mathbb{R}$; on suppose que φ n'est pas un multiple de 2π.

Nous souhaitons écrire les sommes $\underline{s}(\varphi)$ sous la forme suivante :

$$\underline{s}(\varphi) = \underline{f}(\varphi) \frac{\sin\left(a\frac{\varphi}{2}\right)}{\sin\left(\frac{\varphi}{2}\right)}.$$

Déterminer a et $\underline{f}(\varphi)$ pour $\underline{s}(\varphi) = 1 + e^{j\varphi} + e^{2j\varphi}$.

a) a ....

b) $\underline{f}(\varphi)$ ....

Déterminer a et $\underline{f}(\varphi)$ pour $\underline{s}(\varphi) = e^{j\varphi} + e^{2j\varphi} + e^{3j\varphi} + e^{4j\varphi} + e^{5j\varphi}$.

c) a ....

d) $\underline{f}(\varphi)$ ....

Autour du réseau à N fentes

Entraînement 12.8 — Pas du réseau.

Nous disposons d'un réseau présentant 600 traits par millimètre (600 traits/mm).
Le pas du réseau a est la distance entre deux fentes successives (distance centre à centre).

Déterminer a en µm ....

Entraînement 12.9 — Calcul de linéature en lpi.

La linéature d'un réseau est affichée, dans le système anglo-saxon, en lpi (line per inch). On rappelle qu'un pied (foot) correspond à un tiers de verge anglaise (yard), et qu'il est divisé en douze pouces (inches). Un yard vaut 91,44 cm.

a) Donner la valeur du pouce (1 inch) en mm.

(a) 7,62 mm (b) 25,4 mm (c) 39,3 mm (d) 43,7 mm

....

b) Calculer en traits par millimètre (résultat arrondi à la centaine la plus proche) la linéature d'un réseau comportant $n = 30\,000$ lpi ....

Entraînement 12.10 — À propos de la relation fondamentale des réseaux.

Un réseau de fentes de linéature $n = 600$ traits/mm est éclairé par une onde plane issue d'une source monochromatique de longueur d'onde dans l'air $\lambda = 546{,}1$ nm et on observe l'ordre 1 de diffraction par ce réseau en émergence normale.

On rappelle la relation fondamentale des réseaux par transmission entre l'angle d'incidence θ_0 et l'angle de diffraction θ par le réseau dans l'ordre p :

$$\sin(\theta) - \sin(\theta_0) = pn\lambda.$$

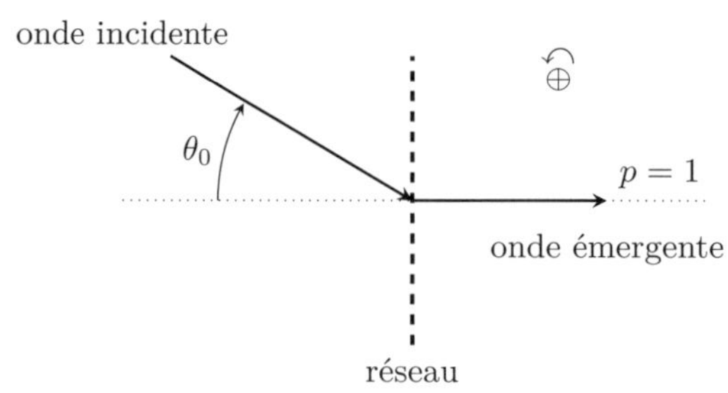

Que vaut l'angle d'incidence θ_0 (en degrés) de l'onde éclairant ce réseau ?

....

Entraînement 12.11 — Brouillage des ordres.

Un réseau de fentes de linéature $n = 600$ traits par mm est éclairé sous incidence normale par une lampe à vapeur de mercure émettant les raies de longueurs d'onde suivantes dans l'air :

λ (en nm)	404,7	407,8	435,8	491,6	546,1	577,0	579,1	623,4	690,7

On rappelle la condition d'interférences constructives entre les ondes planes diffractées dans l'ordre p par un réseau suivant la direction θ (angle mesuré par rapport à la normale au plan du réseau), éclairé par une onde plane incidente de longueur d'onde λ sous incidence normale : $\sin(\theta) = pn\lambda$.

a) En exploitant le tableau, donner en degrés l'intervalle $[\theta^{\min}, \theta^{\max}]$ des angles du spectre d'ordre 1 de la lampe à vapeur de mercure diffracté par ce réseau ....

b) Même question pour le spectre d'ordre 2 ....

c) Même question pour le spectre d'ordre 3 ....

d) On parle de chevauchement d'ordre quand au moins une raie d'un ordre donné s'intercale dans le spectre d'un ordre inférieur. Choisir la bonne réponse parmi les trois propositions ci-dessous :

(a) Tout le spectre d'ordre $p = 3$ est mélangé à celui d'ordre $p = 2$.

(b) Seules les trois dernières raies du mercure dans l'ordre $p = 3$ ne chevauchent pas les raies du spectre d'ordre $p = 2$.

(c) Seules les trois premières raies du mercure dans l'ordre $p = 3$ chevauchent les raies du spectre d'ordre $p = 2$.

....

Entraînement 12.12 — Cas où $N = 2$.

On rappelle que l'expression de l'intensité diffractée par un réseau composé de N fentes vaut :

$$I = I_0 \frac{\sin^2\left(N\frac{\varphi}{2}\right)}{\sin^2\left(\frac{\varphi}{2}\right)},$$

où φ est le déphasage entre deux rayons traversant deux fentes consécutives.

Dans cette application, nous allons prendre $N = 2$.

a) Écrire le numérateur en fonction de $\cos(\varphi)$ ....

b) Écrire le dénominateur en fonction de $\cos(\varphi)$ ....

c) Exprimer I en fonction de I_0 et $\cos(\varphi)$ ....

Entraînement 12.13 — Différences de marche.

On dispose d'un réseau plan constitué de n traits transparents par millimètre. Il est positionné sur un goniomètre préalablement réglé à l'infini. Ainsi, il est éclairé par une onde plane et on observe les interférences ayant lieu à l'infini. Le dispositif est plongé dans le vide (indice 1).
Nous souhaitons déterminer la différence de marche δ du rayon (2) par rapport au rayon (1) dans les différents cas représentés :

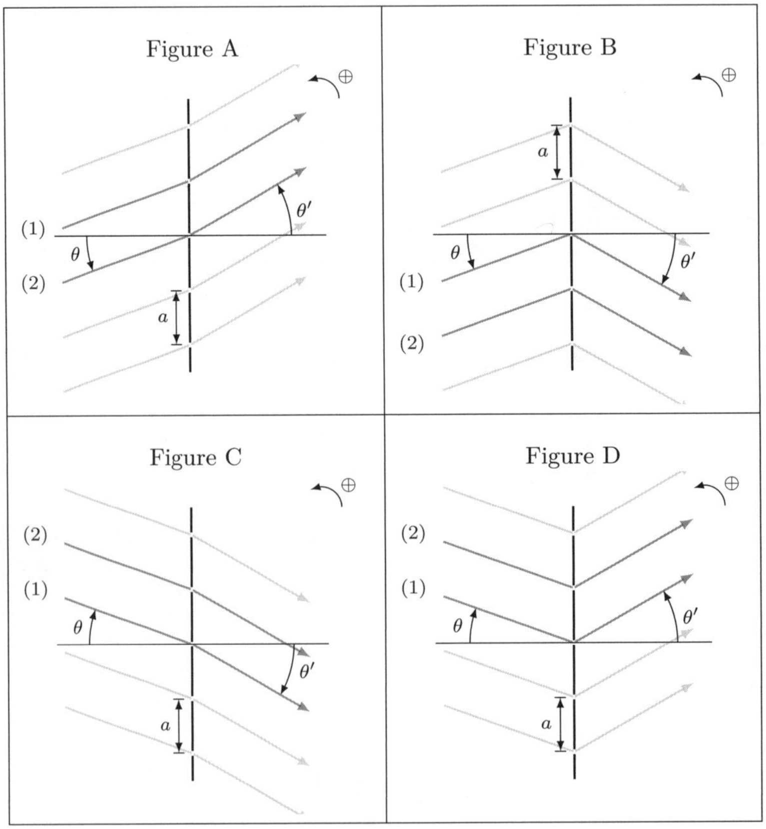

Quatre différences de marche sont proposées :

(a) $\delta = a\Big(\sin(\theta) + \sin(\theta')\Big)$

(b) $\delta = a\Big(\sin(\theta) - \sin(\theta')\Big)$

(c) $\delta = a\Big(\sin(\theta') + \sin(\theta)\Big)$

(d) $\delta = a\Big(\sin(\theta') - \sin(\theta)\Big)$

a) Dans le cas A, quelle est l'expression correcte de δ_A ? ....

b) Dans le cas B, quelle est l'expression correcte de δ_B ? ....

c) Dans le cas C, quelle est l'expression correcte de δ_C ? ....

d) Dans le cas D, quelle est l'expression correcte de δ_D ? ....

Entraînement 12.14 — Différence de marche pour un réseau par réflexion.

On considère un réseau par réflexion sur les points O_1 et O_2, de pas $a = O_1O_2$, éclairé par une onde plane sous l'angle d'incidence θ_0, et on s'intéresse à l'onde plane diffractée sous l'angle d'émergence θ.

On prendra l'indice de réfraction de l'air égal à l'unité.

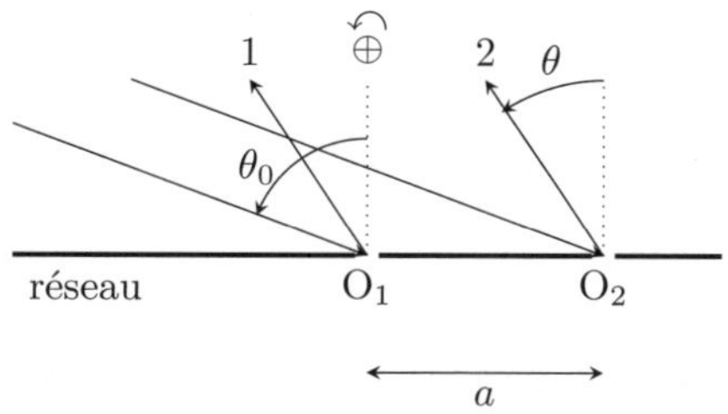

La différence de marche $\delta_{2/1}$ du rayon 2 par rapport au rayon 1 vaut :

(a) $\delta_{2/1} = a\Big(\sin(\theta) - \sin(\theta_0)\Big)$

(b) $\delta_{2/1} = a\Big(\sin(\theta_0) - \sin(\theta)\Big)$

(c) $\delta_{2/1} = a\Big(\sin(\theta_0) + \sin(\theta)\Big)$

(d) $\delta_{2/1} = a\Big(\tan(\theta_0) + \tan(\theta)\Big)$

....

Entraînement 12.15 — Périodicité de la fonction réseau.

On appelle *fonction réseau*, et on note $\mathcal{R}_N$, la fonction de la variable ϕ définie par :

$$\mathcal{R}_N(\phi) = \left(\frac{\sin\left(\dfrac{N\phi}{2}\right)}{N\sin\left(\dfrac{\phi}{2}\right)} \right)^2.$$

a) Donner la période pour la variable x de la fonction $\sin^2(x)$ ....

b) En déduire la période, pour la variable ϕ, de la fonction $\sin^2\left(\dfrac{\phi}{2}\right)$ ....

c) Quelle est la période, pour la variable ϕ, de la fonction $\sin^2\left(\dfrac{N\phi}{2}\right)$? ....

d) En déduire la période de la fonction réseau pour la variable ϕ.

(a) 2π

(b) 4π

(c) $\dfrac{2\pi}{N}$

(d) $2\pi N$

....

Entraînement 12.16 — Propriétés de la fonction réseau.

On considère la fonction réseau, notée $\mathcal{R}_N$, de la variable ϕ définie par $\mathcal{R}_N(\phi) = \left(\dfrac{\sin\left(\dfrac{N\phi}{2}\right)}{N \sin\left(\dfrac{\phi}{2}\right)} \right)^2$.

a) Évaluer $\mathcal{R}_N(0)$. On rappelle que $\sin(x) \sim x$ quand $x \to 0$ ....

b) Exprimer en fonction de N le nombre de zéros de la fonction réseau pour $\phi \in [0, 2\pi]$.

....

c) On considère le graphe de la fonction réseau sur la figure ci-dessous :

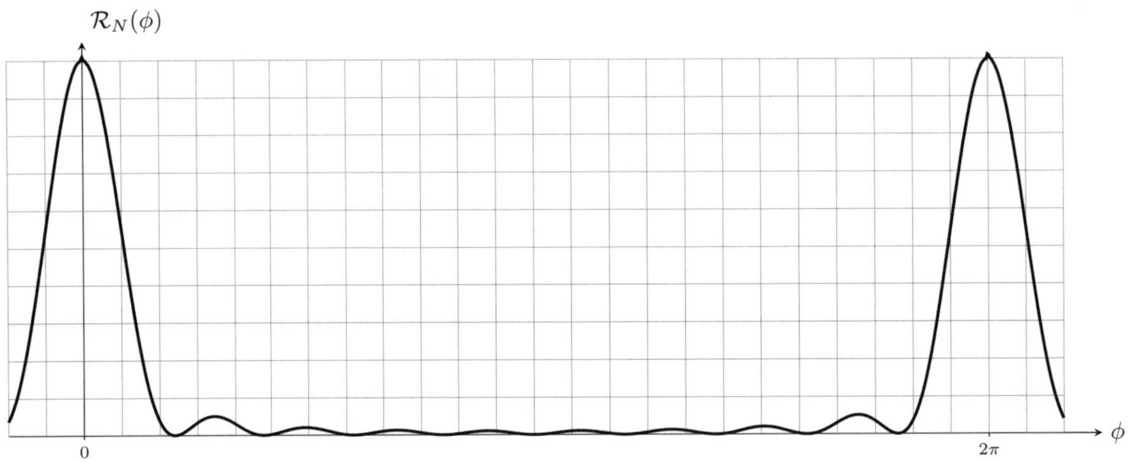

Déduire du graphe la valeur de N utilisée pour le tracé ....

Entraînement 12.17 — Largeur d'un pic principal.

On rappelle l'expression de la fonction réseau. C'est la fonction $\mathcal{R}_N$ de la variable ϕ définie par :

$$\mathcal{R}_N(\phi) = \left(\frac{\sin\left(\dfrac{N\phi}{2}\right)}{N \sin\left(\dfrac{\phi}{2}\right)} \right)^2.$$

Cette fonction admet des pics, appelés *pics principaux*, pour toute valeur de ϕ multiple entier de 2π.

La figure ci-contre montre l'évolution de $\mathcal{R}_N$ autour de $\phi = 0$.

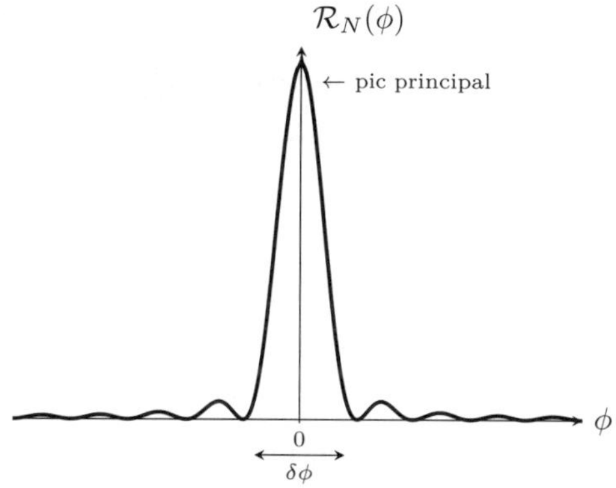

a) Le premier zéro de la fonction réseau, juste après le pic principal situé en $\phi = 0$, est obtenu pour l'angle :

ⓐ $\phi = \dfrac{\pi}{2N}$ ⓑ $\phi = \dfrac{\pi}{N}$ ⓒ $\phi = \dfrac{2\pi}{N}$ ⓓ $\phi = \dfrac{4\pi}{N}$

....

b) En déduire, en fonction de N, la largeur $\delta\phi$ d'un pic principal défini comme la variation de ϕ entre les deux annulations de $\mathcal{R}_N(\phi)$ de part et d'autre du pic principal ....

Entraînement 12.18 — Mesure de longueur d'onde au goniomètre.

Un réseau de pas $a_0 = 1{,}67\,\mu\text{m}$, placé sur un goniomètre, est éclairé par une onde plane en incidence normale issue d'une lampe à vapeur de thallium. Le spectre ne comporte qu'une seule raie, de couleur verte, dont on souhaite mesurer la longueur d'onde λ.
On relève θ' dans les différents ordres d'interférence observés vérifiant la formule du réseau :

$$p\lambda = a_0 \sin(\theta').$$

Ordre p	-3	-2	-1	0	1	2	3
θ' en (rad)	$-1{,}30$	$-0{,}70$	$-0{,}33$	0	0,32	0,70	1,27

Afin de déterminer la longueur d'onde λ, nous allons tracer $a_0 \sin(\theta')$ en fonction de p et réaliser une régression linéaire. L'équation proposée pour la régression linéaire, que vous ferez à l'aide de votre calculatrice, se met sous la forme :

$$y = ax + b.$$

a) Identifier les grandeurs x et y ....

b) Après avoir effectué une régression linéaire à l'aide d'un tableur (à la calculatrice ou à l'ordinateur), déterminer la valeur de a en µm ....

c) En déduire la longueur d'onde λ en nm ....

Déviation angulaire induite par un réseau

Entraînement 12.19 — Définition de la déviation.

Un réseau plan est éclairé par une onde plane, et des interférences sont observées à l'infini. L'angle de déviation D que le réseau fait subir au faisceau incident est défini sur chacun des schémas ci-dessous.

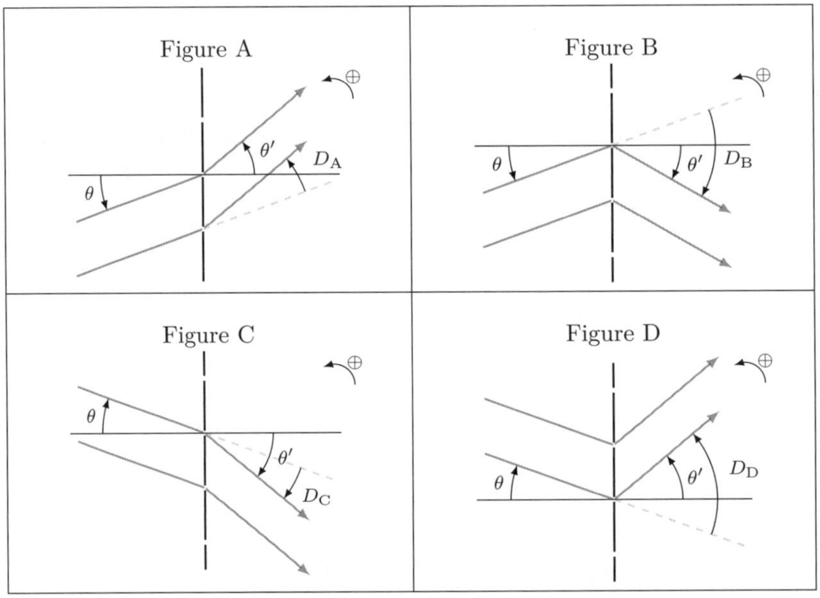

Trois expressions de D sont proposées :

(a) $D = \theta + \theta'$ (b) $D = \theta - \theta'$ (c) $D = \theta' - \theta$

a) À quelle expression de D correspond la déviation D_A pour la figure A ? ....

b) À quelle expression de D correspond la déviation D_B pour la figure B ? ....

c) À quelle expression de D correspond la déviation D_C pour la figure C ? ....

d) À quelle expression de D correspond la déviation D_D pour la figure D ? ....

Réponses mélangées

$x = p$ et $y = a_0 \sin(\theta')$ (c) $\dfrac{1}{2}(1 - \cos(\varphi))$ (c)   (b) $534\,\text{nm}$ 2π $\underline{f}(\varphi) = \mathrm{e}^{\mathrm{j}3\varphi}$

$4\cos^2\left(\dfrac{\theta}{2}\right)$ $-19{,}1°$ $a = 3$ (b) $\dfrac{2\pi}{N}$ (c) 1 $[14{,}1°; 24{,}5°]$ (c)

2 (b) $a = 5$ $0{,}534\,\mu\text{m}$ $2(1 + \cos\theta)$ 1 $2I_0(1 + \cos(\varphi))$ (d)   (c)

$\dfrac{4R}{(1-R)^2}$ $1 - \cos^2(\varphi)$ $\underline{f}(\varphi) = \mathrm{e}^{\mathrm{j}\varphi}$ $\dfrac{1}{(1-R)^2}$ 10 (c) $[29{,}1°, 56{,}0°]$

$-\theta$ $\dfrac{4\pi}{N}$ $N - 1$ θ (b)   (d) $2(1 - \cos\theta)$ (a) $[46{,}8°; 79{,}4°]$

π $2\mathrm{j}\,\mathrm{e}^{-\mathrm{j}\frac{\theta}{2}}$ (c)   (c) $4\sin^2\left(\dfrac{\theta}{2}\right)$ $2\mathrm{e}^{\mathrm{j}\frac{\theta}{2}}$ $1{,}67\,\mu\text{m}$ $1\,200\,\text{traits/mm}$

► Réponses et corrigés page 306

Outils mathématiques pour la diffusion

Prérequis
Expression des surfaces usuelles (disque, sphère, ...).
Expression des volumes usuels (parallélépipède, cylindre, sphère, ...).

Pour bien commencer

Entraînement 13.1 — Calcul de volumes.

Dans chacun des cas suivants, exprimer le volume du solide en fonction des données.

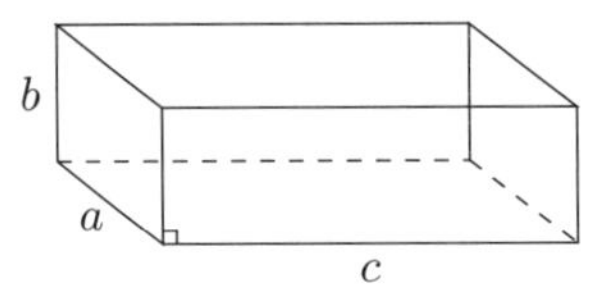

Volume a)

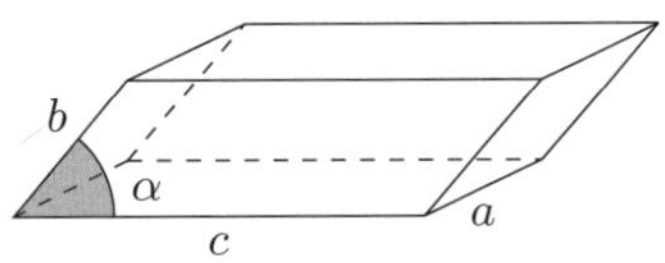

Volume b)

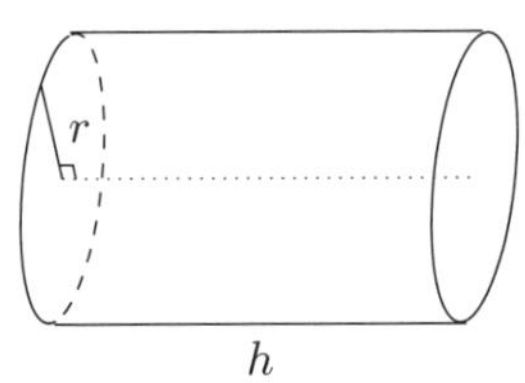

Volume c)

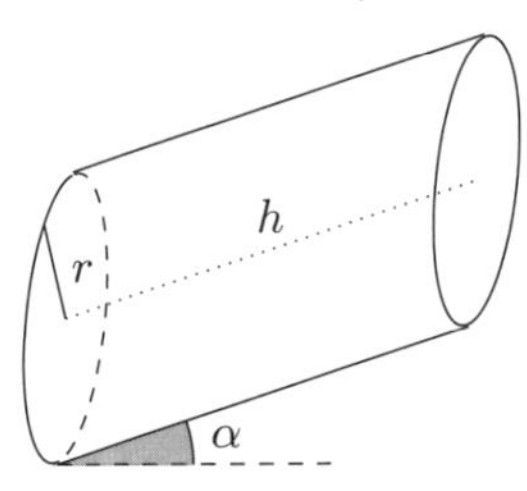

Volume d)

a) ☐ b) ☐ c) ☐ d) ☐

Entraînement 13.2 — Signe des dérivées partielles.

On considère la fonction de deux variables $f(x, y)$ représentée ci-contre. On étudie le signe des dérivées partielles au niveau des points A et B.

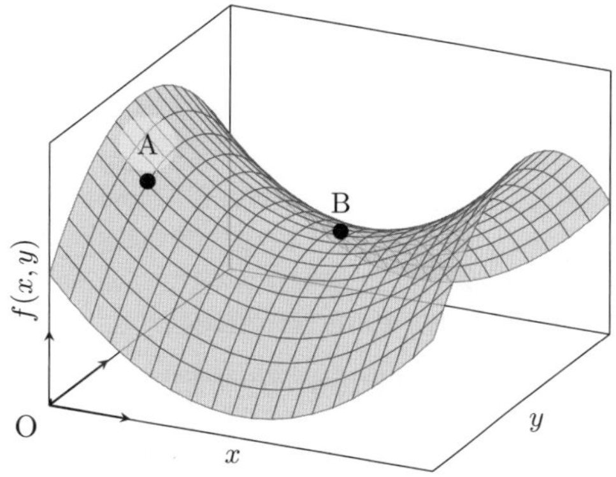

a) Quel est le signe de la dérivée partielle d'ordre 1 de f par rapport à x au point A, notée $\dfrac{\partial f}{\partial x}(\mathrm{A})$? ....

b) Quel est le signe de la dérivée partielle d'ordre 1 de f par rapport à y au point A, notée $\dfrac{\partial f}{\partial y}(\mathrm{A})$? ....

On s'intéresse maintenant au comportement de f au voisinage du point B. Pour chacune des questions suivantes, choisir la bonne réponse.

c)
(a) $\dfrac{\partial f}{\partial x}(\mathrm{B}) > 0$
(b) $\dfrac{\partial f}{\partial x}(\mathrm{B}) = 0$
(c) $\dfrac{\partial f}{\partial x}(\mathrm{B}) < 0$
....

d)
(a) $\dfrac{\partial f}{\partial y}(\mathrm{B}) > 0$
(b) $\dfrac{\partial f}{\partial y}(\mathrm{B}) = 0$
(c) $\dfrac{\partial f}{\partial y}(\mathrm{B}) < 0$
....

e)
(a) $\dfrac{\partial^2 f}{\partial y^2}(\mathrm{B}) > 0$
(b) $\dfrac{\partial^2 f}{\partial y^2}(\mathrm{B}) = 0$
(c) $\dfrac{\partial^2 f}{\partial y^2}(\mathrm{B}) < 0$
....

f)
(a) $\dfrac{\partial^2 f}{\partial x^2}(\mathrm{B}) > 0$
(b) $\dfrac{\partial^2 f}{\partial x^2}(\mathrm{B}) = 0$
(c) $\dfrac{\partial^2 f}{\partial x^2}(\mathrm{B}) < 0$
....

Entraînement 13.3 — Volume d'un cône.

Le volume d'un cône de hauteur h et dont le rayon de la base est r vaut $V(r, h) = \dfrac{\pi r^2 h}{3}$.

a) Quelle est l'expression de $\dfrac{\partial V}{\partial r}(r, h)$? ....

b) Quelle est l'expression de $\dfrac{\partial V}{\partial h}(r, h)$? ....

On souhaite comparer l'influence d'une même variation $\mathrm{d}\ell$ de h ou de r sur la valeur du volume V.

c) À quelle condition sur h et r a-t-on $\dfrac{\partial V}{\partial h}(r, h) > \dfrac{\partial V}{\partial r}(r, h)$?

(a) $h/3 < r$ (b) $h < r$ (c) $2h < r$ (d) $3h < r$
....

Entraînement 13.4 — Fabrication d'une casserole.

Les questions de cet entraînement ne concernent pas le manche de la casserole et ne concernent donc que la partie principale de la casserole. L'épaisseur de la tôle utilisée pourra être négligée.

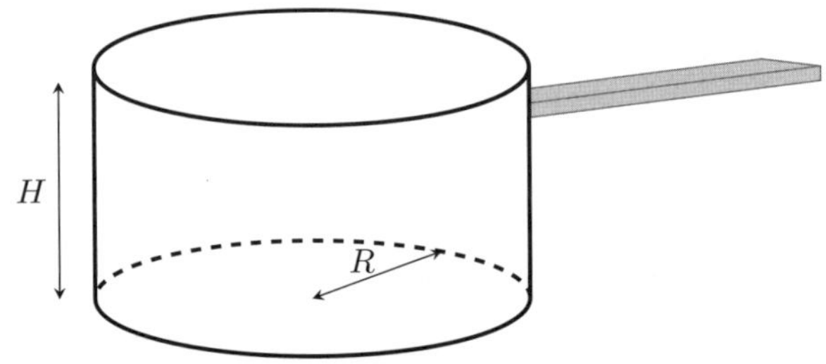

Un industriel souhaite fabriquer une casserole à partir de plaques de métal d'épaisseur constante.

a) Pour cela, quelle surface de tôle $S(R,H)$ doit-il utiliser ?

(a) $S(R,H) = 2\pi R^2 + \pi RH$
(b) $S(R,H) = \pi H^2 + 2\pi RH$
(c) $S(R,H) = \pi R^2 + 2\pi RH$
(d) $S(R,H) = 2\pi H^2 + \pi RH$

.... [ ]

b) Que vaut le volume utile $V(R,H)$?

(a) $V(R,H) = 2\pi R^2 H$
(b) $V(R,H) = \pi R^2 H$

.... [ ]

c) Exprimer $S(R,V)$ la surface de tôle que l'on doit utiliser pour fabriquer la casserole en fonction du rayon R et du volume V.

.... [ ]

Le fabricant souhaite fabriquer une casserole de volume $V = V_0$ donné, tout en minimisant la quantité de tôle utilisée.

d) Il cherche donc une géométrie qui vérifie :

(a) $\dfrac{\mathrm{d}S}{\mathrm{d}R}(R,V_0) = 0$
(b) $\dfrac{\partial S}{\partial R}(R,V_0) = 0$

.... [ ]

e) Déterminer l'expression de V_0 en fonction de R, puis celle de H en fonction de R permettant de minimiser la surface de tôle utilisée.

(a) $V_0 = \pi R^3$ (b) $V_0 = 2\pi R^3$ (c) $H = R$ (d) $H = 2R$

.... [ ]

Entraînement 13.5 — Quelques équations différentielles (I).

Résoudre les équations différentielles suivantes en tenant compte des conditions aux limites.

Les quantités n_0, n_1, j_0 et p sont des constantes.

a) $\dfrac{\partial^2 n}{\partial x^2}(x,t) = 0$ avec $\begin{cases} n(0,t) &= n_0 \\ \dfrac{\partial n}{\partial x}(0,t) &= j_0 \end{cases}$ ....

b) $\dfrac{\partial^2 n}{\partial x^2}(x,t) = 0$ avec $\begin{cases} n(0,t) &= n_0 \\ n(L,t) &= n_1 \end{cases}$ ....

c) $\dfrac{\partial^2 n}{\partial x^2}(x,t) = p$ avec $\begin{cases} n(0,t) &= n_0 \\ n(L,t) &= n_0 \end{cases}$ ....

Entraînement 13.6 — Quelques équations différentielles (II).

Résoudre les équations différentielles suivantes en tenant compte des conditions initiales (τ, n_0, n_c, p et L sont des constantes) :

a) $\dfrac{\partial n}{\partial t}(x,t) = \dfrac{n}{\tau}$ avec $n(x,0) = n_0$ ....

b) $\dfrac{\partial n}{\partial t}(x,t) = -\dfrac{n^2}{n_c \tau}$ avec $n(x,0) = n_0$ ....

c) $\dfrac{\partial n}{\partial t}(x,t) = -\dfrac{n}{\tau} + p$ avec $n(x,0) = n_0\left(1 - \dfrac{x}{L}\right)$ ....

Réponses mélangées

$n(x,t) = j_0 x + n_0$ positif $n_0\left(1-\dfrac{x}{L}\right)\exp\left(-\dfrac{t}{\tau}\right) + p\tau\left(1-\exp\left(-\dfrac{t}{\tau}\right)\right)$ négatif

$n(x,t) = n_0 \exp\left(\dfrac{t}{\tau}\right)$ abc (b) $n(x,t) = \dfrac{n_1 - n_0}{L}x + n_0$ (a) et (c)

$n(t) = \dfrac{n_0}{1 + \dfrac{n_0 t}{n_c \tau}}$ $abc\sin(\alpha)$ (b) (c) $\dfrac{\pi r^2}{3}$ $\dfrac{p}{2}x(x-L) + n_0$ (a)

(b) $\pi r^2 h \cos(\alpha)$ $\dfrac{2\pi r h}{3}$ (b) (c) (c) $\pi R^2 + 2\dfrac{V}{R}$ $\pi r^2 h$

► Réponses et corrigés page 313

Diffusion thermique

Prérequis
Premier principe et deuxième principe de la thermodynamique.
Loi de Fourier : $\overrightarrow{j} = -\lambda\, \overrightarrow{\text{grad}}\, T$.

Dans toute la fiche, les caractéristiques du matériau homogène et isotrope étudié seront notées :

- D, le coefficient de diffusivité thermique ($\text{m}^2 \cdot \text{s}^{-1}$),
- μ, la masse volumique ($\text{kg} \cdot \text{m}^{-3}$),
- c, la capacité thermique massique du matériau ($\text{J} \cdot \text{K}^{-1} \cdot \text{kg}^{-1}$),
- λ, la conductivité thermique du matériau ($\text{W} \cdot \text{m}^{-1} \cdot \text{K}^{-1}$).

Pour évaluer les ordres de grandeur caractéristiques du phénomène, on notera :

- τ, la durée caractéristique (s),
- L, la longueur caractéristique (m).

Étude de flux thermique

Entraînement 14.1 — Bilan thermique en géométrie cartésienne.

On se place dans le cas d'une diffusion unidimensionnelle telle que les isothermes sont des plans $x = \text{cste}$.

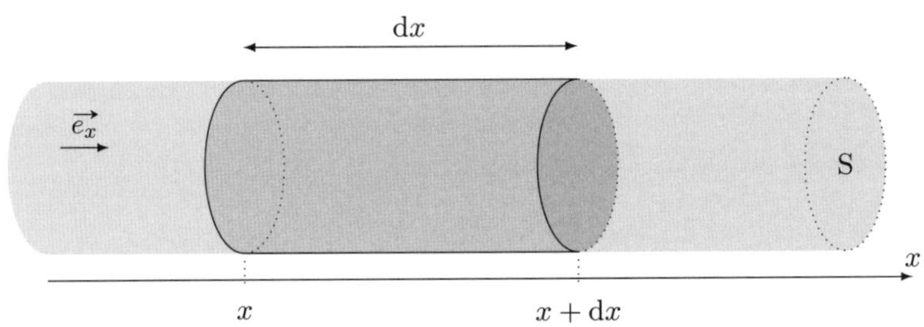

On note S la section du conducteur et ℓ le périmètre de la section.

a) Le vecteur densité de flux thermique $\overrightarrow{j_Q} = -\lambda \overrightarrow{\text{grad}}(T)$ a pour unité possible :

(a) $\text{W} \cdot \text{m}^{-1} \cdot \text{K}^{-1}$ (b) $\text{J} \cdot \text{s} \cdot \text{m}^{-2}$ (c) $\text{W} \cdot \text{m}^{-3}$ (d) $\text{W} \cdot \text{m}^{-2}$

....

b) Dans le cadre de cet entraînement, le vecteur densité de flux thermique $\overrightarrow{j_Q} = j_Q \overrightarrow{e_x}$ peut s'écrire :

(a) $\overrightarrow{j_Q} = -\lambda \dfrac{\partial T}{\partial t} \overrightarrow{e_x}$ (b) $\overrightarrow{j_Q} = -\lambda \dfrac{\partial T}{\partial x} \overrightarrow{e_x}$

....

On étudie un élément de volume du conducteur thermique de section S, et compris entre x et $x + \mathrm{d}x$.

c) L'énergie interne $U(t)$ de la tranche considérée à l'instant t est :

(a) $cS\,\mathrm{d}xT(x,t) + \mathrm{C}$
(b) $cS\,\mathrm{d}tT(x,t) + \mathrm{C}$
(c) $\mu cS\,\mathrm{d}xT(x,t) + \mathrm{C}$
(d) $\mu cS\,\mathrm{d}tT(x,t) + \mathrm{C}$

où C est une constante ....

d) En déduire la variation d'énergie interne $\mathrm{d}U$ entre t et $t + \mathrm{d}t$.

....

On souhaite maintenant évaluer les transferts thermiques entre la tranche et l'extérieur.

e) En x, le transfert thermique algébriquement reçu par la tranche entre t et $t + \mathrm{d}t$ s'écrit :

(a) $-j_Q(x,t)S\,\mathrm{d}t$
(b) $j_Q(x,t)S\,\mathrm{d}t$
(c) 0

....

f) En $x + \mathrm{d}x$, le transfert thermique algébriquement reçu par la tranche entre t et $t + \mathrm{d}t$ s'écrit :

(a) $-j_Q(x + \mathrm{d}x, t)S\,\mathrm{d}t$
(b) $j_Q(x + \mathrm{d}x, t)S\,\mathrm{d}t$
(c) 0

....

g) Au niveau de la paroi latérale, le transfert thermique algébriquement reçu par la tranche entre t et $t + \mathrm{d}t$ s'écrit, en notant ℓ le périmètre de la section :

(a) $j_Q(x,t)\ell\,\mathrm{d}x\,\mathrm{d}t$
(b) $-j_Q(x,t)\ell\,\mathrm{d}x\,\mathrm{d}t$
(c) 0
(d) $j_Q(x + \mathrm{d}x, t)\ell\,\mathrm{d}x\,\mathrm{d}t$
(e) $-j_Q(x + \mathrm{d}x, t)\ell\,\mathrm{d}x\,\mathrm{d}t$

....

h) En déduire le transfert thermique total δQ algébriquement reçu par la tranche.

....

Entraînement 14.2 — Équation de la chaleur.

On étudie une barre homogène de section S, de longueur L, dont la surface latérale est calorifugée et dont les extrémités gauche et droite sont mises en contact thermique parfait avec des thermostats de températures respectives T_1 et T_2. On se place en coordonnées cartésiennes.

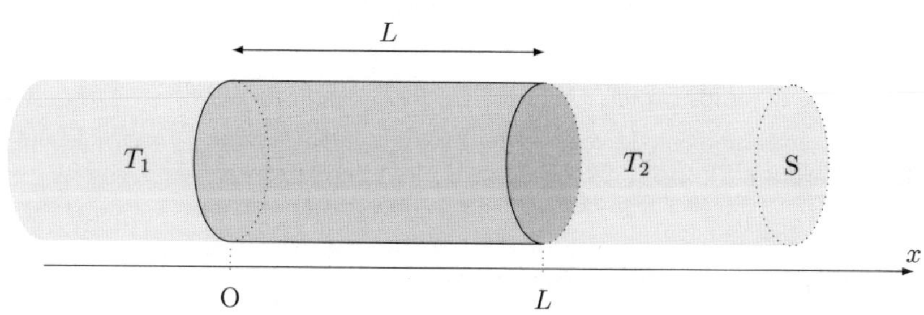

Initialement, l'ensemble de la barre est à la température T_0.

a) Le champ de température est de la forme :

(a) $T = T(x, t)$ (c) $T = T(x)$ (e) $T = T(y, t)$

(b) $T = T(x, y, t)$ (d) $T = T(x, y)$ (f) $T = T(x, y, z, t)$

....

b) Le vecteur de densité volumique de courant thermique $\overrightarrow{j_Q}$ est de la forme :

(a) $\overrightarrow{j_Q} = j_Q(x, t)\overrightarrow{e_x}$ (d) $\overrightarrow{j_Q} = j_Q(x)\overrightarrow{e_x}$

(b) $\overrightarrow{j_Q} = j_Q(x, y, t)\overrightarrow{e_x}$ (e) $\overrightarrow{j_Q} = j_Q(y, t)\overrightarrow{e_y}$

(c) $\overrightarrow{j_Q} = j_{Qx}(x, y)\overrightarrow{e_x} + j_{Qy}(x, y)\overrightarrow{e_y}$ (f) $\overrightarrow{j_Q} = j_Q(x, y, z, t)\overrightarrow{e_x}$

....

c) L'équation de la chaleur $\dfrac{\partial T}{\partial t} = D\Delta T$ s'écrit ici :

(a) $\dfrac{\partial T}{\partial t} = D\dfrac{\partial^2 T}{\partial y^2}$ (c) $\dfrac{\partial T}{\partial t} = D\left[\dfrac{\partial^2 T}{\partial x^2} + \dfrac{\partial^2 T}{\partial y^2}\right]$

(b) $\dfrac{\partial T}{\partial t} = D\dfrac{\partial^2 T}{\partial x^2}$ (d) $0 = D\dfrac{\mathrm{d}^2 T}{\mathrm{d}x^2}$

....

La diffusion : un processus lent

Entraînement 14.3 — Étude qualitative.

L'équation de diffusion caractérise l'évolution temporelle du profil de température dans un matériau.
En raisonnant en ordre de grandeur, cette équation fait le lien entre un temps caractéristique τ et une longueur caractéristique de diffusion L : $L = \sqrt{D\tau}$ où $D = \dfrac{\lambda}{\mu c}$ est le coefficient de diffusion thermique.

Par combien est multipliée la longueur caractéristique de diffusion lorsque l'on double :

a) la conductivité du matériau ? ....

b) la capacité thermique du matériau ? ....

Par combien est multiplié le temps caractéristique de diffusion si on double :

c) la longueur du matériau L ? ....

d) la masse volumique μ ? ....

Entraînement 14.4 — Nombre de Fourier : transformation adiabatique ?

Le nombre de Fourier $\mathrm{Fo} = \dfrac{D\Delta t}{L^2}$ est un nombre sans dimension utilisé couramment en transfert thermique, avec $D = \dfrac{\lambda}{\mu c}$ ($\mathrm{m^2 \cdot s^{-1}}$) le coefficient de diffusion thermique, Δt (s) la durée étudiée et L (m) la longueur caractéristique d'étude.

Il se définit également comme le rapport entre la durée Δt d'un processus et un temps caractéristique de diffusion (qui est le temps nécessaire au transfert thermique pour diffuser sur une distance L).

a) Dans quel cas un processus peut-il être considéré comme adiabatique ?

(a) $\mathrm{Fo} \ll 1$ (b) $\mathrm{Fo} \gg 1$

....

On considère la compression du mélange {air + carburant} dans un cylindre d'un moteur 4 temps en acier. Avec un régime moteur d'environ $2\,000\,\mathrm{tr \cdot min^{-1}}$, la durée de la compression est de $1{,}5 \times 10^{-2}$ s. On considère que l'épaisseur du cylindre est de 5 mm.

On donne $\lambda_{\text{acier}} = 13\,\mathrm{W \cdot m^{-1} \cdot K^{-1}}$, $\mu_{\text{acier}} = 7\,800\,\mathrm{kg \cdot m^{-3}}$ et $c_{\text{acier}} = 480\,\mathrm{J \cdot K^{-1} \cdot kg^{-1}}$.

b) En exploitant les données ci-dessus, calculer la valeur du nombre de Fourier ....

c) L'hypothèse d'une compression adiabatique habituellement utilisée est elle valide ? ..

En régime permanent : utilisation des résistances thermiques

Entraînement 14.5 — Champ de température en géométrie cartésienne.

On étudie une barre homogène de section S, de longueur L, dont la surface latérale est calorifugée et dont les extrémités gauche et droite sont mises en contact thermique parfait avec des thermostats de températures respectives T_1 et T_2.

On se place en coordonnées cartésiennes et on étudie le régime permanent.

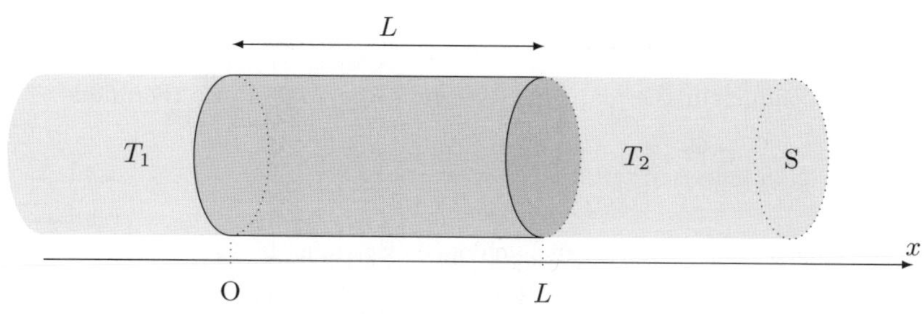

a) Le champ de température vérifie $\dfrac{\mathrm{d}^2 T}{\mathrm{d}x^2} = 0$. Exprimer $T(x)$.

....

b) Quelle(s) hypothèse(s) de l'énoncé assure(nt) que le flux thermique $\Phi(x) = \iint_S \overrightarrow{j_Q} \cdot \overrightarrow{dS}$ soit uniforme, c'est-à-dire ne dépendant pas de x ?

(a) barre homogène

(b) régime permanent

(c) parois latérales calorifugées

c) En déduire le flux thermique $\Phi(x)$ traversant une section S de barre située à l'abscisse x.

(a) $\dfrac{\lambda S}{L}(T_1 - T_2)$

(b) $\dfrac{\lambda S}{L}(T_2 - T_1)$

(c) $\dfrac{\lambda L}{S}(T_1 - T_2)$

(d) $\dfrac{\lambda L}{S}(T_2 - T_1)$

Entraînement 14.6 — Analogie thermique/électrique.

Une inhomogénéité spatiale de température $T_1 - T_2$ se traduit par un transport d'énergie caractérisé par le flux Φ. Ceci est analogue au transport de charges caractérisé par une intensité I causé par une inhomogénéité de potentiel électrique $V_1 - V_2$. Ainsi un conducteur électrique élémentaire de section S, de longueur ℓ et de conductivité électrique γ est caractérisé par une résistance $R = \dfrac{\ell}{\gamma S}$ permettant grâce à la loi d'Ohm $V_1 - V_2 = RI$ de déterminer I à partir de $V_1 - V_2$.

Le flux thermique Φ est proportionnel à $T_1 - T_2$ en régime permanent. En utilisant l'analogie électrique, on peut définir une « résistance thermique ».

a) La contrainte imposée au conducteur thermique $T_1 - T_2$ est l'analogue de celle imposée à un conducteur électrique :

(a) γ (b) $V_1 - V_2$ (c) I (d) R

b) Quelle grandeur, dans la liste suivante, est l'analogue électrique du flux thermique Φ ?

(a) γ (b) $V_1 - V_2$ (c) I (d) R

c) Pour caractériser le conducteur thermique, on introduit une « résistance thermique », analogue de :

(a) γ (b) $V_1 - V_2$ (c) I (d) R

d) Quelle grandeur, dans la liste suivante, est l'analogue électrique de λ ?

(a) γ (b) $V_1 - V_2$ (c) I (d) R

Entraînement 14.7 — Conducto-convectif en une dimension (I).

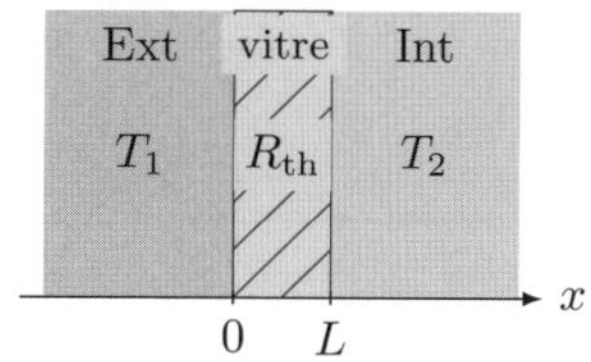

Soit une vitre (surface $S = 1\,\mathrm{m}^2$, épaisseur $L = 5\,\mathrm{mm}$) fabriquée en verre, de conductivité thermique $\lambda = 1\,\mathrm{W\cdot K^{-1}\cdot m^{-1}}$. Celle-ci sépare l'extérieur (à la température $T_1 = 9\,°\mathrm{C}$) de l'intérieur (à la température $T_2 = 19\,°\mathrm{C}$) d'une maison.

La situation est étudiée en régime permanent. La conduction thermique envisagée est telle que la résistance thermique de la vitre est $R_{\mathrm{th,v}} = \dfrac{L}{\lambda S}$.

a) La résistance thermique de la vitre vaut :

(a) $5 \times 10^{-3}\,\mathrm{K\cdot W^{-1}}$ (b) $5 \times 10^{-3}\,\mathrm{W\cdot K^{-1}}$ (c) $2 \times 10^{3}\,\mathrm{K\cdot W^{-1}}$ (d) $2 \times 10^{3}\,\mathrm{W\cdot K^{-1}}$

....

On rappelle que le flux thermique est relié à l'inhomogénéité de température par la relation $\Delta T = R_{\mathrm{th}}\Phi$.

b) Le flux thermique Φ à travers la vitre vaut :

(a) $5 \times 10^{-3}\,\mathrm{W}$ (b) $5 \times 10^{-2}\,\mathrm{W}$ (c) $2 \times 10^{3}\,\mathrm{W}$ (d) $2 \times 10^{2}\,\mathrm{W}$

....

c) En réalité la température n'est pas totalement uniforme dans l'air à proximité des surfaces de contact avec la vitre. Les transferts thermiques à l'interface avec les thermostats sont régis alors par la relation de Newton : $\Phi = h_1 S(T_1 - T(0))$ et $\Phi = h_2 S(T(L) - T_2)$, où h_1 et h_2 sont les coefficients de transfert conducto-convectifs dans les deux couches limites.

Les résistances thermiques $R_{\mathrm{th},i}$ correspondantes sont de la forme :

(a) $R_{\mathrm{th},i} = \dfrac{h_i}{S}$ (b) $R_{\mathrm{th},i} = \dfrac{S}{h_i}$ (c) $R_{\mathrm{th},i} = \dfrac{1}{h_i S}$ (d) $R_{\mathrm{th},i} = h_i S$

....

d) Les résistances $R_{\mathrm{th,v}}$, $R_{\mathrm{th,1}}$ et $R_{\mathrm{th,2}}$ sont-elles en série ou en parallèle ? ....

e) Évaluer le flux thermique Φ' à travers la vitre en tenant compte des pertes conducto-convectives si $h_1 = h_2 = 5 \times 10^{2}\,\mathrm{W\cdot K^{-1}\cdot m^{-2}}$ ....

Entraînement 14.8 — Conducto-convectif en une dimension (II).

On considère une vitre de section S et de résistance thermique R_{th} séparant l'extérieur de température T_1 et l'intérieur d'une maison (température T_2).

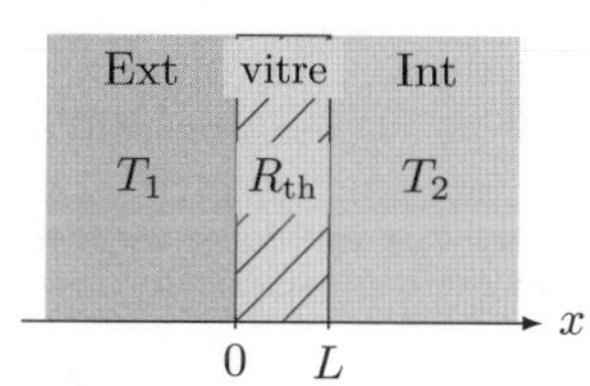

Les échanges thermiques aux interfaces en $x = 0$ et $x = L$ sont régis par la relation de Newton. Avec une convection plus importante à l'extérieur due au vent, on peut considérer que $T(0) = T_1$.

Les températures et le flux thermique vérifient alors le système :

$$\begin{cases} \phi = h_2 S(T(L) - T_2) \\ T_1 - T(L) = R_{\mathrm{th}}\phi. \end{cases}$$

Quelle est l'expression de $T(L)$? ....

Entraînement 14.9 — Isolation thermique d'un mur.

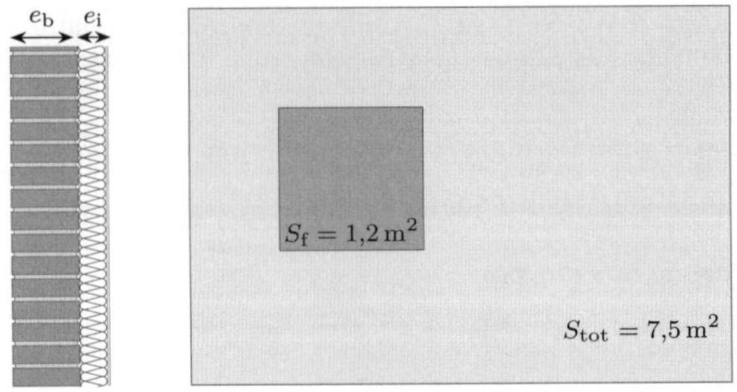

Vue en coupe Vue de face

Un pan de mur de surface totale $S_{tot} = 7{,}5\,\text{m}^2$ est composé d'un mur de brique d'épaisseur $e_b = 20\,\text{cm}$, de conductivité thermique $\lambda_b = 0{,}70\,\text{W}\cdot\text{m}^{-1}\cdot\text{K}^{-1}$, et d'un isolant en fibre de bois d'épaisseur $e_i = 12\,\text{cm}$, de conductivité thermique $\lambda_i = 0{,}036\,\text{W}\cdot\text{m}^{-1}\cdot\text{K}^{-1}$.

Une fenêtre de surface $S_f = 1{,}2\,\text{m}^2$, de résistance thermique $R_f = 0{,}70\,\text{K}\cdot\text{W}^{-1}$, est percée dans le mur.

La température intérieure est $T_{int} = 20\,°\text{C}$, la température extérieure vaut $T_{ext} = 5\,°\text{C}$.

La résistance thermique d'une surface S plane d'épaisseur e est $R_{th,\,plan} = \dfrac{e}{\lambda S}$.

Quelle est la valeur de la résistance thermique :

a) R_b de la brique ? .... b) R_i de l'isolant ? ....

c) Parmi les montages suivants, lequel correspond à la situation étudiée ?

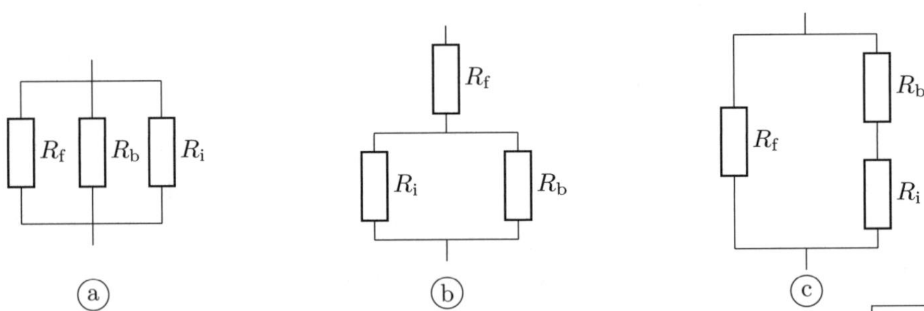

....

d) Quelle est la résistance thermique globale $R_{th,tot}$ du mur ? ....

e) En considérant que les échanges thermiques ne peuvent se faire qu'à travers cette paroi, quelle puissance thermique ϕ doit développer le système de chauffage pour maintenir cet écart de température ?

(a) 47,5 W (b) 475 W (c) 4,75 kW

....

Entraînement 14.10 — Igloo de survie.

Un alpiniste, surpris par le mauvais temps, décide de construire un igloo de survie.

Le volume de son igloo doit valoir $1\,\text{m}^3$; il le construit avec des blocs de neige d'épaisseur $e = 10\,\text{cm}$ et de conductivité thermique $\lambda_{\text{neige}} = 0{,}2\,\text{W}\cdot\text{m}^{-1}\cdot\text{K}^{-1}$.

Il hésite entre trois formes d'igloo : un igloo cubique, un igloo cylindrique dont la hauteur est égale à son rayon et un igloo hémisphérique.

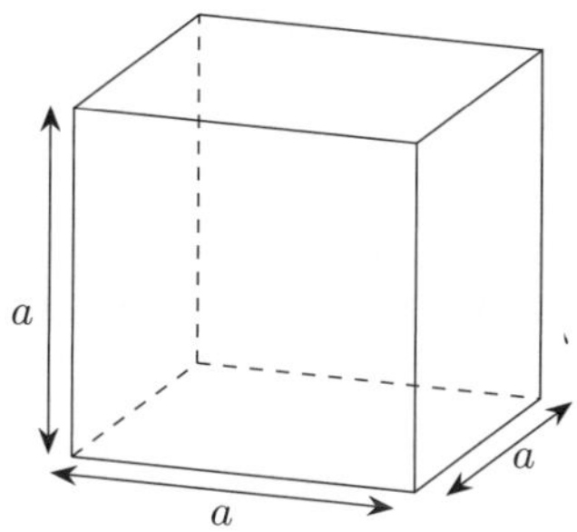

Igloo cubique

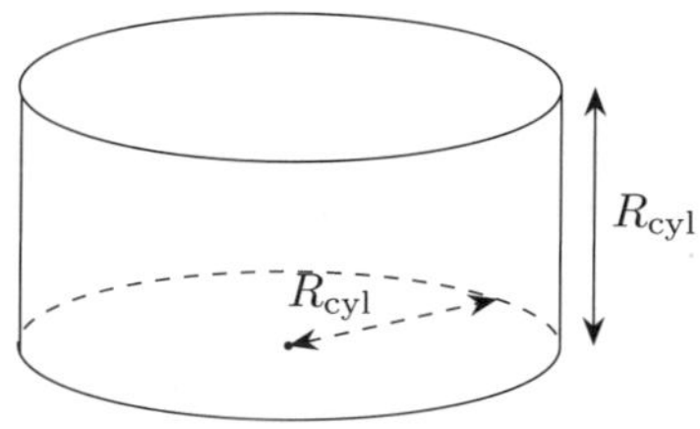

Igloo cylindrique

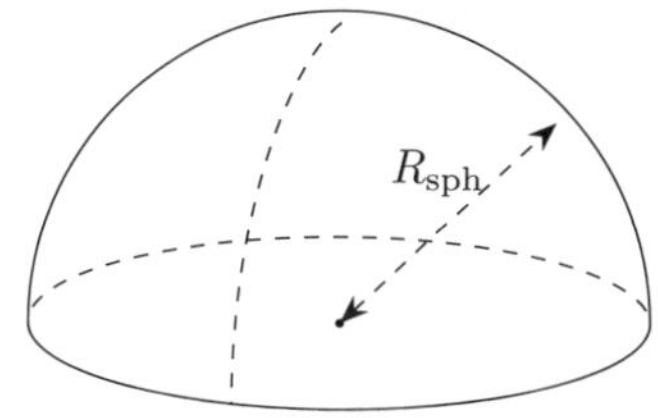

Igloo hémisphérique

Pour les calculs numériques, on prendra : $\dfrac{1}{\sqrt[3]{\pi}} \approx 0{,}7$ et $\sqrt[3]{\dfrac{3}{2\pi}} \approx 0{,}8$.

Pour que le volume intérieur des igloos soit de $1\,\text{m}^3$,

a) quel doit être le rayon de l'igloo cylindrique ?

b) quel doit être le rayon de l'igloo hémisphérique ?

c) On souhaite déterminer la résistance thermique de chaque igloo. Associer à chaque igloo l'expression de sa résistance thermique.

$$I_{ⓐ} = \int_{0{,}7}^{0{,}8} \frac{\mathrm{d}r}{3\pi\lambda r^2} \qquad I_{ⓑ} = \int_{0{,}8}^{0{,}9} \frac{\mathrm{d}r}{2\pi\lambda r^2} \qquad I_{ⓒ} = \int_{1}^{1{,}1} \frac{\mathrm{d}r}{5\lambda r^2}$$

d) Après avoir calculé chacune des intégrales précédentes, quel igloo présente une résistance thermique approximative de $\dfrac{1}{8{,}9}\text{K}\cdot\text{W}^{-1}$?

e) L'alpiniste dégage une puissance thermique de $\phi = 100\,\text{W}$.

En déduire la différence de température entre l'intérieur de l'igloo hémisphérique et l'extérieur en régime permanent.

Entraînement 14.11 — Analogie électrique d'une habitation (I).

L'objectif de cet entraînement est d'approfondir l'analogie entre les phénomènes de conduction thermique et les phénomènes électriques en étudiant une habitation dans sa globalité.

On constate que :

- le flux thermique ϕ est l'analogue de l'intensité du courant électrique (flux de charge électrique) ;
- la température θ est l'équivalent du potentiel électrique ;
- un matériau ayant une capacité thermique C_{th} peut être modélisé par un condensateur électrique ;
- tout comme la résistance électrique traduit une relation de proportionnalité entre la différence de potentiel et le courant électrique, la résistance thermique traduit la relation de proportionnalité entre la différence de température et le flux thermique : $\Delta\theta = R_{\text{th}}\phi$.

Une habitation est isolée de l'extérieur où règne une température $\theta_{\text{e}}(t)$ par une enveloppe isolante de résistance thermique R_{th}. À l'intérieur de l'habitation, un système de chauffage apporte un flux thermique ϕ_{i} permettant d'atteindre une température intérieure $\theta_{\text{i}}(t)$. L'intérieur de la maison possède une capacité thermique C_{th}.

Parmi les circuits ci-dessous, lequel correspond à la situation étudiée ? ....

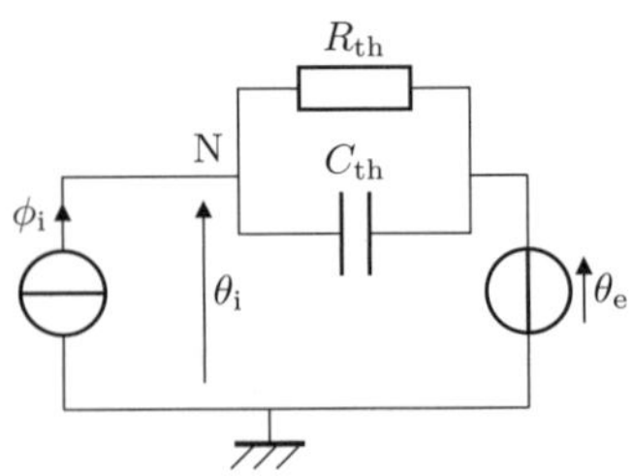

Circuit ⓐ

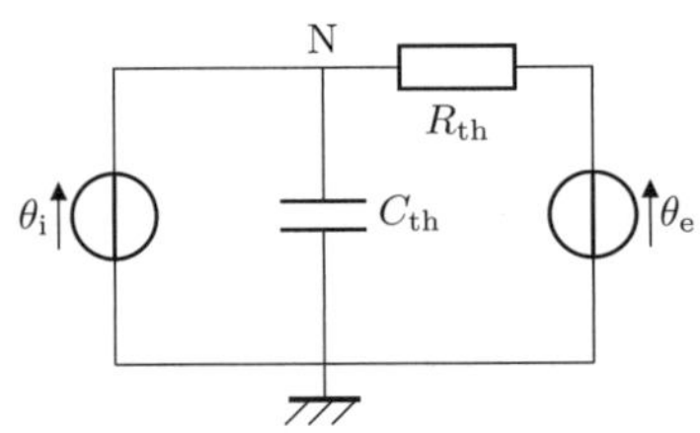

Circuit ⓑ

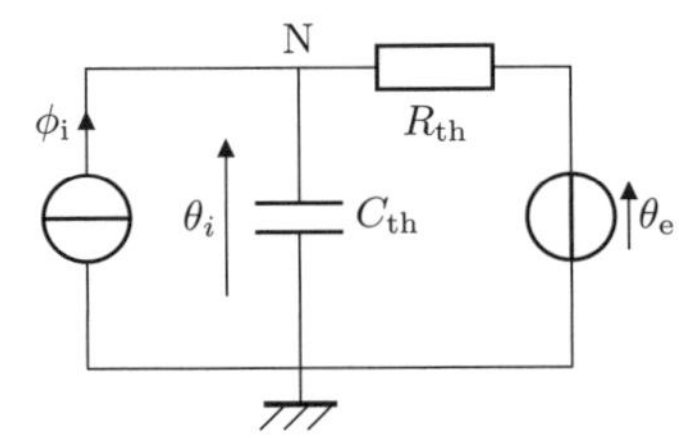

Circuit ⓒ

Entraînement 14.12 — Analogie électrique d'une habitation (II).

a) Établir l'équation différentielle sur θ_i dans le cas du circuit ⓒ de l'entraînement précédent.

....

Du fait de l'alternance jour/nuit, la température extérieure θ_{e} peut s'écrire :

$$\theta_{\text{e}}(t) = \theta_{\text{e}0} + \theta_{\text{e}1}\cos(\omega t).$$

b) Quelle doit être l'expression du flux ϕ_{i} fourni par le système de chauffage pour maintenir une température intérieure constante égale à $\theta_{\text{i}0}$?

....

(🖩) Entraînement 14.13 — Une résistance thermique en géométrie cylindrique.

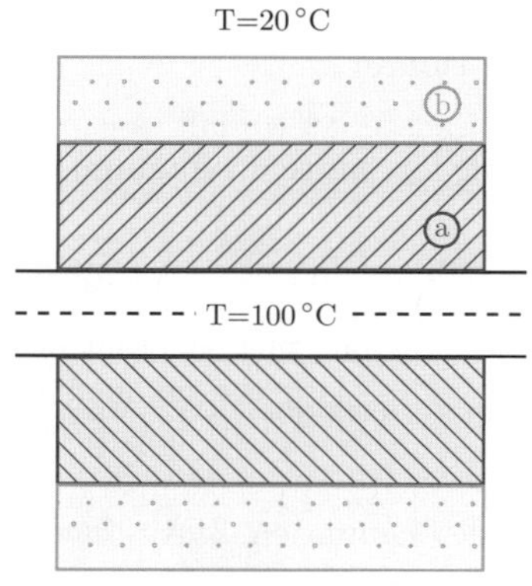

Vue en coupe

Un mince tuyau métallique d'une longueur L et de rayon 1 cm transporte de la vapeur à 100 °C. Celui-ci est couvert par deux couches d'isolants :

- une couche ⓐ intérieure d'une épaisseur de 4 cm et de conductivité thermique $0{,}1\ \mathrm{W \cdot m^{-1} \cdot K^{-1}}$,
- une couche ⓑ extérieure d'une épaisseur de 2 cm et de conductivité thermique $0{,}3\ \mathrm{W \cdot m^{-1} \cdot K^{-1}}$.

La température extérieure est de 20 °C.

La résistance thermique dans le cas d'un flux radial est de la forme $R_{\text{th}} = \dfrac{1}{2\pi\lambda L}\ln(r_2/r_1)$.

a) Parmi les deux montages électriques ci-dessous, lequel correspond au système étudié ?

.... ☐

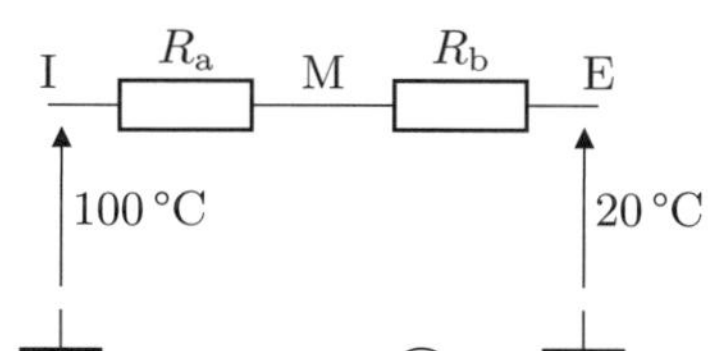

Montage ⓐ

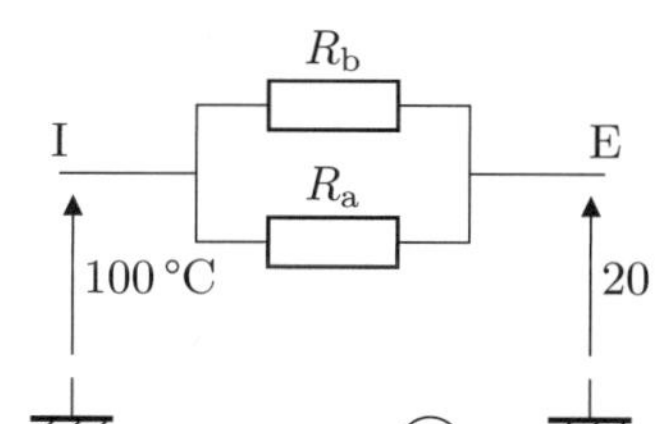

Montage ⓑ

b) Quelle est la température à l'interface entre les deux isolants ?

ⓐ 25,2 °C ⓑ 30,2 °C ⓒ 30,2 °C ⓓ 35,2 °C ⓔ 40,2 °C

On prendra $\dfrac{\ln(7)}{\ln(5)} \approx 1{,}21$ .... ☐

Plus de diffusion thermique

Entraînement 14.14 — Choix d'un isolant.

La résistance thermique surfacique r d'un matériau traduit sa capacité à résister à un flux thermique. Elle dépend de l'épaisseur du matériau e et de sa conductivité thermique λ, selon la relation

$$r = e/\lambda.$$

Le déphasage thermique $\Delta\tau$ définit le temps que met un front de chaleur pour traverser une épaisseur donnée de matériau. Cette grandeur dépend de la masse volumique et de la capacité thermique massique du matériau, selon la relation

$$\Delta\tau = e\sqrt{\frac{\mu c}{2\omega\lambda}},$$

où ω est la pulsation excitatrice associée au front de chaleur.

La prise en compte du déphasage thermique est notamment utile pour le confort l'été, en décalant au cœur de la nuit plus fraîche l'arrivée de la chaleur reçue par les parois extérieures durant la journée. Dans le cas de l'alternance jour/nuit, on a $\omega = 7{,}3 \times 10^{-5}\,\mathrm{rad\cdot s^{-1}}$.

La consommation totale d'énergie primaire non renouvelable, communément appelée *énergie grise*, permet de quantifier assez bien l'impact environnemental global d'un produit. L'énergie grise surfacique $\mathcal{E}_S$ d'un isolant peut se calculer par la relation $\mathcal{E}_S = \mu e \mathcal{E}$ où $\mathcal{E}$ est l'énergie grise massique.

Isolants	Conductivité thermique λ ($\mathrm{W\cdot m^{-1}\cdot K^{-1}}$)	Masse volumique μ ($\mathrm{kg\cdot m^{-3}}$)	Capacité thermique c ($\mathrm{W\cdot m^{-1}\cdot K^{-1}}$)	Énergie grise massique $\mathcal{E}$ ($\mathrm{kWh\cdot kg^{-1}}$)
Fibre de bois	0,037	150	2 000	2
Bottes de paille	0,052	100	1 550	0,1
Laine minérale	0,030	30	900	8
Vermiculite	0,050	300	950	0,8
Polystyrène expansé	0,032	20	1 300	32
Polyuréthane	0,022	35	1 000	30

Un maître d'œuvre doit choisir un isolant pour fabriquer un mur avec comme contrainte d'avoir

$$r \geqslant 7{,}0\,\mathrm{m^2\cdot K\cdot W^{-1}}$$

et un déphasage

$$\Delta\tau \geqslant 8\,\mathrm{h}.$$

Après avoir calculé l'épaisseur nécessaire pour vérifier la contrainte sur r et le déphasage correspondant, le maître d'œuvre choisira l'isolant ayant l'énergie grise surfacique la plus faible parmi ceux qui vérifient les contraintes ci-dessus.

Quel isolant choisira-t-il ? ....

Entraînement 14.15 — En présence de source.

On se place dans le cas d'une diffusion unidimensionnelle telle que les isothermes sont des plans $x =$ cste. On a alors :

$$\overrightarrow{j_Q} = -\lambda \frac{\mathrm{d}T}{\mathrm{d}x} \overrightarrow{e_x}.$$

On étudie un élément de volume du conducteur thermique de section S, et compris entre x et $x + \mathrm{d}x$:

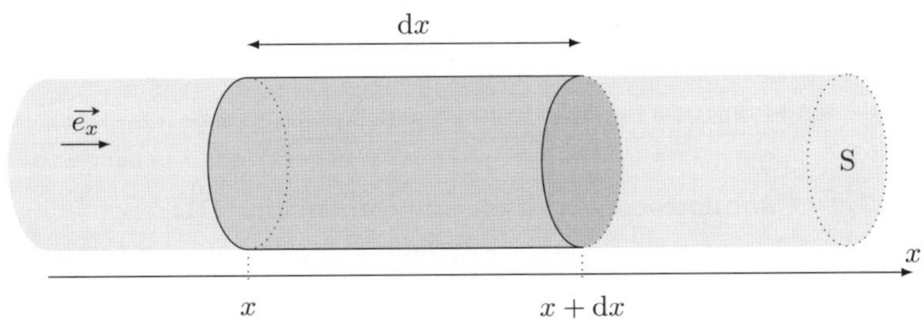

Le conducteur thermique est le siège d'une production algébrique volumique d'énergie de puissance p_{prod} (effet Joule, réaction chimique, etc.).

a) Donner l'expression de la variation d'énergie interne $\mathrm{d}U$ de la tranche $\mathrm{d}x$ du conducteur entre les instants t et $t + \mathrm{d}t$.

b) Exprimer le transfert thermique algébriquement reçu par la tranche dû aux transferts conductifs.

c) Donner l'expression de l'énergie produite dans la tranche entre t et $t + \mathrm{d}t$.

d) En déduire l'équation aux dérivées partielles vérifiée par T.

Entraînement 14.16 — Transfert conducto-convectif latéral.

On se place dans le cas d'une diffusion unidimensionnelle telle que les isothermes sont des plans $x =$ cste. On a alors $\overrightarrow{j_Q} = -\lambda \frac{\mathrm{d}T}{\mathrm{d}x} \overrightarrow{e_x}$. On étudie un élément de volume du conducteur thermique de section S, et compris entre x et $x + \mathrm{d}x$.

La paroi latérale du volume de section S est en contact avec un thermostat à la température T_{ext}. Le flux thermique surfacique au niveau de la surface latérale vérifie la loi de Newton, *i.e.* est proportionnel à $T(x,t) - T_{\text{ext}}$ (facteur de proportionnalité noté h). On note p le périmètre de la tranche de section S.

a) Donner l'expression de $\mathrm{d}U$ en fonction de la variation de température

b) Exprimer le transfert thermique algébriquement reçu par la tranche dû aux transferts conductifs.

c) Quelle est l'expression de l'énergie algébriquement reçue au niveau de la paroi latérale dans la tranche entre t et $t + \mathrm{d}t$?

(a) $h(T(x,t) - T_{\text{ext}})p\,\mathrm{d}x\,\mathrm{d}t$
(b) $h(T(x,t) - T_{\text{ext}})S\,\mathrm{d}x\,\mathrm{d}t$
(c) $-h(T(x,t) - T_{\text{ext}})p\,\mathrm{d}x\,\mathrm{d}t$
(d) $h(T(x,t) - T_{\text{ext}})S\,\mathrm{d}x\,\mathrm{d}t$
(e) 0
(f) $-h(T(x,t) - T_{\text{ext}})p$

....

d) En déduire l'équation aux dérivées partielles vérifiée par T ....

Entraînement 14.17 — Conducto-convectif en une dimension (III).

On considère une vitre de section S et de résistance thermique R_{th} séparant l'extérieur de température T_1 et l'intérieur d'une maison (température T_2).

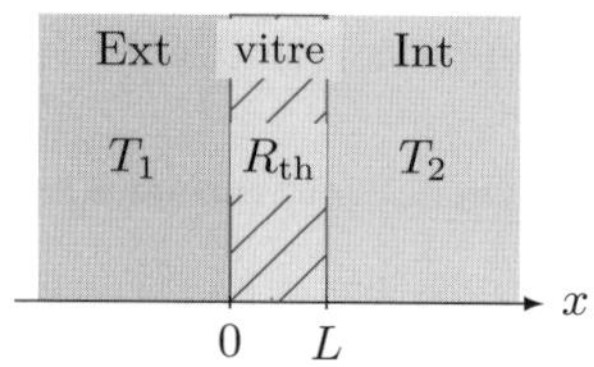

Les échanges thermiques aux interfaces en $x = 0$ et $x = L$ sont régis par la relation de Newton. Si l'on prend en compte les effets conducto-convectifs aux deux interfaces, on obtient le système :

$$\begin{cases} \phi = h_1 S(T_1 - T(0)) \\ T(0) - T(L) = R_{\text{th}}\phi \\ \phi = h_2 S(T(L) - T_2). \end{cases}$$

a) Le profil de température est de la forme :

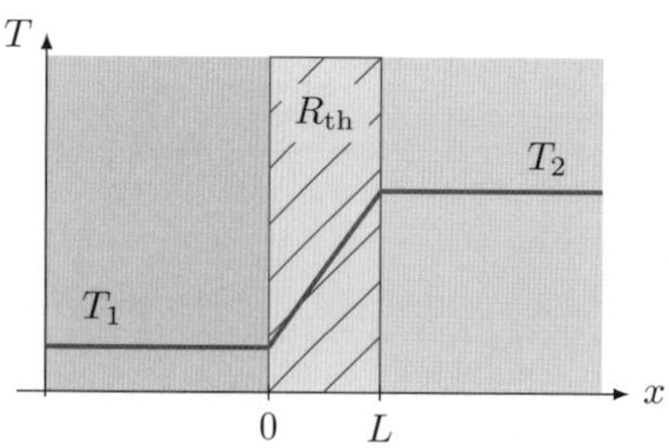

(a)

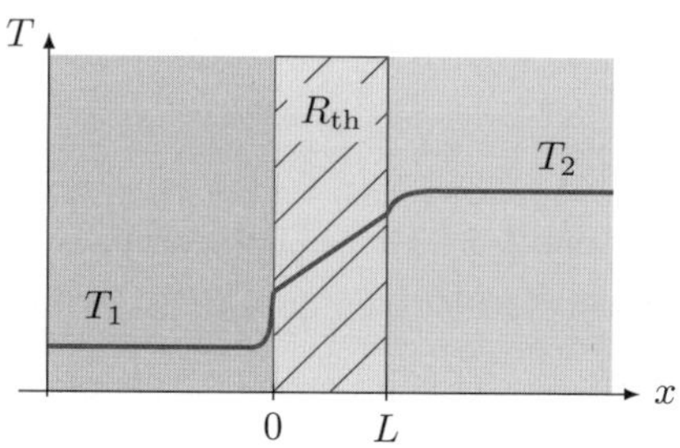

(b)

....

Quelle est l'expression de :

b) $T(0)$? ....

c) $T(L)$? ....

Réponses mélangées

ⓑ $0{,}8\,\mathrm{m}$ ⓒ $\mathrm{d}U = \mu c \dfrac{\partial T}{\partial t} S\,\mathrm{d}x\,\mathrm{d}t$ $\dfrac{T_1 + R_{\text{th}} h_2 S T_2}{1 + R_{\text{th}} h_2 S}$ $-\dfrac{\partial j_Q}{\partial x} S\,\mathrm{d}x\,\mathrm{d}t$

$\dfrac{R_{\text{th}} h_1 S + \dfrac{h_1}{h_2}}{1 + \dfrac{h_1}{h_2} + R_{\text{th}} h_1 S} T_1 + \dfrac{1}{1 + \dfrac{h_1}{h_2} + R_{\text{th}} h_1 S} T_2$ ⓒ ⓓ $\mu c \dfrac{\partial T}{\partial t} = \lambda \dfrac{\partial^2 T}{\partial x^2} - h\dfrac{p}{S}(T(x,t) - T_{\text{ext}})$

$\mu c \dfrac{\partial T}{\partial t} = \lambda \dfrac{\partial^2 T}{\partial x^2} + p_{\text{prod}}$ 2×10^{-3} $\mathrm{d}U = \mu c \dfrac{\partial T}{\partial t} S\,\mathrm{d}x\,\mathrm{d}t$ $4{,}5 \times 10^{-2}\,\mathrm{K \cdot W^{-1}}$ ⓐ

ⓑ $1{,}1 \times 10^3\,\mathrm{W}$ ⓐ ⓐ en série $\lambda \dfrac{\partial^2 T}{\partial x^2} S\,\mathrm{d}x\,\mathrm{d}t$ $0{,}53\,\mathrm{K \cdot W^{-1}}$

Sphérique 4 ⓒ ⓐ ⓐ ⓑ $T(x) = \dfrac{T_2 - T_1}{L} x + T_1$

ⓑ $3{,}2 \times 10^{-1}\,\mathrm{K \cdot W^{-1}}$ ⓒ ⓐ ⓐ ⓐ ⓒ

ⓑ et ⓒ ⓒ $\dfrac{1}{R_{\text{th}}}(\theta_{\text{i0}} - \theta_{\text{e0}} - \theta_{\text{e1}} \cos(\omega t))$ ⓐ ⓒ oui

ⓒ $11\,°\mathrm{C}$ $\lambda \dfrac{\partial^2 T}{\partial x^2} S\,\mathrm{d}x\,\mathrm{d}t$ Les bottes de paille $p_{\text{prod}} S\,\mathrm{d}x\,\mathrm{d}t$ $\sqrt{2}$

(cub., ⓒ) (cyl., ⓐ) (sph., ⓑ) $\dfrac{1}{1 + \dfrac{h_2}{h_1} + R_{\text{th}} h_2 S} T_1 + \dfrac{\dfrac{h_2}{h_1} + R_{\text{th}} h_2 S}{1 + \dfrac{h_2}{h_1} + R_{\text{th}} h_2 S} T_2$ ⓑ 2

$\dfrac{\mathrm{d}\theta_{\text{i}}}{\mathrm{d}t} + \dfrac{\theta_i}{R_{\text{th}} C_{\text{th}}} = \dfrac{1}{R_{\text{th}} C_{\text{th}}}(R_{\text{th}} \phi_{\text{i}} + \theta_{\text{e}})$ ⓓ ⓐ $0{,}7\,\mathrm{m}$ $1/\sqrt{2}$ $\mathrm{d}U = \mu c \dfrac{\partial T}{\partial t} S\,\mathrm{d}x\,\mathrm{d}t$

► Réponses et corrigés page 315

Transferts thermiques

Prérequis
Loi de Fourier : $\vec{\jmath}_{\text{th}} = -\lambda \overrightarrow{\text{grad}}\, T$.

Vecteur densité de courant thermique

Entraînement 15.1 — Dans un calorimètre.

Un système S_1 est constitué d'un vase parfaitement calorifugé contenant initialement une masse m_1 d'eau à la température $T_1 = 20\,°\text{C}$. On y ajoute ensuite une masse m_2 d'eau à la température $T_2 = 80\,°\text{C}$ (système S_2). On attend que l'équilibre thermique soit réalisé.

a) Quel est le signe du transfert thermique reçu par le système S_1 ? ....

b) Quel est le signe du transfert thermique reçu par le système S_2 ? ....

c) Quel est le signe du transfert thermique reçu par le système $S_1 \cup S_2$? ....

Entraînement 15.2 — Une dalle en béton.

On considère une dalle en béton d'épaisseur $e = 20\,\text{cm}$ et de conductivité thermique $\lambda = 1{,}2\,\text{W} \cdot \text{m}^{-1} \cdot \text{K}^{-1}$ séparant deux pièces d'une habitation.

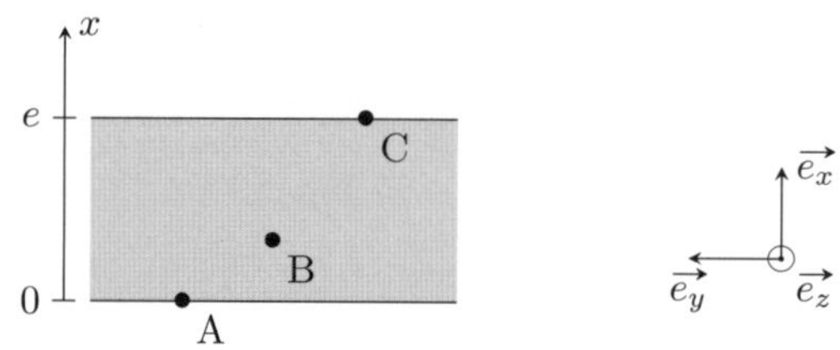

La température de la face inférieure contenant A est $T_A = 8\,°\text{C}$ et celle de la face supérieure contenant C est $T_C = 18\,°\text{C}$. La température en un point $M(x, y, z)$ du béton ne dépend que de x en régime stationnaire.

Le vecteur densité de courant en M est $\vec{\jmath}_{\text{th}}(M) = -\lambda \dfrac{\text{d}T}{\text{d}x}\vec{e_x}$.

a) Parmi les propositions suivantes, lesquelles sont vraies ?

- (a) $\vec{\jmath}_{\text{th}}(A) \cdot \vec{e_x} > 0$
- (b) $\vec{\jmath}_{\text{th}}(B) \cdot \vec{e_x} < 0$
- (c) $\vec{\jmath}_{\text{th}}(C) \cdot \vec{e_x} = 0$
- (d) $\vec{\jmath}_{\text{th}}(A) \cdot \vec{e_y} > 0$
- (e) $\vec{\jmath}_{\text{th}}(B) \cdot \vec{e_y} = 0$
- (f) $\vec{\jmath}_{\text{th}}(C) \cdot \vec{e_y} < 0$

....

b) Calculer $\|\vec{\jmath}_{\text{th}}(B)\|$ ....

Entraînement 15.3 — Tuyau en cuivre. ●●●●

On considère un tuyau cylindrique en cuivre d'axe (Oz) et de conductivité thermique $\lambda = 400\,\mathrm{W \cdot m^{-1} \cdot K^{-1}}$ séparant deux fluides de températures différentes.

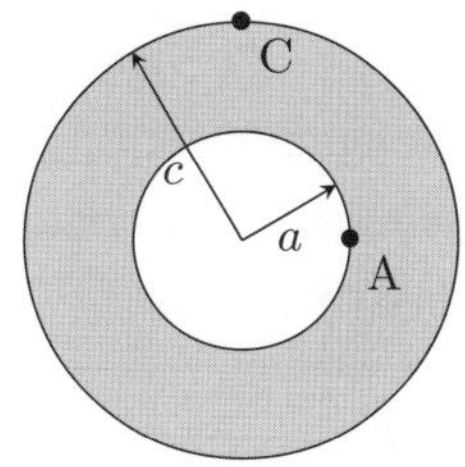

En régime stationnaire, la température de la face interne contenant A est $T_A = 20\,°C$ et celle de la face externe contenant C est $T_C = 10\,°C$. Le profil de température est alors, en coordonnées cylindriques,

$$T(r) = T_A + \frac{T_C - T_A}{\ln\left(\dfrac{c}{a}\right)} \ln\left(\frac{r}{a}\right).$$

Les distances à l'axe sont $a = 2$ cm et $c = 4$ cm.
Le vecteur densité de courant thermique en un point M est noté $\vec{\jmath}_{\mathrm{th}}(\mathrm{M})$.

On donne $\overrightarrow{\mathrm{grad}}\, f(r, \theta, z) = \dfrac{\partial f}{\partial r}\vec{e_r} + \dfrac{1}{r}\dfrac{\partial f}{\partial \theta}\vec{e_\theta} + \dfrac{\partial f}{\partial z}\vec{e_z}$ en coordonnées cylindriques.

a) La direction de $\vec{\jmath}_{\mathrm{th}}(\mathrm{A})$ est :

ⓐ $\vec{e_z}$ ⓑ $\vec{e_r}$ ⓒ $\vec{e_\theta}$ ....

b) La direction de $\vec{\jmath}_{\mathrm{th}}(\mathrm{C})$ est :

ⓐ $\vec{e_z}$ ⓑ $\vec{e_r}$ ⓒ $\vec{e_\theta}$ ....

c) Donner le sens de $\vec{\jmath}_{\mathrm{th}}(\mathrm{A})$. ....

d) Donner le sens de $\vec{\jmath}_{\mathrm{th}}(\mathrm{C})$. ....

e) Calculer $\|\vec{\jmath}_{\mathrm{th}}(\mathrm{A})\|$ ....

f) Calculer $\|\vec{\jmath}_{\mathrm{th}}(\mathrm{C})\|$ ....

Transferts thermiques conducto-convectifs

On considère une paroi solide fixe de température T_p en contact avec un fluide en mouvement de température différente T_f.

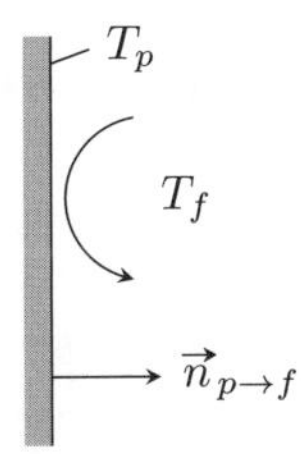

Les transferts thermiques de la paroi vers le fluide peuvent être modélisés par la loi de Newton donnant le vecteur densité de courant thermique conducto-convectif :

$$\vec{\jmath}_{\mathrm{cc}} = h(T_p - T_f)\vec{n}_{p\to f},$$

où h est nommé *coefficient de transfert conducto-convectif*.

La puissance transférée par la paroi Σ au fluide est $P_{p\to f} = \displaystyle\iint_\Sigma \vec{\jmath}_{\mathrm{cc}} \cdot \mathrm{d}S\vec{n}_{p\to f}$.

On rappelle que la résistance thermique R_{th} est le rapport entre la différence de température $T_1 - T_2$ entre deux isothermes et la puissance thermique $P_{1\to 2}$ transférée. Elle vérifie :

$$R_{\mathrm{th}} = \frac{T_1 - T_2}{P_{1\to 2}}.$$

Entraînement 15.4 — Unité ?

En quelle unité s'exprime h ? ....

Entraînement 15.5 — Puissance échangée par conducto-convection.

a) La résistance thermique conducto-convective associée à une interface de surface S est :

ⓐ hS

ⓑ $\frac{1}{hS}$

ⓒ $\sqrt{hS}$

ⓓ $\sqrt{\frac{1}{hS}}$

....

b) Un toit plat d'immeuble a une surface de $50\,\text{m}^2$. La température de l'air extérieur est de $25\,°\text{C}$ et le coefficient de transfert conducto-convectif est $h = 20$ USI.

La puissance cédée par conducto-convection par le toit à l'air extérieur vaut $40\,\text{kW}$.

Calculer la température de la face du toit en contact avec l'air extérieur.

....

Entraînement 15.6 — Ailette de refroidissement.

Une tige conductrice cylindrique de rayon a, de section $S = \pi a^2$, de longueur $L \gg a$, de conductivité thermique λ, est en contact en $x = 0$ avec un corps solide de température T_0 stationnaire. Cette tige est en contact avec l'air de température T_a stationnaire.

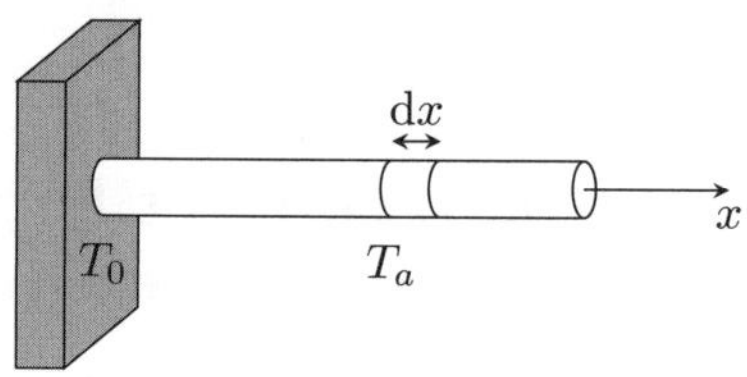

a) L'élément de volume $S\,\mathrm{d}x$ de la tige situé entre x et $x + \mathrm{d}x$ reçoit une puissance de la part de l'air égale à :

ⓐ $h(T_a - T(x))S$

ⓑ $h(T(x) - T_a)S$

ⓒ $h(T_a - T(x))2\pi a\,\mathrm{d}x$

ⓓ $h(T(x) - T_a)2\pi a\,\mathrm{d}x$

....

b) En posant $b = \sqrt{\frac{\lambda a}{2h}}$, on montre que $T(x) = T_a + (T_0 - T_a)\mathrm{e}^{-x/b}$.

Exprimer la puissance thermique P_0 reçue par la tige en $x = 0^+$ en fonction de λ, a, b, T_0 et T_a.

....

Rayonnement thermique

Un corps noir de température T émet un rayonnement de puissance surfacique φ donnée par la loi de Stefan $\varphi = \sigma T^4$, où $\sigma = 5{,}67 \times 10^{-8}\,\mathrm{W \cdot m^{-2} \cdot K^{-4}}$ est la constante de Stefan.

Entraînement 15.7 — Le Soleil rayonne.

On utilisera la loi de Stefan donnée en haut de la page.

Le Soleil, de rayon $R_\odot = 696 \times 10^3$ km, rayonne comme un corps noir de température $T_S = 5\,772\,\mathrm{K}$.

a) Calculer la puissance surfacique $\varphi_\odot$ à la surface du Soleil ....

b) Calculer la puissance $P_\odot$ émise par le Soleil ....

c) La puissance radiative traversant une sphère de centre S (centre du Soleil) et de rayon $r > R_\odot$ ne dépendant pas de r, la puissance surfacique radiative $\varphi(r)$ est :

(a) $\varphi_\odot$ (b) $\varphi_\odot \dfrac{R_\odot}{r}$ (c) $\varphi_\odot \left(\dfrac{R_\odot}{r}\right)^2$ (d) $\varphi_\odot \left(\dfrac{r}{R_\odot}\right)^2$

....

d) La distance Soleil-Terre est $D_{\mathrm{ST}} = 150 \times 10^6$ km. La puissance surfacique du rayonnement solaire reçu par la Terre est (en $\mathrm{W \cdot m^{-2}}$) :

(a) $1{,}4 \times 10^1$ (b) $1{,}4 \times 10^2$ (c) $1{,}4 \times 10^3$ (d) $1{,}4 \times 10^4$

....

Entraînement 15.8 — Radiateur convecto-radiatif.

On utilisera la loi de Stefan donnée en haut de la page.

On étudie un radiateur de chauffage central, dont la température de surface est $T_s = 60\,°\mathrm{C}$, en contact avec l'air ambiant de température $T_a = 20\,°\mathrm{C}$. On note S l'aire de l'interface radiateur-air.

Le radiateur et l'air rayonnent comme des corps noirs de températures respectives T_s et T_a. Seuls les échanges thermiques entre le radiateur et l'air sont pris en compte.

a) La puissance cédée par le radiateur à l'air par rayonnement est :

(a) $\sigma(T_a^4 - T_s^4)S$ (c) $\sigma(T_a^4 + T_s^4)S$

(b) $\sigma(T_s^4 - T_a^4)S$ (d) nulle

....

b) En notant $h = 10\,\mathrm{W \cdot m^{-2} \cdot K^{-1}}$ le coefficient de transfert conducto-convectif entre le radiateur et l'air, la puissance cédée par le radiateur à l'air par conducto-convection est :

(a) $h(T_a - T_s)S$ (c) $h(T_a + T_s)S$

(b) $h(T_s - T_a)S$ (d) nulle

....

c) Calculer la surface S d'un radiateur fournissant une puissance totale de 1,0 kW à l'air.

....

Équation de la diffusion thermique

Entraînement 15.9 — Dimension du coefficient de diffusivité thermique.

Dans un matériau solide de diffusivité D, le champ de température $T(\mathrm{M},t)$ en un point M à un instant t vérifie l'équation de la diffusion thermique $\dfrac{\partial T}{\partial t} = D\,\Delta T$.

Quelle est la dimension physique de D ? ....

Entraînement 15.10 — Échelles de longueur et de temps associées.

a) Les variations du champ de température $T(\mathrm{M},t)$ au sein d'un matériau homogène de diffusivité D sont caractérisées par une longueur caractéristique L et une durée caractéristique τ.

Quelle proposition est correcte ?

(a) $\tau = \dfrac{L}{D}$ (b) $\tau = \dfrac{L}{D^2}$ (c) $\tau = \dfrac{L^2}{D}$ (d) $\tau = \dfrac{D}{L^2}$

....

b) Un œuf de poule a une longueur comprise entre 5 et 6 cm et une masse entre 60 et 70 g alors qu'un œuf d'autruche a une longueur entre 15 et 20 cm et pèse environ 1,6 kg.

Sachant que la cuisson à la coque d'un œuf de poule dure 4 minutes, cuire un œuf d'autruche à la coque nécessite environ :

(a) 12 min (b) 36 min (c) 72 min (d) 400 min

....

Entraînement 15.11 — Prise en masse d'un mur de béton.

Un mur de béton est coulé entre une paroi rocheuse de température stationnaire $T_0 = 20\,°\mathrm{C}$ et un coffrage métallique maintenu à la température $T_1 = 10\,°\mathrm{C}$.

Le mur de béton est d'épaisseur $L = 1{,}0\,\mathrm{m}$ et de conductivité thermique $\lambda = 1{,}2\,\mathrm{W\cdot K^{-1}\cdot m^{-1}}$. La prise en masse du béton est le siège d'une réaction chimique exothermique dégageant une puissance volumique p_v.

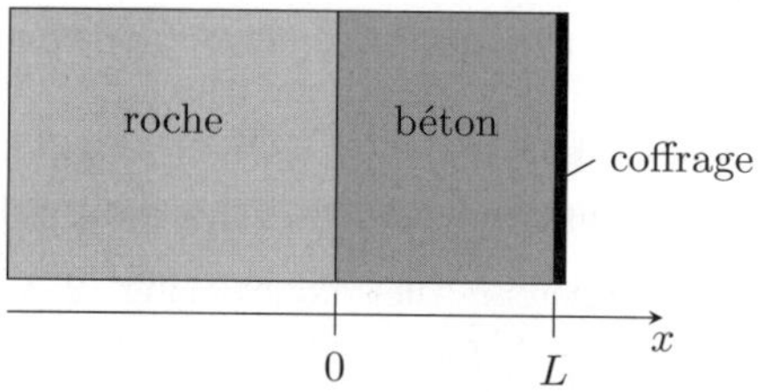

En régime stationnaire, la température $T(x)$ à l'abscisse x vérifie l'équation différentielle $\dfrac{\mathrm{d}^2T}{\mathrm{d}x^2} = -\dfrac{p_v}{\lambda}$.

a) Exprimer le profil de température $T(x)$ dans le béton .....

b) La température est maximale à l'abscisse $x_1 = 3L/10$. L'expression de p_v est :

(a) $3\lambda L(T_0 - T_1)$ (c) $5\lambda L(T_0 - T_1)$

(b) $\dfrac{3\lambda}{L^2}(T_0 - T_1)$ (d) $\dfrac{5\lambda}{L^2}(T_0 - T_1)$

....

c) Calculer p_v ....

Entraînement 15.12 — Fusible en régime stationnaire.

Un câble métallique cylindrique d'axe (Ox), de rayon a, de section $S = \pi a^2$, de longueur L, de conductivité thermique λ et de conductivité électrique γ, est parcouru par un courant électrique d'intensité I stationnaire. Les deux extrémités en $x = \pm\frac{L}{2}$ sont maintenues à la même température T_0.

Lorsque ce câble est latéralement calorifugé, la température $T(x)$ à l'abscisse x vérifie, en régime stationnaire, l'équation différentielle :

$$\frac{\mathrm{d}^2 T}{\mathrm{d}x^2} = -\frac{I^2}{\lambda\gamma S^2}.$$

a) Exprimer le profil de température $T(x)$ dans le câble.

....

b) Quelle est l'abscisse du lieu où la température est extrémale ?

....

c) Donner l'expression de cette température extrémale.

....

On note $\vec{\jmath}_{\text{th}}(x)$ le vecteur densité de courant thermique de conduction à l'abscisse x.

d) Quelles propositions sont vraies ?

(a) $\vec{\jmath}_{\text{th}}\left(-\frac{L}{2}\right)\cdot\vec{e_x} > 0$

(b) $\vec{\jmath}_{\text{th}}\left(-\frac{L}{2}\right)\cdot\vec{e_x} < 0$

(c) $\vec{\jmath}_{\text{th}}\left(\frac{L}{2}\right)\cdot\vec{e_x} > 0$

(d) $\vec{\jmath}_{\text{th}}\left(\frac{L}{2}\right)\cdot\vec{e_x} < 0$

....

Associations de résistances thermiques

Deux conducteurs thermiques (1) et (2) sont en *association série* lorsque la puissance thermique traverse le conducteur (1) puis le conducteur (2) avec une surface de jonction isotherme. La résistance thermique équivalente R_{th} est alors la somme des résistances thermiques de chaque conducteur. On a

$$R_{\text{th}} = R_{\text{th},1} + R_{\text{th},2}.$$

Deux conducteurs thermiques (1) et (2) en *association parallèle* ont des faces communes à la même température : ils sont donc soumis à la même différence de température. La conductance thermique G_{th} équivalente est alors la somme des conductances thermiques de chaque conducteur. On a

$$G_{\text{th}} = \frac{1}{R_{\text{th}}} = G_{\text{th},1} + G_{\text{th},2}.$$

Entraînement 15.13 — Mur de béton.

On considère un mur en béton d'épaisseur $e = 30$ cm, de hauteur $h = 2{,}5\,\text{m}$ et de longueur $L = 10$ m.

Les deux faces verticales isothermes de ce mur sont en contact avec l'air et sont à des températures différentes T_1 et T_2.

Lorsque $|T_1 - T_2| = 10$ K, la puissance thermique traversant le béton est $P = 1{,}0\,\text{kW}$.

On rappelle que la résistance thermique d'un matériau de même géométrie que ce mur est

$$R_{\text{th}} = \frac{e}{\lambda S},$$

où e est l'épaisseur, S l'aire des sections isothermes et λ la conductivité thermique du matériau.

La résistance thermique R_{th} est le rapport entre la différence de température $T_1 - T_2$ entre deux isothermes et la puissance thermique $P_{1\to 2}$ transférée : on a

$$R_{\text{th}} = \frac{T_1 - T_2}{P_{1\to 2}}.$$

a) Calculer la résistance thermique de conduction du mur ....

b) Calculer la conductivité thermique λ_1 du béton ....

On isole ce mur avec une plaque de polystyrène de conductivité $\lambda_2 = 4{,}0 \times 10^{-2}\ \text{W}\cdot\text{K}^{-1}\cdot\text{m}^{-1}$ afin que la puissance thermique traversant le mur isolé soit divisée par 5 pour le même écart de température $|T_1 - T_2|$.

c) Calculer l'épaisseur d'isolant nécessaire ....

Entraînement 15.14 — Ouverture dans un mur.

On considère un mur de surface S_m et de conductance thermique G_m. On souhaite percer ce mur afin d'installer une fenêtre de surface S_f et de conductance thermique G_f. On rappelle que la conductance thermique est l'inverse de la résistance thermique : $G = \lambda S/e$ pour un matériau de conductivité thermique λ, d'épaisseur e et de section S.

a) La conductance thermique G'_m du mur percé (mur seul après installation de la fenêtre) est :

(a) $\dfrac{S_m - S_f}{S_m} G_m$ (b) $\dfrac{S_f}{S_m} G_m$ (c) $G_m - G_f$ (d) G_m

....

b) La conductance thermique G du dispositif (mur et fenêtre) après installation de la fenêtre est :

(a) $G_m + G_f$

(b) $\dfrac{G_m G_f}{G_m + G_f}$

(c) $G_m\left(1 - \dfrac{S_f}{S_m}\right) + G_f$

(d) $\dfrac{G_m S_m + G_f S_f}{S_m + S_f}$

....

Réponses mélangées

(a) $60\,\mathrm{W}\cdot\mathrm{m}^{-2}$ (c) (b) et (e) (c) (b) 0 $4{,}0\,\mathrm{cm}$ $1{,}2\,\mathrm{W}\cdot\mathrm{K}^{-1}\cdot\mathrm{m}^{-1}$

(b) nul Même sens que $\vec{e_r}$ $3{,}8\times10^{26}\,\mathrm{W}$ (c) $1{,}4\times10^{5}\,\mathrm{W}\cdot\mathrm{m}^{-2}$

$\dfrac{p_v}{2\lambda}x(L-x)+(T_1-T_0)\dfrac{x}{L}+T_0$ $65\,°\mathrm{C}$ $\mathrm{W}\cdot\mathrm{K}^{-1}\cdot\mathrm{m}^{-2}$ $60\,\mathrm{W}\cdot\mathrm{m}^{-3}$

$1{,}0\times10^{-2}\,\mathrm{K}\cdot\mathrm{W}^{-1}$ $T_0+\dfrac{I^2}{\lambda\gamma S^2}\dfrac{L^2}{8}$ $\mathrm{L}^2\cdot\mathrm{T}^{-1}$ $T_0+\dfrac{I^2}{2\gamma\lambda S^2}\left(\left(\dfrac{L}{2}\right)^2-x^2\right)$

négatif (b) (b) (c) (d) positif Même sens que $\vec{e_r}$ $1{,}5\,\mathrm{m}^2$ (b)

(b) et (c) (b) $\lambda\dfrac{\pi a^2}{b}(T_0-T_a)$ (c) $2{,}9\times10^{5}\,\mathrm{W}\cdot\mathrm{m}^{-2}$ $62{,}9\,\mathrm{MW}\cdot\mathrm{m}^{-2}$

► Réponses et corrigés page 321

Tables et diagrammes thermodynamiques (MP)

Prérequis
Notions d'additivité et d'extensivité de fonctions d'état. Transition de phase.

Tables thermodynamiques

Entraînement 16.1 — Table de vapeur sèche (à double entrée).

La table ci-dessous liste les propriétés de la vapeur d'eau sèche.

Le volume massique v est exprimé en $m^3 \cdot kg^{-1}$, l'enthalpie massique h en $kJ \cdot kg^{-1}$ et l'entropie massique s en $kJ \cdot K^{-1} \cdot kg^{-1}$.

p en kPa (T_{sat} en °C)		T en °C 100	150	200	250	300
100	v	1,696 0	1,936 7	2,172 5	2,406 2	2,638 9
(99,606)	h	2 675,77	2 776,59	2 875,48	2 974,54	3 074,54
	s	7,361 0	7,614 7	7,835 6	8,034 6	8,217 1
200	v		0,969 89	1,080 5	1,198 9	1,316 2
(120,21)	h		2 769,09	2 870,78	2 971,26	3 072,08
	s		7,280 9	7,508 1	7,710 0	7,894 0
500	v			0,425 03	0,474 43	0,522 60
(151,84)	h			2 855,90	2 961,13	3 064,60
	s			7,061 1	7,272 6	7,461 4

a) En arrondissant le volume massique v à deux chiffres significatifs, calculer la masse volumique ρ en $g \cdot mL^{-1}$ de la vapeur d'eau soumise à une pression de 200 kPa et à une température de 200 °C.

....

b) Que vaut la température de saturation T_{sat} pour une pression de 200 kPa ?

(a) 200 °C
(b) 120,21 °C
(c) 99,606 °C
(d) 151,84 °C

....

c) Quel est l'état d'équilibre du système à une température de 100 °C et soumis à une pression de 200 kPa ?

(a) état liquide
(b) état vapeur
(c) état diphasé

....

Entraînement 16.2 — Table de vapeur saturante (à entrée unique).

Les propriétés de l'eau sous forme diphasée sont données dans la table de vapeur saturante ci-dessous :

T (°C)	p_{sat} (MPa)	Liquide saturant ①	Liquide saturant ②	Liquide saturant ③	Vapeur saturante ①	Vapeur saturante ②	Vapeur saturante ③
20	0,002 339	83,9	0,296 5	0,001 002	2 537,4	8,666 0	57,757
40	0,007 385	167,5	0,572 4	0,001 008	2 573,5	8,255 5	19,515
60	0,019 946	251,2	0,831 3	0,001 017	2 608,8	7,908 1	7,667 2
80	0,047 414	335,0	1,075 6	0,001 029	2 643,0	7,611 1	3,405 2
100	0,101 420	419,2	1,307 2	0,001 043	2 675,6	7,354 1	1,671 8

Les colonnes ①, ②, ③ sont respectivement exprimées en $\text{kJ}\cdot\text{kg}^{-1}$, $\text{kJ}\cdot\text{K}^{-1}\cdot\text{kg}^{-1}$ et $\text{m}^3\cdot\text{kg}^{-1}$.

À l'aide d'une analyse des unités, attribuer chaque colonne à une de ces trois grandeurs : volume massique v, enthalpie massique h et entropie massique s.

a) h .... b) v .... c) s ....

d) Exprimer la valeur de la pression de saturation p_{sat} à 100 °C en millimètres de mercure (mmHg) en sachant que 1 mmHg = 133,3 Pa ....

e) Le volume massique de l'eau contenue dans un ballon d'eau chaude à 60 °C est de $v = 1{,}03\,\text{cm}^3\cdot\text{g}^{-1}$.

Quel est l'état du système : liquide, diphasé ou vapeur ? ....

Déterminer, par une lecture de la table à 60 °C, la valeur du volume massique de liquide saturant v_l et celle du volume massique de vapeur saturante v_g.

f) v_l .... g) v_g ....

h) Le théorème des moments donne la fraction massique de vapeur d'un mélange diphasé : $x_g = \dfrac{v - v_l}{v_g - v_l}$.

En raisonnant en termes d'ordres de grandeur, laquelle des propositions ci-dessous correspond à une approximation raisonnable de l'expression de x_g si $v = 1\,030\,\text{cm}^3\cdot\text{g}^{-1}$ à 60 °C ?

(a) v/v_l (b) v_l/v_g (c) v/v_g

....

Diagramme de Clapeyron (P, v) et diagramme de Watt (P, V)

Entraînement 16.3 — Schéma synoptique d'un cycle thermodynamique.

Soit n moles de gaz parfait qui décrivent le cycle ci-contre.

Attribuer aux transformations trois des quatre adjectifs suivants : isobare, adiabatique, isochore, isotherme.

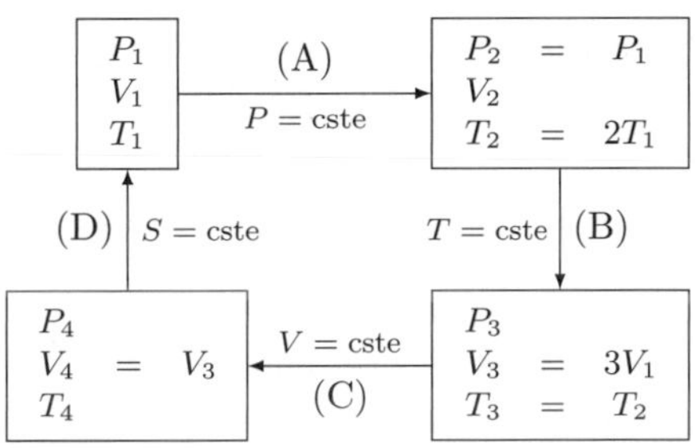

a) Transformation (A) ....

b) Transformation (B) ....

c) Transformation (C) ....

d) À l'aide de la relation $PV = nRT$, exprimer V_2 en fonction de V_1 ....

Entraînement 16.4 — Un cycle dans le diagramme (P, V).

Les données nécessaires aux questions suivantes sont disponibles dans l'entraînement **16.3**.

Pour rappel, un gaz parfait subissant une transformation isentropique vérifie la loi de Laplace : $PV^\gamma = \text{cste}$.

a) Laquelle de ces relations est valable pour la transformation (B) ?

ⓐ $\dfrac{P}{V} = \text{cste}$ ⓑ $PV = \text{cste}$ ⓒ $P^\gamma V^\gamma = \text{cste}$ ⓓ $T^{1-\gamma} V^\gamma = \text{cste}$

....

b) Les échelles étant linéaires, déterminer lequel de ces tracés représente le cycle.

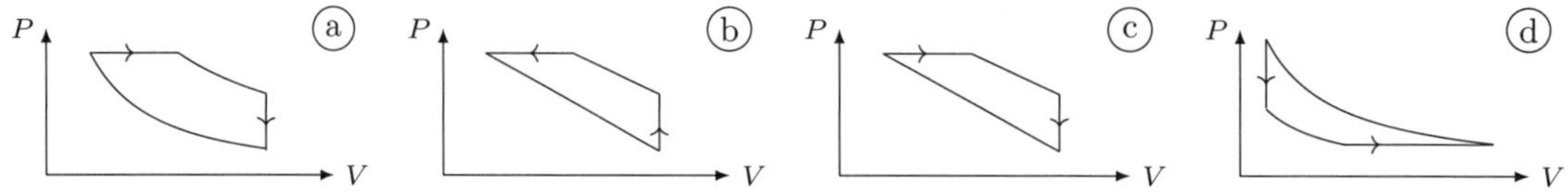

....

c) Sachant que le travail des actions de pression reçu au cours du cycle est $W = \oint_{\text{cycle}} -P\,\mathrm{d}V$, déterminer laquelle de ces affirmations est correcte.

ⓐ $W > 0$ donc le cycle est récepteur.

ⓑ $W < 0$ donc le cycle est récepteur.

ⓒ $W = 0$ car la transformation est un cycle.

ⓓ $W < 0$ donc le cycle est moteur.

....

Entraînement 16.5 — Courbes iso d'un GP dans le diagramme (p, v).

Une courbe isochore, une courbe isotherme, une courbe adiabatique réversible (donc isentrope) et une courbe isobare ont été représentées ci-contre dans le diagramme (p, v) d'un gaz parfait.

Toutes ces courbes passent par le même état décrit par le point M_0 ayant pour coordonnées la pression p_0 et le volume massique v_0.

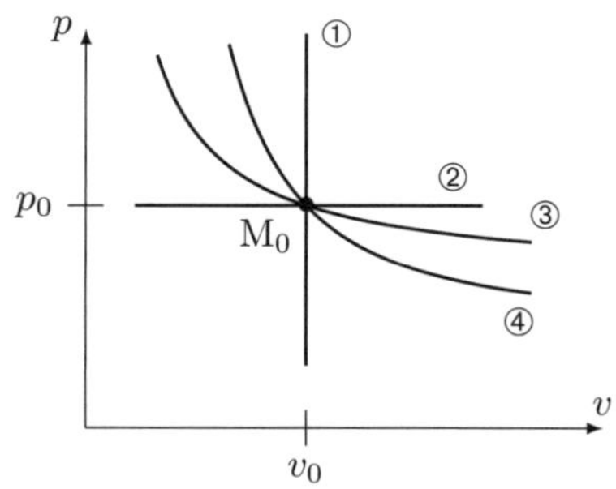

Pour un gaz parfait :

- l'équation d'état massique est $pv = rT$, avec $r = R/M$ la constante massique des gaz parfaits ;
- la loi de Laplace dans le cas d'une transformation adiabatique réversible peut s'écrire $pv^\gamma = \text{cste}$, avec $\gamma > 1$ le coefficient adiabatique.

Exprimer la pente $\dfrac{\partial p}{\partial v}$ au point M_0 pour chaque courbe iso en fonction de p_0, v_0 et γ :

a) iso-p ....

b) iso-T ....

c) iso-v ....

d) iso-s ....

À l'aide d'une comparaison des pentes des courbes au point M_0, déterminer l'adjectif adapté à chaque courbe parmi la liste suivante : isobare, isotherme, isochore, isentrope.

e) ① ....

f) ② ....

g) ③ ....

h) ④ ....

Diagramme entropique (T, s)

Entraînement 16.6 — Courbes isobares d'un diagramme (T, s).

La 2e identité thermodynamique est : $\mathrm{d}h = T\,\mathrm{d}s + v\,\mathrm{d}p$. La seconde loi de Joule énonce que $\mathrm{d}h = c_P\,\mathrm{d}T$.

a) Établir l'équation différentielle vérifiée par $T(s)$ le long d'une courbe isobare.

....

b) En déduire l'expression de $T(s)$ vérifiée le long d'une courbe isobare parmi les relations suivantes :

(a) $T_0 \cos(\omega s + \varphi)$ (b) $T_0 \exp\left(\dfrac{s - s_0}{c_p}\right)$ (c) $T_0 \exp\left(\dfrac{s_0 - s}{c_p}\right)$ (d) $T_0 \cos(s/c_p)$

....

La suite vise à déterminer la position relative de deux courbes isobares. Pour cela, la compression isentropique d'un gaz parfait, passant d'un état ① à un état ②, est représentée par un trait plein dans le diagramme (T, s) ci-contre. Les courbes en tirets représentent deux courbes isobares p_1 et p_2.

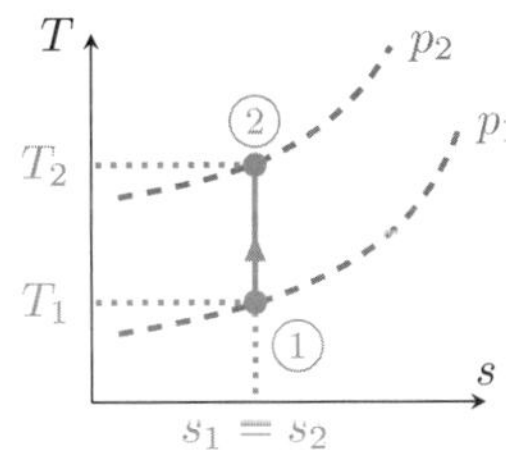

c) La transformation vérifie une des lois de Laplace : $p^{1-\gamma}T^{\gamma} = \text{cste}$. En déduire laquelle des relations suivantes est une expression de p_2 valide.

(a) $p_1^{1-\gamma}\left(\dfrac{T_1}{T_2}\right)^{\gamma}$ (b) $p_1\left(\dfrac{T_1}{T_2}\right)^{\gamma/(1-\gamma)}$ (c) $p_1\left(\dfrac{T_1}{T_2}\right)^{\gamma/(\gamma-1)}$

....

d) Sachant que $\gamma > 1$, que dire de la position relative d'une courbe isobare haute pression (HP) relativement à une courbe isobare basse pression (BP) ?

(a) Les HP sont au-dessus des BP. (b) Les HP sont en dessous des BP.

....

Entraînement 16.7 — Estimation d'un transfert thermique.

Les transformations étudiées ici sont réversibles si bien qu'un transfert thermique reçu entre un état I et un état F est $Q_{\mathrm{IF}} = \displaystyle\int_{\mathrm{I}}^{\mathrm{F}} T\,\mathrm{d}S$.

Estimer le transfert thermique reçu lors du cycle donné ci-contre.

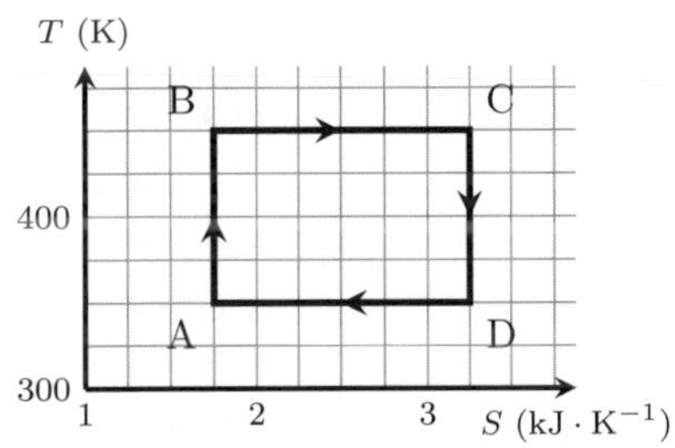

(a) $Q_{\mathrm{ABCDA}} = 1{,}5 \times 10^5$ J

(b) $Q_{\mathrm{ABCDA}} = -1{,}5 \times 10^5$ J

(c) $Q_{\mathrm{ABCDA}} = -1{,}5 \times 10^2$ J

(d) $Q_{\mathrm{ABCDA}} = 2{,}25 \times 10^2$ J

(e) $Q_{\mathrm{ABCDA}} = 2{,}25 \times 10^5$ J

(f) $Q_{\mathrm{ABCDA}} = -2{,}25 \times 10^2$ J

....

Entraînement 16.8 — Diagramme entropique de l'eau.

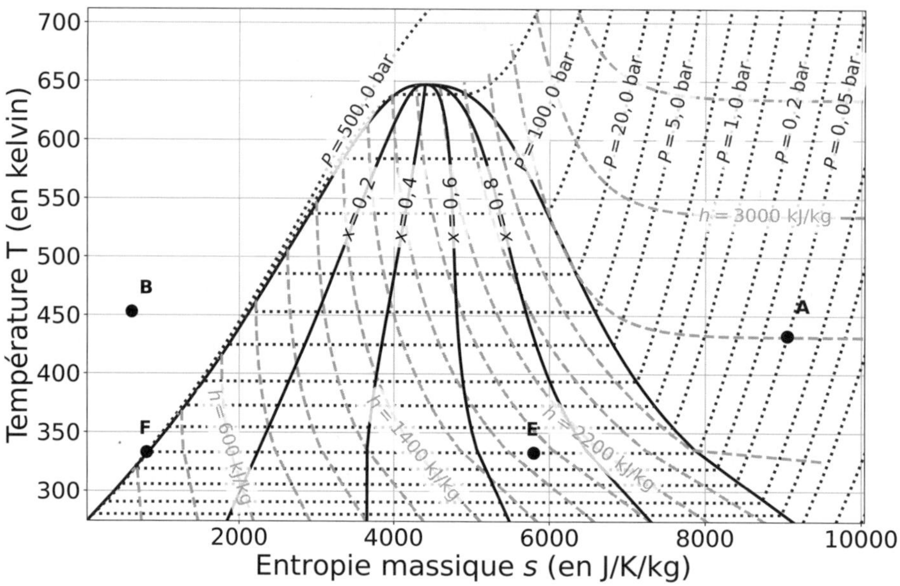

Pour rappel, un gaz parfait vérifie la seconde loi de Joule : $\mathrm{d}h = c_p\,\mathrm{d}T$. Pour un liquide, cette loi s'écrit sous la forme $\mathrm{d}h = c\,\mathrm{d}T$.

a) Quelles sont les propositions vraies au point A ?

(a) La pression est de 0,05 bar.

(b) L'enthalpie massique est de 2 800 J.

(c) Le corps pur est sous forme gazeuse et le modèle du gaz parfait est valable.

(d) Le corps pur est sous forme liquide.

....

b) Quelles sont les propositions vraies au point B ?

(a) Le corps pur est sous forme liquide.

(b) Le corps pur est un mélange de liquide et de vapeur.

(c) La température est de 450 °C.

(d) L'entropie massique vaut $600\,\mathrm{J\cdot kg^{-1}\cdot K^{-1}}$.

....

c) Quelles sont les propositions vraies au point E ?

(a) Le titre massique en liquide est de 0,7.

(b) Le titre massique en vapeur est de 0,7.

(c) Le titre massique en liquide est de 0,3.

(d) L'enthalpie massique est de $1{,}9 \times 10^3\,\mathrm{J\cdot kg^{-1}}$.

....

d) Quels termes est-il possible d'associer à la transformation d'un système passant de l'état E à l'état F ?

(a) vaporisation (b) fusion (c) liquéfaction (d) isobare

e) Quelle est la valeur de l'entropie massique au point F ?

f) Déterminer, à l'aide d'une lecture graphique, la valeur de la variation d'entropie massique d'un système passant de l'état E à l'état F.

g) Déterminer, à l'aide d'une lecture graphique, la valeur de la variation d'enthalpie massique d'un système passant de l'état E à l'état F.

Diagramme des frigoristes (P, h)

Entraînement 16.9 — Réseaux de courbes.

Différents réseaux de courbes sont tracés dans les diagrammes (P, h) ci-dessous.

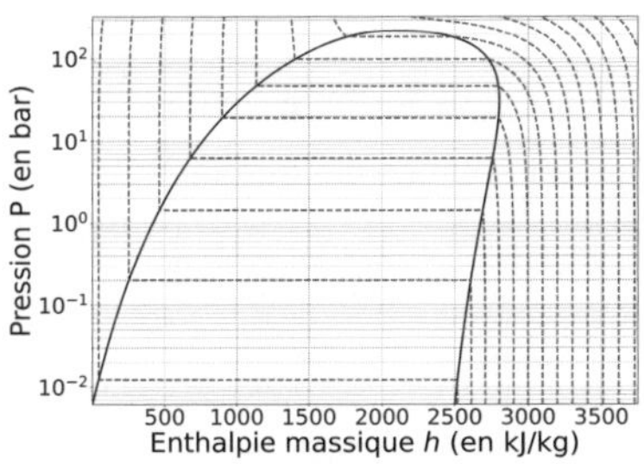

①

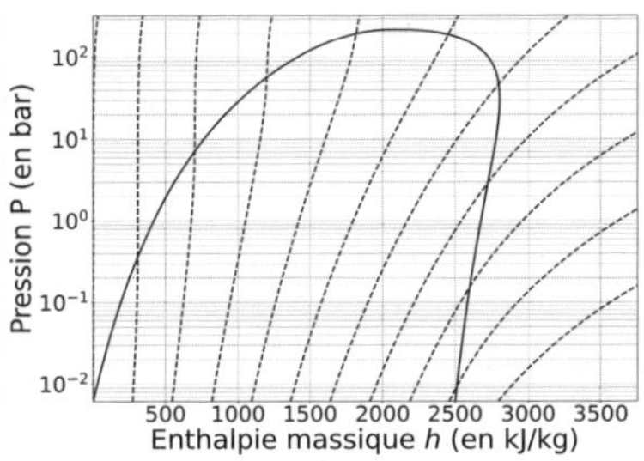

②

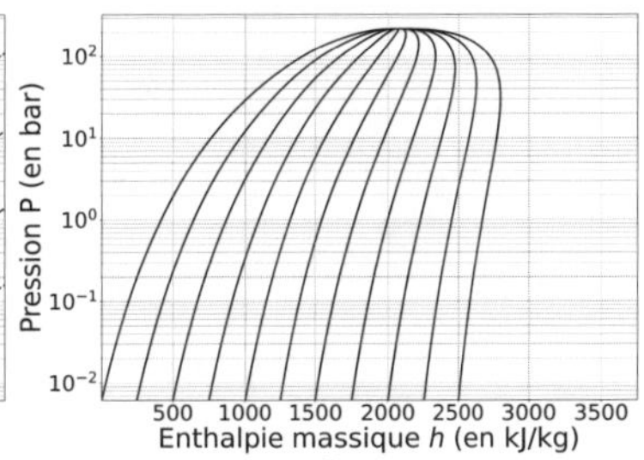

③

La 1re et la 2e identités thermodynamiques sont respectivement $\mathrm{d}u = T\,\mathrm{d}s - p\,\mathrm{d}v$ et $\mathrm{d}h = T\,\mathrm{d}s + v\,\mathrm{d}p$. Les phases condensées incompressibles et indilatables, dont l'équation d'état est $v = \text{cste}$, et les gaz parfaits vérifient les lois de Joule qui, écrites en relations différentielles, donnent $\mathrm{d}u = c_V\,\mathrm{d}T$ et $\mathrm{d}h = c_p\,\mathrm{d}T$.

Pour chacun des trois diagrammes, choisir quel adjectif parmi la liste suivante correspond au réseau de courbes tracé :

(a) isobare (c) isotitre (e) isenthalpe

(b) isotherme (d) isentrope

a) Diagramme ①

c) Diagramme ③

b) Diagramme ②

Entraînement 16.10 — Diagramme des frigoristes de l'eau.

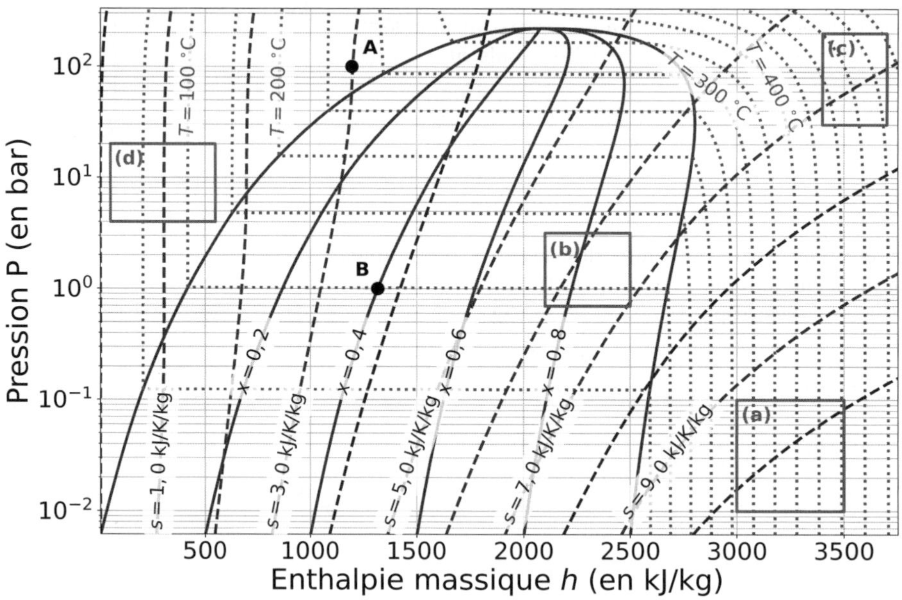

a) Au point A, quelles sont les propositions vraies ?

(a) La pression est de $1{,}00 \times 10^7$ Pa.

(b) La température est de 275 K.

(c) Le corps pur est sous forme gazeuse.

(d) Le corps pur est sous forme liquide.

....

b) Au point B, quelles sont les propositions vraies ?

(a) La pression est de 1 Pa.

(b) La température est de 100 °C.

(c) Le corps pur est sous forme de mélange diphasé contenant du liquide et de la vapeur.

(d) Le titre massique en liquide est de 0,6.

....

c) Pour rappel, un gaz parfait vérifie la seconde loi de Joule : $\mathrm{d}h = c_p \,\mathrm{d}T$. En déduire quelles sont les propositions valides en phase vapeur si le fluide est assimilé à un gaz parfait :

(a) Les courbes isothermes sont des segments horizontaux.

(b) Les courbes isothermes sont des demi-droites verticales.

(c) Les courbes isothermes sont confondues avec les courbes isenthalpes.

(d) Les courbes isothermes sont confondues avec les courbes isobares.

....

d) En déduire dans quelle(s) zone(s) (a), (b), (c) ou (d) représentée(s) sur l'abaque le gaz peut être considéré comme un gaz parfait.

....

Entraînement 16.11 — Courbes iso d'un GP dans le diagramme $(\log(p), h)$.

Quatre courbes iso ont été tracées dans le diagramme $(\log(p), h)$ ci-contre. Le fluide étudié est assimilé à un gaz parfait qui vérifie l'équation d'état $pvM = RT$ et la 2nde loi de Joule $\mathrm{d}h = c_p\,\mathrm{d}T$.

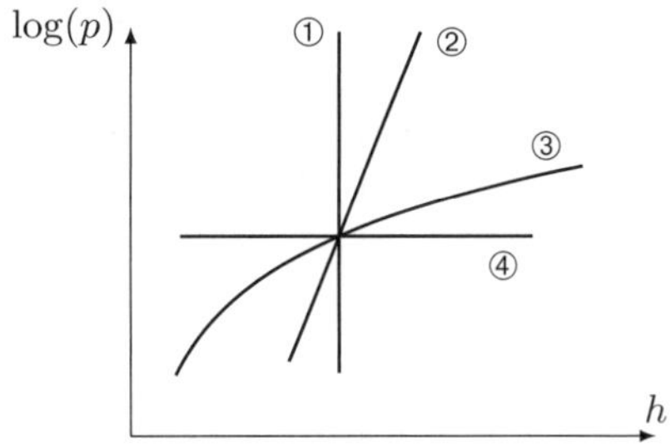

a) Le long d'une courbe isochore, la pente est $\dfrac{\mathrm{d}\log(p)}{\mathrm{d}h} = \dfrac{A}{p}$ avec A une constante. Exprimer A en fonction de R, M, c_p et v.

.... ☐

Par une étude qualitative des pentes des courbes, déterminer l'adjectif adapté à chaque courbe parmi la liste suivante : isobare, isotherme, isochore, isentrope.

b) ① ...... ☐ c) ② ...... ☐ d) ③ ...... ☐ e) ④ ...... ☐

Entraînement 16.12 — Vaporisation de l'eau.

Le diagramme des frigoristes de l'eau est donné ci-dessus, dans l'entraînement **16.10**.

a) À l'aide d'une analyse visuelle, c'est-à-dire sans lecture de valeurs ni calculs, utiliser la position du point B sous la courbe de saturation pour déterminer laquelle de ces propositions est valide.

On rappelle que l'échelle des abscisses est linéaire.

(a) Il y a davantage de liquide que de vapeur. (c) Il y a autant de vapeur que de liquide.

(b) Il y a davantage de vapeur que de liquide. (d) Il n'y a que du liquide.

.... ☐

À l'aide de lectures graphiques, attribuer, parmi les valeurs de 2 650, 1 320, 420 et 1 000 $\mathrm{kJ \cdot kg^{-1}}$ celles correspondant aux enthalpies massiques caractérisant l'état du fluide au point B.

b) Enthalpie massique (moyenne) h_B du fluide diphasé : .... ☐

c) Enthalpie massique $h_\mathrm{v,B}$ de la vapeur saturante : .... ☐

d) Enthalpie massique $h_\mathrm{l,B}$ du liquide saturant : .... ☐

e) Quelle est l'écriture correcte du théorème des moments donnant x_B, le titre en vapeur au point B ?

(a) $x_\mathrm{B} = \dfrac{h_\mathrm{v,B} - h_\mathrm{B}}{h_\mathrm{v,B} - h_\mathrm{l,B}}$ (b) $x_\mathrm{B} = \dfrac{h_\mathrm{B} - h_\mathrm{l,B}}{h_\mathrm{v,B} - h_\mathrm{l,B}}$ (c) $x_\mathrm{B} = \dfrac{h_\mathrm{v,B} - h_\mathrm{B}}{h_\mathrm{l,B} - h_\mathrm{v,B}}$ (d) $x_\mathrm{B} = \dfrac{h_\mathrm{l,B} - h_\mathrm{B}}{h_\mathrm{B} - h_\mathrm{v,B}}$

.... ☐

f) En déduire la valeur du titre vapeur au point B en prenant $2230 \approx 2250$ .... ☐

g) Par analyse de la forme de la courbe de saturation, comment évolue l'enthalpie de vaporisation $\Delta_\mathrm{vap}h = h_\mathrm{v} - h_\mathrm{l}$ lorsque la pression augmente ?

(a) elle reste constante (b) elle diminue (c) elle augmente

.... ☐

Encore plus de tables thermodynamiques

Entraînement 16.13 — Volume massique d'une vapeur sèche.

Les données nécessaires aux questions suivantes sont disponibles dans la table de vapeur sèche de l'entraînement **16.1**.

a) Si R est la constante des gaz parfaits exprimée en $\mathrm{J \cdot mol^{-1} \cdot K^{-1}}$ et M la masse molaire, quelle est l'unité usuelle de $r = R/M$?

(a) $\mathrm{J/mol \cdot g^{-1}}$ (b) $\mathrm{J \cdot kg^{-1} \cdot K^{-1}}$ (c) $\mathrm{kg \cdot mol^{-1} \cdot K^{-1}}$

b) Laquelle des expressions suivantes est l'équation d'état massique des gaz parfaits, si v est le volume massique, p la pression, T la température et r la constante massique des gaz parfaits ?

(a) $pvr = T$ (b) $pv = T/r$ (c) $pv = r/T$ (d) $pv = rT$

c) À l'aide de l'équation d'état massique des gaz parfaits où $r = R/M = 0{,}46\,\mathrm{kJ \cdot kg^{-1} \cdot K^{-1}}$ pour l'eau, estimer la valeur du volume massique de la vapeur sèche à 260 °C sous 100 kPa.

L'objectif de ce qui suit est d'évaluer le volume massique d'une vapeur sèche à 260 °C à partir des valeurs connues du volume massique à 250 °C et 300 °C. Pour cela, il est supposé que la représentation graphique du volume massique en fonction de la température est une droite passant par les points 250 °C et 300 °C.

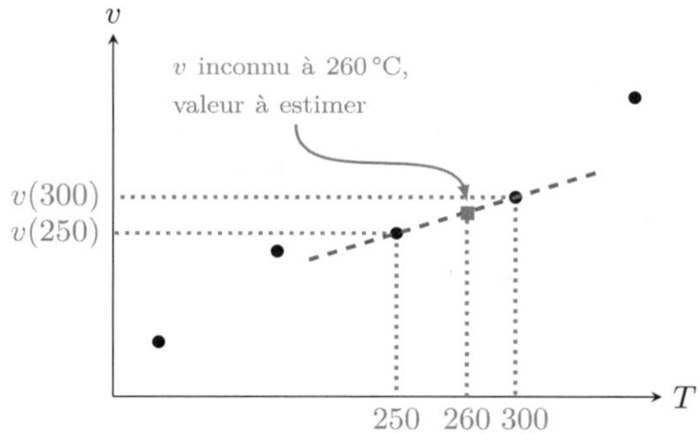

d) Quelle expression permet d'estimer la valeur du volume massique de la vapeur sèche à 260 °C sous 100 kPa ?

(a) $v(260) = v(250) + \dfrac{v(300) - v(250)}{300 - 250} \times (300 - 250)$

(b) $v(260) = \dfrac{v(300) - v(260)}{300 - 250} \times (260 - 250)$

(c) $v(260) = v(250) + \dfrac{v(300) - v(260)}{300 - 260} \times (250 - 260)$

(d) $v(260) = v(250) + \dfrac{v(300) - v(250)}{300 - 250} \times (260 - 250)$

e) En déduire une estimation numérique de la valeur de $v(T = 260\,°\mathrm{C}, p = 100\,\mathrm{kPa})$.

Entraînement 16.14 — Transfert thermique avec changement d'état.

Les données nécessaires aux questions suivantes sont disponibles dans la table de vapeur saturante de l'entraînement **16.2**.

a) Quelle est l'enthalpie h_g de la vapeur saturante soumise à une pression de 1,0142 bar ?

b) Quelle est l'enthalpie h_ℓ du liquide saturant à une température de 100 °C ?

De l'eau, contenant initialement 90 % de vapeur, subit une liquéfaction totale sous une pression de 1,0142 bar au sein d'un condenseur sans parties mobiles.

c) Quelle relation permet de calculer l'enthalpie initiale h_i du mélange diphasé ?

(a) $h_i = 10\,h_\ell + 90\,h_g$

(b) $h_i = 0{,}10\,h_\ell - 0{,}90\,h_g$

(c) $h_i = 0{,}10\,h_\ell + 0{,}90\,h_g$

(d) $h_i = 0{,}90\,h_\ell + 0{,}10\,h_g$

d) Calculer le transfert thermique massique q reçu par le fluide en utilisant le 1er principe industriel, qui établit que $q = h_f - h_i$ avec h_f l'enthalpie massique du fluide après liquéfaction totale.

Et encore plus de diagrammes thermodynamiques

Entraînement 16.15 — Un cycle dans le diagramme (V, T).

Les données nécessaires aux questions suivantes sont disponibles dans l'entraînement **16.3**.

Pour rappel, un gaz parfait subissant une transformation isentropique vérifie la loi de Laplace : $PV^\gamma = \text{cste}$.

a) Laquelle des relations suivantes est valable pour la transformation (D) ?

(a) $\dfrac{T}{V} = \text{cste}$ (b) $TV = \text{cste}$ (c) $TV^{\gamma-1} = \text{cste}$ (d) $T^{1-\gamma}V^\gamma = \text{cste}$

b) Les échelles étant linéaires, déterminer lequel de ces tracés représente le cycle.

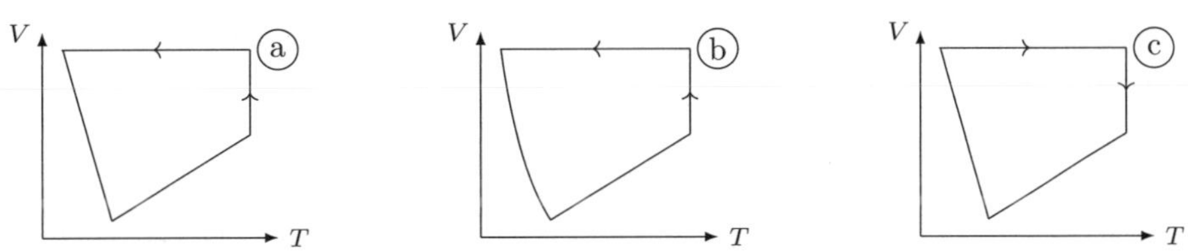

Entraînement 16.16 — Courbes iso d'un GP dans le diagramme (p, T).

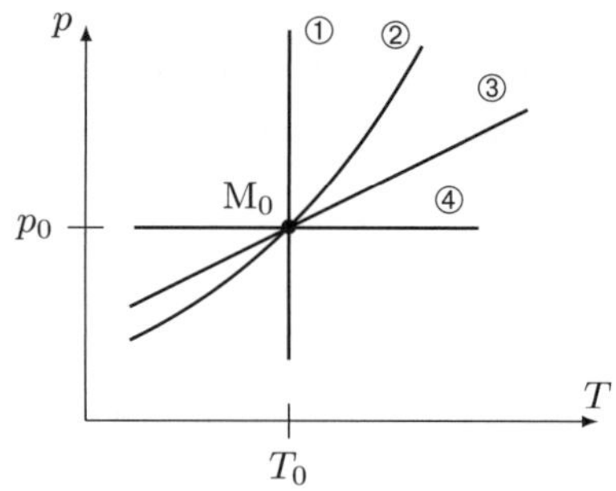

Une courbe isochore, une courbe isotherme, une courbe adiabatique réversible (donc isentrope) et une courbe isobare ont été représentées ci-contre dans le diagramme (p, T) d'un gaz parfait.

Toutes ces courbes passent par le même état décrit par le point M_0.

Pour un gaz parfait :

- l'équation d'état est $pv = rT$;
- la loi de Laplace dans le cas d'une transformation isentropique peut s'écrire $T^\gamma p^{1-\gamma} = \text{cste}$, avec $\gamma > 1$ le coefficient adiabatique.

a) Que dire de la pente $\dfrac{\partial p}{\partial T}$ de la courbe isochore $v = v_0$ passant par le point M_0 ?

(a) Elle décroît avec T. (b) Elle est constante avec T. (c) Elle croît avec T.

....

À l'aide d'une comparaison des pentes des courbes, déterminer l'adjectif adapté à chaque courbe parmi la liste suivante : isobare, isotherme, isochore, isentrope.

b) ① c) ② d) ③ e) ④

Entraînement 16.17 — Courbes iso d'un GP dans le diagramme (T, s).

Une courbe isochore, une courbe isotherme, une courbe adiabatique réversible (donc isentrope) et une courbe isobare ont été représentées ci-dessous dans le diagramme (T, s) d'un gaz parfait.

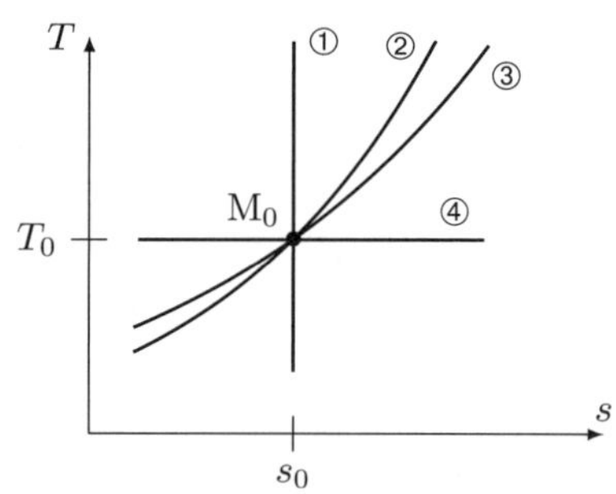

Toutes ces courbes passent par le même état décrit par le point M_0 ayant pour coordonnées la température T_0 et l'entropie massique s_0.

Pour rappel, le coefficient adiabatique est défini comme le quotient de la capacité thermique (massique) par la capacité thermique à volume constant : $\gamma = \dfrac{c_p}{c_v}$ avec $\gamma > 1$.

De plus, pour un gaz parfait, les points de la courbe isobare vérifient la relation $T(s) = T_\mathrm{a} \mathrm{e}^{s/c_p}$ quand ceux de la courbe isochore vérifient la relation $T(s) = T_\mathrm{b} \mathrm{e}^{s/c_v}$ avec T_a et T_b des constantes.

Exprimer la pente $\dfrac{\partial T}{\partial s}$ au point M_0 pour chaque courbe iso en fonction de T_0, c_v et c_p :

a) iso-p .... c) iso-v ....

b) iso-T .... d) iso-s ....

À l'aide d'une comparaison des pentes des courbes au point M_0, déterminer l'adjectif adapté à chaque courbe parmi la liste suivante : isobare, isotherme, isochore, isentrope.

e) ① f) ② g) ③ h) ④

Entraînement 16.18 — Un cycle dans le diagramme (P, T).

Les données nécessaires aux questions suivantes sont disponibles dans l'entraînement **16.3**.

Pour rappel, un gaz parfait subissant une transformation isentropique vérifie la loi de Laplace : $PV^{\gamma} = \text{cste}$.

a) Laquelle des relations suivantes est valable pour la transformation (D) ?

(a) $PT = \text{cste}$ (b) $P^{\gamma}T^{\gamma-1} = \text{cste}$ (c) $P^{1-\gamma}T^{\gamma} = \text{cste}$ (d) $\dfrac{P}{T} = \text{cste}$

b) Les échelles étant linéaires, déterminer lequel de ces tracés représente le cycle.

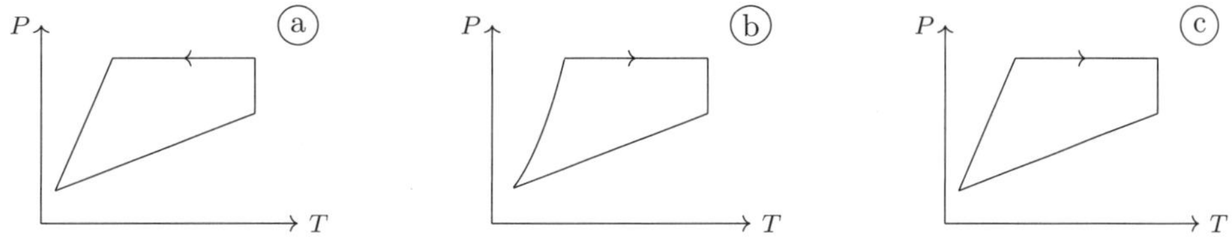

Entraînement 16.19 — Compression : irréversibilités et élévation de température.

Du fluide R718 se trouve à l'entrée d'un compresseur sous une pression de 250 mbar à 100 °C (état I).

a) En plaçant le point I dans le diagramme des frigoristes de l'entraînement **16.10**, déterminer la valeur de l'enthalpie massique initiale h_I

b) Dans quel état se trouve le fluide à l'état I ?

(a) liquide saturant (b) vapeur saturante (c) vapeur sèche (d) mélange diphasé

c) Quelle est la valeur de l'entropie s_I du fluide à l'état I ?

d) Le fluide est comprimé de manière adiabatique et réversible ($s_I = s_F$) jusqu'à la pression $p_F = 1\,\text{bar}$ par le compresseur, qui fournit le travail $w = h_F - h_I$. Calculer w en $\text{kJ} \cdot \text{kg}^{-1}$

e) Quelle est la température finale T_F du fluide après compression réversible ?

f) Le fluide est désormais comprimé à $p_F = 1\,\text{bar}$ de manière irréversible si bien que son entropie a augmenté de 6 %. En plaçant le point F′ entre deux courbes isentropes, déterminer la valeur de la température finale $T_{F'}$

g) L'augmentation de la température du fluide est due à sa compression, mais aussi aux irréversibilités qui ont lieu lors de celle-ci. Laquelle de ces relations permet d'évaluer la proportion de l'élévation de température strictement due aux irréversibilités par rapport à l'élévation totale de température $T_{F'} - T_I$?

On rappelle que, pour une quantité $X_{tot} = X_1 + X_2$, la proportion ***relative*** *de X_1 au sein de X_{tot} s'exprime comme X_1/X_{tot}.*

(a) $\dfrac{T_{F'} - T_F}{T_{F'} - T_I}$ (b) $\dfrac{T_{F'} - T_F}{T_I}$ (c) $\dfrac{T_{F'} - T_I}{T_{F'}}$ (d) $\dfrac{T_{F'} - T_I}{T_F - T_I}$

Réponses mélangées

$420\,\mathrm{kJ\cdot kg^{-1}}$ ⓐ et ⓒ $800\,\mathrm{J\cdot K^{-1}\cdot kg^{-1}}$ $400\,°\mathrm{C}$ isobare isochore

$-1\,650\,\mathrm{kJ\cdot kg^{-1}}$ ⓑ et ⓒ $x_\mathrm{B} = 40\,\%$ $\dfrac{T_0}{c_p}$ ⓑ $419{,}2\,\mathrm{kJ\cdot kg^{-1}}$ ⓒ

isobare $2V_1$ $1{,}017\times10^{-3}\,\mathrm{m^3\cdot kg^{-1}}$ isotherme isobare isentrope isochore

ⓑ isentrope isobare isentrope ⓑ ⓒ ⓑ, ⓒ et ⓓ ⓓ ②

isochore ⓑ isotherme $-2\,031\,\mathrm{kJ\cdot kg^{-1}}$ ⓒ ⓑ (a) $300\,\mathrm{kJ\cdot kg^{-1}}$

$1\,320\,\mathrm{kJ\cdot kg^{-1}}$ isochore diphasé $\dfrac{\mathrm{d}T}{\mathrm{d}s} - \dfrac{T}{c_p} = 0$ isobare ⓐ et ⓓ

ⓒ ⓑ ③ isotherme isotherme $2\,675{,}6\,\mathrm{kJ\cdot kg^{-1}}$ $2{,}45\,\mathrm{m^3\cdot kg^{-1}}$

$2\,680\,\mathrm{kJ\cdot kg^{-1}}$ $250\,°\mathrm{C}$ $760{,}8\,\mathrm{mmHg}$ ⓑ 0 ⓓ ⓓ $7{,}6672\,\mathrm{m^3\cdot kg^{-1}}$

$\dfrac{T_0}{c_v}$ ⓑ ⓓ $2{,}45\,\mathrm{m^3\cdot kg^{-1}}$ $-5\,000\,\mathrm{J\cdot K^{-1}\cdot kg^{-1}}$ $9{,}1\times10^{-4}\,\mathrm{g\cdot mL^{-1}}$

ⓐ ⓒ ① $-\dfrac{p_0}{v_0}$ $2\,650\,\mathrm{kJ\cdot kg^{-1}}$ ⓐ 0 isochore isotherme

isentrope ⓑ ⓑ, ⓒ et ⓓ ⓒ ⓐ $8\,\mathrm{kJ\cdot K^{-1}\cdot kg^{-1}}$ ⓐ ∞

ⓐ ∞ $-\gamma\dfrac{p_0}{v_0}$ ⓒ et ⓓ ⓐ et ⓓ $\dfrac{R}{\ln(10)Mvc_p}$ ⓑ ⓑ ⓐ

► Réponses et corrigés page 325

Thermodynamique industrielle (MP)

Fiche du « Cahier d'entraînement 1re année » pour se préparer
⟶ *Thermodynamique*

Prérequis
Lois de Laplace. Principes sous forme industrielle. Diagramme (P, h).

Dans l'ensemble de la fiche, on se place en régime permanent.

Principes industriels

Entraînement 17.1 — Composants des machines thermiques.

En négligeant les variations d'énergie mécanique, les premier et second principes industriels par unité de masse s'écrivent :

$$\Delta h = q + w_\text{i} \qquad \text{et} \qquad \Delta s = s_\text{e} + s_\text{c}\,, \tag{1}$$

où q est le transfert thermique massique, w_i est le travail indiqué massique, s_e est l'entropie massique échangée et s_c est l'entropie massique créée. Rappelons que l'entropie massique échangée avec un thermostat de température T_0 constante est égale à $s_\text{e} = q/T_0$.

Pour chacun des composants suivants, on souhaite savoir comment ces deux principes se réécrivent.
Choisissez la bonne réponse à chaque fois.

a) Un compresseur fonctionnant de manière adiabatique réversible avec des pièces mobiles.

(a) $\Delta h = w_\text{i}$; $\Delta s = 0$
(b) $\Delta h = w_\text{i}$; $\Delta s = s_\text{e}$
(c) $\Delta h = 0$; $\Delta s = s_\text{c}$
(d) $\Delta h = q$; $\Delta s = s_\text{e} + s_\text{c}$

....

b) Un échangeur thermique dans lequel le fluide se liquéfie (condenseur).

(a) $\Delta h = w_\text{i}$; $\Delta s = 0$
(b) $\Delta h = w_\text{i}$; $\Delta s = s_\text{e}$
(c) $\Delta h = 0$; $\Delta s = s_\text{c}$
(d) $\Delta h = q$; $\Delta s = s_\text{e} + s_\text{c}$

....

c) Un détendeur idéal calorifugé et sans pièce mobile.

(a) $\Delta h = w_\text{i}$; $\Delta s = 0$
(b) $\Delta h = w_\text{i}$; $\Delta s = s_\text{e}$
(c) $\Delta h = 0$; $\Delta s = s_\text{c}$
(d) $\Delta h = q$; $\Delta s = s_\text{e} + s_\text{c}$

....

d) Une turbine idéale réalisant une détente adiabatique réversible au travers de parties mobiles.

(a) $\Delta h = w_\text{i}$; $\Delta s = 0$
(b) $\Delta h = w_\text{i}$; $\Delta s = s_\text{e}$
(c) $\Delta h = 0$; $\Delta s = s_\text{c}$
(d) $\Delta h = q$; $\Delta s = s_\text{e} + s_\text{c}$

....

Entraînement 17.2 — Comparaison des différentes formes d'énergie d'un système.

Un gaz de capacité thermique massique à pression constante $c_p = 1\,\mathrm{kJ \cdot K^{-1} \cdot kg^{-1}}$, allant à la vitesse $v = 10\,\mathrm{m \cdot s^{-1}}$, traverse une turbine. La température du gaz diminue de 10 °C entre l'entrée et la sortie, où la différence d'altitude est de l'ordre du mètre. Toutes les énergies considérées sont massiques, c'est-à-dire exprimées par kg d'air.

a) Estimer la variation d'enthalpie du système constitué des gaz à l'intérieur de la turbine.

(a) $10\,\mathrm{J \cdot kg^{-1}}$ (b) $50\,\mathrm{J \cdot kg^{-1}}$ (c) $10\,\mathrm{kJ \cdot kg^{-1}}$ (d) $50\,\mathrm{kJ \cdot kg^{-1}}$

b) Même question pour son énergie cinétique dans le cas extrême où la vitesse de sortie est nulle.

(a) $10\,\mathrm{J \cdot kg^{-1}}$ (b) $10\,\mathrm{kJ \cdot kg^{-1}}$ (c) $50\,\mathrm{kJ \cdot kg^{-1}}$ (d) $50\,\mathrm{J \cdot kg^{-1}}$

c) Même question pour son énergie potentielle en prenant le champ de pesanteur terrestre $g = 10\,\mathrm{m \cdot s^{-2}}$.

(a) $10\,\mathrm{J \cdot kg^{-1}}$ (b) $50\,\mathrm{J \cdot kg^{-1}}$ (c) $10\,\mathrm{kJ \cdot kg^{-1}}$ (d) $50\,\mathrm{kJ \cdot kg^{-1}}$

d) Comparer les termes et indiquer celui qui prédomine.

(a) la variation d'enthalpie Δh
(b) la variation d'énergie cinétique Δe_c
(c) la variation d'énergie potentielle Δe_p
(d) les trois sont comparables

Entraînement 17.3 — Étude d'une tuyère.

L'air d'un réservoir $\mathcal{R}$ se détend dans une tuyère horizontale, isolée thermiquement du milieu extérieur, et ne contenant aucune pièce mobile. L'air est assimilable à un gaz parfait de masse molaire $M = 29\,\mathrm{g \cdot mol^{-1}}$, d'indice adiabatique $\gamma = 1{,}4$ et de capacité thermique massique $c_p = \dfrac{1}{M}\dfrac{\gamma R}{\gamma - 1}$.

L'air entre dans la tuyère avec une vitesse c_1 supposée négligeable, sous la pression p_1 à la température $T_1 = 273\,\mathrm{K}$. Il en sort animé d'une vitesse c_2 sous la pression p_2 à la température $T_2 = 200\,\mathrm{K}$.

a) Quelle est la forme du premier principe par unité de masse pour le système étudié ?

(a) $\Delta h + \Delta e_c = w_i$ (c) $\Delta h + \Delta e_c = 0$ (e) $\Delta h = q$
(b) $\Delta h + \Delta e_c = q$ (d) $\Delta h = w_i$ (f) $\Delta h = w_i + q$

b) En utilisant la seconde loi de Joule, déterminer l'expression de la variation d'enthalpie massique Δh de l'air à la sortie de la tuyère en fonction des températures T_1, T_2, de la masse molaire M de l'air, de γ et de la constante R des gaz parfaits.

c) En déduire l'expression de la vitesse c_2 d'éjection de l'air à la sortie de la tuyère en fonction des températures T_1, T_2, de la masse molaire M de l'air, de γ et de la constante R des gaz parfaits.

d) Calculer numériquement la vitesse c_2 d'éjection de l'air à la sortie de la tuyère en utilisant les données.

Modèle du gaz parfait : exemple d'un turbopropulseur

On considère un gaz parfait décrivant le cycle de Joule ci-dessous dans lequel la première et la troisième phases sont isentropiques.

La deuxième phase (combustion) et la quatrième phase (refroidissement) se font sans travail indiqué.

On néglige les variations d'énergies cinétique Δe_c et potentielle Δe_p.

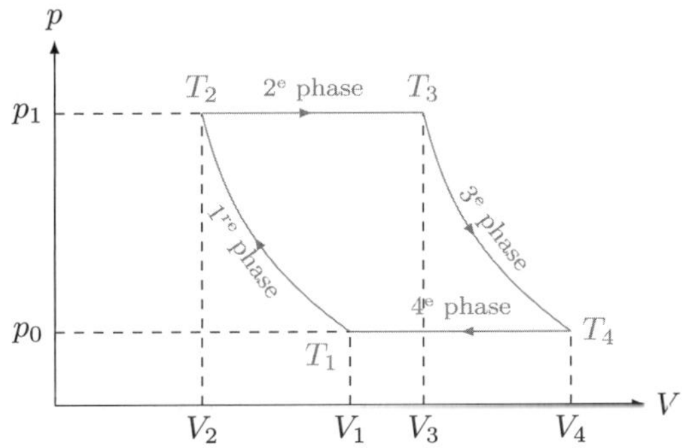

Entraînement 17.4 — Températures.

a) En utilisant la loi de Laplace sous la forme $T^\gamma p^{1-\gamma} = \text{cste}$, exprimer le température T_2.

ⓐ $T_2 = T_1 \left(\dfrac{p_1}{p_2}\right)^{1-2\gamma}$

ⓑ $T_2 = T_1 \left(\dfrac{p_1}{p_2}\right)^{(1-\gamma)/\gamma}$

ⓒ $T_2 = T_1^\gamma \left(\dfrac{p_1}{p_2}\right)^{(1-\gamma)\gamma}$

ⓓ $T_2 = \left(\dfrac{T_1 p_1}{p_2}\right)^{(1-\gamma)/\gamma}$

....

b) En utilisant maintenant la forme $TV^{\gamma-1} = \text{cste}$, exprimer T_4.

ⓐ $T_4 = T_3 \left(\dfrac{V_3}{V_4}\right)^{\gamma-1}$

ⓑ $T_4 = T_3^{1-\gamma} \dfrac{V_3}{V_4}$

ⓒ $T_4 = T_3 \left(\dfrac{V_3}{V_4}\right)^{1-\gamma}$

ⓓ $T_4 = T_3 \left(\dfrac{V_3}{V_4}\right)^{1/(\gamma-1)}$

....

Entraînement 17.5 — Rendement.

Le cycle précédent est utilisé dans une machine, fonctionnant sans travail indiqué pendant la deuxième et la quatrième phase. La première phase est une compression, la troisième phase une détente. On les suppose isentropiques, donc adiabatiques réversibles. Les travaux sont algébriques, de signe positif lorsqu'ils sont réellement reçus par le fluide.

a) Indiquer si le cycle est moteur ou récepteur.

(a) moteur (b) récepteur

....

b) Quelle est l'expression du travail indiqué total reçu lors de ce cycle ?

(a) $w_1 + w_3$ (d) $-w_1 - w_3$ (g) $w_2 - w_4$

(b) $-w_1 + w_3$ (e) $w_2 + w_4$ (h) $-w_2 - w_4$

(c) $w_1 - w_3$ (f) $-w_2 + w_4$

....

c) Quelle est l'expression du transfert thermique reçu de la part de la source chaude ?

(a) $c_p(T_2 - T_1)$ (c) $c_p(T_4 - T_3)$

(b) $c_p(T_3 - T_2)$ (d) $c_p(T_1 - T_4)$

....

d) Quelle est l'expression du transfert thermique reçu de la part de la source froide ?

(a) $c_p(T_2 - T_1)$ (c) $c_p(T_4 - T_3)$

(b) $c_p(T_3 - T_2)$ (d) $c_p(T_1 - T_4)$

....

e) Quelle est l'expression du travail indiqué w_1 reçu dans la première phase ?

(a) $c_p(T_2 - T_1)$ (c) $c_p(T_4 - T_3)$

(b) $c_p(T_3 - T_2)$ (d) $c_p(T_1 - T_4)$

....

f) Quelle est l'expression du travail indiqué w_3 reçu dans la troisième phase ?

(a) $c_p(T_2 - T_1)$ (c) $c_p(T_4 - T_3)$

(b) $c_p(T_3 - T_2)$ (d) $c_p(T_1 - T_4)$

....

g) Exprimer le rendement de ce cycle moteur en fonction de w_1, w_3 et q_2.

....

h) Exprimer le rendement en fonction des températures T_1, T_2, T_3 et T_4.

....

Exploitation de diagrammes enthalpiques

Entraînement 17.6 — Efficacité d'une pompe à chaleur.

Considérons une pompe à chaleur dont le cycle est représenté ci-dessous.

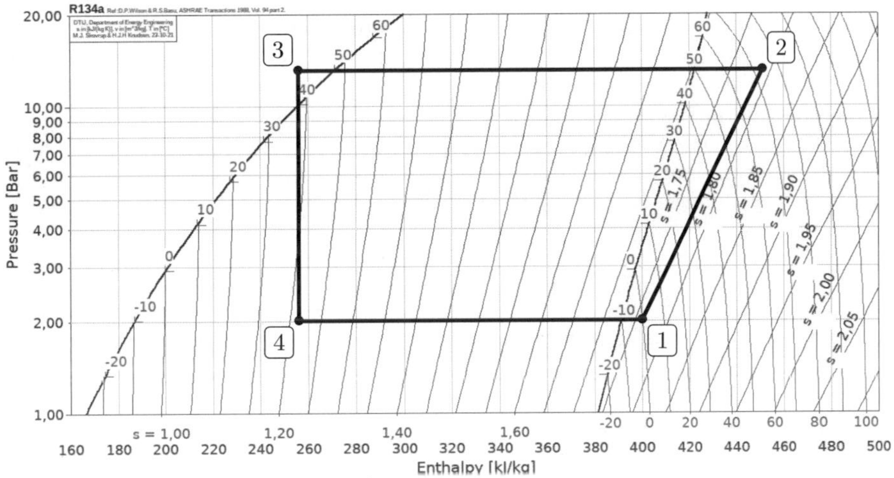

a) Le fluide reçoit du travail dans le compresseur, ce qui a pour effet d'augmenter la pression ainsi que la température à une température supérieure à celle de la source chaude.

Quelle transformation du cycle correspond au compresseur ? .....

b) Calculer numériquement le travail massique algébrique w_{compr} reçu par le fluide dans le compresseur.

....

c) L'échange avec la source chaude a lieu dans le condenseur, où le fluide se liquéfie totalement.

Quelle transformation du cycle correspond au condenseur ? ......

d) Calculer numériquement le transfert thermique algébrique q_{cond} reçu par le fluide dans le condenseur.

....

e) Calculer l'efficacité de la machine $e = -\dfrac{q_{\text{cond}}}{w_{\text{compr}}}$ ....

Entraînement 17.7 — Rendement isentropique d'un compresseur.

Dans cet entraînement, on considère un compresseur adiabatique destiné à augmenter la pression d'une vapeur de propane de 1 à 10 bar.

Le fluide est dans l'état initial E indiqué sur le diagramme des frigoristes ci-contre en entrée du compresseur, on note S son état de sortie. Les valeurs lues sur le diagramme seront données avec deux chiffres significatifs ; les entropies y sont données en $\mathrm{kJ \cdot K^{-1} \cdot kg^{-1}}$.

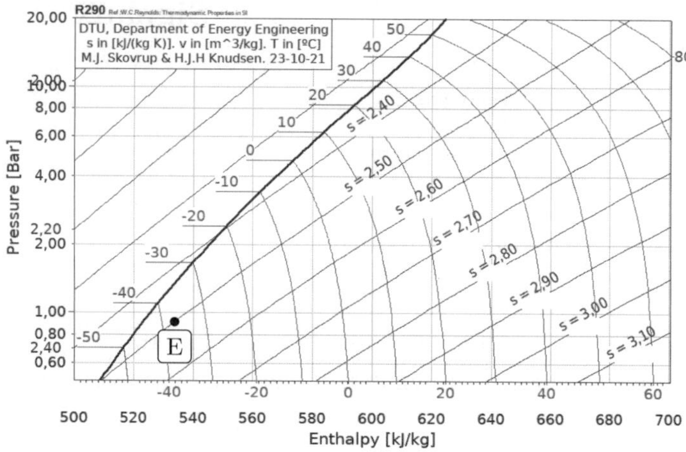

a) On suppose la compression réversible. Donner la valeur de $s_{\mathrm{S,rév}}$ en sortie ....

b) Déterminer graphiquement la température du fluide $T_{\mathrm{S,rév}}$ en sortie ....

c) Calculer le travail massique $w_{\mathrm{rév}}$ fourni à la vapeur ....

d) En réalité, la compression est irréversible, et la valeur de la température réelle en sortie du compresseur est $T_{\mathrm{S}} = 65\,°\mathrm{C}$. Déterminer le travail massique w réellement fourni lors du processus.

....

e) Calculer le rendement isentropique du compresseur $\eta = \dfrac{w_{\mathrm{rév}}}{w}$ ....

f) Calculer l'entropie massique créée lors de la compression ....

Réponses mélangées

$2{,}50\,\mathrm{kJ \cdot K^{-1} \cdot kg^{-1}}$ (d) (a) $2 \to 3$ 4 $100\,\mathrm{J \cdot K^{-1} \cdot kg^{-1}}$

(b) 0,78 $c_2 = \sqrt{\dfrac{2}{M}\dfrac{\gamma R}{\gamma - 1}(T_1 - T_2)}$ (a) (c) (a)

(d) (b) $\dfrac{1}{M}\dfrac{\gamma R}{\gamma - 1}(T_2 - T_1)$ (c) $50\,\mathrm{kJ \cdot kg^{-1}}$ $-\dfrac{w_1 + w_3}{q_2}$

$383\,\mathrm{m \cdot s^{-1}}$ (c) (c) $1 \to 2$ $1 - \dfrac{T_4 - T_1}{T_3 - T_2}$ $140\,\mathrm{kJ \cdot kg^{-1}}$ (d)

$110\,\mathrm{kJ \cdot kg^{-1}}$ (a) (a) (a) (a) (a) $-200\,\mathrm{kJ \cdot kg^{-1}}$ $50\,°\mathrm{C}$

► Réponses et corrigés page 332

Signaux

Prérequis
Continuités imposées par les bobines et condensateurs.
Comportement des bobines et condensateur à HF et BF.

Pour bien commencer

Entraînement 18.1 — Un peu de calcul intégral.

Calculer les intégrales suivantes si $T = 2\pi/\omega$ est une constante homogène à un temps.

a) $\dfrac{1}{T}\displaystyle\int_0^T \cos(\omega t)\,\mathrm{d}t$ ....

b) $\dfrac{1}{T}\displaystyle\int_0^T \cos^2(\omega t)\,\mathrm{d}t$ ....

c) $\dfrac{1}{T}\displaystyle\int_0^T t\cos(\omega t)\,\mathrm{d}t$ ....

Régimes transitoires

Entraînement 18.2 — Premier/second ordre.

Soit les deux courbes $s_1(t)$ et $s_2(t)$ respectivement à gauche et à droite sur la figure ci-dessous.

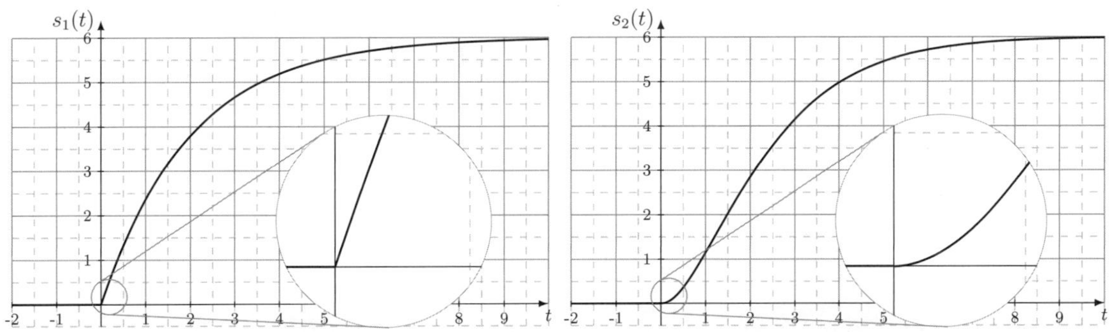

Parmi les propositions suivantes,

(a) $\dfrac{\mathrm{d}s}{\mathrm{d}t} - \dfrac{s}{\tau} = \dfrac{E}{\tau}$

(b) $\dfrac{\mathrm{d}s}{\mathrm{d}t} + \dfrac{s}{\tau} = 0$

(c) $\dfrac{\mathrm{d}s}{\mathrm{d}t} + \dfrac{s}{\tau} = \dfrac{E}{\tau}$

(d) $\dfrac{\mathrm{d}^2 s}{\mathrm{d}t^2} + \dfrac{\omega_0}{Q}\dfrac{\mathrm{d}s}{\mathrm{d}t} + \omega_0^2 s = \omega_0^2 E$

(e) $\dfrac{\mathrm{d}^2 s}{\mathrm{d}t^2} + \omega_0^2 s = \omega_0^2 E$

(f) $\dfrac{\mathrm{d}^2 s}{\mathrm{d}t^2} - \dfrac{\omega_0}{Q}\dfrac{\mathrm{d}s}{\mathrm{d}t} + \omega_0^2 s = \omega_0^2 E$

où $(\tau, \omega_0, Q, E) \in \left(\mathbb{R}_+^*\right)^4$, laquelle correspond à :

a) $s_1(t)$? ....

b) $s_2(t)$? ....

Entraînement 18.3 — Stabilité d'un système linéaire continu invariant.

Qualifier de « stable » ou d'« instable » les systèmes décrits par les équations différentielles suivantes. Les signaux s, r et v sont les signaux de sortie des systèmes étudiés tandis que le signal e est un signal d'entrée. Toute autre notation renvoie à des constantes strictement positives.

a) $\dfrac{\mathrm{d}^2 s}{\mathrm{d}t^2} = \omega_0^2 s$ ....

b) $\tau \dfrac{\mathrm{d}s}{\mathrm{d}t} + s = -e$ ....

c) $\dfrac{\mathrm{d}^2 r}{\mathrm{d}t^2} - \omega_0^2 r = -g\cos\theta$ si $\theta > \pi/2$ ....

d) $\dfrac{\mathrm{d}^2 s}{\mathrm{d}t^2} + \dfrac{\omega_0}{Q}(1 - H_0 A)\dfrac{\mathrm{d}s}{\mathrm{d}t} + \omega_0^2 s = \omega_0^2 e$ si $H_0 A \leqslant 1$ ....

e) $\dfrac{\mathrm{d}^2 v}{\mathrm{d}t^2} + \dfrac{1}{LC}\left(RC - \dfrac{L}{r}\right)\dfrac{\mathrm{d}v}{\mathrm{d}t} + \dfrac{1}{LC}\left(1 - \dfrac{R}{r}\right)v = 0$ si $R > r$ et $R < \dfrac{L}{rC}$ ....

Entraînement 18.4 — Continuité (I).

On considère le circuit ci-contre. L'interrupteur K est ouvert depuis très longtemps. On le ferme à l'instant $t = 0$.

Trois étudiants comparent leurs analyses de ce circuit à l'instant $t = 0^-$, l'instant $t = 0^+$ et lorsque $t \to +\infty$.

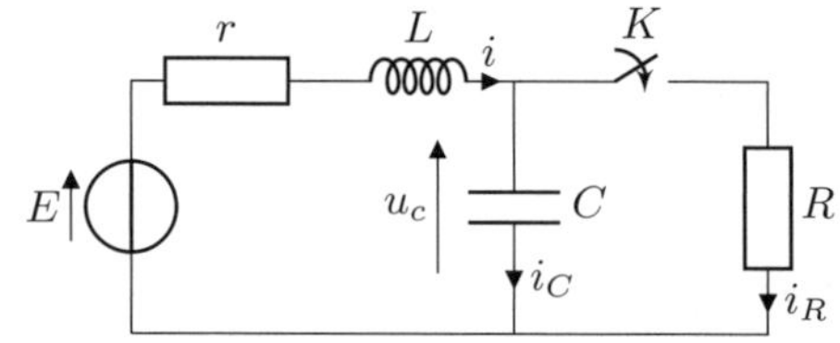

a) À $t = 0^-$, parmi les trois propositions ci-dessous, laquelle est correcte ? ....

Étudiant ⓐ :	Étudiant ⓑ :	Étudiant ⓒ :
$i(0^-) = 0$	$i(0^-) = E/R$	$i(0^-) = 0$
$i_R(0^-) = 0$	$i_R(0^-) = 0$	$i_R(0^-) = 0$
$i_C(0^-) = 0$	$i_C(0^-) = E/R$	$i_C(0^-) = 0$
$u_C(0^-) = 0$	$u_C(0^-) = 0$	$u_C(0^-) = E$

b) À $t = 0^+$, parmi les trois propositions ci-dessous, laquelle est correcte ? ....

Étudiant ⓐ :	Étudiant ⓑ :	Étudiant ⓒ :
$i(0^+) = 0$	$i(0^+) = E/R$	$i(0^+) = 0$
$i_R(0^+) = E/R$	$i_R(0^+) = 0$	$i_R(0^+) = E/R$
$i_C(0^+) = -E/R$	$i_C(0^+) = E/R$	$i_C(0^+) = 0$
$u_C(0^+) = E$	$u_C(0^+) = 0$	$u_C(0^+) = E$

c) À $t = +\infty$, parmi les trois propositions ci-dessous, laquelle est correcte ? ....

Étudiant ⓐ :	Étudiant ⓑ :	Étudiant ⓒ :
$i(\infty) = E/(R+r)$	$i(\infty) = E/R$	$i(\infty) = E/r$
$i_R(\infty) = E/(R+r)$	$i_R(\infty) = E/R$	$i_R(\infty) = E/R$
$i_C(\infty) = 0$	$i_C(\infty) = 0$	$i_C(\infty) = E/r - E/R$
$u_C(\infty) = \dfrac{R}{R+r}E$	$u_C(\infty) = 0$	$u_C(\infty) = E$

Entraînement 18.5 — Continuité (II).

On considère le circuit ci-dessous.

L'interrupteur K est ouvert depuis très longtemps. On le ferme à l'instant $t = 0$.

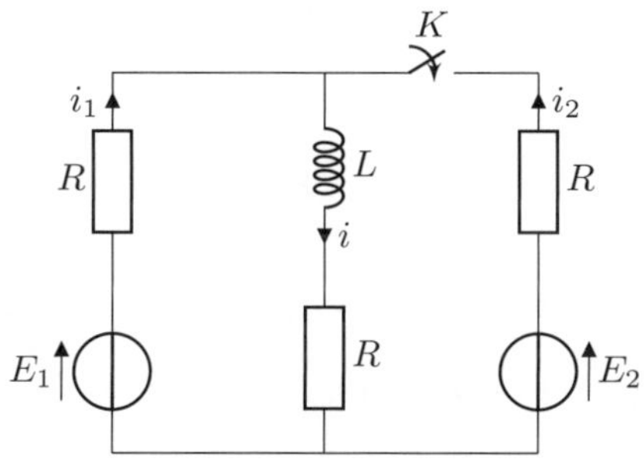

Trois étudiants comparent leurs analyses de ce circuit :

- à l'instant $t = 0^-$,
- à l'instant $t = 0^+$,
- lorsque $t \to +\infty$.

a) À $t = 0^-$, parmi les trois propositions ci-dessous, laquelle est correcte ? .... ☐

Étudiant ⓐ :
$i(0^-) = E_1/2R$
$i_1(0^-) = E_1/2R$
$i_2(0^-) = 0$

Étudiant ⓑ :
$i(0^-) = E_1/R$
$i_1(0^-) = E_1/R$
$i_2(0^-) = E/R$

Étudiant ⓒ :
$i(0^-) = E_1/2R$
$i_1(0^-) = 0$
$i_2(0^-) = 0$

b) À $t = 0^+$, parmi les trois propositions ci-dessous, laquelle est correcte ? .... ☐

Étudiant ⓐ :
$i(0^+) = E_1/R$
$i_1(0^+) = \dfrac{4E_1 - 2E_2}{3R}$
$i_2(0^+) = \dfrac{2E_2 - E_1}{3R}$

Étudiant ⓑ :
$i(0^+) = E_1/2R$
$i_1(0^+) = E_1/4R$
$i_2(0^+) = E_1/4R$

Étudiant ⓒ :
$i(0^+) = E_1/2R$
$i_1(0^+) = \dfrac{3E_1 - 2E_2}{4R}$
$i_2(0^+) = \dfrac{2E_2 - E_1}{4R}$

c) À $t = +\infty$, parmi les trois propositions ci-dessous, laquelle est correcte ? .... ☐

Étudiant ⓐ :
$i(\infty) = \dfrac{E_1 + E_2}{3R}$
$i_1(\infty) = E_1/3R$
$i_2(\infty) = E_2/3R$

Étudiant ⓑ :
$i(\infty) = \dfrac{E_1 + E_2}{2R}$
$i_1(\infty) = E_1/2R$
$i_2(\infty) = E_2/2R$

Étudiant ⓒ :
$i(\infty) = \dfrac{E_1 + E_2}{3R}$
$i_1(\infty) = \dfrac{2E_1 - E_2}{3R}$
$i_2(\infty) = \dfrac{2E_2 - E_1}{3R}$

Régimes oscillants forcés

(🖩) **Entraînement 18.6 — Qui est-ce (I) ?**

Un étudiant a mesuré la tension et l'intensité électrique traversant un dipôle dont les mesures sont représentées ci-dessous.

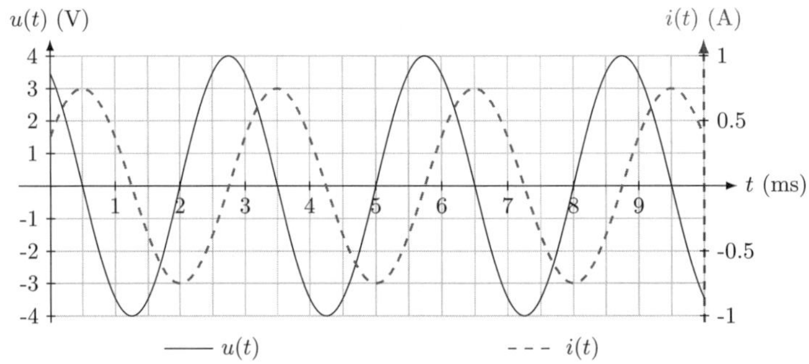

Un peu étourdi, il a oublié si ces courbes correspondent à celles mesurées aux bornes d'un condensateur ou d'une bobine.

Aidez-le à le retrouver !

a) Quelle est l'amplitude de l'intensité ? ....

b) Quelle est l'amplitude de la tension ? ....

c) Quelle est la fréquence des signaux ? ....

d) Comment est la tension par rapport à l'intensité électrique ?

(a) en avance (b) en retard

....

e) Le déphasage de la tension par rapport à l'intensité vaut :

(a) $-\dfrac{\pi}{2}$ (b) $+\dfrac{\pi}{2}$ (c) $-\pi$ (d) $+\pi$

....

f) Le dipôle étudié est alors :

(a) une bobine d'impédance $\mathrm{j}L\omega$

(b) un condensateur d'admittance $\mathrm{j}C\omega$

....

g) Le cas échéant, déterminer la valeur de la capacité ou de l'inductance de ce dipôle.

On prendra $\dfrac{1}{\pi} \approx 0{,}32$.

....

(🖩) Entraînement 18.7 — Qui est-ce (II) ?

Un étudiant a mesuré la tension et l'intensité électrique traversant un dipôle dont les mesures sont représentées ci-contre.

Un peu étourdi, il a oublié si ces courbes correspondent à celles mesurées aux bornes d'un condensateur ou d'une bobine.

Aidez-le à le retrouver !

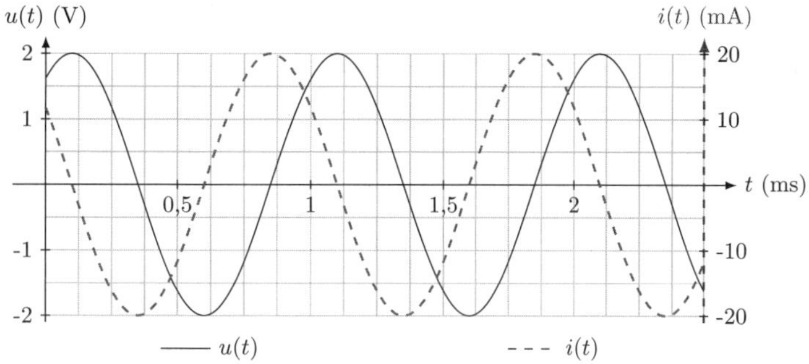

a) Comment est la tension par rapport à l'intensité électrique ?

(a) en avance (b) en retard

....

b) Le déphasage de la tension par rapport à l'intensité électrique vaut :

(a) $-\dfrac{\pi}{2}$ (b) $+\dfrac{\pi}{2}$ (c) $-\pi$ (d) $+\pi$

....

c) Le dipôle étudié est donc :

(a) une bobine d'impédance $\mathrm{j}L\omega$ (b) un condensateur d'admittance $\mathrm{j}C\omega$

....

d) Le cas échéant, déterminer la valeur de la capacité ou de l'inductance de ce dipôle.

On prendra $\dfrac{1}{2\pi} \approx 0{,}16$.

....

Entraînement 18.8 — Caractéristiques d'un montage RL (I).

On considère l'association de dipôles ci-contre.

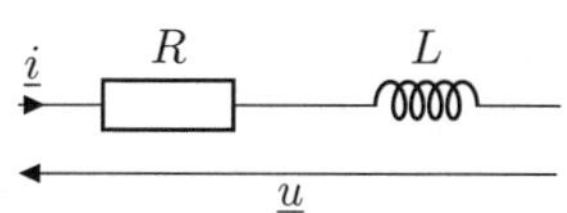

a) L'impédance de cette association est de la forme :

(a) $\underline{Z} = \dfrac{R + \mathrm{j}L\omega}{\mathrm{j}LR\omega}$ (b) $\underline{Z} = R + \mathrm{j}L\omega$ (c) $\underline{Z} = R + \dfrac{1}{\mathrm{j}L\omega}$

....

On note U_0 et I_0 les amplitudes respectives de la tension $u(t)$ et de l'intensité électrique $i(t)$. On note φ le déphasage de la tension par rapport à l'intensité électrique (c'est l'argument de $\underline{Z}$).

b) Les grandeurs L et R vérifient le système :

(a) $\begin{cases} \dfrac{R^2 + (L\omega)^2}{(LR\omega)^2} = \left(\dfrac{U_0}{I_0}\right)^2 \\ \dfrac{L\omega}{R} = \tan\left(\dfrac{\pi}{2} + \varphi\right) \end{cases}$ (b) $\begin{cases} R^2 + \dfrac{1}{(L\omega)^2} = \left(\dfrac{U_0}{I_0}\right)^2 \\ \dfrac{1}{RL\omega} = \tan(\varphi) \end{cases}$ (c) $\begin{cases} R^2 + (L\omega)^2 = \left(\dfrac{U_0}{I_0}\right)^2 \\ \dfrac{L\omega}{R} = \tan(\varphi) \end{cases}$

....

Entraînement 18.9 — Caractéristiques d'un montage RL (II).

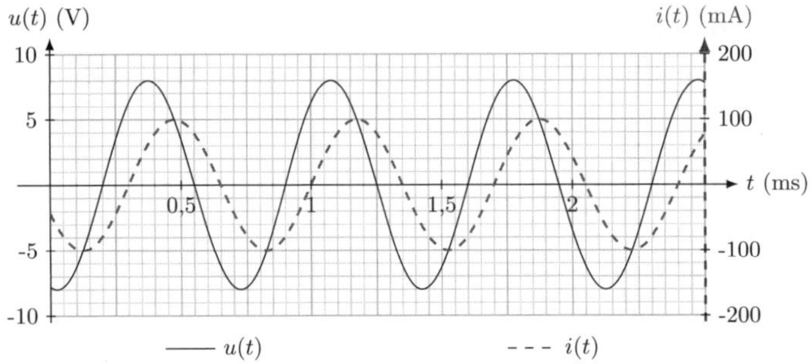

La tension $u(t)$ et l'intensité électrique $i(t)$ de l'association série d'une bobine et d'un conducteur ohmique sont mesurées expérimentalement (courbes ci-contre). L'impédance de ce montage est

$$\underline{Z} = R + \mathrm{j}L\omega.$$

On peut montrer que R, L et ω vérifient le système :

$$\begin{cases} R^2 + (L\omega)^2 = \left(\dfrac{U_0}{I_0}\right)^2 \\ \dfrac{L\omega}{R} = \tan(\varphi), \end{cases}$$

où U_0 et I_0 sont respectivement les amplitudes de la tension $u(t)$ et de l'intensité électrique $i(t)$ tandis que φ est le déphasage de la tension par rapport à l'intensité électrique.

a) La pulsation des signaux est :

(a) $8{,}98 \times 10^2\ \mathrm{rad \cdot s^{-1}}$ (b) $8{,}98 \times 10^3\ \mathrm{rad \cdot s^{-1}}$ (c) $8{,}98 \times 10^4\ \mathrm{rad \cdot s^{-1}}$

b) Quelle est la valeur du décalage temporel δt entre l'extinction de la tension et celle de l'intensité électrique ?

(a) $-0{,}1$ ms (b) $-0{,}2$ ms (c) $0{,}1$ ms (d) $0{,}2$ ms

c) Le déphasage φ de la tension par rapport à l'intensité électrique vaut :

(a) $\dfrac{\pi}{3}$ rad (b) $-\dfrac{\pi}{3}$ rad (c) $\dfrac{2}{7}\pi$ rad (d) $-\dfrac{2}{7}\pi$ rad

En résolvant le système, déterminer :

d) la valeur de la résistance R ....

e) la valeur de l'inductance L ....

Entraînement 18.10 — Équivalents.

On considère les trois fonctions de transfert suivantes :

$$\underline{H_1}(\mathrm{j}x) = \frac{4}{1 - x^2 + 3\mathrm{j}x}, \quad \underline{H_2}(\mathrm{j}x) = \frac{1 + 2\mathrm{j}x}{1 - 3\mathrm{j}x} \quad \text{et} \quad \underline{H_3}(\mathrm{j}x) = \frac{2 + 3\mathrm{j}x}{1 + 5\mathrm{j}\left(x - \dfrac{1}{x}\right)}.$$

Pour chacune des fonctions de transfert, trouver un équivalent de la forme Ax^n au module des fonctions de transfert, où $A \in \mathbb{R}$ et $n \in \mathbb{Z}$ sont deux constantes à déterminer.

a) $|\underline{H_1}(\mathrm{j}x)|$ pour $x \to 0$ .....

b) $|\underline{H_1}(\mathrm{j}x)|$ pour $x \to \infty$ ....

c) $|\underline{H_2}(\mathrm{j}x)|$ pour $x \to 0$ .....

d) $|\underline{H_2}(\mathrm{j}x)|$ pour $x \to \infty$ ....

e) $|\underline{H_3}(\mathrm{j}x)|$ pour $x \to 0$ .....

f) $|\underline{H_3}(\mathrm{j}x)|$ pour $x \to \infty$ ....

Analyse spectrale

Entraînement 18.11 — DSF d'un signal triangulaire.

L'oscillogramme d'un signal triangulaire $u(t)$, d'amplitude U et de période T, est représenté ci-dessous.

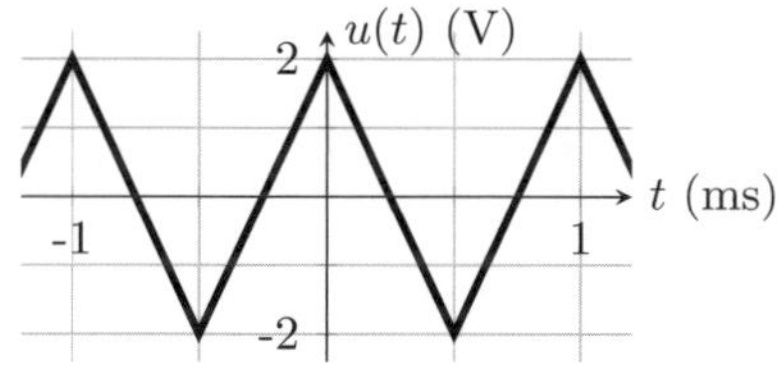

Par lecture graphique, déterminer les propriétés du signal :

a) T ....

b) U ....

c) Quelle est la valeur de la fréquence fondamentale f du signal ? ....

d) Laquelle des propositions ci-dessous décrit le signal triangulaire sur l'intervalle $\left[-\frac{T}{2}, \frac{T}{2}\right]$?

ⓐ $u(t) = \begin{cases} U(1 + 4t/T) & \text{si } t \in [0, T/2] \\ U(1 - 4t/T) & \text{si } t \in [-T/2, 0] \end{cases}$

ⓑ $u(t) = \begin{cases} U(1 - 4t/T) & \text{si } t \in [0, T/2] \\ U(1 + 4t/T) & \text{si } t \in [-T/2, 0] \end{cases}$

ⓒ $u(t) = \begin{cases} U(1 - 2t/T) & \text{si } t \in [0, T/2] \\ U(1 + 2t/T) & \text{si } t \in [-T/2, 0] \end{cases}$

ⓓ $u(t) = \begin{cases} U(1 + 2t) & \text{si } t \in [0, T/2] \\ U(1 - 2t) & \text{si } t \in [-T/2, 0] \end{cases}$

....

Le signal triangulaire peut se décomposer en série de Fourier :

$$u(t) = a_0 + \sum_{n=1}^{\infty} a_n \cos(2\pi n f\, t) + b_n \sin(2\pi n f\, t),$$

avec a_0 la moyenne de $u(t)$, a_n et b_n les coefficients des harmoniques définis par :

$$a_n = \frac{2}{T} \int_0^T u(t) \cos(n\, 2\pi f\, t)\ \mathrm{d}t \qquad \text{et} \qquad b_n = \frac{2}{T} \int_0^T u(t) \sin(n\, 2\pi f\, t)\ \mathrm{d}t.$$

e) Que vaut a_0 ? ....

Ici, il est admis que, pour tout $n \in \mathbb{N}$, $b_n = 0$ et

$$a_n = \frac{4}{T} \int_0^{T/2} u(t) \cos(2\pi f n\, t)\ \mathrm{d}t.$$

f) À l'aide d'une intégration par parties, déterminer lesquelles des propositions suivantes sont correctes :

ⓐ $a_n = 0$ si n pair

ⓑ $a_n = \frac{8U}{\pi^2} \frac{1}{n^2}$ si n pair

ⓒ $a_n = 0$ si n impair

ⓓ $a_n = \frac{8U}{\pi^2} \frac{1}{n^2}$ si n impair

....

g) Lequel des spectres ci-dessous correspond au spectre en amplitude du signal triangulaire ?

....

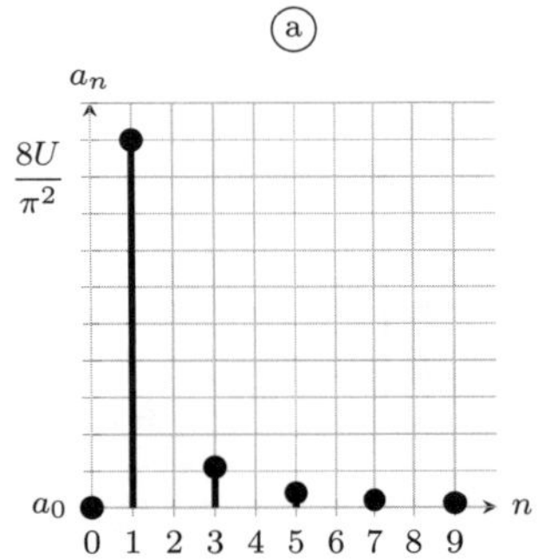

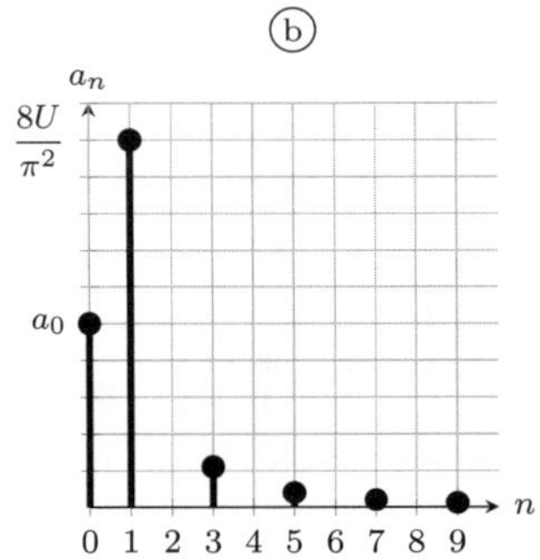

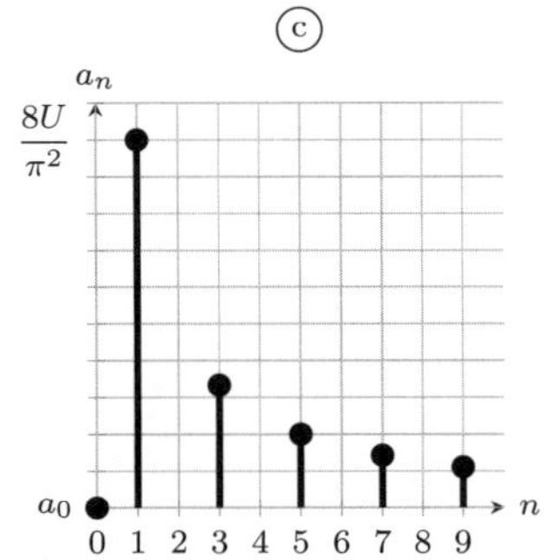

Entraînement 18.12 — Spectre d'un signal carré.

L'oscillogramme d'un signal carré $s(t)$, de moyenne s_0, d'amplitude S_m et de période T, est représenté ci-contre.

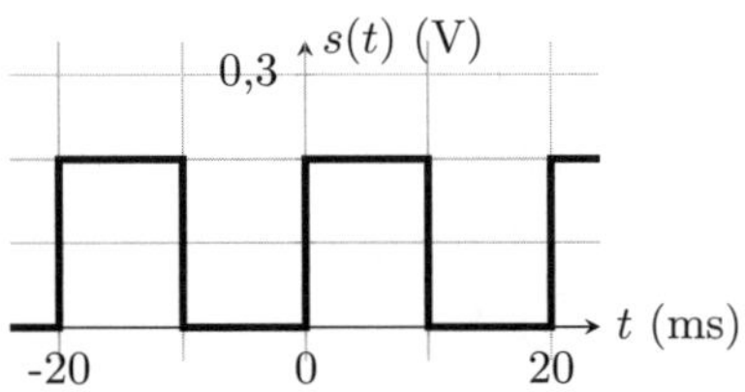

Par lecture graphique, déterminer les propriétés du signal :

a) T ....

b) s_0 ....

c) S_m ....

d) Quelle est la valeur de la fréquence fondamentale ν du signal ? ....

Le signal carré peut se décomposer en série de Fourier :

$$s(t) = \sum_{n=-\infty}^{\infty} \underline{c_n}\, \mathrm{e}^{\mathrm{i}n\,2\pi\nu\,t},$$

avec $\underline{c_n}$ les coefficients complexes des harmoniques définis par :

$$\underline{c_n} = \frac{1}{T}\int_0^T s(t)\,\mathrm{e}^{-\mathrm{i}n\,2\pi\nu\,t}\,\mathrm{d}t \quad \text{pour } n \in \mathbb{Z}.$$

e) À l'aide de la définition de la valeur moyenne, déterminer la valeur de $\underline{c_0}$ ....

f) En remarquant que $s(t \in [T/2, T]) = 0$, déterminer lesquelles des propositions suivantes sont correctes pour $n \neq 0$:

(a) $\underline{c_n} = 0$ si n impair

(b) $\underline{c_n} = \dfrac{2S_\mathrm{m}}{\mathrm{i}\pi}\dfrac{1}{n}$ si n impair

(c) $\underline{c_n} = 0$ si n pair

(d) $\underline{c_n} = \dfrac{2S_\mathrm{m}}{\mathrm{i}\pi}\dfrac{1}{n}$ si n pair

....

g) Lequel des spectres ci-dessous correspond au spectre en amplitude du signal carré ? ....

ⓐ

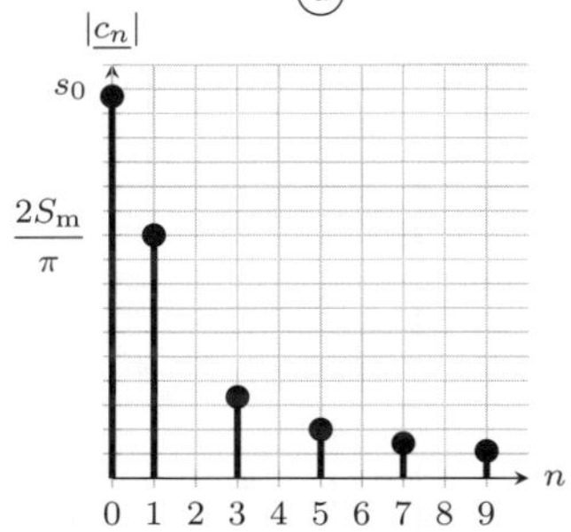

ⓑ

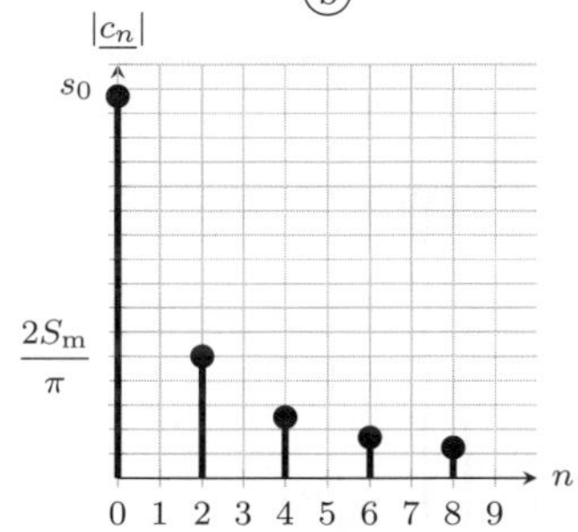

ⓒ

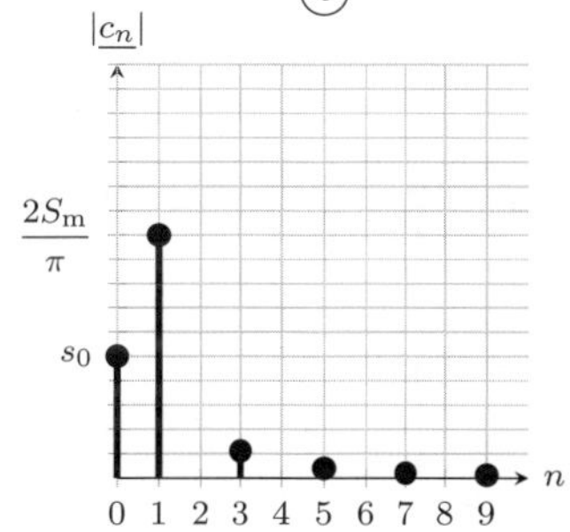

Entraînement 18.13 — Fréquence d'échantillonnage.

L'acquisition du signal $s(t)$ ci-dessous est effectuée en l'échantillonnant en N points équidistants répartis sur un intervalle $[0, t_{\text{max}}]$.

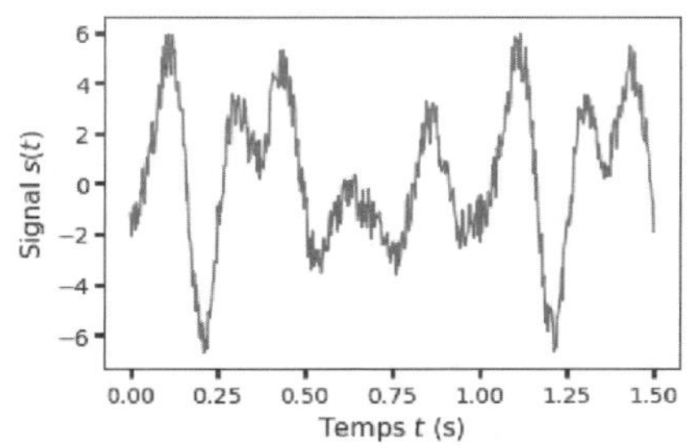

a) Quelle est la fréquence f du signal ? ....

On effectue cette acquisition sur trois durées t_{max} différentes.

Les spectres ainsi obtenus, similaires mais pas parfaitement identiques, sont représentés ci-dessous.

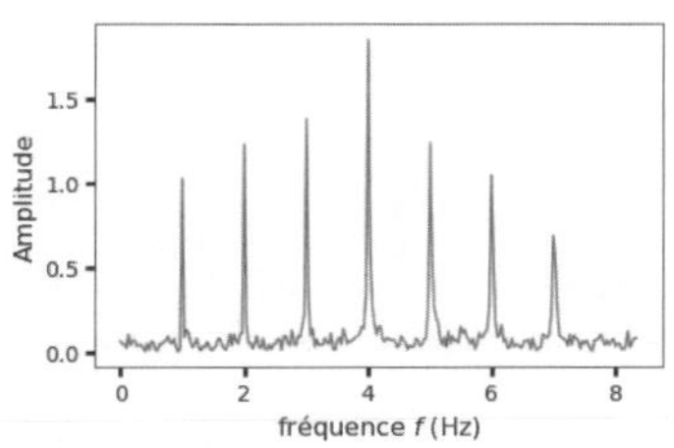

ⓐ $N = 500$; $T_{\text{max}} = 30{,}0\,\text{s}$

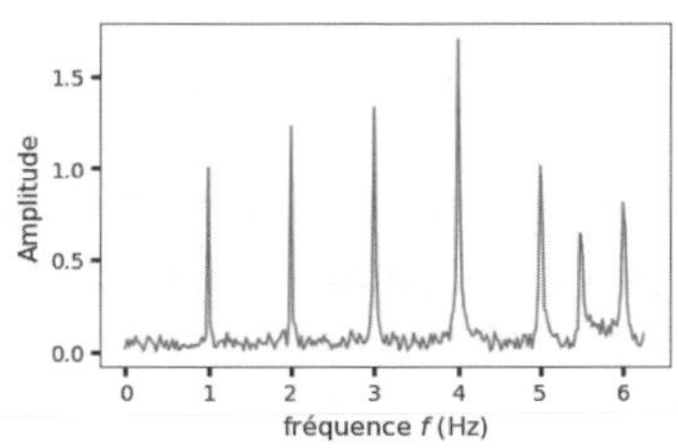

ⓑ $N = 500$; $T_{\text{max}} = 40{,}0\,\text{s}$

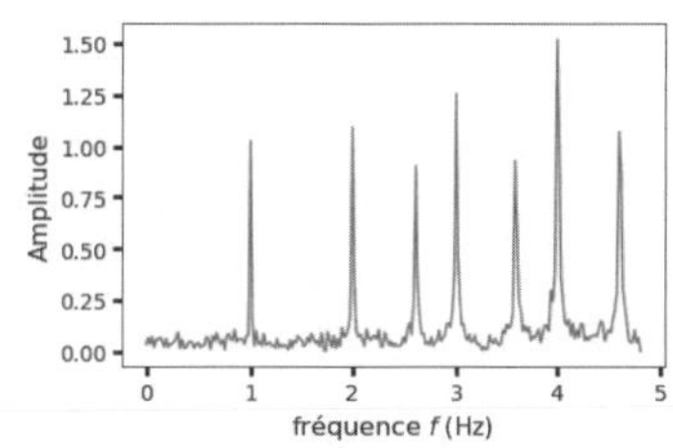

ⓒ $N = 500$; $T_{\text{max}} = 52{,}0\,\text{s}$

Quelle est la fréquence d'échantillonnage $f_e = \dfrac{N}{T_{\text{max}}}$ dans les conditions expérimentales du spectre :

b) ⓐ ? ......

c) ⓑ ? ......

d) ⓒ ? ......

D'après l'analyse de Fourier, un signal périodique se décompose en une somme de signaux sinusoïdaux dont les fréquences sont des multiples de la fréquence du fondamental, fréquence du signal.

e) Lequel des spectres ((a), (b) ou (c)) vérifie cette propriété ? ....

f) Comment s'appelle l'effet responsable des différences entre ces spectres ? ....

g) Quelle condition doit être remplie pour ne pas observer ce phénomène ?

(a) $f_e \geqslant f$

(b) $f_e \geqslant 2f$

(c) $f_e \geqslant nf$, où n est l'harmonique qu'on souhaite observer

(d) $f_e \geqslant 2nf$ où n est l'harmonique qu'on souhaite observer

....

Entraînement 18.14 — Filtrage numérique.

Un filtre, d'entrée $e(t)$ et de sortie $s(t)$, possède une fonction de transfert $\underline{H} = \dfrac{H_0}{1 + \mathrm{j}\frac{\omega}{\omega_0}}$, avec $H_0 > 0$ un terme identifié au gain statique et ω_0 la pulsation caractéristique du filtre.

a) À l'aide d'une analyse qualitative de la fonction de transfert, déterminer la nature et l'ordre du filtre :

(a) passe-bas d'ordre 1

(b) passe-bas d'ordre 2

(c) passe-haut d'ordre 1

(d) passe-haut d'ordre 2

(e) passe-bande d'ordre 2

(f) coupe-bande d'ordre 2

....

b) Utiliser la fonction de transfert pour déterminer l'équation différentielle liant e et s.

....

Une chaîne d'acquisition permet de numériser respectivement les signaux analogiques e et s en des signaux numériques e_n et s_n définis par :

$$e_n = e(t = t_n) \quad \text{et} \quad s_n = s(t = t_n),$$

où $t_n = nT_\mathrm{e}$ et où T_e est la période d'échantillonnage et n le numéro d'un échantillon.

c) En approximant la dérivée par un taux de variation entre t_{n+1} et t_n (schéma d'Euler explicite), laquelle des relations de récurrence proposées ci-dessous permet de calculer la suite s_n pour tout n si s_0 est connue ?

(a) $s_n = (1 - T_\mathrm{e}\omega_0)s_{n+1} + T_\mathrm{e}\omega_0 H_0 e_{n+1}$

(b) $s_{n+1} = (1 - T_\mathrm{e}\omega_0)s_n + T_\mathrm{e}\omega_0 H_0 e_n$

(c) $s_{n+1} = s_n + T_\mathrm{e}\omega_0 H_0 e_{n+1}$

(d) $s_{n+1} = s_n + T_\mathrm{e}\omega_0 H_0 e_n$

....

Entraînement 18.15 — Démodulation d'amplitude.

Le signal $u(t)$ modulé en amplitude est émis sous forme d'onde radio contenant les fréquences f_p, $f_\mathrm{p} + f_\mathrm{m}$ ainsi que $f_\mathrm{p} - f_\mathrm{m}$.

Une antenne capte ce signal, mais également du bruit contenant les fréquences f_a, f_b, f_c, f_d et f_e.

Le spectre du signal $u_1(t)$ généré par l'antenne est tracé ci-dessous.

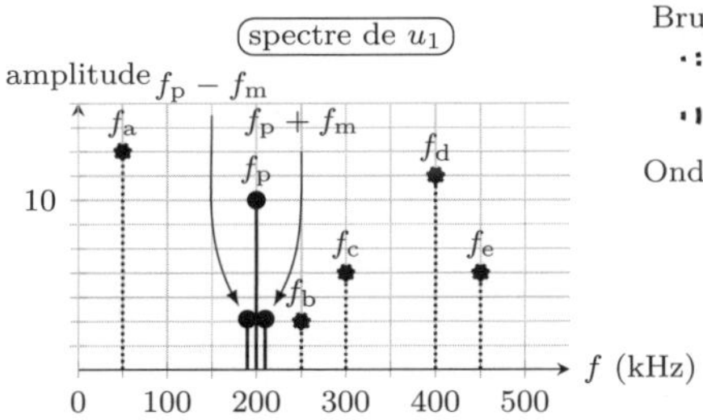

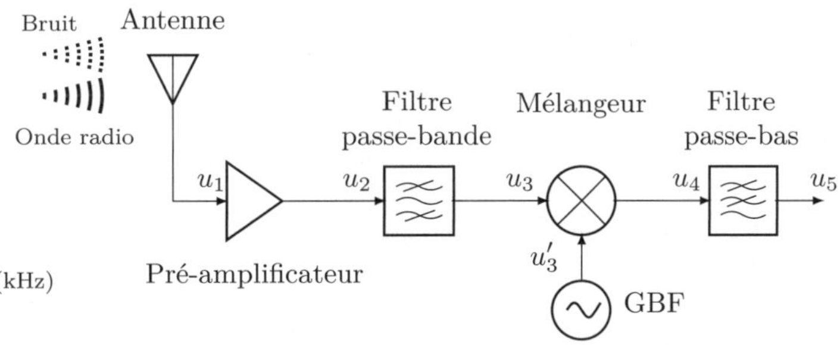

Le signal $u_1(t)$ capté est envoyé successivement au travers :

- d'un pré-amplificateur de gain $A = 10$,
- d'un filtre passe-bande idéal de bande passante $[175\,\text{kHz}, 225\,\text{kHz}]$,
- d'un mélangeur produisant un signal $u_4(t) = ku_3(t) \times u'_3(t)$ avec $k = 0{,}1\,\mathrm{V}^{-1}$ et $u'_3(t) = U_\mathrm{p}\cos(2\pi f_\mathrm{p} t)$,
- d'un filtre passe-bas idéal de fréquence de coupure $f_\mathrm{c} = 60\,\text{kHz}$.

Les spectres des signaux $u_2(t)$, $u_3(t)$, $u'_3(t)$, $u_4(t)$ et $u_5(t)$ sont représentés ci-dessous. Les titres des axes ont été retirés pour plus de clarté.

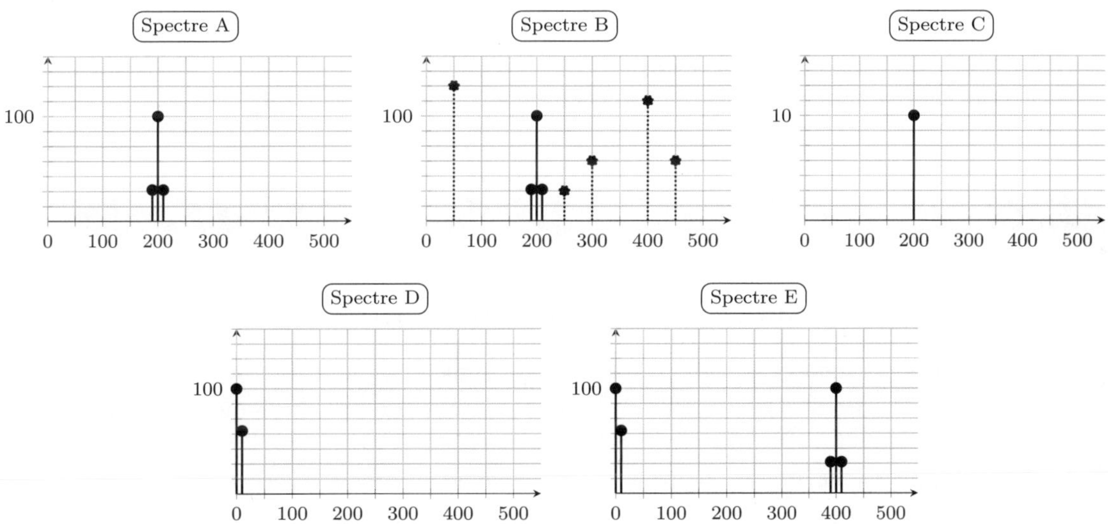

Attribuer un des spectres proposés ci-dessus à chaque signal :

a) $u_2(t)$ ....

b) $u_3(t)$ ....

c) $u'_3(t)$ ....

d) $u_4(t)$ ....

e) $u_5(t)$ ....

Entraînement 18.16 — Figure de battements, modulation d'amplitude.

Une station de radio émet un signal modulé en amplitude :

$$u(t) = U_\text{p} \cos(2\pi f_\text{p} t) \times \big(1 + m \cos(2\pi f_\text{m} t)\big)$$

avec f_m la fréquence du message sonore transporté par la porteuse, de fréquence f_p et d'amplitude U_p, avec un taux de modulation $0 < m < 1$.

Numériquement, f_p est très grande devant f_m ; ainsi, $u(t)$ peut être vu comme un signal oscillant « rapidement » à la période T_p entre les enveloppes

$$u_+(t) = +U_\text{p}[1 + m\cos(2\pi f_\text{m} t)] \qquad \text{et} \qquad u_-(t) = -U_\text{p}[1 + m\cos(2\pi f_\text{m} t)],$$

des fonctions oscillant « lentement » à la période T_m.

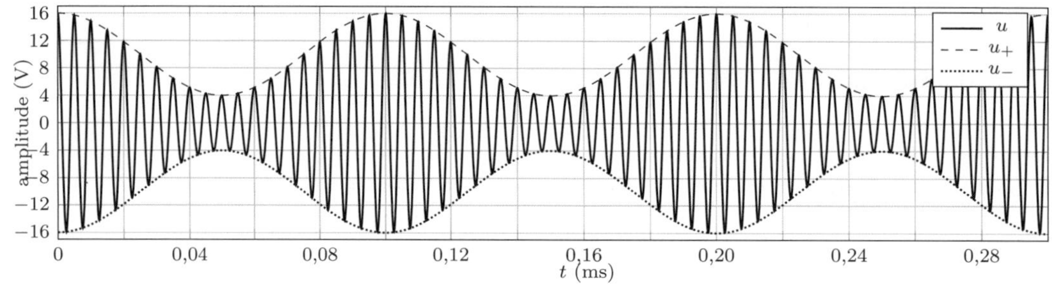

À l'aide d'une lecture graphique de l'oscillogramme, déterminer la valeur des grandeurs suivantes :

a) T_m .. ☐ b) T_p .. ☐ c) U_p .. ☐ d) m ... ☐

En déduire les fréquences caractéristiques du signal $u(t)$ modulé en amplitude :

e) f_p .... ☐ f) f_m .... ☐

Réponses mélangées

0,1 ms C (c) A (a) 0,1 V (c) $1x^0$ (d) 2,56 mH (c)

0 0,1 V 12,5 Hz 1 kHz (b) 0,6 0,005 ms $4x^{-2}$ 1,6 µF

instable stable 7 mH (c) $\dfrac{\mathrm{d}s}{\mathrm{d}t} + \omega_0 s = H_0\omega_0 e$ 1 ms 9,61 Hz

(b) stable (d) 20 ms 4 V (a) 1 Hz B $\dfrac{2}{3}x^0$ (b)

200 kHz (a) et (d) instable (a) Repliement de spectre D instable

50 Ω E (c) (a) (a) $\dfrac{1}{2}$ 0 (b) $4x^0$ (b) et (c) (a)

(b) (b) $\dfrac{2}{5}x^1$ (b) (a) 50 Hz 10 kHz (a) 333 Hz (c)

10 V 0,1 V 2 V $\dfrac{3}{5}x^0$ (a) 0,75 A 16,7 Hz (a) 0 (a)

► Réponses et corrigés page 335

Circuits logiques (MPI)

Pour bien commencer

Entraînement 19.1 — Bataille de mémoires.

On quantifie l'espace mémoire d'un support de stockage d'information en nombre d'octets, mais il existe deux systèmes d'unités différents en fonction du multiple choisi.

On distingue :

- les *kilooctets*, *mégaoctets*, *gigaoctets* et *téraoctets*, qui sont basés sur des multiples de 10 :
  - ▷ $1\,\text{ko} = 1 \times 10^3\,\text{o}$
  - ▷ $1\,\text{Mo} = 1 \times 10^6\,\text{o}$
  - ▷ $1\,\text{Go} = 1 \times 10^9\,\text{o}$
  - ▷ $1\,\text{To} = 1 \times 10^{12}\,\text{o}$
- les *kibioctets*, *mébioctets*, *gébioctets* et *tébioctets*, qui sont basés sur des multiples de 2 :
  - ▷ $1\,\text{Kio} = 2^{10}\,\text{o}$
  - ▷ $1\,\text{Mio} = 2^{20}\,\text{o}$
  - ▷ $1\,\text{Gio} = 2^{30}\,\text{o}$
  - ▷ $1\,\text{Tio} = 2^{40}\,\text{o}$

a) Quel est le fichier MP3 le plus volumineux ?

(a) $3\,746\,\text{ko}$

(b) $3\,221\,\text{Kio}$

(c) $3{,}746\,\text{Mio}$

.... ☐

b) Quel est le jeu le moins volumineux ?

(a) $4{,}588\,\text{Gio}$

(b) $2^{10} \times 4{,}482\,\text{Mio}$

(c) $2^{10} \times 4{,}653\,\text{Mo}$

.... ☐

c) Quel ordinateur a la plus grande mémoire ?

(a) $2^{32} \times 2{,}845\,\text{ko}$

(b) $2^{10} \times 1{,}368\,\text{Gio}$

(c) $2^{3} \times 0{,}158\,\text{To}$

.... ☐

Écriture d'un nombre

Entraînement 19.2 — Encodage : du décimal au binaire.

Afin d'encoder un entier de la base décimale, par exemple 78, vers la base binaire, on utilise le principe suivant : on effectue la division euclidienne par deux du nombre à encoder et on réitère l'opération avec le quotient obtenu jusqu'à obtenir 0. Par exemple :

$$78/2 \xrightarrow{\text{reste } 0} 39/2 \xrightarrow{\text{reste } 1} 19/2 \xrightarrow{\text{reste } 1} 9/2 \xrightarrow{\text{reste } 1} 4/2 \xrightarrow{\text{reste } 0} 2/2 \xrightarrow{\text{reste } 0} 1/2 \xrightarrow{\text{reste } 1} 0.$$

La lecture de droite à gauche des restes obtenus permet d'écrire le nombre binaire correspondant : 1001110.

Déterminer l'encodage dans la base binaire des entiers suivants :

a) 12

ⓐ 1000 ⓑ 1100 ⓒ 1101

b) 35

ⓐ 100101 ⓑ 100011 ⓒ 100111

c) 123

ⓐ 1111011 ⓑ 1111010 ⓒ 1110001

d) 255

ⓐ 01111111 ⓑ 11111110 ⓒ 11111111

e) Combien de valeurs peut prendre un octet (nombre binaire composé de 8 chiffres) ? ....

Entraînement 19.3 — Décodage : du binaire au décimal.

Pour décrypter un nombre binaire, par exemple 1101, et l'exprimer dans la base décimale, on utilise le principe suivant : chaque chiffre du nombre binaire correspond à un coefficient associé à une puissance de 2. Cette puissance dépend de la place du chiffre dans le nombre : le chiffre le plus à droite est à la position 0 et est le coefficient associé à 2^0 ; le chiffre le plus à gauche est à la dernière position p et est le coefficient associé à 2^p. Par exemple :

$$1101 \to 1 \times 2^3 + 1 \times 2^2 + 0 \times 2^1 + 1 \times 2^0 = 13.$$

La somme des puissances de 2 pondérées par les coefficients 1 ou 0 de 1101 donne 13.

Déterminer les nombres décimaux correspondant aux nombres binaires suivants.

a) 1111

ⓐ 13 ⓑ 15 ⓒ 17

b) 10101

ⓐ 17 ⓑ 19 ⓒ 21

c) 101010

ⓐ 42 ⓑ 54 ⓒ 68

d) 10111101

ⓐ 181 ⓑ 189 ⓒ 193

e) Que vaut en binaire le résultat du calcul $\dfrac{101010}{1111 - 1101}$?

Entraînement 19.4 — Mystérieux 121...

L'écriture d'un nombre repose sur une décomposition en puissances successives d'un nombre appelé *base*.

Par exemple, le nombre 1908 en base 10 s'écrit $1908|_{10} = 1 \times 10^3 + 9 \times 10^2 + 0 \times 10^1 + 8 \times 10^0$.
Autre exemple : on a l'égalité $1642|_7 = 1 \times 7^3 + 6 \times 7^2 + 4 \times 7^1 + 2 \times 7^0$.

Donner la décomposition des nombres suivants :

a) $121|_{10}$ ....

b) $121|_3$ ....

c) Quelles sont les relations correctes ?

(a) $121|_{10} \neq 121|_3$

(b) $3|_{121} = 10|_{121}$

(c) $121|_3 = 16|_{10}$

(d) $121|_b = 121|_3$

....

d) Donner la décomposition du nombre $121|_b$ en base $b > 2$ ....

e) Quel nombre $x > 0$ vérifie $x^2 = 121|_b$ pour $b > 2$?

(a) b (b) b^2 (c) $b - 1$ (d) $b + 1$

....

Logique et tables de vérité

Les fonctions logiques			
Nom de le fonction	NON A	A ET B	A OU B
Symbole logique	$\overline{A}$	$A \cap B$	$A \cup B$
Formule logique	$1 - A$	$A \times B$	$A + B - A \times B$

Entraînement 19.5 — Calculs logiques et lois de Morgan.

Établir les formules logiques des écritures symboliques suivantes :

a) $\overline{A} \cup \overline{B}$ ....

b) $\overline{A} \cap \overline{B}$ ....

Établir les écritures symboliques des formules logiques suivantes :

c) $1 - A \times B$ ....

d) $1 - (A + B) - A \times B$ .....

e) Quelles sont les relations correctes ?

(a) $\overline{A \cap B} = \overline{A} \cap \overline{B}$

(b) $\overline{A \cap B} = \overline{A} \cup \overline{B}$

(c) $\overline{A \cup B} = \overline{A} \cup \overline{B}$

(d) $\overline{A \cup B} = \overline{A} \cap \overline{B}$

Plusieurs réponses sont possibles.

....

Entraînement 19.6 — Des tables de vérité.

On considère les quatre tables de vérité de portes logiques suivantes.

Porte OR

A	B	S_1
0	0	0
1	0	1
0	1	1
1	1	1

Porte AND

A	B	S_2
0	0	0
1	0	0
0	1	0
1	1	1

Porte NOR

A	B	S_3
0	0	1
1	0	0
0	1	0
1	1	0

Porte NAND

A	B	S_4
0	0	1
1	0	1
0	1	1
1	1	0

On considère aussi quatre formules à leur attribuer :

(1) $S = 1 - A \times B$

(2) $S = A + B - A \times B$

(3) $S = 1 - A - B + A \times B$

(4) $S = A \times B$

Attribuer à chaque porte logique la formule correspondante.

a) Porte OR ....

b) Porte AND ....

c) Porte NOR ....

d) Porte NAND ....

e) On applique la formule $S = 1 - A - B + A \times B$, en remplaçant A par S_2 et B par S_3.

Quelle table de vérité obtient-on ?

(a)

A	B	S_2	S_3	S
0	0	0	1	1
1	0	0	0	1
0	1	0	0	0
1	1	1	0	0

(b)

A	B	S_2	S_3	S
0	0	0	1	0
1	0	0	0	0
0	1	0	0	1
1	1	1	0	1

(c)

A	B	S_2	S_3	S
0	0	0	1	0
1	0	0	0	1
0	1	0	0	1
1	1	1	0	0

(d)

A	B	S_2	S_3	S
0	0	0	1	1
1	0	0	0	0
0	1	0	0	0
1	1	1	0	1

....

Circuits de logique combinatoire

On rappelle les tables de vérité des fonctions logiques OR, AND, NOR, NAND, XOR et XNOR :

Porte OR

A	B	S_1
0	0	0
1	0	1
0	1	1
1	1	1

Porte AND

A	B	S_2
0	0	0
1	0	0
0	1	0
1	1	1

Porte NOR

A	B	S_3
0	0	1
1	0	0
0	1	0
1	1	0

Porte NAND

A	B	S_4
0	0	1
1	0	1
0	1	1
1	1	0

Porte XOR

A	B	S_5
0	0	0
1	0	1
0	1	1
1	1	0

Porte XNOR

A	B	S_6
0	0	1
1	0	0
0	1	0
1	1	1

Entraînement 19.7 — Un circuit logique.

On considère le circuit électrique ci-contre.

Il est composé de deux types de transistors qui fonctionnent comme des interrupteurs commandés en tension.

Le type 1 est considéré comme un interrupteur ouvert ou un interrupteur fermé si sa tension d'entrée est respectivement nulle ou non nulle. Le type 2 est considéré comme un interrupteur fermé ou un interrupteur ouvert si sa tension d'entrée est respectivement nulle ou non nulle.

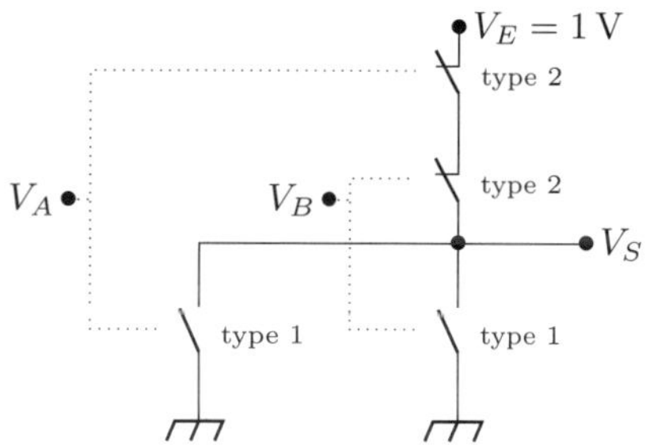

Déterminer la valeur de la tension de sortie V_S en volts dans le cas où les tensions d'entrée sont telles que :

a) $V_A = 0\,\text{V}$ et $V_B = 0\,\text{V}$ ....

b) $V_A = 1\,\text{V}$ et $V_B = 0\,\text{V}$ ....

c) $V_A = 0\,\text{V}$ et $V_B = 1\,\text{V}$ ....

d) $V_A = 1\,\text{V}$ et $V_B = 1\,\text{V}$ ....

e) S'agit-il d'une porte OR, AND, NOR ou bien NAND ? ....

Entraînement 19.8 — *Bis repetita.*

On considère le circuit électrique ci-contre.

Il est composé de deux types de transistors qui fonctionnent comme des interrupteurs commandés en tension.

Le type 1 est considéré comme un interrupteur ouvert ou un interrupteur fermé si sa tension d'entrée est respectivement nulle ou non nulle. Le type 2 est considéré comme un interrupteur fermé ou un interrupteur ouvert si sa tension d'entrée est respectivement nulle ou non nulle.

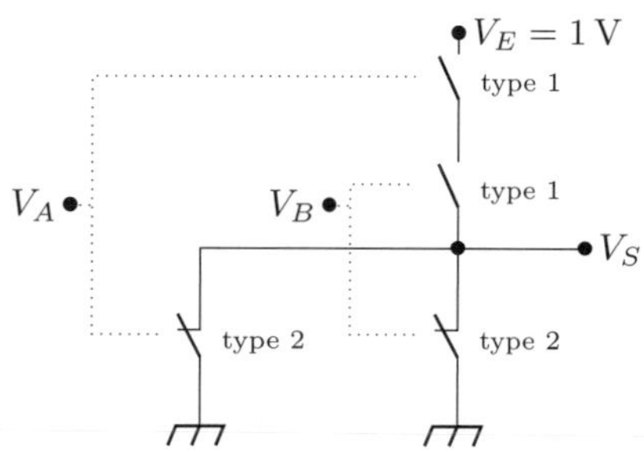

Déterminer la valeur de la tension de sortie V_S dans le cas où les tensions d'entrée sont telles que :

a) $V_A = 0\,\text{V}$ et $V_B = 0\,\text{V}$ ....

b) $V_A = 1\,\text{V}$ et $V_B = 0\,\text{V}$ ....

c) $V_A = 0\,\text{V}$ et $V_B = 1\,\text{V}$ ....

d) $V_A = 1\,\text{V}$ et $V_B = 1\,\text{V}$ ....

e) S'agit-il d'une porte OR, AND, NOR ou bien NAND ? ....

Entraînement 19.9 — La porte mystère.

On associe deux portes NO, deux portes AND et une porte OR selon une configuration représentée ci-après en utilisant les notations européenne (à gauche) et américaine (à droite) :

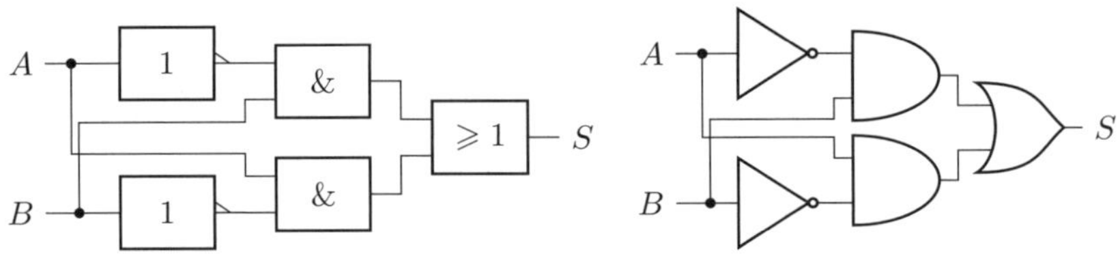

a) Que vaut S si $A = B = 0$? ....

b) Que vaut S si $A = B = 1$? ....

c) Que vaut S si $A = 0$ et $B = 1$? ......

d) Que vaut S si $A = 1$ et $B = 0$? ......

e) Ce circuit est-il l'équivalent d'un XOR ou d'un XNOR ? ....

Circuits de logique séquentielle

Entraînement 19.10 — Chronogramme d'une bascule RS.

On s'intéresse à un type de circuit logique appelé bascule RS comportant deux entrées R et S et une sortie principale Q. Le chronogramme ci-après a pu être obtenu :

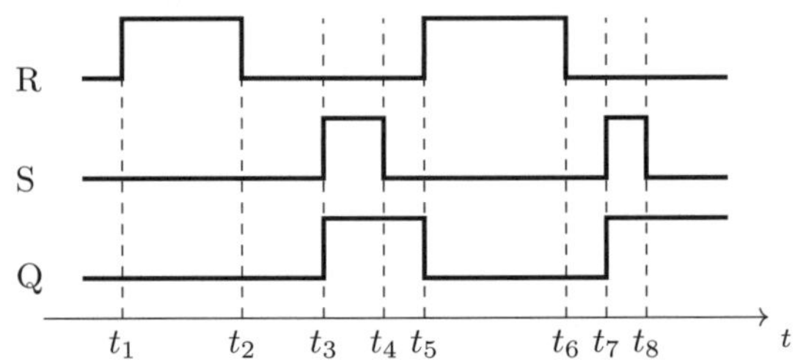

Pour chaque affirmation suivante, préciser si elle est vraie ou fausse.

a) Si R et S sont au niveau logique 0, la valeur de Q dépend de l'état antérieur ....

b) L'activation de R est une commande pour assurer d'avoir une sortie Q de niveau logique 1

c) Lorsque S passe au niveau logique 0, la sortie Q passe au niveau 1 ....

On rappelle qu'un circuit à logique séquentielle est *monostable* s'il présente un état stable dans lequel il peut rester indéfiniment et un état instable de durée déterminée (période) ; *bistable* s'il présente deux états stables, pouvant passer de l'un à l'autre par une impulsion extérieure de commande ; *astable* s'il n'y a pas d'état stable du système.

d) La bascule correspond-elle à un circuit monostable, bistable ou astable ? ....

Réponses mélangées

$0\,\text{V}$ (c)   (c)   Faux $\overline{A \cap B}$ 10101   1 $\overline{A \cup B}$ (3)   XOR   (b)

$1-(A+B)+A\times B$ (2)   (b) $0\,\text{V}$ $0\,\text{V}$ (c)   (4)   0 $1-A\times B$

(d)   1   (c) $1\,\text{V}$ AND   (b) $1\times 3^2+2\times 3^1 +1\times 3^0$ $0\,\text{V}$ (b) et (d)

$0\,\text{V}$ (c)   0   Faux $1\times 10^2+2\times 10^1 +1\times 10^0$ (a) $0\,\text{V}$ (a) (c)   256

$1\times b^2+2\times b^1 +1\times b^0$ Bistable $1\,\text{V}$ (1)   NOR   (a)   Vrai   (a)   (b)

► Réponses et corrigés page 340

Physique statistique (MP)

Prérequis
Équation d'état des gaz parfaits ($PV = nRT$).

Constantes utiles
- → Constante d'Avogadro : $\mathcal{N}_A = 6{,}02 \times 10^{23}\,\text{mol}^{-1}$
- → Constante des gaz parfaits : $R = 8{,}31\,\text{J}\cdot\text{K}^{-1}\cdot\text{mol}^{-1}$
- → Constante de Boltzmann : $k_\text{B} = 1{,}38 \times 10^{-23}\,\text{J}\cdot\text{K}^{-1}$

Quelques ordres de grandeur

Entraînement 20.1 — Eau vapeur.

a) Le nombre de molécules d'eau dans 1 mm^3 d'eau vapeur à la température $T = 373\,\text{K}$ et à la pression $P = 1{,}0\,\text{bar}$ est :

Ⓐ $1{,}9 \times 10^{11}$ Ⓑ $1{,}9 \times 10^{16}$ Ⓒ $1{,}9 \times 10^{19}$ Ⓓ $1{,}9 \times 10^{22}$

b) La distance moyenne entre deux molécules d'eau vapeur dans les mêmes conditions de température et de pression est :

Ⓐ $3{,}7\,\text{nm}$ Ⓑ $7{,}1\,\text{nm}$ Ⓒ $3{,}7\,\mu\text{m}$ Ⓓ $7{,}1\,\mu\text{m}$

Entraînement 20.2 — Eau liquide.

a) La masse molaire de l'eau est $M_{\text{H}_2\text{O}} = 18\,\text{g}\cdot\text{mol}^{-1}$. Estimer le nombre de molécules d'eau dans 1 mm^3 d'eau liquide de masse volumique $\mu = 1{,}0\,\text{kg}\cdot\text{L}^{-1}$

b) Estimer la distance moyenne entre deux molécules d'eau liquide

Entraînement 20.3 — Composition de l'air.

a) Les fractions molaires de dioxygène et de diazote de l'atmosphère terrestre au niveau de la mer sont

Ⓐ $x_{\text{O}_2} \approx 80\,\%$; $x_{\text{N}_2} \approx 20\,\%$
Ⓑ $x_{\text{O}_2} \approx 70\,\%$; $x_{\text{N}_2} \approx 30\,\%$
Ⓒ $x_{\text{O}_2} \approx 30\,\%$; $x_{\text{N}_2} \approx 70\,\%$
Ⓓ $x_{\text{O}_2} \approx 20\,\%$; $x_{\text{N}_2} \approx 80\,\%$

Les masses molaires atomiques de l'azote et de l'oxygène sont $M(\text{N}) = 14\,\text{g}\cdot\text{mol}^{-1}$ et $M(\text{O}) = 16\,\text{g}\cdot\text{mol}^{-1}$.

b) Calculer la masse molaire de l'air avec deux chiffres significatifs

Entraînement 20.4 — Masse de l'atmosphère terrestre.

En supposant la valeur du champ de pesanteur uniforme ($g \approx 10\,\mathrm{m\cdot s^{-2}}$) et en écrivant que la pression au sol est le poids surfacique de l'atmosphère terrestre, estimer la masse totale de l'atmosphère terrestre.

On prendra une pression au sol égale à 1 bar. Le rayon de la Terre est $R_T \approx 6{,}4 \times 10^3\,\mathrm{km}$.

....

Modèle de l'atmosphère isotherme

Entraînement 20.5 — Atmosphère terrestre.

On se place dans le modèle de l'atmosphère terrestre isotherme de température T. On note m la masse moyenne d'une particule et $M \approx 29\,\mathrm{g\cdot mol^{-1}}$ la masse molaire de l'atmosphère. On prend $g = 9{,}8\,\mathrm{m\cdot s^{-2}}$. La pression à l'altitude z au-dessus du niveau de la mer est :

$$P(z) = P(0)\exp\left(-\frac{z}{H}\right).$$

a) En notant L la dimension d'une longueur, la dimension de H est :

(a) L (b) L^{-1} (c) 1

....

b) Par une analyse dimensionnelle, donner la (ou les) expression(s) de H :

(a) $\dfrac{RT}{Mg}$ (b) $\dfrac{k_\mathrm{B}T}{mg}$ (c) $\dfrac{Mg}{RT}$ (d) $\dfrac{mg}{k_\mathrm{B}T}$

....

c) Calculer H pour $T = 15\,°\mathrm{C}$ ....

d) Calculer la pression au sommet de l'Everest d'altitude 8 849 m lorsque la pression au niveau de la mer est 1,013 bar.

....

Entraînement 20.6 — Hauteur d'un étage.

Des mesures de pression à deux niveaux différents d'un bâtiment à la température $T_0 = 20\,°\mathrm{C}$ ont donné $P_\mathrm{A} = 1\,027{,}17\,\mathrm{hPa}$ à l'étage A et $P_\mathrm{B} = 1\,027{,}54\,\mathrm{hPa}$ à l'étage B.

a) Le niveau A est plus haut que le niveau B.

(a) vrai (b) faux

....

b) La différence d'altitude entre les deux niveaux est :

(a) 2,5 m (b) 2,8 m (c) 3,1 m (d) 3,5 m

....

Systèmes à spectre discret d'énergies

Entraînement 20.7 — Probabilité d'occupation d'un état.

On considère des particules indépendantes pouvant être dans des états quantifiés, numérotés par l'entier i ($i = 1, 2, \dots$) et d'énergies notées E_i.

Ces niveaux d'énergie sont rangés par ordre croissant $E_1 < E_2 < E_3 < \cdots$ et sont non dégénérés.

Le système est en équilibre thermique avec un thermostat de température T.

La probabilité pour une particule d'occuper l'état i d'énergie E_i est donnée par :

$$p(E_i) = p_i = \frac{1}{Z}\exp\left(-\frac{E_i}{k_\mathrm{B}T}\right),$$

où Z est une constante pour une température donnée appelée *fonction de partition de la particule.*

a) Quelle proposition est correcte ?

(a) $Z = \sum_{i \geqslant 1} E_i \exp\left(\frac{E_i}{k_\mathrm{B}T}\right)$

(b) $Z = \sum_{i \geqslant 1} E_i \exp\left(-\frac{E_i}{k_\mathrm{B}T}\right)$

(c) $Z = \sum_{i \geqslant 1} \exp\left(-\frac{E_i}{k_\mathrm{B}T}\right)$

(d) $Z = \sum_{i \geqslant 1} \exp\left(\frac{E_i}{k_\mathrm{B}T}\right)$

....

b) Exprimer le rapport des probabilités d'occupation des états d'énergies E_m et E_n.

....

c) On considère une situation où le nombre d'états est fini : $1 \leqslant i \leqslant i_0$.

La répartition des particules sur les différents états quantifiés est quasi équiprobable lorsque :

(a) $E_2 - E_1 \gg k_\mathrm{B}T$

(b) $E_2 - E_1 \ll k_\mathrm{B}T$

(c) $E_{i_0} - E_1 \gg k_\mathrm{B}T$

(d) $E_{i_0} - E_1 \ll k_\mathrm{B}T$

....

d) On considère une situation où le nombre d'états est fini : $1 \leqslant i \leqslant i_0$.

Seul un état est très peuplé lorsque :

(a) $E_2 - E_1 \gg k_\mathrm{B}T$

(b) $E_2 - E_1 \ll k_\mathrm{B}T$

(c) $E_{i_0} - E_1 \gg k_\mathrm{B}T$

(d) $E_{i_0} - E_1 \ll k_\mathrm{B}T$

....

Entraînement 20.8 — Système à deux niveaux.

On considère une assemblée de N particules ayant deux niveaux d'énergie non dégénérés : l'état 1 d'énergie $E_1 = -\varepsilon < 0$ et l'état 2 d'énergie $E_2 = +\varepsilon > 0$. On note p_1 (respectivement p_2) la probabilité pour une particule d'être dans l'état 1 (respectivement l'état 2) et on pose $\beta = \dfrac{1}{k_\mathrm{B}T}$.

a) L'expression de p_1 est :

ⓐ $\dfrac{e^{\beta\varepsilon}}{2\cosh(\beta\varepsilon)}$ ⓒ $\dfrac{e^{-\beta\varepsilon}}{2\cosh(\beta\varepsilon)}$

ⓑ $\dfrac{e^{\beta\varepsilon}}{2\sinh(\beta\varepsilon)}$ ⓓ $\dfrac{e^{-\beta\varepsilon}}{2\sinh(\beta\varepsilon)}$

....

b) L'expression de p_2 est :

ⓐ $\dfrac{e^{\beta\varepsilon}}{2\cosh(\beta\varepsilon)}$ ⓒ $\dfrac{e^{-\beta\varepsilon}}{2\cosh(\beta\varepsilon)}$

ⓑ $\dfrac{e^{\beta\varepsilon}}{2\sinh(\beta\varepsilon)}$ ⓓ $\dfrac{e^{-\beta\varepsilon}}{2\sinh(\beta\varepsilon)}$

....

c) Dans la situation où $k_\mathrm{B}T \ll \varepsilon$, on a :

ⓐ $p_2 \gg p_1$ ⓑ $p_2 \approx p_1$ ⓒ $p_2 \ll p_1$

....

d) Dans la situation où $k_\mathrm{B}T \gg \varepsilon$, on a :

ⓐ $p_2 \gg p_1$ ⓑ $p_2 \approx p_1$ ⓒ $p_2 \ll p_1$

....

e) L'énergie moyenne du système est $\langle E_{\text{système}}\rangle = N\varepsilon\tanh(\beta\varepsilon)$.

La capacité thermique à volume constant du système est définie par $C = \dfrac{\mathrm{d}\langle E_{\text{système}}\rangle}{\mathrm{d}T}$.

Exprimer la capacité thermique à volume constant du système en fonction de N, ε, k_B et T.

....

Capacités thermiques

Entraînement 20.9 — Gaz parfait monoatomique.

a) Combien de degrés de liberté énergétiques quadratiques possède une molécule monoatomique ?

ⓐ 1 ⓑ 3 ⓒ 5 ⓓ 7

....

b) La capacité thermique molaire à volume constant $C_{\mathrm{V,m}}$ d'un gaz parfait monoatomique est :

ⓐ $3R/2$ ⓑ $5R/2$ ⓒ $3k_\mathrm{B}/2$ ⓓ $5k_\mathrm{B}/2$

....

Entraînement 20.10 — Théorème d'équipartition de l'énergie.

Dans un système de particules indépendantes à l'équilibre à la température T, chaque degré de liberté quadratique d'une particule contribue à l'énergie moyenne de la particule par :

ⓐ $\dfrac{k_\mathrm{B}T}{2}$ ⓑ $\dfrac{3k_\mathrm{B}T}{2}$ ⓒ $k_\mathrm{B}T$ ⓓ $\dfrac{5k_\mathrm{B}T}{2}$

....

Entraînement 20.11 — Vitesse quadratique moyenne.

La vitesse quadratique moyenne v^* d'une molécule est définie par :

$$v^* = \sqrt{\langle v^2 \rangle}.$$

a) En notant m la masse d'une molécule monoatomique, on a :

(a) $v^* = \sqrt{\dfrac{k_B T}{2m}}$ (b) $v^* = \sqrt{\dfrac{k_B T}{m}}$ (c) $v^* = \sqrt{\dfrac{3k_B T}{m}}$ (d) $v^* = \sqrt{\dfrac{5k_B T}{m}}$

b) Ce résultat est le même pour une molécule diatomique.

(a) vrai (b) faux

c) La masse molaire atomique de l'azote est $M(\mathrm{N}) = 14\,\mathrm{g \cdot mol^{-1}}$. Calculer la vitesse quadratique moyenne du diazote à la température $T = 20\,°\mathrm{C}$.

Entraînement 20.12 — Solide.

Les atomes d'un solide occupent des positions précises correspondant à la structure cristalline. Sous l'effet de l'agitation thermique, ils vibrent autour de ces positions. On modélise chaque atome par un oscillateur harmonique tridimensionnel.

a) Combien de degrés de liberté quadratiques l'énergie cinétique d'un atome contient-elle ?

(a) 1 (b) 2 (c) 3 (d) 6

b) Combien de degrés de liberté quadratiques l'énergie potentielle d'un atome contient-elle ?

(a) 1 (b) 2 (c) 3 (d) 6

c) La capacité thermique molaire d'un solide cristallin est :

(a) $3R/2$ (b) $3R$ (c) $3k_B/2$ (d) $3k_B$

Réponses mélangées

$29\,\mathrm{g \cdot mol^{-1}}$ $\dfrac{p_m}{p_n} = \exp\left(-\dfrac{E_m - E_n}{k_B T}\right)$ 0,31 nm (a) et (b) (a)

$5{,}1 \times 10^2\,\mathrm{m \cdot s^{-1}}$ (d) (d) $3{,}3 \times 10^{19}$ (c) (b) (c) (c) (a)

(a) (c) (b) (c) (a) (c) $5 \times 10^{18}\,\mathrm{kg}$ 8,4 km (c) (b)

$C = \dfrac{N\varepsilon^2}{k_B T^2}\left(1 - \tanh^2\left(\dfrac{\varepsilon}{k_B T}\right)\right)$ (a) (a) 0,35 bar (b) (a) (a)

► Réponses et corrigés page 345

Physique quantique

Prérequis

Onde progressive. Densité de probabilité de présence. État stationnaire en mécanique quantique. Normalisation d'une fonction d'onde. Coefficient de transmission. Principe de superposition.

Constantes utiles

→ Constante de Planck $h = 6{,}6 \times 10^{-34}\,\mathrm{kg \cdot m^2 \cdot s^{-1}}$

→ Constante de Planck réduite : $\hbar = \dfrac{h}{2\pi}$

→ Constante d'Avogadro $\mathcal{N}_A = 6{,}0 \times 10^{23}\,\mathrm{mol^{-1}}$

Pour commencer

Entraînement 21.1 — Caractère quantique.

Un objet est qualifié de quantique dès lors que $L \leqslant 100\lambda$, avec L sa taille, λ sa longueur d'onde de de Broglie telle que $\lambda = h/p$, et p sa quantité de mouvement.

Calculer la longueur d'onde de de Broglie λ des objets ci-dessous.

a) Balle de pistolet : $L = 10\,\mathrm{mm}$; $m = 10\,\mathrm{g}$; $v = 350\,\mathrm{m \cdot s^{-1}}$

....

b) Grain de pollen : $L = 5\,\mathrm{\mu m}$; $m = 5\,\mathrm{ng}$; $v = 2\,\mathrm{cm \cdot s^{-1}}$

....

c) Virus de l'hépatite B : $L = 42\,\mathrm{nm}$; $m = 3 \times 10^{-18}\,\mathrm{g}$; $v = 0{,}1\,\mathrm{mm \cdot h^{-1}}$

....

d) Molécule de O_2 : $L = 0{,}29\,\mathrm{nm}$; $M = 32{,}0\,\mathrm{g \cdot mol^{-1}}$; $v = 1\,800\,\mathrm{km \cdot h^{-1}}$

....

e) Quel(s) objet(s) pouvez-vous qualifier de quantique ?

- (a) une balle de pistolet
- (b) un grain de pollen
- (c) le virus de l'hépatite B
- (d) une molécule de O_2

....

Entraînement 21.2 — Interférences.

Prenons une expérience d'interférences impliquant un faisceau de particules quantiques. Ce faisceau est dirigé vers un dispositif à trois fentes contenues dans un même plan. Un détecteur est placé en un point M, à une grande distance du plan contenant les fentes.

Sans plus de détails sur la géométrie de l'interféromètre, voici les différentes configurations observées :

- si la fente n° 1 est ouverte alors l'amplitude de probabilité en M vaut $\varphi_1(\mathrm{M}) = 1/\sqrt{2}$;
- si la fente n° 2 est ouverte alors l'amplitude de probabilité en M vaut $\varphi_2(\mathrm{M}) = \mathrm{i}/2$ avec $\mathrm{i}^2 = -1$;
- si la fente n° 3 est ouverte alors l'amplitude de probabilité en M vaut $\varphi_3(\mathrm{M}) = \dfrac{\mathrm{e}^{-\mathrm{i}\pi/2}}{\sqrt{6}}$.

On rappelle que la densité de probabilité de présence est donnée par $|\varphi(M)|^2$.

Déterminer la densité de probabilité de détection d'une particule au voisinage de M lorsque :

a) seule la fente n° 1 est ouverte ....

b) les fentes n° 1 et n° 2 sont ouvertes ....

c) les fentes n° 2 et n° 3 sont ouvertes ....

d) toutes les fentes sont ouvertes ....

Autour des fonctions d'onde

- On rappelle qu'une fonction d'onde est dite normalisée si $\displaystyle\int_{-\infty}^{+\infty} |\varphi(x)|^2 \,\mathrm{d}x = 1$.
- On rappelle que, en mécanique quantique, un état est dit stationnaire si sa densité de probabilité de présence $|\psi(x,t)|^2$ est indépendante du temps.
- On rappelle la formule de linéarisation : $\cos^2(x) = \dfrac{1+\cos(2x)}{2}$.

Entraînement 21.3 — Normalisation d'une fonction d'onde (I).

Pour chaque fonction d'onde spatiale, déterminer la constante $A > 0$ pour normaliser la fonction d'onde.

a) $\varphi(x) = \sqrt{A\mathrm{e}^{-|x|/a}}$ (où $a > 0$) ....

b) $\varphi(x) = A\mathrm{e}^{-|x|/b}$ (où $b > 0$) ....

c) $\varphi(x) = \begin{cases} A\sqrt{1 - x^2/a^2} & \text{si } -a \leqslant x \leqslant a \\ 0 & \text{ailleurs} \end{cases}$ (où $a > 0$) ....

Entraînement 21.4 — Normalisation d'une fonction d'onde (II).

Pour chaque fonction d'onde spatiale, déterminer la constante $A > 0$ pour normaliser la fonction d'onde.

a) $\varphi(x) = \begin{cases} A\cos(\pi x/a) & \text{si } 0 \leqslant x \leqslant a \\ 0 & \text{ailleurs} \end{cases}$ (où $a > 0$) ....

b) $\varphi(x) = \begin{cases} A(\mathrm{e}^{\mathrm{i}\pi x/a} + 1) & \text{si } -a \leqslant x \leqslant a \\ 0 & \text{ailleurs} \end{cases}$ (où $a > 0$) ....

c) $\varphi(x) = \begin{cases} A\dfrac{x}{a} & \text{si } 0 \leqslant x \leqslant a \\ A\dfrac{b-x}{b-a} & \text{si } a \leqslant x \leqslant b \\ 0 & \text{ailleurs} \end{cases}$ (où $0 < a < b$) ....

Entraînement 21.5 — État stationnaire.

Parmi les différentes fonctions $\Psi(x,t)$ suivantes, quelles sont celles pouvant représenter un état stationnaire en mécanique quantique ?

(a) $\Psi(x,t) = A\mathrm{e}^{-\mathrm{i}kx}\mathrm{e}^{-\mathrm{i}\omega t}$

(b) $\Psi(x,t) = A\cos(kx - \omega t)$

(c) $\Psi(x,t) = A\cos(kx)\mathrm{e}^{-\mathrm{i}\omega t}$

(d) $\Psi(x,t) = A\cos(kx)\cos(\omega t)$

(e) $\Psi(x,t) = A\mathrm{e}^{\mathrm{i}kx}\left(\mathrm{e}^{-\mathrm{i}\omega_1 t} + \mathrm{e}^{-\mathrm{i}\omega_2 t}\right)$

....

Entraînement 21.6 — Fonction d'onde associée à une onde progressive.

Rappelons l'équation de Schrödinger unidimensionnelle :

$$-\frac{\hbar^2}{2m}\frac{\partial^2\Psi(x,t)}{\partial x^2} + V(x,t)\Psi(x,t) = \mathrm{i}\hbar\frac{\partial\Psi(x,t)}{\partial t}.$$

On cherche une solution pour une particule libre sous la forme d'une onde progressive.

a) Pour une particule libre, que vaut la grandeur $V(x,t)$? ....

b) Dans nos conditions, rappeler l'expression de l'énergie cinétique de la particule en fonction, entre autres, de la norme du vecteur d'onde k.

....

c) Quelle est la fonction d'onde compatible avec l'équation de Schrödinger ?

(a) $\Psi(x,t) = A\mathrm{e}^{\mathrm{i}(kx-\omega t)}$

(b) $\Psi(x,t) = A\mathrm{e}^{\mathrm{i}(\omega t-kx)}$

....

d) Dans quel sens se propage l'onde ?

(a) Dans le sens des x décroissants

(b) Dans le sens des x croissants

....

e) Calculer la densité de probabilité de présence $|\Psi(x,t)|^2$ ....

f) La fonction d'onde représente-t-elle un état stationnaire : « oui » ou « non » ? ....

Entraînement 21.7 — Particule dans un puits.

Une particule quantique de masse m est confinée dans un puits. Dans son état fondamental, la fonction d'onde spatiale s'écrit :

$$\varphi(x) = \begin{cases} A\cos(\alpha x) & \text{si } -\dfrac{\pi}{2\alpha} \leqslant x \leqslant \dfrac{\pi}{2\alpha} \\ 0 & \text{ailleurs,} \end{cases}$$

où α est une grandeur réelle positive.

a) Déterminer la constante de normalisation $A > 0$ ....

b) Calculer la probabilité P que la particule se trouve dans l'intervalle $0 \leqslant x \leqslant \dfrac{\pi}{4\alpha}$. Cette probabilité est définie par $P = \displaystyle\int_0^{\pi/4\alpha} |\varphi(x)|^2 \, dx$.

....

c) Donner sans calculs la position moyenne $\langle x \rangle$ de la particule, définie par $\langle x \rangle = \displaystyle\int_{-\infty}^{+\infty} x|\varphi(x)|^2 \, dx$.

....

Entraînement 21.8 — Particule liée.

Prenons une particule quantique de masse m susceptible de se déplacer le long d'un axe (Ox). Son état quantique est représenté par la fonction d'onde :

$$\Psi(x,t) = \begin{cases} 0 & \text{si } x < 0 \\ Axe^{-\alpha x}e^{-iEt/\hbar} & \text{si } x \geqslant 0, \end{cases}$$

où A et α sont des grandeurs réelles positives.

a) Comment s'écrit le calcul de la probabilité de présence P de la particule dans tout l'espace ?

ⓐ $P = A^2 \displaystyle\int_{-\infty}^{+\infty} x^2 e^{-2\alpha x} \, dx$

ⓑ $P = A^2 \displaystyle\int_{0}^{+\infty} x^2 e^{-2\alpha x} \, dx$

ⓒ $P = A^2 \displaystyle\int_{0}^{+\infty} x^2 e^{-2\alpha x + 2Et/\hbar} \, dx$

ⓓ $P = A^2 \displaystyle\int_{-\infty}^{+\infty} x^2 e^{2\alpha x} \, dx$

....

b) La normalisation de la fonction d'onde impose $P = 1$.

Grâce à une intégration par parties, déterminer la constante de normalisation A.

....

c) Calculer la probabilité que la particule se trouve dans l'intervalle $0 \leqslant x \leqslant \dfrac{1}{\alpha}$.

....

Cas d'un potentiel uniforme par morceaux

Entraînement 21.9 — Détermination d'une fonction d'onde.

On considère le profil de potentiel $V(x)$ ci-contre, constant par morceaux. On souhaite obtenir les formes $\varphi_{\mathrm{I}}(x)$, $\varphi_{\mathrm{II}}(x)$ et $\varphi_{\mathrm{III}}(x)$ de la fonction d'onde d'une particule d'énergie E ($V_{\mathrm{II}} < E < V_{\mathrm{III}}$) dans les trois zones.

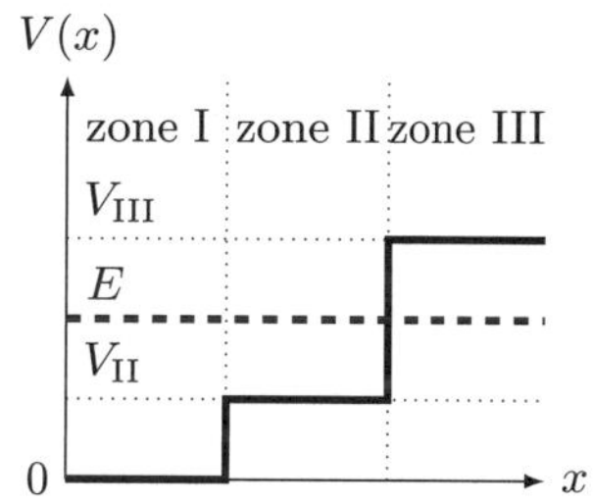

Pour cela on utilise l'équation de Schrödinger à une seule dimension x, indépendante du temps :

$$-\frac{\hbar^2}{2m}\frac{\mathrm{d}^2\varphi(x)}{\mathrm{d}x^2} + V(x)\varphi(x) = E\varphi(x). \tag{1}$$

De plus, on rappelle les solutions pour l'équation différentielle $\dfrac{\mathrm{d}^2 f(x)}{\mathrm{d}x^2} = \alpha f(x)$:

- si $\alpha < 0$: $f(x) = A\cos\left(\sqrt{|\alpha|}x\right) + B\sin\left(\sqrt{|\alpha|}x\right)$;
- si $\alpha > 0$: $f(x) = A\mathrm{e}^{\sqrt{\alpha}x} + B\mathrm{e}^{-\sqrt{\alpha}x}$.

a) Utiliser l'équation (1) dans la zone I pour exprimer $\dfrac{\mathrm{d}^2\varphi_{\mathrm{I}}(x)}{\mathrm{d}x^2}$.

....

b) Exprimer $\varphi_{\mathrm{I}}(x)$ en fonction de A_{I}, B_{I}, m et E.

....

c) Utiliser l'équation (1) dans la zone II pour exprimer $\dfrac{\mathrm{d}^2\varphi_{\mathrm{II}}(x)}{\mathrm{d}x^2}$.

....

d) Exprimer $\varphi_{\mathrm{II}}(x)$ en fonction de A_{II}, B_{II}, m, E et V_{II}.

....

e) Utiliser l'équation (1) dans la zone III pour exprimer $\dfrac{\mathrm{d}^2\varphi_{\mathrm{III}}(x)}{\mathrm{d}x^2}$.

....

f) Exprimer $\varphi_{\mathrm{III}}(x)$ en fonction de A_{III}, B_{III}, m, E et V_{III}.

....

g) Réexprimer $\varphi_{\mathrm{III}}(x)$ afin d'empêcher sa divergence quand $x \to +\infty$.

....

Entraînement 21.10 — Puits de potentiel fini, étude des solutions paires.

Soit un puits de potentiel fini, de valeur nulle entre les positions $x = -a$ et $x = a$, et de valeur V_0 partout ailleurs. En étudiant une particule d'énergie $E < V_0$, on peut montrer que sa fonction d'onde spatiale $\varphi(x)$ prend les formes suivantes dans les trois zones définies sur la figure ci-contre :

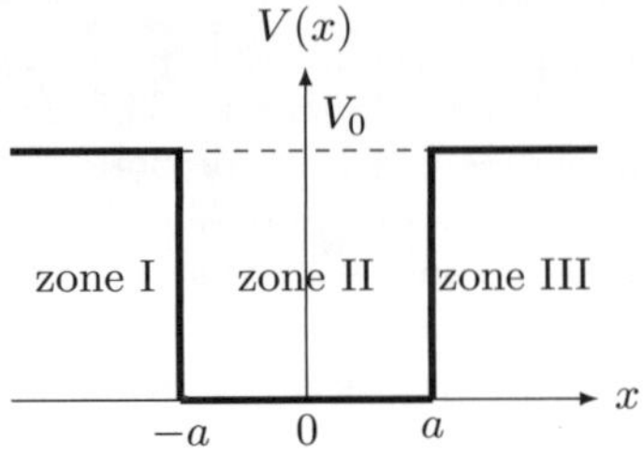

$$\varphi_{\mathrm{I}}(x) = A_{\mathrm{I}}\mathrm{e}^{Qx} \quad ; \quad \varphi_{\mathrm{II}}(x) = A_{\mathrm{II}}\cos(Kx) \quad ; \quad \varphi_{\mathrm{III}}(x) = A_{\mathrm{III}}\mathrm{e}^{-Qx}.$$

On cherche à déterminer une relation entre A_{I} et A_{III}, les amplitudes de la fonction d'onde dans les zones I et III, ainsi qu'une relation entre Q et K, des paramètres liés à V_0 et E, en utilisant les relations de continuité pour $\varphi(x)$ et $\dfrac{\mathrm{d}\varphi(x)}{\mathrm{d}x}$ en $-a$ et a.

a) On a calculé ci-dessous les dérivées $\dfrac{\mathrm{d}\varphi_{\mathrm{I}}(x)}{\mathrm{d}x}$, $\dfrac{\mathrm{d}\varphi_{\mathrm{II}}(x)}{\mathrm{d}x}$ et $\dfrac{\mathrm{d}\varphi_{\mathrm{III}}(x)}{\mathrm{d}x}$:

$$-K\alpha\sin(Kx) \qquad Q\beta\mathrm{e}^{Qx} \qquad -Q\gamma\mathrm{e}^{-Qx} \qquad K\delta\sin(Kx).$$

Déterminer, parmi les termes α, β, γ et δ, ceux qui correspondent à A_{I}, A_{II} et A_{III} :

(a) $A_{\mathrm{I}} = \beta$, $A_{\mathrm{II}} = \delta$, $A_{\mathrm{III}} = \gamma$

(b) $A_{\mathrm{I}} = \beta$, $A_{\mathrm{II}} = \alpha$, $A_{\mathrm{III}} = \gamma$

(c) $A_{\mathrm{I}} = \gamma$, $A_{\mathrm{II}} = \alpha$, $A_{\mathrm{III}} = \beta$

....

b) Il y a continuité de $\varphi(x)$ en $-a$. Égaliser $\varphi_{\mathrm{I}}(-a)$ et $\varphi_{\mathrm{II}}(-a)$.

....

c) Il y a continuité de $\dfrac{\mathrm{d}\varphi(x)}{\mathrm{d}x}$ en $-a$. Égaliser $\dfrac{\mathrm{d}\varphi_{\mathrm{I}}(-a)}{\mathrm{d}x}$ et $\dfrac{\mathrm{d}\varphi_{\mathrm{II}}(-a)}{\mathrm{d}x}$.

....

d) Il y a continuité de $\varphi(x)$ en a. Égaliser $\varphi_{\mathrm{III}}(a)$ et $\varphi_{\mathrm{II}}(a)$.

....

e) Il y a continuité de $\dfrac{\mathrm{d}\varphi(x)}{\mathrm{d}x}$ en a. Égaliser $\dfrac{\mathrm{d}\varphi_{\mathrm{III}}(a)}{\mathrm{d}x}$ et $\dfrac{\mathrm{d}\varphi_{\mathrm{II}}(a)}{\mathrm{d}x}$.

....

f) À partir des réponses des questions b) et d), trouver une relation entre A_{I} et A_{III}.

....

g) À partir des réponses des questions d) et e), trouver une relation entre Q et K.

....

Entraînement 21.11 — Puits de potentiel fini, étude des solutions impaires.

Soit un puits de potentiel fini, de valeur nulle entre les positions $x = -a$ et $x = a$, et de valeur V_0 partout ailleurs. En étudiant une particule d'énergie $E < V_0$, on peut montrer que sa fonction d'onde spatiale $\varphi(x)$ prend les formes suivantes dans les trois zones définies sur la figure ci-contre :

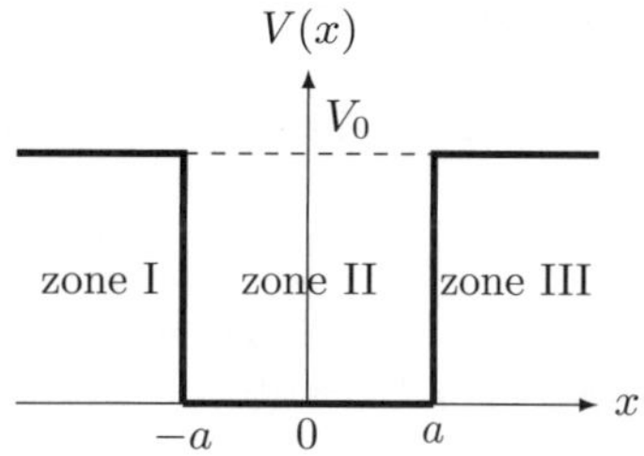

$$\varphi_{\mathrm{I}}(x) = A_{\mathrm{I}}\mathrm{e}^{Qx} \quad ; \quad \varphi_{\mathrm{II}}(x) = A_{\mathrm{II}}\sin(Kx) \quad ; \quad \varphi_{\mathrm{III}}(x) = A_{\mathrm{III}}\mathrm{e}^{-Qx}.$$

On cherche à déterminer une relation entre A_{I} et A_{III}, les amplitudes de la fonction d'onde dans les zones I et III, ainsi qu'une relation entre Q et K, des paramètres liés à V_0 et E, en utilisant les relations de continuité pour $\varphi(x)$ et $\dfrac{\mathrm{d}\varphi(x)}{\mathrm{d}x}$ en $-a$ et a.

a) On a calculé ci-dessous les dérivées $\dfrac{\mathrm{d}\varphi_{\mathrm{I}}(x)}{\mathrm{d}x}$, $\dfrac{\mathrm{d}\varphi_{\mathrm{II}}(x)}{\mathrm{d}x}$ et $\dfrac{\mathrm{d}\varphi_{\mathrm{III}}(x)}{\mathrm{d}x}$:

$$-Q\alpha\mathrm{e}^{-Qx} \qquad K\beta\cos(Kx) \qquad -K\gamma\cos(Kx) \qquad Q\delta\mathrm{e}^{Qx}.$$

Déterminer, parmi les termes α, β, γ et δ, ceux qui correspondent à A_{I}, A_{II} et A_{III} :

- (a) $A_{\mathrm{I}} = \alpha$, $A_{\mathrm{II}} = \beta$, $A_{\mathrm{III}} = \delta$
- (b) $A_{\mathrm{I}} = \delta$, $A_{\mathrm{II}} = \gamma$, $A_{\mathrm{III}} = \alpha$
- (c) $A_{\mathrm{I}} = \delta$, $A_{\mathrm{II}} = \beta$, $A_{\mathrm{III}} = \alpha$

b) Il y a continuité de $\varphi(x)$ en $-a$. Égaliser $\varphi_{\mathrm{I}}(-a)$ et $\varphi_{\mathrm{II}}(-a)$.

c) Il y a continuité de $\dfrac{\mathrm{d}\varphi(x)}{\mathrm{d}x}$ en $-a$. Égaliser $\dfrac{\mathrm{d}\varphi_{\mathrm{I}}(-a)}{\mathrm{d}x}$ et $\dfrac{\mathrm{d}\varphi_{\mathrm{II}}(-a)}{\mathrm{d}x}$.

d) Il y a continuité de $\varphi(x)$ en a. Égaliser $\varphi_{\mathrm{III}}(a)$ et $\varphi_{\mathrm{II}}(a)$.

e) Il y a continuité de $\dfrac{\mathrm{d}\varphi(x)}{\mathrm{d}x}$ en a. Égaliser $\dfrac{\mathrm{d}\varphi_{\mathrm{III}}(a)}{\mathrm{d}x}$ et $\dfrac{\mathrm{d}\varphi_{\mathrm{II}}(a)}{\mathrm{d}x}$.

f) À partir des réponses des questions b) et d), retrouver la relation entre A_{I} et A_{III}.

g) À partir des réponses des questions d) et e), trouver une relation entre Q et K.

Effet tunnel

Entraînement 21.12 — Coefficient de transmission.

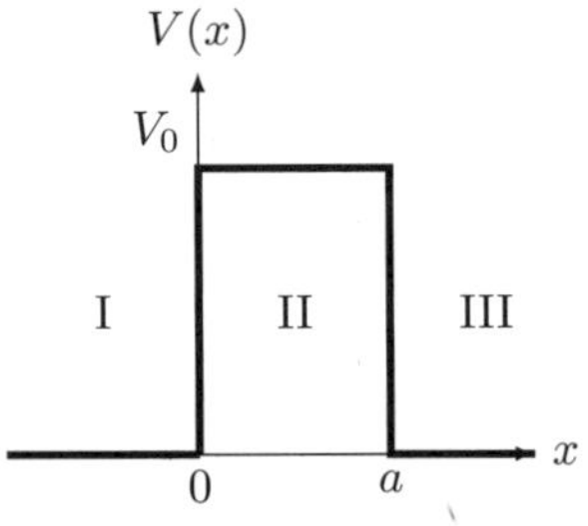

On considère une particule de masse m se déplaçant selon un axe (Ox) soumise au potentiel représenté ci-contre. Cette particule arrive de la région I avec une énergie $E < V_0$. Dans ces conditions, on peut montrer que le coefficient de transmission T s'écrit :

$$T = \frac{1}{1 + \dfrac{V_0^2}{4E(V_0 - E)} \sinh^2(ka)} \quad \text{avec} \quad k = \sqrt{\frac{2m(V_0 - E)}{\hbar^2}}.$$

Dans le cas où $ka \gg 1$, on montre que T se simplifie sous la forme : $T \approx T_0 \mathrm{e}^{-2ka}$.

On donne l'approximation suivante : pour $x \gg 1$, $\sinh(x) \approx \dfrac{\mathrm{e}^x}{2}$.

a) Exprimer T_0 en fonction de V_0 et E ....

b) Toutes choses égales par ailleurs, la probabilité de transmission est d'autant plus grande que la barrière est épaisse.

(a) vrai (b) faux

....

c) Toutes choses égales par ailleurs, un proton a plus de chances d'être transmis qu'un électron.

(a) vrai (b) faux

....

d) Toutes choses égales par ailleurs, la transmission est d'autant plus probable que la particule est énergétique.

(a) vrai (b) faux

....

Entraînement 21.13 — Courant tunnel.

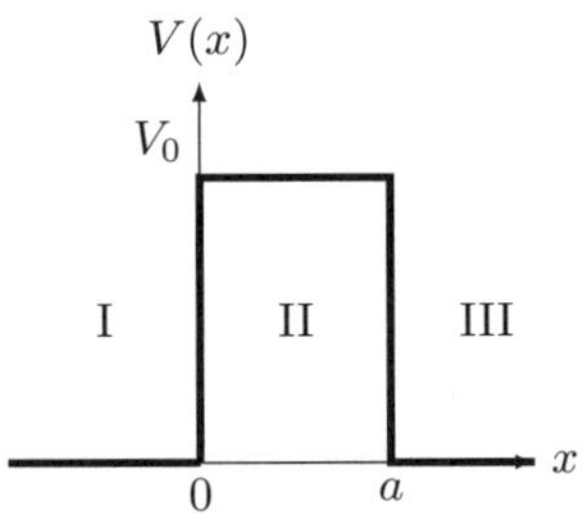

On considère un électron de masse $m_e = 9,1 \times 10^{-31}$ kg se déplaçant selon un axe (Ox). Ce dernier arrive de la région I avec une énergie $E = 1,0$ eV sur une barrière de potentiel de hauteur $V_0 = 2,0$ eV et d'épaisseur $a = 1,0$ nm. On peut montrer que le coefficient de transmission T s'écrit :

$$T = \frac{16E(V_0 - E)}{V_0^2} \mathrm{e}^{-2ka} \quad \text{avec} \quad k = \sqrt{\frac{2m(V_0 - E)}{\hbar^2}},$$

en supposant l'approximation $ka \gg 1$ vérifiée. On rappelle : 1 eV = $1,6 \times 10^{-19}$ J.

a) Calculer T ....

On considère maintenant un faisceau incident d'électrons correspondant à un courant $I = 10$ mA.

b) Calculer l'intensité du courant transmis I_t, en µA ....

Toutes choses égales par ailleurs, on remplace maintenant le faisceau d'électrons par un faisceau de protons, de masse $m_p = 1{,}7 \times 10^{-27}$ kg.

c) Qualitativement, l'intensité transmise va :

(a) augmenter (b) diminuer

d) Calculer la nouvelle intensité transmise I'_t ...

Réponses mélangées

$\dfrac{16E(V_0-E)}{V_0^2}$ $\dfrac{1}{2}$ 1,4 µA $\dfrac{5-2\sqrt{6}}{12}$ $A_{\rm I}\cos\left(\sqrt{\dfrac{2m}{\hbar^2}E}x\right)+B_{\rm I}\sin\left(\sqrt{\dfrac{2m}{\hbar^2}E}x\right)$

$-\dfrac{2m}{\hbar^2}(E-V_{\rm II})\varphi_{\rm II}(x)$ $\dfrac{2m}{\hbar^2}(V_{\rm III}-E)\varphi_{\rm III}(x)$ $A_{\rm III}{\rm e}^{-Qa}=A_{\rm II}\cos(Ka)$

(b) $\dfrac{1}{4}+\dfrac{1}{2\pi}$ 8×10^{-6} m $|\Psi(x,t)|^2=A^2$ $2{,}5\times10^{-11}$ m 0 A

$A=\dfrac{1}{2\sqrt{a}}$ $-QA_{\rm III}{\rm e}^{-Qa}=KA_{\rm II}\cos(Ka)$ $A=\dfrac{1}{2}\sqrt{\dfrac{3}{a}}$ $1-5{\rm e}^{-2}$

$\dfrac{11-2\sqrt{6}}{12}$ (c) et (d) $A_{\rm I}=-A_{\rm III}$ (b) $A=2\alpha^{3/2}$ (a) et (c)

$QA_{\rm I}{\rm e}^{-Qa}=KA_{\rm II}\cos(Ka)$ $A=\sqrt{\dfrac{3}{b}}$ (b) $\dfrac{\hbar^2k^2}{2m}$ 0 $-\dfrac{2m}{\hbar^2}E\varphi_{\rm I}(x)$ (b)

oui $A=\dfrac{1}{2a}$ $1{,}9\times10^{-34}$ m $A_{\rm II}\cos\left(\sqrt{\dfrac{2m}{\hbar^2}(E-V_{\rm II})}x\right)+B_{\rm II}\sin\left(\sqrt{\dfrac{2m}{\hbar^2}(E-V_{\rm II})}x\right)$ 7×10^{-21} m

$A_{\rm I}{\rm e}^{-Qa}=A_{\rm II}\cos(Ka)$ (b) $QA_{\rm III}{\rm e}^{-Qa}=KA_{\rm II}\sin(Ka)$ 0 $1{,}4\cdot10^{-4}$

$\dfrac{3}{4}$ $A=\sqrt{\dfrac{2\alpha}{\pi}}$ $A_{\rm III}{\rm e}^{-Qa}=A_{\rm II}\sin(Ka)$ (a) $A_{\rm III}{\rm e}^{\sqrt{\frac{2m}{\hbar^2}(V_{\rm III}-E)}x}+B_{\rm III}{\rm e}^{-\sqrt{\frac{2m}{\hbar^2}(V_{\rm III}-E)}x}$

$A_{\rm I}{\rm e}^{-Qa}=-A_{\rm II}\sin(Ka)$ (a) $A=\dfrac{1}{\sqrt{b}}$ $A_{\rm I}=A_{\rm III}$ $A=\sqrt{\dfrac{2}{a}}$ $-\dfrac{K}{Q}=\tan(Ka)$

$QA_{\rm I}{\rm e}^{-Qa}=KA_{\rm II}\sin(Ka)$ (b) $\dfrac{Q}{K}=\tan(Ka)$ (c) $B_{\rm III}{\rm e}^{-\sqrt{\frac{2m}{\hbar^2}(V_{\rm III}-E)}x}$

► Réponses et corrigés page 348

Transformations chimiques (MP)

Prérequis
Enthalpie, entropie, enthalpie libre. Premier et second principes de la thermodynamique.
Loi de Hess. Grandeurs de réaction, constante d'équilibre, déplacements d'équilibre.
Énergie de liaison.

Constantes utiles
→ Constante des gaz parfaits : $R = 8{,}314\,\text{J}\cdot\text{K}^{-1}\cdot\text{mol}^{-1}$

Dans cette fiche, ν_i désigne les nombres stœchiométriques algébriques, c'est-à-dire pris positivement pour les produits et négativement pour les réactifs.

Utilisation des relations fondamentales

Entraînement 22.1 — Déterminer une enthalpie standard de réaction (I).

La loi de Hess permet d'exprimer une enthalpie standard de réaction $\Delta_r H^\circ$ en fonction des enthalpies standard de formation $\Delta_f H_i^\circ$ des composés impliqués dans la réaction selon la relation :

$$\Delta_r H^\circ = \sum_i \nu_i \Delta_f H_i^\circ.$$

Ci-dessous sont données quelques enthalpies standard de formation à 298 K.

	$CH_3COOH(\ell)$	$CO_2(g)$	$H_2O(\ell)$	$H_2O(g)$	$CH_3OH(\ell)$	$CH_4(g)$	$O_2(g)$	$H_2(g)$
$\Delta_f H^\circ$ ($\text{kJ}\cdot\text{mol}^{-1}$)	−485	−400	−300	−250	−240	−70	0	0

Exprimer puis calculer l'enthalpie standard de réaction $\Delta_r H^\circ$ (en $\text{kJ}\cdot\text{mol}^{-1}$) en fonction des enthalpies standard de formation des composés impliqués dans chacune des réactions suivantes, réalisées à une température de 298 K et à la pression standard $P^\circ = 1\,\text{bar}$.

a) Synthèse de l'eau sous forme gazeuse : $H_2(g) + \frac{1}{2}O_2(g) = H_2O(g)$.

....

b) Synthèse du méthane : $CH_3OH(\ell) + H_2(g) = CH_4(g) + H_2O(\ell)$.

....

c) Combustion de l'acide éthanoïque : $CH_3COOH(\ell) + 2\,O_2(g) = 2\,CO_2(g) + 2\,H_2O(\ell)$.

....

Entraînement 22.2 — Déterminer une enthalpie standard de réaction (II).

On considère les équations de réaction (1) et (2) suivantes, dont les enthalpies standard de réaction valent respectivement $\Delta_r H_1^\circ = -562{,}6\,\text{kJ}\cdot\text{mol}^{-1}$ et $\Delta_r H_2^\circ = -1\,075{,}2\,\text{kJ}\cdot\text{mol}^{-1}$:

$$(1)\quad H_2S(g) + \frac{3}{2}O_2(g) = H_2O(\ell) + SO_2(g) \qquad \text{et} \qquad (2)\quad CS_2(\ell) + 3\,O_2(g) = CO_2(g) + 2\,SO_2(g).$$

On s'intéresse à l'équation de réaction :

$$(3)\quad CS_2(\ell) + 2\,H_2O(\ell) = CO_2(g) + 2\,H_2S(g).$$

On rappelle que si une réaction (3) peut s'écrire comme combinaison linéaire de deux réactions (1) et (2) telle que (3) $= \alpha \times$ *(1)* $+ \beta \times$ *(2), alors la loi de Hess s'écrit* $\Delta_r H_3^\circ = \alpha\Delta_r H_1^\circ + \beta\Delta_r H_2^\circ$.

a) Déterminer les valeurs de α et β telles que $(3) = \alpha \times (1) + \beta \times (2)$.

....

b) En déduire la valeur de $\Delta_r H_3^\circ$, en $\text{kJ}\cdot\text{mol}^{-1}$ ....

Entraînement 22.3 — Déterminer une entropie standard de réaction (III).

De la relation d'Euler découle une relation permettant d'exprimer une entropie standard de réaction $\Delta_r S^\circ$ en fonction des entropies molaires standard $S^\circ_{m,i}$ des composés impliqués dans la réaction selon la relation :

$$\Delta_r S^\circ = \sum_i \nu_i S^\circ_{m,i}.$$

Ci-dessous sont données quelques entropies molaires standard à 298 K.

	$H_2O(\ell)$	$CH_4(g)$	$CH_3OH(\ell)$	$H_2(g)$	$CH_3COOH(\ell)$	$H_2O(g)$	$O_2(g)$	$CO_2(g)$
S°_m $(\text{J}\cdot\text{K}^{-1}\cdot\text{mol}^{-1})$	65	70	128	131	160	189	205	214

Exprimer puis calculer l'entropie standard de réaction $\Delta_r S^\circ$ (en $\text{J}\cdot\text{K}^{-1}\cdot\text{mol}^{-1}$) en fonction des entropies molaires standard des composés impliqués dans chacune des réactions suivantes, réalisées à une température de 298 K et à la pression standard $P^\circ = 1$ bar.

a) Synthèse de l'eau sous forme gazeuse : $H_2(g) + \frac{1}{2}O_2(g) = H_2O(g)$.

....

b) Synthèse du méthane : $CH_3OH(\ell) + H_2(g) = CH_4(g) + H_2O(\ell)$.

....

c) Combustion de l'acide éthanoïque : $CH_3COOH(\ell) + 2\,O_2(g) = 2\,CO_2(g) + 2\,H_2O(\ell)$.

....

Entraînement 22.4 — Autour des enthalpies libres standard de réaction.

Pour une réaction se produisant à température T constante sous 1 bar, l'enthalpie libre standard de réaction $\Delta_r G^\circ$ est définie par $\Delta_r G^\circ = \Delta_r H^\circ - T \times \Delta_r S^\circ$ et $\Delta_r G^\circ = -RT \ln K^\circ$, où $\Delta_r H^\circ$, $\Delta_r S^\circ$ et K° sont respectivement l'enthalpie standard de réaction, l'entropie standard de réaction et la constante d'équilibre de la réaction considérée.

On se propose de calculer l'enthalpie libre standard de réaction $\Delta_r G^\circ$ ainsi que la constante d'équilibre K° de plusieurs réactions, présentées dans le tableau ci-dessous. Pour chacune d'elles sont données les valeurs numériques de l'enthalpie standard de réaction et de l'entropie molaire standard de réaction, à 298 K.

	Équation de réaction	$\Delta_r H^\circ$ ($kJ \cdot mol^{-1}$)	$\Delta_r S^\circ$ ($J \cdot K^{-1} \cdot mol^{-1}$)
(1)	$H_2(g) + \frac{1}{2} O_2(g) = H_2O(g)$	−250	−44,5
(2)	$CH_3OH(\ell) + H_2(g) = CH_4(g) + H_2O(\ell)$	−130	−124
(3)	$CH_3COOH(\ell) + 2\,O_2(g) = 2\,CO_2(g) + 2\,H_2O(\ell)$	−915	−12

a) Calculer $\Delta_r G_1^\circ$ à 298 K, en $kJ \cdot mol^{-1}$.

....

b) Calculer K_1° à 298 K.

....

c) Calculer $\Delta_r G_2^\circ$ à 298 K, en $kJ \cdot mol^{-1}$.

....

d) Calculer K_2° à 298 K.

....

e) Calculer $\Delta_r G_3^\circ$ à 298 K, en $kJ \cdot mol^{-1}$.

....

f) Calculer K_3° à 298 K.

....

Entraînement 22.5 — Calculer des grandeurs thermodynamiques liées.

La loi de Hess généralisée permet d'exprimer une enthalpie libre standard de réaction $\Delta_r G^\circ$ en fonction des enthalpies libres standard de formation $\Delta_f G_i^\circ$ des composés impliqués dans la réaction selon la relation :

$$\Delta_r G^\circ = \sum_i \nu_i \Delta_f G_i^\circ.$$

En outre, on rappelle la relation suivante : $\Delta_r G^\circ = \Delta_r H^\circ - T \times \Delta_r S^\circ$, où $\Delta_r H^\circ$ et $\Delta_r S^\circ$ sont respectivement l'enthalpie standard de réaction et l'entropie standard de réaction.

L'équilibre de Deacon correspond à l'équation de réaction $O_2(g) + 4\,HC\ell(g) = 2\,H_2O(g) + 2\,C\ell_2(g)$. Son enthalpie standard de réaction à 298 K vaut $\Delta_r H^\circ = -114{,}8\,kJ \cdot mol^{-1}$. Quelques enthalpies libres standard de formation sont données ci-dessous à 298 K.

	$O_2(g)$	$C\ell_2(g)$	$HC\ell(g)$	$H_2O(g)$
$\Delta_f G^\circ$ ($kJ \cdot mol^{-1}$)	0	0	−95	−229

a) Calculer $\Delta_r G^\circ$ à 298 K, en $kJ \cdot mol^{-1}$ ....

b) Calculer $\Delta_r S^\circ$ à 298 K, en $J \cdot K^{-1} \cdot mol^{-1}$ ......

Entraînement 22.6 — Exploiter une régression linéaire.

On considère la réaction de décomposition du peroxyde d'hydrogène, d'équation :

$$H_2O_2(\ell) = H_2O(\ell) + \frac{1}{2}O_2(g).$$

On donne ci-dessous la courbe représentant l'évolution de l'enthalpie libre standard de réaction $\Delta_r G^\circ$ en fonction de la température T ainsi qu'une régression linéaire de cette courbe.

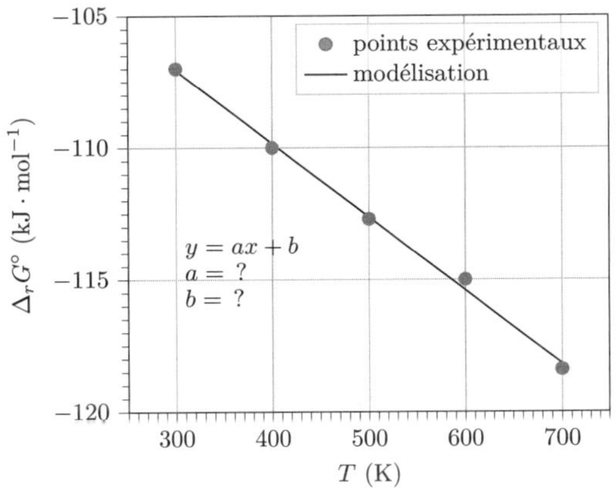

On suppose que $\Delta_r H^\circ$ et $\Delta_r S^\circ$ sont indépendants de la température (approximation d'Ellingham) et on rappelle la relation $\Delta_r G^\circ = \Delta_r H^\circ - T \times \Delta_r S^\circ$.

a) Déterminer le coefficient directeur de la droite a en précisant son unité ...

b) Déterminer l'ordonnée à l'origine b en précisant son unité ....

c) Identifier les grandeurs thermodynamiques correspondant à a et b.

(a) $a = \Delta_r H^\circ$ (c) $a = \Delta_r S^\circ$ (e) $b = \Delta_r H^\circ$ (g) $b = \Delta_r S^\circ$

(b) $a = -\Delta_r H^\circ$ (d) $a = -\Delta_r S^\circ$ (f) $b = -\Delta_r H^\circ$ (h) $b = -\Delta_r S^\circ$

....

d) En déduire la valeur de $\Delta_r H^\circ$, en $kJ \cdot mol^{-1}$ ....

e) En déduire la valeur de $\Delta_r S^\circ$, en $J \cdot K^{-1} \cdot mol^{-1}$ ....

Entraînement 22.7 — Exploiter la relation de van 't Hoff.

Parmi les expressions fausses suivantes, indiquer celles qui ont au moins le mérite d'être homogènes.

(a) $\frac{dK^\circ}{dT} = \frac{\Delta_r H^\circ}{RT^2}$ (b) $\frac{dK^\circ}{dT} = -\frac{\Delta_r H^\circ}{RT}$ (c) $\frac{d\ln K^\circ}{dT} = \frac{\Delta_r S^\circ}{RT}$ (d) $\frac{dK^\circ}{dT} = \frac{\Delta_r G^\circ}{RT^2}$

....

Entraînement 22.8 — Étudier l'influence de la température sur un équilibre.

Soit la réaction de formation de l'ammoniac gazeux, d'équation $\frac{1}{2}N_2(g) + \frac{3}{2}H_2(g) = NH_3(g)$. L'enthalpie standard de formation de l'ammoniac gazeux à 298 K vaut $\Delta_f H^\circ(NH_3(g)) = -46{,}1\,kJ \cdot mol^{-1}$ et les autres sont nulles. La constante d'équilibre à $T_1 = 400\,K$ vaut $K_1^\circ = 6{,}8$.

a) Calculer à 298 K l'enthalpie standard de réaction $\Delta_r H^\circ$, en $kJ \cdot mol^{-1}$.

....

b) Intégrer la relation de van 't Hoff $\frac{d\ln K^\circ}{dT} = \frac{\Delta_r H^\circ}{RT^2}$ entre deux valeurs de température notées T_1 et T_2, en supposant que l'enthalpie standard de réaction est indépendante de la température (approximation d'Ellingham). Les constantes d'équilibre associées sont notées K_1° et K_2°.

....

c) Calculer K_2° à $T_2 = 500\,K$ ....

Utilisation de cycles thermodynamiques

Entraînement 22.9 — Avec des énergies de liaison.

On s'intéresse à la formation d'éthanol liquide $C_2H_5OH(\ell)$ à partir des corps simples pris dans leur état standard de référence. Quelques énergies de liaison sont données ci-dessous.

Liaison	C–C	C–H	C–O	O–H	H–H	O=O
Énergie de liaison $\mathcal{E}$ ($kJ \cdot mol^{-1}$)	346	411	358	459	435	502

L'énergie de liaison $\mathcal{E}(A{-}B)$ est l'énergie à fournir pour rompre la liaison A–B en phase gazeuse de manière homolytique, c'est-à-dire de telle sorte que les deux électrons de la liaison se partagent entre les deux atomes.

a) Parmi les corps simples suivants, identifier ceux impliqués dans la formation de l'éthanol.

(a) $O_2(g)$ (b) $H_2(g)$ (c) $N_2(g)$ (d) C(s)

....

b) En supposant une stœchiométrie de 1 pour l'éthanol, établir l'équation de la réaction de formation de l'éthanol à partir des corps simples identifiés à la question précédente.

....

c) Donner le schéma de Lewis de l'éthanol ....

d) Dénombrer le nombre de liaisons et remplir le tableau suivant.

liaison	C–C	C–H	C–O	O–H
nombre de liaisons				

e) Exprimer et calculer, en $kJ \cdot mol^{-1}$, l'enthalpie standard de formation de l'éthanol liquide.

....

Entraînement 22.10 — Établir un cycle thermodynamique.

On considère la réaction de formation de l'ammoniac liquide $NH_3(\ell)$ à 208 K, dont l'équation est :

$$N_2(g) + 3\,H_2(g) \longrightarrow 2\,NH_3(\ell).$$

L'enthalpie standard de formation associée est notée $\Delta_f H^\circ(NH_3(\ell))$. L'enthalpie standard de vaporisation de l'ammoniac liquide est $\Delta_{vap} H^\circ(NH_3(\ell)) = 20\,\text{kJ}\cdot\text{mol}^{-1}$. Quelques énergies de liaison sont données ci-dessous.

Liaison	H–H	N–H	N≡N
Énergie de liaison $\mathcal{E}$ ($\text{kJ}\cdot\text{mol}^{-1}$)	450	400	960

L'énergie de liaison, notée $\mathcal{E}$(A–B), est définie comme étant l'énergie à fournir pour rompre la liaison A–B en phase gazeuse de manière homolytique, c'est-à-dire de telle sorte que les deux électrons de la liaison covalente se partagent entre A et B.

a) Indiquer les réponses exactes.

(a) L'énergie de liaison $\mathcal{E}$(H–H) est l'énergie à fournir pour rompre une liaison simple H–H.

(b) Pour former une mole de $N_2(g)$ à partir de deux moles de N(g), il faut fournir une énergie égale à $2 \times \mathcal{E}(N{\equiv}N)$.

(c) Pour former une mole de $NH_3(g)$, il faut disposer d'une mole de N(g) et de trois moles de H(g).

(d) La formation d'une mole de $NH_3(g)$ à partir d'une mole de N(g) et de trois moles de H(g) libère une énergie égale à $3 \times \mathcal{E}(N{-}H)$.

....

b) Indiquer les expressions des énergies associées aux étapes (1) et (2) du cycle ci-après.

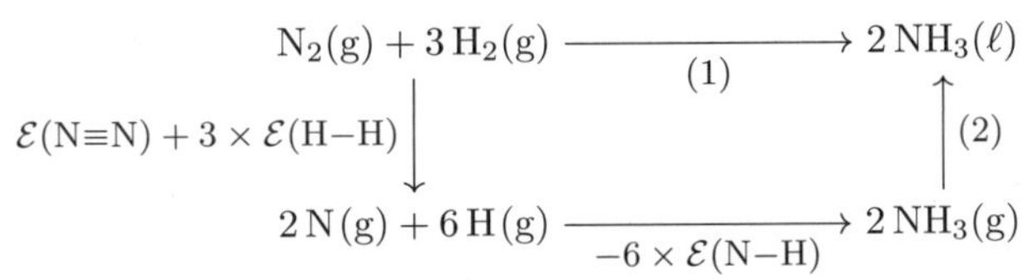

(a) $(1) = \Delta_f H^\circ(NH_3(\ell))$ et $(2) = -\Delta_{vap} H^\circ(NH_3(\ell))$

(b) $(1) = 2\Delta_f H^\circ(NH_3(\ell))$ et $(2) = 2\Delta_{vap} H^\circ(NH_3(\ell))$

(c) $(1) = \Delta_f H^\circ(NH_3(\ell))$ et $(2) = \Delta_{vap} H^\circ(NH_3(\ell))$

(d) $(1) = 2\Delta_f H^\circ(NH_3(\ell))$ et $(2) = -2\Delta_{vap} H^\circ(NH_3(\ell))$

....

c) Calculer $\Delta_f H^\circ(NH_3(\ell))$ à 298 K, en $\text{kJ}\cdot\text{mol}^{-1}$ ....

Entraînement 22.11 — Cas d'un réacteur monobare et adiabatique.

On considère la combustion de l'éthanol $C_2H_5OH(\ell)$, supposée adiabatique et monobare, dont l'équation de réaction est $C_2H_5OH(\ell) + 3\,O_2(g) \longrightarrow 3\,H_2O\,(g) + 2\,CO_2(g)$. L'éthanol et le dioxygène sont introduits en proportions stœchiométriques. On note n_0 la quantité de matière initiale en éthanol. L'enthalpie standard de la réaction à 298 K vaut $\Delta_r H^\circ = -1\,236\,\text{kJ}\cdot\text{mol}^{-1}$. Quelques capacités molaires standard, supposées indépendantes de la température, sont données ci-dessous.

	$C_2H_5OH(\ell)$	$O_2(g)$	$CO_2(g)$	$H_2O\,(g)$
$C^\circ_{\text{p,m},k}$ $(\text{J}\cdot\text{K}^{-1}\cdot\text{mol}^{-1})$	111	29,9	37,1	33,6

a) Parmi les affirmations, indiquer celles qui sont correctes.

(a) Lors d'une transformation monobare, la pression du système est constante à tout instant.

(b) Lors d'une transformation adiabatique, la température du système est constante à tout instant.

(c) Lors d'une transformation adiabatique, le système n'échange pas de chaleur.

(d) Pour une transformation adiabatique et monobare sans travail autre que celui des forces de pression, la variation d'enthalpie du système est nulle : $\Delta H = 0$.

b) On décompose la transformation précédente en deux étapes :

- une étape chimique isobare et isotherme d'avancement ξ dont la variation d'enthalpie est notée ΔH_{chi} ;
- une étape physique isobare et isoavancement durant laquelle la température varie et dont la variation d'enthalpie est notée ΔH_{phy}.

Attribuer les variations d'enthalpies ΔH_{chi} et ΔH_{phy} aux étapes (1) et (2) du schéma ci-dessous.

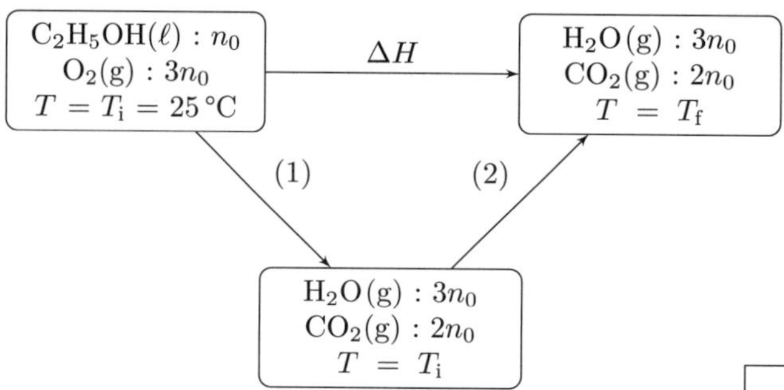

c) Exprimer ΔH_{chi} en fonction de l'enthalpie standard de réaction $\Delta_r H^\circ$ et de n_0. On pourra s'aider d'une analyse dimensionnelle

d) Exprimer ΔH_{phy} en fonction de T_i, T_f, n_0 et des capacités thermiques molaires $C^\circ_{\text{p,m},k}$.

e) Établir la relation entre ΔH, ΔH_{phy} et ΔH_{chi}

f) Exprimer puis calculer T_f en °C

Déplacements d'équilibre

Entraînement 22.12 — Étudier l'influence de paramètres sur un équilibre.

On considère une transformation chimique endothermique, dont l'équation de réaction est :

$$CH_4(g) + H_2O(g) = CO(g) + 3\,H_2(g).$$

La loi de van 't Hoff précise qu'une augmentation isobare de température appliquée à un système physico-chimique initialement dans un état d'équilibre provoque une évolution dans le sens endothermique de la réaction modélisant la transformation. Le système a donc tendance à réagir de façon à s'opposer aux changements imposés afin de compenser cette perturbation, jusqu'à l'établissement d'un nouvel état d'équilibre. De même, une augmentation isotherme de la pression déplace l'équilibre dans le sens d'une diminution de la quantité de matière totale de gaz.

a) Déterminer le sens d'évolution du système lors d'une augmentation isobare de la température.

(a) sans évolution (b) sens direct (c) sens inverse

b) Indiquer l'expression correcte du quotient de réaction de l'équilibre précédent.

(a) $Q = \dfrac{x_{H_2}^3 x_{CO}}{x_{CH_4} x_{H_2O}} \left(\dfrac{P_{tot}}{P^\circ}\right)^2$

(b) $Q = \dfrac{x_{H_2}^3 x_{CO}}{x_{CH_4} x_{H_2O}} \left(\dfrac{P^\circ}{P_{tot}}\right)^2$

(c) $Q = \dfrac{x_{CH_4} x_{H_2O}}{x_{H_2}^3 x_{CO}} \left(\dfrac{P_{tot}}{P^\circ}\right)^2$

c) Indiquer le sens d'évolution du système lors d'une augmentation isotherme de la pression.

(a) sans évolution (b) sens direct (c) sens inverse

d) Indiquer l'expression correcte du quotient de réaction de l'équilibre précédent.

(a) $Q = \dfrac{n_{H_2}^3 n_{CO}}{n_{CH_4} n_{H_2O} n_{tot}^2} \left(\dfrac{P_{tot}}{P^\circ}\right)^2$

(b) $Q = \dfrac{n_{H_2}^3 n_{CO}}{n_{CH_4} n_{H_2O} n_{tot}^2} \left(\dfrac{P^\circ}{P_{tot}}\right)^2$

(c) $Q = \dfrac{n_{H_2}^3 n_{CO} n_{tot}^2}{n_{CH_4} n_{H_2O}} \left(\dfrac{P_{tot}}{P^\circ}\right)^2$

e) En déduire le sens d'évolution du système lors de l'ajout isotherme et isobare de dihydrogène H_2.

(a) sans évolution (b) sens direct (c) sens inverse

f) En déduire le sens d'évolution du système lors de l'ajout isotherme et isobare d'eau H_2O.

(a) sans évolution (b) sens direct (c) sens inverse

g) Déterminer le sens d'évolution du système lors de l'ajout isotherme et isobare de diazote N_2.

(a) sans évolution (b) sens direct (c) sens inverse

Réponses mélangées

$\alpha = -2$ et $\beta = 1$ — ⓐ, ⓒ et ⓓ — $-12\,\mathrm{J \cdot K^{-1} \cdot mol^{-1}}$ — $2{,}04 \cdot 10^{16}$ — ⓒ

$-93{,}0\,\mathrm{kJ \cdot mol^{-1}}$ — $-99\,\mathrm{kJ \cdot mol^{-1}}$ — $\Delta H_{\mathrm{phy}} = (3C^{\circ}_{\mathrm{p,m,H_2O}} + 2C^{\circ}_{\mathrm{p,m,CO_2}}) n_0 (T_{\mathrm{f}} - T_{\mathrm{i}})$

$\ln\left(\dfrac{K_2^{\circ}}{K_1^{\circ}}\right) = \dfrac{\Delta_{\mathrm{r}} H^{\circ}}{R}\left(\dfrac{1}{T_1} - \dfrac{1}{T_2}\right)$ — $2\,\mathrm{C(s)} + 3\,\mathrm{H_2(g)} + \dfrac{1}{2}\,\mathrm{O_2(g)} \rightarrow \mathrm{C_2H_5OH}(\ell)$ — $-46{,}1\,\mathrm{kJ \cdot mol^{-1}}$

ⓑ — ⓓ — $4{,}89 \cdot 10^{159}$ — $-65\,\mathrm{kJ \cdot mol^{-1}}$ — ⓐ — ⓐ — ⓓ et ⓔ

$-124\,\mathrm{J \cdot K^{-1} \cdot mol^{-1}}$ — ⓐ, ⓒ et ⓓ — $-99\,\mathrm{kJ \cdot mol^{-1}}$ — $\Delta H_{\mathrm{chi}} = \Delta_{\mathrm{r}} H^{\circ} \times n_0$

ΔH_{chi} pour (1)
ΔH_{phy} pour (2)
— $7\,088\,°\mathrm{C}$ — $-44{,}5\,\mathrm{J \cdot K^{-1} \cdot mol^{-1}}$

C–C	C–H	C–O	O–H
1	5	1	1

$28\,\mathrm{J \cdot K^{-1} \cdot mol^{-1}}$ — $0{,}42$ — $-911\,\mathrm{kJ \cdot mol^{-1}}$ — $-130\,\mathrm{kJ \cdot mol^{-1}}$ — ⓐ, ⓑ et ⓓ

$-236{,}7\,\mathrm{kJ \cdot mol^{-1}}$ — $-123{,}5\,\mathrm{J \cdot K^{-1} \cdot mol^{-1}}$ — ⓑ — $-28\,\mathrm{J \cdot K^{-1} \cdot mol^{-1}}$ — $3{,}15 \cdot 10^{41}$

$50{,}0\,\mathrm{kJ \cdot mol^{-1}}$ — ⓒ — $\Delta_{\mathrm{f}} H^{\circ}(\mathrm{C_2H_5OH}(\ell)) = -1{,}66 \times 10^{3}\,\mathrm{kJ \cdot mol^{-1}}$ — ⓑ — $\Delta H = \Delta H_{\mathrm{phy}} + \Delta H_{\mathrm{chi}}$

$-250\,\mathrm{kJ \cdot mol^{-1}}$ — $-915\,\mathrm{kJ \cdot mol^{-1}}$ — 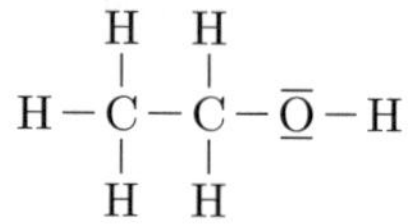 — $-78\,\mathrm{kJ \cdot mol^{-1}}$ — ⓒ et ⓓ

► Réponses et corrigés page 355

Courbes intensité-potentiel (MP)

Prérequis
Pour la demi-équation électronique du couple Ox/Red : α Ox $+ n\,e^- = \beta$ Red, le potentiel de Nernst à 25 °C s'écrit :

$$E = E^\circ + \frac{0{,}06}{n}\log\left(\frac{a_{\text{ox}}^{\alpha}}{a_{\text{red}}^{\beta}}\right).$$

Avant toute chose

Entraînement 23.1 — Potentiel à l'abandon.

À l'aide du montage à trois électrodes, la courbe intensité-potentiel ci-dessous est obtenue à 25 °C pour le couple Cu^{2+}/Cu.

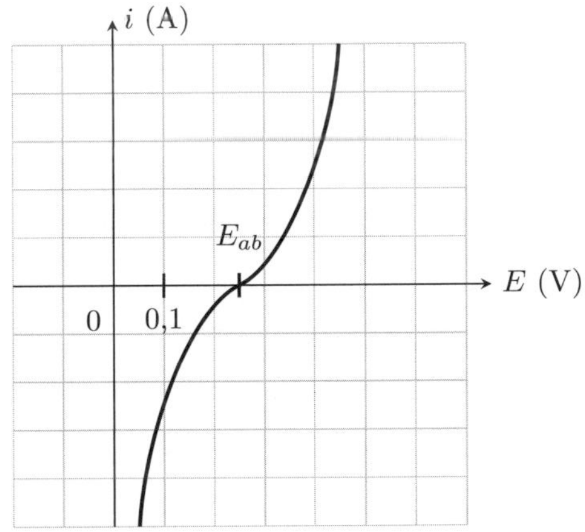

L'électrode de travail est en cuivre et la concentration en ions cuivriques Cu^{2+} présents dans la solution électrolytique est notée C à l'instant initial.

Le potentiel à l'abandon E_{ab} (également appelé *potentiel à courant nul*, ou *potentiel à l'équilibre*) est le point de la courbe $i(E)$ pour lequel le courant est nul. La valeur de ce potentiel est donnée par le potentiel de Nernst.

On donne $E^\circ_{\text{Cu}^{2+}/\text{Cu}} = 0{,}34\,\text{V}$.

a) Déterminer la concentration C des ions cuivriques dans la solution électrolytique ......

b) La mesure du potentiel E_{ab} est effectuée à l'aide d'un voltmètre dont la borne « V » est reliée à l'électrode de travail en cuivre et la borne « COM » à une électrode de référence au calomel dont le potentiel est 0,25 V.

Quelle est la tension lue sur le voltmètre ? ....

Entraînement 23.2 — Domaine de prédominance/Domaine d'existence.

La courbe intensité-potentiel du couple Cu^{2+}/Cu est donnée ci-contre.

Cette courbe délimite deux domaines :

ⓐ Domaine du réducteur

ⓑ Domaine de l'oxydant

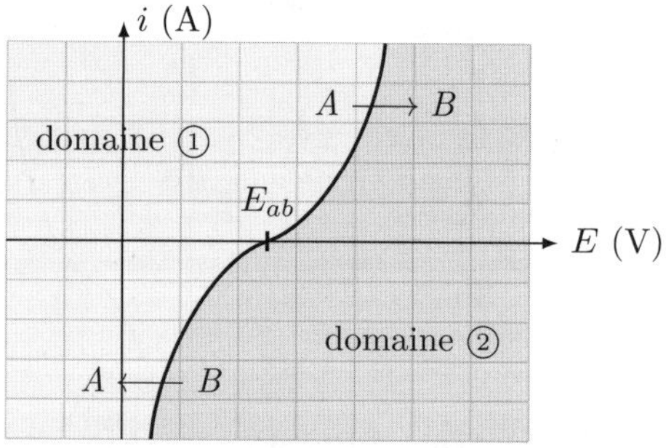

a) À quel domaine correspond le domaine ① ? ....

b) À quel domaine correspond le domaine ② ? ....

Le couple concerné est Cu^{2+}/Cu. Au niveau de la courbe $i(E)$ sont indiqués les éléments A et B réagissant.

c) Quelle est l'espèce A ? ....

d) Quelle est l'espèce B ? ....

Entraînement 23.3 — Parties anodique et cathodique de la courbe $i(E)$.

La courbe intensité-potentiel du couple Fe^{2+}/Fe est donnée ci-contre.

La partie anodique de la courbe $i(E)$ est la portion de courbe pour laquelle l'intensité du courant arrivant au niveau de l'électrode de travail est positive. Dans ces conditions, l'électrode de travail se comporte en anode.

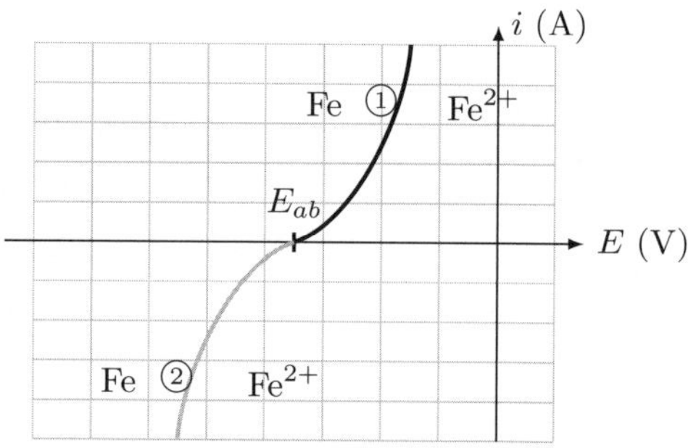

a) Quelle réaction se produit sur l'électrode de travail lorsque le courant est positif ?

....

b) En ①, nous devons placer une flèche indiquant le sens de la réaction se produisant.

Laquelle choisir ?

ⓐ $\longrightarrow$ ⓑ $\longleftarrow$

....

La partie cathodique de la courbe $i(E)$ est la portion de courbe pour laquelle l'intensité du courant arrivant au niveau de l'électrode de travail est négative. Dans ces conditions, l'électrode de travail se comporte en cathode.

c) Quelle réaction se produit sur l'électrode de travail lorsque le courant est négatif ?

....

d) En ②, nous devons placer une flèche indiquant le sens de la réaction se produisant.

Laquelle choisir ?

ⓐ $\longrightarrow$ ⓑ $\longleftarrow$

....

Entraînement 23.4 — Courbe $i(E)$ de Fe^{3+}/Fe^{2+}.

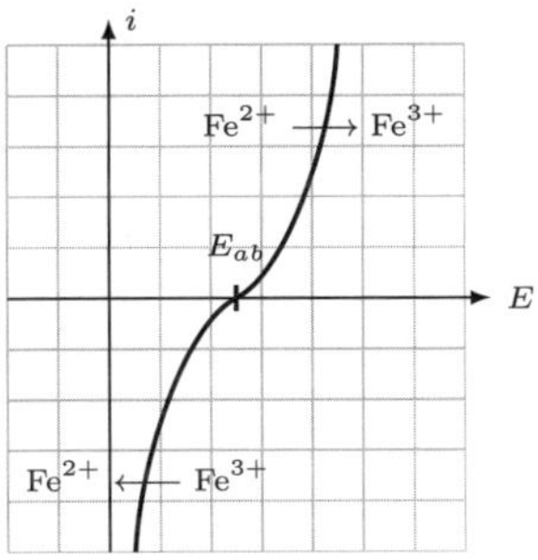

Figure ⓐ

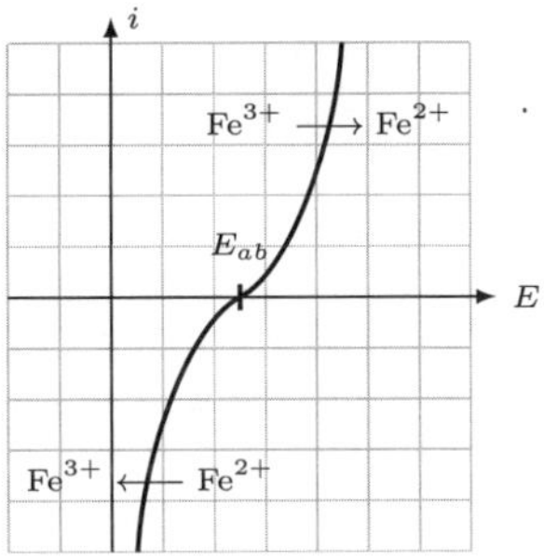

Figure ⓑ

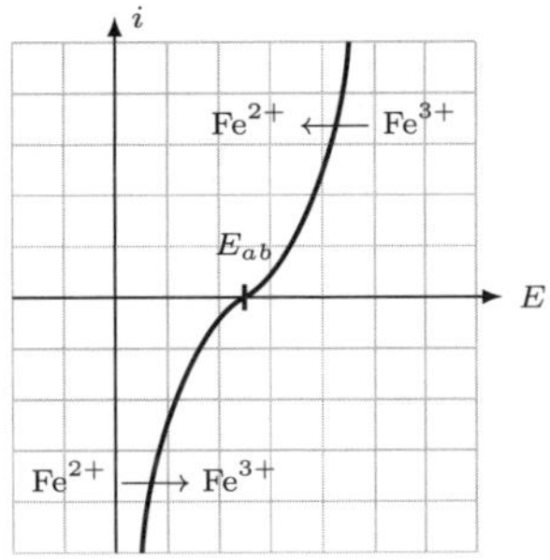

Figure ⓒ

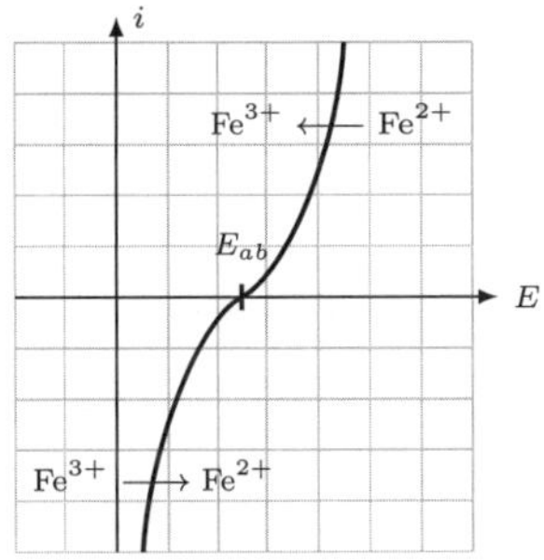

Figure ⓓ

Quelle figure correspond à la courbe $i(E)$ de Fe^{3+}/Fe^{2+} ? ....

Calcul de surpotentiel

Le surpotentiel est également appelé surtension.

Entraînement 23.5 — Surpotentiels anodique et cathodique.

La courbe intensité-potentiel du couple Ox/Red est présentée ci-contre.

Le surpotentiel anodique est défini pour un courant de fonctionnement anodique $i_0 > 0$ par la relation suivante :

$$\eta_a(i_0) = E(i_0) - E_{\text{ab}}.$$

Le surpotentiel cathodique est défini pour un courant de fonctionnement cathodique $i'_0 < 0$ par la relation suivante :

$$\eta_c(i'_0) = E(i'_0) - E_{\text{ab}}.$$

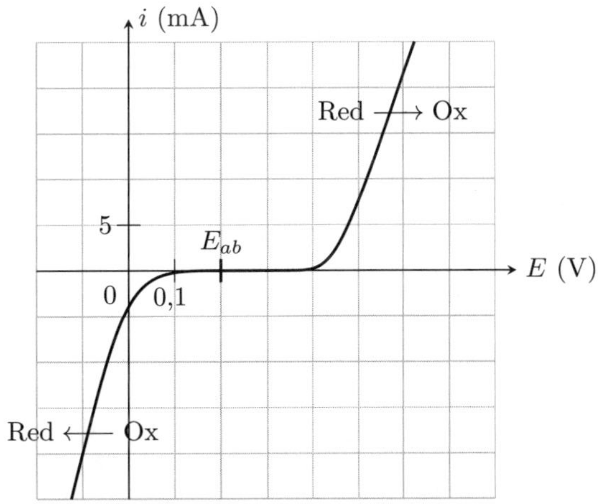

a) Évaluer le surpotentiel anodique pour $i_0 = 20\,\text{mA}$ ....

b) Évaluer le surpotentiel cathodique pour $i'_0 = -20\,\text{mA}$ ....

c) Estimer le surpotentiel anodique à courant nul : $\eta_{a,0} = \lim\limits_{i_0 \to 0^+} \eta_a(i_0)$ ....

d) Estimer le surpotentiel cathodique à courant nul : $\eta_{c,0} = \lim\limits_{i'_0 \to 0^-} \eta_c(i'_0)$ ....

Entraînement 23.6 — Calcul de surpotentiels à partir du potentiel à l'abandon.

On fait l'acquisition, à 25 °C, de la courbe i-E du couple HSO_4^-/SO_2 dans une solution où :

$$[HSO_4^-] = 0{,}100\,\mathrm{mol}\cdot\mathrm{L}^{-1},$$
$$[SO_2] = 0{,}001\,\mathrm{mol}\cdot\mathrm{L}^{-1}$$
$$\text{et pH} = 4.$$

Le potentiel standard du couple considéré est $E^\circ = 0{,}16\,\mathrm{V}$.

- On constate que le courant en oxydation devient non nul quand le potentiel de l'électrode devient supérieur à $V_{ox} = 0{,}2\,\mathrm{V}$.
- De même, son potentiel devient non nul en réduction quand le potentiel de l'électrode devient inférieur à $V_{red} = -0{,}5\,\mathrm{V}$.

a) Dans les conditions de l'expérience, le couple HSO_4^-/SO_2 est-il lent ou rapide ?

....

b) Écrire la demi-équation d'oxydoréduction associée au couple HSO_4^-/SO_2.

....

c) Calculer la valeur du potentiel de Nernst dans les conditions de l'expérience.

....

d) Déterminer le surpotentiel anodique à courant nul $\eta_{a,0}$ dans les conditions expérimentales proposées.

....

e) Déterminer le surpotentiel cathodique à courant nul $\eta_{c,0}$ dans les conditions expérimentales proposées.

....

Domaine d'électroactivité

Entraînement 23.7 — Courbe $i(E)$ de l'eau.

Le domaine d'électroactivité est le domaine de potentiel dans lequel il est possible d'étudier des couples rédox. Ce domaine est limité par les deux « murs du solvant » ou « fronts du solvant ».

Voici la courbe i-E de l'eau obtenue avec des électrodes de platine Pt.

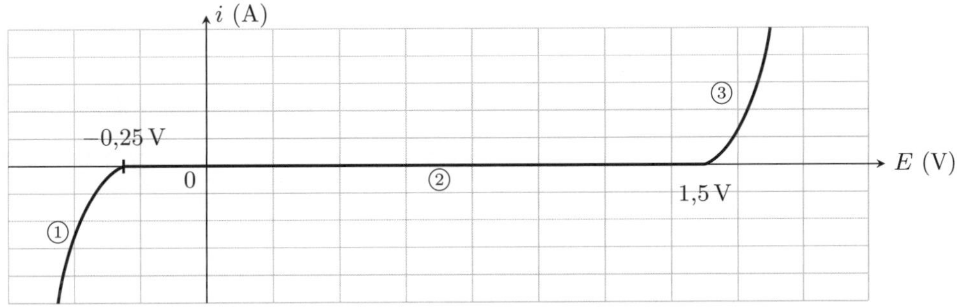

a) Que doit-on écrire sur la partie ① ?

ⓐ $H^+ \longrightarrow H_2$ ⓒ $H_2O \longrightarrow O_2$

ⓑ $Pt \longrightarrow Pt^{2+}$ ⓓ pas de réaction

....

b) Que doit-on écrire sur la partie ② ?

ⓐ $H^+ \longrightarrow H_2$ ⓒ palier de diffusion

ⓑ $Pt \longrightarrow Pt^{2+}$ ⓓ pas de réaction

....

c) Que doit-on écrire sur la partie ③ ?

ⓐ $H^+ \longrightarrow H_2$ ⓒ $H_2O \longrightarrow O_2$

ⓑ palier de diffusion ⓓ pas de réaction

....

d) Quels sont les couples que l'on pourrait éventuellement observer dans l'eau dans les conditions de l'expérience ?

ⓐ Ag^+/Ag, $E° = 0{,}80\,V$

ⓑ I_2/I^-, $E° = 0{,}54\,V$

ⓒ Mg^{2+}/Mg, $E° = -2{,}37\,V$

ⓓ Ag^{2+}/Ag, $E° = 1{,}98\,V$

....

On a placé un des couples précédents dans l'eau et on fait l'acquisition de la courbe ci-dessous.

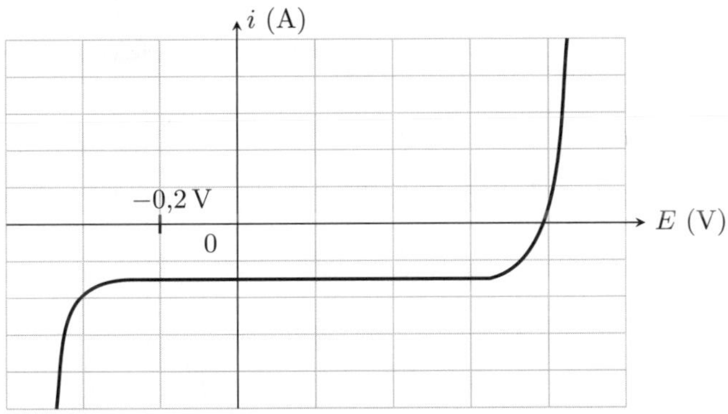

e) De quel couple s'agit-il ?

ⓐ Ag^+/Ag ⓒ Mg^{2+}/Mg

ⓑ I_2/I^- ⓓ Ag^{2+}/Ag

....

Palier de diffusion

Entraînement 23.8 — Courbe $i(E)$ de Cu^{2+}/Cu.

Les phénomènes de diffusion entraînent une limitation du courant selon la relation :

$$i_{\text{diff}} = nKS[\text{réactif}],$$

où

- n est le nombre d'électrons échangés,
- K une constante,
- S la surface de l'électrode
- et [réactif] la concentration du réactif.

Cela se manifeste sur la courbe par un palier horizontal de valeur i_{diff}.

Ci-contre, on donne la courbe i-E pour le couple Cu^{2+}/Cu en milieu aqueux.

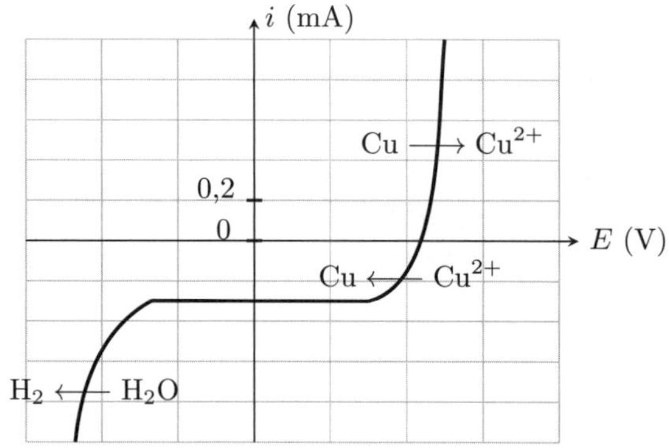

a) Quelle espèce est soumise à un phénomène de diffusion ?

ⓐ H^+ ⓑ Cu ⓒ Cu^{2+} ⓓ H_2O

....

b) Que vaut i_{diff} pour cette réaction ?

....

c) Que vaut i_{diff} si on dilue la solution d'un facteur 10 ?

....

Entraînement 23.9 — Détermination graphique d'un couple.

Le graphe ci-dessous présente les courbes anodiques des couples O_2 /H_2O et Cl_2 /Cl^-. Le solvant est l'eau.

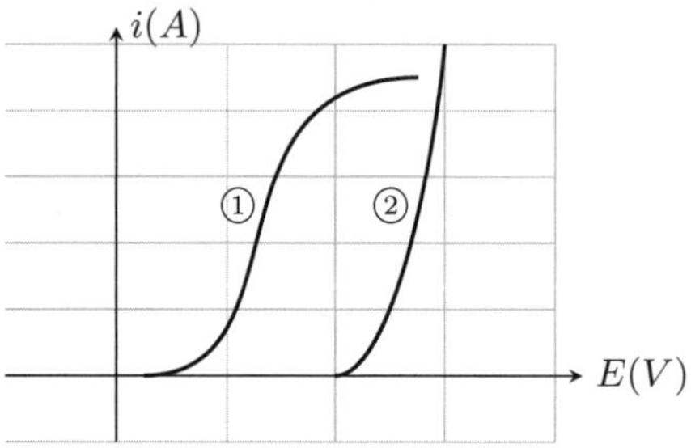

a) Quelle est la réaction associée à la courbe ① ?

....

b) Quelle est la réaction associée à la courbe ② ?

....

Entraînement 23.10 — Courbe $i(E)$ du couple IO_3^-/I_2.

La courbe i-E du couple IO_3^-/I_2 en milieu aqueux, obtenue avec des électrodes de platine Pt, est donnée ci-dessous. Dans les conditions expérimentales du tracé, on a $E(IO_3^-/I_2) = E°(IO_3^-/I_2) = 1{,}19\,V$.

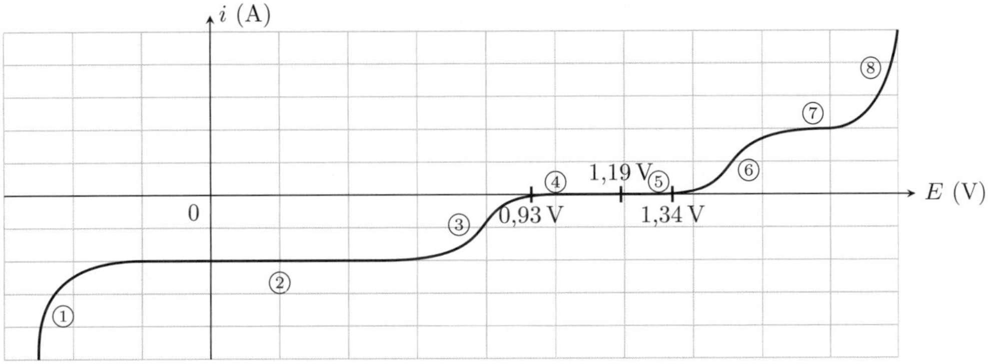

a) Écrire la demi-équation rédox associée au couple IO_3^-/I_2 ....

b) Sur quelle partie de la courbe doit-on écrire $IO_3^- \longrightarrow I_2$? ....

c) Sur quelle partie de la courbe doit-on écrire $I_2 \longrightarrow IO_3^-$? ....

d) Sur quelle(s) partie(s) de la courbe se manifeste le phénomène de diffusion ?

....

e) Estimer le surpotentiel à $i = 0$ anodique.

....

f) Estimer le surpotentiel à $i = 0$ cathodique.

....

g) Comment appelle-t-on les parties ① et ⑧ ?

(a) mur de l'eau

(b) palier de diffusion

(c) front du solvant

(d) surpotentiel à $i \neq 0$

....

Réponses mélangées

$-0{,}36\,V$ $-0{,}3\,V$ Cu^{2+} $2\,Cl^- \rightarrow Cl_2 + 2\,e^-$ (d) (b)

$-0{,}03\,mA$ Réduction ③ $-0{,}14\,V$ $-0{,}1\,V$ (a) et (c)

$-0{,}26\,V$ $0{,}15\,V$ Oxydation $10^{-3}\,mol/L$ (a) et (b) $-0{,}3\,mA$

$HSO_4^- + 3\,H^+ + 2\,e^- = SO_2 + 2\,H_2O$ $0{,}2\,V$ (a) $0{,}4\,V$ (c)

② et ⑦ (a) (b) Cu (a) (a) $0{,}34\,V$ lent ⑥

$2\,H_2O \rightarrow O_2 + 4\,H^+ + 4\,e^-$ (a) $0\,V$ $2\,IO_3^- + 12\,H^+ + 10\,e^- = I_2 + 6\,H_2O$ (c)

► Réponses et corrigés page 361

Phénomène de corrosion (MP)

Prérequis

Loi de Nernst : pour $\alpha\,\mathrm{Ox} + n\,e^- + \beta\,\mathrm{H}^+ = \gamma\,\mathrm{Red} + \delta\,\mathrm{H_2O}$, on a

$$E_{\text{Nernst}} = E^\circ + \frac{0{,}06}{n}\log\left(\frac{a_{\mathrm{Ox}}^{\alpha}\,[\mathrm{H}^+]^{\beta}}{a_{\mathrm{Red}}^{\gamma}}\right).$$

Diagrammes potentiel-pH. Courbes courant-potentiel.

Constantes utiles

→ Constante d'Avogadro : $\mathcal{N}_A = 6{,}02 \times 10^{23}\,\mathrm{mol^{-1}}$

→ Charge élémentaire : $e = 1{,}6 \times 10^{-19}\,\mathrm{C}$

→ Constante de Faraday : $\mathcal{F} = e \times \mathcal{N}_A = 96\,500\,\mathrm{C\cdot mol^{-1}}$

Outils d'étude des réactions d'oxydoréduction

Entraînement 24.1 — Pile Daniell.

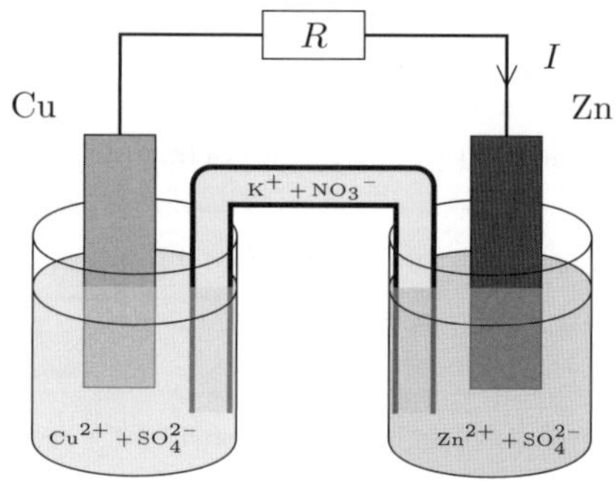

Considérons la pile Daniell ci-contre. L'intensité du courant traversant la résistance R dans le sens indiqué sur le schéma est constante et vaut $I = 100\,\mathrm{\mu A}$.

Donnée : $M_{\mathrm{Zn}} = 65{,}4\,\mathrm{g\cdot mol^{-1}}$.

a) Dans quel sens circulent les électrons ?

(a) de l'électrode de cuivre vers celle de zinc

(b) de l'électrode de zinc vers celle de cuivre

b) Quelle électrode joue le rôle de cathode ?

(a) celle de zinc (b) celle de cuivre

c) Quel métal est oxydé ?

(a) le zinc (b) le cuivre

d) Déterminer la quantité d'électricité (en mC) échangée entre les deux couples en une durée $\tau = 10\,\mathrm{min}$.

e) En déduire la masse (en µg) de zinc oxydée pendant la durée τ

Entraînement 24.2 — Détermination d'un surpotentiel.

À l'aide d'un montage à trois électrodes, on mesure la courbe ci-dessous dans une solution de pH = 4 dans laquelle la seule espèce électroactive est l'eau. On rappelle les couples de l'eau : H_2O/H_2 (potentiel standard 0 V) et O_2/H_2O (potentiel standard 1,23 V).

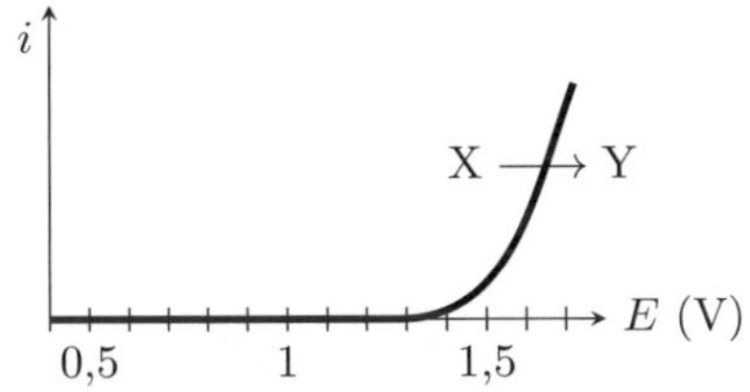

a) Quel couple de l'eau est responsable de la courbe observée ? ....

b) En déduire les espèces X et Y à faire apparaître sur la courbe.

(a) $H_2O \longrightarrow O_2$

(b) $O_2 \longrightarrow H_2O$

(c) $H_2 \longrightarrow H_2O$

(d) $H_2O \longrightarrow H_2$

....

c) Exprimer le potentiel de Nernst du couple.

(a) $E^\circ + \dfrac{0{,}06}{4}\log\left[\dfrac{p_{H_2}}{p^\circ}\left(\dfrac{[H_2O]}{c^\circ}\right)^2\right]$

(b) $E^\circ + \dfrac{0{,}06}{4}\log\left[\dfrac{p^\circ}{p_{H_2}}\dfrac{[H^+]}{c^\circ}\right]$

(c) $E^\circ + \dfrac{0{,}06}{2}\log\left[\dfrac{p^\circ}{p_{H_2}}\left(\dfrac{[H^+]}{c^\circ}\right)^2\right]$

(d) $E^\circ + \dfrac{0{,}06}{4}\log\left[\dfrac{p_{O_2}}{p^\circ}\left(\dfrac{[H^+]}{c^\circ}\right)^4\left(\dfrac{c^\circ}{[H_2O]}\right)^2\right]$

(e) $E^\circ + \dfrac{0{,}06}{4}\log\left[\dfrac{p_{O_2}}{p^\circ}\left(\dfrac{[H^+]}{c^\circ}\right)^4\right]$

(f) $E^\circ + \dfrac{0{,}06}{2}\log\left[\dfrac{p^\circ}{p_{O_2}}\left(\dfrac{[H^+]}{c^\circ}\right)^2\right]$

....

d) Le calculer numériquement pour une pression partielle de 1 bar ....

e) En déduire le surpotentiel anodique à vide η_a, défini à partir du point où la courbe décroche de l'axe des abscisses.

....

Entraînement 24.3 — Charge échangée au cours d'une réaction.

Un morceau de fer de masse $m_1 = 1\,\text{mg}$ s'oxyde sous l'action de l'oxygène en milieu acide selon la réaction

$$\alpha\ \text{Fe} + \text{O}_2 + \beta\ \text{H}^+ = \gamma\ \text{Fe}^{2+} + \delta\ \text{H}_2\text{O}.$$

Données :

- Potentiels standard :
  - ▷ $E°(\text{Fe}^{2+}/\text{Fe}) = -0{,}44\,\text{V}$;
  - ▷ $E°(\text{O}_2/\text{H}_2\text{O}) = 1{,}23\,\text{V}$.
- Masse molaire du Fe : $M_{\text{Fe}} = 55{,}8\,\text{g} \cdot \text{mol}^{-1}$.

a) Déterminer les valeurs correctes du quadruplet $(\alpha, \beta, \gamma, \delta)$.

(a) $(1, 2, 1, 1)$

(b) $(2, 2, 2, 2)$

(c) $(2, 4, 2, 2)$

(d) $(1, 4, 1, 2)$

....

b) Au bout d'un temps $\tau = 1\,\text{h}$, il ne reste que 45 % de la masse initiale de fer.

Après avoir dressé un tableau d'avancement, déterminer l'avancement ξ de la réaction.

....

c) En raisonnant sur la demi-équation électronique du couple Fe^{2+}/Fe, déterminer le nombre de moles d'électrons échangées en fonction de l'avancement ξ.

(a) ξ

(b) 2ξ

(c) 3ξ

(d) 4ξ

....

d) En déduire Q, la quantité d'électricité (ou charge) échangée entre les deux couples durant le temps τ. *On exprimera Q en coulombs.*

....

Corrosion, passivation, protection

Entraînement 24.4 — Thermodynamique de la corrosion.

On représente ci-dessous le diagramme potentiel-pH de corrosion de l'aluminium, en traits pleins, auquel est superposé celui de l'eau, en traits pointillés.

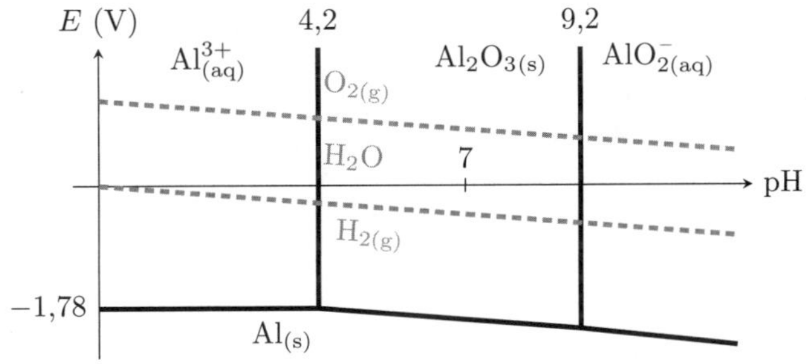

Certaines questions peuvent admettre plusieurs réponses

a) L'aluminium est-il stable dans l'eau du point de vue thermodynamique ?

(a) Oui, toujours

(b) Non, jamais

(c) Cela dépend de la teneur en dioxygène.

(d) Cela dépend du pH.

. . . .

b) On dit qu'un métal se passive lorsque son oxydation forme un solide à sa surface.

L'aluminium peut-il se passiver dans l'eau ?

(a) Oui, sous forme de Al^{3+}

(b) Oui, sous forme de Al_2O_3

(c) Oui, sous forme de AlO_2^-

(d) Non

. . . .

c) On laisse une plaque d'aluminium dans une solution maintenue à pH = 3.

Si l'on attend suffisamment longtemps, que va-t-il se passer ?

(a) La plaque va rester stable sans modification.

(b) L'épaisseur de la plaque va diminuer, mais elle ne disparaîtra jamais complètement.

(c) La plaque va totalement se dissoudre.

(d) Un dépôt solide va se former à la surface de la plaque.

. . . .

d) Même question, avec les mêmes propositions, pour l'eau du robinet.

On rappelle que l'eau du robinet vérifie pH ≈ 7,5 *et contient du dioxygène dissous.*

. . . .

Entraînement 24.5 — Passivation.

On considère un morceau de zinc en présence d'eau aérée.

Le processus électrochimique qui a lieu est schématisé ci-dessous.

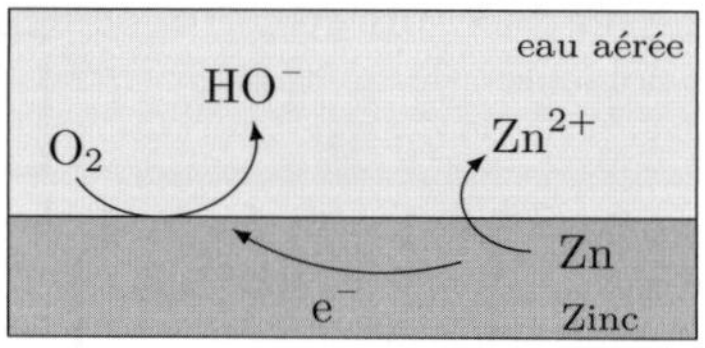

Les deux couples rédox intervenant dans la réaction d'oxydoréduction sont O_2 /HO^- et Zn^{2+}/Zn.

a) Quel espèce se corrode ? ....

b) Quel espèce se réduit ? ....

c) Écrire la réaction d'oxydoréduction se produisant.

On choisira comme nombres stœchiométriques les plus petits entiers possibles.

....

d) Au cours de la réaction d'oxydoréduction, comment varie le pH ?

(a) Le pH augmente.

(b) Le pH reste constant.

(c) Le pH diminue.

....

e) En présence de HO^-, les ions Zn^{2+} précipitent sous forme de $Zn(OH)_2$. Cet oxyde de zinc forme à la surface du zinc une couche imperméable.

Quelle phrase est juste ?

(a) Le zinc se passive progressivement.

(b) Le zinc s'oxyde toujours même s'il est entièrement recouvert d'oxyde de zinc.

(c) La couche d'oxyde va se dissoudre progressivement car le milieu devient acide.

(d) Le zinc cesse de s'oxyder mais le dioxygène se réduit toujours.

....

Entraînement 24.6 — Corrosion d'une lame de magnésium.

Le but de l'exercice est de déterminer si le magnésium métallique est susceptible d'être corrodé par une solution aqueuse acidifiée de pH = 4.

a) Exprimer le potentiel de Nernst $E_{\mathrm{Mg^{2+}/Mg}}$ en fonction du potentiel standard $E^\circ_{\mathrm{Mg^{2+}/Mg}}$ et de $[\mathrm{Mg^{2+}}]$.

b) On donne $E^\circ_{\mathrm{Mg^{2+}/Mg}} = -2{,}37\,\mathrm{V}$ et $[\mathrm{Mg^{2+}}] = 1 \times 10^{-6}\,\mathrm{mol \cdot L^{-1}}$.
Calculer sa valeur numérique.

c) Exprimer le potentiel de Nernst $E_{\mathrm{H^+/H_2}}$ en fonction du potentiel standard $E^\circ_{\mathrm{H^+/H_2}}$, du pH et de la pression partielle en dihydrogène $p_{\mathrm{H_2}}$.

d) On rappelle $E^\circ_{\mathrm{H^+/H_2}} = 0\,\mathrm{V}$ et on suppose $p_{\mathrm{H_2}} = 1\,\mathrm{bar}$.
Calculer sa valeur numérique.

e) Le surpotentiel cathodique du couple $\mathrm{H^+/H_2}$ sur une électrode de magnésium est de l'ordre de $-0{,}1\,\mathrm{V}$.
Parmi les diagrammes intensité-potentiel représentés ci-dessous, lequel correspond à la situation étudiée ?

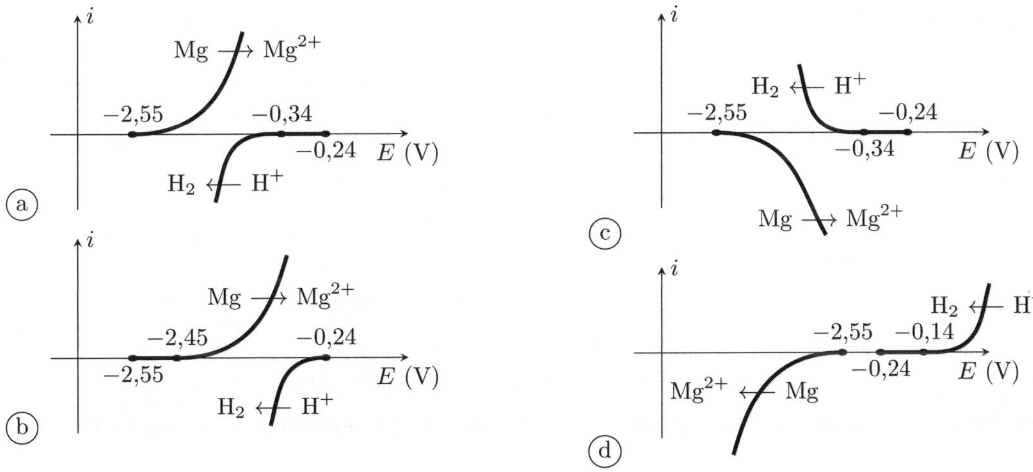

f) En cherchant sur le diagramme courant-potentiel s'il existe un éventuel potentiel de corrosion, déterminer si la lame de magnésium sera corrodée.

Entraînement 24.7 — Corrosion différentielle.

On met en contact dans une solution une lame de zinc et une lame de fer.

Les couples intervenant sont Zn^{2+}/Zn (potentiel standard $-0{,}76\,V$), Fe^{2+}/Fe (potentiel standard $-0{,}45\,V$) et H_2O/H_2 (potentiel standard $0\,V$).

La figure ci-dessous représente le diagramme courant-potentiel associé, avec comme échelle 0,2 V/div en abscisse et 10 mA/div en ordonnée.

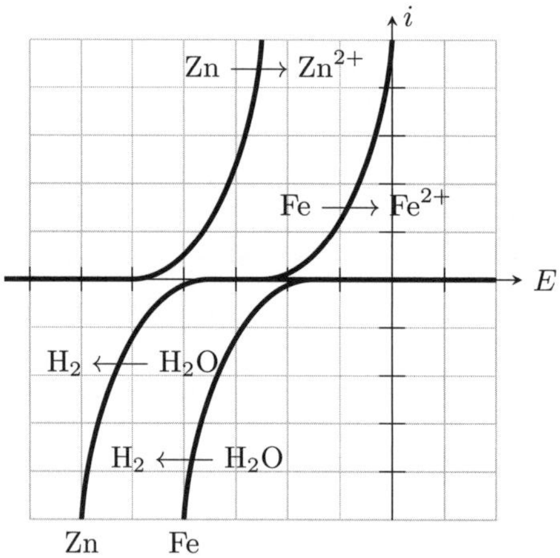

Le surpotentiel cathodique du couple H_2O/H_2 n'est pas le même sur les deux métaux : un phénomène de corrosion différentielle peut apparaître, où la réduction de l'eau n'a pas lieu sur le métal qui est oxydé. On rappelle que le potentiel de corrosion (ou potentiel mixte) est celui pour lequel le courant anodique est égal au courant cathodique, sa valeur absolue est alors appelée *courant de corrosion*.

a) En raisonnant sur les potentiels standard, identifier le métal qui s'oxyde ....

b) En supposant que la réduction de l'eau a lieu sur le zinc, déterminer graphiquement le potentiel de corrosion et le courant de corrosion.

(a) $-0{,}85\,V$ et $2\,mA$

(b) $-0{,}65\,V$ et $18\,mA$

(c) $-0{,}60\,V$ et $10\,mA$

(d) $-0{,}40\,V$ et $2\,mA$

....

c) Même question et mêmes valeurs proposées en supposant que la réduction de l'eau a lieu sur le fer.

....

d) Finalement, sur quel métal la réduction de l'eau a-t-elle lieu ? ....

e) Comment se déplacent les électrons lors de la réaction ?

(a) Ils restent dans le zinc.

(b) Ils restent dans le fer.

(c) Du fer vers le zinc.

(d) Du zinc vers le fer.

....

Vitesse et courant de corrosion

Entraînement 24.8 — Détermination d'un courant de corrosion.

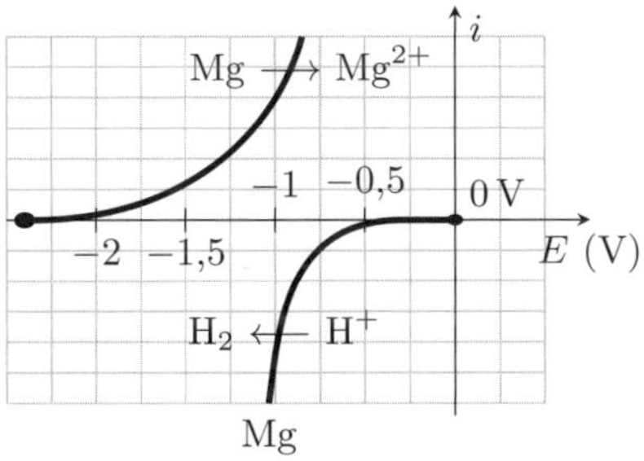

Une lame de magnésium est plongée dans une solution aqueuse acidifiée, maintenue à pH = 4. Le magnésium (couple Mg^{2+}/Mg) est alors corrodé par les ions H^+ (couple H^+/H_2).

On donne la constante des gaz parfaits $R = 8{,}3\,\mathrm{J\cdot mol^{-1}\cdot K^{-1}}$.

a) Écrire l'équation de la réaction de corrosion ....

b) Déterminer graphiquement le potentiel de corrosion, pour lequel il y a égalité des courants anodique et cathodique ....

c) En raisonnant sur la demi-équation électronique appropriée, exprimer la charge électrique échangée lorsqu'il y a production de n moles de dihydrogène ....

d) À 25 °C et sous 1,0 bar, la réaction produit 1,0 mL de dihydrogène (gaz parfait) en dix minutes. Calculer numériquement la charge échangée pendant cette durée.

....

e) En déduire la valeur numérique du courant de corrosion ....

Entraînement 24.9 — Vitesse de corrosion d'une pièce en fer.

Une pièce en fer de masse m_0 à l'instant initial se corrode en présence de dioxygène pour former de l'hydroxyde de fer $Fe(OH)_2$ suivant la réaction $\mathrm{Fe} + \frac{1}{2}\,\mathrm{O_2} + \mathrm{H_2O} \;=\; \mathrm{Fe(OH)_2}$.

Le courant de corrosion est défini par $i_c = \alpha\mathcal{F}\dfrac{\mathrm{d}\xi}{\mathrm{d}t} > 0$ où α est la variation du nombre d'oxydation du fer lors de la réaction (égal au nombre d'électrons échangés) et ξ l'avancement de la réaction. On cherche à le relier à la variation de la masse de la pièce de fer $\dfrac{\mathrm{d}m}{\mathrm{d}t}$.

a) Déterminer la valeur de α ....

b) Exprimer $\dfrac{\mathrm{d}m}{\mathrm{d}t}$ en fonction de $\dfrac{\mathrm{d}\xi}{\mathrm{d}t}$ et de la masse molaire du fer ....

c) En déduire la relation entre le courant de corrosion i_c et $\dfrac{\mathrm{d}m}{\mathrm{d}t}$.

(a) $i_c = -\dfrac{2M_{\mathrm{Fe}}}{\mathcal{F}}\dfrac{\mathrm{d}m}{\mathrm{d}t}$ (b) $i_c = -\dfrac{M_{\mathrm{Fe}}}{2\mathcal{F}}\dfrac{\mathrm{d}m}{\mathrm{d}t}$ (c) $i_c = -\dfrac{\mathcal{F}}{2M_{\mathrm{Fe}}}\dfrac{\mathrm{d}m}{\mathrm{d}t}$ (d) $i_c = -\dfrac{2\mathcal{F}}{M_{\mathrm{Fe}}}\dfrac{\mathrm{d}m}{\mathrm{d}t}$

....

Entraînement 24.10 — **Vitesse de corrosion d'une lamelle de cuivre.**

En milieu acide, le cuivre se corrode en ion cuivreux Cu^{2+}. La vitesse de corrosion est proportionnelle au courant de corrosion : $i_{corr} = 2\mathcal{F}\frac{d\xi}{dt}$, en notant ξ l'avancement de la réaction.

Données :

- masse volumique $\rho_{Cu} = 8{,}96\,\mathrm{g \cdot cm^{-3}}$;
- masse molaire $M_{Cu} = 63{,}5\,\mathrm{g \cdot mol^{-1}}$.

a) En supposant le courant de corrosion constant, déterminer le temps τ nécessaire à la corrosion d'une masse m_0 de cuivre en fonction de i_{corr}, M_{Cu}, $\mathcal{F}$ et m_0.

....

b) Une plaque de cuivre de surface $S = 2\,\mathrm{cm^2}$ voit son épaisseur passer de $e_1 = 5{,}00\,\mathrm{mm}$ à $e_2 = 4{,}98\,\mathrm{mm}$ en un temps τ. Déterminer τ sachant que le courant de corrosion est de $65\,\mathrm{\mu A}$.

(a) 19 jours et 4 heures
(b) 19 jours et 10 heures
(c) 193 jours et 23 heures
(d) 1 jour et 22 heures

....

c) Une seconde électrode perd 0,1 mg en 1 heure et 45 minutes. L'intensité du courant de corrosion est de $55\,\mathrm{\mu A}$. Peut-elle être en cuivre ?

....

Réponses mélangées

(a)	$2n\mathcal{F}$	$-2{,}55\,\mathrm{V}$	$-1\,\mathrm{V}$	non	(a)	(b)	oui	$-0{,}24\,\mathrm{V}$	
$0{,}99\,\mathrm{V}$	(c)	O_2/H_2O	$E^\circ_{Mg^{2+}/Mg} + 0{,}03\log\left(\frac{[Mg^{2+}]}{C^\circ}\right)$	2	$5 \times 10^{-6}\,\mathrm{mol}$				
$1{,}9\,\mathrm{C}$	(b)	$Mg + 2\,H^+ = Mg^{2+} + H_2$	Zn	$E^\circ_{H^+/H_2} - 0{,}06\,\mathrm{pH} - 0{,}03\log\frac{p_{H_2}}{p^\circ}$					
(c)	Le fer	$13\,\mathrm{mA}$	$2\,Zn + O_2 + 2\,H_2O = 2\,Zn^{2+} + 4\,HO^-$	$\frac{2\mathcal{F}m_0}{i_{corr}M_{Cu}}$					
(d)	$20\,\mathrm{\mu g}$	O_2	(e)	(b)	Le zinc	(b)	(a)	(b),(d)	(a)
$60\,\mathrm{mC}$	(a)	(b)	$-M_{Fe}\frac{d\xi}{dt}$	(d)	$7{,}8\,\mathrm{C}$	$0{,}36\,\mathrm{V}$	(b)	(a)	(d)

► Réponses et corrigés page 364

Piles et accumulateurs (MP)

Prérequis
Équation d'état des gaz parfaits. Notion d'équilibre chimique. Couple oxydant/réducteur. Demi-équation électronique. Réaction d'oxydoréduction. Relation de Nernst. Tension à vide. Loi de Hess.

Constantes utiles
- → Constante d'Avogadro : $\mathcal{N}_A = 6{,}02 \times 10^{23}\,\text{mol}^{-1}$
- → Constante de Faraday : $\mathcal{F} = 96\,500\,\text{C} \cdot \text{mol}^{-1}$
- → Constante des gaz parfaits : $R = 8{,}314\,\text{J} \cdot \text{K}^{-1} \cdot \text{mol}^{-1}$

Pour bien commencer

Entraînement 25.1 — Durée de fonctionnement et capacité électrique d'une pile.

Lors de la décharge d'une pile à travers un conducteur ohmique de résistance $R = 15\,\Omega$, la tension u aux bornes de la pile (et de la résistance) est mesurée *via* un voltmètre.

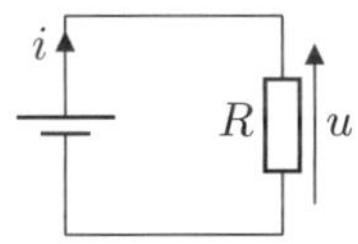

La tension maximale relevée pendant la décharge, l'intensité maximale du courant circulant à travers la résistance et la durée de fonctionnement (autonomie) de cette pile sont respectivement notées U, I et Δt.

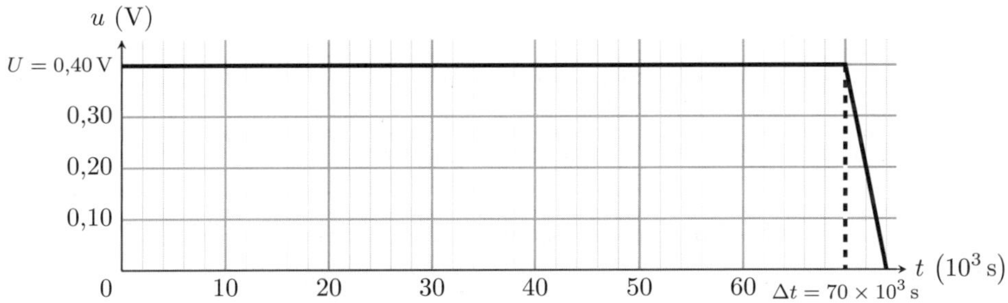

a) Quelles sont les propositions correctes ?

(a) $I = RU$ (b) $I = \dfrac{U}{R}$ (c) $I = 6{,}5\,\text{mA}$ (d) $I = 27\,\text{mA}$

....

b) Par définition, la capacité électrique d'une pile est la charge électrique maximale Q échangée entre les électrodes de la pile lors de sa décharge. D'une certaine façon, c'est une mesure de la quantité d'électricité que la pile peut stocker ou fournir. Comment s'exprime alors la capacité électrique d'une pile ?

(a) $\dfrac{U\Delta t}{R}$ (b) $\dfrac{U^2\Delta t}{R}$ (c) $\dfrac{UR}{\Delta t}$ (d) $\dfrac{R\Delta t}{U}$

....

c) Calculer en ampères-heures la capacité électrique de cette pile ....

Entraînement 25.2 — Au bout d'une heure de fonctionnement.

La pile ci-contre (deux demi-piles, reliées par un pont salin) débite un courant d'intensité constante I pendant la durée Δt.

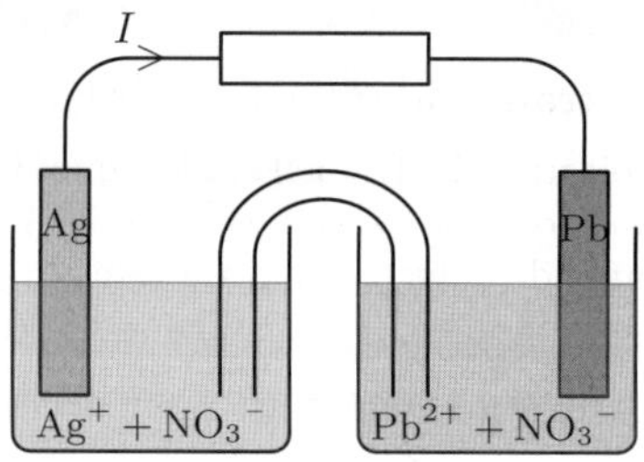

Le compartiment de gauche correspond à une lame d'argent plongeant dans une solution de nitrate d'argent (volume $V_1 = 100{,}0\,\text{mL}$ et concentration $C_1 = 0{,}100\,\text{mol}\cdot\text{L}^{-1}$), mettant en jeu le couple Ag^+/Ag. Celui de droite correspond à une lame de plomb plongeant dans une solution de nitrate de plomb ($V_2 = V_1$ et $C_2 = C_1$), mettant en jeu le couple Pb^{2+}/Pb.

Les ions argent sont réduits sur l'électrode d'argent : $Ag^+ + e^- = Ag$. Le plomb est oxydé sur l'électrode de plomb : $Pb = Pb^{2+} + 2\,e^-$. Finalement, l'équation de réaction est :

$$2\,Ag^+(aq) + Pb(s) = 2\,Ag(s) + Pb^{2+}(aq).$$

a) Exprimer la quantité d'électricité Q échangée pendant Δt en fonction de I et Δt

b) Quelle(s) relation(s) correspond(ent) à la quantité de matière d'électrons n_e échangée pendant Δt ?

(a) $n_e = Qe/\mathcal{N}_A$ (b) $n_e = Q\mathcal{F}$ (c) $n_e = I\Delta t/\mathcal{N}_A$ (d) $n_e = Q/\mathcal{F}$

....

c) Exprimer la quantité de matière n_{Ag^+} consommée pendant Δt en fonction de n_e

d) Exprimer la quantité de matière $n_{Pb^{2+}}$ formée pendant Δt en fonction de n_e ....

e) Calculer la concentration finale $[Ag^+]_f$ pour $\Delta t = 1{,}00\,\text{h}$ et $I = 65{,}0\,\text{mA}$ ....

f) Calculer la concentration finale $[Pb^{2+}]_f$ pour $\Delta t = 1{,}00\,\text{h}$ et $I = 65{,}0\,\text{mA}$ ....

Entraînement 25.3 — Demi-équations et équation de fonctionnement.

On considère une pile zinc-argent. Le compartiment de gauche correspond à une lame de zinc plongeant dans une solution de sulfate de zinc ($Zn^{2+}(aq) + SO_4{}^{2-}(aq)$). Celui de droite correspond à une lame d'argent plongeant dans une solution de nitrate d'argent ($Ag^+(aq) + NO_3{}^-(aq)$).

a) Écrire la demi-équation électronique associée au couple Zn^{2+}/Zn ....

b) Écrire la demi-équation électronique associée au couple Ag^+/Ag ....

c) Sachant que la réaction électrochimique se fait entre le zinc $Zn(s)$ et les ions argent $Ag^+(aq)$, écrire l'équation de la réaction d'oxydoréduction ayant lieu dans cette pile ....

d) Quelles sont les propositions correctes ?

(a) L'électrode d'argent s'épaissit.
(b) L'électrode de zinc s'épaissit.
(c) L'électrode d'argent s'amincit.
(d) L'électrode de zinc s'amincit.

....

Autour de la pile Daniell

Entraînement 25.4 — Polarité et tension à vide.

Soit une pile Daniell cuivre-zinc. Le compartiment de gauche correspond à une lame de zinc plongeant dans une solution de sulfate de zinc ($Zn^{2+}(aq) + SO_4{}^{2-}(aq)$) à $0{,}1\,mol \cdot L^{-1}$. Celui de droite correspond à une lame de cuivre plongeant dans une solution de sulfate de cuivre ($Cu^{2+}(aq) + SO_4{}^{2-}(aq)$) à $0{,}25\,mol \cdot L^{-1}$. On donne : $E^\circ(Zn^{2+}/Zn) = -0{,}76\,V$ et $E^\circ(Cu^{2+}/Cu) = 0{,}34\,V$.

La relation de Nernst pour un couple M^{n+}/M (cation métallique/métal) de potentiel standard E° est : $E = E^\circ + \dfrac{RT}{n\mathcal{F}} \ln \dfrac{a(M^{n+})}{a(M)}$, avec n le nombre d'électrons échangés. Si $T = 298\,K$ (25 °C), on peut utiliser l'approximation $\dfrac{RT\ln(10)}{\mathcal{F}} \approx 0{,}059\,V$. La concentration standard, égale à $1\,mol \cdot L^{-1}$, est notée C°.

On rappelle également que la relation entre $\Delta_r G$, l'enthalpie libre de la réaction de fonctionnement d'une pile, et la tension à vide U_{co} (en circuit ouvert) est : $\Delta_r G = -n\mathcal{F}U_{co}$.

a) Calculer le potentiel de Nernst du couple Zn^{2+}/Zn à 25 °C ....

b) Calculer le potentiel de Nernst du couple Cu^{2+}/Cu à 25 °C ....

c) Indiquer la polarité (+ ou −) de chaque demi-pile ....

d) Identifier alors l'anode et la cathode ....

e) Quelles propositions indiquent correctement le sens de déplacement des porteurs de charge ?

(a) Dans les fils, les électrons se déplacent de la cathode vers l'anode.

(b) Dans le pont salin, les anions se déplacent du compartiment de gauche vers celui de droite.

(c) Dans les fils, les électrons se déplacent de l'anode vers la cathode.

(d) Dans le pont salin, les cations se déplacent du compartiment de gauche vers celui de droite.

....

f) Calculer la tension à vide U_{co} de la pile (différence de potentiel à ses bornes) .

g) Calculer l'enthalpie libre de réaction à 25 °C ....

Entraînement 25.5 — Constante d'équilibre et potentiels standard.

On considère une pile Daniell cuivre-zinc, d'équation de fonctionnement :

$$Cu^{2+}(aq) + Zn\,(s) \longrightarrow Zn^{2+}(aq) + Cu\,(s)$$

et de constante d'équilibre K°. On donne : $E^\circ(Zn^{2+}/Zn) = -0{,}76\,V$ et $E^\circ(Cu^{2+}/Cu) = 0{,}34\,V$.

a) Exprimer K° en fonction des activités des composés à l'équilibre ....

b) Exprimer K° en fonction des concentrations des solutés à l'équilibre ....

c) Écrire la relation de Nernst à 25 °C pour le couple Zn^{2+}/Zn ....

d) Écrire la relation de Nernst à 25 °C pour le couple Cu^{2+}/Cu ....

e) L'unicité du potentiel à l'équilibre implique une égalité entre les potentiels de Nernst des deux couples d'oxydoréduction. Appliquer l'unicité du potentiel à l'équilibre pour en déduire les relations correctes.

ⓐ $E^\circ_{Cu^{2+}/Cu} - E^\circ_{Zn^{2+}/Zn} = \dfrac{0{,}059}{2} \log \dfrac{[Zn^{2+}]_{éq}}{[Cu^{2+}]_{éq}}$

ⓑ $E^\circ_{Zn^{2+}/Zn} - E^\circ_{Cu^{2+}/Cu} = \dfrac{0{,}059}{2} \log \dfrac{[Zn^{2+}]_{éq}}{[Cu^{2+}]_{éq}}$

ⓒ $E^\circ_{Cu^{2+}/Cu} - E^\circ_{Zn^{2+}/Zn} = \dfrac{0{,}059}{2} \log \dfrac{[Cu^{2+}]_{éq}}{[Zn^{2+}]_{éq}}$

ⓓ $E^\circ_{Zn^{2+}/Zn} - E^\circ_{Cu^{2+}/Cu} = \dfrac{0{,}059}{2} \log \dfrac{[Cu^{2+}]_{éq}}{[Zn^{2+}]_{éq}}$

....

f) En déduire l'expression correcte de K° en fonction des potentiels standard.

ⓐ $K^\circ = 10^{\frac{2}{0{,}059}(E^\circ(Cu^{2+}/Cu)-E^\circ(Zn^{2+}/Zn))}$

ⓑ $K^\circ = 10^{\frac{0{,}059}{2}(E^\circ(Cu^{2+}/Cu)-E^\circ(Zn^{2+}/Zn))}$

ⓒ $K^\circ = 10^{\frac{2}{0{,}059}(E^\circ(Zn^{2+}/Zn)-E^\circ(Cu^{2+}/Cu))}$

ⓓ $K^\circ = 10^{\frac{2}{0{,}059}(E^\circ(Zn^{2+}/Zn)-E^\circ(Cu^{2+}/Cu))}$

....

g) Calculer K° à 25 °C ....

Détermination d'un potentiel standard

Entraînement 25.6 — Expression d'un potentiel standard à partir de deux autres.

La relation entre l'enthalpie libre standard de demi-réaction $\Delta_{1/2}G^\circ$ et le potentiel standard E° du couple considéré est : $\Delta_{1/2}G^\circ = -n \times \mathcal{F} \times E^\circ$, avec n le nombre d'électrons échangés et $\mathcal{F}$ la constante de Faraday. On donne les potentiels standard suivants : $E^\circ_1(Cu^{2+}\,/\,Cu) = 0{,}34\,V$ et $E^\circ_2(Cu^{2+}\,/\,Cu^+) = 0{,}16\,V$. Celui du couple $Cu^+\,/\,Cu$ est noté E°_3.

a) Écrire la demi-équation électronique, notée (1), associée au couple $Cu^{2+}\,/\,Cu$ ....

b) Écrire la demi-équation électronique, notée (2), associée au couple $Cu^{2+}\,/\,Cu^+$ ...

c) Écrire la demi-équation électronique, notée (3), associée au couple $Cu^+\,/\,Cu$ .....

d) Quelle est la combinaison linéaire reliant ces trois demi-équations ?

ⓐ (1) = (2) + (3)

ⓑ (1) = (3) − (2)

ⓒ (1) = 2 × ((2) + (3))

....

e) Quelle est la relation entre les trois enthalpies libres standard de demi-réaction ?

ⓐ $\Delta_{1/2}G^\circ_1 = \Delta_{1/2}G^\circ_2 + \Delta_{1/2}G^\circ_3$

ⓑ $\Delta_{1/2}G^\circ_1 = \Delta_{1/2}G^\circ_2 - \Delta_{1/2}G^\circ_3$

ⓒ $\Delta_{1/2}G^\circ_1 = \Delta_{1/2}G^\circ_3 - \Delta_{1/2}G^\circ_2$

ⓓ $\Delta_{1/2}G^\circ_1 = 2 \times (\Delta_{1/2}G^\circ_2 + \Delta_{1/2}G^\circ_3)$

....

f) En déduire une relation entre les trois potentiels standard et calculer E°_3.

ⓐ $E^\circ_3 = 2E^\circ_2 - E^\circ_1 = -0{,}02\,V$

ⓑ $E^\circ_3 = 2E^\circ_1 - E^\circ_2 = 0{,}52\,V$

ⓒ $E^\circ_3 = E^\circ_1 - E^\circ_2 = 0{,}18\,V$

ⓓ $E^\circ_3 = E^\circ_2 - E^\circ_1 = -0{,}18\,V$

....

Autour de l'électrolyse

Entraînement 25.7 — Écriture de la réaction d'une électrolyse.

On s'intéresse à la production de dichlore et de soude par électrolyse de l'eau salée en milieu très basique : à l'électrode (1), les ions chlorure sont transformés en dichlore (couple Cl_2/Cl^-) et, à l'électrode (2), l'eau se transforme en dihydrogène en libérant des ions HO^- (couple H_2O/H_2 en milieu basique).

a) Écrire l'équation de la réaction électrochimique ayant lieu à l'électrode (1) ...

b) Écrire l'équation de la réaction électrochimique ayant lieu à l'électrode (2) ...

c) En déduire l'équation de la réaction d'électrolyse ....

Entraînement 25.8 — Bilan de matière d'une électrolyse.

On s'intéresse à la production de dichlore et de soude par électrolyse de l'eau salée en milieu très basique : à l'électrode (1), les ions chlorure sont transformés en dichlore (couple Cl_2/Cl^-) et, à l'électrode (2), l'eau se transforme en dihydrogène en libérant des ions HO^- (couple H_2O/H_2 en milieu basique). L'équation de la réaction d'électrolyse est :

$$2\,H_2O\,(\ell) + 2\,Cl^-\,(aq) \longrightarrow Cl_2\,(g) + H_2\,(g) + 2\,HO^-\,(aq).$$

Ainsi, il y a un échange de deux électrons.

L'électrolyse est réalisée avec une densité de courant par unité de surface d'électrode $j = 6{,}00\,\text{kA}\cdot\text{m}^{-2}$, l'électrolyseur possédant une surface totale $S = 100\,\text{m}^2$ d'électrodes.

a) Déterminer la charge électrique échangée entre les électrodes en une heure ...

b) En supposant que tous les électrons participent à la réaction d'électrolyse, déterminer la quantité de matière de dichlore produite pendant cette durée ....

c) En utilisant l'équation d'état des gaz parfaits, en déduire le volume correspondant à 0 °C et sous 1 bar. L'exprimer en m^3 ....

d) On n'obtient en réalité que $233\,\text{m}^3$. Déterminer le rendement faradique de l'électrolyse.

....

Entraînement 25.9 — Bilan énergétique d'une électrolyse.

On s'intéresse à la production de dichlore et de soude par électrolyse de l'eau salée en milieu très basique : à l'électrode (1), les ions chlorure sont transformés en dichlore (couple Cl_2/Cl^-) et, à l'électrode (2), l'eau se transforme en dihydrogène en libérant des ions HO^- (couple H_2O/H_2 en milieu basique). L'équation de la réaction d'électrolyse est : $2\,H_2O\,(\ell) + 2\,Cl^-\,(aq) \longrightarrow Cl_2\,(g) + H_2\,(g) + 2\,HO^-\,(aq)$.

L'électrolyse est réalisée sous une tension $U = 3{,}00\,\text{V}$ et avec une densité de courant par unité de surface d'électrode $j = 6{,}00\,\text{kA}\cdot\text{m}^{-2}$, l'électrolyseur possédant une surface totale $S = 100\,\text{m}^2$ d'électrodes. Le volume de dichore obtenu est égal à $233\,\text{m}^3$.

a) Déterminer l'énergie électrique consommée par heure d'électrolyse ....

b) Déterminer l'énergie électrique consommée par m^3 de dichlore produit ....

Entraînement 25.10 — Récupération d'or par électrolyse.

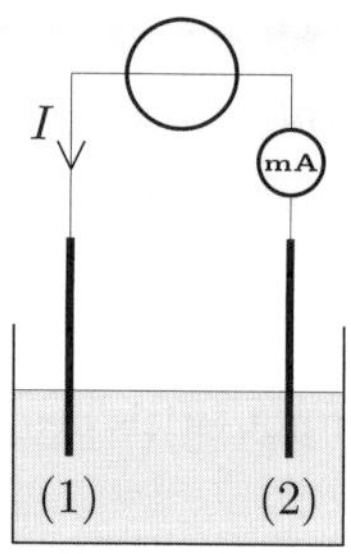

Une électrolyse permet d'obtenir de l'or solide Au par réduction des ions aurocyanure $Au(CN)_2^-$ à la cathode, notée (1). Des ions cyanure CN^- sont également produits à cette électrode. À l'anode, notée (2), se produit l'oxydation de l'eau.

Dans ce procédé, le surpotentiel cathodique du couple $Au(CN)_2^- / Au$ est nul alors que le surpotentiel anodique du couple O_2 / H_2O vaut +0,60 V.

On donne les potentiels standard à pH = 0 suivants :

$$E^\circ(H_3O^+ / H_2) = 0\,V, E^\circ(Au(CN)_2^- / Au) = -0{,}60\,V \text{ et } E^\circ(O_2 / H_2O) = 1{,}23\,V.$$

a) Écrire la réaction électrochimique se produisant sur (1) ....

b) Préciser alors le sens réel de déplacement des porteurs de charge dans les fils (électrons).

(a) (1) vers (2) (b) (2) vers (1)

....

c) En déduire le signe (+ ou −) de l'intensité I du courant électrique mesurée par le milliampèremètre.

(a) $I < 0$ (b) $I > 0$

....

d) La solution est basique. Écrire alors la réaction électrochimique se produisant sur (2).

....

e) La demi-équation associée au couple de l'eau à l'anode est : $2\,H_2O = 4\,H^+ + O_2 + 4\,e^-$.

Calculer le potentiel de Nernst associé pour pH = 14 ....

f) Sachant que le potentiel de Nernst du couple $Au(CN)_2^- / Au$ est ici approximativement égal à son potentiel standard, choisir la tension qu'il faut *a minima* imposer pour démarrer l'électrolyse.

(a) 0,60 V (b) 0,99 V (c) 1,60 V (d) 1,83 V

....

g) En pratique, que risque-t-il d'arriver si la tension imposée dépasse une certaine valeur limite ?

(a) Le générateur va se détériorer.

(b) Le solvant va se réduire.

(c) L'or récupéré sera de mauvaise qualité.

(d) La solution va chauffer puis bouillir.

....

Courbes courant-potentiel

L'introduction ci-dessous concerne les trois entraînements suivants.

On réalise l'électrolyse d'une solution contenant des ions étain Sn^{4+}, argent Ag^+ et plomb Pb^{2+} entre deux électrodes inertes. La figure ci-dessous donne l'allure schématique des courbes courant-potentiel relatives à l'expérience. L'échelle n'est pas respectée sur l'axe des abscisses. Les valeurs indiquées correspondent aux potentiels d'équilibre calculés à partir de la loi de Nernst. Dans les conditions de l'expérience, les surpotentiels des couples de l'eau valent respectivement 0,70 V en oxydation et −0,30 V en réduction.

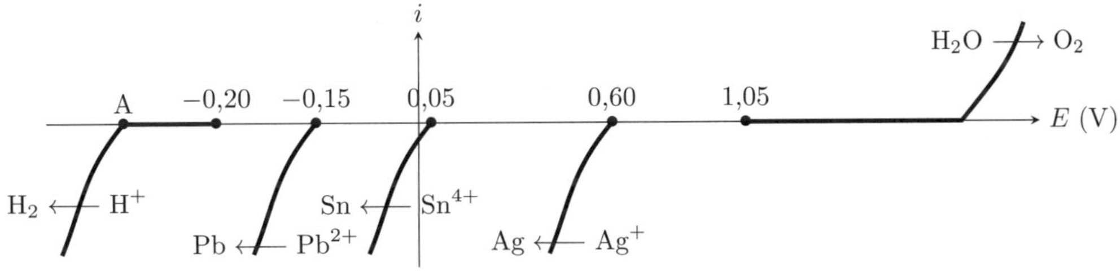

Entraînement 25.11 — Analyse du diagramme courant-potentiel.

a) Que vaut le potentiel au point A indiqué à gauche du diagramme courant-potentiel ?

(a) −0,90 V (b) −0,70 V (c) −0,50 V (d) −0,30 V

b) Pourquoi représenter la branche anodique $Ag \longrightarrow Ag^+$ n'est-il pas nécessaire dans ce contexte ?

(a) Il n'y a pas d'argent métallique qui puisse s'oxyder dans le système.
(b) L'argent est un métal noble, inattaquable chimiquement.
(c) L'oxydation de l'argent est thermodynamiquement impossible.
(d) Cette branche est confondue avec la branche cathodique $Ag^+ \longrightarrow Ag$.

Entraînement 25.12 — Identification de la réaction d'électrolyse.

La tension imposée par le générateur augmente progressivement jusqu'à observation d'une réaction.

a) Qu'observe-t-on à l'anode ?

(a) Du dihydrogène gazeux se dégage.
(b) Du dioxygène gazeux se dégage.
(c) Un métal se dépose.
(d) Un métal se dissout.

b) Qu'observe-t-on à la cathode ?

(a) Du dihydrogène gazeux se dégage.
(b) Un dépôt de plomb apparaît.
(c) Un dépôt d'étain apparaît.
(d) Un dépôt d'argent apparaît.

c) En déduire l'équation de la réaction observée

d) À partir de quelle valeur de tension commence-t-on à observer cette réaction ?

(a) 0,45 V (b) 1,15 V (c) 1,25 V (d) 2,25 V

Entraînement 25.13 — Application à la métallurgie.

L'électrolyse est réalisée dans le contexte de la production d'étain par hydrométallurgie : le but est d'obtenir un dépôt d'étain à la cathode, l'argent et le plomb étant des impuretés qui ne doivent pas se déposer.

a) Écrire l'équation de la réaction d'électrolyse que l'on souhaite réaliser

b) Quelle(s) impureté(s) doivent impérativement être éliminée(s) avant l'électrolyse ?

(a) Ag^+ et Pb^{2+} (b) Pb^{2+} seulement (c) Ag^+ seulement (d) Aucune

c) Quelle est la tension minimale à imposer pour que la réaction souhaitée ait lieu ?

(a) 0,25 V (b) 0,55 V (c) 1,00 V (d) 1,70 V

d) En pratique, la tension à imposer est supérieure à cette valeur seuil. Pourquoi ?

(a) Le rendement de l'électrolyse n'est pas de 100 %.

(b) Accélérer la réaction demande une tension plus élevée.

(c) La solution électrolytique se comporte comme une résistance, ce qui ajoute une contribution ohmique.

(d) Des réactions parasites sont à prendre en compte.

Réponses mélangées

(b) $n_{Ag^+} = n_e$ (c) $K^\circ = \dfrac{[Zn^{2+}]_{éq}}{[Cu^{2+}]_{éq}}$ 91,7 % $4\,HO^- = 2\,H_2O + O_2 + 4\,e^-$

$+$: Cu et $-$: Zn $Q = 0{,}52\ A \cdot h$ $U_{co} = 1{,}11\ V$ $\Delta_r G = -2{,}12 \times 10^2\ kJ \cdot mol^{-1}$

$6{,}48 \times 10^9\ J$ (d) $2\,H_2O + 2\,Cl^- \longrightarrow Cl_2 + H_2 + 2\,HO^-$ $K^\circ = 10^{37} > 1$

$4\,Ag^+ + 2\,H_2O \longrightarrow 4\,Ag + O_2 + 4\,H^+$ $E_{Zn} = -0{,}79\ V$ (c)

$Cu^{2+} + 2\,e^- = Cu$ $2\,Cl^- \longrightarrow Cl_2 + 2\,e^-$ $E_{Cu} = 0{,}32\ V$ (c) (a) et (d)

$E = E^\circ(Cu^{2+}/Cu) + \dfrac{0{,}059}{2}\log\left(\dfrac{[Cu^{2+}]}{C^\circ}\right)$ (a) (b) $2{,}16 \times 10^9\ C$ $254\ m^3$

$[Ag^+]_f = 75{,}8\ mmol \cdot L^{-1}$ (a) et (d) $K^\circ = \dfrac{a(Cu)_{éq} \times a(Zn^{2+})_{éq}}{a(Zn)_{éq} \times a(Cu^{2+})_{éq}}$ $Ag^+ + e^- = Ag$

$Q = I\Delta t$ $E(O_2\,/\,H_2O) = 0{,}39\ V$ $2{,}78 \times 10^7\ J \cdot m^{-3}$ $Cu^+ + e^- = Cu$ (a)

$[Pb^{2+}]_f = 112\ mmol \cdot L^{-1}$ (b) et (c) $1{,}12 \times 10^4\ mol$ (b) (b) (a)

$Zn + 2\,Ag^+ \longrightarrow Zn^{2+} + 2\,Ag$ $E = E^\circ(Zn^{2+}/Zn) + \dfrac{0{,}059}{2}\log\left(\dfrac{[Zn^{2+}]}{C^\circ}\right)$ $n_{Pb^{2+}} = \dfrac{n_e}{2}$

$+$ (cathode) : Cu ; $-$ (anode) : Zn (d) $Cu^{2+} + e^- = Cu^+$ $Zn^{2+} + 2\,e^- = Zn$

$Sn^{4+} + 2\,H_2O \longrightarrow Sn + O_2 + 4\,H^+$ $Au(CN)_2{}^- + e^- = Au + 2\,CN^-$ (d) (a)

(b) et (d) (b) (a) (a) (c) et (d) $2\,H_2O + 2\,e^- \longrightarrow H_2 + 2\,HO^-$

► Réponses et corrigés page 370

Réponses et corrigés

Fiche n° 1. Opérateurs vectoriels

Réponses

1.1 .... (d)

1.2 a) .... $\left(z+y+\dfrac{yz}{a}\right)\overrightarrow{e_x}+\left(x+z+\dfrac{xz}{a}\right)\overrightarrow{e_y}+\left(x+y+\dfrac{yx}{a}\right)\overrightarrow{e_z}$

1.2 b) .... $6x\overrightarrow{e_x}+2a\overrightarrow{e_y}-2a\overrightarrow{e_z}$

1.2 c) .... $(2xy+z^2)\overrightarrow{e_x}+(2yz+x^2)\overrightarrow{e_y}+(2xz+y^2)\overrightarrow{e_z}$

1.2 d) .... $2y\overrightarrow{e_x}+2x\overrightarrow{e_y}+4\dfrac{a^2}{b}\mathrm{e}^{z/(2b)}\overrightarrow{e_z}$

1.2 e) .... $16xy\overrightarrow{e_x}+\left(8x^2-\dfrac{6a^4}{y^2}\right)\overrightarrow{e_y}-5b^2\overrightarrow{e_z}$

1.3 a) .... $\left(-\dfrac{2r}{a}-2\theta\right)\overrightarrow{e_r}-2\overrightarrow{e}_\theta+3\overrightarrow{e_z}$

1.3 b) .... $-\dfrac{2a^2}{r^3}\mathrm{e}^{5\theta}\overrightarrow{e_r}+\dfrac{5a^2}{r^3}\mathrm{e}^{5\theta}\overrightarrow{e}_\theta$

1.3 c) .... $\dfrac{r}{\sqrt{r^2-a^2}}\overrightarrow{e_r}$

1.3 d) .... $28\dfrac{\theta r^3}{a^4}\overrightarrow{e_r}+7\dfrac{r^3}{a^4}\overrightarrow{e}_\theta+\dfrac{1}{z}\overrightarrow{e_z}$

1.3 e) .... $-\dfrac{z\sin(\theta)}{r^2}\overrightarrow{e_r}+\dfrac{z\cos\theta}{r^2}\overrightarrow{e}_\theta+\dfrac{\sin(\theta)}{r}\overrightarrow{e_z}$

1.4 .... (a)

1.5 a) 16

1.5 b) .... (c)

1.5 c) .... (b)

1.5 d) .... (a)

1.5 e) .... (c)

1.5 f) .... $2\sqrt{17}$

1.6 a) .... (a)

1.6 b) .... (b)

1.6 c) .... (a)

1.6 d) .... (b)

1.6 e) .... (a)

1.7 a) .... $6x+2a-2b$

1.7 b) .... $2x+4\dfrac{a^2}{b}\mathrm{e}^{\frac{z}{2b}}$

1.7 c) .... $16xy-\dfrac{6x^4}{y^2}$

1.7 d) 0

1.7 e) .... $x(2y-x)$

1.8 a) .... $-3\dfrac{r}{a}+1$

1.8 b) 0

1.9 .... (b)

1.10 a) 3

1.10 b) 3

1.10 c) .... (b)

1.11 a) .... $\vec{0}$

1.11 b) .... $-4c\mathrm{e}^{\frac{z}{2c}}\overrightarrow{e_x}-2x\overrightarrow{e_z}$

1.11 c) .... $\dfrac{8x^2}{y}(3x-y)\overrightarrow{e_z}$

1.11 d) .... $2\overrightarrow{e_y}$

1.11 e) .... $x^2\overrightarrow{e_x}-2xy(\overrightarrow{e_y}+\overrightarrow{e_z})-x^2\overrightarrow{e_z}.$

1.12 a) .... $-4\theta\overrightarrow{e_z}$

1.12 b) .... $2\overrightarrow{e_z}$

1.13 a) .... (b)

1.13 b) .... $\boxed{0{,}80\,\mathrm{UA/m}}$

1.13 c) .... ⓐ

1.13 d) .... $\boxed{2}$

1.14 a) .... $\boxed{\dfrac{2y}{a}}$

1.14 b) .... $\boxed{2}$

1.14 c) .... $\boxed{6 - \dfrac{b^2}{z^2}}$

1.15 .... $\begin{pmatrix} \dfrac{2y}{a} \\ 2 \\ 6 - \dfrac{b^2}{z^2} \end{pmatrix}$

1.16 a) .... ⓒ

1.16 b) .... ⓑ

1.16 c) .... ⓓ

1.16 d) .... ⓐ

1.16 e) .... ⓓ

Corrigés

1.1 Calculons les trois composantes du vecteur gradient dans le système de coordonnées cartésiennes (x, y, z). On a

$$\frac{\partial V}{\partial x} = yz, \quad \frac{\partial V}{\partial y} = xz \quad \text{et} \quad \frac{\partial V}{\partial z} = xy.$$

Parmi les solutions proposées, la ⓒ est donc exclue.

Les solutions ⓐ, ⓑ et ⓓ sont possibles (termes de droite corrects) mais les notations des gradients (termes de gauche) ne sont pas tous valables.

La notation $\vec{\nabla}$ comme $\overrightarrow{\mathrm{grad}}$ doit être surmontée d'une flèche pour qualifier la nature vectorielle de l'opérateur gradient, donc les réponses ⓐ et ⓑ sont exclues. Précisons que le gradient s'applique à un champ scalaire donc un champ dont la notation ne doit pas être surmontée d'une flèche : deuxième manière d'exclure la réponse ⓑ.

La réponse ⓓ est l'ultime solution restante, on constate bien qu'elle ne comporte aucune erreur de notation.

....

1.2 a) Posons $f(x, y, z) = xy + yz + zx + \dfrac{xyz}{a}$. Calculons les dérivées partielles : on a

$$\frac{\partial f}{\partial x} = y + z + \frac{yz}{a}, \quad \frac{\partial f}{\partial y} = x + z + \frac{xz}{a} \quad \text{et} \quad \frac{\partial f}{\partial z} = y + x + \frac{xy}{a}.$$

Donc le vecteur gradient de f s'écrit $\left(z + y + \dfrac{yz}{a}\right)\overrightarrow{e_x} + \left(x + y + \dfrac{xz}{a}\right)\overrightarrow{e_y} + \left(x + y + \dfrac{yx}{a}\right)\overrightarrow{e_z}$.

La réponse attendue est bien un vecteur !

....

1.2 b) Posons $f(x, y, z) = 3x^2 + 2a(y - z) + b^2$. Calculons les dérivées partielles : on a

$$\frac{\partial f}{\partial x} = 6x, \quad \frac{\partial f}{\partial y} = 2a \quad \text{et} \quad \frac{\partial f}{\partial z} = -2a.$$

Donc le vecteur gradient de f s'écrit $6x\overrightarrow{e_x} + 2a\overrightarrow{e_y} - 2a\overrightarrow{e_z}$.

....

1.2 c) Posons $f(x,y,z) = x^2y + y^2z + z^2x + a^3$. Calculons les dérivées partielles : on a

$$\frac{\partial f}{\partial x} = 2xy + z^2, \quad \frac{\partial f}{\partial y} = x^2 + 2yz \quad \text{et} \quad \frac{\partial f}{\partial z} = y^2 + 2zx.$$

Donc le vecteur gradient de f s'écrit $(2xy + z^2)\overrightarrow{e_x} + (2yz + x^2)\overrightarrow{e_y} + (2xz + y^2)\overrightarrow{e_z}$.

....

1.2 d) Posons $f(x,y,z) = 2xy + 8a^2\mathrm{e}^{z/(2b)} - 6c^2$. Calculons les dérivées partielles : on a

$$\frac{\partial f}{\partial x} = 2y, \quad \frac{\partial f}{\partial y} = 2x \quad \text{et} \quad \frac{\partial f}{\partial z} = 4\frac{a^2}{b}\mathrm{e}^{z/(2b)}.$$

Donc le vecteur gradient de f s'écrit $2y\overrightarrow{e_x} + 2x\overrightarrow{e_y} + 4\dfrac{a^2}{b}\mathrm{e}^{z/(2b)}\overrightarrow{e_z}$.

....

1.2 e) Posons $f(x,y,z) = 8x^2y + \dfrac{6a^4}{y} - 5b^2z$. Calculons les dérivées partielles : on a

$$\frac{\partial f}{\partial x} = 16xy, \quad \frac{\partial f}{\partial y} = (8x^2 - \frac{6a^4}{y^2}) \quad \text{et} \quad \frac{\partial f}{\partial z} = -5b^2.$$

Donc le vecteur gradient de f s'écrit $16xy\overrightarrow{e_x} + \left(8x^2 - \dfrac{6a^4}{y^2}\right)\overrightarrow{e_y} - 5b^2\overrightarrow{e_z}$.

....

1.3 a) Posons $f(r,\theta,z) = 3z - \dfrac{r^2}{a} - 2r\theta$. Calculons les dérivées partielles : on a

$$\frac{\partial f}{\partial r} = -\frac{2r}{a} - 2\theta, \quad \frac{\partial f}{\partial \theta} = -2r \quad \text{et} \quad \frac{\partial f}{\partial z} = 3.$$

Donc le vecteur gradient de f s'écrit $-\left(\dfrac{2r}{a} + 2\theta\right)\overrightarrow{e_r} - 2\overrightarrow{e}_\theta + 3\overrightarrow{e_z}$.

....

1.3 b) Posons $f(r,\theta,z) = \dfrac{a^2}{r^2}\mathrm{e}^{5\theta}$. Calculons les dérivées partielles : on a

$$\frac{\partial f}{\partial r} = -\frac{2a^2}{r^3}\mathrm{e}^{5\theta}, \quad \frac{\partial f}{\partial \theta} = \frac{5a^2}{r^2}\mathrm{e}^{5\theta} \quad \text{et} \quad \frac{\partial f}{\partial z} = 0.$$

Donc le vecteur gradient de f s'écrit $-\dfrac{2a^2}{r^3}\mathrm{e}^{5\theta}\overrightarrow{e_r} + \dfrac{5a^2}{r^3}\mathrm{e}^{5\theta}\overrightarrow{e}_\theta$.

....

1.3 c) Posons $f(r,\theta,z) = \sqrt{r^2 - a^2}$. Calculons les dérivées partielles : on a

$$\frac{\partial f}{\partial r} = \frac{r}{\sqrt{r^2 - a^2}}, \quad \frac{\partial f}{\partial \theta} = 0 \quad \text{et} \quad \frac{\partial f}{\partial z} = 0.$$

Donc le vecteur gradient de f s'écrit $\dfrac{r}{\sqrt{r^2 - a^2}}\overrightarrow{e_r}$.

....

1.3 d) Posons $f(r,\theta,z) = 7\left(\dfrac{r}{a}\right)^4\theta + \ln(z/b)$. Calculons les dérivées partielles : on a

$$\frac{\partial f}{\partial r} = 28\frac{\theta r^3}{a^4}, \quad \frac{\partial f}{\partial \theta} = 7\frac{r^2}{a^4} \quad \text{et} \quad \frac{\partial f}{\partial z} = \frac{1}{z}.$$

Donc le vecteur gradient de f s'écrit $28\dfrac{\theta r^3}{a^4}\overrightarrow{e_r} + 7\dfrac{r^3}{a^4}\overrightarrow{e}_\theta + \dfrac{1}{z}\overrightarrow{e_z}$.

....

1.3 e) Posons $f(r,\theta,z) = \frac{z}{r}\sin(\theta)$. Calculons les dérivées partielles : on a

$$\frac{\partial f}{\partial r} = -\frac{z\sin(\theta)}{r^2}, \quad \frac{\partial f}{\partial \theta} = \frac{z\cos\theta}{r} \quad \text{et} \quad \frac{\partial f}{\partial z} = \frac{\sin(\theta)}{r}.$$

Donc le vecteur gradient de f s'écrit $-\frac{z\sin(\theta)}{r^2}\vec{e_r} + \frac{z\cos\theta}{r^2}\vec{e}_\theta + \frac{\sin(\theta)}{r}\vec{e_z}$.

1.4 Considérons la notation du gradient (terme de gauche des équations proposées). La réponse (d) est exclue car la notation nabla d'un gradient ne fait pas intervenir le produit scalaire. La réponse (c) est exclue car le couple de variables ne correspond à aucun de ceux proposés par l'énoncé. Considérons donc la formule cartésienne du gradient (terme de droite des équations proposées) pour les deux options restantes. La réponse (b) fait une interversion des coordonnées de dérivation et de celles de direction, elle est donc exclue. La bonne réponse est (a).

1.5 a) On a $g(A) = g(-1,1,2) = (-1-2)^2 + (1+1)^2 + 2^2 - 1 = 9 + 4 + 4 - 1 = 16$.

1.5 b) Exprimons le gradient de la fonction scalaire g. On a

$$\overrightarrow{\text{grad}}(g(x,y,z)) = \frac{\partial g}{\partial x}\vec{e_x} + \frac{\partial g}{\partial y}\vec{e_y} + \frac{\partial g}{\partial z}\vec{e_z} = (2(x-2))\vec{e_x} + (2y+2)\vec{e_y} + 2z\vec{e_z}.$$

Par projection sur l'axe de direction $\vec{e_z}$, on obtient la quantité $2z$. Réponse (c).

1.5 c) Exprimons le gradient de la fonction scalaire g. On a

$$\overrightarrow{\text{grad}}(g(x,y,z)) = \frac{\partial g}{\partial x}\vec{e_x} + \frac{\partial g}{\partial y}\vec{e_y} + \frac{\partial g}{\partial z}\vec{e_z} = (2(x-2))\vec{e_x} + (2y+2)\vec{e_y} + 2z\vec{e_z}.$$

Par projection sur l'axe de direction $\vec{e_y}$ on obtient la quantité $2y+2$. Réponse (c).

1.5 d) Exprimons le gradient de la fonction scalaire g. On a

$$\overrightarrow{\text{grad}}(g(x,y,z)) = \frac{\partial g}{\partial x}\vec{e_x} + \frac{\partial g}{\partial y}\vec{e_y} + \frac{\partial g}{\partial z}\vec{e_z} = (2(x-2))\vec{e_x} + (2y+2)\vec{e_y} + 2z\vec{e_z}.$$

Par projection sur l'axe de direction $\vec{e_x}$ on obtient la quantité $2x-4$. Réponse (a).

1.5 e) Exprimons le gradient de la fonction scalaire g. On a

$$\overrightarrow{\text{grad}}(g(x,y,z)) = \frac{\partial g}{\partial x}\vec{e_x} + \frac{\partial g}{\partial y}\vec{e_y} + \frac{\partial g}{\partial z}\vec{e_z} = (2(x-2))\vec{e_x} + (2y+2)\vec{e_y} + 2z\vec{e_z}.$$

Cette notation est équivalente au vecteur colonne de la réponse (c).

1.5 f) Connaissant les composantes du gradient d'après les réponses précédentes, on peut exprimer la norme du vecteur gradient $\left\|\vec{\nabla}g(x,y,z)\right\|$ en un point quelconque. On a

$$\left\|\vec{\nabla}g(x,y,z)\right\| = \sqrt{(2x-4)^2 + (2y+2)^2 + 4z^2}.$$

On réalise l'application numérique au point $\text{A}(-1,1,2)$: on a

$$\left\|\vec{\nabla}g(\text{A})\right\| = \left\|\vec{\nabla}g(-1,1,2)\right\| = \sqrt{(-2-4)^2 + (2+2)^2 + 4\times 2^2} = \sqrt{36+16+16} = \sqrt{68} = 2\sqrt{17}.$$

1.6 a) Rappelons l'expression du gradient en coordonnées cartésiennes : on a

$$\overrightarrow{\text{grad}}(f(x,y,z)) = \frac{\partial f}{\partial x}\overrightarrow{e_x} + \frac{\partial f}{\partial y}\overrightarrow{e_y} + \frac{\partial f}{\partial z}\overrightarrow{e_z}.$$

Or, ici $\overrightarrow{\text{grad}}\, f = 2xy\overrightarrow{e_x} + x^2\overrightarrow{e_y} + a^2\overrightarrow{e_z}$; donc, par identification : $\frac{\partial f}{\partial x} = 2xy$, $\frac{\partial f}{\partial y} = x^2$ et $\frac{\partial f}{\partial z} = a^2$. Réponse ⓐ.

1.6 b) On a $\frac{\partial f}{\partial x} = 2xy$ donc, par intégration par rapport à la variable x, il vient $f(x,y,z) = x^2y + \text{cste}$ avec cste $= g(y,z)$ une fonction des coordonnées y et z car $\frac{\partial g(y,z)}{\partial x} = 0$. Réponse ⓑ

1.6 c) On a $f(x,y,z) = x^2y + g(y,z)$ donc $\frac{\partial f(x,y,z)}{\partial y} = x^2 + \frac{\partial g(y,z)}{\partial y}$. Or, d'après l'énoncé, on a

$$\frac{\partial f(x,y,z)}{\partial y} = x^2.$$

On déduit de ces deux équations que l'on a nécessairement $\frac{\partial g}{\partial y} = 0$. Réponse ⓐ.

1.6 d) On a $\frac{\partial g(y,z)}{\partial y} = 0$ donc, par intégration par rapport à la variable y, il vient $g(y,z) = \text{cste}$ avec cste $= h(z)$ une fonction de la seule coordonnée z car $\frac{\partial h(z)}{\partial y} = 0$.

On a $f(x,y,z) = x^2y + g(y,z) = x^2y + h(z)$ donc $\frac{\partial f(x,y,z)}{\partial z} = \frac{\partial h}{\partial z}$. Or, on sait d'après l'énoncé que $\frac{\partial f}{\partial z} = a^2$. On déduit de ces deux équations que l'on a nécessairement $\frac{\partial h}{\partial z} = a^2$ donc $h(z) = a^2z + \text{cste}$, soit finalement $g = a^2z + \text{cste}$. Réponse ⓑ.

1.6 e) On a $f(x,y,z) = x^2y + g(y,z) = x^2y + h(z) = x^2y + a^2z + \text{cste}$. On a donc $f(0,0,0) = \text{cste}$, or $f(0,0,0) = 0$ donc cste $= 0$. Réponse ⓐ.

1.7 a) Pour éviter les étourderies, vous pouvez vérifier que les trois termes de la somme ont bien la même dimension et que cette dimension correspond à la dimension de l'argument de l'opérateur divergence divisée par une longueur.

1.7 b) On a $0 + 2x + 8\frac{a^2}{2b}\mathrm{e}^{\frac{z}{2b}} = 2x + 4\frac{a^2}{b}\mathrm{e}^{\frac{z}{2b}}$.

1.7 c) On a $8 \times 2xy - \frac{6x^4}{y^2} + 0 = 16xy - \frac{6x^4}{y^2}$.

1.7 d) On a $0 + 0 = 0$.

1.7 e) On a $2xy - x^2 = x(2y - x)$.

1.8 a) On a $-3\frac{r}{a} - 2 + 3 = -3\frac{r}{a} + 1$.

1.8 b) La composante A_θ ne dépend pas de θ !

1.9 Il faut calculer chacune des divergences au point A.

- Cas (a) : on a $\operatorname{div}\left(x^2\overrightarrow{e_x} + y^2\overrightarrow{e_y} + z^2\overrightarrow{e_z}\right) = 2x + 2y + 2z$ donc la valeur de divergence en A vaut

$$2 \times (-1) + 2 \times (-1) + 2 \times 1 = -2.$$

- Cas (b) : on a $\operatorname{div}\left(y^2\overrightarrow{e_x} + x^2\overrightarrow{e_y} + z^2\overrightarrow{e_z}\right) = 2z$ donc la valeur de divergence en A vaut $2 \times 1 = +2$.
- Cas (c) : on a $\operatorname{div}\left(z^2\overrightarrow{e_x} + x^2\overrightarrow{e_y} + y^2\overrightarrow{e_z}\right) = 0$ donc la valeur de divergence en A vaut 0.
- Cas (d) : on a $\operatorname{div}\left(y^2\overrightarrow{e_x} + x^2\overrightarrow{e_z} + z^2\overrightarrow{e_y}\right) = 0$ donc la valeur de divergence en A vaut 0.

La valeur de divergence maximale est dans le cas (b).

1.10 a) On a $1 + 1 + 1 = 3$.

1.10 b) On a $\dfrac{1}{r^2}\dfrac{\partial(r^2.r)}{\partial r} + 0 + 0 = \dfrac{3r^2}{r^2} = 3$.

1.10 c) On a $\dfrac{1}{r}\dfrac{\partial(r.r)}{\partial r} + 0 + 0 = \dfrac{2r}{r} = 2$. Réponse (b).

1.11 a) On a $(0-0)\overrightarrow{e_x} + (0-0)\overrightarrow{e_y} + (0-0)\overrightarrow{e_z} = \overrightarrow{0}$.

1.11 b) On a $\left(0 - \dfrac{8c^2}{2c}\mathrm{e}^{\frac{z}{2c}}\right)\overrightarrow{e_x} + (0-0)\overrightarrow{e_y} + (0-2x)\overrightarrow{e_z} = -4c\mathrm{e}^{\frac{z}{2c}}\overrightarrow{e_x} - 2x\overrightarrow{e_z}$.

1.11 c) On a $(0-0)\overrightarrow{e_x} + (0-0)\overrightarrow{e_y} + \left(\dfrac{24x^3}{y} - 8x^2\right)\overrightarrow{e_z} = \dfrac{8x^2}{y}(3x-y)\overrightarrow{e_z}$.

1.11 d) On a $(0-0)\overrightarrow{e_x} + (1-(-1))\overrightarrow{e_y} + (0-0)\overrightarrow{e_z} = 2\overrightarrow{e_y}$.

1.11 e) On a $(x^2-0)\overrightarrow{e_x} + (0-2xy)\overrightarrow{e_y} + (-2xy-x^2)\overrightarrow{e_z} = x^2\overrightarrow{e_x} - 2xy(\overrightarrow{e_y} + \overrightarrow{e_z}) - x^2\overrightarrow{e_z}$.

1.12 a) On a $\left(\dfrac{1}{r} \times (0) - 0\right)\overrightarrow{e_r} + (0-0)\overrightarrow{e_\theta} + \left(\dfrac{1}{r}\dfrac{\partial(-2r^2\theta)}{\partial r} - 0\right)\overrightarrow{e_z} = -4\theta\overrightarrow{e_z}$.

1.12 b) On a $\left(\dfrac{1}{r} \times (0) - 0\right)\overrightarrow{e_r} + (0-0)\overrightarrow{e_\theta} + \left(\dfrac{1}{r}\dfrac{\partial(r^2)}{\partial r} - 0\right)\overrightarrow{e_z} = 2\overrightarrow{e_z}$.

1.13 a) Par définition du potentiel, on a $\mathrm{d}\Phi = \overrightarrow{\operatorname{grad}}\,\Phi \cdot \mathrm{d}\overrightarrow{\ell} = \overrightarrow{v} \cdot \mathrm{d}\overrightarrow{\ell}$. Cette quantité étant nulle sur une équipotentielle par définition, le vecteur $\overrightarrow{v}$ doit être nécessairement orthogonal au vecteur $\mathrm{d}\overrightarrow{\ell}$ en tout point de l'équipotentielle. Réponse (b).

1.13 b) Au premier ordre, on peut écrire que $v(\mathrm{C}) \approx \dfrac{\Delta\Phi}{\Delta\ell}$. Graphiquement, au niveau du point C, on a :

$$\Delta\Phi = 1{,}60\,\mathrm{UA} - 1{,}20\,\mathrm{UA} = 0{,}40\,\mathrm{UA} \quad \text{et} \quad \Delta\ell = \mathrm{AC} = 0{,}50\,\mathrm{m} \quad \text{donc} \quad v(\mathrm{C}) \approx 0{,}80\,\mathrm{UA/m}.$$

1.13 c) Le champ demandé est orienté dans le sens du gradient de Φ, c'est-à-dire dans le sens des potentiels croissants. Réponse (a).

1.13 d) Les deux points C et D sont sur une même ligne de champ. En considérant un tube de champ centré sur cette ligne de champ commune et qui s'appuie sur les deux autres lignes de champ de la figure, on peut écrire que : $S_C v_C = S_D v_D$. Les valeurs de S sont proportionnelles à la distance sur le graphe entre les deux lignes de champ délimitant le tube ; donc, en mesurant ces distances au niveau des points C et D, on a : $\dfrac{S_D}{S_C} \approx \dfrac{1{,}6\,\text{cm}}{0{,}8\,\text{cm}} = 2{,}0$. L'intensité du champ $\vec{v}$ est environ 2 fois plus importante en C qu'en D. On retrouve le fait que plus les lignes de champ sont resserrées, plus le champ est intense.

1.14 a) Posons $f(x,y,z) = \dfrac{x^2y}{a} + bz + c^2$. Calculons les dérivées partielles secondes : on a

$$\frac{\partial^2 f}{\partial x^2} = \frac{2y}{a}, \quad \frac{\partial f}{\partial y} = 0 \quad \text{et} \quad \frac{\partial f}{\partial z} = 0.$$

Donc le laplacien scalaire de f s'écrit $\dfrac{2y}{a}$.

1.14 b) Posons $f(x,y,z) = y^2 - 5az$. Calculons les dérivées partielles secondes : on a

$$\frac{\partial^2 f}{\partial x^2} = 0, \quad \frac{\partial f}{\partial y} = 2 \quad \text{et} \quad \frac{\partial f}{\partial z} = 0.$$

Donc le laplacien scalaire de f s'écrit 2.

1.14 c) Posons $f(x,y,z) = b^2 \ln(\frac{z}{a}) + 3x^2$. Calculons les dérivées partielles secondes : on a

$$\frac{\partial^2 f}{\partial x^2} = 6, \quad \frac{\partial f}{\partial y} = 0 \quad \text{et} \quad \frac{\partial f}{\partial z} = -\frac{b^2}{z^2}.$$

Donc le laplacien scalaire de f s'écrit $6 - \dfrac{b^2}{z^2}$.

1.15 Posons $A_x(x,y,z) = \dfrac{x^2y}{a} + bz + c^2$ puis $A_y = y^2 - 5az$ et $A_z = b^2 \ln(\frac{z}{a}) + 3x^2$. On calcule les laplaciens scalaires de ces trois fonctions selon la formule : $\Delta(f(x,y,z)) = \dfrac{\partial^2 f}{\partial x^2} + \dfrac{\partial^2 f}{\partial y^2} + \dfrac{\partial^2 f}{\partial z^2}$.

On obtient $\Delta A_x = \dfrac{2y}{a}$, $\Delta A_y = 2$ et $\Delta A_z = 6 - \dfrac{b^2}{z^2}$. Le laplacien vectoriel s'écrit donc : $\dfrac{2y}{a}\overrightarrow{e_x} + 2\overrightarrow{e_y} + 6 - \dfrac{b^2}{z^2}\overrightarrow{e_z}$, que l'on peut aussi mettre sous la forme du vecteur colonne proposé en réponse.

1.16 a) Ne pas oublier d'indiquer qu'il s'agit d'un opérateur vectoriel : $\overrightarrow{\text{grad}}\, A$ et non $\text{grad}(A)$! !

1.16 b) L'argument est un vecteur, pensez à choisir la base de projection de façon à faciliter le calcul.

1.16 c) Ne pas oublier d'indiquer qu'il s'agit d'un opérateur vectoriel : $\overrightarrow{\text{rot}}\, \vec{A}$ et non $\text{rot}(\vec{A})$! !

1.16 d) Vérifiez l'homogénéité des trois termes : homogénéité de l'argument du laplacien divisé par le carré d'une longueur !

1.16 e) Neuf termes à calculer ! Heureusement souvent beaucoup sont nuls du fait des symétries et invariances...

Fiche n° 2. Changements de référentiel

Réponses

2.1 a) .... ⓑ

2.1 b) .... ⓐ

2.1 c) .... ⓓ

2.2 a) .... Vrai

2.2 b) .... Faux

2.2 c) .... Faux

2.3 a) .... ⓐ

2.3 b) .... ⓑ

2.3 c) .... ⓑ

2.3 d) .... ⓑ

2.4 a) .... ⓒ

2.4 b) .... ⓑ

2.4 c) .... ⓐ

2.4 d) .... ⓓ

2.4 e) .... $-\omega^2 r\overrightarrow{e_r}$

2.4 f) .... $2\omega\dot{r}\overrightarrow{e_\theta}$

2.4 g) .... $\ddot{r}\overrightarrow{e_r}$

2.5 a) .... ⓐ

2.5 b) .... ⓐ et ⓑ

2.5 c) .... ⓓ

2.5 d) .... ⓒ

2.5 e) .... ⓒ

2.5 f) .... ⓒ

2.6 a) .... $\overrightarrow{0}$

2.6 b) .... $m\omega_0^2\ell\overrightarrow{e_r}$

2.6 c) .... $\dfrac{m\omega_0^2\ell\overrightarrow{e_r}}{2}$

2.7 .... ⓒ

2.8 a) .... $2m\omega_0 v_1\overrightarrow{e_x}$

2.8 b) .... $2m\omega_0(v_2\overrightarrow{e_y} - v_1\overrightarrow{e_z})$

2.8 c) .... $-2m\omega_0 v_1\overrightarrow{e_\theta}$

2.8 d) .... $2m\omega_0 v_1\overrightarrow{e_r}$

2.9 a) .... ⓒ

2.9 b) .... ⓒ

2.9 c) .... $-2m\Omega\dot{z}\cos\lambda\overrightarrow{e_x}$

2.10 a) .... ⓒ

2.10 b) .... ⓑ

2.10 c) .... $3{,}8\,\mathrm{rad\cdot s^{-1}}$

2.11 a) 0,5

2.11 b) .... ⓑ

2.11 c) .... $-mg\overrightarrow{e_y}$

2.11 d) .... $T\sin(\theta_\mathrm{e})\overrightarrow{e_x} + T\cos(\theta_\mathrm{e})\overrightarrow{e_y}$

2.11 e) .... $-ma\overrightarrow{e_x}$

2.11 f) .... ⓓ

2.11 g) .... ⓑ

2.11 h) .... 27°

2.12 a) .... ⓑ

2.12 b) .... ⓒ

2.12 c) .... $\sqrt{\dfrac{\mu g}{d}}$

2.12 d) .... $10\,\mathrm{rad\cdot s^{-1}}$

2.13 a) .... T^{-2}

2.13 b) .... ⓑ

2.13 c) .... ⓐ

2.13 d) .... $\dfrac{v_0}{\Omega}\sin(\Omega t)$

2.13 e) .... ⓒ

Corrigés

2.1 a) Cette trajectoire est appelée *cycloïde*.

....

2.1 b) Le centre de la roue est immobile dans le référentiel du vélo, et le point V a une trajectoire circulaire autour de l'axe (fixe) de la roue.

....

2.1 c) La valve V du vélo appartient au solide de référence de ce référentiel : il est donc fixe dans ce référentiel.

2.2 a) Le référentiel $\mathcal{R}_1$ est en translation rectiligne uniforme par rapport à un référentiel galiléen, donc il est lui-même galiléen.

2.2 b) Le référentiel $\mathcal{R}_2$ n'est pas en translation rectiligne uniforme par rapport à un référentiel galiléen (il est en rotation !), donc il n'est pas galiléen.

2.2 c) Le référentiel $\mathcal{R}_3$ n'est pas en translation rectiligne uniforme par rapport à un référentiel galiléen (il est accéléré !), donc il n'est pas galiléen.

2.3 a) $\mathcal{R}_t$ est un référentiel en translation rectiligne uniforme par rapport au référentiel terrestre (supposé galiléen), donc il est lui-même galiléen. $\mathcal{R}_p$ est immobile par rapport à $\mathcal{R}_t$ donc $\mathcal{R}_p$ est aussi galiléen. Réponse (a).

2.3 b) Le référentiel $\mathcal{R}_t$ n'est pas en translation rectiligne uniforme par rapport au référentiel terrestre (supposé galiléen) ; donc il n'est pas galiléen. $\mathcal{R}_p$ est immobile par rapport à $\mathcal{R}_t$ donc $\mathcal{R}_p$ n'est pas galiléen.

2.3 c) Le référentiel $\mathcal{R}_t$ est en translation rectiligne non uniforme par rapport au référentiel terrestre (supposé galiléen), donc il n'est pas galiléen. Le référentiel $\mathcal{R}_p$ est en translation rectiligne uniforme par rapport à $\mathcal{R}_t$ qui est non galiléen ; donc $\mathcal{R}_p$ n'est pas galiléen.

2.3 d) Le référentiel $\mathcal{R}_t$ n'est pas en translation rectiligne uniforme par rapport au référentiel terrestre (supposé galiléen), donc il n'est pas galiléen. Le référentiel $\mathcal{R}_p$ est en mouvement par rapport à $\mathcal{R}_t$ qui est non galiléen. Il sera *a priori* non galiléen aussi sauf si la vitesse de marche compense exactement le déplacement du train, ce qui paraît peu probable...

2.4 b) Le référentiel $\mathcal{R}'$ n'est pas en translation rectiligne uniforme par rapport au référentiel galiléen $\mathcal{R}$, il n'est donc pas galiléen.

2.4 c) On rappelle qu'une accélération est homogène à une distance divisée par un temps au carré (comme le montre la formule $\dfrac{\mathrm{d}^2\overrightarrow{\mathrm{OM}}}{\mathrm{d}t^2}$) ; donc, on a $[a] = L.T^{-2}$.

On constate que seule la réponse (a) est constituée de deux termes homogènes à une accélération.

2.4 d) Par analyse dimensionnelle, on constate que seule la réponse (d) est constituée d'un terme homogène à une accélération.

2.4 e) On a $\overrightarrow{a_e} = \overrightarrow{\Omega} \wedge (\Omega\overrightarrow{e_z} \wedge r\overrightarrow{e_r}) = \Omega\overrightarrow{e_z} \wedge \omega r\overrightarrow{e_\theta}$, soit $\overrightarrow{a_e} = -\omega^2 r\overrightarrow{e_r}$.

2.4 f) La vitesse $\left.\dfrac{\mathrm{d}\overrightarrow{\mathrm{OM}}}{\mathrm{d}t}\right|_{\mathcal{R}'}$ vaut $\dot{r}\overrightarrow{e_r}$. Ainsi, l'accélération de Coriolis vaut : $\overrightarrow{a_C} = 2\omega\dot{r}\overrightarrow{e_\theta}$.

2.4 g) En utilisant l'expression de $\vec{a}_{\mathcal{R}}(\mathrm{M})$ issue des questions c) et d), et la loi de composition des accélérations, on trouve $\vec{a}_{\mathcal{R}'}(\mathrm{M}) = \ddot{r}\overrightarrow{e_r}$.

2.5 a) Le référentiel $\mathcal{R}_1$ est en rotation dans $\mathcal{R}_t$. *A priori*, il faut prendre en compte la force d'inertie centrifuge et la force d'inertie de Coriolis. Cependant, la vitesse de M dans le référentiel $\mathcal{R}_1$ est nulle, donc la force de Coriolis est nulle : réponse (a).

2.5 b) Le référentiel $\mathcal{R}_1$ est en rotation dans $\mathcal{R}_t$. *A priori*, il faut prendre en compte la force d'inertie centrifuge et la force d'inertie de Coriolis : réponses (a), (b).

2.5 c) Le référentiel $\mathcal{R}_2$ est en translation rectiligne uniforme dans $\mathcal{R}_t$: c'est donc un référentiel galiléen. Aucune force d'inertie n'est à prendre en compte : réponse (d).

2.5 d) Le référentiel $\mathcal{R}_3$ est en translation rectiligne non uniforme dans $\mathcal{R}_t$: il non galiléen.

2.5 e) Le référentiel $\mathcal{R}_3$ est en translation rectiligne non uniforme dans $\mathcal{R}_t$: il est non galiléen.

2.5 f) Le référentiel $\mathcal{R}_4$ est en translation rectiligne non uniforme dans $\mathcal{R}_t$: il est non galiléen.

2.6 a) Si le point M est placé sur l'axe de rotation, la distance HM est nulle.

2.6 b) Comme le point M est placé dans le plan $(O, \vec{e_x}, \vec{e_y})$ (ou dans le plan $(O, \vec{e_r}, \vec{e_\theta})$), la distance HM vaut ℓ. Ainsi, on a $\vec{f_{ie}} = m\omega_0^2\ell\vec{e_r}$.

2.6 c) Dans cette situation, on a $HM = \ell\sin\left(\dfrac{\pi}{3}\right)$. Ainsi, $\vec{f_{ie}} = m\omega_0^2\ell\sin\left(\dfrac{\pi}{3}\right)\vec{e_r} = \dfrac{m\omega_0^2\ell\vec{e_r}}{2}$.

2.7 On a $\vec{f_{iC}} = -2m\Omega_0\begin{pmatrix}0\\1\\1\end{pmatrix} \wedge \begin{pmatrix}v_1\\0\\0\end{pmatrix} = -2m\Omega_0 v_1\begin{pmatrix}0\\1\\-1\end{pmatrix} = 2m\Omega_0 v_1\begin{pmatrix}0\\-1\\1\end{pmatrix}$.

2.8 a) Comme $\vec{e_z} \wedge \vec{e_y} = -\vec{e_x}$, alors l'expression de la force de Coriolis est $\vec{f_{iC}} = 2m\omega_0 v_1\vec{e_x}$.

2.8 b) On a $\vec{f_{iC}} = -2m\vec{\Omega} \wedge \vec{v}(M) = -2m(\omega_0 v_1\vec{e_x} \wedge \vec{e_y} + \omega_0 v_1\vec{e_x} \wedge \vec{e_z})$ ainsi $\vec{f_{iC}} = 2m\omega_0(v_2\vec{e_y} - v_1\vec{e_z})$.

2.8 c) Comme $\vec{e_z} \wedge \vec{e_r} = \vec{e_\theta}$, alors l'expression de la force de Coriolis est $\vec{f_{iC}} = -2m\omega_0 v_1\vec{e_\theta}$.

2.8 d) Le produit vectoriel $\vec{e_z} \wedge \vec{e_z} = \vec{0}$, il faut donc se concentrer sur $\vec{e_z} \wedge \vec{e_\theta} = -\vec{e_r}$ donc $\vec{f_{iC}} = 2m\omega_0 v_1\vec{e_r}$.

2.9 a) La période de rotation de la Terre sur elle-même est de $T = 24\,\text{h} = 86\,400\,\text{s}$; sa vitesse angulaire autour de l'axe (O, Z) est donc $\Omega = \dfrac{2\pi}{T} = \dfrac{2\pi}{86400} = 7{,}3 \times 10^{-5}\,\text{rad}\cdot\text{s}^{-1}$.

2.9 b) L'angle entre le vecteur $\vec{\Omega}$ et l'axe (Ay) est la latitude λ. Par conséquent, la projection fait apparaître un $\cos\lambda$ sur $\vec{e_y}$ et un $\sin\lambda$ sur $\vec{e_z}$. La projection sur $\vec{e_x}$ est nulle car $\vec{\Omega} \perp \vec{e_x}$. C'est donc la réponse (c).

2.9 c) Le produit vectoriel $\Omega\begin{pmatrix}0\\\cos\lambda\\\sin\lambda\end{pmatrix}\wedge\begin{pmatrix}0\\0\\\dot{z}\end{pmatrix}$ amène $-2m\Omega\cos\lambda\dot{z}\overrightarrow{e_x}$.

2.10 a) Le vecteur $\overrightarrow{\mathrm{HM}}$ est nécessairement dirigé radialement, donc suivant le vecteur $\overrightarrow{e_r}$: réponse ⓒ.

2.10 b) Pour commencer, le $\cos\alpha$ n'a pas de dimension. Seul le rapport $\dfrac{g}{\ell}$ est homogène à un temps à la puissance -2, comme doit l'être ω^2. C'est donc la réponse ⓑ.

2.11 a) On a $f_{\mathrm{ie}} = 0{,}025\,\mathrm{N}$ et $P = 0{,}05\,\mathrm{N}$, ainsi le rapport entre les deux normes vaut 0,5.

2.11 b) Le rapport des normes des forces vaut 0,5 ; les deux forces sont du même ordre de grandeur.

2.11 f) L'utilisation du principe fondamental dans un référentiel non galiléen comme $\mathcal{R}_1$ nécessite l'utilisation des forces d'inertie (d'entraînement ici). La réponse ⓓ est pour laquelle la force d'entraînement $\overrightarrow{f_{\mathrm{ie}}} = -m\overrightarrow{a_{\mathrm{e}}}$ est correctement utilisée.

2.11 g) Le nombre $\tan(\theta_{\mathrm{e}})$ est sans dimension. Seul le rapport de a sur g est aussi adimensionné : réponse ⓑ.

2.12 a) Le vecteur $\overrightarrow{\mathrm{OA}}$ est bien colinéaire et dans le même sens que $\overrightarrow{e_r}$. C'est donc la réponse ⓑ.

2.12 b) Le palet est expulsé radialement par la force centrifuge (dirigée suivant $+\overrightarrow{e_r}$). C'est donc la réponse ⓒ.

2.12 c) Dans le cas limite, les deux forces radiales se compensent : $\mu mg = m\omega_{\max}^2 d$, soit $\omega_{\max} = \sqrt{\dfrac{\mu g}{d}}$.

2.13 a) La dimension est identique à celle de l'autre terme de la différence, soit T^{-2}.

2.13 b) C'est le signe de $\dfrac{k}{m} - \omega^2$ qui indique la solution. Ici ce terme est négatif. Ce n'est donc pas l'équation de l'oscillateur harmonique ! La solution diverge : ⓑ.

2.13 c) C'est le signe de $\dfrac{k}{m} - \omega^2$ qui indique la solution. Ici ce terme est positif. C'est l'équation de l'oscillateur harmonique non amorti ! C'est la réponse ⓐ.

2.13 d) Comme $\omega^2 < \dfrac{k}{m}$, la solution est du type oscillateur harmonique : $x(t) = A\cos(\Omega t) + B\sin(\Omega t)$. L'application de $x(0) = 0$ implique que $A = 0$.

Ainsi, $\dot{x}(t) = B\Omega\cos(\Omega t)$ et la condition $\dot{x}(0) = v_0$ impliquent que $B\Omega = v_0$.
Finalement, $x(t) = \dfrac{v_0}{\Omega}\sin(\Omega t)$.

2.13 e) La solution correspondant à $\omega^2 > \dfrac{k}{m}$ est de la forme $x(t) = A\cosh(\Omega t + \varphi)$. C'est une solution divergente ; le seul graphique qui représente une solution divergente est le ⓒ.

Fiche n° 3. Loi du frottement solide

Réponses

3.1 a) ... ⓒ

3.1 b) ... ⓑ

3.1 c) ... ⓒ

3.1 d) ... ⓐ

3.2 a) ... Faux

3.2 b) ... Vrai

3.2 c) ... Faux

3.3 ... ⓐ

3.4 a) ... ⓓ

3.4 b) ... 2,8 N

3.5 a) ... −1,5 N

3.5 b) ... 3,2 N

3.5 c) ... Faux

3.6 ... ⓒ

3.7 ... ⓓ

3.8 a) ... $f_\mathrm{d}(F\sin(\alpha) - mg)$

3.8 b) ... ⓐ

3.8 c) ... $\ddot{x} = -f_\mathrm{d}g + \dfrac{F}{m}$

3.9 a) ... ⓐ

3.9 b) ... ⓐ

3.9 c) ... $-\left(x_0 + \dfrac{fmg}{k}\right)\omega_0 \sin(\omega_0 t)\overrightarrow{u_x}$

3.9 d) ... 384 ms

3.9 e) ... 3,0 cm

3.10 a) ... $\dfrac{1}{6}\left(8 - 7\dfrac{v^2}{gh}\right)$

3.10 b) ... 0,8

3.11 a) ... ⓐ

3.11 b) ... 1,6 ms

3.11 c) ... −75 µm

3.12 a) ... 5 s

3.12 b) ... 7 s

3.12 c) ... 350 N

3.12 d) ... 175 N

3.12 e) ... ⓑ

3.12 f) ... ⓐ

Corrigés

3.1 a) La brosse est animée d'un mouvement relatif par rapport au tableau : elle ne peut donc être en situation d'adhérence ; de plus, sa forme de parallélépipède empêche toute possibilité de roulement. Elle glisse sur le tableau, réponse ⓒ.

3.1 b) Pour bien comprendre, imaginons que les pneus du vélo comportent en surface des points de peinture. Si le vélo roule sur une route, alors le mouvement des roues va déposer les points de peinture sur celle-ci : ils apparaissent nettement après le passage du vélo et on pourrait dire métaphoriquement que le motif adhère au sol. On dit qu'il y a roulement sans glissement, car la roue adhère au sol. C'est bien le cas ici, donc réponse ⓑ.

3.1 c) Pour bien comprendre, imaginons que les pneus du véhicule comportent en surface des points de peinture. Si le véhicule freine à tel point que les roues ne tournent plus, alors on ne voit plus sur la route qu'une traînée colorée sans motif net : l'un d'entre eux est étiré sur la route et on pourrait dire métaphoriquement qu'il glisse. Dans le cas où le véhicule dérape, on imagine très bien que les pneus crissent ; autrement dit, les pneus glissent sur le sol. On dit que la voiture glisse car elle n'adhère pas au sol. C'est bien le cas ici, donc réponse (c). Lorsque la roue glisse mais maintient un mouvement de rotation autour de son axe malgré le dérapage, on dit qu'il y a roulement avec glissement.

3.1 d) Le tapis roulant déplace le livre mais celui-ci n'a pas de mouvement relatif par rapport au tapis. La vitesse de glissement est donc nulle, le livre adhère au tapis, réponse (a).

3.2 a) Exprimons la vitesse du tapis en $\mathrm{m\cdot s^{-1}}$: $v_0 = 3{,}6\,\mathrm{km\cdot h^{-1}} = \dfrac{3\,600\,\mathrm{m}}{3\,600\,\mathrm{s}} = 1\,\mathrm{m\cdot s^{-1}}$.
Ainsi, $\vec{v}_{\text{glissement}}(\text{valise/tapis}) = (v_1 - v_0)\overrightarrow{u_x} = 0\,\mathrm{m\cdot s^{-1}}$. Le valise de Sam ne glisse pas sur le tapis roulant.

3.2 b) Déterminons la vitesse de la valise de Paul : $v_1 = \dfrac{p_1}{m} = \dfrac{8{,}0\,\mathrm{N\cdot s}}{15\,\mathrm{kg}} = 0{,}6\,\mathrm{m\cdot s^{-1}}$
Ainsi, $\vec{v}_{\text{glissement}}(\text{valise/tapis}) = (v_1 - v_0)\overrightarrow{u_x} = -0{,}4\,\mathrm{m\cdot s^{-1}}$. La valise de Paul glisse sur le tapis.

3.2 c) On a $\vec{v}_{\text{glissement}}(\text{valise/tapis}) = (v_1 - v_0)\overrightarrow{u_x} = -2\,\mathrm{m\cdot s^{-1}}$. Le sac d'Assia glisse sur le tapis.

3.3 La réponse (c) est forcément exclue car les vecteurs $\vec{F}$ et $\overrightarrow{e_y}$ sont orthogonaux donc de produit scalaire nul. Le solide est à l'équilibre (immobile) donc la résultante des forces qui s'applique sur lui est nulle :

$$\overrightarrow{R_{\mathrm{T}}} + \vec{F} + \overrightarrow{R_{\mathrm{N}}} + \vec{P} = \vec{0}.$$

Par projection, on a d'une part $\overrightarrow{R_{\mathrm{N}}} + \vec{P} = \vec{0}$ sur l'axe verticale et d'autre part $\overrightarrow{R_{\mathrm{T}}} + \vec{F} = \vec{0}$ sur l'axe horizontal. En décomposant les forces à l'aide du repère introduit, ces deux équations deviennent respectivement $\overrightarrow{R_{\mathrm{N}}}\cdot\overrightarrow{e_y} + \vec{P}\cdot\overrightarrow{e_y} = 0$ et $\overrightarrow{R_{\mathrm{T}}}\cdot\overrightarrow{e_x} + \vec{F}\cdot\overrightarrow{e_x} = 0$. En développant l'expression de la force poids et en considérant la valeur de la norme de la force de tension fournie par l'énoncé, on obtient $\overrightarrow{R_{\mathrm{N}}}\cdot\overrightarrow{e_y} - mg = 0$ et $\overrightarrow{R_{\mathrm{T}}}\cdot\overrightarrow{e_x} + \|\vec{F}\| = 0$, soit $\overrightarrow{R_{\mathrm{N}}}\cdot\overrightarrow{e_y} = mg = 10\,\mathrm{N}$ et $\overrightarrow{R_{\mathrm{T}}}\cdot\overrightarrow{e_x} = -\|\vec{F}\| = -5\,\mathrm{N}$. Les réponses (b) et (d) sont fausses, (a) est vraie.

3.4 a) La projection du principe fondamental de la dynamique conduit aux relations suivantes :

$$\begin{cases} F - R_{\mathrm{T}} - mg\sin(\alpha) = 0 & (Ox) \\ R_{\mathrm{N}} - mg\cos(\alpha) = 0 & (Oy). \end{cases}$$

Nous obtenons donc $R_{\mathrm{N}} = mg\cos(\alpha)$. De plus, le solide est à la limite de glissement donc $R_{\mathrm{T}} = \mu_{\mathrm{s}} mg\cos(\alpha)$.
Ainsi, $F = R_{\mathrm{T}} + mg\sin(\alpha) = mg\cos(\alpha)(\mu_{\mathrm{s}} + \tan(\alpha))$: c'est la réponse (d) qui est juste.

3.4 b) On a $F = mg\cos(\alpha)(\mu_{\mathrm{s}} + \tan(\alpha)) = 0{,}35\,\mathrm{kg} \times 10\,\mathrm{m\cdot s^{-2}} \times \cos(20\,°)(0{,}5 + \tan(20\,°))$ puis $F = 2{,}8\,\mathrm{N}$.

3.5 a) On a $T = -\|\vec{R}\|\sin(\alpha) = -3{,}5\,\mathrm{N} \times \sin(25°) = -1{,}5\,\mathrm{N}$.

3.5 b) On a $N = \|\vec{R}\|\cos(\alpha) = -3{,}5\,\mathrm{N} \times \cos(25°) = 3{,}2\,\mathrm{N}$.

3.5 c) D'après la loi de Coulomb, le cube ne glissera pas sur son support si, et seulement si :

$$\|\vec{T}\| < \mu_s \|\vec{N}\|.$$

Ici, on a $\|\vec{T}\| = 1{,}5\,\text{N}$ et $\mu_s\|\vec{N}\| = 0{,}6 \times 3{,}2\,\text{N} = 1{,}9\,\text{N}$. Le cube ne glisse donc pas sur son support.

3.6 Pour comparer les situations, il faut déterminer la valeur de α pour chacune d'elles, et le tout avec une même unité (choisissons les degrés). La situation ⓑ est évidente et donne $\alpha = 30°$. La situation ⓐ équivaut à $\alpha = \arctan 0{,}5 = 27°$. La situation ⓒ équivaut à $\alpha = \arctan 0{,}8 = 39°$. La situation ⓓ équivaut à $\alpha = \dfrac{\pi}{8} = 23°$. Le couple de solides ayant le plus grand cône de frottement est donc celui utilisé dans la situation ⓒ.

3.8 a) Notons que, dans cette application, le glissement se fait suivant $+\vec{e_x}$ donc $T = \vec{T}\cdot\vec{e_x} < 0$ et $N = \vec{N}\cdot\vec{e_z} > 0$.

D'après la loi de Coulomb et la relation (1), on a $\|\vec{T}\| = |T| = f_d(mg - F\sin(\alpha)) > 0$.

Nous en déduisons alors l'expression de T : $T = -|T| = f_d(F\sin(\alpha) - mg)$.

3.8 b) D'après l'expression de T et la relation (2), nous obtenons : $\ddot{x} = -f_d g + \dfrac{F}{m}(\cos(\alpha) + f_d\sin(\alpha))$.

3.8 c) D'après la question précédente :

$$\ddot{x} = -f_d g + \frac{F}{m}.$$

Nous pouvons voir que le poids va contribuer à ralentir la luge alors que la force de traction l'accélère.

3.9 a) La solution de l'équation différentielle est la somme de la solution particulière x_p de l'équation totale et de la solution générale x_g de l'équation homogène :

$$x = x_p + x_g = -\frac{fmg}{k} + A\cos(\omega_0 t) + B\sin(\omega_0 t).$$

Les conditions à $t = 0$ imposent $\begin{cases} x(0) = x_0 \\ \dot{x}(0) = 0. \end{cases}$ Ainsi, $A = x_0 + \dfrac{fmg}{k}$ et $B = 0$.

Ainsi, la position du solide obéit à l'équation : $x(t) = \left(x_0 + \dfrac{fmg}{k}\right)\cos(\omega_0 t) - \dfrac{fmg}{k}$.

3.9 b) La vitesse du solide dans le référentiel d'étude s'écrit : $\vec{v}(\text{solide})_{\mathcal{R}_0} = \dot{x}\vec{u_x} = -\left(x_0 + \dfrac{fmg}{k}\right)\omega_0\sin(\omega_0 t)\vec{u_x}$.

3.9 c) La vitesse du support est nulle, donc la vitesse de glissement est la vitesse du solide. Nous en déduisons que $\vec{v}(\text{solide})_{\mathcal{R}_0} = -\left(x_0 + \dfrac{fmg}{k}\right)\omega_0\sin(\omega_0 t)\vec{u_x}$.

3.9 d) La phase de glissement s'arrête dès que la vitesse de glissement s'annule de nouveau. On a alors

$$\vec{v}_{\text{glissement solide/support}}(t_1) = -\left(x_0 + \frac{fmg}{k}\right)\omega_0\sin(\omega_0 t)\vec{u_x} = 0.$$

Cela impose : $\sin(\omega_0 t_1) = 0$ donc $t_1 = \dfrac{\pi}{\omega_0}$.

Ainsi, $t_1 = \pi\sqrt{\dfrac{m}{k}} = \pi\sqrt{\dfrac{0{,}3\,\text{kg}}{7\,\text{N}\cdot\text{m}^{-1}}} = 384\,\text{ms}$.

3.9 e) On a $x(t_1) = \left(x_0 + \frac{fmg}{k}\right)\cos\left(\omega_0 \frac{\pi}{\omega_0}\right) - \frac{fmg}{k}$ donc $x(t_1) = -\left(x_0 + \frac{fmg}{k}\right) - \frac{fmg}{k} = -x_0 - \frac{2fmg}{k}$.

Ainsi, $x(t_1) = 0{,}09\,\text{m} - \dfrac{2 \times 0{,}2 \times 0{,}3\,\text{kg} \times 10\,\text{m}\cdot\text{s}^{-2}}{20\,\text{N}\cdot\text{m}^{-1}} = 3{,}0\,\text{cm}$.

3.10 a) On a $f_\text{d}mgh = Mgh - \frac{1}{2}(m+M)v^2$ et donc

$$f_\text{d} = \frac{M}{m} - \frac{1}{2}\left(1 + \frac{M}{m}\right)\frac{v^2}{gh} = \frac{4}{3} - \frac{1}{2}\left(1 + \frac{4}{3}\right)\frac{v^2}{gh} = \frac{1}{6}\left(8 - \frac{7v^2}{gh}\right).$$

3.10 b) On a : $f_\text{d} = \dfrac{1}{6}\left(8 - \dfrac{7 \times \left(0{,}82\,\text{m}\cdot\text{s}^{-1}\right)^2}{0{,}15\,\text{m} \times 10\,\text{m}\cdot\text{s}^{-2}}\right) = 0{,}8$.

3.11 a) Par définition de la vitesse de glissement, on a

$$\vec{v}_\text{glissement}(\text{palet/tapis}) = \vec{v}(\text{G}, t) - \vec{v}_\text{tapis} = (v(t) - v_0)\vec{e_x}.$$

3.11 b)

Le glissement s'arrête dès que la vitesse de glissement s'annule, à savoir $v(t) = v_0$.
La vitesse du tapis v_0 peut être écrite dans la même unité que $v(t)$: $v_0 = \dfrac{1260 \times 100\text{cm}}{3\,600\,\text{s}} = 35\,\text{cm}\cdot\text{s}^{-1}$.
Reportons alors la valeur de v_0 sur le diagramme suivant afin de lire la date t_1.

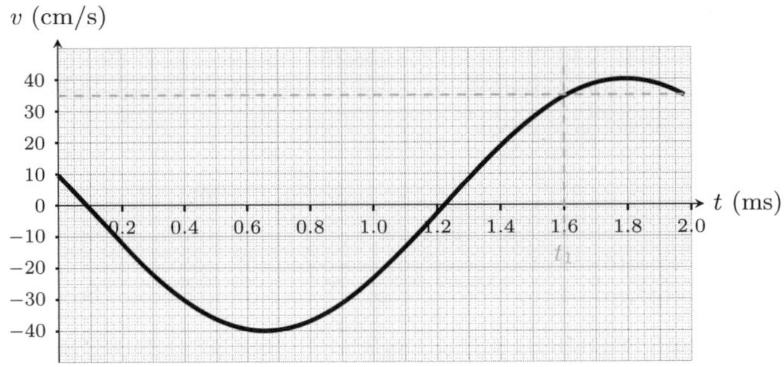

Par lecture graphique : $t_1 = 1{,}6\,\text{ms}$.

3.11 c)

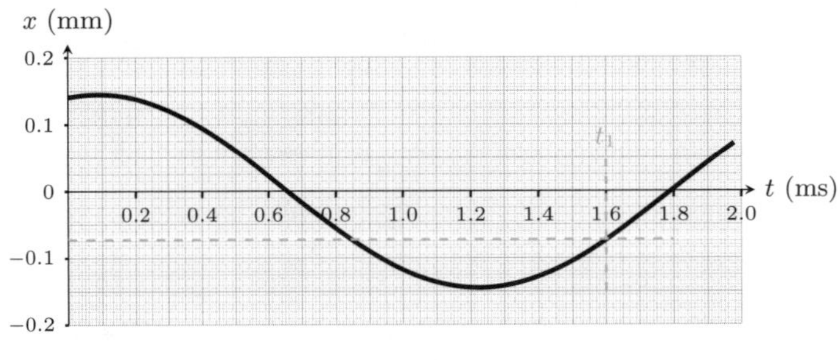

La lecture graphique permet de déterminer que $x_1 = -75\,\mu\text{m}$.

3.12 a) L'opérateur exerce une force de plus en plus importante sur l'armoire jusqu'à atteindre la valeur critique au-delà de laquelle on passe d'une phase d'adhérence à une phase de glissement. L'armoire est immobile pendant la durée où la force croît jusqu'à la force limite, soit pendant environ 5 secondes.

....

3.12 b) Le sol exerce une force à peu près constante de l'instant $t = 5\,\text{s}$ jusqu'à l'instant $t = 12\,\text{s}$. Au-delà, celle-ci s'annule : l'armoire ne glisse plus et s'immobilise. La phase de glissement dure donc $7\,\text{s}$.

....

3.12 c) La phase statique s'arrête à l'instant $t = 5\,\text{s}$ et correspond à la valeur maximale de la force exercée par l'opérateur, soit environ $350\,\text{N}$.

....

3.12 d) La phase dynamique commence à l'instant $t = 5\,\text{s}$. Au-delà, l'opérateur exerce une force constante en moyenne, de l'ordre de $175\,\text{N}$.

....

3.12 e) La valeur de la force de réaction tangentielle maximale du sol sur l'armoire est la force maximale exercée par l'opérateur sur l'armoire, soit $R_{T,\text{max}} = 350$ N. Or, à la limite d'adhérence, $R_{T,\text{max}} = \mu_\text{s} R_\text{N} = \mu_\text{s} mg$. D'où $\mu_\text{s} = \dfrac{R_{T,\text{max}}}{mg}$. En prenant $g = 10\,\text{m}\cdot\text{s}^{-2}$, l'application numérique donne $\mu_\text{s} \sim 0,5$. Réponse (b).

....

3.12 f) La valeur de la force de réaction tangentielle du sol sur l'armoire en glissement est la valeur de la force exercée par l'opérateur sur cette phase, soit $R_{T,\text{gliss}} = 175\,\text{N}$. Or, en supposant l'armoire à l'équilibre mécanique lors du glissement, on a $R_{T,\text{gliss}} = \mu_\text{d} R_\text{N} = \mu_\text{d} mg$. D'où $\mu_\text{d} = \dfrac{R_{T,\text{gliss}}}{mg}$. En prenant $g = 10\,\text{m}\cdot\text{s}^{-2}$, l'application numérique donne $\mu_\text{s} \sim 0,25$. Autre manière plus rapide de raisonner : la force appliquée en glissement est la moitié de la force maximale en adhérence, donc le coefficient de frottement est diminué de moitié entre les deux phases : $\mu_\text{s} \sim 2\mu_\text{d}$. Réponse (a).

....

Fiche n° 4. Électrostatique

Réponses

4.1 a) .... $\boxed{R\,\mathrm{d}\theta}$

4.1 b) .... $\boxed{2\pi R}$

4.1 c) .... $\boxed{r\,\mathrm{d}r\,\mathrm{d}\theta}$

4.1 d) .... $\boxed{\pi R^2}$

4.1 e) .... $\boxed{\dfrac{4}{3}\pi R^3}$

4.2 a) .... $\boxed{\lambda_0 \ell}$

4.2 b) .... $\boxed{2\pi^2 q_0}$

4.3 a) .... $\boxed{+1\,000 \times e}$

4.3 b) .... $\boxed{L \times \ell}$

4.3 c) .... $\boxed{2{,}57 \times 10^{-15}\,\mathrm{C \cdot m^{-2}}}$

4.4 a) .... $\boxed{(\mathrm{O}, \overrightarrow{e_x} + \overrightarrow{e_y}, \overrightarrow{e_z}),\ (\mathrm{O}, \overrightarrow{e_x} - \overrightarrow{e_y}, \overrightarrow{e_z}) \text{ et } (\mathrm{O}, \overrightarrow{e_x}, \overrightarrow{e_y})}$

4.4 b) .... $\boxed{(\mathrm{O}, \overrightarrow{e_x}, \overrightarrow{e_z}) \text{ et } (\mathrm{O}, \overrightarrow{e_y}, \overrightarrow{e_z})}$

4.5 a) .... $\boxed{6{,}5 \times 10^{-2}\,\mathrm{m^3}}$

4.5 b) .... $\boxed{3{,}3 \times 10^{-9}\,\mathrm{C}}$

4.5 c) .... $\boxed{7{,}9 \times 10^{-1}\,\mathrm{m^2}}$

4.5 d) .... $\boxed{6 \times 10^{-6}\,\mathrm{C}}$

4.6 a) .... ⓑ

4.6 b) .... ⓒ

4.6 c) .... $\boxed{0}$

4.7 a) .... ⓑ

4.7 b) .... ⓑ

4.7 c) .... ⓓ

4.7 d) .... ⓑ et ⓒ

4.8 a) .... $\boxed{-2\overrightarrow{e_x} + 8\overrightarrow{e_y}}$

4.8 b) .... $\boxed{5\overrightarrow{e_y}}$

4.8 c) .... ⓑ et ⓒ

4.9 a) .... $\boxed{\overrightarrow{e_y}}$

4.9 b) .... $\boxed{\overrightarrow{e_z}}$

4.9 c) .... ⓓ

4.10 .... ⓑ et ⓓ

4.11 a) .... ⓒ et ⓓ

4.11 b) .... ⓐ et ⓓ

4.12 .... ⓒ

4.13 a) .... ⓓ

4.13 b) .... ⓒ

4.13 c) .... ⓑ

4.13 d) .... $\boxed{\dfrac{\sigma}{2\varepsilon_0}\left(1 - \sqrt{\dfrac{z^2}{z^2 + R^2}}\right)}$

4.13 e) .... $\boxed{\dfrac{\sigma}{2\varepsilon_0}}$

4.13 f) .... $\boxed{\dfrac{Q_0}{4\pi\varepsilon_0 z^2}}$

4.14 a) .... ⓐ et ⓕ

4.14 b) .... $\boxed{0}$

4.15 a) .... ⓓ

4.15 b) .... ⓒ

4.15 c) .... $\boxed{\underbrace{\dfrac{q}{2\varepsilon_0}}_{K}(1 - \cos\alpha)}$

4.15 d) .... $\boxed{1{,}8 \times 10^{-8}\,\mathrm{V \cdot m}}$

4.16 a) .... $\boxed{4\pi r^2 E(r)}$

4.16 b) .... ⓒ

4.16 c) .... q et 0

4.17 a) .... nulle

4.17 b) .... négative

4.17 c) .... nulle

4.17 d) .... positive

4.18 a) .... ⓐ

4.18 b) .... ⓒ

4.19 a) .... ⓑ

4.19 b) .... $V(a)$

4.19 c) .... $E_0 a(1 + \mathrm{e}^{-2} - \mathrm{e}^{-1})$

4.20 a) .... ⓒ

4.20 b) .... $\dfrac{1}{r}\left(1 + \dfrac{a\cos(\theta)}{2r}\right)$

4.20 c) .... $\dfrac{1}{r}\left(1 - \dfrac{a\cos(\theta)}{2r}\right)$

4.20 d) .... $\dfrac{qa\cos(\theta)}{4\pi\varepsilon_0 r^2}$

4.21 a) .... ⓐ

4.21 b) .... positif

4.21 c) .... $1 \times 10^2\,\mathrm{V}\cdot\mathrm{m}^{-1}$

4.21 d) .... ⓑ

4.22 a) .... $Q = 4\rho_0 \mathcal{A} H/3,\ \rho_{\mathrm{m}} = 2\rho_0/3$

4.22 b) .... $Q = \rho_0 \pi R^2 H/2,\ \rho_{\mathrm{m}} = \rho_0/2$

4.22 c) .... $Q = \rho_0 4\pi R^3,\ \rho_{\mathrm{m}} = 0$

4.23 .... ⓐ

4.24 0

4.25 .... ⓐ

4.26 a) .... ⓓ

4.26 b) .... ⓑ

4.27 a) .... Courbe ③

4.27 b) .... Courbe ①

4.27 c) .... Courbe ②

4.28 .... $\dfrac{Q^2}{8\pi\varepsilon_0}\dfrac{h}{R(R+h)}$

Corrigés

4.1 a) Comme r et z sont constants, $\mathrm{d}r$ et $\mathrm{d}z$ sont nuls ; ainsi $\mathrm{d}\mathcal{C} = R\,\mathrm{d}\theta$.

4.1 b) On a $\mathcal{C} = \displaystyle\int_0^{2\pi} R\,\mathrm{d}\theta = R\int_0^{2\pi}\mathrm{d}\theta = R[\theta]_0^{2\pi} = 2\pi R$.

4.1 d) On a $\mathcal{S} = \displaystyle\int_{r=0}^{r=R}\int_{\theta=0}^{\theta=2\pi} r\,\mathrm{d}r\,\mathrm{d}\theta = \int_0^R r\,\mathrm{d}r\int_0^{2\pi}\mathrm{d}\theta = \left[\frac{r^2}{2}\right]_0^R [\theta]_0^{2\pi} = \frac{R^2}{2}\times 2\pi = \pi R^2$.

4.1 e) On a

$$\mathcal{V} = \int_{r=0}^{r=R}\int_{\theta=0}^{\theta=\pi}\int_{\varphi=0}^{\varphi=2\pi} r^2\sin(\theta)\,\mathrm{d}r\,\mathrm{d}\theta\,\mathrm{d}\varphi = \int_0^R r^2\,\mathrm{d}r\int_0^{\pi}\sin(\theta)\,\mathrm{d}\theta\int_0^{2\pi}\mathrm{d}\varphi$$
$$= \left[\frac{r^3}{3}\right]_0^R \times \big[-\cos(\theta)\big]_0^{\pi} \times \big[\varphi\big]_0^{2\pi} = \frac{R^3}{3}\times\big(-(-1-1)\big)\times 2\pi = \frac{4}{3}\pi R^3.$$

4.2 a) On a $Q = \int_0^\ell \lambda_0 \, dx = \lambda_0 \int_0^\ell dx = \lambda_0 \big[x\big]_0^\ell = \lambda_0 \ell$.

4.2 b) On a $Q = \int_0^{2\pi} \lambda(\theta) a \, d\theta = \int_0^{2\pi} q_0 \frac{\theta}{a} a \, d\theta = q_0 \int_0^{2\pi} \theta \, d\theta = q_0 \left[\frac{\theta^2}{2}\right]_0^{2\pi} = 2\pi^2 q_0$.

4.3 a) Chaque électron porte la charge (négative) $-e$. En arrachant N électrons de la feuille, celle-ci se charge positivement : on a $Q = +N \times e$, avec $N = 1\,000$.

4.3 b) La feuille est modélisée par un rectangle d'aire $S = L \times \ell$.

4.3 c) Il suffit de faire l'application numérique : $\sigma = 2{,}57 \times 10^{-15}\ \mathrm{C \cdot m^{-2}}$.

4.5 a) On a $V = \frac{4}{3}\pi R^3 = 6{,}5 \times 10^{-2}\ \mathrm{m^3}$, en écriture scientifique, et en gardant deux chiffres significatifs.

4.5 b) La densité volumique de charge est uniforme donc la charge totale est donnée par

$$Q = \rho_0 V = 3{,}3 \times 10^{-9}\ \mathrm{C},$$

en écriture scientifique, et en ne gardant que deux chiffres significatifs.

4.5 c) On a $\mathcal{A} = 4\pi R^2 = 7{,}9 \times 10^{-1}\ \mathrm{m^2}$, en écriture scientifique, et en gardant deux chiffres significatifs.

4.5 d) La densité surfacique de charge étant uniforme, $Q = \sigma \mathcal{A} = 6 \times 10^{-6}\ \mathrm{C}$, en écriture scientifique, et en ne gardant qu'un chiffre significatif (autant que la donnée qui possède le moins de chiffres significatifs).

4.6 a) L'élément de surface $dS = R \, d\theta \, dz$ est la multiplication du déplacement élémentaire $R \, d\theta$ le long de la circonférence d'un cercle de rayon R et d'axe (Oz) du tube par le déplacement élémentaire dz le long de l'axe (Oz).

4.6 b) On a $Q = \int_{\theta=0}^{2\pi} \int_{z=0}^{H} \sigma(\theta) R \, d\theta \, dz$.

4.6 c) On a $Q = \sigma_0 R H \int_{\theta=0}^{2\pi} \cos(\theta) \, d\theta = 0$. Le tube n'est globalement pas chargé. Ce résultat était attendu puisque la densité surfacique de charge est $\sigma(\theta) = \sigma_0 \cos(\theta)$ (les charges positives et négatives se répartissent de manière égale sur sa surface).

4.7 d) Le cylindre étant désormais infini, la distribution devient invariante par translation suivant (Oz).

4.8 a) Le principe de superposition assure que le champ électrostatique total en M_1 est la somme des champs produits par les deux sources.

4.8 c) Le point M_3 est le symétrique du point M_1 par rapport au plan $\mathcal{P}$. Ainsi, le vecteur-champ en M_3 est le symétrique du vecteur-champ en M_1 par rapport au plan $\mathcal{P}$. Enfin, le point M_2 appartient à ce plan de symétrie donc le vecteur-champ au point M_2 appartient également à ce plan de symétrie.

4.9 a) La projection du vecteur $\overrightarrow{e_y}$ est nulle sur le plan (Π_1), donc $\overrightarrow{e_y}$ est normal à ce plan.

4.9 b) La projection du vecteur $\overrightarrow{e_z}$ est nulle sur le plan (Π_2), donc $\overrightarrow{e_z}$ est normal à ce plan.

4.9 c) En un point M d'un plan d'antisymétrie de la distribution de charge, le champ électrostatique est perpendiculaire à ce plan. Par exemple, si le point M est sur l'axe $(\mathrm{O}x)$, appartenant au plan (Π_2), le champ électrostatique est suivant l'axe $(\mathrm{O}z)$: $\overrightarrow{E}(\mathrm{M}) = E(\mathrm{M})\overrightarrow{e_z}$.

4.10 Le plan $(\mathrm{M}, \overrightarrow{e_x}, \overrightarrow{e_y})$ est un plan de symétrie donc $\overrightarrow{E}(\mathrm{M}) = E_x(x,y,z)\overrightarrow{e_x} + E_y(x,y,z)\overrightarrow{e_y}$. Enfin, l'invariance par translation selon $\overrightarrow{e_z}$ permet d'affirmer que les composantes E_x et E_y, et donc la norme $\left\|\overrightarrow{E}\right\|$, de $\overrightarrow{E}(\mathrm{M})$ ne dépendent pas de z.

4.13 a) En repérage cylindrique, le déplacement élémentaire est $\overrightarrow{\mathrm{d}\ell} = \mathrm{d}r\overrightarrow{e_r} + r\,\mathrm{d}\theta\overrightarrow{e_\theta} + \mathrm{d}z\overrightarrow{e_z}$. Sur le disque, z est fixé (à 0) donc l'aire s'obtient en multipliant les deux composantes non nulles du vecteur déplacement élémentaire $\mathrm{d}S = r\,\mathrm{d}r\,\mathrm{d}\theta$.

4.13 b) Par relation de Chasles, on a $\overrightarrow{\mathrm{PM}} \cdot \overrightarrow{e_z} = (\overrightarrow{\mathrm{PO}} + \overrightarrow{\mathrm{OM}}) \cdot \overrightarrow{e_z} = r\overrightarrow{e_r} \cdot \overrightarrow{e_z} + z\overrightarrow{e_z} \cdot \overrightarrow{e_z} = 0 + z$.

4.13 c) On a $\overrightarrow{\mathrm{PM}} = \overrightarrow{\mathrm{PO}} + \overrightarrow{\mathrm{OM}} = r\overrightarrow{e_r} + z\overrightarrow{e_z}$ donc $\mathrm{PM} = \sqrt{\overrightarrow{\mathrm{PM}}^2} = \sqrt{\overrightarrow{\mathrm{PM}} \cdot \overrightarrow{\mathrm{PM}}} = \sqrt{z^2 + r^2}$.

4.13 d) En séparant les variables et en effectuant le changement de variable $u = r^2$ (d'où $\mathrm{d}u = 2r\,\mathrm{d}r$), il vient :

$$E_z = \frac{\sigma z}{8\pi\varepsilon_0}\int_{\theta=0}^{\theta=2\pi}\mathrm{d}\theta \times \int_{u=0}^{u=R^2}(u+z^2)^{-3/2}\,\mathrm{d}u = \frac{\sigma z}{4\varepsilon_0}\left[-2(u+z^2)^{-1/2}\right]_{u=0}^{u=R^2} = \frac{\sigma}{2\varepsilon_0}\left(1 - \frac{1}{\sqrt{1+R^2/z^2}}\right).$$

4.13 e) On a $\sqrt{1+R^2/z^2} \xrightarrow[R/z\to+\infty]{} \infty$ donc $\dfrac{1}{\sqrt{1+R^2/z^2}} \xrightarrow[R/z\to\infty]{} 0$. Ainsi, $E_z \xrightarrow[R/z\to\infty]{} \dfrac{\sigma}{2\varepsilon_0}$.

4.13 f) Le développement limité fourni permet d'écrire :

$$\frac{1}{\sqrt{1+\frac{R^2}{z^2}}} = \left(1 + \frac{R^2}{z^2}\right)^{-1/2} \underset{R/z\to 0}{=} 1 - \frac{R^2}{2z^2} \quad \text{d'où} \quad E_z = \frac{\sigma}{2\varepsilon_0}\left[1 - 1 + \frac{R^2}{2z^2}\right] = \overbrace{\pi R^2\sigma}^{Q_0}\frac{1}{4\pi\varepsilon_0 z^2},$$

ce qui correspond bien au champ créé par une charge ponctuelle Q_0, distante de z du point d'observation.

4.15 a) L'aire d'un élément de surface d'une sphère de rayon r est $\mathrm{d}S = r^2\sin(\theta)\,\mathrm{d}\theta\,\mathrm{d}\varphi$. Ici, le rayon de la calotte est R donc la variable r est fixée à R. En conclusion, $\mathrm{d}S = R^2\sin(\theta)\,\mathrm{d}\theta\,\mathrm{d}\varphi$.

4.15 b) Pour rappel, la colatitude θ est définie sur $[0,\pi]$ quand la longitude φ est décrite sur $[0,2\pi]$.
Pour décrire/paramétrer la calotte, on peut procéder de la sorte : on considère un point $\mathrm{M}(R,\theta,\varphi)$ sur la calotte, et on lui fait faire un tour complet autour de l'axe $(\mathrm{O}z)$; φ a alors parcouru l'intervalle $[0,2\pi]$ en décrivant un cercle. Ensuite, la calotte peut être vue comme un « accolage » de cercles de rayon allant de $R\sin\alpha$ à 0 (le cercle de rayon nul étant confondu avec un point de l'axe $(\mathrm{O}z)$). En d'autres termes, cela implique que $\theta \in [\pi-\alpha,\pi]$.
Ainsi, pour totalement parcourir la calotte, il faut $\varphi \in [0,2\pi]$ et $\theta \in [\pi-\alpha,\pi]$. Il vient

$$\phi = \int_{\theta=\pi-\alpha}^{\pi}\int_{\varphi=0}^{2\pi}\overrightarrow{E} \cdot R^2\sin(\theta)\,\mathrm{d}\theta\,\mathrm{d}\varphi\,\overrightarrow{e}_r.$$

4.15 c) Le champ $\vec{E}$ est celui sur la calotte sphérique, soit en $r = R$. Ainsi, on a

$$\phi = \frac{1}{4\pi\varepsilon_0 R^2} \times R^2 \int_{\theta=\pi-\alpha}^{\pi} \sin(\theta)\,\mathrm{d}\theta \int_{\varphi=0}^{2\pi} \mathrm{d}\varphi \qquad \text{donc} \qquad \phi = \underbrace{\frac{q}{2\varepsilon_0}}_{K}(1-\cos\alpha).$$

4.15 d) Pour $\alpha = \pi$ et $q = e$, on a $\phi = \dfrac{e}{\varepsilon_0}$. Donc, après calcul, $\phi = 1{,}8 \times 10^{-8}\ \mathrm{V \cdot m}$.

4.16 a) On a $\phi(\vec{E}) = \oiint_{\mathcal{S}} \vec{E} \cdot \vec{\mathrm{d}S} = 4\pi r^2 E(r)$.

4.16 b) Le théorème de Gauss assure que $\phi(\vec{E}) = Q/\varepsilon_0$ donc $Q = \varepsilon_0 \phi(\vec{E}) = \varepsilon_0 4\pi r^2 E(r) = q\Big(1 + \dfrac{r}{a}\Big)\mathrm{e}^{-r/a}$.

4.18 a) Le gradient est dirigé dans le sens des potentiels croissants, orthogonalement aux équipotentielles.

4.18 b) Comme $\vec{E} = -\overrightarrow{\mathrm{grad}}\, V$, la direction du champ est opposée à celle du gradient.

4.19 a) Le segment AB a une pente constante $\dfrac{y_B - y_A}{x_B - x_A} = \dfrac{2a - 0}{2a - a} = 2$. Or, cette dernière correspond à $\dfrac{\mathrm{d}y}{\mathrm{d}x}$. Ainsi, $\mathrm{d}y = 2\,\mathrm{d}x$.

4.19 b) Pour $x > 0$, le champ $\vec{E}$ est orienté suivant $+\vec{e_x}$. Il s'agit donc du sens des potentiels décroissants. Comme $2a > a$, $V(2a) < V(a)$. $V(a)$ est donc le potentiel le plus élevé.

4.19 c) Le champ étant porté par $\vec{e_x}$, on a $\vec{E} \cdot \vec{\mathrm{d}\ell} = E_x dx$. On a alors

$$V(\mathrm{A}) - V(\mathrm{B}) = \int_a^{2a} E_0\big(1 - \mathrm{e}^{-x/a}\big)dx = E_0\Big[x + a\mathrm{e}^{-x/a}\Big]_a^{2a} = E_0 a(1 + \mathrm{e}^{-2} - \mathrm{e}^{-1}).$$

4.20 a) On a $\mathrm{AM}^2 = \|\overrightarrow{\mathrm{OM}} + \overrightarrow{\mathrm{AO}}\|^2 = \|\overrightarrow{\mathrm{OM}}\|^2 + \|\overrightarrow{\mathrm{AO}}\|^2 + 2\overrightarrow{\mathrm{OM}} \cdot \overrightarrow{\mathrm{AO}} = r^2 + \Big(\dfrac{a}{2}\Big)^2 - ar\cos(\theta)$.

4.20 b) On a $\dfrac{1}{\mathrm{AM}} = \dfrac{1}{r}\left(1 + \Big(\dfrac{a}{2r}\Big)^2 - \dfrac{a\cos(\theta)}{r}\right)^{-1/2}$. On utilise ensuite l'approximation $(1+\varepsilon)^\alpha = 1 + \alpha\varepsilon$ à l'ordre 1 en ε autour de 0. À l'ordre 1 en $\dfrac{a}{r}$, on trouve $\dfrac{1}{\mathrm{AM}} \simeq \dfrac{1}{r}\left(1 + \dfrac{a\cos(\theta)}{2r}\right)$.

4.20 c) De manière similaire, $\mathrm{BM}^2 = r^2 + \Big(\dfrac{a}{2}\Big)^2 + ar\cos(\theta)$ donc $\dfrac{1}{\mathrm{BM}} = \dfrac{1}{r}\left(1 + \Big(\dfrac{a}{2r}\Big)^2 + \dfrac{a\cos(\theta)}{r}\right)^{-1/2}$ et, à l'ordre 1 en $\dfrac{a}{r}$, on trouve $\dfrac{1}{\mathrm{BM}} \simeq \dfrac{1}{r}\left(1 - \dfrac{a\cos(\theta)}{2r}\right)$.

4.20 d) On a $V(\mathrm{M}) = \dfrac{q}{4\pi\varepsilon_0}\Big(\dfrac{1}{\mathrm{AM}} - \dfrac{1}{\mathrm{BM}}\Big) = \dfrac{q}{4\pi\varepsilon_0 r}\left(1 + \dfrac{a\cos(\theta)}{2r} - 1 + \dfrac{a\cos(\theta)}{2r}\right) = \dfrac{qa\cos(\theta)}{4\pi\varepsilon_0 r^2}$.

4.21 a) Les lignes de champ électrostatique sont orientées vers les charges négatives.

4.21 b) Sachant que $\vec{E} = -\overrightarrow{\mathrm{grad}}\, V$, le champ électrostatique pointe vers les valeurs de potentiel décroissantes, d'où le signe +.

4.21 c) En appelant A_{100} et A_{200} les projetés respectifs de A sur les équipotentielles de 100 V et 200 V, alors la relation $\vec{E} = -\overrightarrow{\text{grad}}\,V = -\dfrac{\partial V}{\partial z}\vec{e_z}$ (car ici $\vec{E}(\text{A})$ est selon $\vec{e_z}$) permet d'approximer la norme du champ en A :

$$E(\text{A}) = \frac{V(\text{A}_{200}) - V(\text{A}_{100})}{z_{\text{A}_{200}} - z_{\text{A}_{100}}} = \frac{200 - 100}{2{,}5\,\text{division} \times 40\,\text{cm} \cdot \text{division}^{-1}} = 1 \times 10^2\,\text{V} \cdot \text{m}^{-1}.$$

4.21 d) Du fait de la verticalité de l'individu par rapport à l'horizontalité du sol, les équipotentielles sont davantage resserrées en B qu'en A ; ainsi, le champ électrostatique est plus intense en B qu'en A : c'est l'effet de pointe.

4.22 a) Sachant que $\text{d}V = \text{d}x\,\text{d}y\,\text{d}z$, une séparation des variables conduit à :

$$Q = \rho_0 \iint_{\mathcal{A}} \text{d}S \int_{z=-H}^{z=H} \left(1 - \frac{z^2}{H^2}\right) \text{d}z = \rho_0 \mathcal{A}\left[z - \frac{z^3}{3H^2}\right]_{-H}^{H} = 4\rho_0 \mathcal{A} H/3.$$

Le volume du pavé est $2H\mathcal{A}$ donc la charge volumique moyenne s'exprime comme : $\rho_{\text{m}} = 2\rho_0/3$.

4.22 b) Sachant que $\text{d}V = r\,\text{d}r\,\text{d}\theta\,\text{d}z$, une séparation des variables conduit à :

$$Q = \rho_0 \int_{r=0}^{r=R} \left(r - \frac{r^3}{R^2}\right) \text{d}r \int_{\theta=0}^{\theta=2\pi} \text{d}\theta \int_{z=0}^{z=H} \text{d}z = \rho_0 \left[\frac{r}{2} - \frac{r^4}{4R^2}\right]_0^R \big[\theta\big]_0^{2\pi} \big[z\big]_0^H = \rho_0 \pi R^2 H/2.$$

Le volume du cylindre est $\pi R^2 H$ donc la charge volumique moyenne s'exprime comme : $\rho_{\text{m}} = \rho_0/2$.

4.22 c) Sachant que $\text{d}V = r^2 \sin(\theta)\,\text{d}r\,\text{d}\theta\,\text{d}\varphi$, une séparation des variables conduit à :

$$Q = \rho_0 R^2 \int_{r=0}^{r=+\infty} \text{e}^{-r/R}\,\text{d}r \int_{\theta=0}^{\theta=\pi} \sin(\theta)\,\text{d}\theta \int_{\varphi=0}^{\varphi=2\pi} \text{d}\varphi = \rho_0 R^2 \big[-R\text{e}^{-r/R}\big]_0^{+\infty} \big[-\cos(\theta)\big]_0^{\pi} \big[\varphi\big]_0^{2\pi} = \rho_0 4\pi R^3.$$

Le volume de l'espace étant infini mais la charge totale finie, la charge volumique moyenne est nulle : $\rho_{\text{m}} = 0$.

4.24 On a $\text{div}\,\vec{E}_1 = \dfrac{1}{r}\dfrac{\partial(r\frac{\alpha}{r})}{\partial r} + \dfrac{1}{r}\dfrac{\partial 0}{\partial \theta} + \dfrac{\partial 0}{\partial z} = 0 + 0 + 0.$

4.26 a) Le gradient est dirigé dans le sens des potentiels croissants, orthogonalement aux équipotentielles.

4.26 b) Comme $\vec{E} = -\overrightarrow{\text{grad}}\,V$, la direction du champ est opposée à celle du gradient.

4.27 a) Le potentiel s'annule en $r = r_0$, est positif pour $r < r_0$ et négatif pour $r > r_0$.

4.27 b)

- Pour $0 \leqslant r \leqslant R$, l'expression fournie est celle d'un polynôme de degré 2 en r dont la représentation graphique est une parabole. Ici, le coefficient devant r^2 est négatif donc la parabole est orientée vers les valeurs négatives.
- Pour $r \geqslant R$, l'expression fournie est une fonction inverse dont la représentation graphique est une branche d'hyperbole.

Les deux expressions prennent la même valeur en $r = R$: la fonction est continue.

4.27 c) L'équation fournie est celle d'une droite décroissante dont l'ordonnée à l'origine est non nulle : le potentiel décroît de manière affine. Seule la courbe ② correspond à un tel cas.

4.28 Sachant que $\mathrm{d}\tau = r^2 \sin(\theta)\,\mathrm{d}r\,\mathrm{d}\theta\,\mathrm{d}\varphi$, une séparation des variables conduit à :

$$\mathcal{E} = \frac{Q^2}{32\pi^2\varepsilon_0}\int_{r=R}^{r=R+h}\frac{\mathrm{d}r}{r^2}\int_{\theta=0}^{\theta=\pi}\sin(\theta)\,\mathrm{d}\theta\int_{\varphi=0}^{\varphi=2\pi}\mathrm{d}\varphi = \frac{Q^2}{32\pi^2\varepsilon_0}\left[-\frac{1}{r}\right]_R^{R+h}\big[-\cos(\theta)\big]_0^{\pi}\big[\varphi\big]_0^{2\pi} = \frac{Q^2}{8\pi\varepsilon_0}\frac{h}{R(R+h)}.$$

Fiche n° 5. Magnétostatique

Réponses

5.1 a) .... Ⓐ et Ⓓ

5.1 b) .... Ⓓ

5.1 c) .... Ⓐ

5.2 .... $2j_0 S \dfrac{b}{a}$

5.3 .... $j_{s,0}\ell$

5.4 a) .... Ⓓ

5.4 b) .... $4\pi R^2 j_r(R)$

5.5 .... Ⓑ et Ⓒ

5.6 a) .... Ⓐ, Ⓒ et Ⓓ

5.6 b) .... Ⓑ, Ⓒ et Ⓓ

5.6 c) .... Ⓐ, Ⓒ et Ⓓ

5.7 a) .... $4d\ell j_0$

5.7 b) .... Ⓐ et Ⓒ

5.7 c) .... Ⓑ

5.8 a) .... $-\mu_0 n_2 I_2 \overrightarrow{e_y}$

5.8 b) .... Ⓓ

5.9 .... Ⓓ

5.10 .... ②

5.11 a) .... ②

5.11 b) .... Ⓑ

5.12 a) .... $4Bd$

5.12 b) .... $-2Bd$

5.12 c) .... $\dfrac{7\pi}{2}Bd$

5.13 a) I

5.13 b) 0

5.13 c) .... $-I$

5.13 d) .... $4I$

5.14 a) .... Ⓐ et Ⓔ

5.14 b) 0

5.15 a) 0

5.15 b) .... $-Bax$

5.15 c) .... $-Ba^2$

5.16 a) .... Ⓑ

5.16 b) .... $\dfrac{\mu_0 NI}{2\pi r}$

5.16 c) .... $\dfrac{\mu_0 NIa}{2\pi}\ln\left(\dfrac{R+a/2}{R-a/2}\right)$

5.17 a) .... 1×10^1 T

5.17 b) .... 4×10^2 Wb

5.17 c) .... 3×10^2 Wb

5.18 a) .... Ⓒ

5.18 b) .... $\dfrac{\mu_0 \overrightarrow{\mathcal{M}}}{2\pi z^3}$

5.19 .... Ⓓ

5.20 a) .... mB_{ext}

5.20 b) .... $\dfrac{mB_{\text{ext}}}{Mg}$

5.21 a) .... $-\overrightarrow{e_z}$

5.21 b) .... $+\overrightarrow{e_z}$

5.21 c) .... $+\overrightarrow{e_z}$

5.21 d) .... $+\overrightarrow{e_z}$

5.22 a) .... $-\dfrac{\mu_0 I m}{2\pi r^2}\overrightarrow{e_r}$

5.22 b) .... (b)

5.23 .... (c)

5.24 .... (a)

5.25 a) .... (d)

5.25 b) .... $-\dfrac{e}{T}\underbrace{\pi r^2\overrightarrow{e_z}}_{\overrightarrow{S}}$

5.25 c) .... $-\dfrac{e}{2m_e}$

5.25 d) .... (b)

5.26 a) .... $\dfrac{\mu_0 I \ell}{2\pi}\ln\dfrac{R_2}{R_1}$

5.26 b) .... $\dfrac{\mu_0}{2\pi}\ln\dfrac{R_2}{R_1}$

5.26 c) .... $\dfrac{\mu_0 I^2 \ell}{4\pi}\ln\dfrac{R_2}{R_1}$

5.26 d) .... $\dfrac{\mu_0}{2\pi}\ln\dfrac{R_2}{R_1}$

Corrigés

5.1 a) L'intensité du courant s'exprime en fonction des densités surfacique et volumique de courant grâce aux relations $I = \iint \overrightarrow{j}\cdot\overrightarrow{dS}$ et $I = \int \overrightarrow{j_s}\cdot\overrightarrow{d\ell}$.

5.1 b) On note j la norme du vecteur $\overrightarrow{j}$. On a $I = \iint \overrightarrow{j}\cdot\overrightarrow{dS}$ donc $\mathrm{I} = [j]\times \mathrm{L}^2$ et donc $[j] = \mathrm{I}\cdot\mathrm{L}^{-2}$.

5.1 c) On note j_s la norme du vecteur $\overrightarrow{j_s}$. On a $I = \int \overrightarrow{j_s}\cdot\overrightarrow{d\ell}$ donc $\mathrm{I} = [j_s]\times \mathrm{L}$ et donc $[j_s] = \mathrm{I}\cdot\mathrm{L}^{-1}$.

5.2 On a $I = \iint \overrightarrow{j}\cdot\overrightarrow{dS} = \iint j_0\overrightarrow{e_z}\cdot dS\overrightarrow{e_z} = \int_0^a j_0\dfrac{b}{r}2\pi r\,dr = 2\pi j_0 b\times a$, soit $I = 2j_0 S\dfrac{b}{a}$, avec $S = \pi a^2$.

5.3 On a $I = \int \overrightarrow{j_s}\cdot\overrightarrow{d\ell} = \int_0^\ell j_{s,0}\overrightarrow{e_\theta}\cdot dz\overrightarrow{e_\theta} = \int_0^\ell j_{s,0}\,dz = j_{s,0}\ell$.

5.4 a) Le courant de particules chargées est radial : le vecteur densité de courant électrique $\overrightarrow{j}$ est radial, c'est-à-dire porté par $\overrightarrow{e_r}$: $\overrightarrow{j} = j_r(r,\theta,\varphi)$. Aussi, l'émission est isotrope donc il y a invariance de la distribution de courant électrique par rotation autour du point O : la composante j_r n'est une fonction que de r. Il vient : $\overrightarrow{j} = j_r(r)\overrightarrow{e_r}$.

5.4 b) L'intensité du courant électrique traversant une surface élémentaire de vecteur surface élémentaire $\overrightarrow{dS} = r^2\sin(\theta)\,d\theta\,d\varphi\overrightarrow{e_r}$ est $dI_r = \overrightarrow{j}\cdot\overrightarrow{dS} = j_r(r)r^2\sin(\theta)\,d\theta\,d\varphi$. Cette grandeur est uniforme sur une sphère de rayon R (de surface $4\pi R^2$) donc $I_R = 4\pi R^2 j_r(R)$.

5.5 Les plans (xOy) et (xOz) sont des plans d'antisymétrie de la distribution car les courants de la distribution sont répartis de manière strictement opposée de part et d'autre de chacun de ces plans. Par ailleurs, la longueur du solénoïde n'intervient pas dans l'étude des symétries d'une distribution, mais doit être considérée lors d'une étude de ses invariances.

5.6 a) En tout point M du plan (xOy), plan d'antisymétrie pour la distribution, le champ magnétostatique appartient à ce plan. C'est bien le cas pour le point O et les différents points P_i. Il est alors possible d'écrire : $\vec{B}(M) = B_x(M)\vec{e_x} + B_y(M)\vec{e_y}$. Par ailleurs, le vecteur $\vec{e_z}$ est bien normal au plan (xOy).

5.6 b) Le vecteur $\vec{e_x}$ est bien normal au plan (yOz). En tout point M du plan (yOz), plan de symétrie pour la distribution, le champ magnétostatique est perpendiculaire à ce plan, donc est selon $\pm\vec{e_x}$. Il est alors possible d'écrire : $\vec{B}(M) = B_x(M)\vec{e_x}$. Les différents points P_i n'appartiennent pas à ce plan, donc rien ne peut en être déduit sur le champ en ces points.

5.6 c) Il faut bien préciser que c'est en tout point M du plan (xOz), plan de symétrie pour la distribution, que le champ magnétostatique est perpendiculaire à ce plan. C'est bien le cas pour le point O mais pas pour les différents points P_i (qui n'appartiennent pas à ce plan). Il est alors possible d'écrire : $\vec{B}(M) = B(M)\vec{e_y}$.

Le point O appartient aux plans de symétrie (xOz) et (yOz) donc le champ en ce point doit être perpendiculaire à ces deux plans : il est nécessairement nul.

Puisque le plan (xOy) est un plan d'antisymétrie pour la distribution, en tout point de ce plan le champ magnétostatique appartient à ce plan. C'est bien le cas pour les différents points P_i. Il est alors possible d'écrire :

$$\vec{B}(P_i) = B_x(P_i)\vec{e_x} + B_y(P_i)\vec{e_y}.$$

De plus, puisque le plan (yOz) est un plan de symétrie pour la distribution, c'est un plan d'antisymétrie pour le champ magnétostatique. Tout cela permet alors d'écrire : $B_y(P_2) = -B_y(P_1)$ et $B_x(P_2) = B_x(P_1)$, mais pas $\vec{B}(P_2) = -\vec{B}(P_1)$! En bref, il est aussi possible d'écrire : $\vec{B}(P_2) = -\text{sym}\big(\vec{B}(P_1)\big)$, où « sym » représente l'opération de symétrie par rapport au plan (yOz).

5.7 a) On a $I = \iint_{\Sigma} \vec{j} \cdot \vec{dS} = \iint_{S} j_0\vec{e_x} \cdot dy\, dz\vec{e_x} = j_0 \times 2\ell \times 2d = 4j_0\ell d.$

5.7 b) Le vecteur densité volumique de courant est $\vec{j} = j_0\vec{e_x}$ et j_0 est constant donc la distribution est invariante par translation suivant (Ox) et (Oy). La couche étant finie, elle n'est pas invariante par translation suivant (Oz), et encore moins par rotation autour de cet axe, le vecteur $\vec{j}$ étant porté par $\vec{e_x}$.

5.7 c) La distribution est invariante par translation suivant les axes (Ox) et (Oy), donc la composante B_y du champ ne dépend que de z.

5.8 a) En tenant compte du sens du courant, on a $\vec{B_2}(O) = -\mu_0 n_2 I_2 \vec{e_y}$, où n_2 est le nombre de spires par unité de longueur du solénoïde (2).

5.8 b) D'après le théorème de superposition, on a $\vec{B}(O) = \vec{B_1}(O) + \vec{B_2}(O)$ donc $\vec{B}(O) = \mu_0(n_1 I_1 \vec{e_x} - n_2 I_2 \vec{e_y})$.

5.9 Sachant que la force magnétique s'exprime comme $\vec{F} = q\vec{v} \wedge \vec{B}$ alors le produit qvB est homogène à une force. Si l'égalité $B = \dfrac{mv}{qR}$ est vraisemblable alors $qv \times B = qv \times \dfrac{mv}{qR} = \dfrac{mv^2}{R}$ serait homogène à une force. Or, mv^2 est homogène à une énergie puisque l'énergie cinétique s'exprime comme $\dfrac{mv^2}{2}$. De plus, d'après l'expression du travail élémentaire $\delta W = \vec{F} \cdot \vec{d\ell}$ d'une force $\vec{F}$, une énergie divisée par une longueur correspond à une force. Finalement, le rapport $\dfrac{mv^2}{R}$ est donc bien homogène à une force et la relation $B = \dfrac{mv}{qR}$ est vraisemblable du point de vue de l'analyse dimensionnelle. Bien sûr, d'autres raisonnements sont possibles en se fondant sur d'autres relations !

5.10 Le champ magnétique est linéaire pour $0 < r < a$ et hyperbolique pour $r > a$.

5.11 a) Sachant que $B_y = kx \neq 0$ pour tout $\text{M}(x, y, z)$ alors le vecteur champ magnétostatique ne peut pas être constamment parallèle à $\overrightarrow{e_x}$, ce qui élimine la carte de champ ③. En prenant les points de l'espace où $x = 0$, le vecteur champ magnétostatique doit s'écrire comme $\overrightarrow{B}(\text{M}) = ky\overrightarrow{e_x}$: les vecteurs champs le long de cette ligne doivent être perpendiculaires à cette ligne. Parmi les cartes de champ ①, ② et ④ restantes, seule la ② possède cette propriété.

Autre méthode possible : En prenant les points de l'espace où $y = 0$, le vecteur champ magnétostatique doit s'écrire comme $\overrightarrow{B}(\text{M}) = kx\overrightarrow{e_y}$: les vecteurs champs le long de cette ligne doivent être perpendiculaires à cette ligne. Seule la carte de champ ② possède cette propriété.

5.11 b) Le flux magnétostatique est conservatif donc le resserrement des lignes de champ constaté de M à N permet d'affirmer que le champ magnétostatique est plus intense au point N qu'au point M.

5.12 a) Le calcul de la circulation du champ magnétostatique de A à C se décompose en deux.

- D'une part, sur [AB] : on a $\mathcal{C}_{\text{AB}} = \displaystyle\int_{\text{A}}^{\text{B}} \overrightarrow{B} \cdot \overrightarrow{\text{d}\ell} = 0$ (chemin perpendiculaire aux lignes de champ).
- D'autre part, sur [BC] : on a
$$\mathcal{C}_{\text{BC}} = \int_{\text{B}}^{\text{C}} \overrightarrow{B} \cdot \overrightarrow{\text{d}\ell} = 4Bd \text{ (chemin parallèle aux lignes de champ).}$$

5.12 b) D'une part, sur [AB] : $\mathcal{C}_{\text{AB}} = \displaystyle\int_{\text{A}}^{\text{B}} \overrightarrow{B} \cdot \overrightarrow{\text{d}\ell} = -8Bd$. Seule la projection de $\overrightarrow{\text{AB}}$ sur la ligne de champ doit être prise en compte. Le signe moins provient du sens de $\overrightarrow{B}$ par rapport à celui de la projection de $\overrightarrow{\text{AB}}$. D'autre part, sur [BC] : $\mathcal{C}_{\text{BC}} = \displaystyle\int_{\text{B}}^{\text{C}} \overrightarrow{B} \cdot \overrightarrow{\text{d}\ell} = 6Bd$.

5.12 c) D'une part, sur [AB] : $\mathcal{C}_{\text{AB}} = \displaystyle\int_{\text{A}}^{\text{B}} \overrightarrow{B} \cdot \overrightarrow{\text{d}\ell} = \frac{7\pi d}{2} B$. Le chemin [AB] est un demi-cercle de longueur $\dfrac{7\pi d}{2}$. D'autre part, sur [BC] : $\mathcal{C}_{\text{BC}} = \displaystyle\int_{\text{B}}^{\text{C}} \overrightarrow{B} \cdot \overrightarrow{\text{d}\ell} = 0$ (chemin perpendiculaire aux lignes de champ).

5.13 a) Le contour enlace le fil. L'orientation du contour et le sens de I sont tels que $I_{\text{enl}} = +I$.

5.13 b) Le contour n'enlace pas le fil donc $I_{\text{enl}} = 0$, quels que soient l'orientation du contour et le sens de I.

5.13 c) Le contour enlace le fil. L'orientation du contour et le sens de I sont tels que $I_{\text{enl}} = -I$.

5.13 d) Le fil est positionné de façon telle que le courant passe quatre fois « à l'intérieur » du contour. L'orientation du contour et le sens de I sont tels que $I_{\text{enl}} = +4I$.

5.14 a) Le produit scalaire $\overrightarrow{B} \cdot \overrightarrow{\text{d}S}$ est positif lorsque le champ $\overrightarrow{B}$ et le vecteur surface élémentaire $\overrightarrow{\text{d}S}$ (donné par l'orientation de la surface) pointent globalement dans la même direction (ils forment ainsi un angle aigu, c'est-à-dire compris entre 0 et 90°).

Pour le cas ⓐ, le champ $\overrightarrow{B}$ est vertical et vers le haut. De même, le vecteur surface élémentaire $\overrightarrow{\text{d}S}$ est vertical et orienté vers le haut (d'après l'orientation du contour). Finalement : $\overrightarrow{B} \cdot \overrightarrow{\text{d}S} > 0$, soit $\phi > 0$.

Pour le cas (b), le champ $\vec{B}$ est vertical et vers le bas. Par contre, le vecteur surface élémentaire $\overrightarrow{dS}$ est vertical et orienté vers le haut (d'après l'orientation du contour). Finalement : $\vec{B} \cdot \overrightarrow{dS} < 0$, soit $\phi < 0$.

Pour le cas (c), le champ $\vec{B}$ est vertical et vers le haut. Par contre, le vecteur surface élémentaire $\overrightarrow{dS}$ est vertical et orienté vers le bas (d'après l'orientation du contour). Finalement : $\vec{B} \cdot \overrightarrow{dS} < 0$, soit $\phi < 0$.

Pour le cas (e), le champ $\vec{B}$ pointe globalement vers le bas. Par ailleurs, le vecteur surface élémentaire $\overrightarrow{dS}$ est vertical et orienté vers le bas (d'après l'orientation du contour). Finalement : $\vec{B} \cdot \overrightarrow{dS} > 0$, soit $\phi > 0$.

Pour le cas (f), le champ $\vec{B}$ pointe globalement vers le haut. Par ailleurs, le vecteur surface élémentaire $\overrightarrow{dS}$ est vertical et orienté vers le bas (d'après l'orientation du contour). Finalement : $\vec{B} \cdot \overrightarrow{dS} < 0$, soit $\phi < 0$.

5.14 b) Pour le cas (d), le champ $\vec{B}$ est horizontal. Par contre, le vecteur surface élémentaire $\overrightarrow{dS}$ est vertical. Finalement : $\vec{B} \cdot \overrightarrow{dS} = 0$, soit $\phi = 0$. Aucune ligne de champ ne passe à travers la surface orientée, donc le flux est nécessairement nul.

5.15 a) À ce sens de parcours de la spire est associé le vecteur normal $\vec{n}$ opposé au champ magnétostatique. D'où $\phi(\vec{B}) = \iint_\Sigma \vec{B} \cdot \vec{n} \, dS = -\iint_\Sigma B \, dS$ en notant Σ l'intersection entre le plan de la spire et la zone de champ.

Pour $x < 0$, on a donc $\phi(\vec{B}) = 0$.

5.15 b) Le champ $\vec{B}$ est uniforme donc on a $\phi(\vec{B}) = -B\Sigma = -Bax$.

5.15 c) Ici, on a $\phi(\vec{B}) = -B\Sigma = -Ba^2$.

5.16 a) Les N spires du tore traversent la surface délimitée par le cercle de centre O et de rayon $R - \dfrac{a}{2} < r < R + \dfrac{a}{2}$. Le courant enlacé vaut donc $I_{\text{enl}} = NI$.

5.16 b) Sur le contour fermé choisi, r et $B(r)$ sont constants. Il vient :

$$\oint \vec{B} \cdot \vec{dl} = \oint B(r)\vec{e_\theta} \cdot r \, d\theta \vec{e_\theta} = 2\pi r B(r).$$

D'après le théorème d'Ampère, on a $2\pi r B(r) = \mu_0 I_{\text{enl}}$ et donc $B(r) = \dfrac{\mu_0 NI}{2\pi r}$.

5.16 c) On a $\phi(\vec{B}) = \iint \vec{B} \cdot \vec{n} \, dS = \displaystyle\int_{R-a/2}^{R+a/2} \frac{\mu_0 NI}{2\pi r} \, dr \int_{-a/2}^{a/2} dz = \frac{\mu_0 NIa}{2\pi} \ln\left(\frac{R + a/2}{R - a/2}\right)$.

5.17 a) On a $B = \mu_0 \mu_r \dfrac{N}{\ell} I$. Donc, $B = 4\pi \times 10^{-7} \, \text{H} \cdot \text{m}^{-1} \times 4\,000 \times \dfrac{1\,000}{10 \times 10^{-2} \, \text{m}} \times 200 \times 10^{-3} \, \text{A} \approx 1 \times 10^1 \, \text{T}$.

5.17 b) On a $\phi = NBS$. Donc, $\phi = 1000 \times 1 \times 10^1 \, \text{T} \times (20 \times 10^{-2} \, \text{m})^2 = 4 \times 10^2 \, \text{Wb}$.

5.17 c) Le champ magnétostatique est un champ à flux conservatif. Or, le circuit magnétique joue le rôle d'un tube de champ, donc la « loi des nœuds magnétique » appliquée à la jonction qui surmonte (S_1) donne : $\phi = \phi_1 + \phi_2$, soit $\phi_1 = \phi - \phi_2 = \phi - \dfrac{1}{4}\phi = \dfrac{3}{4}\phi$. Donc, $\phi_1 = \dfrac{3}{4} \times 4 \times 10^2 \, \text{Wb} = 3 \times 10^2 \, \text{Wb}$.

5.18 a) Pour une boucle de courant plane, de surface S et parcourue par un courant d'intensité I (ce qui permet de définir le vecteur surface $\overrightarrow{S}$), le moment magnétique est défini par la relation $\overrightarrow{\mathcal{M}} = I\overrightarrow{S}$. Pour une spire de rayon R et d'axe (Oz), le vecteur surface a alors pour expression $\overrightarrow{S} = S\overrightarrow{e_z} = \pi R^2\overrightarrow{e_z}$, donc $\overrightarrow{\mathcal{M}} = \pi R^2 I\overrightarrow{e_z}$.

5.18 b) Dans le cadre de l'approximation dipolaire : $z \gg R$ donc $R^2 + z^2 = z^2$. Le champ magnétostatique s'écrit alors : $\overrightarrow{B}(\mathrm{M}) = \dfrac{\mu_0 I R^2}{2z^3}\overrightarrow{e_z}$ ou encore $\overrightarrow{B}(\mathrm{M}) = \dfrac{\mu_0\overrightarrow{\mathcal{M}}}{2\pi z^3}$.

5.19 Des valeurs particulières de θ, telles $\theta = 0$ ou $\theta = \pi/2$, et l'étude de l'orientation du champ magnétostatique pour ces angles, permettent de conclure que $\overrightarrow{B}(\mathrm{M}) = \dfrac{\mu_0 m}{4\pi r^3}(2\cos(\theta)\overrightarrow{e_r} + \sin(\theta)\overrightarrow{e_\theta})$.

5.20 a) Le moment du couple magnétique s'exprime comme $\Gamma_z = +mB_{\text{ext}}$ à l'équilibre, car $\overrightarrow{m}$ et $\overrightarrow{B_{\text{ext}}}$ sont orthogonaux.

5.20 b) À l'équilibre, le théorème du moment cinétique donne : $0 = mB_{\text{ext}} - dMg$, soit $d = \dfrac{mB_{\text{ext}}}{Mg}$.

5.21 a) D'après la relation $\overrightarrow{\Gamma} = \overrightarrow{m} \wedge \overrightarrow{B}$, le moment $\overrightarrow{\Gamma}$ est colinéaire à $-\overrightarrow{e_z}$ et de même sens.

5.21 b) D'après la relation $\overrightarrow{\Gamma} = \overrightarrow{m} \wedge \overrightarrow{B}$, le moment $\overrightarrow{\Gamma}$ est colinéaire à $+\overrightarrow{e_z}$ et de même sens.

5.21 c) D'après la relation $\overrightarrow{\Gamma} = \overrightarrow{m} \wedge \overrightarrow{B}$, le moment $\overrightarrow{\Gamma}$ est colinéaire à $+\overrightarrow{e_z}$ et de même sens.

5.21 d) D'après la relation $\overrightarrow{\Gamma} = \overrightarrow{m} \wedge \overrightarrow{B}$, le moment $\overrightarrow{\Gamma}$ est colinéaire à $+\overrightarrow{e_z}$ et de même sens.

5.22 a) Lorsque le dipôle est aligné sur le champ (même direction et même sens) : $\overrightarrow{m} \cdot \overrightarrow{B_{\text{ext}}} = m\left\|\overrightarrow{B_{\text{ext}}}\right\|$, soit $\overrightarrow{F} = +\overrightarrow{\mathrm{grad}}\left(\dfrac{\mu_0 I m}{2\pi r}\right) = -\dfrac{\mu_0 I m}{2\pi r^2}\overrightarrow{e_r}$.

5.22 b) La force $\overrightarrow{F}$ est dirigée dans la direction et le sens du gradient de la norme du champ magnétostatique. Le dipôle est donc attiré vers les régions de champ plus intense. On peut aussi remarquer que le dipôle a tendance à se déplacer de manière à minimiser son énergie potentielle.

5.23 La circulation du champ magnétostatique le long d'un cercle de rayon R au sein duquel passe par son centre une ligne infinie parcourue par un courant électrique stationnaire est $2\pi RB$. Le théorème d'Ampère appliqué au cercle permet d'écrire $2\pi RB = \mu_0 I$: la circulation du champ magnétostatique est homogène au produit d'une intensité électrique par une perméabilité magnétique (du vide). Ainsi, seule l'expression $B = \dfrac{\mu_0 I}{2\pi R}$ est valide.

5.24 Le flux magnétique traversant un solénoïde comportant N spires de section S est $\phi = NBS$. Or, l'inductance propre L permet d'exprimer le flux en fonction de l'intensité : $\phi = LI$. Il vient : $B = \dfrac{LI}{NS}$.

5.25 a) En un point de l'orbite circulaire, la charge $-e$ de l'électron passe à chaque période de révolution T, d'où le débit de charge $I = -e/T$.

5.25 b) La norme du vecteur surface $\vec{S}$ est l'aire du disque de rayon r et de centre O : $\|\vec{S}\| = \pi r^2$. De plus, le vecteur surface $\vec{S}$ est orienté par la règle de la main droite, selon le sens du vecteur vitesse de l'électron (c'est aussi le sens choisi algébriquement pour l'intensité I). Il vient : $\vec{m} = -\frac{e}{T}\underbrace{\pi r^2 \vec{e_z}}_{\vec{S}}$.

5.25 c) Par comparaison des expressions $\vec{m} = -\frac{e}{T}\vec{S}$ et $\vec{\sigma} = \frac{2m_e}{T}\vec{S}$, il vient : $\vec{m} = \gamma\vec{\sigma}$, avec $\gamma = -\frac{e}{2m_e}$.

5.25 d) On a $\|\vec{m}\| = \underbrace{|\gamma|}_{+\frac{e}{2m_e}} \underbrace{\|\vec{\sigma}\|}_{n\hbar}$, soit $\|\vec{m}\| = n\underbrace{\frac{e\hbar}{2m_e}}_{\mu_B}$. Donc,

$$\mu_B = \frac{1{,}602 \times 10^{-19}\,\mathrm{C} \times \frac{6{,}63 \times 10^{-34}\,\mathrm{J\cdot s}}{2\pi}}{2 \times 9{,}11 \times 10^{-31}\,\mathrm{kg}} = 9{,}28 \times 10^{-24}\,\mathrm{A\cdot m^2}.$$

Attention : la réponse (a) n'est pas correcte car $\gamma = -\frac{e}{2m_e}$, donc $\mu_B = -\hbar\gamma$, et non pas $\mu_B = +\hbar\gamma$. Par ailleurs, la réponse (c) n'est pas correcte car l'unité indiquée correspond à une énergie, et non pas à un moment magnétique !

5.26 a) Le flux propre est $\Phi_p = \iint \vec{B}\cdot\mathrm{d}\vec{S} = \int_{R_1}^{R_2} B\vec{e_\theta}\cdot\ell\,\mathrm{d}r\vec{e_\theta} = \int_{R_1}^{R_2} \frac{\mu_0 I}{2\pi r}\ell\,\mathrm{d}r = \frac{\mu_0 I}{2\pi}\ell\int_{R_1}^{R_2}\frac{\mathrm{d}r}{r} = \frac{\mu_0 I\ell}{2\pi}\ln\frac{R_2}{R_1}$.

5.26 b) L'inductance propre par unité de longueur est $\Lambda = \frac{L}{\ell} = \frac{\Phi_p}{\ell I} = \frac{\mu_0}{2\pi}\ln\frac{R_2}{R_1}$.

5.26 c) La composante du champ ne dépendant que de r, on peut découper le volume en portions d'espace comprises entre 2 cylindres, le premier de rayon r, le deuxième de rayon $r + \mathrm{d}r$, tous les deux de hauteur ℓ. Le volume élémentaire vaut alors : $\mathrm{d}\tau = 2\pi\ell r\,\mathrm{d}r$. L'énergie magnétique correspondant à une portion de longueur ℓ du câble est alors :

$$W_m = \frac{1}{2\mu_0}\iiint B^2\,\mathrm{d}\tau = \frac{\ell}{2\mu_0}\int_{R_1}^{R_2}\frac{\mu_0^2 I^2}{4\pi^2 r^2}2\pi r\,\mathrm{d}r = \frac{\mu_0 I^2\ell}{4\pi}\ln\frac{R_2}{R_1}.$$

5.26 d) L'inductance propre par unité de longueur est $\Lambda = \frac{L}{\ell} = \frac{2W_m}{\ell I^2} = \frac{\mu_0}{2\pi}\ln\frac{R_2}{R_1}$.

Fiche n° 6. Équations de Maxwell

Réponses

6.1 a) ... ⓓ

6.1 b) ... $I \cdot T$

6.1 c) ... $\dfrac{M}{I \cdot T^2}$

6.1 d) ... $\dfrac{M \cdot L}{I \cdot T^3}$

6.1 e) ... $\dfrac{M \cdot L}{I \cdot T^3}$

6.2 a) ... ⓑ

6.2 b) ... ⓒ

6.2 c) ... $1{,}1 \times 10^{12}$

6.2 d) ... $1{,}1 \times 10^{1}$

6.2 e) ... $1{,}1 \times 10^{-8}$

6.3 a) ... $E_0 \cos[\omega t - kx]\overrightarrow{e_y} + E_0 \sin[\omega t - kx]\overrightarrow{e_z}$

6.3 b) ... $-E_0 \exp[\mathrm{i}(\omega t + kz)]\overrightarrow{e_x}$ $+\mathrm{i}E_0 \exp[\mathrm{i}(\omega t + kz)]\overrightarrow{e_y}$

6.4 a) ... Nulle

6.4 b) ... Positive

6.4 c) ... Négative

6.4 d) ... Negative

6.4 e) ... Nulle

6.4 f) ... Positive

6.5 a) ... Nulle

6.5 b) ... Positive

6.5 c) ... Négative

6.5 d) ... Nulle

6.5 e) ... Positive

6.5 f) ... Négative

6.6 a) ... $\mu_0 \operatorname{div} \vec{j} + \varepsilon_0 \mu_0 \dfrac{\partial \operatorname{div} \vec{E}}{\partial t}$

6.6 b) ... $\mu_0 \operatorname{div} \vec{j} + \mu_0 \dfrac{\partial \rho}{\partial t}$

6.6 c) ... ⓑ

6.7 a) ... m

6.7 b) ... 0

6.7 c) ... Oui

6.7 d) ... ⓓ

6.7 e) ... $\vec{0}$

6.8 a) ... $r\omega\overrightarrow{e_\theta}$

6.8 b) ... $-\omega y\overrightarrow{e_x} + \omega x\overrightarrow{e_y}$

6.8 c) ... $2\omega\overrightarrow{e_z}$

6.8 d) ... $r\omega$

6.8 e) ... $\dfrac{a^2}{r}\omega$

6.9 a) ... $3a - 5br^2$

6.9 b) ... ⓑ

6.9 c) ... $4\pi R^3(a - bR^2)$

6.9 d) ... ⓒ

6.9 e) ... $4\pi R^3(a - bR^2)$

6.10 a) ... oui

6.10 b) ... non

6.10 c) ... oui

6.11 a) ... $E_0 \dfrac{k}{\omega} \cos(\omega t - kz + \varphi)\overrightarrow{e_y}$

6.11 b) ... $E_0\sqrt{\varepsilon_0\mu_0} \sinh(\sqrt{\varepsilon_0\mu_0}\alpha z) \exp(-\alpha t)\overrightarrow{e_y}$

6.11 c) ... $-\dfrac{2E_0}{k^2 r^3} \displaystyle\int \cos(\omega t)\overrightarrow{e_\theta}\, \mathrm{d}t$

6.12 a) .... $B_0 \dfrac{k}{\varepsilon_0\mu_0\omega} \sin(\omega t - kz + \varphi)\overrightarrow{e_x}$

6.12 b) ...... $\dfrac{B_0}{\sqrt{\varepsilon_0\mu_0}} \cosh(\sqrt{\varepsilon_0\mu_0}\alpha z)\exp(-\alpha t)\overrightarrow{e_x}$

6.12 c) .... $\dfrac{c^3 B_0}{k^2\omega r^3}\cos(\omega t)\overrightarrow{e_z}$

6.13 a) .... ⓐ

6.13 b) .... $-\mu_0 n \dfrac{\mathrm{d}i}{\mathrm{d}t}\dfrac{r}{2}\overrightarrow{e_\theta}$

6.13 c) .... $-\mu_0 n \dfrac{\mathrm{d}i}{\mathrm{d}t}\dfrac{R^2}{2r}\overrightarrow{e_\theta}$

6.13 d) .... ⓒ

6.13 e) .... $-\mu_0 n \dfrac{\mathrm{d}i}{\mathrm{d}t}\dfrac{r}{2}\overrightarrow{e_\theta}$

6.13 f) .... $-\mu_0 n \dfrac{\mathrm{d}i}{\mathrm{d}t}\dfrac{R^2}{2r}\overrightarrow{e_\theta}$

6.14 a) .... $\dfrac{E_0 B_0}{\mu_0}\cos(\omega t - kz + \varphi)\sin(\omega t - kz + \varphi)\overrightarrow{e_z}$

6.14 b) .... $-\dfrac{E_0 B_0}{\mu_0}\cosh(\beta z)\sinh(\beta z)\exp(-2\alpha t)\overrightarrow{e_x}$

6.15 a) .... $-\dfrac{E_{0y}}{c}\cos(k\,z - \omega\,t + \psi_2)\,\overrightarrow{e_x} + \dfrac{E_{0x}}{c}\cos(k\,z - \omega\,t + \psi_1)\,\overrightarrow{e_y}$

6.15 b) .... $\dfrac{E_x^2 + E_y^2}{\mu_0\,c}\,\overrightarrow{e_z}$

6.15 c) .... $E_{0x}\,\mathrm{e}^{\mathrm{i}(k\,z-\omega\,t+\psi_1)}\,\overrightarrow{e_x} + E_{0y}\,\mathrm{e}^{\mathrm{i}(k\,z-\omega\,t+\psi_2)}\,\overrightarrow{e_y}$

6.15 d) .... $\dfrac{1}{c}\Big(E_{0x}\,\mathrm{e}^{\mathrm{i}(k\,z-\omega\,t+\psi_1)}\,\overrightarrow{e_y} - E_{0y}\,\mathrm{e}^{\mathrm{i}(k\,z-\omega\,t+\psi_2)}\,\overrightarrow{e_x}\Big)$

6.15 e) .... $\dfrac{1}{c}\Big(E_{0x}\,\mathrm{e}^{-\mathrm{i}(k\,z-\omega\,t+\psi_1)}\,\overrightarrow{e_y} - E_{0y}\,\mathrm{e}^{-\mathrm{i}(k\,z-\omega\,t+\psi_2)}\,\overrightarrow{e_x}\Big)$

6.15 f) .... $\dfrac{E_{0x}^2 + E_{0y}^2}{2\,\mu_0\,c}\,\overrightarrow{e_z}$

6.15 g) .... ⓐ

6.16 a) .... $\dfrac{LQ^2}{2\varepsilon_0 S}$

6.16 b) .... $-\dfrac{R}{2\varepsilon_0 S^2}Q\dfrac{\mathrm{d}Q}{\mathrm{d}t}\overrightarrow{e_r}$

6.16 c) .... $-\dfrac{L}{\varepsilon_0 S}Q\dfrac{\mathrm{d}Q}{\mathrm{d}t}$

6.16 d) .... ⓒ

6.16 e) .... ⓑ

Corrigés

6.1 a) Les trois premières équations correspondent aux équations de Maxwell-Gauss, Maxwell-Faraday et Maxwell-Ampère. La dernière est une formulation de l'équation de conservation de la charge, qui n'est pas une des équations de Maxwell mais une conséquence de deux d'entre elles.

....

6.1 b) La définition de l'intensité du courant électrique est : $i(t) = \dfrac{\mathrm{d}q}{\mathrm{d}t}$, donc $\dim(q) = I \cdot T$.

....

6.1 c) Par analyse dimensionnelle de la force de Lorentz, on a :

$$\dim(\overrightarrow{B}) = \frac{\dim(\overrightarrow{F})}{\dim(q)\dim(\overrightarrow{v})} = \frac{M \cdot L \cdot T^{-2}}{I \cdot T \cdot L \cdot T^{-1}} = \frac{M}{I \cdot T^2}.$$

....

6.1 d) Par analyse dimensionnelle de la force de Lorentz, on a : $\dim(\overrightarrow{E}) = \dfrac{\dim(\overrightarrow{F})}{\dim(q)} = \dfrac{M \cdot L \cdot T^{-2}}{I \cdot T} = \dfrac{M \cdot L}{I \cdot T^3}$.

....

6.1 e) Par analyse dimensionnelle de l'équation de Maxwell-Faraday, on a :

$$\dim(\overrightarrow{\text{rot}}(\vec{E})) = \frac{\dim(\vec{E})}{L} = \frac{\dim(\vec{B})}{T} \qquad \text{donc} \qquad \dim(\vec{E}) = \frac{\dim(\vec{B}) \cdot L}{T} = \frac{M \cdot I^{-1} \cdot T^{-2} \cdot L}{T} = \frac{M \cdot L}{I \cdot T^3}.$$

6.2 a) On a $\left\|\vec{j}_{\text{cond}}\right\| = \|\sigma E_0 \cos(\omega t + \varphi)\| < \|\sigma E_0\|$ et $\left\|\vec{j}_{\text{dépl}}\right\| = \|-\varepsilon_0 \omega E_0 \sin(\omega t + \varphi)\| < \|\varepsilon_0 \omega E_0\|$. Donc,

$$\alpha \text{ a pour ordre de grandeur } \frac{\sigma E_0}{\varepsilon_0 \omega E_0} = \frac{\sigma}{\varepsilon_0 \omega}.$$

6.2 b) On a $\alpha \gg 1 \iff f \ll \dfrac{\sigma}{2\pi\varepsilon_0} = \dfrac{1 \times 10^7\,\text{S}\cdot\text{m}^{-1}}{2\pi \times 8{,}8 \times 10^{-12}\,\text{F}\cdot\text{m}^{-1}} = 1{,}8 \times 10^{17}\,\text{Hz}$.

6.2 c) On a $\alpha = \dfrac{\sigma}{\varepsilon_0\omega} = \dfrac{1{,}0 \times 10^7\,\text{S}\cdot\text{m}^{-1}}{8{,}8 \times 10^{-12}\,\text{F}\cdot\text{m}^{-1} \times 1{,}0 \times 10^6\,\text{rad}\cdot\text{s}^{-1}} = 1{,}1 \times 10^{12} \gg 1$.

6.2 d) On a $\alpha = \dfrac{\sigma}{\varepsilon_0\omega} = \dfrac{1{,}0 \times 10^{-4}\,\text{S}\cdot\text{m}^{-1}}{8{,}8 \times 10^{-12}\,\text{F}\cdot\text{m}^{-1} \times 1{,}0 \times 10^6\,\text{rad}\cdot\text{s}^{-1}} = 1{,}1 \times 10^{1}$, dont l'ordre de grandeur est 10.

6.2 e) On a $\alpha = \dfrac{\sigma}{\varepsilon_0\omega} = \dfrac{1{,}0 \times 10^{-13}\,\text{S}\cdot\text{m}^{-1}}{8{,}8 \times 10^{-12}\,\text{F}\cdot\text{m}^{-1} \times 1{,}0 \times 10^6\,\text{rad}\cdot\text{s}^{-1}} = 1{,}1 \times 10^{-8} \ll 1$.

6.3 a) On a :

$$\begin{aligned}\underline{\vec{E}}_1 &= E_0 \exp[\mathrm{i}(\omega t - kx)]\vec{e_y} - \mathrm{i}E_0 \exp[\mathrm{i}(\omega t - kx)]\vec{e_z}\\ &= E_0(\cos(\omega t - kx) + \mathrm{i}\sin(\omega t - kx))\vec{e_y} - \mathrm{i}E_0(\cos(\omega t - kx) + \mathrm{i}\sin(\omega t - kx))\vec{e_z}.\end{aligned}$$

Donc, $\vec{E}_1 = \mathsf{Re}(\underline{\vec{E}}_1) = E_0\cos[\omega t - kx]\vec{e_y} + E_0\sin[\omega t - kx]\vec{e_z}$.

6.5 a) On peut estimer le rotationnel selon un axe en observant si le champ de vecteurs « tourne » dans le sens direct ou indirect. Si le champ de vecteurs ne « tourne » pas autour d'un axe alors le rotationnel est nul. Si le champ de vecteurs semble « tourner » dans le sens direct alors le rotationnel est positif ; dans le cas contraire, il est négatif.

6.6 a) Avec la relation de Maxwell-Ampère et le théorème de Schwarz, on a :

$$\text{div}(\overrightarrow{\text{rot}}\,\vec{B}) = \text{div}\left(\mu_0\,\vec{j} + \varepsilon_0\,\mu_0\,\frac{\partial \vec{E}}{\partial t}\right) = \mu_0\,\text{div}\,\vec{j} + \varepsilon_0\,\mu_0\,\frac{\partial\,\text{div}\,\vec{E}}{\partial t}.$$

6.6 b) Avec la relation de Maxwell-Gauss, on a :

$$\text{div}(\overrightarrow{\text{rot}}\,\vec{B}) = \mu_0\,\text{div}\,\vec{j} + \varepsilon_0\,\mu_0\,\frac{\partial(\frac{\rho}{\varepsilon_0})}{\partial t} = \mu_0\left(\text{div}\,\vec{j} + \frac{\partial \rho}{\partial t}\right).$$

6.6 c) Comme $\text{div}(\overrightarrow{\text{rot}}\,\vec{B}) = 0$, on obtient : $\text{div}\,\vec{j} + \dfrac{\partial \rho}{\partial t} = 0$.

6.7 a) En utilisant l'homogénéité, on voit que a est une longueur, en mètres (m).

6.7 b) On a $\Delta V = \dfrac{\partial^2 V}{\partial x^2} + \dfrac{\partial^2 V}{\partial y^2} + \dfrac{\partial^2 V}{\partial z^2} = \dfrac{V_0}{a^2}(2 + 4 - 6) = 0$.

6.7 c) L'équation de Poisson $\Delta V = -\dfrac{\rho}{\varepsilon_0}$ est vérifiée en prenant $\rho = 0$ car l'énoncé impose un espace vide de charge.

6.7 d) On a $V(x,0,0) = \dfrac{V_0}{a^2}x^2$: c'est une parabole.
L'allure en est donnée ci-contre :

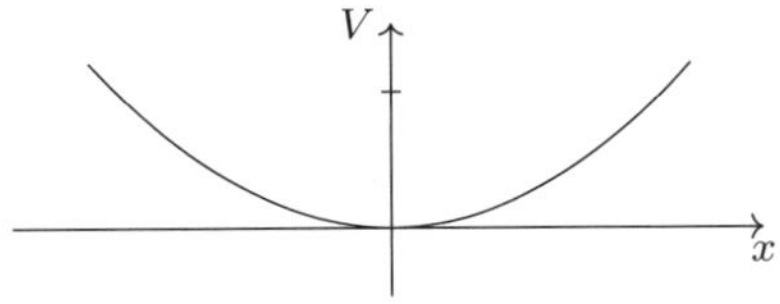

6.7 e) Le champ électrique est donné par :

$$\vec{E} = -\overrightarrow{\text{grad}}\,V = -\frac{\partial V}{\partial x}\vec{e_x} - \frac{\partial V}{\partial y}\vec{e_y} - \frac{\partial V}{\partial z}\vec{e_z} = 2\frac{V_0}{a^2}(-x\vec{e_x} - 2y\vec{e_y} + 3z\vec{e_z}).$$

En O, origine du repère, ce champ est nul.

6.8 a) On a $\vec{v} = \omega\vec{e_z} \wedge (r\vec{e_r} + z\vec{e_z}) = r\omega\vec{e_\theta}$.

6.8 b) On a $\vec{v} = \omega\vec{e_z} \wedge (x\vec{e_x} + y\vec{e_y} + z\vec{e_z}) = -\omega y\vec{e_x} + \omega x\vec{e_y}$.

6.8 c) En coordonnées cartésiennes, on obtient : $\overrightarrow{\text{rot}}\,\vec{v} = 2\omega\vec{e_z}$.

6.8 d) On simplifie l'expression $\oint_\Gamma \vec{v}_{(\text{M})} \cdot \overrightarrow{\text{d}\ell}_{(\text{M})} = \iint_\Sigma \overrightarrow{\text{rot}}(\vec{v})_{(\text{M})} \cdot \vec{n}\,\text{d}S_{(\text{M})}$ en considérant $\overrightarrow{\text{d}\ell} = r\,\text{d}\theta\vec{e_\theta}$ et $\vec{n}\,\text{d}S_{(\text{M})} = r\,\text{d}r\,\text{d}\theta\vec{e_z}$; d'où $v2\pi r = \displaystyle\int_0^r 4\omega\pi r\,\text{d}r$, soit $v = r\omega$.

6.8 e) On simplifie l'expression $\oint_\Gamma \vec{v}_{(\text{M})} \cdot \overrightarrow{\text{d}\ell}_{(\text{M})} = \iint_\Sigma \overrightarrow{\text{rot}}(\vec{v})_{(\text{M})} \cdot \vec{n}\,\text{d}S_{(\text{M})}$ en considérant $\overrightarrow{\text{d}\ell} = r\,\text{d}\theta\vec{e_\theta}$ et $\vec{n}\,\text{d}S_{(\text{M})} = r\,\text{d}r\,\text{d}\theta\vec{e_z}$; d'où $v2\pi r = \displaystyle\int_0^a 4\omega\pi r\,\text{d}r + \int_a^r 0 \times 2\pi r\,\text{d}r$, soit $v = \dfrac{a^2}{r}\omega$.

6.9 a) On a $\text{div}\,\vec{A} = \dfrac{1}{r^2}\dfrac{\partial(r^2 A_r)}{\partial r} = \dfrac{1}{r^2}(3ar^2 - 5br^4) = 3a - 5br^2$.

6.9 c) On a :

$$\begin{aligned}
\oiint_{\text{sphère}} \vec{A}\cdot\overrightarrow{\text{d}S} &= \iiint_{\text{boule}} \text{div}\,\vec{A}\,\text{d}\tau \\
&= \int_{r=0}^{r=R}\int_{\varphi=0}^{\varphi=2\pi}\int_{\theta=0}^{\theta=\pi} (3a - 5br^2)r^2\sin(\theta)\,\text{d}r\,\text{d}\varphi\,\text{d}\theta \\
&= \big[\varphi\big]_0^{2\pi} \times \big[-\cos(\theta)\big]_0^{\pi} \times \big[ar^3 - br^5\big]_0^R \\
&= 4\pi R^3(a - bR^2).
\end{aligned}$$

6.9 e) On a :

$$\oiint_{\text{sphère}} \vec{A}\cdot\overrightarrow{\text{d}S} = \int_{\varphi=0}^{\varphi=2\pi}\int_{\theta=0}^{\theta=\pi} (aR - bR^3)R^2\sin(\theta)\,\text{d}\varphi\,\text{d}\theta = 4\pi R^3(a - bR^2).$$

On retrouve bien le résultat de la question c).

6.10 a) Il faut vérifier que les équations de Maxwell sont respectées les unes après les autres. On a :

- $\operatorname{div}\vec{E} = \dfrac{\partial E_x}{\partial x} + \dfrac{\partial E_y}{\partial y} + \dfrac{\partial E_z}{\partial z} = 0$
- $\operatorname{div}\vec{B} = \dfrac{\partial B_x}{\partial x} + \dfrac{\partial B_y}{\partial y} + \dfrac{\partial B_z}{\partial z} = 0$
- $\overrightarrow{\text{rot}}\,\vec{E} = \left(\dfrac{\partial E_z}{\partial y} - \dfrac{\partial E_y}{\partial z}\right)\overrightarrow{e_x} + \left(\dfrac{\partial E_x}{\partial z} - \dfrac{\partial E_z}{\partial x}\right)\overrightarrow{e_y} + \left(\dfrac{\partial E_y}{\partial x} - \dfrac{\partial E_x}{\partial y}\right)\overrightarrow{e_z} = \dfrac{\partial E_y}{\partial x}\overrightarrow{e_z} = E_0 k\sin(\omega t - kx + \varphi_0)\overrightarrow{e_z}$

  et $\dfrac{\partial \vec{B}}{\partial t} = -E_0 k\sin(\omega t - kx + \varphi_0)\overrightarrow{e_z}$
- Enfin,

$$\begin{aligned}\overrightarrow{\text{rot}}\,\vec{B} &= \left(\frac{\partial B_z}{\partial y} - \frac{\partial B_y}{\partial z}\right)\overrightarrow{e_x} + \left(\frac{\partial B_x}{\partial z} - \frac{\partial B_z}{\partial x}\right)\overrightarrow{e_y} + \left(\frac{\partial B_y}{\partial x} - \frac{\partial B_x}{\partial y}\right)\overrightarrow{e_z} \\ &= -\frac{\partial B_z}{\partial x}\overrightarrow{e_y} = -\frac{E_0 k^2}{\omega}\sin(\omega t - kx + \varphi_0)\overrightarrow{e_y}\end{aligned}$$

  et $\dfrac{\partial \vec{E}}{\partial t} = -E_0\omega\sin(\omega t - kx + \varphi_0)\overrightarrow{e_y}$ donc $\varepsilon_0\mu_0\dfrac{\partial \vec{E}}{\partial t} = -\dfrac{E_0k^2}{\omega}\sin(\omega t - kx + \varphi_0)\overrightarrow{e_y}$

Les quatre équations de Maxwell sont respectées donc le champ électromagnétique peut exister.

....

6.10 b) On a :

$$\operatorname{div}\vec{E} = \frac{\partial E_y}{\partial y} = -E_0 k\sin(\omega t + ky).$$

L'équation de Maxwell-Gauss dans le vide n'est pas respectée donc ce champ électromagnétique ne peut pas exister.

....

6.10 c) On a :

- $\operatorname{div}\vec{E} = \dfrac{\partial E_x}{\partial x} + \dfrac{\partial E_y}{\partial y} + \dfrac{\partial E_z}{\partial z} = 0$
- $\operatorname{div}\vec{B} = \dfrac{\partial B_x}{\partial x} + \dfrac{\partial B_y}{\partial y} + \dfrac{\partial B_z}{\partial z} = 0$
-

$$\begin{aligned}\overrightarrow{\text{rot}}\,\vec{E} &= \left(\frac{\partial E_z}{\partial y} - \frac{\partial E_y}{\partial z}\right)\overrightarrow{e_x} + \left(\frac{\partial E_x}{\partial z} - \frac{\partial E_z}{\partial x}\right)\overrightarrow{e_y} + \left(\frac{\partial E_y}{\partial x} - \frac{\partial E_x}{\partial y}\right)\overrightarrow{e_z} = -\frac{\partial E_y}{\partial z}\overrightarrow{e_x} + \frac{\partial E_x}{\partial z}\overrightarrow{e_y} \\ &= E_2 k\sin(\omega t + kz + \varphi_2)\overrightarrow{e_x} - E_1 k\sin(\omega t + kz + \varphi_1)\overrightarrow{e_y}\end{aligned}$$

  et $\dfrac{\partial \vec{B}}{\partial t} = -E_2 k\sin(\omega t + kz + \varphi_2)\overrightarrow{e_x} + E_1 k\sin(\omega t + kz + \varphi_1)\overrightarrow{e_y}$
- Enfin,

$$\begin{aligned}\overrightarrow{\text{rot}}\,\vec{B} &= \left(\frac{\partial B_z}{\partial y} - \frac{\partial B_y}{\partial z}\right)\overrightarrow{e_x} + \left(\frac{\partial B_x}{\partial z} - \frac{\partial B_z}{\partial x}\right)\overrightarrow{e_y} + \left(\frac{\partial B_y}{\partial x} - \frac{\partial B_x}{\partial y}\right)\overrightarrow{e_z} = -\frac{\partial B_y}{\partial z}\overrightarrow{e_x} + \frac{\partial B_x}{\partial z}\overrightarrow{e_y} \\ &= -\frac{E_1k^2}{\omega}\sin(\omega t + kz + \varphi_1)\overrightarrow{e_x} + \frac{E_2k^2}{\omega}\sin(\omega t + kz + \varphi_2)\overrightarrow{e_y}\end{aligned}$$

  et $\dfrac{\partial \vec{E}}{\partial t} = -E_1\omega\sin(\omega t + kz + \varphi_1)\overrightarrow{e_x} - \omega E_2\sin(\omega t + kz + \varphi_2)\overrightarrow{e_y}$ donc

$$\varepsilon_0\mu_0\frac{\partial \vec{E}}{\partial t} = -\frac{E_1k^2}{\omega}\sin(\omega t + kz + \varphi_1)\overrightarrow{e_x} - \frac{E_2k^2}{\omega}\sin(\omega t + kz + \varphi_2)\overrightarrow{e_y}$$

Les quatre équations de Maxwell sont respectées donc le champ électromagnétique peut exister.

....

6.11 a) Le champ électrique est de la forme $\overrightarrow{E} = E_x(z,t)\overrightarrow{e_x}$ avec $E_x(z,t) = E_0\cos(\omega t - kz + \varphi)$.

D'après l'expression du rotationnel en coordonnées cartésiennes, on a :

$$\overrightarrow{\mathrm{rot}}(\overrightarrow{E}) = \frac{\partial E_x}{\partial z}\overrightarrow{e_y} = E_0 k\sin(\omega t - kz + \varphi)\overrightarrow{e_y}.$$

D'après l'équation de Maxwell-Faraday :

$$\overrightarrow{B} = \int -\overrightarrow{\mathrm{rot}}(\overrightarrow{E})\,\mathrm{d}t = -E_0 k\overrightarrow{e_y}\int \sin(\omega t - kx + \varphi)\,\mathrm{d}t = E_0\frac{k}{\omega}\cos(\omega t - kz + \varphi)\overrightarrow{e_y} + \overrightarrow{\mathrm{cste}}.$$

Comme le milieu est vide de charge et de courant, il n'y a aucun champ statique donc $\overrightarrow{\mathrm{cste}} = \overrightarrow{0}$.

6.11 b) Le champ électrique est de la forme $\overrightarrow{E} = E_x(z,t)\overrightarrow{e_x}$ avec $E_x(z,t) = E_0\cosh(\sqrt{\varepsilon_0\mu_0}\alpha z)\exp(-\alpha t)$.

D'après l'expression du rotationnel en coordonnées cartésiennes, on a :

$$\overrightarrow{\mathrm{rot}}(\overrightarrow{E}) = \frac{\partial E_x}{\partial z}\overrightarrow{e_y} = E_0\sqrt{\varepsilon_0\mu_0}\alpha\sinh(\sqrt{\varepsilon_0\mu_0}\alpha z)\exp(-\alpha t)\overrightarrow{e_y}.$$

D'après l'équation de Maxwell-Faraday :

$$\overrightarrow{B} = \int -\overrightarrow{\mathrm{rot}}(\overrightarrow{E})\,\mathrm{d}t = -E_0\sqrt{\varepsilon_0\mu_0}\alpha\sinh(\sqrt{\varepsilon_0\mu_0}\alpha z)\overrightarrow{e_y}\int \exp(-\alpha t)\,\mathrm{d}t = E_0\sqrt{\varepsilon_0\mu_0}\sinh(\sqrt{\varepsilon_0\mu_0}\alpha z)\exp(-\alpha t)\overrightarrow{e_y} + \overrightarrow{\mathrm{cste}}.$$

Comme le milieu est vide de charge et de courant, il n'y a aucun champ statique donc $\overrightarrow{\mathrm{cste}} = \overrightarrow{0}$.

6.11 c) Le champ électrique est de la forme $\overrightarrow{E} = E_z(r,t)\overrightarrow{e_z}$ avec :

$$E_x(z,t) = \frac{E_0}{(kr)^2}\cos(\omega t).$$

D'après l'expression du rotationnel en coordonnées cylindriques, on a :

$$\overrightarrow{\mathrm{rot}}(\overrightarrow{E}) = -\frac{\partial E_z}{\partial r}\overrightarrow{e_\theta} = \frac{2E_0}{k^2r^3}\cos(\omega t)\overrightarrow{e_\theta}.$$

D'après l'équation de Maxwell-Faraday :

$$\overrightarrow{B} = \int -\overrightarrow{\mathrm{rot}}(\overrightarrow{E})\,\mathrm{d}t = -\frac{2E_0}{k^2r^3}\int \cos(\omega t)\overrightarrow{e_\theta}\,\mathrm{d}t.$$

Comme $\overrightarrow{e_\theta}$ est un vecteur dont l'orientation dépend du temps (base cylindrique), on ne peut développer davantage le calcul car on ne connaît pas l'évolution temporelle de l'angle θ.

6.12 a) Le champ magnétique est de la forme $\overrightarrow{B} = B_y(z,t)\overrightarrow{e_y}$ avec $B_y(z,t) = B_0\sin(\omega t - kz + \varphi)$.

D'après l'expression du rotationnel en coordonnées cartésiennes, on a :

$$\overrightarrow{\mathrm{rot}}(\overrightarrow{B}) = -\frac{\partial B_y}{\partial z}\overrightarrow{e_x} = B_0 k\cos(\omega t - kz + \varphi)\overrightarrow{e_x}.$$

D'après l'équation de Maxwell-Ampère vide de courant ($\overrightarrow{j} = \overrightarrow{0}$) :

$$\overrightarrow{E} = \frac{1}{\varepsilon_0\mu_0}\int \overrightarrow{\mathrm{rot}}(\overrightarrow{B})\,\mathrm{d}t = \frac{B_0 k}{\varepsilon_0\mu_0}\overrightarrow{e_x}\int \cos(\omega t - kz + \varphi)\,\mathrm{d}t = \frac{B_0 k}{\varepsilon_0\mu_0\omega}\sin(\omega t - kz + \varphi)\overrightarrow{e_x} + \overrightarrow{\mathrm{cste}}.$$

Comme le milieu est vide de charge et de courant, il n'y a aucun champ statique donc $\overrightarrow{\mathrm{cste}} = \overrightarrow{0}$.

6.12 b) Le champ magnétique est de la forme $\vec{B} = B_y(z,t)\vec{e_y}$ avec $B_y(z,t) = B_0 \sinh(\sqrt{\varepsilon_0\mu_0}\alpha z)\exp(-\alpha t)$.

D'après l'expression du rotationnel en coordonnées cartésiennes, on a :

$$\overrightarrow{\mathrm{rot}}(\vec{B}) = -\frac{\partial B_y}{\partial z}\vec{e_x} = -B_0\sqrt{\varepsilon_0\mu_0}\alpha\cosh(\sqrt{\varepsilon_0\mu_0}\alpha z)\exp(-\alpha t)\vec{e_x}.$$

D'après l'équation de Maxwell-Faraday :

$$\begin{aligned}\vec{E} &= \frac{1}{\varepsilon_0\mu_0}\int \overrightarrow{\mathrm{rot}}(\vec{B})\,\mathrm{d}t = -\frac{1}{\varepsilon_0\mu_0}B_0\sqrt{\varepsilon_0\mu_0}\alpha\cosh(\sqrt{\varepsilon_0\mu_0}\alpha z)\vec{e_x}\int\exp(-\alpha t)\,\mathrm{d}t\\ &= \frac{B_0}{\sqrt{\varepsilon_0\mu_0}}\cosh(\sqrt{\varepsilon_0\mu_0}\alpha z)\exp(-\alpha t)\vec{e_x} + \overrightarrow{\mathrm{cste}}.\end{aligned}$$

Comme le milieu est vide de charge et de courant, il n'y a aucun champ statique donc $\overrightarrow{\mathrm{cste}} = \vec{0}$.

Ce champ électromagnétique $(\vec{E},\vec{B})$ est le même que celui de la question b) de l'entraînement précédent, en posant $E_0 = \dfrac{B_0}{\sqrt{\varepsilon_0\mu_0}}$.

6.12 c) Le champ magnétique est de la forme $\vec{B} = B_\theta(r,t)\vec{e_\theta}$ avec $B_\theta(r,t) = \dfrac{cB_0}{(kr)^2}\sin(\omega t)$.

D'après l'expression du rotationnel en coordonnées cylindriques, on a :

$$\overrightarrow{\mathrm{rot}}(\vec{B}) = \frac{1}{r}\frac{\partial rB_\theta}{\partial r}\vec{e_z} = -\frac{cB_0}{k^2r^3}\sin(\omega t)\vec{e_z}.$$

D'après l'équation de Maxwell-Faraday :

$$\vec{E} = \frac{1}{\varepsilon_0\mu_0}\int\overrightarrow{\mathrm{rot}}(\vec{B})\,\mathrm{d}t = -\frac{cB_0}{\varepsilon_0\mu_0k^2r^3}\vec{e_z}\int\sin(\omega t)\,\mathrm{d}t = \frac{c^3B_0}{k^2\omega r^3}\cos(\omega t)\vec{e_z} + \overrightarrow{\mathrm{cste}}.$$

Comme le milieu est vide de charge et de courant, il n'y a aucun champ statique donc $\overrightarrow{\mathrm{cste}} = \vec{0}$. Contrairement aux cas précédents, on ne retrouve pas le champ de la question c) de l'entraînement précédent : ces champs électromagnétiques $(\vec{E},\vec{B})$ ne sont solutions ni d'une seule équation de Maxwell, ni de l'ensemble (équation de propagation !) donc il ne s'agit pas de champs électromagnétiques qui se propagent.

6.13 a) Le solénoïde étant invariant par rotation autour de l'axe (Oz) et par translation le long du même axe, la norme du champ électrique ne dépend que de r.

6.13 b) L'équation de Maxwell-Faraday est $\overrightarrow{\mathrm{rot}}\,\vec{E} = -\dfrac{\partial\vec{B}}{\partial t}$. On calcule d'abord le rotationnel de $\vec{E}$. Le champ magnétique étant porté par (Oz), il reste : $\overrightarrow{\mathrm{rot}}\,\vec{E} = \dfrac{1}{r}\dfrac{\partial rE_\theta}{\partial r}\vec{e_z}$.

On calcule la dérivée du champ magnétique par rapport au temps pour $r < R$: $\dfrac{\partial\vec{B}}{\partial t} = \mu_0 n\dfrac{\mathrm{d}i}{\mathrm{d}t}\vec{e_z}$.

Enfin, on a $rE_\theta = -\mu_0 n\dfrac{\mathrm{d}i}{\mathrm{d}t}\dfrac{r^2}{2}$ donc $E_\theta = -\mu_0 n\dfrac{\mathrm{d}i}{\mathrm{d}t}\dfrac{r}{2}$.

6.13 c) Le champ magnétique étant nul à l'extérieur du solénoïde, on a :

$$\frac{1}{r}\frac{\partial rE_\theta}{\partial r} = 0 \qquad \text{donc} \qquad E_\theta = \frac{C}{r}$$

avec C une constante. Il reste à déterminer cette constante. Par continuité du champ électrique en $r = R$, on a :

$$\frac{C}{R} = -\mu_0 n\frac{\mathrm{d}i}{\mathrm{d}t}\frac{R}{2} \qquad \text{donc} \qquad C = -\mu_0 n\frac{\mathrm{d}i}{\mathrm{d}t}\frac{R^2}{2}.$$

Ainsi, on a $\vec{E} = -\mu_0 n\dfrac{\mathrm{d}i}{\mathrm{d}t}\dfrac{R^2}{2r}\vec{e_\theta}$.

6.13 d) La forme intégrale de l'équation de Maxwell-Faraday est $\oint_\Gamma \vec{E} \cdot \vec{d\ell} = -\iint_\Sigma \frac{\partial \vec{B}}{\partial t} \cdot \vec{dS}$.

Nous sommes donc amenés à calculer la circulation de $\vec{E}$ sur le contour délimitant la surface Σ que l'on va choisir et à calculer le flux de $\vec{B}$ à travers cette même surface.

Pour que le calcul de la circulation soit simple, il faut trouver une surface dont le contour ne dépend pas de r, ainsi le champ électrique sera constant sur ce contour.

Pour que le calcul du flux soit simple, il faut dans un premier temps trouver une surface dont la surface élémentaire ne s'exprime pas en fonction des variables de B : B étant constant ici, la question ne se pose pas. Dans un deuxième temps, on choisit une surface telle que $\vec{B}$ et le vecteur normal à la surface soient colinéaires afin que le produit scalaire se calcule facilement : on choisit une surface perpendiculaire à $\vec{e_z}$.

On souhaite donc une surface de rayon constant r, perpendiculaire à $\vec{e_z}$: il s'agit donc d'un disque de rayon r et d'axe (Oz).

6.13 e) La forme intégrale de l'équation de Maxwell-Faraday est $\oint_\Gamma \vec{E} \cdot \vec{d\ell} = -\iint_\Sigma \frac{\partial \vec{B}}{\partial t} \cdot \vec{dS}$.

On choisit comme surface Σ le disque de rayon r et donc comme contour Γ le cercle de rayon r. La circulation de $\vec{E}$ donne :

$$\oint_\Gamma \vec{E} \cdot \mathrm{d}\ell = 2\pi r E(r,t).$$

Le flux de la dérivée du champ magnétique donne : $\iint_\Sigma \frac{\partial \vec{B}}{\partial t} \cdot \vec{dS} = \pi r^2 \mu_0 n \frac{\mathrm{d}\imath}{\mathrm{d}t}$. Finalement, $\vec{E} = -\mu_0 n \frac{\mathrm{d}\imath}{\mathrm{d}t} \frac{r}{2} \vec{e_\theta}$.

6.13 f) La forme intégrale de l'équation de Maxwell-Faraday est $\oint_\Gamma \vec{E}\,\mathrm{d}\ell = -\iint_\Sigma \frac{\partial \vec{B}}{\partial t} \cdot \vec{dS}$.

On choisit comme surface Σ le disque de rayon r et donc comme contour Γ le cercle de rayon r. La circulation de $\vec{E}$ donne :

$$\oint_\Gamma \vec{E}\,\mathrm{d}\ell = 2\pi r E(r,t).$$

Le flux de la dérivée du champ magnétique donne : $\iint_\Sigma \frac{\partial \vec{B}}{\partial t} \cdot \vec{dS} = \pi R^2 \mu_0 n \frac{\mathrm{d}i}{\mathrm{d}t}$. Finalement, $\vec{E} = -\mu_0 n \frac{\mathrm{d}i}{\mathrm{d}t} \frac{R^2}{2r} \vec{e_\theta}$.

6.14 a) On a :

$$\vec{\Pi} = \frac{1}{\mu_0} E_0 \cos(\omega t - kz + \varphi)\vec{e_x} \wedge B_0 \sin(\omega t - kz + \varphi)\vec{e_y} = \frac{E_0 B_0}{\mu_0} \cos(\omega t - kz + \varphi)\sin(\omega t - kz + \varphi)\vec{e_z}.$$

L'énergie se propage dans une direction orthogonale à celles des champs électrique et magnétique.

6.14 b) On a :

$$\vec{\Pi} = \frac{1}{\mu_0} E_0 \cosh(\beta z)\exp(-\alpha t)\vec{e_z} \wedge B_0 \sinh(\beta z)\exp(-\alpha t)\vec{e_y} = -\frac{E_0 B_0}{\mu_0} \cosh(\beta z)\sinh(\beta z)\exp(-2\alpha t)\vec{e_x}.$$

L'énergie se propage dans une direction orthogonale à celles des champs électrique et magnétique.

6.15 a) Pour une onde plane progressive, on a la relation de structure :

$$\vec{B} = \frac{\vec{k} \wedge \vec{E}}{\omega} = \frac{\vec{e_z} \wedge \vec{E}}{c} = \frac{1}{c} \begin{vmatrix} 0 \\ 0 \\ 1 \end{vmatrix} \wedge \begin{vmatrix} E_x \\ E_y \\ E_z \end{vmatrix} = \frac{1}{c} \begin{vmatrix} -E_y \\ E_x \\ 0 \end{vmatrix}.$$

On en déduit : $\vec{B} = -\frac{E_{0y}}{c} \cos(k\,z - \omega\,t + \psi_2)\,\vec{e_x} + \frac{E_{0x}}{c} \cos(k\,z - \omega\,t + \psi_1)\,\vec{e_y}$.

6.15 b) Le vecteur de Poynting est donné par :

$$\vec{\Pi} = \frac{\vec{E} \wedge \vec{B}}{\mu_0} = \frac{1}{\mu_0\, c}\begin{vmatrix} E_x \\ E_y \\ 0 \end{vmatrix} \wedge \begin{vmatrix} -E_y \\ E_x \\ 0 \end{vmatrix} = \frac{1}{\mu_0\, c}\begin{vmatrix} 0 \\ 0 \\ E_x^2 + E_y^2 \end{vmatrix} = \frac{E_x^2 + E_y^2}{\mu_0\, c}\,\vec{e_z}.$$

6.15 c) En notation complexe, avec $\vec{r} = \overrightarrow{OM}$ et $\vec{k}$ le vecteur d'onde, le champ électrique peut s'écrire :

$$\underline{\vec{E}} = \underline{\vec{E}}_0 \exp\left[\mathrm{i}\left(\vec{k}\cdot\vec{r} - \omega\, t\right)\right] = \underline{\vec{E}}_0 \exp[\mathrm{i}(k\, z - \omega\, t)],$$

avec $\underline{\vec{E}_0} = E_{0x}\, \mathrm{e}^{\mathrm{i}\,\psi_1}\, \vec{e_x} + E_{0y}\, \mathrm{e}^{\mathrm{i}\,\psi_2}\, \vec{e_y}$; $\underline{\vec{E}_0}$ est l'amplitude complexe du champ électrique.

6.15 d) L'équation de Maxwell-Faraday $\overrightarrow{\mathrm{rot}}\, \underline{\vec{E}} = -\dfrac{\partial \underline{\vec{B}}}{\partial t}$ donne : $\mathrm{i}\, \vec{k} \wedge \underline{\vec{E}} = +\mathrm{i}\, \omega\, \underline{\vec{B}}$. Donc,

$$\underline{\vec{B}} = \frac{\vec{k}}{\omega} \wedge \underline{\vec{E}} = \frac{\vec{e_z}}{c} \wedge \left(E_{0x}\, \mathrm{e}^{\mathrm{i}(k\, z - \omega\, t + \psi_1)}\, \vec{e_x} + E_{0y}\, \mathrm{e}^{\mathrm{i}(k\, z - \omega\, t + \psi_2)}\, \vec{e_y}\right) = \frac{1}{c}\left(E_{0x}\, \mathrm{e}^{\mathrm{i}(k\, z - \omega\, t + \psi_1)}\, \vec{e_y} - E_{0y}\, \mathrm{e}^{\mathrm{i}(k\, z - \omega\, t + \psi_2)}\, \vec{e_x}\right).$$

6.15 e) On en déduit le conjugué : $\underline{\vec{B}}^* = \dfrac{1}{c}\left(E_{0x}\, \mathrm{e}^{-\mathrm{i}(k\, z - \omega\, t + \psi_1)}\, \vec{e_y} - E_{0y}\, \mathrm{e}^{-\mathrm{i}(k\, z - \omega\, t + \psi_2)}\, \vec{e_x}\right)$.

6.15 f) Le produit vectoriel $\underline{\vec{E}} \wedge \underline{\vec{B}}^*$ vaut :

$$\begin{aligned}
\underline{\vec{E}} \wedge \underline{\vec{B}}^* &= \left(E_{0x}\, \mathrm{e}^{\mathrm{i}(k\, z - \omega\, t + \psi_1)}\, \vec{e_x} + E_{0y}\, \mathrm{e}^{\mathrm{i}(k\, z - \omega\, t + \psi_2)}\, \vec{e_y}\right) \wedge \left(\frac{1}{c}\left(E_{0x}\, \mathrm{e}^{-\mathrm{i}(k\, z - \omega\, t + \psi_1)}\, \vec{e_y} - E_{0y}\, \mathrm{e}^{-\mathrm{i}(k\, z - \omega\, t + \psi_2)}\, \vec{e_x}\right)\right) \\
&= \frac{E_{0x}^2}{c}\vec{e_z} + \frac{E_{0y}^2}{c}\vec{e_z} = \frac{\left(E_{0x}^2 + E_{0y}^2\right)\vec{e_z}}{c}.
\end{aligned}$$

On en déduit le vecteur complexe $\dfrac{1}{2\,\mu_0}\underline{\vec{E}} \wedge \underline{\vec{B}}^* = \dfrac{E_{0x}^2 + E_{0y}^2}{2\,\mu_0\, c}\,\vec{e_z}$.

6.15 g) Avec $\langle \cos^2 \rangle = \dfrac{1}{2}$, la valeur moyenne du vecteur de Poynting $\vec{\Pi}$ vaut :

$$\left\langle \vec{\Pi} \right\rangle = \left\langle \frac{(E_{0x}\, \cos(k\, z - \omega\, t + \psi_1))^2 + (E_{0y}\, \cos(k\, z - \omega\, t + \psi_2))^2}{\mu_0\, c}\,\vec{e_z} \right\rangle = \frac{E_{0x}^2 + E_{0y}^2}{2\,\mu_0\, c}\,\vec{e_z}.$$

La valeur moyenne du vecteur $\left\langle \dfrac{\underline{\vec{E}} \wedge \underline{\vec{B}}^*}{2\,\mu_0} \right\rangle$ est identique : on peut donc choisir l'une ou l'autre des deux méthodes.

6.16 a) On intègre la densité volumique d'énergie électromagnétique dans tout le volume $\mathcal{V}$ séparant les deux armatures :

$$\mathcal{E} = \iiint_{\mathcal{V}} \frac{\varepsilon_0 E^2}{2}\,\mathrm{d}\tau = \iiint_{\mathcal{V}} \frac{Q^2}{2\varepsilon_0 S^2}\,\mathrm{d}\tau = \frac{Q^2}{2\varepsilon_0 S^2} LS = \frac{LQ^2}{2\varepsilon_0 S}.$$

6.16 b) On a $\vec{\Pi} = \dfrac{\vec{E} \wedge \vec{B}}{\mu_0} = \dfrac{\frac{Q}{\varepsilon_0 S}\vec{e_z} \cdot \frac{\mu_0}{2S}\frac{\mathrm{d}Q}{\mathrm{d}t} R\vec{e_\theta}}{\mu_0} = -\dfrac{R}{2\varepsilon_0 S^2} Q \dfrac{\mathrm{d}Q}{\mathrm{d}t}\vec{e_r}$.

6.16 c) On cherche le flux sortant du vecteur de Poynting à travers la surface Σ du cylindre de rayon R et de hauteur L formé par les deux armatures du condensateur, soit :

$$\oiint_{\Sigma} \vec{\Pi} \cdot \mathrm{d}\vec{S} = -\frac{R}{2\varepsilon_0 S^2} Q \frac{\mathrm{d}Q}{\mathrm{d}t} \times 2\pi RL = -\frac{L\pi R^2}{\varepsilon_0 S^2} Q \frac{\mathrm{d}Q}{\mathrm{d}t} = -\frac{L}{\varepsilon_0 S} Q \frac{\mathrm{d}Q}{\mathrm{d}t}.$$

6.16 d) On a $\dfrac{\partial \mathcal{E}}{\partial t} = \dfrac{\partial\left(\dfrac{LQ(t)^2}{2\varepsilon_0 S}\right)}{\partial t} = \dfrac{L}{2\varepsilon_0 S} 2Q(t)\dfrac{\mathrm{d}Q}{\mathrm{d}t}(t) = \dfrac{L}{\varepsilon_0 S} Q \dfrac{\mathrm{d}Q}{\mathrm{d}t} = -\phi.$

6.16 e) On a $\dfrac{\partial \mathcal{E}}{\partial t} + \phi = 0.$

En utilisant le théorème de Green-Ostrogradski, qui dit $\oiint_\Sigma \vec{\Pi} \cdot \vec{\mathrm{d}S} = \iiint_\mathcal{V} \mathrm{div}\,\vec{\Pi}\,\mathrm{d}\tau$, et en utilisant que $\mathcal{E} = \iiint_\mathcal{V} e\,\mathrm{d}\tau$, on obtient :

$$\iiint_\mathcal{V} \frac{\partial e}{\partial t}\,\mathrm{d}\tau + \iiint_\mathcal{V} \mathrm{div}\,\vec{\Pi}\,\mathrm{d}\tau = 0 \qquad \text{donc} \qquad \frac{\partial e}{\partial t} + \mathrm{div}\,\vec{\Pi} = 0,$$

ce qui correspond au théorème de Poynting en l'absence de courant de conduction.

Fiche n° 7. Induction

Réponses

7.1 a) .... $\boxed{\overrightarrow{e_z}}$

7.1 b) .... $\boxed{-\overrightarrow{e_z}}$

7.1 c) .... $\boxed{\overrightarrow{e_y}}$

7.1 d) .... $\boxed{\overrightarrow{e_y}}$

7.1 e) .... $\boxed{\dfrac{\sqrt{2}}{2}(\overrightarrow{e_y}+\overrightarrow{e_z})}$

7.1 f) .... $\boxed{-\dfrac{\sqrt{2}}{2}(\overrightarrow{e_y}+\overrightarrow{e_z})}$

7.2 a) .... ⓓ

7.2 b) .... aucune

7.2 c) .... ⓑ

7.2 d) .... ⓐ

7.3 a) .... oui

7.3 b) .... oui

7.3 c) .... non

7.3 d) .... non

7.3 e) .... oui

7.3 f) .... non

7.4 a) .... $\boxed{0}$

7.4 b) .... $\boxed{-Bx_c\ell}$

7.4 c) .... $\boxed{-B\ell^2}$

7.4 d) .... $\boxed{-B(a-(x_c-\ell))\ell}$

7.4 e) .... $\boxed{0}$

7.4 f) .... $\boxed{-Bv\ell}$

7.4 g) .... $\boxed{0}$

7.4 h) .... $\boxed{Bv\ell}$

7.5 a) .... $\boxed{\pi R^2 B_m\cos(\omega t)}$

7.5 b) .... $\boxed{\pi a^2 B_m\cos(\omega t)}$

7.5 c) .... $\boxed{\mathrm{d}S = r\,\mathrm{d}\theta\,\mathrm{d}r}$

7.5 d) .... $\boxed{2\pi B_0\left(\dfrac{R^2}{2}-\dfrac{R^3}{3a}\right)}$

7.5 e) .... $\boxed{2\pi B_0\dfrac{a^2}{6}}$

7.6 a) .... $\boxed{B\pi R^2\cos(\omega t)}$

7.6 b) .... $\boxed{0}$

7.6 c) .... $\boxed{-\dfrac{B\pi R^2}{2}}$

7.6 d) .... $\boxed{\dfrac{\sqrt{3}}{2}B\pi R^2}$

7.6 e) .... $\boxed{B\pi R^2}$

7.7 a) .... ⓐ

7.7 b) .... ⓐ

7.7 c) .... $\boxed{\dfrac{\mu_0 NIa}{2\pi}\ln\left(\dfrac{d+a}{d}\right)}$

7.7 d) .... $\boxed{\dfrac{\mu_0 N^2 a}{2\pi}\ln\left(\dfrac{d+a}{d}\right)}$

7.8 a) .... ⓒ

7.8 b) .... $\boxed{B_0\omega\sin(\omega t)\dfrac{r}{2}}$

7.9 a) .... ⓒ

7.9 b) .... ⓐ

7.10 a) .... ⓒ

7.10 b) .... $\boxed{\dfrac{-\alpha B\underline{I}}{h+\mathrm{j}(m\omega-\frac{k}{\omega})}}$

7.10 c) .... ⓒ

7.11 a) .... $\boxed{-Ri^2}$

7.11 b) .... $\boxed{mv\dfrac{\mathrm{d}v}{\mathrm{d}t} - fv}$

7.11 c) .... $\boxed{\dfrac{\mathrm{d}E_\mathrm{c}}{\mathrm{d}t} + \mathcal{P}_\mathrm{J}}$

7.12 a) .... $\boxed{-iaB\overrightarrow{e_y}}$

7.12 b) .... $\boxed{ibB\overrightarrow{e_x}}$

7.12 c) .... $\boxed{iaB\overrightarrow{e_y}}$

7.12 d) .... $\boxed{-ibB\overrightarrow{e_x}}$

7.12 e) .... $\boxed{\overrightarrow{0}}$

7.13 a) .... $\boxed{\overrightarrow{0}}$

7.13 b) .... $\boxed{-i\dfrac{\sqrt{3}}{2}aB\overrightarrow{e_z}}$

7.13 c) .... $\boxed{i\dfrac{\sqrt{3}}{2}aB\overrightarrow{e_x}}$

7.14 a) .... $\boxed{S\overrightarrow{e_y}}$

7.14 b) .... $\boxed{-IBS\overrightarrow{e_z}}$

7.14 c) .... $\boxed{\overrightarrow{0}}$

7.14 d) .... $\boxed{IBS\overrightarrow{e_x}}$

7.14 e) .... (c)

7.14 f) .... (d)

7.14 g) .... (d)

7.15 a) .... $\boxed{\dfrac{\mathrm{d}v}{\mathrm{d}t} + \dfrac{B^2\ell^2}{mR}v = 0}$

7.15 b) .... (c)

7.16 a) .... $\boxed{\dfrac{\mathrm{d}v(t)}{\mathrm{d}t} + \dfrac{B^2\ell^2}{mr}v(t) = -\dfrac{B\ell E}{mr}}$

7.16 b) .... $\boxed{-\dfrac{E}{B\ell}}$

7.17 a) .... $\boxed{\dfrac{\mathrm{d}^2 i(t)}{\mathrm{d}t^2} + \dfrac{r}{L}\dfrac{\mathrm{d}i(t)}{\mathrm{d}t} + \dfrac{B^2\ell^2}{mL}i(t) = 0}$

7.17 b) .... (a)

7.17 c) .... (c)

7.17 d) .... (d)

7.18 a) .... (b)

7.18 b) .... $\boxed{E - Ba\dot{x} - Ri}$

7.18 c) .... $\boxed{-\dfrac{(Ba)^2}{m}i - R\dfrac{\mathrm{d}i}{\mathrm{d}t}}$

7.18 d) .... $\boxed{R\dfrac{\mathrm{d}i}{\mathrm{d}t} + \dfrac{(Ba)^2}{m}i = 0}$

7.18 e) .... $\boxed{R\dfrac{\mathrm{d}i}{\mathrm{d}t} + \left(\dfrac{(Ba)^2}{m} + \dfrac{1}{C}\right)i = 0}$

7.18 f) .... $\boxed{L\dfrac{\mathrm{d}^2 i}{\mathrm{d}t^2} + R\dfrac{\mathrm{d}i}{\mathrm{d}t} + \left(\dfrac{(Ba)^2}{m} + \dfrac{1}{C}\right)i = 0}$

Corrigés

7.1 e)

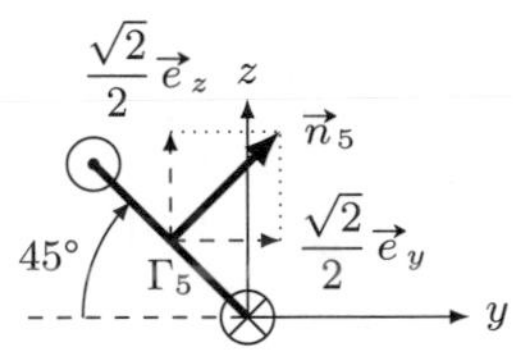

7.1 f)

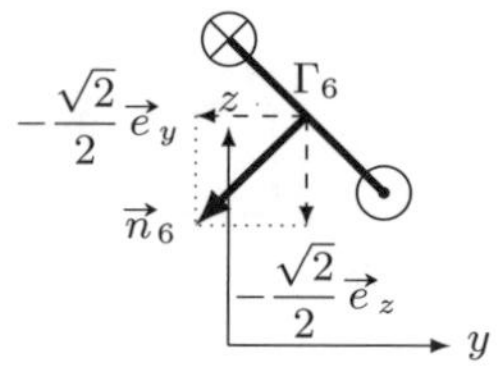

7.3 a) Il y a trois façons de modifier un flux : modifier la surface, modifier le champ, changer l'angle entre le vecteur normal à la surface et le champ. Ici, comme $\vec{B} \wedge \vec{n} = \vec{0}$ à $t = 0$, les deux vecteurs sont colinéaires. Comme le cadre tourne autour d'un de ses côtés, l'angle entre $\vec{n}$ et $\vec{B}$ varie au cours du temps.

7.3 b) La surface où le champ est non nul augmente au cours du temps tant que le cadre n'est pas entièrement dans la zone où règne le champ.

7.3 c) Le produit scalaire entre $\vec{B}(t)$ et $\vec{n}$ est nul.

7.3 d) Ni la surface ni l'angle entre $\vec{B}$ et $\vec{n}$ ne varie.

7.3 e) La surface varie.

7.3 f) Il ne faut pas confondre les termes « uniforme » (ne varie pas dans l'espace) et « constant » (ne varie pas dans le temps).

7.4 b)

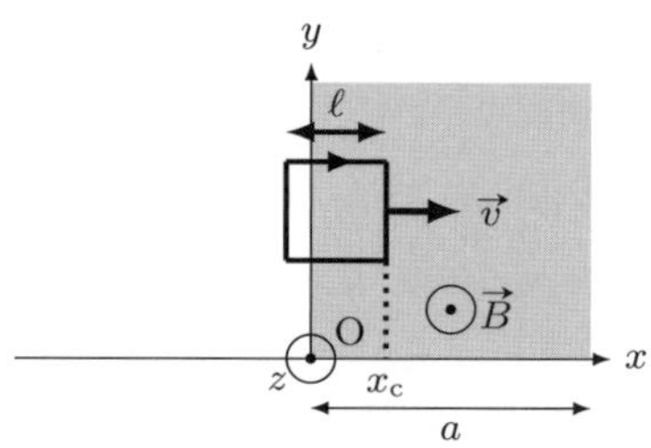

7.4 c)

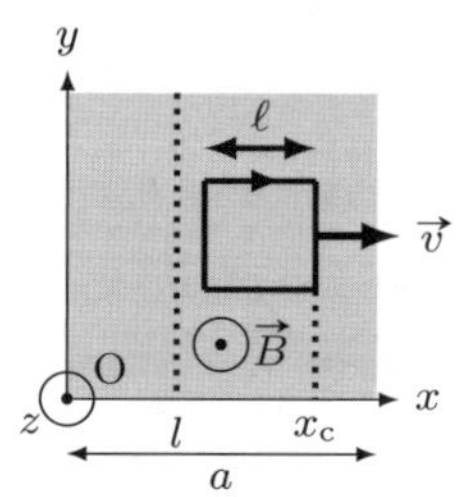

7.4 d)

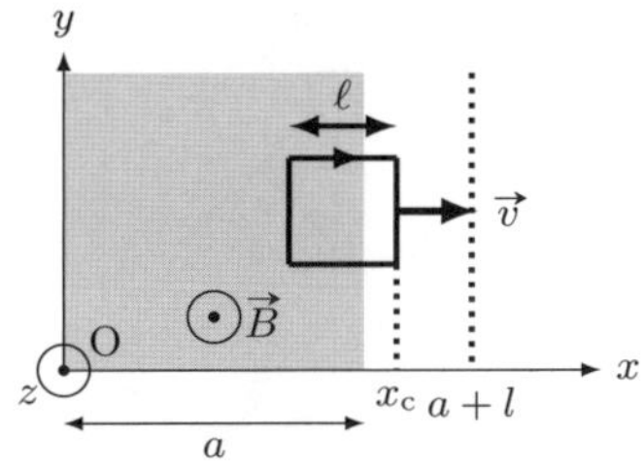

7.5 a) On a $\Phi = \int\limits_{r=0}^{R}\int\limits_{\theta=0}^{2\pi} B_m\cos(\omega t) r\,\mathrm{d}r \times \mathrm{d}\theta = B_m\cos(\omega t)\int\limits_{r=0}^{R}\int\limits_{\theta=0}^{2\pi} r\,\mathrm{d}r\times\mathrm{d}\theta.$

7.5 b) On a $\Phi = \int\limits_{r=0}^{a}\int\limits_{\theta=0}^{2\pi} B_m\cos(\omega t) r\,\mathrm{d}r \times \mathrm{d}\theta = B_m\cos(\omega t)\int\limits_{r=0}^{a}\int\limits_{\theta=0}^{2\pi} r\,\mathrm{d}r\times\mathrm{d}\theta.$

7.5 d) On a $\Phi' = \int\limits_{r=0}^{R}\int\limits_{\theta=0}^{2\pi} B_0\left(1-\frac{r}{a}\right) r\,\mathrm{d}r\times\mathrm{d}\theta = B_0\int\limits_{r=0}^{R}\int\limits_{\theta=0}^{2\pi}\left(r-\frac{r^2}{a}\right)\mathrm{d}r\times\mathrm{d}\theta = 2\pi B_0\left[\frac{R^2}{2}-\frac{R^3}{3a}\right].$

7.5 e) On a $\Phi' = \int\limits_{r=0}^{a}\int\limits_{\theta=0}^{2\pi} B_0\left(1-\frac{r}{a}\right) r\,\mathrm{d}r\times\mathrm{d}\theta = B_0\int\limits_{r=0}^{a}\int\limits_{\theta=0}^{2\pi}\left(r-\frac{r^2}{a}\right)\mathrm{d}r\times\mathrm{d}\theta = 2\pi B_0\frac{a^2}{6}.$

7.6 a) L'angle entre la normale à la spire et le champ magnétique $\vec{B}$ étant ωt, le calcul du flux s'écrit :

$$\Phi = \iint_S \vec{B}\cdot\vec{n}\,\mathrm{d}S = \iint_S B\cos(\omega t)\,\mathrm{d}S = B\cos(\omega t)\iint_S \mathrm{d}S = B\pi R^2\cos(\omega t).$$

7.7 d) Le flux propre à travers les N spires sera $\frac{\mu_0 N^2 I a}{2\pi}\ln\left(\frac{d+a}{d}\right) = LI.$

7.8 b) On a $\frac{\mathrm{d}(rE(r))}{\mathrm{d}r} = B_0 r\omega\sin(\omega t)$. Donc, $E = \int\limits_{r'=0}^{r} B_0 r'\omega\sin(\omega t)\,\mathrm{d}r' = B_0\omega\sin(\omega t)\int\limits_{r'=0}^{r} r'\,\mathrm{d}r'.$

7.9 b) Chaque terme de l'équation doit avoir même dimension. Or $\frac{\mathrm{d}v}{\mathrm{d}t}$ a pour dimension $\frac{\mathrm{L}\cdot\mathrm{T}^{-1}}{\mathrm{T}}$, donc $\frac{a^2B^2v}{Rm}$ a pour dimension $\mathrm{L}\cdot\mathrm{T}^{-2}$. On déduit la dimension de $\frac{a^2B^2}{Rm}$ en divisant $\mathrm{L}\cdot\mathrm{T}^{-2}$ par la dimension de la vitesse $\mathrm{L}\cdot\mathrm{T}^{-1}$. Donc $\frac{a^2B^2}{Rm}$ a pour dimension T^{-1}.

7.11 a) On a $e\times i = Ri\times i$ donc $-Bav\times i = Ri^2$ donc $Bavi = -Ri^2$.

7.11 b) On a $m\frac{\mathrm{d}v}{\mathrm{d}t}\times v = f\times v + f_L\times v$ donc $mv\frac{\mathrm{d}v}{\mathrm{d}t} = f\times v + Bai\times v$ donc $Bavi = mv\frac{\mathrm{d}v}{\mathrm{d}t} - fv$.

7.11 c) D'après les questions précédentes, on peut égaliser les deux expressions de $Bavi$; on a donc :

$$-Ri^2 = mv\frac{\mathrm{d}v}{\mathrm{d}t} - fv \quad\text{donc}\quad fv = mv\frac{\mathrm{d}v}{\mathrm{d}t} + Ri^2 = \frac{1}{2}m\frac{\mathrm{d}v^2}{\mathrm{d}t} + \mathcal{P}_J = \frac{\mathrm{d}}{\mathrm{d}t}\left(\frac{1}{2}mv^2\right) + \mathcal{P}_J = \frac{\mathrm{d}E_c}{\mathrm{d}t} + \mathcal{P}_J.$$

7.12 e) Dans le cas d'un champ uniforme (égal à la même valeur en tout point de l'espace), la résultante des forces de Laplace s'exerçant sur un circuit fermé est nulle.

7.13 a) Le champ magnétique $\overrightarrow{B}$ et le vecteur $\overrightarrow{\mathrm{QR}}$ sont tous deux portés par $\overrightarrow{e_x}$. Le produit vectoriel $\overrightarrow{\mathrm{QR}} \wedge \overrightarrow{B}$ étant nul, on a $\overrightarrow{F_{\mathrm{L}}} = \overrightarrow{0}$.

7.13 b) Le courant étant uniforme, la force de Laplace s'écrit : $\overrightarrow{F_{\mathrm{L}}} = i\overrightarrow{\mathrm{RS}} \wedge \overrightarrow{B}$. On a :

$$\overrightarrow{\mathrm{RS}} = a\left(\cos\left(\frac{\pi}{3}\right)\overrightarrow{e_y} + \sin\left(\frac{\pi}{3}\right)\overrightarrow{e_z}\right) = \frac{a}{2}\left(\overrightarrow{e_y} + \sqrt{3}\overrightarrow{e_z}\right) \qquad \text{donc} \qquad \overrightarrow{F_{\mathrm{L}}} = i\frac{a}{2}\left(\overrightarrow{e_y} + \sqrt{3}\overrightarrow{e_z}\right) \wedge (B\overrightarrow{e_y}) = -i\frac{\sqrt{3}}{2}aB\overrightarrow{e_x}.$$

7.13 c) Le courant étant uniforme, la force de Laplace s'écrit : $\overrightarrow{F_{\mathrm{L}}} = i\overrightarrow{\mathrm{SQ}} \wedge \overrightarrow{B}$. On a :

$$\overrightarrow{\mathrm{SQ}} = a\left(\cos\left(\frac{\pi}{3}\right)\overrightarrow{e_y} - \sin\left(\frac{\pi}{3}\right)\overrightarrow{e_z}\right) = \frac{a}{2}\left(\overrightarrow{e_y} + \sqrt{3}\overrightarrow{e_z}\right) \qquad \text{donc} \qquad \overrightarrow{F_{\mathrm{L}}} = i\frac{a}{2}\left(\overrightarrow{e_y} - \sqrt{3}\overrightarrow{e_z}\right) \wedge (B\overrightarrow{e_y}) = i\frac{\sqrt{3}}{2}aB\overrightarrow{e_x}.$$

7.14 a) D'après la règle de la main droite, le sens de circulation du courant d'intensité I impose que $\overrightarrow{S} = S\overrightarrow{e_y}$.

7.14 b) D'après l'expression du couple des forces de Laplace, on a $\overrightarrow{\Gamma}_{\mathrm{L}} = \overrightarrow{\mathcal{M}} \wedge \overrightarrow{B_1} = IS\overrightarrow{e_y} \wedge B\overrightarrow{e_x} = -IBS\overrightarrow{e_z}$.

7.14 c) D'après l'expression du couple des forces de Laplace, on a $\overrightarrow{\Gamma}_{\mathrm{L}} = \overrightarrow{\mathcal{M}} \wedge \overrightarrow{B_1} = IS\overrightarrow{e_y} \wedge B\overrightarrow{e_y} = \overrightarrow{0}$.

7.14 d) D'après l'expression du couple des forces de Laplace, on a $\overrightarrow{\Gamma}_{\mathrm{L}} = \overrightarrow{\mathcal{M}} \wedge \overrightarrow{B_1} = IS\overrightarrow{e_y} \wedge B\overrightarrow{e_z} = IBS\overrightarrow{e_x}$.

7.14 e) Le couple des forces de Laplace produit par $\overrightarrow{B_3}$ est orienté selon les $x > 0$, d'après la règle de la main droite, la spire va donc tourner autour de l'axe (Ox) dans le sens direct.

7.14 f) Aucun couple calculé plus tôt n'est orienté selon $\overrightarrow{e_y}$, il n'y a donc pas de champ magnétique qui provoque une rotation de la spire autour de l'axe (Oy).

7.14 g) Le couple des forces de Laplace produit par $\overrightarrow{B_1}$ est orienté selon les $z < 0$, d'après la règle de la main droite, la spire va donc tourner autour de l'axe (Oz) dans le sens indirect. Il n'y a donc pas de champ magnétique qui provoque une rotation de la spire autour de l'axe (Oz) dans le sens direct.

7.15 a) L'équation électrique permet d'établir que $i(t) = \dfrac{B\ell v}{R}$. En injectant cette relation dans l'équation mécanique, on obtient :

$$\frac{\mathrm{d}v}{\mathrm{d}t} + \frac{B^2\ell^2}{mR}v = 0.$$

7.15 b) La résolution de l'équation différentielle sur v donne $v(t) = A\exp\left(-\dfrac{B^2\ell^2}{mR}t\right)$. À l'instant $t = 0$, on a $v(t = 0) = v_0$, donc $A\exp(0) = v_0$ et donc $A = v_0$. Ainsi, on a $v(t) = v_0 \exp\left(-\dfrac{B^2\ell^2}{mR}t\right)$.

7.16 a) On isole $i(t)$ dans l'équation électrique pour obtenir $i = \dfrac{B\ell v(t)}{r} + \dfrac{E}{r}$. En injectant ce résultat dans l'équation mécanique, on obtient :

$$m\frac{\mathrm{d}v(t)}{\mathrm{d}t} = -\frac{B^2\ell^2}{r}v(t) - \frac{B\ell E}{r} \qquad \text{donc} \qquad \frac{\mathrm{d}v(t)}{\mathrm{d}t} + \frac{B^2\ell^2}{mr}v(t) = -\frac{B\ell E}{mr}.$$

7.16 b) La vitesse limite v_{lim} correspond à la vitesse atteinte en régime permanent, soit quand $\dfrac{\mathrm{d}v(t)}{\mathrm{d}t} = 0$.

On a donc $\dfrac{B^2\ell^2}{r}v_{\text{lim}} = -\dfrac{B\ell E}{r}$. On en déduit $v_{\text{lim}} = -\dfrac{E}{B\ell}$.

7.17 a) À partir de l'équation électrique, on a $v = \dfrac{1}{B\ell}\left(L\dfrac{\mathrm{d}i(t)}{\mathrm{d}t} + ri(t)\right)$, qu'on injecte dans l'équation mécanique.

On obtient $\dfrac{m}{B\ell}\dfrac{\mathrm{d}}{\mathrm{d}t}\left(L\dfrac{\mathrm{d}i}{\mathrm{d}t} + ri\right) = -B\ell i$, et ainsi $\dfrac{\mathrm{d}^2 i}{\mathrm{d}t^2} + \dfrac{r}{L}\dfrac{\mathrm{d}i}{\mathrm{d}t} + \dfrac{B^2\ell^2}{mL}i = 0$.

7.17 c) On calcule son discriminant $\Delta = \dfrac{r^2}{L^2} - 4\dfrac{B^2\ell^2}{mL} = \dfrac{1}{0{,}25} - 4 \times \dfrac{1 \times 10^{-2}}{0{,}01 \times 0{,}5} = 4 - 4 \times 2 = -4$.

7.17 d) Le discriminant étant négatif, les racines complexes sont :

$$\rho_{1/2} = -\frac{r}{2L} \pm \mathrm{j}\frac{1}{2}\sqrt{4\frac{B^2\ell^2}{mL} - \frac{r^2}{L^2}} = -\frac{r}{2L} \pm \mathrm{j}\omega,$$

avec $\omega = \dfrac{1}{2}\sqrt{4\dfrac{B^2\ell^2}{mL} - \dfrac{r^2}{L^2}}$. On obtient $i(t) = \mathrm{e}^{-\frac{r}{2L}t}(\alpha\cos(\omega t) + \beta\sin(\omega t))$.

7.18 a) Avec la règle de la main droite, en utilisant l'orientation du contour, on oriente la surface pour le calcul du flux (suivant $-\overrightarrow{e_z}$). La source de tension induite de fém e a une polarité (sa flèche tension) dans le même sens que l'orientation du contour.

7.18 b) D'après la loi des mailles, on a $E + e = u + Ri$, donc $E - Ba\dot{x} = u + Ri$, et donc $u = E - Ba\dot{x} - Ri$.

7.18 c) D'après la question précédente, $\dfrac{\mathrm{d}u}{\mathrm{d}t} = \dfrac{\mathrm{d}}{\mathrm{d}t}(E - Ba\dot{x} - Ri) = -Ba\ddot{x} - R\dfrac{\mathrm{d}i}{\mathrm{d}t}$. Comme $\ddot{x} = \dfrac{Ba}{m}i$, on a :

$$\frac{\mathrm{d}u}{\mathrm{d}t} = -\frac{(Ba)^2}{m}i - R\frac{\mathrm{d}i}{\mathrm{d}t}.$$

7.18 d) Le dipôle 1 est un fil, sa tension u est donc nulle, ainsi $-\dfrac{(Ba)^2}{m}i - R\dfrac{\mathrm{d}i}{\mathrm{d}t} = 0$, ou $R\dfrac{\mathrm{d}i}{\mathrm{d}t} + \dfrac{(Ba)^2}{m}i = 0$.

7.18 e) Le dipôle 2 est un condensateur traversé par un courant d'intensité $i = C\dfrac{\mathrm{d}u}{\mathrm{d}t}$, soit $\dfrac{\mathrm{d}u}{\mathrm{d}t} = \dfrac{i}{C}$. D'où :

$$\frac{i}{C} = -\frac{(Ba)^2}{m}i - R\frac{\mathrm{d}i}{\mathrm{d}t} \qquad \text{et donc} \qquad R\frac{\mathrm{d}i}{\mathrm{d}t} + \left(\frac{(Ba)^2}{m} + \frac{1}{C}\right)i = 0.$$

7.18 f) Le dipôle 4 est une association série d'une bobine et d'un condensateur. La tension à ses bornes est donc $u = L\dfrac{\mathrm{d}i}{\mathrm{d}t} + u_C$, avec u_C la tension aux bornes du condensateur. Donc $\dfrac{\mathrm{d}u}{\mathrm{d}t} = L\dfrac{\mathrm{d}^2 i}{\mathrm{d}t^2} + \dfrac{\mathrm{d}u_C}{\mathrm{d}t} = L\dfrac{\mathrm{d}^2 i}{\mathrm{d}t^2} + \dfrac{i}{C}$. D'où :

$$L\frac{\mathrm{d}^2 i}{\mathrm{d}t^2} + \frac{i}{C} = -\frac{(Ba)^2}{m}i - R\frac{\mathrm{d}i}{\mathrm{d}t} \qquad \text{et donc} \qquad L\frac{\mathrm{d}^2 i}{\mathrm{d}t^2} + R\frac{\mathrm{d}i}{\mathrm{d}t} + \left(\frac{(Ba)^2}{m} + \frac{1}{C}\right)i = 0.$$

Fiche n° 8. Ondes électromagnétiques I

Réponses

8.1 a) .... $3 \times 10^8\,\mathrm{m\cdot s^{-1}}$

8.1 b) .... $5 \times 10^{14}\,\mathrm{Hz}$

8.1 c) .... $1 \times 10^{-1}\,\mathrm{m}$

8.1 d) .... $1 \times 10^{-20}\,\mathrm{s}$

8.2 a) .... $\dfrac{E_0^2 S}{2\mu_0 c}$

8.2 b) .... $1 \times 10^{-5}\,\mathrm{W}$

8.2 c) .... Ampoule classique

8.3 a) .... $B_0 = \sqrt{\dfrac{2\mu_0 \langle P\rangle}{cS}}$

8.3 b) .... ⓑ

8.4 a) .... $-\omega E_0 \sin(\omega t - kx)\overrightarrow{e_z}$

8.4 b) .... $kE_0 \sin(\omega t - kx)\overrightarrow{e_z}$

8.4 c) .... $\overrightarrow{0}$

8.4 d) .... $-k^2 E_0 \cos(\omega t - kx)\overrightarrow{e_z}$

8.4 e) .... $-\omega^2 E_0 \cos(\omega t - kx)\overrightarrow{e_z}$

8.5 a) .... $-\omega B_0 \sin\left(\dfrac{\pi y}{a}\right)\sin(\omega t - kx)\overrightarrow{e_z}$

8.5 b) .... $kB_0 \sin\left(\dfrac{\pi y}{a}\right)\sin(\omega t - kx)\overrightarrow{e_z}$

8.5 c) .... $\dfrac{\pi}{a}B_0 \cos\left(\dfrac{\pi y}{a}\right)\cos(\omega t - kx)\overrightarrow{e_z}$

8.5 d) .... $-\omega^2 B_0 \sin\left(\dfrac{\pi y}{a}\right)\cos(\omega t - kx)\overrightarrow{e_z}$

8.5 e) .... $-k^2 B_0 \sin\left(\dfrac{\pi y}{a}\right)\cos(\omega t - kx)\overrightarrow{e_z}$

8.5 f) .... $-\left(\dfrac{\pi}{a}\right)^2 B_0 \sin\left(\dfrac{\pi y}{a}\right)\cos(\omega t - kx)\overrightarrow{e_z}$

8.6 a) 0

8.6 b) .... $-kE_0 \sin(\omega t - kx)\overrightarrow{e_y}$

8.6 c) .... $k^2 E_0 \cos(\omega t - kx)\overrightarrow{e_z}$

8.7 a) .... $A_0 \sin\left(\dfrac{\pi y}{a}\right)\Big(-\dfrac{\pi}{a}\cos(\omega t - kz) + k\alpha \sin(\omega t - kz)\Big)$

8.7 b) .... $A_0 \cos\left(\dfrac{\pi y}{a}\right)\Big(\dfrac{\pi}{a}\alpha \cos(\omega t - kz) - k\sin(\omega t - kz)\Big)\overrightarrow{e_x}$

8.7 c) .... $-A_0 \cos(\omega t - kz)\left(\left(\dfrac{\pi}{a}\right)^2 + k^2\right)\times \left(\cos\left(\dfrac{\pi y}{a}\right) + \alpha \sin\left(\dfrac{\pi y}{a}\right)\right)\overrightarrow{e_x}$

8.8 a) .... ⓒ

8.8 b) .... $-\overrightarrow{\Delta}\overrightarrow{E}$

8.8 c) .... $c = \dfrac{1}{\sqrt{\mu_0 \varepsilon_0}}$

8.9 a) .... signal n° 1

8.9 b) .... signal n° 2

8.9 c) .... signal n° 3

8.10 a) .... Progressive

8.10 b) .... Stationnaire, donc non progressive et harmonique

8.10 c) .... Progressive et harmonique

8.11 .... ⓐ

8.12 a) .... $-(\alpha^2 + k^2)\overrightarrow{E}$

8.12 b) .... $-\omega^2 \overrightarrow{E}$

8.12 c) .... $k^2 = \dfrac{\omega^2}{c^2} - \alpha^2$

8.12 d) .... oui

8.13 a) .... $\dfrac{ak}{r}\sin(\omega t - kr)\overrightarrow{e_\varphi}$

8.13 b) .... $\dfrac{ak}{\omega r}\cos(\omega t - kr)\overrightarrow{e_\varphi}$

8.13 c) .... (a), (c) et (e)

8.14 a) .... $z = ct - (2p+1)\dfrac{\lambda}{4}$

8.14 b) .... $x = qa$

8.15 a) .... $\mathrm{j}\omega\overrightarrow{\underline{E}}$

8.15 b) .... $-\mathrm{j}k_x\underline{E}_x$

8.15 c) .... $-\mathrm{j}k_z\underline{E}_x\overrightarrow{e_y} + \mathrm{j}k_y\underline{E}_x\overrightarrow{e_z}$

8.15 d) .... $-k^2\overrightarrow{\underline{E}}$

8.15 e) .... (d)

8.15 f) .... (a)

8.15 g) .... (c)

8.15 h) .... (b)

8.16 a) .... $v_\varphi = \dfrac{c}{\sqrt{1-\left(\dfrac{\omega_0}{\omega}\right)^2}}$

8.16 b) .... $v_{\mathrm{g}} = c\sqrt{1-\left(\dfrac{\omega_0}{\omega}\right)^2}$

8.17 a) .... $\varepsilon_0 c E_0^2\cos^2(\omega t - ky)\overrightarrow{e_y}$

8.17 b) .... $\varepsilon_0 E_0^2\cos^2(\omega t - ky)$

8.18 a) .... $\dfrac{\varepsilon_0 c a^2}{r^2}\cos^2(\omega t - kr)\overrightarrow{e_r}$

8.18 b) .... $\dfrac{\varepsilon_0 a^2}{r^2}\cos^2(\omega t - kr)$

8.18 c) .... $4\pi\varepsilon_0 c a^2\cos^2(\omega t - kr)$

8.19 a) ..... $\dfrac{E_0}{\omega}\Big[-k\sin\Big(\dfrac{\pi x}{a}\Big)\cos(\omega t - kz)\overrightarrow{e_x} - \dfrac{\pi}{a}\cos\Big(\dfrac{\pi x}{a}\Big)\sin(\omega t - kz)\overrightarrow{e_z}\Big]$

8.19 b) .... $\dfrac{E_0^2}{\mu_0}\sin\big(\frac{\pi x}{a}\big)\Big[\dfrac{1}{c}\sin\big(\frac{\pi x}{a}\big)\cos^2(\omega t - kz)\overrightarrow{e_z} - \dfrac{\pi}{a\omega}\cos\big(\frac{\pi x}{a}\big)\cos(\omega t - kz)\sin(\omega t - kz)\overrightarrow{e_x}\Big]$

8.19 c) .... $\dfrac{\varepsilon_0 c E_0^2}{2}\sin^2\Big(\dfrac{\pi x}{a}\Big)\overrightarrow{e_z}$

Corrigés

8.2 a) La puissance rayonnée par le laser a alors pour expression $P = \iint \overrightarrow{\Pi}\cdot\overrightarrow{dS} = \Pi S$. Le vecteur de Poynting vaut

$$\overrightarrow{\Pi} = \frac{\overrightarrow{E}\wedge\overrightarrow{B}}{\mu_0} = -\frac{E_0^2}{\mu_0 c}\cos^2(\omega t - kx)\overrightarrow{e_z}\wedge\overrightarrow{e_y} = \frac{E_0^2}{\mu_0 c}\cos^2(\omega t - kx)\overrightarrow{e_x}.$$

En moyenne, puisque $\langle\cos^2\rangle = \dfrac{1}{2}$, on a alors : $\langle P\rangle = \dfrac{E_0^2 S}{2\mu_0 c}$.

8.2 b) Numériquement, on a $\langle P\rangle = \dfrac{1\times10^2\,\mathrm{V}^2\cdot\mathrm{m}^{-1}\cdot 1\times10^{-6}\,\mathrm{mm}^2}{2(4\pi\times10^{-7}\,\mathrm{H}\cdot\mathrm{m}^{-1})(3\times10^8\,\mathrm{m}\cdot\mathrm{s}^{-1})} = \dfrac{10^{-4}}{750}\mathrm{W} = 1\times10^{-5}\,\mathrm{W}$.

8.2 c) Contrairement à ce que l'on pourrait penser, c'est l'ampoule classique à filament qui est la plus puissante.

8.3 a) La puissance moyenne de l'onde s'exprime en fonction de la norme de B_0 :

$$\langle P\rangle = \frac{E_0^2 S}{2\mu_0 c} = \frac{cB_0^2 S}{2\mu_0} \qquad \text{donc} \qquad B_0 = \sqrt{\frac{2\mu_0\langle P\rangle}{cS}}.$$

8.3 b) Numériquement, on a $B_0 = \sqrt{\dfrac{2(4\pi \times 10^{-7}\,\mathrm{H\cdot m^{-1}})(1\,\mathrm{W})}{1\,\mathrm{m^2}\cdot 3\times 10^8\,\mathrm{m\cdot s^{-1}}}} = 1\times 10^{-8}\,\mathrm{T}$. Le champ terrestre est plus intense que le champ de l'onde radiofréquence.

....

8.6 a) L'unique composante de $\vec{E}$, ici suivant $\vec{e_z}$, ne dépend pas de z, donc :

$$\operatorname{div}\vec{E} = \frac{\partial E_x}{\partial x} + \frac{\partial E_y}{\partial y} + \frac{\partial E_z}{\partial z} = 0+0+0 = 0.$$

....

8.6 b) On a $\overrightarrow{\mathrm{rot}}\,\vec{E} = \left(\dfrac{\partial E_z}{\partial y} - \dfrac{\partial E_y}{\partial z}\right)\vec{e_x} + \left(\dfrac{\partial E_x}{\partial z} - \dfrac{\partial E_z}{\partial x}\right)\vec{e_y} + \left(\dfrac{\partial E_y}{\partial x} - \dfrac{\partial E_x}{\partial y}\right)\vec{e_z}$, ce qui donne :

$$\overrightarrow{\mathrm{rot}}\,\vec{E} = (0-0)\vec{e_x} + \left(0 - \frac{\partial E_z}{\partial x}\right)\vec{e_y} + (0-0)\vec{e_z} = -kE_0\sin(\omega t - kx)\vec{e_y}.$$

....

8.6 c) On a $\vec{\Delta}\vec{E} = \Delta E_x\vec{e_x} + \Delta E_y\vec{e_y} + \Delta E_z\vec{e_z}$. Ici, comme $E_y = E_x = 0$, il reste donc :

$$\vec{\Delta}\vec{E} = \Delta E_z\vec{e_z} = \left(\frac{\partial^2 E_z}{\partial x^2} + \frac{\partial^2 E_z}{\partial y^2} + \frac{\partial^2 E_z}{\partial z^2}\right)\vec{e_z} = \left(\frac{\partial^2 E_z}{\partial x^2} + 0 + 0\right)\vec{e_z}.$$

Enfin, comme on a $\dfrac{\partial^2 E_z}{\partial x^2} = (-k)^2 E_0\cos(\omega t - kx) = k^2E_0\cos(\omega t - kx)$, on a $\vec{\Delta}\vec{E} = k^2E_0\cos(\omega t - kx)\vec{e_z} = k^2\vec{E}$.

....

8.7 a) On a :

$$\begin{aligned}\operatorname{div}\vec{A} &= \frac{\partial A_x}{\partial x} + \frac{\partial A_y}{\partial y} + \frac{\partial A_z}{\partial z} = -\frac{\pi}{a}A_0\sin\left(\frac{\pi y}{a}\right)\cos(\omega t - kz) + k\alpha A_0\sin\left(\frac{\pi y}{a}\right)\sin(\omega t - kz)\\ &= A_0\sin\left(\frac{\pi y}{a}\right)\left(-\frac{\pi}{a}\cos(\omega t - kz) + k\alpha\sin(\omega t - kz)\right).\end{aligned}$$

....

8.7 b) On a :

$$\begin{aligned}\overrightarrow{\mathrm{rot}}\,\vec{A} &= \left(\frac{\partial A_z}{\partial y} - \frac{\partial A_y}{\partial z}\right)\vec{e_x} + \left(\frac{\partial A_x}{\partial z} - \frac{\partial A_z}{\partial x}\right)\vec{e_y} + \left(\frac{\partial A_y}{\partial x} - \frac{\partial A_x}{\partial y}\right)\vec{e_z}\\ &= \left(\frac{\partial A_z}{\partial y} - \frac{\partial A_y}{\partial z}\right)\vec{e_x} + (0-0)\vec{e_y} + (0-0)\vec{e_z} = \left(\frac{\partial A_z}{\partial y} - \frac{\partial A_y}{\partial z}\right)\vec{e_x}.\end{aligned}$$

En calculant les dérivées partielles, on trouve :

$$\begin{aligned}\overrightarrow{\mathrm{rot}}\,\vec{A} &= \left(\frac{\pi}{a}\alpha A_0\cos\left(\frac{\pi y}{a}\right)\cos(\omega t - kz) + kA_0\cos\left(\frac{\pi y}{a}\right)\sin(\omega t - kz)\right)\vec{e_x}\\ &= A_0\cos\left(\frac{\pi y}{a}\right)\left(\frac{\pi}{a}\alpha\cos(\omega t - kz) + k\sin(\omega t - kz)\right)\vec{e_x}.\end{aligned}$$

....

8.7 c) On a $\overrightarrow{\Delta}\vec{A} = \Delta A_x \vec{e_x} + \Delta A_y \vec{e_y} + \Delta A_z \vec{e_z}$. Ici, $A_x = 0$, il reste donc :

$$\begin{aligned}\overrightarrow{\Delta}\vec{A} &= \Delta A_y \vec{e_y} + \Delta A_z \vec{e_z} = \left(\frac{\partial^2 A_y}{\partial x^2} + \frac{\partial^2 A_y}{\partial y^2} + \frac{\partial^2 A_y}{\partial z^2}\right)\vec{e_y} + \left(\frac{\partial^2 A_z}{\partial x^2} + \frac{\partial^2 A_z}{\partial y^2} + \frac{\partial^2 A_z}{\partial z^2}\right)\vec{e_z} \\ &= \left(0 + \frac{\partial^2 A_y}{\partial y^2} + \frac{\partial^2 A_y}{\partial z^2}\right)\vec{e_y} + \left(0 + \frac{\partial^2 A_z}{\partial y^2} + \frac{\partial^2 A_z}{\partial z^2}\right)\vec{e_z} = \left(\frac{\partial^2 A_y}{\partial y^2} + \frac{\partial^2 A_y}{\partial z^2}\right)\vec{e_y} + \left(\frac{\partial^2 A_z}{\partial y^2} + \frac{\partial^2 A_z}{\partial z^2}\right)\vec{e_z}.\end{aligned}$$

En calculant les dérivées partielles,

$$\begin{aligned}\frac{\partial^2 A_y}{\partial y^2} + \frac{\partial^2 A_y}{\partial z^2} &= -\left(\frac{\pi}{a}\right)^2 A_0 \cos\left(\frac{\pi y}{a}\right)\cos(\omega t - kz) - k^2 A_0 \cos\left(\frac{\pi y}{a}\right)\cos(\omega t - kz) \\ &= -\left(\left(\frac{\pi}{a}\right)^2 + k^2\right) A_0 \cos\left(\frac{\pi y}{a}\right)\cos(\omega t - kz)\end{aligned}$$

$$\begin{aligned}\text{et} \quad \frac{\partial^2 A_z}{\partial y^2} + \frac{\partial^2 A_z}{\partial z^2} &= -\left(\frac{\pi}{a}\right)^2 \alpha A_0 \sin\left(\frac{\pi y}{a}\right)\cos(\omega t - kz) - k^2 \alpha A_0 \sin\left(\frac{\pi y}{a}\right)\cos(\omega t - kz) \\ &= -\left(\left(\frac{\pi}{a}\right)^2 + k^2\right) \alpha A_0 \sin\left(\frac{\pi y}{a}\right)\cos(\omega t - kz),\end{aligned}$$

on obtient $\overrightarrow{\Delta}\vec{A} = -A_0 \cos(\omega t - kz)\left(\left(\frac{\pi}{a}\right)^2 + k^2\right)\left(\cos\left(\frac{\pi y}{a}\right) + \alpha \sin\left(\frac{\pi y}{a}\right)\right)\vec{e_x}$.

8.8 a) L'équation de Maxwell-Faraday s'écrit $\overrightarrow{\mathrm{rot}}\,\vec{E} = -\frac{\partial \vec{B}}{\partial t}$. En lui appliquant le rotationnel, on obtient :

$$\overrightarrow{\mathrm{rot}}(\overrightarrow{\mathrm{rot}}\,\vec{E}) = -\frac{\partial}{\partial t}\overrightarrow{\mathrm{rot}}\,\vec{B} = -\frac{\partial}{\partial t}\left(\mu_0\varepsilon_0 \frac{\partial \vec{E}}{\partial t}\right) = -\mu_0\varepsilon_0 \frac{\partial^2 \vec{E}}{\partial t^2},$$

où l'on a utilisé l'équation de Maxwell-Ampère dans le vide. Ainsi, $\alpha = -\mu_0\varepsilon_0$.

8.8 b) Grâce à la formule du double rotationnel, on obtient : $\overrightarrow{\mathrm{rot}}(\overrightarrow{\mathrm{rot}}\,\vec{E}) = \overrightarrow{\mathrm{grad}}(\mathrm{div}\,\vec{E}) - \overrightarrow{\Delta}\vec{E}$. Or, d'après l'équation de Maxwell-Gauss dans le vide, on a $\mathrm{div}\,\vec{E} = 0$. Donc, $\overrightarrow{\mathrm{rot}}(\overrightarrow{\mathrm{rot}}\,\vec{E}) = -\overrightarrow{\Delta}\vec{E}$.

8.8 c) Les deux formules obtenues précédemment donnent :

$$-\overrightarrow{\Delta}\vec{E} = -\mu_0\varepsilon_0 \frac{\partial^2 \vec{E}}{\partial t^2} \quad \text{soit} \quad \overrightarrow{\Delta}\vec{E} = \frac{1}{c^2}\frac{\partial^2 \vec{E}}{\partial t^2} \quad \text{avec} \quad \frac{1}{c^2} = \mu_0\varepsilon_0 \quad \text{d'où} \quad c = \frac{1}{\sqrt{\mu_0\varepsilon_0}}.$$

8.12 a) Le champ électrique n'a qu'une composante selon $\vec{e_y}$, qui dépend de x et de z.

Ainsi, le laplacien vectoriel s'écrit :

$$\overrightarrow{\Delta}\vec{E} = \frac{\partial^2 E_y}{\partial x^2}\vec{e_y} + \frac{\partial^2 E_y}{\partial z^2}\vec{e_y} = E_0 \cos(\alpha z)\frac{\mathrm{d}^2}{\mathrm{d}x^2}(\sin(\omega t - kx))\vec{e_y} + E_0 \sin(\omega t - kx)\frac{\mathrm{d}^2}{\mathrm{d}z^2}(\cos(\alpha z))\vec{e_y},$$

avec $\frac{\mathrm{d}^2}{\mathrm{d}x^2}(\sin(\omega t - kx)) = -k^2 \sin(\omega t - kx)$ et $\frac{\mathrm{d}^2}{\mathrm{d}z^2}(\cos(\alpha z)) = -\alpha^2 \cos(\alpha z)$. Ainsi, $\Delta\vec{E} = (-k^2 - \alpha^2)\vec{E} = -(k^2 + \alpha^2)\vec{E}$.

8.12 b) On a : $\frac{\partial^2 \vec{E}}{\partial t^2} = E_0 \cos(\alpha z)\frac{\partial^2}{\partial t^2}(\sin(\omega t - kx))\vec{e_y} = -\omega^2 E_0 \cos(\alpha z)\sin(\omega t - kx)\vec{e_y} = -\omega^2 \vec{E}$.

8.12 c) On utilise l'équation de d'Alembert avec les deux termes calculés précédemment, on obtient :

$$-(\alpha^2 + k^2)\vec{E} = -\frac{\omega^2}{c^2}\vec{E} \quad \text{soit} \quad \alpha^2 + k^2 = \frac{\omega^2}{c^2} \quad \text{d'où} \quad k^2 = \frac{\omega^2}{c^2} - \alpha^2.$$

8.12 d) La relation de dispersion précédente se réécrit : $\dfrac{\omega^2}{k^2} = \dfrac{\omega^2 c^2}{\omega^2 - c^2\alpha^2}$; d'où $v_\varphi = \dfrac{\omega}{k} = c\dfrac{1}{\sqrt{1-\left(\frac{c\alpha}{\omega}\right)^2}}$.

La vitesse de phase v_φ dépend ici de la pulsation ω : il y a donc dispersion.

8.13 a) On a $\overrightarrow{\text{rot}}\,\vec{E} = \dfrac{1}{r}\dfrac{\partial(rE_\theta)}{\partial r}\overrightarrow{e_\varphi} = \dfrac{a}{r}\dfrac{\partial}{\partial r}\cos(\omega t - kr)\overrightarrow{e_\varphi} = \dfrac{a}{r}k\sin(\omega t - kr)\overrightarrow{e_\varphi}$.

8.13 b) Avec Maxwell-Faraday, on a $\overrightarrow{\text{rot}}\,\vec{E} = \dfrac{a}{r}k\sin(\omega t - kr)\overrightarrow{e_\varphi} = -\dfrac{\partial\vec{B}}{\partial t}$. Donc, $\vec{B} = \dfrac{ak}{\omega r}\cos(\omega t - kr)\overrightarrow{e_\varphi}$.

8.13 c) Les vecteurs $(\vec{k}, \vec{E}, \vec{B})$ sont respectivement colinéaires aux vecteurs $(\overrightarrow{e_r}, \overrightarrow{e_\theta}, \overrightarrow{e_\varphi})$ donc le champ est transverse électromagnétique et forme un trièdre direct.

8.14 a) Pour que $\cos(\omega t - kz) = 0$, il faut que $\omega t - kz = (2p+1)\dfrac{\pi}{2}$ avec $p \in \mathbb{Z}$ et donc que $z = \dfrac{\omega}{k}t - (2p+1)\dfrac{\pi}{2k}$. Or, dans le vide, $k = \dfrac{\omega}{c} = \dfrac{2\pi}{\lambda}$ d'où $z = ct - (2p+1)\dfrac{\lambda}{4}$. La structure est analogue à une onde progressive selon z.

8.14 b) Pour que $\sin\left(\dfrac{\pi x}{a}\right) = 0$, il faut que $\dfrac{\pi x}{a} = q\pi$, avec $q \in \mathbb{Z}$, et donc que $x = qa$. Ces plans sont indépendants du temps comme une onde stationnaire selon x.

8.15 a) On a $\dfrac{\partial\underline{\vec{E}}}{\partial t} = \text{j}\omega\underline{\vec{E}}$.

8.15 b) La seule composante non nulle de $\vec{E}$ est la composante E_x sur l'axe x. On a donc :

$$\text{div}\,\underline{\vec{E}} = \frac{\partial\underline{E_0}\exp[\text{j}(\omega t - k_x x - k_y y - k_z z)]}{\partial x} = -\text{j}k_x\underline{E_x}.$$

8.15 c) Seule la composante E_x de $\vec{E}$ est non nulle. Donc, $\overrightarrow{\text{rot}}\,\underline{\vec{E}} = -\text{j}k_z\underline{E_x}\overrightarrow{e_y} + \text{j}k_y\underline{E_x}\overrightarrow{e_z}$.

8.15 d) La seule composante non nulle de $\vec{E}$ est la composante E_x sur l'axe x. Donc,

$$\begin{aligned}\Delta\underline{\vec{E}} &= \Delta(\exp[-\text{j}(k_x x + k_y y + k_z z)])\,\underline{E_0}\exp(\text{j}\omega t)\overrightarrow{e_x}\\ &= [(-\text{j}k_x)^2 + (-\text{j}k_y)^2 + (-\text{j}k_z)^2]\exp[-\text{j}(k_x x + k_y y + k_z z)]\,\underline{E_0}\exp(\text{j}\omega t)\overrightarrow{e_x} = -k^2\underline{\vec{E}}.\end{aligned}$$

8.15 e) On a $\dfrac{\partial\underline{\vec{E}}}{\partial t} = \text{j}\omega\underline{\vec{E}}$.

8.15 f) On a $\text{div}\,\underline{\vec{E}} = -\text{j}\vec{k}\cdot\underline{\vec{E}}$.

8.15 g) On a $\overrightarrow{\text{rot}}\,\underline{\vec{E}} = -\text{j}\vec{k}\wedge\underline{\vec{E}}$.

8.15 h) On a $\vec{\Delta}\,\underline{\vec{E}} = -k^2\underline{\vec{E}}$.

8.16 a) On divise la relation de dispersion par ω^2 : on obtient $\dfrac{k^2}{\omega^2} = \dfrac{1-\left(\dfrac{\omega_0}{\omega}\right)^2}{c^2}$ donc $v_\varphi = \dfrac{\omega}{k} = \dfrac{c}{\sqrt{1-\left(\dfrac{\omega_0}{\omega}\right)^2}}$.

8.16 b) On différentie la relation de dispersion donnée : on a $\mathrm{d}(k^2) = \mathrm{d}\left(\dfrac{\omega^2 - \omega_0^2}{c^2}\right)$, donc $2k\,\mathrm{d}k = \dfrac{2\omega}{c^2}\,\mathrm{d}\omega$, donc $\dfrac{\mathrm{d}\omega}{\mathrm{d}k} = c^2\dfrac{k}{\omega} = \dfrac{c^2}{v_\varphi}$. On en déduit ainsi, grâce à la vitesse de phase trouvée précédemment : $v_\mathrm{g} = c\sqrt{1 - \left(\dfrac{\omega_0}{\omega}\right)^2}$.

8.17 a) On a $\overrightarrow{\Pi} = \dfrac{\vec{E} \wedge \vec{B}}{\mu_0} = \dfrac{E_0^2}{\mu_0 c}\cos^2(\omega t - ky)\overrightarrow{e_z} \wedge \overrightarrow{e_x} = \varepsilon_0 c E_0^2 \cos^2(\omega t - ky)\overrightarrow{e_y}$, avec $\mu_0\varepsilon_0 c^2 = 1$.

8.17 b) On a $w_\mathrm{em} = \dfrac{\varepsilon_0 E^2}{2} + \dfrac{B^2}{2\mu_0} = \dfrac{\varepsilon_0 E_0^2}{2}\cos^2(\omega t - ky) + \dfrac{E_0^2}{2\mu_0 c^2}\cos^2(\omega t - ky) = \varepsilon_0 E_0^2 \cos^2(\omega t - ky)$, avec $\mu_0\varepsilon_0 c^2 = 1$.

8.18 a) On a $\overrightarrow{\Pi} = \dfrac{\vec{E} \wedge \vec{B}}{\mu_0} = \dfrac{a^2}{\mu_0 c r^2}\cos^2(\omega t - kr)\overrightarrow{e_\theta} \wedge \overrightarrow{e_\varphi} = \dfrac{\varepsilon_0 c a^2}{r^2}\cos^2(\omega t - kr)\overrightarrow{e_r}$, avec $\mu_0\varepsilon_0 c^2 = 1$.

8.18 b) On a $w_\mathrm{em} = \dfrac{\varepsilon_0 E^2}{2} + \dfrac{B^2}{2\mu_0} = \dfrac{\varepsilon_0 a^2}{2r^2}\cos^2(\omega t - kr) + \dfrac{a^2}{2\mu_0 c^2 r^2}\cos^2(\omega t - kr) = \dfrac{\varepsilon_0 a^2}{r^2}\cos^2(\omega t - kr)$, avec $\mu_0\varepsilon_0 c^2 = 1$.

8.18 c) On calcule la puissance rayonnée, avec $\overrightarrow{\mathrm{d}S} = r^2\sin(\theta)\,\mathrm{d}\theta\,\mathrm{d}\varphi\,\overrightarrow{e_r}$:

$$\begin{aligned} P &= \iint \frac{\varepsilon_0 c a^2}{r^2}\cos^2(\omega t - kr)\vec{e}_r \cdot r^2\sin(\theta)\,\mathrm{d}\theta\,\mathrm{d}\varphi\,\overrightarrow{e_r} = \iint \frac{\varepsilon_0 c a^2}{r^2}\cos^2(\omega t - kr) r^2 \sin(\theta)\,\mathrm{d}\theta\,\mathrm{d}\varphi \\ &= \frac{\varepsilon_0 c a^2}{r^2}\cos^2(\omega t - kr) r^2 \iint \sin(\theta)\,\mathrm{d}\theta\,\mathrm{d}\varphi = \frac{\varepsilon_0 c a^2}{r^2}\cos^2(\omega t - kr) r^2 \int_0^\pi \sin(\theta)\,\mathrm{d}\theta \int_0^{2\pi}\mathrm{d}\varphi. \end{aligned}$$

La double intégrale donne 4π, donc l'expression de la puissance est :

$$P = 4\pi\frac{\varepsilon_0 c a^2}{r^2}\cos^2(\omega t - kr) r^2 = 4\pi\varepsilon_0 c a^2 \cos^2(\omega t - kr).$$

8.19 a) Avec l'équation de Maxwell-Faraday, on a :

$$\overrightarrow{\mathrm{rot}}\,\vec{E} = -\frac{\partial E_y}{\partial z}\overrightarrow{e_x} + \frac{\partial E_y}{\partial x}\overrightarrow{e_z} = -kE_0\sin\left(\frac{\pi x}{a}\right)\sin(\omega t - kz)\overrightarrow{e_x} + \frac{\pi}{a}E_0\cos\left(\frac{\pi x}{a}\right)\cos(\omega t - kz)\overrightarrow{e_z} = -\frac{\partial \vec{B}}{\partial t}$$

donc $\vec{B} = -\dfrac{k}{\omega}E_0\sin\left(\dfrac{\pi x}{a}\right)\cos(\omega t - kz)\overrightarrow{e_x} - \dfrac{\pi}{a\omega}E_0\cos\left(\dfrac{\pi x}{a}\right)\sin(\omega t - kz)\overrightarrow{e_z}$.

8.19 b) On a :

$$\begin{aligned} \overrightarrow{\Pi} &= \frac{\vec{E} \wedge \vec{B}}{\mu_0} = \frac{E_y\overrightarrow{e_y}}{\mu_0} \wedge (B_x\overrightarrow{e_x} + B_z\overrightarrow{e_z}) = -\frac{E_y B_x}{\mu_0}\overrightarrow{e_z} + \frac{E_y B_z}{\mu_0}\overrightarrow{e_x} \\ &= \frac{E_0^2}{\mu_0}\left[\frac{1}{c}\sin^2\left(\frac{\pi x}{a}\right)\cos^2(\omega t - kz)\overrightarrow{e_z} - \frac{\pi}{a\omega}\cos\left(\frac{\pi x}{a}\right)\sin\left(\frac{\pi x}{a}\right)\cos(\omega t - kz)\sin(\omega t - kz)\overrightarrow{e_x}\right] \\ &= \frac{E_0^2}{\mu_0}\sin\left(\frac{\pi x}{a}\right)\left[\frac{1}{c}\sin\left(\frac{\pi x}{a}\right)\cos^2(\omega t - kz)\overrightarrow{e_z} - \frac{\pi}{a\omega}\cos\left(\frac{\pi x}{a}\right)\cos(\omega t - kz)\sin(\omega t - kz)\overrightarrow{e_x}\right]. \end{aligned}$$

8.19 c) On a $\langle\overrightarrow{\Pi}\rangle = \dfrac{E_0^2}{2\mu_0 c}\sin^2\left(\dfrac{\pi x}{a}\right)\overrightarrow{e_z} = \dfrac{\varepsilon_0 c E_0^2}{2}\sin^2\left(\dfrac{\pi x}{a}\right)\overrightarrow{e_z}$ avec $\mu_0\varepsilon_0 c^2 = 1$.

Fiche n° 9. Ondes électromagnétiques II

Réponses

9.1 a) ... oui

9.1 b) ... non

9.1 c) ... oui

9.2 a) ... $\underline{k}^2 = \dfrac{\mathrm{i}\omega}{\alpha}$

9.2 b) ... $\underline{k}^3 = \dfrac{\omega^3}{\alpha} - \dfrac{\beta}{\alpha}\omega$

9.2 c) ... $\underline{k} = \dfrac{\beta - \omega^2}{\mathrm{i}\alpha}$

9.3 a) ... $\underline{\rho}\left(\dfrac{\alpha}{\varepsilon_0} + \mathrm{i}\,\omega\right)$

9.3 b) ... $\mathrm{i}\,\omega\,\underline{\rho}\left(1 - \dfrac{\omega_p^2}{\omega^2}\right) = 0$

9.4 a) ... $\pm\dfrac{1+\mathrm{i}}{\delta}$ avec $\delta = \sqrt{\dfrac{2}{\mu_0\,\alpha\,\omega}}$

9.4 b) ... $\pm\mathrm{i}\dfrac{\omega}{c}\sqrt{\omega_p^2 - \omega^2}$

9.4 c) ... $\pm\dfrac{\sqrt{\omega^2 - \omega_p^2}}{c}$

9.4 d) ... $\pm\dfrac{\omega}{c}$

9.5 a) ... $v_\varphi = \dfrac{c}{\sqrt{1 - \dfrac{\omega_p^2}{\omega^2}}}$

9.5 b) ... $v_g = c\sqrt{1 - \dfrac{\omega_p^2}{\omega_p}}$

9.6 a) ... $\dfrac{nE_0^2}{\mu_0 c}\cos^2(\omega t - kz)\overrightarrow{e_z}$

9.6 b) ... $\dfrac{nE_0^2}{2\mu_0 c}\overrightarrow{e_z}$

9.6 c) ... $\dfrac{\varepsilon_0 E_0^2}{2}(1+n^2)\cos^2(\omega t - kz)$

9.6 d) ... $\dfrac{\varepsilon_0 E_0^2}{4}(1+n^2)$

9.7 a) ... $\dfrac{E_0^2}{2\mu_0\omega\delta}\mathrm{e}^{-\frac{2x}{\delta}}\overrightarrow{e_x}$

9.7 b) ... $\dfrac{\gamma E_0^2}{2}\mathrm{e}^{-\frac{2x}{\delta}}$

9.8 ... $\dfrac{|\underline{E_0}|^2}{2\mu_0 c}\,\mathrm{Re}(\underline{n})\overrightarrow{e_z}$

9.9 ... $k^2 = \dfrac{\omega^2 - \omega_p^2}{c^2}$

9.10 a) ... $\operatorname{div}\overrightarrow{E} = 0$

9.10 b) ... $\overrightarrow{\mathrm{rot}}\,\overrightarrow{B} = \mu_0\gamma\overrightarrow{E} + \dfrac{1}{c^2}\dfrac{\partial\overrightarrow{E}}{\partial t}$

9.10 c) ... $\Delta\overrightarrow{E} - \dfrac{1}{c^2}\dfrac{\partial^2\overrightarrow{E}}{\partial t^2} = \mu_0\gamma\dfrac{\partial\overrightarrow{E}}{\partial t}$

9.11 a) ... non

9.11 b) ... non

9.11 c) ... non

9.11 d) ... oui

9.12 a) ... oui

9.12 b) ... oui

9.12 c) ... oui

9.12 d) ... oui

9.13 a) ... (c)

9.13 b) ... (a)

9.13 c) ... (b)

9.14 a) ... 1 et 4

9.14 b) ... 1 et 2

9.14 c) ... 1 et 3

9.15 a) .... $\begin{cases} r+1 = t \\ n_1 - rn_1 = tn_2 \end{cases}$

9.15 b) .... $\begin{cases} r = \dfrac{n_1 - n_2}{n_1 + n_2} \\ t = \dfrac{2n_1}{n_1 + n_2} \end{cases}$

9.16 a) .... $2\,\text{m et } 4\,\text{m}$

9.16 b) .... $\dfrac{1}{3}$ et $\dfrac{4}{3}$

9.16 c) .... $\dfrac{1}{2}$

9.16 d) .... $\dfrac{1}{9}$ et $\dfrac{8}{9}$

9.17 a) .... $\dfrac{|\underline{E}|^2}{2\mu_0\omega}\,\mathrm{Re}\left(\overrightarrow{\underline{k}}_1\right)$

9.17 b) .... $-\dfrac{|\underline{E}|^2|\underline{r}|^2}{2\mu_0\omega}\,\mathrm{Re}\left(\overrightarrow{\underline{k}}_1\right)$; $\dfrac{|\underline{E}|^2|\underline{t}|^2}{2\mu_0\omega}\,\mathrm{Re}\left(\overrightarrow{\underline{k}}_2\right)$

9.17 c) .... $|\underline{r}|^2$ et $|\underline{t}|^2\,\mathrm{Re}\left(\dfrac{\underline{k}_2}{\underline{k}_1}\right)$

Corrigés

9.1 a) La première équation indique que $\vec{a}$ et $\vec{b}$ doivent être orthogonaux. Les deux équations suivantes indiquent que $\vec{a}$ et $\vec{c}$ sont orthogonaux et de même pour $\vec{b}$ et $\vec{c}$.

9.1 b) Les trois vecteurs doivent être orthogonaux et le sens de $\vec{c}$ doit respecter la règle de la main droite, ce qui n'est pas le cas ici.

9.1 c) Les vecteurs $\vec{a}$ et $\vec{b}$ doivent être colinéaires et orthogonaux à $\vec{c}$.

9.2 a) On a $\dfrac{\partial \overrightarrow{\underline{E}}}{\partial t} = \mathrm{i}\omega\overrightarrow{\underline{E}}$ et $\dfrac{\partial^2 \overrightarrow{\underline{E}}}{\partial z^2} = -\underline{k}^2\,\overrightarrow{\underline{E}}$.

9.2 b) On peut écrire $\dfrac{\partial^3 \overrightarrow{\underline{E}}}{\partial t^3} = -\mathrm{i}\omega^3\overrightarrow{\underline{E}}$ et $\dfrac{\partial^3 \overrightarrow{\underline{E}}}{\partial z^3} = -\mathrm{i}\underline{k}^3\,\overrightarrow{\underline{E}}$.

9.2 c) On a $\dfrac{\partial^2 \overrightarrow{\underline{E}}}{\partial t^2} = -\omega^2\overrightarrow{\underline{E}}$.

9.3 a) En régime sinusoïdal forcé, l'équation de conservation de la charge devient, en tenant compte de la loi d'Ohm locale, $\mathrm{i}\,\omega\underline{\rho} + \underline{\alpha}\,\mathrm{div}\,\overrightarrow{\underline{E}} = 0$. Avec l'équation de Maxwell-Gauss, on a $\underline{\rho}\left(\dfrac{\underline{\alpha}}{\varepsilon_0} + \mathrm{i}\,\omega\right)$.

9.3 b) En injectant l'expression de la conductivité complexe, l'équation précédente devient :

$$\underline{\rho}\left(\frac{N\,e^2}{\mathrm{i}\,m\,\omega\,\varepsilon_0} + \mathrm{i}\,\omega\right) = \mathrm{i}\,\omega\,\underline{\rho}\left(1 - \frac{N\,e^2}{m\,\varepsilon_0\,\omega^2}\right) = \mathrm{i}\,\omega\,\underline{\rho}\left(1 - \frac{\omega_p^2}{\omega^2}\right) = 0.$$

9.4 a) Si $\omega \ll \dfrac{1}{\tau} \ll \omega_p$, alors :

$$\underline{k}^2 = \frac{\omega^2}{c^2}\left[1 + \mathrm{i}\frac{\omega_p^2\,\tau^2}{\omega\,\tau\,(1 - \mathrm{i}\,\omega\,\tau)}\right] \sim \frac{\omega^2}{c^2}\,\mathrm{i}\,\frac{\omega_p^2\,\tau}{\omega} = \mathrm{i}\,\frac{\omega_p^2\,\tau}{c^2}\,\omega = \mathrm{i}\,\alpha_0\,\mu_0\,\omega.$$

En utilisant $\mathrm{i} = \dfrac{(1+\mathrm{i})^2}{2}$, on en déduit $\underline{k} = \pm\dfrac{1+\mathrm{i}}{\sqrt{2}}\sqrt{\alpha_0\,\mu_0\,\omega} = \pm\dfrac{1+\mathrm{i}}{\delta}$.

....

9.4 b) Si $\dfrac{1}{\tau} \ll \omega < \omega_p$, alors :

$$\underline{k}^2 = \frac{\omega^2}{c^2}\left[1 + \mathrm{i}\frac{\omega_p^2\,\tau^2}{\omega\,\tau\,(1 - \mathrm{i}\,\omega\,\tau)}\right] \sim \frac{\omega^2}{c^2}\left[1 + \mathrm{i}\frac{\omega_p^2\,\tau^2}{-\mathrm{i}\,\omega^2\,\tau^2}\right] = \frac{\omega^2}{c^2}\left[1 - \frac{\omega_p^2}{\omega^2}\right].$$

Il vient ainsi $\underline{k} = \pm\mathrm{i}\dfrac{\omega}{c}\sqrt{-1 + \dfrac{\omega_p^2}{\omega^2}}$.

....

9.4 c) Si $\dfrac{1}{\tau} \ll \omega_p < \omega$, alors :

$$\underline{k}^2 = \frac{\omega^2}{c^2}\left[1 + \mathrm{i}\frac{\omega_p^2\,\tau^2}{\omega\,\tau\,(1 - \mathrm{i}\,\omega\,\tau)}\right] \sim \frac{\omega^2}{c^2}\left[1 + \mathrm{i}\frac{\omega_p^2\,\tau^2}{-\mathrm{i}\,\omega^2\,\tau^2}\right] = \frac{\omega^2}{c^2}\left[1 - \frac{\omega_p^2}{\omega^2}\right] = \frac{\omega^2 - \omega_p^2}{c^2}.$$

Il vient ainsi : $\underline{k} = \pm\dfrac{\sqrt{\omega^2 - \omega_p^2}}{c}$.

....

9.4 d) Si $\dfrac{1}{\tau} \ll \omega_p \ll \omega$, alors :

$$\underline{k}^2 = \frac{\omega^2}{c^2}\left[1 + \mathrm{i}\frac{\omega_p^2\,\tau^2}{\omega\,\tau\,(1 - \mathrm{i}\,\omega\,\tau)}\right] \sim \frac{\omega^2}{c^2}\left[1 + \mathrm{i}\frac{\omega_p^2\,\tau^2}{-\mathrm{i}\,\omega^2\,\tau^2}\right] \sim \frac{\omega^2}{c^2}.$$

Il vient ainsi : $\underline{k} = \pm\dfrac{\omega}{c}$.

....

9.5 a) Si $\omega > \omega_p$, alors $\underline{k}^2 > 0$: le nombre d'onde est réel. On a $k'' = 0$ et $k' = \dfrac{\sqrt{\omega^2 - \omega_p^2}}{c}$.

Le champ en notation réelle a pour expression $\vec{E} = E_0\,\cos\big(\omega\,t - k'\,z\big)\,\vec{e_x}$. L'onde est progressive et sa vitesse de phase vaut :

$$v_\varphi = \frac{\omega}{k'} = \frac{c}{\sqrt{1 - \dfrac{\omega_p^2}{\omega^2}}}.$$

....

9.5 b) La vitesse de groupe est définie par $v_g = \dfrac{\mathrm{d}\omega}{\mathrm{d}k'}$. En dérivant la relation de dispersion, on obtient :

$$v_g = c^2\,\frac{k'}{\omega} = c\sqrt{1 - \frac{\omega_p^2}{\omega^2}}.$$

....

9.6 a) On a $\vec{\Pi} = \dfrac{\vec{E}\wedge\vec{B}}{\mu_0} = \dfrac{nE_0^2}{\mu_0 c}\cos^2(\omega t - kz)\vec{e_z}$.

....

9.6 b) On peut écrire $\langle\vec{\Pi}\rangle = \dfrac{nE_0^2}{\mu_0 c}\langle\cos^2(\omega t - kz)\rangle\vec{e_z} = \dfrac{nE_0^2}{2\mu_0 c}\vec{e_z}$.

....

9.6 c) On a $w_{EM} = \dfrac{\varepsilon_0 E^2}{2} + \dfrac{B^2}{2\mu_0} = \left(\dfrac{\varepsilon_0 E_0^2}{2} + \dfrac{n^2 E_0^2}{2\mu_0 c^2}\right)\cos^2(\omega t - kz) = \dfrac{\varepsilon_0 E_0^2}{2}\big(1 + n^2\big)\cos^2(\omega t - kz)$.

....

9.6 d) On peut écrire $\langle w_{EM} \rangle = \frac{\varepsilon_0 E_0^2}{2}\left(1+n^2\right)\left\langle \cos^2(\omega t - kz)\right\rangle = \frac{\varepsilon_0 E_0^2}{4}\left(1+n^2\right)$.

9.7 a) On a :

$$\vec{\Pi} = \frac{\vec{E} \wedge \vec{B}}{\mu_0} = \frac{E_0^2}{\mu_0 \omega \delta} e^{-\frac{2x}{\delta}} \left[\cos\left(\omega t - \frac{x}{\delta}\right) \sin\left(\omega t - \frac{x}{\delta}\right) + \cos^2\left(\omega t - \frac{x}{\delta}\right)\right] \vec{e_x}.$$

Donc, on a $\left\langle \vec{\Pi} \right\rangle = \frac{E_0^2}{2\mu_0 \omega \delta} e^{-\frac{2x}{\delta}} \vec{e_x}$.

9.7 b) On peut écrire $\langle p_J \rangle = \left\langle \vec{j} \cdot \vec{E} \right\rangle = \left\langle \gamma |\vec{E}|^2 \right\rangle = \gamma E_0^2 e^{-\frac{2x}{\delta}} \left\langle \cos^2\left(\omega t - \frac{x}{\delta}\right)\right\rangle = \frac{\gamma E_0^2}{2} e^{-\frac{2x}{\delta}}$.

9.8 On a $\left\langle \vec{\Pi} \right\rangle = \frac{1}{2\mu_0} \mathsf{Re}\left(\underline{E}_0^* e^{-i(\omega t - kz)} \vec{e_x} \wedge \frac{n \underline{E}_0}{c} e^{i(\omega t - kz)} \vec{e_y}\right) = \frac{1}{2\mu_0 c} \mathsf{Re}(|\underline{E}_0|^2 \, \underline{n} \vec{e_z}) = \frac{|\underline{E}_0|^2}{2\mu_0 c} \mathsf{Re}(\underline{n}) \vec{e_z}$.

9.9 Le laplacien $\Delta \underline{\vec{E}}$ se réduit ici à $\frac{\partial^2 \underline{\vec{E}}}{\partial z^2}$. La dérivée partielle de $\underline{\vec{E}}$ par rapport à z vaut $-\underline{k}^2 \, \underline{\vec{E}}$. La dérivée partielle de $\underline{\vec{E}}$ par rapport à t vaut $-\omega^2 \, \underline{\vec{E}}$. La dérivée partielle $\frac{\partial \vec{\underline{j}}}{\partial t}$ vaut $i \omega \, \underline{\alpha} \, \underline{\vec{E}}$.

Il vient ainsi : $-\underline{k}^2 \, \underline{\vec{E}} + \frac{1}{c^2} \omega^2 \, \underline{\vec{E}} = i \omega \, \underline{\alpha} \, \mu_0 \, \underline{\vec{E}} = \frac{n e^2}{m} \, \underline{\alpha} \, \mu_0 \, \underline{\vec{E}}$. En posant $\omega_p^2 = \frac{n e^2}{m} \, \underline{\alpha} \, \mu_0 \, c^2 = \frac{n e^2}{m} \, \underline{\alpha} \, \frac{1}{\varepsilon_0}$ et avec $\underline{\vec{E}}$ non nul, on obtient :

$$\underline{k}^2 = \frac{\omega^2 - \omega_p^2}{c^2}.$$

9.10 a) Les équations de Maxwell s'écrivent $\operatorname{div} \vec{E} = 0$ et $\overrightarrow{\mathrm{rot}}\, \vec{B} = \mu_0 \gamma \vec{E} + \frac{1}{c^2} \frac{\partial \vec{E}}{\partial t}$.

9.10 c) On exprime le rotationnel $\overrightarrow{\mathrm{rot}}(\overrightarrow{\mathrm{rot}}\, \vec{E}) = \overrightarrow{\mathrm{grad}}(\operatorname{div} \vec{E}) - \Delta \vec{E} = -\Delta \vec{E}$. On peut alors écrire :

$$\overrightarrow{\mathrm{rot}}(\overrightarrow{\mathrm{rot}}\, \vec{E}) = \overrightarrow{\mathrm{rot}}\left(-\frac{\partial \vec{B}}{\partial t}\right) = -\frac{\partial}{\partial t}(\overrightarrow{\mathrm{rot}}\, \vec{B}) = -\frac{\partial}{\partial t}\left(\mu_0 \gamma \vec{E} + \frac{1}{c^2} \frac{\partial \vec{E}}{\partial t}\right).$$

Donc, $\Delta \vec{E} - \frac{1}{c^2} \frac{\partial^2 \vec{E}}{\partial t^2} = \mu_0 \gamma \frac{\partial \vec{E}}{\partial t}$.

9.11 a) On a $\operatorname{div} \vec{E} = \frac{\partial E}{\partial z} \neq 0$.

9.11 b) On a $\overrightarrow{\mathrm{rot}}\, \vec{E} = \vec{0} \neq -\frac{\partial \vec{B}}{\partial t}$.

9.11 c) On peut écrire $\overrightarrow{\mathrm{rot}}\, \vec{B} = -\frac{\omega E_0}{c^2} \cos(\omega t - kz) \vec{e_y}$ et $\mu_0 \epsilon_0 \frac{\partial \vec{E}}{\partial t} = \frac{\omega E_0}{c^2} \cos(\omega t - kz) \vec{e_z}$.

9.11 d) On a $\operatorname{div} \vec{B} = \frac{\partial B}{\partial x} = 0$.

9.12 a) On a $\operatorname{div} \underline{\vec{E}} = \frac{\partial \underline{E}}{\partial x} = 0$.

9.12 b) On peut écrire $\overrightarrow{\mathrm{rot}}\, \underline{\vec{E}} = -k E_0 \exp[i(\omega t - kz)] \vec{e_y}$ et $-\frac{\partial \underline{\vec{B}}}{\partial t} = -k E_0 \exp[i(\omega t - kz)] \vec{e_y}$.

9.12 c) On a $\overrightarrow{\text{rot}}\,\underline{\vec{B}} = \dfrac{\omega E_0}{c^2}\exp[\text{i}(\omega t - kz)]\overrightarrow{e_x}$ et $\mu_0\epsilon_0\dfrac{\partial\underline{\vec{E}}}{\partial t} = \dfrac{\omega E_0}{c^2}\exp[\text{i}(\omega t - kz)]\overrightarrow{e_x}$.

9.12 d) On a $\text{div}\,\underline{\vec{B}} = \dfrac{\partial \underline{B}}{\partial y} = 0$.

9.13 a) On a $\underline{k}^2$ complexe donc $\underline{k} = k + \text{i}k''$.

9.13 b) On a $\underline{k}^2 > 0$ donc $\underline{k}$ est réel et $\underline{k} = k'$.

9.13 c) On a $\underline{k}^2 < 0$ donc $\underline{k}$ est un imaginaire pur et $\underline{k} = \text{i}k''$.

9.14 a) La norme de $\vec{E}$ est une fonction sinusoïdale de x et de t.

9.14 b) La norme de $\vec{E}$ est une fonction sinusoïdale de t et décroît exponentiellement avec x.

9.14 c) La norme de $\vec{E}$ est une fonction sinusoïdale de t. Elle décroît exponentiellement avec x mais en présentant des oscillations.

9.15 a) La continuité du champ électrique impose :

$$\vec{E}_i(0,t) + \vec{E}_r(0,t) = \vec{E}_t(0,t) \quad \text{donc} \quad E_0\cos(\omega t) + rE_0\cos(\omega t) = tE_0\cos(\omega t) \quad \text{donc} \quad 1 + r = t.$$

La continuité du champ magnétique impose :

$$\vec{B}_i(0,t) + \vec{B}_r(0,t) = \vec{B}_t(0,t) \quad \text{donc} \quad \frac{n_1E_0}{c}\cos(\omega t) - \frac{n_1rE_0}{c}\cos(\omega t) = \frac{n_2tE_0}{c}\cos(\omega t) \quad \text{donc} \quad n_1 - rn_1 = tn_2.$$

9.15 b) On déduit de la question précédente :

$$n_1 - rn_1 = tn_2 = n_2 + rn_2 \quad \text{donc} \quad n_1 - n_2 = r(n_1 + n_2) \quad \text{donc} \quad r = \frac{n_1 - n_2}{n_1 + n_2}$$

et

$$t = 1 + r = \frac{n_1 + n_2 + n_1 - n_2}{n_1 + n_2} = \frac{2n_1}{n_1 + n_2}.$$

9.16 a) Dans le vide, $\lambda_1 = 2\,\text{m}$ et, dans le plasma, $\lambda_2 = 4\,\text{m}$.

9.16 b) On lit sur la figure $r = \dfrac{E_r}{E_i} = \dfrac{1}{3}$ et $t = \dfrac{E_t}{E_i} = \dfrac{4}{3}$.

9.16 c) On peut écrire :

$$r = \frac{1 - n_2}{1 + n_2} = \frac{1}{3} \quad \text{donc} \quad 3 - 3n_2 = 1 + n_2 \quad \text{donc} \quad 2 = 4n_2 \quad \text{donc} \quad n_2 = \frac{1}{2}.$$

On peut aussi écrire :

$$t = \frac{2}{1 + n_2} = \frac{4}{3} \quad \text{donc} \quad 6 = 4 + 4n_2 \quad \text{donc} \quad n_2 = \frac{1}{2}.$$

9.16 d) On écrit $R = |r|^2 = \dfrac{1}{9}$ et $T = |t|^2 n_2 = \dfrac{16}{9} \times \dfrac{1}{2} = \dfrac{8}{9}$.

9.17 a) On a :

$$\langle \vec{\Pi} \rangle = \frac{1}{2\mu_0} \operatorname{Re}(\underline{\vec{E}}^* \wedge \underline{\vec{B}}) = \frac{1}{2\mu_0} \operatorname{Re}\left[\underline{\vec{E}}^* \wedge \left(\frac{\underline{\vec{k}}_1 \wedge \underline{\vec{E}}}{\omega}\right)\right] = \frac{1}{2\mu_0\omega} \operatorname{Re}\left[(\underline{\vec{E}}^* \cdot \underline{\vec{E}})\underline{\vec{k}}_1 - (\underline{\vec{E}}^* \cdot \underline{\vec{k}}_1)\underline{\vec{E}}\right].$$

On en déduit $\langle \vec{\Pi} \rangle = \dfrac{|\underline{E}|^2}{2\mu_0\omega} \operatorname{Re}(\underline{\vec{k}}_1)$.

9.17 b) On écrit $\langle \vec{\Pi}_r \rangle = -\dfrac{|\underline{E}|^2 |\underline{r}|^2}{2\mu_0\omega} \operatorname{Re}(\underline{\vec{k}}_1)$ et $\langle \vec{\Pi}_t \rangle = \dfrac{|\underline{E}|^2 |\underline{t}|^2}{2\mu_0\omega} \operatorname{Re}(\underline{\vec{k}}_2)$.

9.17 c) On a $R = |\underline{r}|^2$ et $T = |\underline{t}|^2 \operatorname{Re}\left(\dfrac{\underline{k}_2}{\underline{k}_1}\right)$.

Fiche n° 10. Modèle scalaire de la lumière

Réponses

10.1 a) .... $n_{\text{air}} \times h$

10.1 b) .... $n_{\text{eau}} \times H$

10.1 c) .... $n_{\text{air}} \times h + n_{\text{eau}} \times H$

10.1 d) .... $1 \times h + n_{\text{eau}} \times H$

10.2 a) .... $n \times e$

10.2 b) .... $1 \times (\text{AA}' - e)$

10.2 c) .... $\text{AA}' + (n-1)e$

10.3 a) .... $\text{AB}\sin(\alpha)$

10.3 b) .... $-\text{AB}\sin(\alpha)$

10.4 a) .... Convergente

10.4 b) .... Convergente

10.4 c) .... Divergente

10.4 d) .... Convergente

10.5 a) .... (a) et (c)

10.5 b) .... (c)

10.6 a) .... (b) et (c)

10.6 b) .... (b)

10.6 c) .... $n_1 a \sin(\alpha)$

10.6 d) .... (a)

10.6 e) .... $n_2 a \sin(\beta)$

10.6 f) .... $n_1 \sin(i_1) = n_2 \sin(i_2)$

10.7 a) .... (a) et (b)

10.7 b) .... $\dfrac{2\pi}{\lambda_0}((\text{SA}') + d + e)$

10.7 c) .... $\dfrac{2\pi}{\lambda_0}((\text{SA}) + d + ne)$

10.7 d) .... $\dfrac{2\pi}{\lambda_0}(n-1)e$

10.8 a) .... $\dfrac{\pi}{\lambda_0}\dfrac{h}{\sin(\theta_1)}$

10.8 b) .... $\dfrac{2\pi}{\lambda_0}\dfrac{h}{\sin(\theta_1)} + \pi$

10.8 c) .... $2e\tan(\theta_2)$

10.8 d) .... $\dfrac{h}{2} - e\tan(\theta_2)$

10.8 e) .... (b)

10.8 f) .... $\dfrac{4\pi}{\lambda_0}\left(\dfrac{h}{2\sin\theta_1} + \left(n - \dfrac{1}{n}\right)\dfrac{e}{\cos(\theta_2)}\right)$

10.8 g) .... $\dfrac{4\pi}{\lambda_0}\dfrac{e}{\cos(\theta_2)}\left(n - \dfrac{1}{n}\right) - \pi$

10.8 h) .... (a)

10.9 a) .... $\dfrac{2\pi}{\lambda_0}e(n-1)$

10.9 b) .... $\dfrac{e}{\cos(\theta_2)}$

10.9 c) .... $\text{I}_1\text{I}_2\cos(\theta_1 - \theta_2)$

10.9 d) .... $\dfrac{2\pi}{\lambda_0}\dfrac{e}{\cos(\theta_2)}(n - \cos(\theta_1 - \theta_2))$

10.9 e) .... (c)

10.9 f) .... $\dfrac{2\pi}{\lambda_0}e(n\cos(\theta_2) - \cos(\theta_1))$

10.10 a) 2π

10.10 b) .... π

10.10 c) .... $\dfrac{e}{\cos(\theta_2)}$

10.10 d) .... $\dfrac{4\pi}{\lambda_0}\dfrac{ne}{\cos(\theta_2)} - \pi$

10.11 a) .... $\boxed{\Delta f = 1{,}0 \times 10^{11}\ \text{Hz}}$

10.11 b) .... $\boxed{\Delta f = 1{,}0 \times 10^{7}\ \text{Hz}}$

10.11 c) .... $\boxed{\tau_c = 45 \times 10^{3}\ \text{ps}}$

10.11 d) .... ②, ① puis ③

10.12 a) .... $\boxed{K_1 S_0 \dfrac{T}{2\pi\tau} \sin\left(2\pi\dfrac{\tau}{T}\right)}$

10.12 b) .... ⓓ

10.12 c) .... $\boxed{100\ \text{GHz}}$

10.12 d) .... $\boxed{\dfrac{K_2 S_0^2}{2\tau}\left(\tau + \dfrac{T}{4\pi}\sin\left(4\pi\dfrac{\tau}{T}\right)\right)}$

10.12 e) .... ⓑ

10.12 f) .... $\boxed{\text{non}}$

10.13 a) .... $\boxed{1{,}00 \times 10^{-10}\ \text{W}}$

10.13 b) .... $\boxed{7{,}50 \times 10^{-10}\ \text{W}}$

10.13 c) .... $\boxed{6{,}67 \times 10^{-9}\ \text{W}}$

10.13 d) .... $\boxed{2 \times 10^{-17}\ \text{J}}$

10.13 e) .... $\boxed{3{,}38 \times 10^{-16}\ \text{J}}$

10.13 f) .... $\boxed{3{,}33 \times 10^{-16}\ \text{J}}$

10.13 g) .... ⓐ

Corrigés

10.1 a) L'air a pour indice optique n_{air}. Du point S au point I, le rayon lumineux parcourt la distance h.

10.1 b) L'eau a pour indice optique n_{eau}. Du point I au point F, le rayon lumineux parcourt la distance H.

10.1 c) Les chemins optiques se somment : $(\text{SF}) = (\text{SI}) + (\text{IF}) = n_{\text{air}} \times h + n_{\text{eau}} \times H$.

10.1 d) L'indice optique du vide est égal à 1.

10.2 a) Entre les points B et C, le rayon confondu avec l'axe optique parcourt la distance géométrique e.

10.2 b) L'indice optique du vide est égal à 1. De plus, à la distance totale AA$'$, il faut retrancher l'épaisseur e de la lentille pour obtenir la distance géométrique parcourue par le rayon lumineux dans l'air.

10.2 c) Les chemins optiques se somment : $(\text{AA}') = n \times e + 1 \times (\text{AA}' - e) = \text{AA}' + (n-1)e$. Cette expression est valable quel que soit le rayon issu de A et arrivant en A$'$ puisque les points A et A$'$ sont conjugués !

10.3 a) En décomposant le chemin optique de la source S jusqu'au point A, la différence de chemin optique demandée s'écrit : $(\text{SA}) - (\text{SB}) = (\text{SH}) + (\text{HA}) - (\text{SB})$. Par ailleurs, le plan passant par H et B étant une surface d'onde issue de S, il vient : $(\text{SA}) - (\text{SB}) = (\text{HA})$. Dans l'air, cela donne : $(\text{SA}) - (\text{SB}) = \text{HA} = \text{AB}\sin(\alpha)$.

10.3 b) Il y a égalité des chemins optiques : $(\text{SAS}') = (\text{SBS}')$, c'est-à-dire $(\text{SA}) + (\text{AS}') = (\text{SB}) + (\text{BS}')$.

On en déduit : $(\text{AS}') - (\text{BS}') = (\text{SB}) - (\text{SA}) = -\text{AB}\sin(\alpha)$.

10.4 a)

En vertu du théorème de Malus, les rayons en aval de la lentille sont parallèles à l'axe optique. En amont, les surfaces d'onde sont des cercles concentriques centrés sur un point (lui aussi en amont), qui est donc le conjugué d'une image à l'infini sur l'axe optique, à savoir le foyer principal objet. Ainsi, $\mathcal{L}_1$ est convergente.

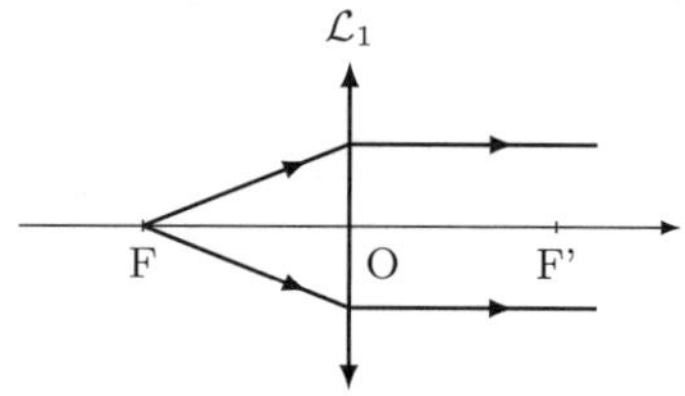

10.4 b)

Les surfaces d'onde permettent de voir qu'il y a conjugaison entre un objet réel et une image réelle (de même taille, et renversée) : $\mathcal{L}_2$ est donc nécessairement convergente.

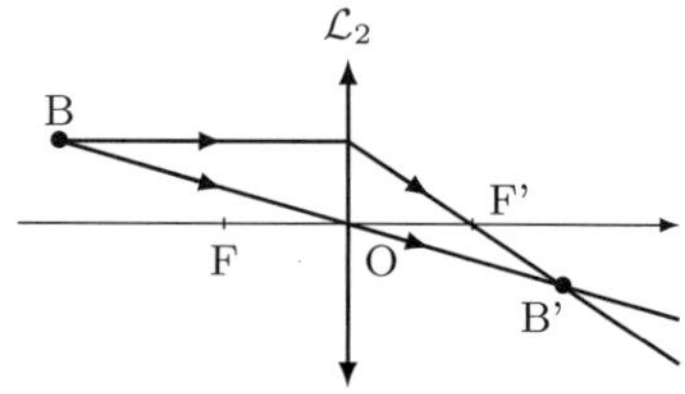

10.4 c)

Les surfaces d'onde incidentes sont des cercles concentriques centrés sur un point en aval de la lentille. De plus, en vertu du théorème de Malus, les rayons émergents sont parallèles à l'axe optique. Le point en question est donc le foyer objet de la lentille, situé après son centre optique : $\mathcal{L}_3$ est donc divergente.

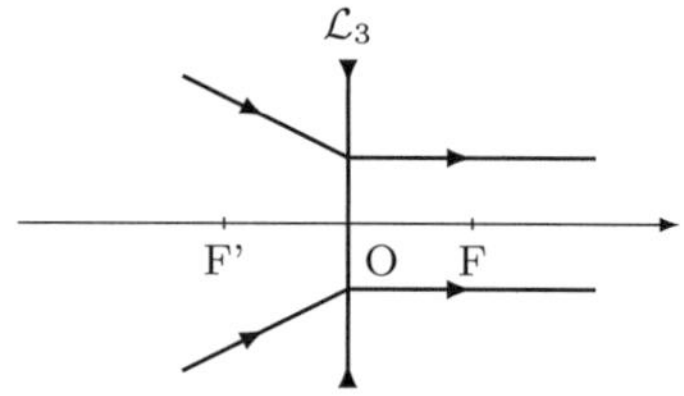

10.4 d)

En vertu du théorème de Malus, les rayons incidents, parallèles entre eux, proviennent d'un objet à l'infini, qui est conjugué par la lentille d'un point hors de l'axe optique : il s'agit d'un foyer image secondaire, situé après le centre optique. $\mathcal{L}_4$ est donc convergente.

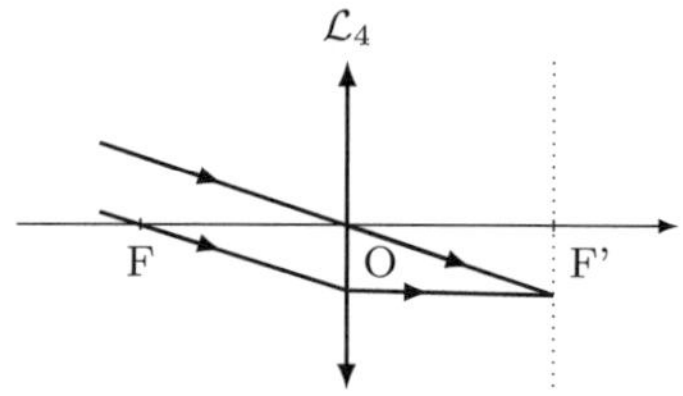

10.5 a) Les rayons incidents étant parallèles à l'axe optique, d'après le théorème de Malus, les surfaces d'onde sont perpendiculaires à l'axe optique.

10.5 b) Tout se passe comme si F' était une source ponctuelle émettant une onde sphérique : les surfaces d'onde sont donc des cercles concentriques centrés sur F'.

10.6 a) Le point H_1 est le projeté orthogonal de I_2 : d'après le théorème de Malus, ils se situent donc sur la même surface d'onde. De même, H_2 et I_1 appartiennent à un même front d'onde issu de M_∞ (principe du retour inverse de la lumière).

10.6 b) On voit sur le schéma que $i_1 + \left(\frac{\pi}{2} - \alpha\right) = \frac{\pi}{2}$; d'où, directement, $\alpha = i_1$.

10.6 c) Dans le triangle $H_1I_1I_2$, on a $\sin(\alpha) = \dfrac{H_1I_1}{a}$. De plus, $(H_1I_1) = n_1 H_1I_1$, d'où $(H_1I_1) = n_1 a \sin(\alpha)$.

10.6 d) Dans le triangle $H_2I_1I_2$, on a $\beta + \frac{\pi}{2} + \left(\frac{\pi}{2} - i_2\right) = \pi$; d'où $\beta = i_2$.

10.6 e) Dans le triangle $H_2I_1I_2$, on a $\sin(\beta) = \dfrac{I_2H_2}{a}$. De plus, $(I_2H_2) = n_2 I_2H_2$, d'où $(I_2H_2) = n_2 a \sin(\beta)$.

10.6 f) Les chemins optiques (H_1I_1) et (I_2H_2) étant identiques, on retrouve la loi de la réfraction de Snell-Descartes : $n_1 \sin(i_1) = n_2 \sin(i_2)$.

10.7 a) L'indice de la lame étant différent de celui de l'air, C et C$'$ ne sont pas sur la même surface d'onde.

10.7 b) On a $\phi(C') = \dfrac{2\pi}{\lambda_0}(SC') = \dfrac{2\pi}{\lambda_0}(SA') + \dfrac{2\pi}{\lambda_0}(A'B') + \dfrac{2\pi}{\lambda_0}(B'C') = \dfrac{2\pi}{\lambda_0}\big((SA') + d + e\big)$.

10.7 c) On a $\phi(C) = \dfrac{2\pi}{\lambda_0}(SC) = \dfrac{2\pi}{\lambda_0}(SA) + \dfrac{2\pi}{\lambda_0}(AB) + \dfrac{2\pi}{\lambda_0}(BC) = \dfrac{2\pi}{\lambda_0}((SA) + d + ne)$.

10.7 d) Les points A et A$'$ appartenant à la même surface d'onde, les chemins optiques (SA) et (SA') sont égaux donc le déphasage est $\Delta\phi = \dfrac{2\pi}{\lambda_0}(n-1)e$.

10.8 a) D'après la loi de la réflexion de Snell-Descartes, au niveau du point d'incidence A, l'angle réfléchi est égal à l'angle incident en valeur absolue. Le triangle SAM est donc un triangle isocèle qu'on peut subdiviser en deux triangles rectangles. Ainsi, en se plaçant dans celui d'hypoténuse SA et de côté $h/2$, le chemin optique (SA) est tel que :

$$(SA) = n_{\text{air}} \times SA = 1 \times \frac{h}{2\sin(\theta_1)} = \frac{h}{2\sin(\theta_1)}$$

donc la phase $\phi_1(A)$ vérifie $\phi_1(A) = \dfrac{2\pi}{\lambda_0}\dfrac{h}{2\sin(\theta_1)} = \dfrac{\pi}{\lambda_0}\dfrac{h}{\sin(\theta_1)}$.

10.8 b) Le chemin optique (AM) est égal au chemin optique (SA), ainsi $(SM) = 2\times(SA)$. Donc, avec le déphasage induit par la réflexion, la phase est telle que $\phi_1(M) = 2 \times \phi_1(A) + \pi = \dfrac{4\pi}{\lambda_0}\dfrac{h}{2\sin(\theta_1)} + \pi = \dfrac{2\pi}{\lambda_0}\dfrac{h}{\sin(\theta_1)} + \pi$.

10.8 c) En se plaçant dans le triangle rectangle d'hypoténuse BC, on constate que :

$$\tan(\theta_2) = \frac{BD/2}{e} \qquad \text{donc} \qquad BD = 2e\tan(\theta_2).$$

10.8 d) La distance EB est telle que $EB = \dfrac{h - BD}{2} = \dfrac{h}{2} - e\tan(\theta_2)$.

10.8 e) En se plaçant dans le triangle rectangle SEB, le chemin optique (SB) est tel que :

$$(SB) = n_{\text{air}} \times SB = 1 \times \frac{EB}{\sin(\theta_1)} = \frac{h}{2\sin(\theta_1)} - \frac{e\tan(\theta_2)}{\sin(\theta_1)} = \frac{h}{2\sin(\theta_1)} - \frac{e\sin(\theta_2)}{\cos(\theta_2)\sin(\theta_1)} = \frac{h}{2\sin(\theta_1)} - \frac{e}{n\cos(\theta_2)}$$

donc la phase $\phi_2(B)$ vérifie $\phi_2(B) = \dfrac{2\pi}{\lambda_0}\left(\dfrac{h}{2\sin(\theta_1)} - \dfrac{e}{n\cos(\theta_2)}\right)$.

10.8 f) En se plaçant dans le triangle rectangle d'hypoténuse BC, le chemin optique (BC) est tel que :

$$(\mathrm{BC}) = n \times \mathrm{BC} = \frac{ne}{\cos(\theta_2)}.$$

Le chemin optique (SC) est donc tel que :

$$(\mathrm{SC}) = (\mathrm{SB}) + (\mathrm{BC}) = \frac{h}{2\sin\theta_1} - \frac{e}{n\cos(\theta_2)} + \frac{ne}{\cos(\theta_2)} = \frac{h}{2\sin\theta_1} + \left(n - \frac{1}{n}\right)\frac{e}{\cos(\theta_2)}.$$

Le chemin optique (SM) est égal au double de (SC). Ainsi la phase est $\phi_2(\mathrm{M}) = \dfrac{4\pi}{\lambda_0}\left(\dfrac{h}{2\sin\theta_1} + \left(n - \dfrac{1}{n}\right)\dfrac{e}{\cos(\theta_2)}\right)$.

10.8 g) On a :

$$\Delta\phi = \phi_2(\mathrm{M}) - \phi_1(\mathrm{M}) = \frac{4\pi}{\lambda_0}\left(\frac{h}{2\sin\theta_1} + \left(n - \frac{1}{n}\right)\frac{e}{\cos(\theta_2)}\right) - \frac{4\pi}{\lambda_0}\frac{h}{2\sin(\theta_1)} - \pi = \frac{4\pi}{\lambda_0}\frac{e}{\cos(\theta_2)}\left(n - \frac{1}{n}\right) - \pi.$$

10.8 h) On a :

$$\Delta\phi = \frac{4\pi}{\lambda_0}\frac{e}{\cos(\theta_2)}\left(n - \frac{1}{n}\right) - \pi = \frac{4\pi}{\lambda_0}\frac{e}{\sqrt{1 - \sin^2(\theta_2)}} - \pi.$$

Or, d'après la loi de la réflexion de Snell-Descartes, il vient que :

$$\Delta\phi = \left(n - \frac{1}{n}\right) = \frac{4\pi}{\lambda_0}\frac{ne}{\sqrt{n^2 - \sin^2(\theta_1)}}\left(n - \frac{1}{n}\right) - \pi = \frac{4\pi}{\lambda_0}\frac{e\left(n^2 - 1\right)}{\sqrt{n^2 - \sin^2(\theta_1)}} - \pi.$$

10.9 a) Les chemins optiques ($\mathrm{SI_1}$) et ($\mathrm{SH_1}$), ainsi que ($\mathrm{I_2N}$) et ($\mathrm{H_2M}$) sont égaux, on peut donc écrire :

$$\Delta\phi = \phi(\mathrm{N}) - \phi(\mathrm{M}) = \frac{2\pi}{\lambda_0}((\mathrm{SM}) - (\mathrm{SN})) = \frac{2\pi}{\lambda_0}(n\mathrm{I_1I_2} - \mathrm{H_1H_2}) = \frac{2\pi}{\lambda_0}(ne + d - e) - \frac{2\pi}{\lambda_0}d = \frac{2\pi}{\lambda_0}e(n-1).$$

10.9 b) Dans le triangle rectangle d'hypoténuse $\mathrm{I_1I_2}$, on a $\cos(\theta_2) = \dfrac{e}{\mathrm{I_1I_2}}$.

10.9 c) On identifie un triangle rectangle $\mathrm{I_1I_2H_3}$ d'hypoténuse $\mathrm{I_1I_2}$ avec un angle $\theta_1 - \theta_2$ de côté adjacent $\mathrm{H_1H_2}$. Il vient que $\mathrm{H_1H_2} = \mathrm{I_1I_2}\cos(\theta_1 - \theta_2)$.

Cas 2

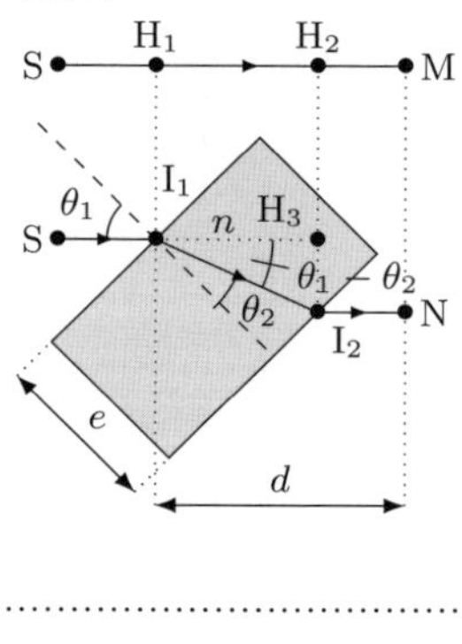

10.9 d) Les chemins optiques (SI_1) et (SH_1), ainsi que (I_2N) et (H_2M) sont égaux, on peut donc écrire :

$$\Delta\phi = \phi(N) - \phi(M) = \frac{2\pi}{\lambda_0}((SM) - (SN)) = \frac{2\pi}{\lambda_0}(nI_1I_2 - H_1H_2).$$

En utilisant les expressions obtenues précédemment, on a :

$$\Delta\phi = \frac{2\pi}{\lambda_0}(nI_1I_2 - I_1I_2\cos(\theta_1 - \theta_2)) = \frac{2\pi}{\lambda_0}\frac{e}{\cos(\theta_2)}(n - \cos(\theta_1 - \theta_2)).$$

.....

10.9 e) En utilisant l'identité trigonométrique, il vient que $\cos(\theta_1 - \theta_2) = \cos(\theta_1)\cos(\theta_2) + \sin(\theta_1)\sin(\theta_2)$. De plus, la loi de Snell-Descartes de la réfraction nous permet d'écrire $\cos(\theta_1 - \theta_2) = \cos(\theta_1)\cos(\theta_2) + n\sin^2(\theta_2)$. Enfin, en utilisant l'identité trigonométrique $1 = \sin^2(\theta_2) + \cos^2(\theta_2)$, il vient que :

$$\cos(\theta_1 - \theta_2) = \cos(\theta_1)\cos(\theta_2) + n - n\cos^2(\theta_2).$$

.....

10.9 f) En utilisant les expressions obtenues précédemment, on a :

$$\begin{aligned}\Delta\phi &= \frac{2\pi}{\lambda_0}\frac{e}{\cos(\theta_2)}(n - \cos(\theta_1 - \theta_2)) - \frac{2\pi}{\lambda_0}\frac{e}{\cos(\theta_2)}\big(n - \cos(\theta_1)\cos(\theta_2) - n + \cos^2(\theta_2)\big)\\ &= \frac{2\pi}{\lambda_0}\frac{e}{\cos(\theta_2)}\big(-\cos(\theta_1)\cos(\theta_2) + n\cos^2(\theta_2)\big).\end{aligned}$$

Donc, $\Delta\phi = \dfrac{2\pi}{\lambda_0}e(n\cos(\theta_2) - \cos(\theta_1))$.

.....

10.10 a) Le rayon est d'abord réfléchi par la lame semi-réfléchissante. L'indice de réfraction de la lame est supérieur à celui de l'air, il y a donc un déphasage de π. Puis, le rayon est réfléchi par le miroir et est donc, de nouveau, déphasé de π.

.....

10.10 b) Le rayon passe une première fois dans la lame, puis est réfléchi par M_2 : le rayon est déphasé de π. Il traverse une deuxième fois la lame et est réfléchi une seconde fois par la lame. Dans ce cas, le milieu de propagation du rayon incident est le plus réfringent : il n'y a pas de déphasage supplémentaire.

.....

10.10 c) On considère le triangle rectangle d'hypoténuse I_1I_2 et on utilise la relation trigonométrique $\cos(\theta_2) = \dfrac{e}{I_2I_2}$.

.....

10.10 d) Le rayon réfléchi par M_1 traverse la lame entre I_1 et I_3 après la réflexion par M_1. Le rayon réfléchi par M_2 traverse la lame entre I_1 et I_2 avant la réflexion par M_2, puis entre I_2 et I_1 après la réflexion par M_2, puis entre I_1 et I_3. En tenant compte du déphasage dû aux réflexions, et comme $I_1I_2 = I_1I_3$, il vient que :

$$\Delta\phi = \frac{2\pi}{\lambda_0}(3nI_1I_2) + \pi - \frac{2\pi}{\lambda_0}(nI_1I_2 + 2\pi) = \frac{4\pi}{\lambda_0}nI_1I_2 - \pi = \frac{4\pi}{\lambda_0}\frac{ne}{\cos(\theta_2)} - \pi.$$

.....

10.11 a) Attention à la conversion des picosecondes en secondes : on a $1\,\text{ps} = 1 \times 10^{-12}\,\text{s}$.

.....

10.11 b) Attention à la conversion des microsecondes en secondes : on a $1\,\mu\text{s} = 1 \times 10^{-6}\,\text{s}$.

.....

10.11 c) La relation $\dfrac{\Delta\lambda}{\lambda} = \dfrac{\Delta f}{f}$ se réécrit $\dfrac{\Delta\lambda}{\lambda} = \dfrac{1}{\tau_c f}$, soit $\tau_c = \dfrac{\lambda^2}{c\Delta\lambda}$. Ainsi, on a :

$$\tau_c = \frac{\left(820 \times 10^{-9}\,\text{m}\right)^2}{3 \times 10^8\,\text{m}\cdot\text{s}^{-1} \times 50 \times 10^{-9}\,\text{m}} = 45 \times 10^{-15}\,\text{s} = 45 \times 10^3\,\text{ps}.$$

10.11 d) Une source possède une cohérence temporelle d'autant plus forte que le temps de cohérence est long (trains d'onde avec une durée importante). Parmi les trois sources, c'est le laser qui possède la meilleure cohérence temporelle. La source de lumière blanche munie du filtre possède la moins bonne cohérence temporelle.

10.12 a) La tension u_1 vérifie :

$$u_1 = K_1\langle s(t)\rangle = \frac{K_1}{\tau}\int_0^\tau s(t)\,\text{d}t = \frac{K_1}{\tau}\int_0^\tau S_0\cos(\omega t)\,\text{d}t = \frac{K_1 S_0}{\tau}\left[\frac{\sin(\omega t)}{\omega}\right]_0^\tau$$
$$= K_1 S_0\frac{1}{\omega\tau}\sin(\omega\tau) = K_1 S_0\frac{T}{2\pi\tau}\sin\left(2\pi\frac{\tau}{T}\right).$$

10.12 b) La valeur maximale de la fonction $\sin\left(2\pi\frac{\tau}{T}\right)$ est 1, donc la valeur maximale de u_1 est $K_1 S_0\dfrac{T}{2\pi\tau}$.

10.12 c) La valeur maximale du signal u_1 est $K_1 S_0\dfrac{T}{2\pi\tau}$. Ce signal est exploitable lorsque

$$K_1 S_0\frac{T}{2\pi\tau} \geqslant \frac{K_1 S_0}{2\pi \times 100} \qquad \text{soit} \qquad T \geqslant \frac{\tau}{100} \qquad \text{soit} \qquad f \leqslant \frac{100}{\tau}.$$

Ainsi la fréquence maximale du signal exploitable par le capteur A est $f = \dfrac{100}{1 \times 10^{-9}\,\text{s}} = 1 \times 10^{11}\,\text{Hz} = 100\,\text{GHz}$.

10.12 d) La tension u_2 vérifie :

$$u_2 = K_2\left\langle s^2(t)\right\rangle = \frac{K_2}{\tau}\int_0^\tau s^2(t)\,\text{d}t = \frac{K_2 S_0^2}{\tau}\int_0^\tau \cos^2(\omega t)\,\text{d}t = \frac{K_2 S_0^2}{2\tau}\left(\int_0^\tau \text{d}t + \int_0^\tau \cos(2\omega t)\,\text{d}t\right)$$
$$= \frac{K_2 S_0^2}{2\tau}\left(\tau + \frac{T}{4\pi}\sin\left(4\pi\frac{\tau}{T}\right)\right).$$

10.12 e) La valeur maximale de la fonction $\sin\left(4\pi\frac{\tau}{T}\right)$ est 1, donc la valeur maximale de u_2 est $\dfrac{K_2 S_0^2}{2\tau}\left(\tau + \dfrac{T}{4\pi}\right)$.

10.12 f) La valeur maximale du signal u_2 est $\dfrac{K_2 S_0^2}{2\tau}\left(\tau + \dfrac{T}{4\pi}\right)$. Ce signal est exploitable lorsque

$$\frac{K_2 S_0^2}{2\tau}\left(\tau + \frac{T}{4\pi}\right) \geqslant \frac{K_2 S_0^2}{2} \qquad \text{soit} \qquad K_2 S_0^2\frac{T}{8\pi\tau} \geqslant 0 \qquad \text{soit} \qquad f < +\infty.$$

Ainsi, théoriquement, il n'y a pas de limite à la fréquence du signal exploitable par le capteur B.

10.13 a) On a $\mathcal{P}_{\text{min 1}} = \dfrac{I_{\text{obs 1}}}{s_1} = \dfrac{3 \times 10^{-11}\,\text{A}}{0{,}3\,\text{A}\cdot\text{W}^{-1}} = 1{,}00 \times 10^{-10}\,\text{W}$.

10.13 d) On a $E_{\text{min 1}} = \mathcal{P}_{\text{min 1}} \times \tau = 1{,}00 \times 10^{-10}\,\text{W} \times 2{,}00 \times 10^{-7}\,\text{s} = 2{,}00 \times 10^{-17}\,\text{J}$.

10.13 g) Le nombre minimal de photons reçus par une photodiode N_{min} vérifie $N_{\text{min}} = \dfrac{E_{\text{min}}}{h\nu} = \dfrac{E_{\text{min}}\lambda_0}{hc}$.

Ainsi, on a $N_{\text{min 1}} = 47$, $N_{\text{min 2}} = 935$ et $N_{\text{min 3}} = 1\,104$.

Fiche n° 11. Interférences à deux ondes

Réponses

11.1 a) $\cos(a)\cos(b) = \dfrac{\cos(a-b)+\cos(a+b)}{2}$

11.1 b) $\cos^2 a = \dfrac{1+\cos(2a)}{2}$

11.1 c) $\sin^2 a = \dfrac{1-\cos(2a)}{2}$

11.1 d) $\sin(a)\cos(a) = \dfrac{\sin(2a)}{2}$

11.2 a) $\cos(\omega t - kx)$

11.2 b) $-\sin(\omega t - kx)$

11.2 c) ⓒ

11.3 a) $\dfrac{2\pi}{\omega_1}$

11.3 b) 0

11.3 c) $\dfrac{2\pi}{\omega_2}$

11.3 d) 0

11.3 e) $\dfrac{\pi}{\omega_1}$

11.3 f) $\dfrac{S_1^2}{2}$

11.3 g) $\dfrac{\pi}{\omega_2}$

11.3 h) $\dfrac{S_2^2}{2}$

11.4 a) $1+\cos(\pm\varphi_1 \mp \varphi_2)$

11.4 b) A^2

11.4 c) $\dfrac{A^2+B^2}{2}$

11.4 d) $\dfrac{A^2}{8}\left(\dfrac{5}{4}+\cos(\varphi_0)\right)$

11.5 ⓒ

11.6 a) $k(x'-x)$

11.6 b) ⓐ

11.6 c) $\omega(t-t')$

11.6 d) ⓐ

11.7 a) ⓒ

11.7 b) 1,3 cm

11.7 c) 48 µm

11.8 a) ⓑ

11.8 b) 0,57 cm

11.8 c) 0,76 µm

11.8 d) 6,4 cm

11.8 e) 0,14 µm

11.9 a) $a\sin(\theta_1)$

11.9 b) $\arctan\left(\dfrac{y}{f_2'}\right)$

11.9 c) $\dfrac{nay}{f_2'}$

11.9 d) $\dfrac{f_2'\lambda}{na}$

11.9 e) ⓑ

11.10 a) ⓐ

11.10 b) $(n-1)\alpha y$

11.10 c) $\dfrac{\lambda_0}{(n-1)\alpha}$

11.10 d) ⓑ

11.11 a) $\dfrac{e}{\cos(\theta)}$

11.11 b) .... $\boxed{2e\tan(\theta)}$

11.11 c) .... $\boxed{\text{IK}\sin(\theta)}$

11.11 d) .... $\boxed{2e\dfrac{1-\cos^2(\theta)}{\cos(\theta)}}$

11.11 e) .... $\boxed{2ne\cos(\theta)}$

11.11 f) .... ⓒ

11.12 a) .... ⓑ

11.12 b) .... $\boxed{\dfrac{2e\sin^2 i}{\cos(i)}}$

11.12 c) .... $\boxed{\dfrac{e}{\cos(i)}}$

11.12 d) .... $\boxed{2ne\cos(i)}$

11.12 e) .... ⓒ

Corrigés

11.1 a) Si on somme les relations (1) et (2), il vient que :

$$\cos(a-b)+\cos(a+b)=\cos(a)\cos(b)+\sin(a)\sin(b)+\cos(a)\cos(b)-\sin(a)\sin(b)=2\cos(a)\cos(b).$$

Donc, $\cos(a)\cos(b)=\dfrac{\cos(a-b)+\cos(a+b)}{2}$.

11.1 b) En remplaçant b par a dans la relation précédente, il vient que :

$$\cos(a)\cos(a)=\frac{\cos(a-a)+\cos(a+a)}{2}\qquad\text{donc}\qquad\cos^2 a=\frac{1+\cos(2a)}{2}.$$

11.2 a) On a :

$$\begin{aligned}s(x,t)&=S_0\ \cos(\omega t-kx)+S_0\ \cos(\omega t-kx+\varphi)=S_0\ \big(\cos(\omega t-kx)+\cos(\omega t-kx+\varphi)\big)\\&=S_0\ \big(\cos(\omega t-kx)+\cos(\omega t-kx)\cos(\varphi)-\sin(\omega t-kx)\sin(\varphi)\big)\\&=S_0\ \big(\cos(\omega t-kx)\ \big(1+\cos(\varphi)\big)-\sin(\omega t-kx)\sin(\varphi)\big)\\&=S_0\big(\ f(x,t)\ \big(1+\cos(\varphi)\big)+g(x,t)\ \sin(\varphi)\ \big).\end{aligned}$$

Par identification, on a $f(x,t)=\cos(\omega t-kx)$ et $g(x,t)=-\sin(\omega t-kx)$.

11.2 c) La fonction $s(x,t)$ s'annule si, et seulement si,

$$\begin{cases}1+\cos(\varphi)=0\\\sin(\varphi)=0\end{cases}\qquad\text{soit}\qquad\begin{cases}\varphi=\pi\ \ [2\pi]\\\varphi=\pi\ \ [\pi].\end{cases}$$

On en déduit que l'unique condition d'annulation est $\varphi=\pi\ \ [2\pi]$.

11.3 a) La pulsation du signal $s_1(t)=S_1\cos(\omega_1 t-k_1x)$ est ω_1 donc sa période est $T_1=\dfrac{2\pi}{\omega_1}$.

11.3 b) On a :

$$\langle s_1(t)\rangle = \frac{1}{T_1}\int_0^{T_1} S_1\cos(\omega_1 t - k_1 x)\,\mathrm{d}t = \frac{1}{T_1}\frac{1}{\omega_1}S_1\Big[\sin(\omega_1 t - k_1 x)\Big]_0^{T_1}$$
$$= \frac{\omega_1}{2\pi}\frac{1}{\omega_1}S_1(\sin(\omega_1 T_1 - k_1 x) - \sin(-k_1 x)) = \frac{1}{2\pi}S_1(\sin(2\pi - k_1 x) - \sin(-k_1 x)).$$

Comme $\sin(2\pi - k_1 x) = \sin(-k_1 x)$, on voit que $\langle s_1(t)\rangle = 0$.

11.3 d) On a :

$$\langle s_2(t)\rangle = \frac{1}{T_2}\int_0^{T_2} S_2\sin(\omega_2 t - k_2 x + \varphi_2)\,\mathrm{d}t = -\frac{1}{T_2}\frac{1}{\omega_2}S_2\Big[\cos(\omega_2 t - k_2 x + \varphi_2)\Big]_0^{T_2}$$
$$= -\frac{\omega_2}{2\pi}\frac{1}{\omega_2}S_2(\cos(\omega_2 T_2 - k_2 x + \varphi_2) - \cos(-k_2 x + \varphi_2)) = -\frac{1}{2\pi}S_2(\cos(2\pi - k_2 x + \varphi_2) - \cos(-k_2 x + \varphi_2)).$$

Comme $\cos(2\pi - k_2 x + \varphi_2) = \cos(-k_2 x + \varphi_2)$, on voit que $\langle s_2(t)\rangle = 0$.

11.3 e) Le signal $f_1(t) = s_1^2(t) = S_1^2\cos^2(\omega_1 t - k_1 x)$. Or, on a

$$\cos(a)\cos(a) = \frac{\cos(a-a) + \cos(a+a)}{2} \qquad \text{donc} \qquad \cos^2(a) = \frac{1+\cos(2a)}{2}.$$

Donc, $f_1(t) = \dfrac{S_1^2}{2} + \dfrac{S_1^2}{2}\cos(2\omega_1 t - 2k_1 x)$.

Ainsi, la pulsation du signal $f_1(t)$ est $2\omega_1$ donc sa période est $T_3 = \dfrac{2\pi}{2\omega_1} = \dfrac{\pi}{\omega_1}$.

11.3 f) On a :

$$\langle f_1(t)\rangle = \frac{1}{T_3}\int_0^{T_3} \frac{S_1^2}{2} + \frac{S_1^2}{2}\cos(2\omega_1 t - 2k_1 x)\,\mathrm{d}t = \frac{1}{T_3}\frac{S_1^2}{2}\left(\int_0^{T_3}\mathrm{d}t + \int_0^{T_3}\cos(2\omega_1 t - 2k_1 x)\,\mathrm{d}t\right)$$
$$= \frac{1}{T_3}\frac{S_1^2}{2}\left([t]_0^{T_3} + \frac{1}{2\omega_1}[\sin(2\omega_1 t - 2k_1 x)]_0^{T_3}\right) = \frac{1}{T_3}\frac{S_1^2}{2}\left(T_3 + \frac{1}{2\omega_1}(\sin(2\omega_1 T_3 - 2k_1 x) - \sin(-2k_1 x))\right)$$
$$= \frac{S_1^2}{2}\left(1 + \frac{\omega_1}{\pi}\frac{1}{2\omega_1}(\sin(2\pi - 2k_1 x) - \sin(-2k_1 x))\right).$$

Comme $\sin(2\pi - 2k_1 x) = \sin(-2k_1 x)$, on voit que $\langle f_1(t)\rangle = \dfrac{S_1^2}{2}$.

11.3 g) Le signal $f_2(t) = s_2^2(t) = S_2^2\sin^2(\omega_2 t - k_2 x + \varphi_2)$. Or, on a

$$\sin(a)\sin(a) = \frac{\cos(a-a) - \cos(a+a)}{2} \qquad \text{donc} \qquad \sin^2 a = \frac{1-\cos(2a)}{2}.$$

Donc, $f_2(t) = \dfrac{S_2^2}{2} - \dfrac{S_2^2}{2}\cos(2\omega_2 t - 2k_2 x + 2\varphi_2)$.

Ainsi, la pulsation du signal $f_2(t)$ est $2\omega_2$ donc sa période est $T_4 = \dfrac{2\pi}{2\omega_2} = \dfrac{\pi}{\omega_2}$.

11.3 h) On a :

$$\langle f_2(t)\rangle = \frac{1}{T_4}\int_0^{T_4} \frac{S_2^2}{2} - \frac{S_2^2}{2}\cos(2\omega_2 t - 2k_2x + 2\varphi_2)\,\mathrm{d}t = \frac{1}{T_4}\frac{S_2^2}{2}\left(\int_0^{T_4}\mathrm{d}t - \int_0^{T_4}\cos(2\omega_2 t - 2k_2x + 2\varphi_2)\,\mathrm{d}t\right)$$
$$= \frac{1}{T_4}\frac{S_2^2}{2}\left(\Big[t\Big]_0^{T_4} - \frac{1}{2\omega_2}\Big[\sin(2\omega_2 t - 2k_2x + 2\varphi_2)\Big]_0^{T_4}\right)$$
$$= \frac{1}{T_4}\frac{S_2^2}{2}\left(T_4 - \frac{1}{2\omega_2}(\sin(2\omega_2 T_4 - 2k_2x + 2\varphi_2) - \sin(-2k_2x + 2\varphi_2))\right)$$
$$= \frac{S_2^2}{2}\left(1 - \frac{\omega_2}{\pi}\frac{1}{2\omega_2}(\sin(2\pi - 2k_2x + 2\varphi_2) - \sin(-2k_2x + 2\varphi_2))\right).$$

Comme $\sin(2\pi - 2k_2x + 2\varphi_2) = \sin(-2k_2x + 2\varphi_2)$, on voit que $\langle f_2(t)\rangle = \dfrac{S_2^2}{2}$.

11.4 a) On a :

$$\left\langle [\cos(\omega_0 t + \varphi_1) + \cos(\omega_0 t + \varphi_2)]^2 \right\rangle$$
$$= \left\langle [\cos(\omega_0 t + \varphi_1)]^2 + 2\cos(\omega_0 t + \varphi_1)\cos(\omega_0 t + \varphi_2) + [\cos(\omega_0 t + \varphi_2)]^2 \right\rangle$$
$$= \left\langle \frac{\cos(0) + \cos(2\omega_0 t + 2\varphi_1)}{2} \right\rangle + \left\langle 2\frac{\cos(\varphi_1 - \varphi_2) + \cos(2\omega_0 t + \varphi_1 + \varphi_2)}{2} \right\rangle + \left\langle \frac{\cos(0) + \cos(2\omega_0 t + 2\varphi_2)}{2} \right\rangle$$
$$= \frac{1}{2} + 0 + \cos(\varphi_1 - \varphi_2) + 0 + \frac{1}{2} + 0 = 1 + \cos(\pm\varphi_1 \mp \varphi_2).$$

11.4 b) On a :

$$\left\langle [A\cos(3\omega_0 t + \varphi_1) + A\cos(\omega_0 t + \varphi_2)]^2 \right\rangle$$
$$= \left\langle [A\cos(3\omega_0 t + \varphi_1)]^2 + 2A^2\cos(3\omega_0 t + \varphi_1)\cos(\omega_0 t + \varphi_2) + [A\cos(\omega_0 t + \varphi_2)]^2 \right\rangle$$
$$= \left\langle A^2\frac{\cos(0) + \cos(6\omega_0 t + 2\varphi_1)}{2} \right\rangle + \left\langle 2A^2\frac{\cos(2\omega_0 t + \varphi_1 - \varphi_2) + \cos(4\omega_0 t + \varphi_1 + \varphi_2)}{2} \right\rangle$$
$$+ \left\langle A^2\frac{\cos(0) + \cos(2\omega_0 t + 2\varphi_2)}{2} \right\rangle$$
$$= A^2\left[\frac{1}{2} + 0 + 0 + 0 + \frac{1}{2} + 0\right] = A^2.$$

11.4 c) On a :

$$\left\langle [A\cos(42\omega_0 t + \varphi_1) + B\sin(43\omega_0 t + \varphi_2)]^2 \right\rangle$$
$$= \left\langle [A\cos(42\omega_0 t + \varphi_1)]^2 + 2AB\cos(42\omega_0 t + \varphi_1)\sin(43\omega_0 t + \varphi_2) + [B\sin(43\omega_0 t + \varphi_2)]^2 \right\rangle$$
$$= \left\langle A^2\frac{\cos(0) + \cos(84\omega_0 t + 2\varphi_1)}{2} \right\rangle + \left\langle 2AB\frac{\sin(\omega_0 t - \varphi_1 + \varphi_2) + \sin(85\omega_0 t + \varphi_1 + \varphi_2)}{2} \right\rangle$$
$$+ \left\langle B^2\frac{\cos(0) - \cos(86\omega_0 t + 2\varphi_2)}{2} \right\rangle$$
$$= \left[\frac{A^2}{2} + 0 + 0 + 0 + \frac{B^2}{2} - 0\right] = \frac{A^2 + B^2}{2}.$$

11.4 d) On a :

$$\left\langle\left[\frac{A}{4}\sin\left(\frac{\omega_0}{2}t+\varphi_0\right)+\frac{A}{2}\sin\left(\frac{\omega_0}{2}t+2\varphi_0\right)\right]^2\right\rangle$$
$$=\left\langle\left[\frac{A}{4}\sin(\frac{\omega_0}{2}t+\varphi_0)\right]^2+\frac{A^2}{4}\sin(\frac{\omega_0}{2}t+\varphi_0)\sin(\frac{\omega_0}{2}t+2\varphi_0)+\left[\frac{A}{2}\sin(\frac{\omega_0}{2}t+2\varphi_0)\right]^2\right\rangle$$
$$=\left\langle\frac{A^2}{16}\frac{\cos(0)-\cos(\omega_0t+2\varphi_0)}{2}\right\rangle+\left\langle\frac{A^2}{4}\frac{\cos(\varphi_0)-\cos(\omega t+3\varphi_0)}{2}\right\rangle+\left\langle\frac{A^2}{4}\frac{\cos(0)-\cos(\omega_0t+4\varphi_0)}{2}\right\rangle$$
$$=\left[\frac{A^2}{32}-0+\frac{A^2}{8}\cos(\varphi_0)-0+\frac{A^2}{8}-0\right]=\frac{A^2}{8}\left(\frac{1}{4}+\cos(\varphi_0)+1\right)=\frac{A^2}{8}\left(\frac{5}{4}+\cos(\varphi_0)\right).$$

11.5

- Pour ⓐ, on a $C=\dfrac{10{,}0\times10^6\,\mathrm{W\cdot m^{-2}}-1{,}00\,\mathrm{MW\cdot m^{-2}}}{10{,}0\times10^6\,\mathrm{W\cdot m^{-2}}+1{,}00\,\mathrm{MW\cdot m^{-2}}}=\dfrac{1{,}00\times10^7\,\mathrm{W\cdot m^{-2}}-1{,}00\times10^6\,\mathrm{W\cdot m^{-2}}}{1{,}00\times10^7\,\mathrm{W\cdot m^{-2}}+1{,}00\times10^6\,\mathrm{W\cdot m^{-2}}}=0{,}82.$
- Pour ⓑ, on a $C=\dfrac{660\,\mathrm{mW\cdot mm^{-2}}-0{,}220\,\mathrm{kW\cdot dm^{-2}}}{660\,\mathrm{mW\cdot mm^{-2}}+0{,}220\,\mathrm{kW\cdot dm^{-2}}}=\dfrac{6{,}60\times10^5\,\mathrm{W\cdot m^{-2}}-2{,}20\times10^4\,\mathrm{W\cdot m^{-2}}}{6{,}60\times10^5\,\mathrm{W\cdot m^{-2}}+2{,}20\times10^4\,\mathrm{W\cdot m^{-2}}}=93{,}5.$
- Pour ⓒ, on a $C=\dfrac{5{,}00\,\mathrm{mW\cdot mm^{-2}}-2{,}00\,\mathrm{mW\cdot cm^{-2}}}{5{,}00\,\mathrm{mW\cdot mm^{-2}}+2{,}00\,\mathrm{mW\cdot cm^{-2}}}=\dfrac{5{,}00\times10^3\,\mathrm{W\cdot m^{-2}}-20{,}0\,\mathrm{W\cdot m^{-2}}}{5{,}00\times10^3\,\mathrm{W\cdot m^{-2}}+20{,}0\,\mathrm{W\cdot m^{-2}}}=99{,}2.$
- Pour ⓓ, on a $C=\dfrac{72{,}0\,\mathrm{pW\cdot \mu m^{-2}}-3{,}00\,\mathrm{MW\cdot km^{-2}}}{72{,}0\,\mathrm{pW\cdot \mu m^{-2}}+3{,}00\,\mathrm{MW\cdot km^{-2}}}=\dfrac{72{,}0\,\mathrm{W\cdot m^{-2}}-3{,}00\,\mathrm{W\cdot m^{-2}}}{72{,}0\,\mathrm{W\cdot m^{-2}}+3{,}00\,\mathrm{W\cdot m^{-2}}}=92{,}0.$

11.6 a) On a $\Delta\varphi=\omega t_0-kx-(\omega t_0-kx')=k(x'-x)$.

11.6 b) Le déphasage $\Delta\varphi_n$ entre deux positions successives est constant si $k(x_n-x_{n+1})=0\ [2\pi]=n2\pi$. Autrement dit, on a $\Delta x_n=n\dfrac{2\pi}{k}=n\dfrac{2\pi\lambda}{2\pi}=n\lambda$. Pour un instant donné, les positions distantes d'un nombre entier de fois la longueur d'onde de la vibration lumineuse sont en phase : réponse ⓐ.

11.6 c) On a $\Delta\varphi=\omega t-kx_0-(\omega t'-kx_0)=\omega(t-t')$.

11.6 d) Le déphasage $\Delta\varphi_n$ entre deux instants successifs est constant si $\omega(t_n-t_{n+1})=0\ [2\pi]=n2\pi$. Autrement dit, on a $\Delta t_n=n\dfrac{2\pi}{\omega}=n\dfrac{2\pi T}{2\pi}=nT$. Pour une position donnée, les instants séparés d'un nombre entier de fois la période de la vibration lumineuse sont en phase : réponse ⓐ.

11.7 a) On a $I(\mathrm{M})=2I_0\left(1+\cos\left(\dfrac{2\pi x}{i}\right)\right)$; on identifie donc $i=\dfrac{\lambda D}{na}$.

11.7 b) Par lecture graphique, on constate qu'entre $x=-20\,\mathrm{mm}$ et $x=+20\,\mathrm{mm}$ se trouvent trois interfranges. Donc, on a $i=\dfrac{4{,}0\,\mathrm{cm}}{3}=1{,}3\,\mathrm{cm}$.

11.7 c) On a $a=\dfrac{\lambda D}{ni}$. Donc, $a=\dfrac{630\times10^{-9}\,\mathrm{m}\times1{,}0\,\mathrm{m}}{1{,}0\times1{,}3\times10^{-2}\,\mathrm{m}}=48\,\mathrm{\mu m}$.

11.8 a) On a $C(x)=\cos\left(\dfrac{2\pi x}{X}\right)$; on identifie donc $X=\dfrac{2\lambda_{\mathrm{moy}}^2D}{na\Delta\lambda}$.

11.8 c) On a $\lambda_{\mathrm{moy}}=\dfrac{ina}{D}$. Donc, $\lambda_{\mathrm{moy}}=\dfrac{0{,}57\times10^{-3}\,\mathrm{m}\times1{,}0\times0{,}20\times10^{-3}\,\mathrm{m}}{1{,}5\,\mathrm{m}}=0{,}76\,\mathrm{\mu m}$.

11.8 e) On a $\Delta\lambda = \dfrac{2\lambda_{\text{moy}}^2 D}{naX}$. Donc, $\Delta\lambda = \dfrac{2 \times (0{,}76.10^{-6})^2 \times 1{,}5}{1{,}0 \times 0{,}20.10^{-3} \times 6{,}4.10^{-2}} = 0{,}14\,\mu\text{m}$.

11.9 a) On a $\sin(\theta_1) = \dfrac{\mathrm{S_2H}}{a}$ donc $\mathrm{S_2H} = a\sin(\theta_1)$.

11.9 b) À l'aide du tracé en tirets, on obtient un triangle avec : $\tan(\theta_1) = \dfrac{y}{f_2'}$. On en déduit $\theta_1 = \arctan\left(\dfrac{y}{f_2'}\right)$.

11.9 c) On sait que $\delta_{\text{SM}} = \mathcal{L}_{\mathrm{S_2H}} = n\mathrm{S_2H} = na\sin(\theta_1)$. À l'ordre 1, on a $\sin(\theta_1) = \theta_1$ et $\tan(\theta_1) = \theta_1 = \dfrac{y}{f_2'}$.
Donc, on a $\delta_{\text{SM}} = \dfrac{nay}{f_2'}$.

11.9 d) En identifiant, on a : $\dfrac{y}{i} = \dfrac{\delta_{\text{SM}}}{\lambda} = \dfrac{nay}{f_2'\lambda}$. Donc : $i = \dfrac{\lambda f_2'}{na}$.

11.9 e) L'éclairement ne dépend que de la variable y. Ainsi, pour une valeur de y fixée, l'éclairement doit être constant, ce qui est seulement le cas pour la figure 2. La bonne réponse est (b).

11.10 a) Dans l'interféromètre, un rayon est atténué par deux lames séparatrices, ainsi son éclairement en sortie I' est tel que $I' = I_0/4$. Donc son amplitude en sortie S' est telle que $S'^2 = S_0^2/4$, soit $S' = S_0/2$.

11.10 b) En considérant l la distance parcourue par un rayon dans un des bras de l'interféromètre de S jusqu'à l'écran, la différence de marche entre les rayons passant par les deux bras de l'interféromètre est :

$$\delta = n_{\text{air}}(l-e) + ne - \big(n_{\text{air}}\big(l-e'\big) + ne'\big) = l + (n-1)e - l - (n-1)e' = (n-1)\big(e-e'\big) = (n-1)\alpha y.$$

11.10 c) Le déphasage entre les deux rayons est $\Delta\varphi = \dfrac{2\pi}{\lambda_0}\delta = \dfrac{2\pi}{\lambda_0}(n-1)\alpha y$. Par identification, on a :

$$2\pi\frac{y}{i} = \frac{2\pi}{\lambda_0}(n-1)\alpha y \qquad \text{donc} \qquad i = \frac{\lambda_0}{(n-1)\alpha}.$$

11.10 d) L'éclairement ne dépend que de la variable y. Ainsi, pour une valeur de y fixée, l'éclairement doit être constant, ce qui est seulement le cas pour la figure 2. La bonne réponse est (b).

11.11 a) On a $\cos(\theta) = \dfrac{e}{\mathrm{IJ}} = \dfrac{e}{\mathrm{JK}}$; donc, $\mathrm{IJ} = \mathrm{JK} = \dfrac{e}{\cos(\theta)}$.

11.11 b) On a $\tan(\theta) = \dfrac{\frac{\mathrm{IK}}{2}}{e} = \dfrac{\mathrm{IK}}{2e}$; donc, $\mathrm{IK} = 2e\tan(\theta)$.

11.11 c) On a $\sin(\theta) = \dfrac{\mathrm{IH}}{\mathrm{IK}}$; donc, $\mathrm{IH} = \mathrm{IK}\sin(\theta)$.

11.11 d) On a $\mathrm{IH} = \mathrm{IK}\sin(\theta) = 2e\tan(\theta)\sin(\theta) = 2e\dfrac{\sin^2(\theta)}{\cos(\theta)}$ car $\tan(\theta) = \dfrac{\sin(\theta)}{\cos(\theta)}$. Or, $\sin^2(\theta) = 1 - \cos^2(\theta)$.
Donc, $\mathrm{IH} = 2e\dfrac{1-\cos^2(\theta)}{\cos(\theta)}$.

11.11 e) On a $\delta_{\text{SM}} = \mathcal{L}_{\text{IJ}} + \mathcal{L}_{\text{JK}} - \mathcal{L}_{\text{IH}} = n(\text{IJ} + \text{JK} - \text{IH})$. En injectant les résultats précédents, on obtient :

$$\delta_{\text{SM}} = n\left(2\frac{e}{\cos(\theta)} - 2e\frac{1-\cos^2(\theta)}{\cos(\theta)}\right) = \frac{2ne}{\cos(\theta)}\left[1 - \left(1-\cos^2(\theta)\right)\right] = \frac{2ne}{\cos(\theta)}\cos^2(\theta) = 2ne\cos(\theta).$$

11.11 f) La différence de marche ne dépend que de la variable θ. Or l'éclairement dépend de la différence de marche (formule de Fresnel) donc l'éclairement dépend uniquement de la variable θ. Cela signifie que l'on retrouve une valeur fixée d'éclairement pour une valeur fixée de θ ! Autrement dit, l'ensemble des points de même éclairement correspond à un cercle, conformément à ce qui est observé dans la figure 3. Réponse ⓒ.

11.12 a) Le rayon inférieur d'amplitude S' en M est réfléchi deux fois de plus que le rayon supérieur d'amplitude S en M. Ainsi $S' = r^2 S$. Comme l'éclairement I est proportionnel au carré de l'amplitude, on a $I' = r^4 I$ et

$$I' = \left(\frac{1}{\sqrt{2}}\right)^4 I = \frac{I}{4} \qquad \text{donc} \qquad \frac{I'}{I} = \frac{1}{4}.$$

11.12 b) D'après la loi de la réflexion, on a $\tan(i) = \dfrac{\frac{1}{2}\text{BE}}{e}$ et donc $\text{BE} = 2e\tan(i)$. Par ailleurs, on a $\sin(i) = \dfrac{\text{BH}}{\text{BE}}$, d'où $\text{BH} = \text{BE}\sin(i)$. En injectant la première relation dans la seconde, il vient :

$$\text{BH} = 2e\tan(i)\sin(i) = \frac{2e\sin^2 i}{\cos(i)}.$$

11.12 c) D'après la loi de la réflexion, il vient $\cos(i) = \dfrac{e}{\text{BD}}$. On en déduit $\text{BD} = \dfrac{e}{\cos(i)}$.

11.12 d) On a :

$$\begin{aligned}\delta_{\text{SM}} &= \mathcal{L}_{\text{SABDFM}} - \mathcal{L}_{\text{SABHCM}} \\ &= (\text{SA} + n\text{AB} + n\text{BD} + n\text{DE} + \text{EF} + \text{FM}) - (\text{SA} + n\text{AB} + \text{BH} + \text{HC} + \text{CM}).\end{aligned}$$

Or, on a BD = DE, EF = HC et FM = CM donc :

$$\delta_{\text{SM}} = 2n\text{BD} - \text{BH} = 2n\frac{e}{\cos(i)} - \frac{2e\sin^2 i}{\cos(i)} = 2ne\frac{1-\sin^2 i}{\cos(i)} = 2ne\frac{\cos^2 i}{\cos(i)} = 2ne\cos(i).$$

11.12 e) Les franges d'interférence sont isophases, donc telles que δ_{SM} est constant. Or δ_{SM} ne dépend que de l'angle i, donc les franges d'interférence coïncident avec des cercles épais concentriques. Réponse ⓒ.

Fiche n° 12. Interférences à N ondes (MP)

Réponses

12.1 a) .... ⓒ

12.1 b) .... $2(1+\cos\theta)$

12.1 c) .... ⓑ

12.1 d) .... $2(1-\cos\theta)$

12.2 a) .... $2e^{j\frac{\theta}{2}}$

12.2 b) .... $4\cos^2\left(\frac{\theta}{2}\right)$

12.3 a) .... $2j\ e^{-j\frac{\theta}{2}}$

12.3 b) .... $4\sin^2\left(\frac{\theta}{2}\right)$

12.4 a) .... $\frac{1}{(1-R)^2}$

12.4 b) .... $\frac{4R}{(1-R)^2}$

12.5 a) 2

12.5 b) .... θ

12.5 c) .... $-\theta$

12.6 1

12.7 a) .... $a=3$

12.7 b) .... $\underline{f}(\varphi)=e^{j\varphi}$

12.7 c) .... $a=5$

12.7 d) .... $\underline{f}(\varphi)=e^{j3\varphi}$

12.8 .... 1,67 µm

12.9 a) .... ⓑ

12.9 b) .... 1 200 traits/mm

12.10 .... −19,1°

12.11 a) .... [14,1°; 24,5°]

12.11 b) .... [29,1°, 56,0°]

12.11 c) .... [46,8°; 79,4°]

12.11 d) .... ⓒ

12.12 a) .... $1-\cos^2(\varphi)$

12.12 b) .... $\frac{1}{2}(1-\cos(\varphi))$

12.12 c) .... $2I_0(1+\cos(\varphi))$

12.13 a) .... ⓓ

12.13 b) .... ⓓ

12.13 c) .... ⓑ

12.13 d) .... ⓑ

12.14 .... ⓒ

12.15 a) .... π

12.15 b) 2π

12.15 c) .... $\frac{2\pi}{N}$

12.15 d) .... ⓐ

12.16 a) 1

12.16 b) .... $N-1$

12.16 c) 10

12.17 a) .... ⓒ

12.17 b) .... $\frac{4\pi}{N}$

12.18 a) .... $x=p$ et $y=a_0\sin(\theta')$

12.18 b) .... 0,534 µm

12.18 c) .... 534 nm

12.19 a) .... ⓒ

12.19 b) .... ⓒ

12.19 c) .... ⓒ

12.19 d) .... ⓒ

Corrigés

12.1 a) On a $\underline{Z}_1 = 1 + e^{j\theta} = (1+\cos\theta) + j\sin\theta$. Ainsi,

$$\underline{Z}_1^* = (1+\cos(\theta)) - j\sin(\theta) = (1+\cos(-\theta)) + j\sin(-\theta) = 1 + e^{-j\theta}.$$

12.1 b) On a $\underline{Z}_1\underline{Z}_1^* = \left(1+e^{j\theta}\right)\times\left(1+e^{-j\theta}\right) = 2 + e^{j\theta} + e^{-j\theta}$. Ainsi, $\underline{Z}_1\underline{Z}_1^* = 2(1+\cos(\theta))$.

12.1 c) On a $\underline{Z}_2 = 1 - e^{-j\theta} = (1-\cos(-\theta)) - j\sin(-\theta)$.
Ainsi, $\underline{Z}_2^* = (1-\cos(-\theta)) + j\sin(-\theta) = (1-\cos(\theta)) - j\sin(\theta) = 1 - e^{j\theta}$.

12.1 d) On a $\underline{Z}_2\underline{Z}_2^* = \left(1 - \mathrm{e}^{-\mathrm{j}\theta}\right) \times \left(1 - \mathrm{e}^{\mathrm{j}\theta}\right) = 2 - \mathrm{e}^{\mathrm{j}\theta} - \mathrm{e}^{-\mathrm{j}\theta}$. Ainsi, $\underline{Z}_2\underline{Z}_2^* = 2(1 - \cos(\theta))$.

12.2 a) On a $\underline{Z}_1 = \mathrm{e}^{\mathrm{j}\frac{\theta}{2}}\left(\mathrm{e}^{-\mathrm{j}\frac{\theta}{2}} + \mathrm{e}^{\mathrm{j}\frac{\theta}{2}}\right) = 2\mathrm{e}^{\mathrm{j}\frac{\theta}{2}}\cos\left(\frac{\theta}{2}\right)$. Ainsi, $\underline{f}\left(\frac{\theta}{2}\right) = 2\mathrm{e}^{\mathrm{j}\frac{\theta}{2}}$.

12.2 b) On a $\underline{Z}_1\underline{Z}_1^* = \left(2\mathrm{e}^{\mathrm{j}\frac{\theta}{2}}\cos\left(\frac{\theta}{2}\right)\right) \times \left(2\mathrm{e}^{-\mathrm{j}\frac{\theta}{2}}\cos\left(\frac{\theta}{2}\right)\right) = 4\cos^2\left(\frac{\theta}{2}\right)$.

12.3 a) On a $\underline{Z}_2 = \mathrm{e}^{-\mathrm{j}\frac{\theta}{2}}\left(\mathrm{e}^{\mathrm{j}\frac{\theta}{2}} - \mathrm{e}^{-\mathrm{j}\frac{\theta}{2}}\right) = 2\mathrm{j}\ \mathrm{e}^{-\mathrm{j}\frac{\theta}{2}}\sin\left(\frac{\theta}{2}\right)$. Ainsi, $\underline{g}\left(\frac{\theta}{2}\right) = 2\mathrm{j}\ \mathrm{e}^{-\mathrm{j}\frac{\theta}{2}}$.

12.3 b) On a $\underline{Z}_2\underline{Z}_2^* = \left(2\mathrm{j}\ \mathrm{e}^{-\mathrm{j}\frac{\theta}{2}}\sin\left(\frac{\theta}{2}\right)\right) \times \left(-2\mathrm{j}\ \mathrm{e}^{\mathrm{j}\frac{\theta}{2}}\sin\left(\frac{\theta}{2}\right)\right) = 4\sin^2\left(\frac{\theta}{2}\right)$.

12.4 a) On a $\underline{ss}^* = \dfrac{1}{1 - R\mathrm{e}^{-\mathrm{j}\varphi}} \times \dfrac{1}{1 - R\mathrm{e}^{\mathrm{j}\varphi}} = \dfrac{1}{1 + R^2 - R(\mathrm{e}^{-\mathrm{j}\varphi} + \mathrm{e}^{\mathrm{j}\varphi})} = \dfrac{1}{1 + R^2 - 2R(\cos\varphi)}$.
Or, $\cos\varphi = 1 - 2\sin^2(\varphi/2)$. Ainsi,

$$\underline{ss}^* = \frac{1}{1 + R^2 - 2R(1 - 2\sin^2(\varphi/2))} = \frac{1}{(1-R)^2 + 4R\sin^2(\varphi/2)} = \frac{1}{(1-R)^2}\frac{1}{1 + \frac{4R}{(1-R)^2}\sin^2(\varphi/2)}.$$

Par identification, on trouve $a = \dfrac{1}{(1-R)^2}$ et $m = \dfrac{4R}{(1-R)^2}$.

12.5 a) On sait que $\cos(\theta') = \cos(\theta) \implies \theta' = \theta + 2k\pi$ ou $\theta' = -\theta + 2k'\pi$, avec $k \in \mathbb{Z}$ et $k' \in \mathbb{Z}$.

Les valeurs $k = 0$ et $k' = 0$ sont les seules permettant de respecter l'ensemble de définition de θ'. Nous en déduisons $\theta' = \{-\theta, \theta\}$.

Il y a donc deux éléments dans l'ensemble des solutions.

12.5 b) On a $\theta \in [-90°, 0°]$. Ainsi, $\theta < -\theta$. Le plus petit élément de l'ensemble des solutions est θ.

12.5 c) Le plus grand élément de l'ensemble des solutions est $-\theta$.

12.6 On sait que $\sin(\theta') = \sin(\theta) \Rightarrow \theta' = \theta + 2k\pi$ ou $\theta' = \pi - \theta + 2k'\pi$, avec $k \in \mathbb{Z}$ et $k' \in \mathbb{Z}$.
Il existe une seule possibilité pour avoir une solution comprise dans l'intervalle $[-90°, 90°]$. Nous en déduisons $\theta' = \{\theta\}$. Il n'y a qu'un élément dans l'ensemble des solutions.

12.7 a) On a $\underline{s}(\varphi) = 1 + \mathrm{e}^{\mathrm{j}\varphi} + \mathrm{e}^{2\mathrm{j}\varphi} = \dfrac{1 - \mathrm{e}^{3\mathrm{j}\varphi}}{1 - \mathrm{e}^{\mathrm{j}\varphi}} = \dfrac{\mathrm{e}^{3\mathrm{j}\varphi/2}}{\mathrm{e}^{\mathrm{j}\varphi/2}}\left(\dfrac{\mathrm{e}^{-3\mathrm{j}\varphi/2} - \mathrm{e}^{3\mathrm{j}\varphi/2}}{\mathrm{e}^{-\mathrm{j}\varphi/2} - \mathrm{e}^{\mathrm{j}\varphi/2}}\right)$. Ainsi, $\underline{s}(\varphi) = \mathrm{e}^{\mathrm{j}\varphi}\dfrac{\sin\left(3\frac{\varphi}{2}\right)}{\sin\left(\frac{\varphi}{2}\right)}$.

Nous en déduisons $a = 3$ et $\underline{f}(\varphi) = \mathrm{e}^{\mathrm{j}\varphi}$.

12.7 c) On a $\underline{s}(\varphi) = \mathrm{e}^{\mathrm{j}\varphi}\left(1 + \mathrm{e}^{\mathrm{j}\varphi} + \mathrm{e}^{2\mathrm{j}\varphi} + \mathrm{e}^{3\mathrm{j}\varphi} + \mathrm{e}^{4\mathrm{j}\varphi}\right) = \mathrm{e}^{\mathrm{j}\varphi}\dfrac{1 - \mathrm{e}^{5\mathrm{j}\varphi}}{1 - \mathrm{e}^{\mathrm{j}\varphi}} = \mathrm{e}^{\mathrm{j}\varphi}\dfrac{\mathrm{e}^{5\mathrm{j}\varphi/2}}{\mathrm{e}^{\mathrm{j}\varphi/2}}\left(\dfrac{\mathrm{e}^{-5\mathrm{j}\varphi/2} - \mathrm{e}^{5\mathrm{j}\varphi/2}}{\mathrm{e}^{-\mathrm{j}\varphi/2} - \mathrm{e}^{\mathrm{j}\varphi/2}}\right)$.

Ainsi, $\underline{s}(\varphi) = \mathrm{e}^{3\mathrm{j}\varphi}\dfrac{\sin\left(5\frac{\varphi}{2}\right)}{\sin\left(\frac{\varphi}{2}\right)}$. Nous en déduisons $a = 5$ et $\underline{f}(\varphi) = \mathrm{e}^{3\mathrm{j}\varphi}$.

12.8 On a $a = \dfrac{1\,\mathrm{mm}}{600\,\mathrm{traits}} = \dfrac{1 \times 10^{-3}\,\mathrm{m}}{600\,\mathrm{traits}} = 1{,}67\,\mu\mathrm{m}$.

12.9 a) On a $1\,\text{pied} = \dfrac{1\,\text{yard}}{3}$ et $1\,\text{inch} = \dfrac{1\,\text{pied}}{12}$. De plus, $1\,\text{inch} = \dfrac{1\,\text{yard}}{3\times 12} = \dfrac{91{,}44\,\text{cm}}{3\times 12}$, donc $1\,\text{inch} = 25{,}4\,\text{mm}$.

....

12.9 b) La linéature du réseau vaut $n = \dfrac{30\,000\,\text{traits}}{1\,\text{inch}} = \dfrac{30\,000\,\text{traits}}{25{,}4\,\text{mm}}$, soit $n = 1\,200\,\text{traits/mm}$.

....

12.10 En observant l'ordre $p = 1$ sous émergence normale, on a $\theta = 0$.
On en déduit $\sin(\theta_0) = -1 \times \dfrac{600\,\text{traits}}{1\,\text{mm}} \times 546{,}1\,\text{nm} = -\dfrac{600\,\text{traits}}{1\times 10^{-3}\,\text{m}} \times 546{,}1\times 10^{-9}\,\text{m}$; d'où $\theta_0 = -19{,}1°$.

....

12.11 a) Le spectre de la source diffracté dans l'ordre 1 s'étale entre les angles :

- θ_1^{min} tel que
$$\sin(\theta_1^{\text{min}}) = 1 \times \frac{600\,\text{traits}}{1\times 10^{-3}\,\text{m}} \times 404{,}7\times 10^{-9}\,\text{m donc } \theta_1^{\text{min}} = 14{,}1° \,;$$
- θ_1^{max} tel que
$$\sin(\theta_1^{\text{max}}) = 1 \times \frac{600\,\text{traits}}{1\times 10^{-3}\,\text{m}} \times 690{,}7\times 10^{-9}\,\text{m donc } \theta_1^{\text{max}} = 24{,}5°.$$

....

12.11 b) Le spectre de la source diffracté dans l'ordre 2 s'étale entre les angles :

- θ_2^{min} tel que
$$\sin(\theta_2^{\text{min}}) = 2 \times \frac{600\,\text{traits}}{1\times 10^{-3}\,\text{m}} \times 404{,}7\times 10^{-9}\,\text{m donc } \theta_2^{\text{min}} = 29{,}1° \,;$$
- θ_2^{max} tel que
$$\sin(\theta_2^{\text{max}}) = 2 \times \frac{600\,\text{traits}}{1\times 10^{-3}\,\text{m}} \times 690{,}7\times 10^{-9}\,\text{m donc } \theta_2^{\text{max}} = 56{,}0°.$$

....

12.11 c) Le spectre de la source diffracté dans l'ordre 3 s'étale entre les angles :

- θ_3^{min} tel que
$$\sin(\theta_3^{\text{min}}) = 3 \times \frac{600\,\text{traits}}{1\times 10^{-3}\,\text{m}} \times 404{,}7\times 10^{-9}\,\text{m donc } \theta_3^{\text{min}} = 46{,}8° \,;$$
- θ_3^{max} tel que
$$\sin(\theta_3^{\text{max}}) = 3 \times \frac{600\,\text{traits}}{1\times 10^{-3}\,\text{m}} \times 546{,}1\times 10^{-9}\,\text{m donc } \theta_3^{\text{max}} = 79{,}4°.$$

Pour les longueurs d'onde supérieures à $546{,}1\times 10^{-9}$ m, l'angle de diffraction n'est pas défini. Les raies correspondantes ne sont donc pas observables.

....

12.11 d) Compte tenu des angles limites des spectres précédents, on constate un premier chevauchement des ordres dès l'ordre 2, pour les longueurs d'onde λ telles que : $3\times n\times\lambda \leqslant 2\times n\times 690{,}7\times 10^{-9}$, soit pour $\lambda \leqslant 460{,}5\,\text{nm}$. Ainsi, les trois premières raies du mercure diffractées dans l'ordre 3 se mélangent avec le spectre d'ordre 2. La bonne réponse est la réponse (c).

....

12.12 a) Comme $N = 2$, on a $\sin^2\left(N\dfrac{\varphi}{2}\right) = \sin^2(\varphi) = 1 - \cos^2(\varphi)$.

....

12.12 b) Comme $\cos(\varphi) = \cos^2\left(\dfrac{\varphi}{2}\right) - \sin^2\left(\dfrac{\varphi}{2}\right)$, on a $\sin^2\left(\dfrac{\varphi}{2}\right) = \dfrac{1}{2}(1 - \cos(\varphi))$.

....

12.12 c) On a :
$$I = 2I_0\frac{1-\cos^2(\varphi)}{1-\cos(\varphi)} = 2I_0\frac{(1-\cos(\varphi))(1+\cos(\varphi))}{(1-\cos(\varphi))} = 2I_0(1+\cos(\varphi)).$$

Nous retrouvons la formule de Fresnel donnant l'expression de l'intensité pour un interféromètre à deux ondes.

....

12.13 a)

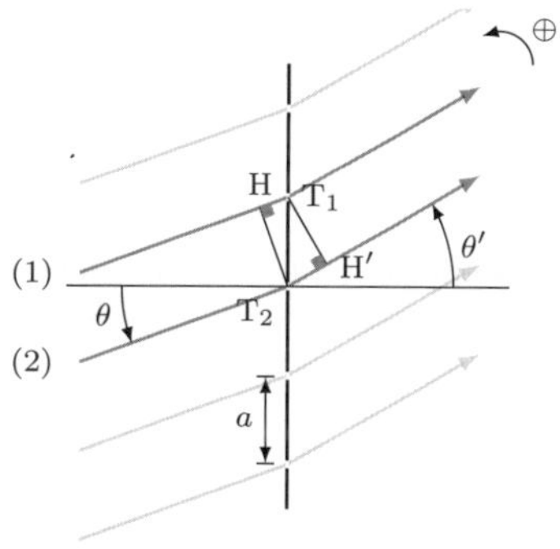

La différence de marche se réduit, dans ce cas précis, à :

$$\delta_A = [T_2H'] - [HT_1].$$

Notons par ailleurs que θ et θ' sont deux angles positifs au vu de la convention adoptée.

Nous retrouvons l'angle θ au sommet T_2 du triangle rectangle T_1HT_2.

Ainsi, $[HT_1] = a\sin(\theta)$ car l'indice optique est pris égal à 1.

De la même façon, nous trouvons : $[T_2H'] = a\sin(\theta')$.

Ainsi, on a

$$\delta_A = a\big(\sin(\theta') - \sin(\theta)\big).$$

12.13 b)

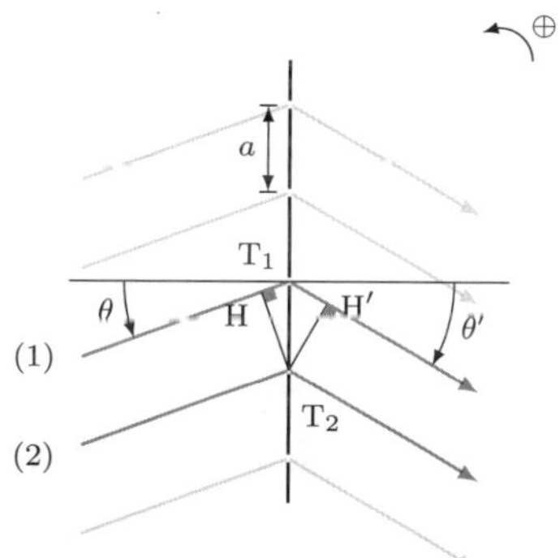

La différence de marche se réduit, dans ce cas précis, à :

$$\delta_B = -[HT_1] - [T_1H'].$$

Notons par ailleurs que θ est un angle positif alors que θ' est négatif au vu de la convention adoptée.
Nous retrouvons l'angle θ au sommet T_2 du triangle rectangle T_1HT_2.
Ainsi, $[HT_1] = a\sin(\theta)$ car l'indice optique est pris égal à 1.

De la même façon, nous trouvons : $[T_1H'] = a\sin(|\theta'|) = -a\sin(\theta')$.

Ainsi, on a :

$$\delta_B = a\big(\sin(\theta') - \sin(\theta)\big).$$

12.13 c)

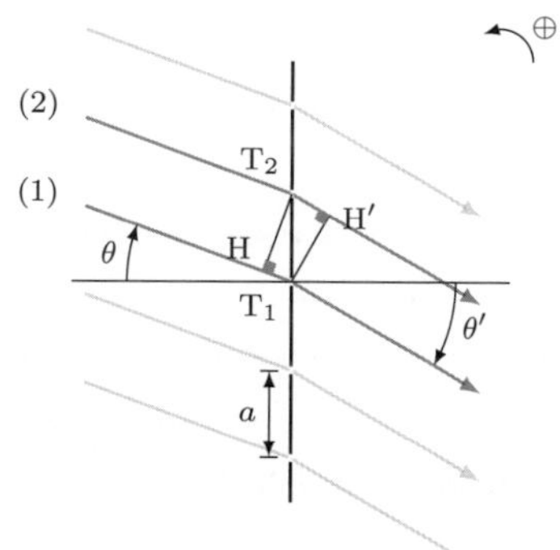

La différence de marche se réduit, dans ce cas précis, à :

$$\delta_C = [T_2H'] - [HT_1].$$

Notons par ailleurs que θ et θ' sont négatifs au vu de la convention adoptée.
Nous retrouvons l'angle $|\theta|$ au sommet T_2 du triangle rectangle T_1HT_2.
Ainsi, $[HT_1] = a\sin(|\theta|) = -a\sin(\theta)$ car l'indice optique est pris égal à 1.

De la même façon, nous trouvons : $[T_2H'] = a\sin(|\theta'|) = -a\sin(\theta')$.

Conclusion : $\delta_C = a\big(\sin(\theta) - \sin(\theta')\big)$.

12.13 d)

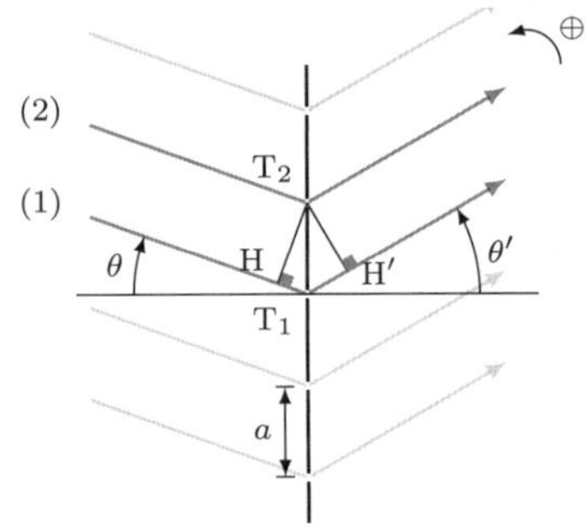

La différence de marche se réduit, dans ce cas précis, à :

$$\delta_D = -[HT_1] - \left[T_1H'\right].$$

Notons par ailleurs que θ est un angle négatif alors que θ' est positif au vu de la convention adoptée.
Nous retrouvons l'angle $|\theta|$ au sommet T_2 du triangle rectangle T_1HT_2.
Ainsi, $[HT_1] = a\sin(|\theta|) = -a\sin(\theta)$ car l'indice optique est pris égal à 1.

De la même façon, nous trouvons : $\left[T_1H'\right] = a\sin\left(\theta'\right)$.

Conclusion : $\delta_D = a\left(\sin(\theta) - \sin\left(\theta'\right)\right)$.

12.14

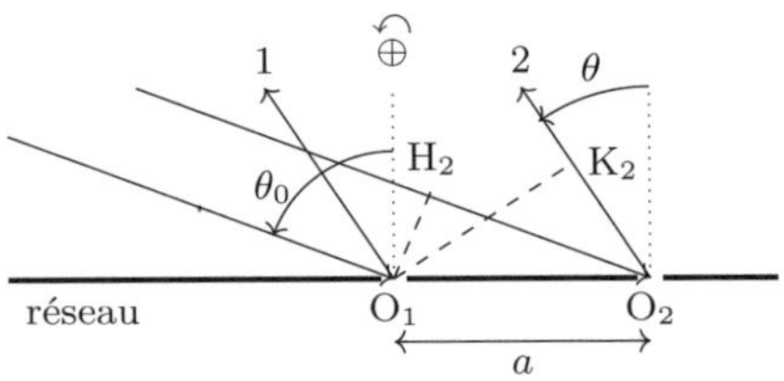

Notons H_2 le projeté orthogonal de O_1 sur le rayon incident 2 et K_2 le projeté orthogonal de O_1 sur le rayon émergent 2.

En application du théorème de Malus-Dupin, les chemins optiques de moins l'infini jusqu'à O_1 sur le rayon 1 et de moins l'infini jusqu'à H_2 sur le rayon 2 sont identiques.

Il en est de même pour le chemin optique de O_1 jusqu'à l'infini sur le rayon émergent 1 et pour celui de K_2 jusqu'à l'infini sur le rayon émergent 2.

La différence de marche du rayon 2 par rapport au rayon 1 vaut donc : $\delta_{2/1} = n_{\text{air}}[H_2O_2 + K_2O_2]$.

Compte tenu des angles sur la figure, on a $H_2O_2 = a\cos\left(\frac{\pi}{2} - \theta_0\right) = \sin(\theta_0)$ et $K_2O_2 = a\cos\left(\frac{\pi}{2} - \theta\right) = \sin(\theta)$.

On en déduit $\delta_{2/1} = a(\sin(\theta_0) + \sin(\theta))$, soit la réponse ⓒ.

12.15 a) La fonction $\sin(x)$ est 2π-périodique en x mais $\sin(x+\pi) = -\sin(x)$, d'où $\sin^2(x+\pi) = \sin^2(x)$, montrant que la fonction $\sin^2(x)$ est π-périodique en x.

12.15 b) Posons $x = \dfrac{\phi}{2}$. La fonction $\sin^2(x)$ est π-périodique en x, donc 2π-périodique en variable ϕ.

12.15 c) Posons $x = \dfrac{N\phi}{2}$. La fonction $\sin^2(x)$ est π-périodique en x, donc $\dfrac{2\pi}{N}$-périodique en variable ϕ.

12.15 d) La période de la fonction réseau est le p.p.c.m. des périodes des fonctions $\sin^2\left(\dfrac{\phi}{2}\right)$ et $\sin^2\left(\dfrac{N\phi}{2}\right)$, soit le p.p.c.m. de 2π et de $\dfrac{2\pi}{N}$. La fonction réseau est donc 2π-périodique en variable ϕ.

12.16 a) Quand $\phi \to 0$, la fonction réseau présente une forme indéterminée de type $\dfrac{0}{0}$. On lève cette indétermination en formant un développement limité du numérateur et du dénominateur à l'ordre 1.

D'où $\mathcal{R}_N(\phi) \sim \left(\dfrac{\frac{N\phi}{2}}{N\frac{\phi}{2}}\right)^2 = 1$. La fonction réseau admet une limite finie en 0. On la prolonge par continuité en posant $\mathcal{R}_N(0) = 1$. La fonction réseau est alors continue et dérivable sur tout $\mathbb{R}$.

12.16 b) La fonction réseau s'annule pour $\sin\left(\frac{N\phi}{2}\right) = 0$ avec $\sin\left(\frac{\phi}{2}\right) \neq 0$, soit pour $\frac{N\phi}{2} = q\pi$ avec $\phi \neq 0$ et $\phi \neq 2\pi$. Sur l'intervalle $[0, 2\pi]$, les zéros de la fonction réseau correspondent aux valeurs $\phi = q\frac{2\pi}{N}$, avec q entier compris entre 1 et $(N-1)$, soit $N-1$ valeurs par période.

12.16 c) On sait qu'on a $N-1$ zéros de la fonction réseau sur une période, soit ici 9 valeurs. On a donc $N = 10$.

12.17 a) Le terme $\sin\left(\frac{N\phi}{2}\right)$ s'annule la première fois après $\phi = 0$ pour $\frac{N\phi}{2} = \pi$, soit pour $\phi = \frac{2\pi}{N}$, d'où la réponse (c).

12.17 b) Plaçons-nous autour du pic principal en $\phi = 0$. Les premiers zéros autour de $\phi = 0$ sont obtenus pour $\phi = \pm\frac{2\pi}{N}$ d'où $\delta\phi = \frac{4\pi}{N}$.

12.18 a) L'équation $y = ax + b$ est une modélisation de la relation $a_0 \sin\theta' = p\lambda$.

Par identification, on trouve $x = p$ et $y = a_0 \sin(\theta')$.

12.18 b) Afin de réaliser la régression linéaire, il est nécessaire d'établir le tableau suivant :

p	-3	-2	-1	0	1	2	3
$a_0 \sin(\theta')$ (en µm)	$-1{,}61$	$-1{,}07$	$-0{,}54$	0	0,52	1,07	1,59

Il ne reste qu'à faire la régression linéaire à la calculatrice.

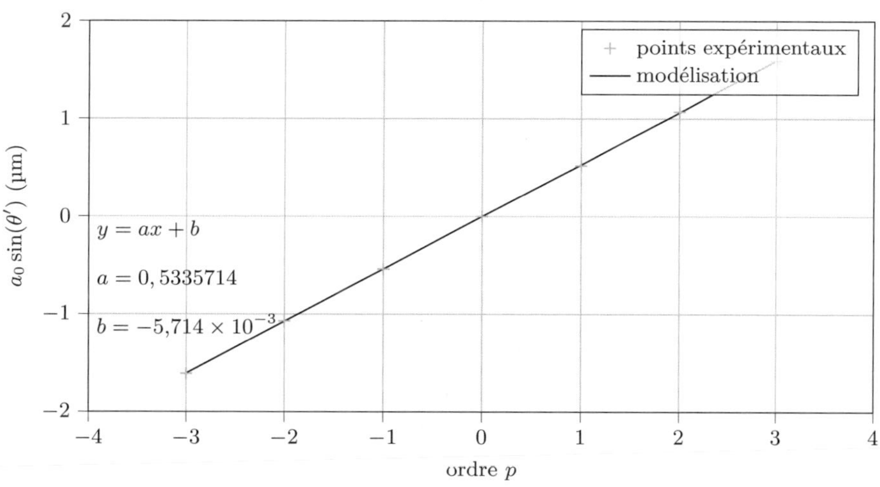

La quantité $a_0 \sin(\theta)$ est homogène à une longueur alors que p est sans dimension. Ainsi, a est homogène à une longueur.
On a $a = 0{,}534\,\mu\text{m}$.

12.18 c) Par identification $\lambda = a = 0{,}534\,\mu\text{m} = 534\,\text{nm}$.

12.19 a)

Les angles D_A, θ et θ' sont positifs au vu de la convention adoptée.
À l'aide du schéma, nous comprenons que $|D_\text{A}| = |\theta'| - |\theta|$.
Ainsi, $D_\text{A} = \theta' - \theta$.

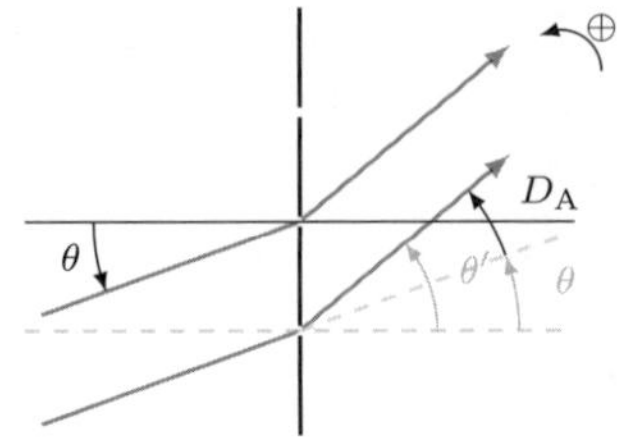

12.19 b)

L'angle θ est négatif, alors que θ' et D_B sont négatifs au vu de la convention adoptée.
À l'aide du schéma, nous comprenons que $|D_\text{B}| = |\theta'| + |\theta|$.
Ainsi, $D_\text{B} = \theta' - \theta$.

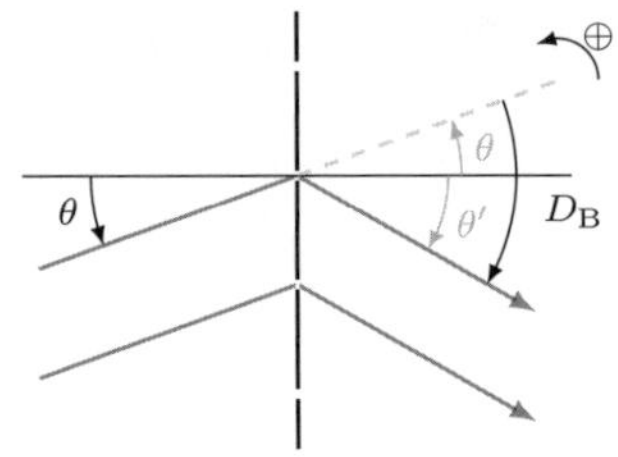

12.19 c)

Les angles θ, θ' et D_C sont négatifs au vu de la convention adoptée.
À l'aide du schéma, nous comprenons que $|D_\text{C}| = |\theta'| - |\theta|$.
Ainsi, $D_\text{C} = \theta' - \theta$.

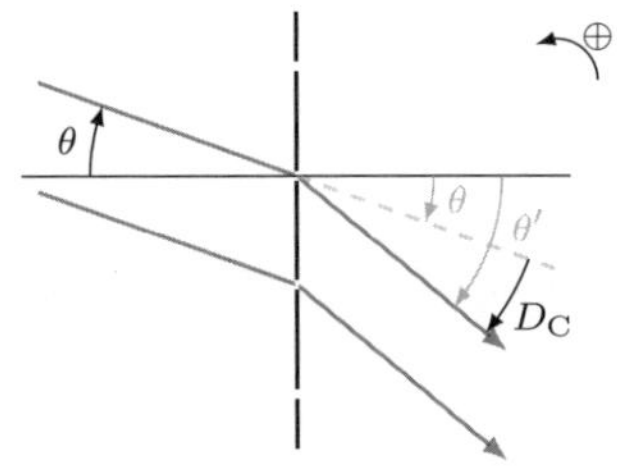

12.19 d)

L'angle θ est négatif alors que θ' et D_D sont positifs au vu de la convention adoptée.
À l'aide du schéma, nous comprenons que $|D_\text{D}| = |\theta'| + |\theta|$.
Ainsi, $D_\text{D} = \theta' - \theta$.

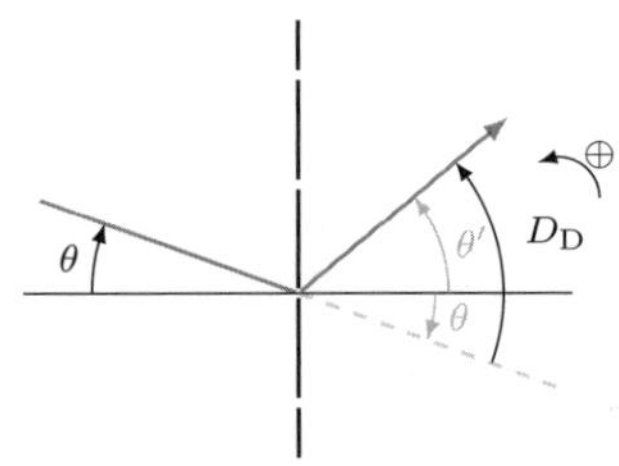

Fiche n° 13. Outils mathématiques pour la diffusion

Réponses

13.1 a) .... abc

13.1 b) .... $abc\sin(\alpha)$

13.1 c) .... $\pi r^2 h$

13.1 d) .... $\pi r^2 h\cos(\alpha)$

13.2 a) .... négatif

13.2 b) .... positif

13.2 c) .... ⓑ

13.2 d) .... ⓑ

13.2 e) .... ⓒ

13.2 f) .... ⓐ

13.3 a) .... $\dfrac{2\pi r h}{3}$

13.3 b) .... $\dfrac{\pi r^2}{3}$

13.3 c) .... ⓒ

13.4 a) .... ⓒ

13.4 b) .... ⓑ

13.4 c) .... $\pi R^2 + 2\dfrac{V}{R}$

13.4 d) .... ⓑ

13.4 e) .... ⓐ et ⓒ

13.5 a) .... $n(x,t) = j_0 x + n_0$

13.5 b) .... $n(x,t) = \dfrac{n_1 - n_0}{L}x + n_0$

13.5 c) .... $\dfrac{p}{2}x(x-L) + n_0$

13.6 a) .... $n(x,t) = n_0 \exp\left(\dfrac{t}{\tau}\right)$

13.6 b) .... $n(t) = \dfrac{n_0}{1 + \dfrac{n_0 t}{n_c \tau}}$

13.6 c) .... $n_0\left(1 - \dfrac{x}{L}\right)\exp\left(-\dfrac{t}{\tau}\right) + p\tau\left(1 - \exp\left(-\dfrac{t}{\tau}\right)\right)$

Corrigés

13.2 e) Le point B est au niveau d'un col de la fonction $f(x,y)$. À partir du point B, en se déplaçant dans la direction y croissant et en gardant x fixe à $x = x_\text{B}$, la quantité $f(x_\text{B}, y)$ décroît de plus en plus. La dérivée seconde par rapport à y est donc négative.

13.2 f) De même, en se déplaçant dans la direction x croissant à y fixe à $y = y_\text{B}$, la quantité $f(x, y_\text{B})$ croît de plus en plus. La dérivée seconde par rapport à x est donc positive.

13.3 c) On a les équivalences suivantes :

$$\frac{\partial V}{\partial h} > \frac{\partial V}{\partial r} \iff \frac{\pi r^2}{3} > \frac{2\pi r h}{3} \iff r > 2h.$$

13.4 a) Il faut sommer la surface du fond de la casserole et la surface latérale.

13.4 b) C'est le volume d'un cylindre de rayon R et de hauteur H.

13.4 c) Il faut utiliser les deux résultats précédents.

13.4 d) On fait varier le rayon R pour une valeur de V fixée à V_0. La notation $\dfrac{\mathrm{d}S}{\mathrm{d}R}(R, V_0)$ n'est pas adéquate, la notation « d » étant réservée aux fonctions d'une seule variable.

13.4 e) Pour minimiser la surface, on cherche : $\left(\dfrac{\partial S}{\partial R}\right)_{V_0} = 2\pi R + 2V(-\dfrac{1}{R^2}) = 0$, soit $V = \pi R^3$. Or $V = \pi R^2 H$, on en déduit donc $R = H$ par identification. On peut vérifier dans sa cuisine que cela correspond bien au choix « standard » des industriels.

13.5 c) Par intégrations successives, on obtient :

$$\frac{\partial n}{\partial x}(x,t) = px + A \quad \text{donc} \quad n(x,t) = \frac{px^2}{2} + Ax + B.$$

Les conditions aux limites imposent :

$$\begin{cases} n(0,t) = B & = n_0 \\ n(L,t) = \dfrac{pL^2}{2} + AL + B & = n_0 \end{cases} \quad \text{donc} \quad \begin{cases} B & = n_0 \\ A & = -\dfrac{pL}{2}. \end{cases}$$

La fonction n s'écrit alors :

$$n(x,t) = \frac{px^2}{2} - \frac{pL}{2}x + n_0 = \frac{p}{2}x(x-L) + n_0.$$

13.6 b) On a une fonction qui ne dépend que de t. On sépare les variables, en écrivant :

$$-\frac{\mathrm{d}n}{n^2} = \frac{\mathrm{d}t}{n_c\tau} \quad \text{donc} \quad \mathrm{d}\left(\frac{1}{n}\right) = \mathrm{d}\left(\frac{t}{n_cT}\right).$$

On intègre :

$$\frac{1}{n(t)} - \frac{1}{n_0} = \frac{t}{n_c\tau} \quad \text{donc} \quad n(t) = \frac{n_0}{1 + \dfrac{n_0 t}{n_c\tau}}.$$

13.6 c) On a une équation différentielle sur t : $\dfrac{\partial n}{\partial t}(x,t) + \dfrac{n(x,t)}{\tau} = p$. C'est une équation linéaire dont la solution est de la forme $n(x,t) = A\exp\left(-\dfrac{t}{\tau}\right) + p\tau$. La condition initiale impose $n(x,0) = n_0\left(1 - \dfrac{x}{L}\right)$. On a donc :

$$A = n_0\left(1 - \frac{x}{L}\right) - p\tau = A(x).$$

La solution est donc de la forme :

$$n(x,t) = n_0\left(1 - \frac{x}{L}\right)\exp\left(-\frac{t}{\tau}\right) + p\tau\left(1 - \exp\left(-\frac{t}{\tau}\right)\right).$$

Fiche nº 14. Diffusion thermique

Réponses

14.1 a) .... ⓓ

14.1 b) .... ⓑ

14.1 c) .... ⓒ

14.1 d) .... $\mathrm{d}U = \mu c \dfrac{\partial T}{\partial t} S \,\mathrm{d}x\,\mathrm{d}t$

14.1 e) .... ⓑ

14.1 f) .... ⓐ

14.1 g) .... ⓒ

14.1 h) .... $-\dfrac{\partial j_Q}{\partial x} S \,\mathrm{d}x\,\mathrm{d}t$

14.2 a) .... ⓐ

14.2 b) .... ⓐ

14.2 c) .... ⓑ

14.3 a) .... $\sqrt{2}$

14.3 b) .... $1/\sqrt{2}$

14.3 c) 4

14.3 d) 2

14.4 a) .... ⓐ

14.4 b) .... 2×10^{-3}

14.4 c) .... oui

14.5 a) .... $T(x) = \dfrac{T_2 - T_1}{L} x + T_1$

14.5 b) .... ⓑ et ⓒ

14.5 c) .... ⓐ

14.6 a) .... ⓑ

14.6 b) .... ⓒ

14.6 c) .... ⓓ

14.6 d) .... ⓐ

14.7 a) .... ⓐ

14.7 b) .... ⓒ

14.7 c) .... ⓒ

14.7 d) .... en série

14.7 e) .... $1{,}1 \times 10^3\,\mathrm{W}$

14.8 .... $\dfrac{T_1 + R_{\mathrm{th}} h_2 S T_2}{1 + R_{\mathrm{th}} h_2 S}$

14.9 a) .... $4{,}5 \times 10^{-2}\,\mathrm{K} \cdot \mathrm{W}^{-1}$

14.9 b) .... $0{,}53\,\mathrm{K} \cdot \mathrm{W}^{-1}$

14.9 c) .... ⓒ

14.9 d) .... $3{,}2 \times 10^{-1}\,\mathrm{K} \cdot \mathrm{W}^{-1}$

14.9 e) .... ⓐ

14.10 a) .... 0,7 m

14.10 b) .... 0,8 m

14.10 c) .... (cub., ⓒ) (cyl., ⓐ) (sph., ⓑ)

14.10 d) .... Sphérique

14.10 e) .... 11 °C

14.11 .... ⓒ

14.12 a) .... $\dfrac{\mathrm{d}\theta_{\mathrm{i}}}{\mathrm{d}t} + \dfrac{\theta_i}{R_{\mathrm{th}} C_{\mathrm{th}}} = \dfrac{1}{R_{\mathrm{th}} C_{\mathrm{th}}} (R_{\mathrm{th}} \phi_{\mathrm{i}} + \theta_{\mathrm{e}})$

14.12 b) .... $\dfrac{1}{R_{\mathrm{th}}} (\theta_{\mathrm{i}0} - \theta_{\mathrm{e}0} - \theta_{\mathrm{e}1} \cos(\omega t))$

14.13 a) .... ⓐ

14.13 b) .... ⓐ

14.14 .... Les bottes de paille

14.15 a) .... $\mathrm{d}U = \mu c \dfrac{\partial T}{\partial t} S\,\mathrm{d}x\,\mathrm{d}t$

14.15 b) .... $\lambda \dfrac{\partial^2 T}{\partial x^2} S\,\mathrm{d}x\,\mathrm{d}t$

14.15 c) .... $p_{\text{prod}} S\,\mathrm{d}x\,\mathrm{d}t$

14.15 d) .... $\mu c \dfrac{\partial T}{\partial t} = \lambda \dfrac{\partial^2 T}{\partial x^2} + p_{\text{prod}}$

14.16 a) .... $\mathrm{d}U = \mu c \dfrac{\partial T}{\partial t} S\,\mathrm{d}x\,\mathrm{d}t$

14.16 b) .... $\lambda \dfrac{\partial^2 T}{\partial x^2} S\,\mathrm{d}x\,\mathrm{d}t$

14.16 c) .... ⓒ

14.16 d) ... $\mu c \dfrac{\partial T}{\partial t} = \lambda \dfrac{\partial^2 T}{\partial x^2} - h\dfrac{p}{S}(T(x,t) - T_{\text{ext}})$

14.17 a) .... ⓑ

14.17 b) . $\dfrac{R_{\text{th}} h_1 S + \dfrac{h_1}{h_2}}{1 + \dfrac{h_1}{h_2} + R_{\text{th}} h_1 S} T_1 + \dfrac{1}{1 + \dfrac{h_1}{h_2} + R_{\text{th}} h_1 S} T_2$

14.17 c) .. $\dfrac{1}{1 + \dfrac{h_2}{h_1} + R_{\text{th}} h_2 S} T_1 + \dfrac{\dfrac{h_2}{h_1} + R_{\text{th}} h_2 S}{1 + \dfrac{h_2}{h_1} + R_{\text{th}} h_2 S} T_2$

Corrigés

14.1 a) On utilise l'analyse dimensionnelle.

14.1 c) Il faut utiliser la première loi de Joule, en supposant la tranche suffisamment fine pour considérer la température uniforme. À l'instant t, l'énergie interne de l'élément de volume de section S et de longueur $\mathrm{d}x$ peut s'écrire : $U(t) = \mu(S\,\mathrm{d}x)cT(x,t)$.

14.1 d) On exprime l'énergie interne à l'instant $t + \mathrm{d}t$: $U(t+\mathrm{d}t) = \mu c S\,\mathrm{d}x T(t + \mathrm{d}t)$ puis on calcule la différence $\mathrm{d}U = U(t + \mathrm{d}t) - U(t)$.

14.1 e) On considère $\mathrm{d}t$ suffisamment court pour considérer $\overrightarrow{j_Q}$ constant entre t et $t + \mathrm{d}t$. Le vecteur $\overrightarrow{S}$ entrant est orienté suivant $\overrightarrow{e_x}$.

14.1 f) Attention aux conventions de signe ! Le vecteur $\overrightarrow{S}$ entrant est orienté dans le sens $-\overrightarrow{e_x}$.

14.1 g) Il n'y a pas de transfert thermique au niveau de la surface latérale du fait des orientations réciproques de $\overrightarrow{j_Q}$ et de la surface considérée.

14.1 h) On a $j_Q(x,t)S\,\mathrm{d}t - j_Q(x + \mathrm{d}x, t)S\,\mathrm{d}t = -\dfrac{\partial j_Q}{\partial x} S\,\mathrm{d}t\,\mathrm{d}x$. On peut vérifier qualitativement le signe pour éviter les étourderies.

14.2 a) La situation est unidimensionnelle : la température ne dépend spatialement que de x.

14.2 b) Le courant thermique $\overrightarrow{j_Q} = -\lambda \overrightarrow{\mathrm{grad}}\, T$ est donc dirigé seulement selon $\overrightarrow{e_x}$.

14.2 c) La variation d'énergie interne pendant dt est d$U = \mu(S\,\mathrm{d}x)c\dfrac{\partial T}{\partial t}\,\mathrm{d}t$. Cette variation est due au flux thermique $\Phi\,\mathrm{d}t = j_Q(x,t)S\,\mathrm{d}t - j_Q(x+\mathrm{d}x,t)S\,\mathrm{d}t = -\dfrac{\partial j_Q}{\partial x}S\,\mathrm{d}t\,\mathrm{d}x$. Comme $j_Q = -\lambda\dfrac{\partial T}{\partial x}$, on a :

$$\mu(S\,\mathrm{d}x)c\frac{\partial T}{\partial t}\,\mathrm{d}t = \lambda\frac{\partial^2 T}{\partial x^2}S\,\mathrm{d}t\,\mathrm{d}x,$$

qui se simplifie en $\dfrac{\partial T}{\partial t} = D\dfrac{\partial^2 T}{\partial x^2}$ avec $D = \dfrac{\lambda}{\mu c}$. On vérifie donc l'équation de diffusion libre à une dimension sans source.

14.4 a) Lorsque Fo $\ll 1$, il ne s'est pas écoulé suffisamment de temps pour que la diffusion ait eu lieu : le processus peut être considéré comme adiabatique.

Lorsque Fo $\gg 1$, suffisamment de temps s'est écoulé pour que la diffusion ait eu lieu.

14.4 c) Le nombre de Fourier vaut :

$$\mathrm{Fo} = \frac{13\,\mathrm{W}\cdot\mathrm{m}^{-1}\cdot\mathrm{K}^{-1}\times 1{,}5\times 10^{-2}\,\mathrm{s}}{7\,800\,\mathrm{kg}\cdot\mathrm{m}^{-3}\times 480\,\mathrm{J}\cdot\mathrm{K}^{-1}\cdot\mathrm{kg}^{-1}\times\left(5\times 10^{-3}\,\mathrm{m}\right)^2} = 2\times 10^{-3} \ll 1.$$

L'hypothèse d'une transformation adiabatique est donc valide.

14.5 a) L'équation de la diffusion devient $\dfrac{\mathrm{d}^2 T}{\mathrm{d}x^2} = 0$, soit $T(x) = Ax + B$. On utilise enfin les conditions limites $T(0) = T_1$ et $T(L) = T_2$. Le profil de température est donc linéaire dans la barre en régime permanent.

14.5 b) L'hypothèse de barre homogène permet d'affirmer que la conductivité est identique dans toute la barre. L'hypothèse de régime permanent permet d'affirmer que $\overrightarrow{j_Q}$ est à flux conservatif. L'hypothèse des parois latérales calorifugées permet d'affirmer que le flux n'est orienté que suivant $\overrightarrow{e_x}$.

14.5 c) On a $\Phi(x) = \displaystyle\iint_S \overrightarrow{j_Q}(x)\cdot\overrightarrow{\mathrm{d}S} = j(x)S = -\lambda S\frac{\mathrm{d}T}{\mathrm{d}x} = \frac{\lambda S}{L}(T_1 - T_2)$.

14.6 a) La contrainte est due à l'inhomogénéité spatiale d'une grandeur intensive.

14.6 b) La réponse correspond au flux d'une grandeur, le processus tendant à diminuer l'inhomogénéité spatiale liée à la contrainte.

14.6 c) Le modèle proposé correspond donc au cas où l'on fait l'hypothèse d'une réponse linéaire du système.

14.6 d) C'est donc une propriété intrinsèque du milieu.

14.7 a) On a $R_{\mathrm{th,v}} = \dfrac{L}{\lambda S} = \dfrac{5\times 10^{-3}\,\mathrm{m}}{1\,\mathrm{W}\cdot\mathrm{K}^{-1}\cdot\mathrm{m}^{-1}\times 1\,\mathrm{m}^2} = 5\times 10^{-3}\,\mathrm{K}\cdot\mathrm{W}^{-1}$.

14.7 b) On a $\Delta T = 19\,°\mathrm{C} - 9\,°\mathrm{C} = 10\,°\mathrm{C}$. Le flux Φ vaut donc $\Phi = \dfrac{\Delta T}{R_{\mathrm{th}}} = \dfrac{10}{5\times 10^{-3}}\,\mathrm{W} = 2\times 10^3\,\mathrm{W}$.

14.7 c) On a $\Phi = \dfrac{T_1 - T(0)}{R_{\mathrm{th},1}} = h_1 S(T_1 - T(0))$ et $\Phi = \dfrac{T(L) - T_2}{R_{\mathrm{th},2}} = h_2 S(T(L) - T_2)$.

14.7 d) Les couches sont traversées par le même flux thermique : ainsi, les résistances thermiques sont en série.

14.7 e) On a $\Phi' = \frac{1}{R'_{\text{th}}}(T_1 - T_2)$. Les résistances thermiques sont en série ; donc

$$R'_{\text{th}} = R_{\text{th}} + R_{\text{th},1} + R_{\text{th},2} = \frac{L}{\lambda S} + 2 \times \frac{1}{hS} = 9 \times 10^{-3}\,\text{K} \cdot \text{W}^{-1}.$$

On a donc $\Phi' = \frac{10\,\text{K}}{9 \times 10^{-3}\,\text{K} \cdot \text{W}^{-1}} \approx 1{,}1 \times 10^{3}\,\text{W}$. Les pertes sont presque deux fois plus faibles que dans le cas du premier modèle : des conditions limites peu réalistes peuvent conduire à surestimer fortement les pertes thermiques.

14.8 Par substitution, on élimine ϕ : on a $T_1 - T(L) = R_{\text{th}} h_2 S(T(L) - T_2)$ puis on isole $T(L)$. Ainsi,

$$T(L) = \frac{T_1 + R_{\text{th}} h_2 S T_2}{1 + R_{\text{th}} h_2 S}.$$

14.9 a) La surface du mur en brique est de $7{,}5\,\text{m}^2 - 1{,}2\,\text{m}^2 = 6{,}3\,\text{m}^2$. La résistance de la brique est :

$$R_{\text{b}} = \frac{e_{\text{b}}}{\lambda_{\text{b}}(S_{\text{tot}} - S_{\text{f}})} = 4{,}53 \times 10^{-2}\,\text{K} \cdot \text{W}^{-1}.$$

14.9 b) La résistance de l'isolant est $R_{\text{i}} = \frac{e_{\text{i}}}{\lambda_{\text{i}}(S_{\text{tot}} - S_{\text{f}})} = 5{,}29 \times 10^{-1}\,\text{K} \cdot \text{W}^{-1}$.

14.9 d) La résistance de la brique et celle de l'isolant sont en série ; d'où $R_{\text{mur}} = R_{\text{b}} + R_{\text{i}} = 5{,}74 \times 10^{-1}\,\text{K} \cdot \text{W}^{-1}$. Les résistances R_{mur} et R_{f} sont en parallèle. La résistance équivalente du mur est alors :

$$R_{\text{eq}} = \frac{R_{\text{mur}} R_{\text{f}}}{R_{\text{mur}} + R_{\text{f}}} = 3{,}16 \times 10^{-1}\,\text{K} \cdot \text{W}^{-1}.$$

14.9 e) Pour maintenir cet écart, le système de chauffage doit fournir un flux thermique ϕ tel que :

$$\phi = \frac{\Delta T}{R_{\text{eq}}} = \frac{15\,\text{K}}{3{,}16 \times 10^{-1}\,\text{K} \cdot \text{W}^{-1}} = 47{,}5\,\text{W}.$$

14.10 c) Il faut calculer les surfaces d'échange pour les différents igloos afin d'identifier le dénominateur des intégrales. En notant r la variable d'espace, on a $S_{\text{cub.}} = 5r^2$, $S_{\text{cyl.}} = \pi r^2 + 2\pi r \times r = 3\pi r^2$ et $S_{\text{sph.}} = 2\pi r^2$.

14.10 d) Toutes les résistances thermiques sont de la forme $R_{\text{th}} = \int_a^{a+e} \frac{\text{d}r}{\alpha r^2} = \frac{1}{\alpha}\left[\frac{1}{a} - \frac{1}{a+e}\right] = \frac{e}{\alpha a(a+e)}$.

On peut alors facilement calculer les résistances thermiques pour les différents igloos en identifiant pour chacun la valeur de α et a. D'où :

$$R_{\text{th, cub.}} = \frac{0{,}1\,\text{m}}{5 \times 0{,}2\,\text{W} \cdot \text{m}^{-1} \cdot \text{K}^{-1} \times 1\,\text{m} \times 1{,}1\,\text{m}} = \frac{1}{55 \times 0{,}2}\text{K} \cdot \text{W}^{-1} = \frac{1}{11}\text{K} \cdot \text{W}^{-1}$$

$$R_{\text{th, cyl.}} = \frac{0{,}1\,\text{m}}{3\pi \times 0{,}2\,\text{W} \cdot \text{m}^{-1} \cdot \text{K}^{-1} \times 0{,}7\,\text{m} \times 0{,}8\,\text{m}} = \frac{1}{52{,}1 \times 0{,}2}\text{K} \cdot \text{W}^{-1} = \frac{1}{10{,}4}\text{K} \cdot \text{W}^{-1}$$

$$R_{\text{th, sph.}} = \frac{0{,}1\,\text{m}}{2\pi \times 0{,}2\,\text{W} \cdot \text{m}^{-1} \cdot \text{K}^{-1} \times 0{,}8\,\text{m} \times 0{,}9\,\text{m}} = \frac{1}{44{,}6 \times 0{,}2}\text{K} \cdot \text{W}^{-1} = \frac{1}{8{,}9}\text{K} \cdot \text{W}^{-1}.$$

14.10 e) On a $\Delta T = R_{\text{th,C}}\phi = \frac{100\,\text{W}}{8{,}9\,\text{W} \cdot \text{K}^{-1}} = 11{,}2\,°\text{C}$.

14.12 a) La loi des nœuds en termes de potentiels appliquée en N donne :

$$C_{\text{th}}\frac{\mathrm{d}\theta_{\text{i}}}{\mathrm{d}t} = \phi_{\text{i}} + \frac{1}{R_{\text{th}}}(\theta_{\text{e}} - \theta_{\text{i}}) \qquad \text{donc} \qquad \frac{\mathrm{d}\theta_{\text{i}}}{\mathrm{d}t} + \frac{\theta_{\text{i}}}{R_{\text{th}}C_{\text{th}}} = \frac{1}{R_{\text{th}}C_{\text{th}}}(R_{\text{th}}\phi_{\text{i}} + \theta_{\text{e}}).$$

14.12 b) Si θ_{i} est une constante, l'équation différentielle se simplifie en : $\phi_{\text{i}}(t) = \dfrac{1}{R_{\text{th}}}(\theta_{\text{i}0} - \theta_{\text{e}0} - \theta_{\text{e}1}\cos(\omega t))$.
Le chauffage est donc en opposition de phase avec la température extérieure.

14.13 b) Les résistances thermiques des isolants ⓐ et ⓑ s'écrivent respectivement :

$$R_{\text{a}} = \frac{1}{2\pi\lambda_{\text{a}}L}\ln\left(\frac{5}{1}\right) = \frac{1}{2\pi L}\left(\frac{1}{\lambda_{\text{a}}}\ln(5)\right) \qquad \text{et} \qquad R_{\text{b}} = \frac{1}{2\pi\lambda_{\text{b}}L}\ln\left(\frac{7}{5}\right) = \frac{1}{2\pi L}\left(\frac{1}{\lambda_{\text{b}}}[\ln(7) - \ln(5)]\right).$$

Les deux résistances étant en série et comme on cherche la température à l'interface entre ces deux isolants, la formule du pont diviseur de tension appliquée au potentiel donne :

$$\theta_M = 20\,°\text{C} + \frac{R_{\text{b}}}{R_{\text{a}} + R_{\text{b}}} \times 80\,°\text{C} = 20\,°\text{C} + \frac{80\,°\text{C}}{1 + \dfrac{\lambda_{\text{b}}}{\lambda_{\text{a}}}\dfrac{\ln(5)}{\ln(7) - \ln(5)}} = 20\,°\text{C} + \frac{80\,°\text{C}}{1 + 3\dfrac{1}{\frac{\ln(7)}{\ln(5)} - 1}}$$

$$= 20\,°\text{C} + \frac{80\,°\text{C}}{1 + 3\dfrac{1}{\frac{\ln(7)}{\ln(5)} - 1}} = 20\,°\text{C} + \frac{80\,°\text{C}}{1 + \dfrac{1}{0{,}07}} = 20\,°\text{C} + \frac{7 \times 80\,°\text{C}}{107} \approx 25{,}2\,°\text{C}.$$

14.14

Isolants	Épaisseur pour $r = 7$ e (cm)	Déphasage (pour $r = 7$) $\Delta\tau$	Énergie grise surfacique $\mathcal{E}_{\text{S}}$ (kWh $\cdot$ m^{-2})
Fibre de bois	26	17 h 00	78
Bottes de paille	36	14 h 30	3,6
Laine minérale	21	4 h 30	50
Vermiculite	35	19 h 20	84
Polystyrène expansé	22	4 h 40	140
Polyuréthane	16	4 h 30	160

14.15 a) Il faut utiliser la première loi de Joule, en supposant la tranche suffisamment fine pour considérer la température uniforme. À l'instant t, l'énergie interne de l'élément de volume de section S et de longueur $\mathrm{d}x$ peut s'écrire : $U(t) = \mu(S\,\mathrm{d}x)cT(x,t)$.

14.15 b) Le transfert reçu en x est $\overrightarrow{j_Q}(x,t) \cdot S\overrightarrow{e_x}\,\mathrm{d}t$. Le transfert reçu en $x + \mathrm{d}x$ est $\overrightarrow{j_Q}(x + \mathrm{d}x, t) \cdot S(-\overrightarrow{e_x})\,\mathrm{d}t$, le signe étant dû à l'orientation de $\overrightarrow{S}$. Le flux total reçu est la somme des flux précédents :

$$\Phi(x + \mathrm{d}x, t) = [j_Q(x,t) - j_Q(x + \mathrm{d}x, t)]S\,\mathrm{d}t = -\frac{\partial j_Q}{\partial x}(x + \mathrm{d}x, t)\,\mathrm{d}xS\,\mathrm{d}t = \lambda\frac{\partial^2 T}{\partial x^2}S\,\mathrm{d}x\,\mathrm{d}t.$$

14.15 c) L'énergie produite est proportionnelle au volume de la tranche et vaut $p_{\text{prod}}S\,\mathrm{d}x\,\mathrm{d}t$.

14.16 a) Raisonnement identique à celui de l'entraînement précédent.

14.16 b) Raisonnement identique à celui de l'entraînement précédent.

14.16 d) La surface latérale vaut $p\,\mathrm{d}x$: attention à l'algébrisation.

La variation d'énergie interne de l'élément de volume de section S et de longueur $\mathrm{d}x$ est due aux flux thermiques conductifs suivant l'axe $(\mathrm{O}x)$ et conducto-convectifs en radial :

$$\mathrm{d}U = \mu c\frac{\partial T}{\partial t}S\,\mathrm{d}x\,\mathrm{d}t = \lambda\frac{\partial^2 T}{\partial x^2}S\,\mathrm{d}x\,\mathrm{d}t - h(T(x,t) - T_{ext})p\,\mathrm{d}x\,\mathrm{d}t,$$

soit $\mu c\dfrac{\partial T}{\partial t} = \lambda\dfrac{\partial^2 T}{\partial x^2} - h\dfrac{p}{S}(T(x,t) - T_{\text{ext}})$.

....

14.17 a) Le premier graphique correspond au premier modèle ne prenant pas en compte les pertes conducto-convectives.

....

14.17 b) À partir de la première et de la troisième ligne du système, on obtient :

$$h_1 S(T_1 - T(0)) = h_2 S(T(L) - T_2) \qquad \text{donc} \qquad T(L) = \frac{h_1}{h_2}(T_1 - T(0)) + T_2.$$

En injectant cette expression dans la deuxième équation, on trouve :

$$T(0)\left[1 + \frac{h_1}{h_2}\right] - \left(\frac{h_1}{h_2}T_1 + T_2\right) = R_{\text{th}}h_1 S(T_1 - T(0)) \quad \text{donc} \quad T(0)\left[1 + \frac{h_1}{h_2} + R_{\text{th}}h_1 S\right] = \left(R_{\text{th}}h_1 S + \frac{h_1}{h_2}\right)T_1 + T_2$$

$$\text{donc} \quad T(0) = \frac{R_{\text{th}}h_1 S + \dfrac{h_1}{h_2}}{1 + \dfrac{h_1}{h_2} + R_{\text{th}}h_1 S}T_1 + \frac{1}{1 + \dfrac{h_1}{h_2} + R_{\text{th}}h_1 S}T_2.$$

....

14.17 c) On fait de même pour obtenir $T(L)$: à partir de la 1re et de la 3e ligne, on a : $T(0) = T_1 - \dfrac{h_2}{h_1}(T(L) - T_2)$.
On injecte dans la deuxième équation :

$$T_1 + \frac{h_2}{h_1}T_2 - \left[1 + \frac{h_2}{h_1}\right]T(L) = R_{\text{th}}h_2 S(T(L) - T_2),$$

soit :

$$T(L) = \frac{1}{1 + \dfrac{h_2}{h_1} + R_{\text{th}}h_2 S}T_1 + \frac{\dfrac{h_2}{h_1} + R_{\text{th}}h_2 S}{1 + \dfrac{h_2}{h_1} + R_{\text{th}}h_2 S}T_2.$$

....

Fiche n° 15. Transferts thermiques

Réponses

15.1 a) .... positif

15.1 b) .... négatif

15.1 c) .... nul

15.2 a) .... ⓑ et ⓔ

15.2 b) .... $60\,\mathrm{W \cdot m^{-2}}$

15.3 a) .... ⓑ

15.3 b) .... ⓑ

15.3 c) .... Même sens que $\overrightarrow{e_r}$

15.3 d) .... Même sens que $\overrightarrow{e_r}$

15.3 e) .... $2{,}9 \times 10^5\,\mathrm{W \cdot m^{-2}}$

15.3 f) .... $1{,}4 \times 10^5\,\mathrm{W \cdot m^{-2}}$

15.4 .... $\mathrm{W \cdot K^{-1} \cdot m^{-2}}$

15.5 a) .... ⓑ

15.5 b) .... $65\,°\mathrm{C}$

15.6 a) .... ⓒ

15.6 b) .... $\lambda \dfrac{\pi a^2}{b}(T_0 - T_a)$

15.7 a) .... $62{,}9\,\mathrm{MW \cdot m^{-2}}$

15.7 b) .... $3{,}8 \times 10^{26}\,\mathrm{W}$

15.7 c) .... ⓒ

15.7 d) .... ⓒ

15.8 a) .... ⓑ

15.8 b) .... ⓑ

15.8 c) .... $1{,}5\,\mathrm{m^2}$

15.9 .... $\mathrm{L^2 \cdot T^{-1}}$

15.10 a) .... ⓒ

15.10 b) .... ⓑ

15.11 a) .... $\dfrac{p_v}{2\lambda}x(L-x) + (T_1 - T_0)\dfrac{x}{L} + T_0$

15.11 b) .... ⓓ

15.11 c) .... $60\,\mathrm{W \cdot m^{-3}}$

15.12 a) .... $T_0 + \dfrac{I^2}{2\gamma\lambda S^2}\left(\left(\dfrac{L}{2}\right)^2 - x^2\right)$

15.12 b) 0

15.12 c) .... $T_0 + \dfrac{I^2}{\lambda\gamma S^2}\dfrac{L^2}{8}$

15.12 d) .... ⓑ et ⓒ

15.13 a) .... $1{,}0 \times 10^{-2}\,\mathrm{K \cdot W^{-1}}$

15.13 b) .... $1{,}2\,\mathrm{W \cdot K^{-1} \cdot m^{-1}}$

15.13 c) .... $4{,}0\,\mathrm{cm}$

15.14 a) .... ⓐ

15.14 b) .... ⓒ

Corrigés

15.2 a) Le profil de température dans le mur est une fonction affine en régime stationnaire.

On a alors $\overrightarrow{\text{grad}}\,T = \dfrac{\mathrm{d}T}{\mathrm{d}x}\overrightarrow{e_x}$ indépendant de x. La loi de Fourier donne alors $\overrightarrow{\jmath}_{\text{th}} = -\lambda\,\overrightarrow{\text{grad}}\,T = -\lambda\dfrac{T_{\text{C}} - T_{\text{A}}}{e}\overrightarrow{e_x}$ pour tous les points de la dalle. Ici, $\overrightarrow{\text{grad}}\,T = \dfrac{T_{\text{C}} - T_{\text{A}}}{e}\overrightarrow{e_x}$ avec $\dfrac{T_{\text{C}} - T_{\text{A}}}{e} = 50\,\text{K}\cdot\text{m}^{-1}$.

15.2 b) On a $\|\overrightarrow{\jmath}_{\text{th}}(\text{B})\| = \lambda\dfrac{|T_{\text{C}} - T_{\text{A}}|}{e} = 1{,}2\,\text{W}\cdot\text{m}^{-1}\cdot\text{K}^{-1} \times \dfrac{10\,\text{K}}{0{,}2\,\text{m}} = 60\,\text{W}\cdot\text{m}^{-2}$.

15.3 a) La température ne dépend spatialement que de la distance r à l'axe $(\text{O}z)$. Par conséquent, on a :

$$\overrightarrow{\text{grad}}\,T = \frac{\mathrm{d}T}{\mathrm{d}r}\overrightarrow{e_r}.$$

15.3 b) La température ne dépend spatialement que de la distance r à l'axe $(\text{O}z)$. Par conséquent, on a :

$$\overrightarrow{\text{grad}}\,T = \frac{\mathrm{d}T}{\mathrm{d}r}\overrightarrow{e_r}.$$

15.3 c) On constate que $\overrightarrow{\text{grad}}\,T\cdot\overrightarrow{e_r} = \dfrac{\mathrm{d}T}{\mathrm{d}r} < 0$ donc $\overrightarrow{\jmath}_{\text{th}}\cdot\overrightarrow{e_r} > 0$.

15.3 d) On constate que $\overrightarrow{\text{grad}}\,T\cdot\overrightarrow{e_r} = \dfrac{\mathrm{d}T}{\mathrm{d}r} < 0$ donc $\overrightarrow{\jmath}_{\text{th}}\cdot\overrightarrow{e_r} > 0$.

15.3 e) On a $\dfrac{\mathrm{d}T}{\mathrm{d}r} = \dfrac{T_{\text{C}} - T_{\text{A}}}{\ln\left(\dfrac{c}{a}\right)}\dfrac{1}{r}$ donc $\|\overrightarrow{\jmath}_{\text{th}}(\text{A})\| = \overrightarrow{\jmath}_{\text{th}}(\text{A})\cdot\overrightarrow{e_r} = -\lambda\dfrac{T_{\text{C}} - T_{\text{A}}}{\ln\left(\dfrac{c}{a}\right)}\dfrac{1}{a}$. Donc,

$$\lambda\frac{T_{\text{A}} - T_{\text{C}}}{\ln\left(\dfrac{c}{a}\right)}\frac{1}{a} = 400\,\text{W}\cdot\text{m}^{-1}\cdot\text{K}^{-1} \times \frac{10\,\text{K}}{\ln(2)}\frac{1}{2\times 10^{-2}\,\text{m}} = 2{,}9\times 10^{5}\,\text{W}\cdot\text{m}^{-2}.$$

15.3 f) On obtient $\overrightarrow{\jmath}_{\text{th}}(\text{C})\cdot\overrightarrow{e_r} = -\lambda\dfrac{T_{\text{C}} - T_{\text{A}}}{\ln\left(\dfrac{c}{a}\right)}\dfrac{1}{c} = \dfrac{1}{2}\overrightarrow{\jmath}_{\text{th}}(\text{A})\cdot\overrightarrow{e_r}$.

15.5 a) La puissance transmise par la paroi au fluide est $P_{p\to f} = hS(T_p - T_f)$. Par définition de la résistance thermique, on a $R_{\text{cc}} = \dfrac{T_p - T_f}{P_{p\to f}}$ donc $R_{\text{cc}} = \dfrac{1}{hS}$.

15.5 b) On a $T_{\text{toit}} - T_{\text{air}} = \dfrac{P_{\text{toit}\to\text{air}}}{hS} = \dfrac{40\times 10^{3}\,\text{W}}{20\,\text{W}\cdot\text{K}^{-1}\cdot\text{m}^{-2}\times 50\,\text{m}^{2}} = 40$ K.

15.6 b) On obtient $P_0 = -\lambda\dfrac{\mathrm{d}T}{\mathrm{d}x}(0)\pi a^2$ avec $\dfrac{\mathrm{d}T}{\mathrm{d}x}(0) = \dfrac{T_a - T_0}{b}$.

15.7 a) On calcule $\varphi_{\odot} = 5{,}67\times 10^{-8}\,\text{W}\cdot\text{m}^{-2}\cdot\text{K}^{-4}\times(5\,772\,\text{K})^{4} = 6{,}29\times 10^{7}\,\text{W}\cdot\text{m}^{-2}$.

15.7 b) On a $P_S = \varphi_{\odot}4\pi R_{\odot}^{2} = 6{,}29\times 10^{7}\,\text{W}\cdot\text{m}^{-2}\times 4\pi\left(696\times 10^{6}\,\text{m}\right)^{2} = 3{,}83\times 10^{26}\,\text{W}$.

15.7 c) La puissance $\varphi(r)4\pi r^2$ traversant la sphère de rayon r étant identique à celle émise par le Soleil $\varphi_\odot 4\pi R_\odot^2$, il vient $\varphi(r) = \varphi_\odot \left(\frac{R_\odot}{r}\right)^2$.

15.7 d) On trouve $\varphi(D_{ST}) = \varphi_\odot \left(\frac{R_\odot}{D_{ST}}\right)^2$. Donc,

$$\varphi(D_{ST}) = 6{,}29 \times 10^7\ \mathrm{W \cdot m^{-2}} \times \left(\frac{696 \times 10^3\ \mathrm{km}}{150 \times 10^6\ \mathrm{km}}\right)^2 = 1{,}35 \times 10^3\ \mathrm{W \cdot m^{-2}} \quad \text{arrondi à} \quad 1{,}4 \times 10^3\ \mathrm{W \cdot m^{-2}}.$$

15.8 a) Le radiateur rayonne vers l'air la puissance $P_r = \sigma T_s^4 S$ et reçoit la puissance $P_a = \sigma T_a^4 S$ de la part de l'air. La puissance cédée par le radiateur à l'air est donc $P = P_r - P_a$.

15.8 b) La loi de Newton rappelée dans la fiche donne le résultat.

15.8 c) La puissance totale cédée par le radiateur à l'air est $P = \big(\sigma\big(T_s^4 - T_a^4\big) + h(T_s - T_a)\big)S$.
On a :

$$\begin{aligned}\sigma\big(T_s^4 - T_a^4\big) + h(T_s - T_a) &= 5{,}67 \times 10^{-8}\ \mathrm{W \cdot m^{-2} \cdot K^{-4}} \times \big(333^4 - 293^4\big)\mathrm{K}^4 + 10\ \mathrm{W \cdot m^{-2} \cdot K^{-1}} \times 40\ \mathrm{K} \\ &= 679\ \mathrm{W \cdot m^{-2}}.\end{aligned}$$

Donc $S = \dfrac{P}{\sigma(T_s^4 - T_a^4) + h(T_s - T_a)} = \dfrac{1{,}0 \times 10^3\ \mathrm{W}}{679\ \mathrm{W \cdot m^{-2}}} = 1{,}5\ \mathrm{m}^2$.

15.10 b) La durée caractéristique τ de la diffusion thermique est liée à la longueur caractéristique L de l'œuf et à sa diffusivité thermique D par $\tau = \frac{L^2}{D}$. On en déduit que $\frac{\tau_a}{\tau_p} = \left(\frac{L_a}{L_p}\right)^2 \approx 3^2$ (où l'indice « a » est pour l'œuf d'autruche et « p » pour l'œuf de poule).

15.11 a) En intégrant $\frac{\mathrm{d}^2T}{\mathrm{d}x^2} = -\frac{p_v}{\lambda}$ par rapport à x, on obtient $\frac{\mathrm{d}T}{\mathrm{d}x} = -\frac{p_v}{\lambda}x + A$ puis $T(x) = -\frac{p_v}{\lambda}\frac{x^2}{2} + Ax + B$. Les conditions aux limites $T(0) = T_0$ et $T(L) = T_1$ mènent à $B = T_0$ et $A = \frac{T_1 - T_0}{L} + \frac{p_v L}{2\lambda}$.

15.11 b) On pose $A = \frac{p_v L}{2\lambda} + \frac{T_1 - T_0}{L}$. La température est maximale en $x_1 = 3L/10$. Or $\frac{\mathrm{d}T}{\mathrm{d}x} = -\frac{p_v}{\lambda}x + A$. On a donc $\frac{\mathrm{d}T}{\mathrm{d}x} = 0$ pour $x_1 = \frac{\lambda A}{p_v}$. Après calculs, on obtient $p_v = \frac{5\lambda}{L^2}(T_0 - T_1)$.

15.11 c) On a $p_v = \dfrac{5 \times 1{,}2\ \mathrm{W \cdot K^{-1} \cdot m^{-1}}}{1\ \mathrm{m}^2} \times 10\ \mathrm{K} = 60\ \mathrm{W \cdot m^{-3}}$.

15.12 a) On note $A = \frac{I^2}{\lambda\gamma S^2}$. En intégrant $\frac{\mathrm{d}^2T}{\mathrm{d}x^2} = -A$ par rapport à x, on obtient $\frac{\mathrm{d}T}{\mathrm{d}x} = -Ax + B$ puis $T(x) = -A\frac{x^2}{2} + Bx + C$. Les conditions aux limites $T\left(\pm\frac{L}{2}\right) = T_0$ mènent à $B = 0$ et $C = T_0 + AL^2/8$.
On peut aussi justifier $B = 0$ par un argument de symétrie du profil de température par rapport au plan $x = 0$. Le profil parabolique et le fait qu'on ait $T\left(\pm\frac{L}{2}\right) = T_0$ prouvent que $x \longmapsto T(x)$ est une fonction paire ; on en déduit que $\frac{\mathrm{d}T}{\mathrm{d}x}(0) = 0$.

15.12 d) On a $\vec{\jmath}_{\text{th}}\left(-\frac{L}{2}\right)\cdot\vec{e_x} = -\lambda\left.\frac{\mathrm{d}T}{\mathrm{d}x}\right|_{-L/2} < 0$ car $\left.\frac{\mathrm{d}T}{\mathrm{d}x}\right|_{-L/2} > 0$ et $\vec{\jmath}_{\text{th}}\left(\frac{L}{2}\right)\cdot\vec{e_x} = -\lambda\left.\frac{\mathrm{d}T}{\mathrm{d}x}\right|_{-L/2} > 0$ car $\left.\frac{\mathrm{d}T}{\mathrm{d}x}\right|_{-L/2} < 0$.

15.13 a) Par définition de la résistance thermique du mur, on a $R = \frac{T_1 - T_2}{P_{1\to 2}} = \frac{10}{10^3} = 1{,}0 \times 10^{-2}\,\mathrm{K}\cdot\mathrm{W}^{-1}$.

15.13 b) En notant $S = hL = 25\,\mathrm{m}^2$, la conductivité du béton est alors $\lambda_1 = \frac{e}{SR} = \frac{0,3}{25\times 10^{-2}} = 1{,}2\,\mathrm{W}\cdot\mathrm{K}^{-1}\cdot\mathrm{m}^{-1}$.

15.13 c) Les deux matériaux sont associés en série. Afin que la puissance traversant le mur isolé soit divisée par 5 pour la même différence de température, il faut que la résistance thermique soit multipliée par 5. En notant R_1 la résistance du mur de béton et R_2 celle de la plaque de polystyrène, $R_1 + R_2 = 5R_1$, soit $R_2 = 4R_1$.

Ceci s'écrit alors $\frac{e_2}{\lambda_2 S} = 4\frac{e_1}{\lambda_1 S}$. L'épaisseur e_2 de polystyrène est donc $e_2 = 4e_1\frac{\lambda_2}{\lambda_1} = 4{,}0\,\mathrm{cm}$.

15.14 a) La conductance est proportionnelle à la surface du mur. En écrivant que $G_m = KS_m$, on en déduit que $G'_m = K(S_m - S_f)$ et donc $G'_m = \frac{S_m - S_f}{S_m}G_m$.

15.14 b) Le mur percé et la fenêtre sont associés en parallèle. La conductance thermique équivalente est la somme de la conductance de la fenêtre G_f et de celle du mur percé G'_m différente de G_m. Donc, on a :

$$G = G_f + \frac{S_m - S_f}{S_m}G_m = G_m\left(1 - \frac{S_f}{S_m}\right) + G_f.$$

Fiche n° 16. Tables et diagrammes thermodynamiques (MP)

Réponses

16.1 a) .. $9{,}1 \times 10^{-4}\,\mathrm{g \cdot mL^{-1}}$

16.1 b) .... ⓑ

16.1 c) .... ⓐ

16.2 a) .... ①

16.2 b) .... ③

16.2 c) .... ②

16.2 d) .... $760{,}8\,\mathrm{mmHg}$

16.2 e) .... diphasé

16.2 f) $1{,}017 \times 10^{-3}\,\mathrm{m^3 \cdot kg^{-1}}$

16.2 g) ...... $7{,}6672\,\mathrm{m^3 \cdot kg^{-1}}$

16.2 h) .... ⓒ

16.3 a) .... isobare

16.3 b) .... isotherme

16.3 c) .... isochore

16.3 d) .... $2V_1$

16.4 a) .... ⓑ

16.4 b) .... ⓐ

16.4 c) .... ⓓ

16.5 a) 0

16.5 b) .... $-\dfrac{p_0}{v_0}$

16.5 c) .... ∞

16.5 d) .... $-\gamma\dfrac{p_0}{v_0}$

16.5 e) .... isochore

16.5 f) .... isobare

16.5 g) .... isotherme

16.5 h) .... isentrope

16.6 a) .... $\dfrac{\mathrm{d}T}{\mathrm{d}s} - \dfrac{T}{c_p} = 0$

16.6 b) .... ⓑ

16.6 c) .... ⓑ

16.6 d) .... ⓐ

16.7 .... ⓐ

16.8 a) .... ⓐ et ⓒ

16.8 b) .... ⓐ et ⓓ

16.8 c) .... ⓑ, ⓒ et ⓓ

16.8 d) .... ⓒ et ⓓ

16.8 e) ..... $800\,\mathrm{J \cdot K^{-1} \cdot kg^{-1}}$

16.8 f) ... $-5\,000\,\mathrm{J \cdot K^{-1} \cdot kg^{-1}}$

16.8 g) ...... $-1\,650\,\mathrm{kJ \cdot kg^{-1}}$

16.9 a) .... ⓑ

16.9 b) .... ⓓ

16.9 c) .... ⓒ

16.10 a) .... ⓐ et ⓓ

16.10 b) .... ⓑ, ⓒ et ⓓ

16.10 c) .... ⓑ et ⓒ

16.10 d) .... (a)

16.11 a) .... $\dfrac{R}{\ln(10) M v c_p}$

16.11 b) .... isotherme

16.11 c) .... isentrope

16.11 d) .... isochore

16.11 e) .... isobare

16.12 a) .... ⓐ

16.12 b) ...... $1\,320\,\mathrm{kJ \cdot kg^{-1}}$

16.12 c) ...... $2\,650\,\mathrm{kJ \cdot kg^{-1}}$

16.12 d) .... $420\,\mathrm{kJ \cdot kg^{-1}}$

16.12 e) .... ⓑ

16.12 f) .... $x_\mathrm{B} = 40\,\%$

16.12 g) .... ⓑ

16.13 a) .... ⓑ

16.13 b) .... ⓓ

16.13 c) .... $2{,}45\,\mathrm{m^3 \cdot kg^{-1}}$

16.13 d) .... ⓓ

16.13 e) .... $2{,}45\,\mathrm{m^3 \cdot kg^{-1}}$

16.14 a) ..... $2\,675{,}6\,\mathrm{kJ \cdot kg^{-1}}$

16.14 b) ...... $419{,}2\,\mathrm{kJ \cdot kg^{-1}}$

16.14 c) .... ⓒ

16.14 d) .... $-2\,031\,\mathrm{kJ \cdot kg^{-1}}$

16.15 a) .... ⓒ

16.15 b) .... ⓑ

16.16 a) .... ⓑ

16.16 b) .... isotherme

16.16 c) .... isentrope

16.16 d) .... isochore

16.16 e) .... isobare

16.17 a) .... $\boxed{\dfrac{T_0}{c_p}}$

16.17 b) .... $\boxed{0}$

16.17 c) .... $\boxed{\dfrac{T_0}{c_v}}$

16.17 d) .... $\boxed{\infty}$

16.17 e) .... $\boxed{\text{isentrope}}$

16.17 f) .... $\boxed{\text{isochore}}$

16.17 g) .... $\boxed{\text{isobare}}$

16.17 h) .... $\boxed{\text{isotherme}}$

16.18 a) .... Ⓒ

16.18 b) .... Ⓑ

16.19 a) .... $\boxed{2\,680\,\text{kJ}\cdot\text{kg}^{-1}}$

16.19 b) .... Ⓒ

16.19 c) .... $\boxed{8\,\text{kJ}\cdot\text{K}^{-1}\cdot\text{kg}^{-1}}$

16.19 d) .... $\boxed{300\,\text{kJ}\cdot\text{kg}^{-1}}$

16.19 e) .... $\boxed{250\,°\text{C}}$

16.19 f) .... $\boxed{400\,°\text{C}}$

16.19 g) .... Ⓐ

Corrigés

16.1 a) On a $v(T = 200\,°\text{C}, p = 200\,\text{kPa}) = 1{,}0805\,\text{m}^3\cdot\text{kg}^{-1} = 1{,}0805\times10^6\,\text{mL}\cdot\text{kg}^{-1} = 1{,}0805\times10^3\,\text{mL}\cdot\text{g}^{-1}$ $\approx 1{,}1\times10^3\,\text{mL}\cdot\text{g}^{-1}$ donc $\rho = \dfrac{1}{v} = \dfrac{1}{1{,}1\times10^3} = 0,9090\cdots\times10^{-3}\text{g}\cdot\text{mL}^{-1} \approx 9{,}1\times10^{-4}\,\text{g}\cdot\text{mL}^{-1}$.

Remarque : La division ci-dessus « se pose à la main ». Il est aussi possible d'utiliser le développement limité autour de 0 *de* $(1+x)^\alpha = 1+\alpha x$ *à l'ordre* 1 : $\dfrac{1}{1{,}1\times10^3} = (1+0,1)^{-1}\times10^{-3} \approx (1-0,1)\times10^{-3} = 9\times10^{-4}$.

....

16.1 b) Par lecture de la table, on a $T_{\text{sat}}(200\,\text{kPa}) = 120{,}21\,°\text{C}$.

....

16.1 c) Par lecture de la table, on a $100\,°\text{C} < T_{\text{sat}}(200\,\text{kPa}) = 120{,}21\,°\text{C}$: le fluide est donc monophasé sous forme de liquide.

....

16.2 d) À 100 °C, on a :

$$p_{\text{sat}} = 0{,}10142\,\text{MPa} = 0{,}10142\times10^6\times1\,\text{Pa} = 0{,}10142\times10^6\times\frac{1}{133,3}\text{mmHg} = 760{,}8\,\text{mmHg}.$$

....

16.2 e) On a $v = 1{,}03\,\text{cm}^3\cdot\text{g}^{-1} = 1{,}03\times10^{-3}\,\text{m}^3\cdot\text{kg}^{-1}$. Or, par lecture de la table, le volume massique du liquide saturant est $v_\ell(60\,°\text{C}) = 1{,}017\times10^{-3}\,\text{m}^3\cdot\text{kg}^{-1}$ et celui de la vapeur saturante est $v_{\text{g}}(60\,°\text{C}) = 7{,}6672\,\text{m}^3\cdot\text{kg}^{-1}$. Il vient que $v_\ell(60\,°\text{C}) \leqslant v \leqslant v_{\text{g}}(60\,°\text{C})$: le système est alors diphasé, c'est-à-dire un mélange de vapeur et de liquide.

....

16.2 h) Le volume massique vaut $v = 1\,030\,\text{cm}^3\cdot\text{g}^{-1}$, soit $v = 1{,}030\,\text{m}^3\cdot\text{kg}^{-1}$.

Or, $v_{\text{g}} = 7{,}6672\,\text{m}^3\cdot\text{kg}^{-1} \approx 7v \approx 7\times10^3 v_{\text{l}}$ donc il est numériquement raisonnable de considérer que $v_{\text{g}} - v_{\text{l}} \approx v_{\text{g}}$ et $v - v_{\text{l}} \approx v$, d'où $x_{\text{g}} \approx v/v_{\text{g}}$. La réponse est donc la Ⓒ.

....

16.3 d) La transformation est isobare donc $V_2 = \dfrac{T_2V_1}{T_1} = 2V_1$.

....

16.4 a) La transformation est isotherme donc $PV = nRT$ est une constante.

....

16.4 b)

- Lors de la transformation (A) isobare, le volume augmente donc ⓑ ne convient pas. Dans le cas de ⓓ, la transformation (C) isochore a lieu au volume minimal, ce qui est en contradiction avec la fiche synoptique où le volume prend sa valeur maximale pendant cette transformation ($V = 3V_1$) : la ⓓ ne convient donc pas.
- Pour la transformation (B) isotherme, la pression et le volume vérifient la relation $P = \dfrac{\text{cste}}{V}$ donc, en échelle linéaire, la représentation graphique de $P = f(V)$ est une branche d'hyperbole, ce qui ne peut que correspondre à ⓐ.

16.4 c) Le sens de rotation est horaire : le travail total reçu au cours du cycle est négatif, le cycle est moteur.

16.5 h) La courbe isobare est de pente nulle donc il s'agit de la courbe ①.

La courbe isochore est de pente infinie donc il s'agit de la courbe ②.

Il reste deux courbes à identifier : la courbe isotherme vérifiant $p_{\text{iso}-T} = \dfrac{A}{v}$ et la courbe isentropique vérifiant $p_{\text{iso}-s} = \dfrac{B}{v^{\gamma}}$, où $A = nrT = p_0 v_0$ et $B = p_0 v_0^{\gamma}$ sont des constantes. L'identification des courbes se fait par un calcul de dérivée au point M_0 de coordonnées (p_0, v_0) :

$$\left(\frac{\mathrm{d}p_{\text{iso}-T}}{\mathrm{d}v}\right)(v_0) = -\frac{A}{v_0^2} = -\frac{p_0}{v_0} \qquad \text{et} \qquad \left(\frac{\mathrm{d}p_{\text{iso}-s}}{\mathrm{d}v}\right)(v_0) = -\gamma\frac{B}{v_0^{\gamma+1}} = -\gamma\frac{p_0}{v_0} = \gamma\left(\frac{\mathrm{d}p_{\text{iso}-T}}{\mathrm{d}v}\right)(v_0).$$

Au point M_0, la courbe isentrope est donc la courbe la plus pentue : la courbe ④ est la courbe isentrope et la courbe ③ est la courbe isotherme.

16.6 a) En combinant la 2e identité thermodynamique et la seconde loi de Joule, il vient : $c_P\,\mathrm{d}T = T\,\mathrm{d}s + v\,\mathrm{d}p$. Le long d'une courbe isobare, $\mathrm{d}p = 0$. L'équation différentielle en $T(s)$ s'obtient en réorganisant les variables s et T de telle sorte qu'une dérivée $\dfrac{\mathrm{d}T}{\mathrm{d}s}$ apparaisse : $\dfrac{\mathrm{d}T}{\mathrm{d}s} - \dfrac{T}{c_p} = 0$.

16.6 b) L'équation différentielle $\dfrac{\mathrm{d}T}{\mathrm{d}s} - \dfrac{T}{c_p} = 0$ est une équation différentielle linéaire du premier ordre à coefficients constants et sans second membre dont la solution est de la forme $T(s) = A\exp\left(\dfrac{s}{c_p}\right)$. Le choix (arbitraire) de la constante d'intégration A est ici fait de telle sorte que la courbe isobare passe par un état de référence (s_0, T_0) : $A = T_0\exp\left(-\dfrac{s_0}{c_p}\right)$, d'où $T(s) = T_0\exp\left(\dfrac{s-s_0}{c_p}\right)$.

Conseil : Tester la vraisemblance en remarquant que, d'une part, $T(s = s_0) = T_0$ *et, d'autre part,* $\dim(s - s_0) = \dim(c_p)$ *: l'argument d'exponentielle est bien sans dimension.*

16.6 c) La loi de Laplace donne $p_1^{1-\gamma}T_1^{\gamma} = p_2^{1-\gamma}T_2^{\gamma}$, soit $p_2^{1-\gamma} = \left(\dfrac{T_1}{T_2}\right)^{\gamma} p_1^{1-\gamma}$; d'où $p_1\left(\dfrac{T_1}{T_2}\right)^{\gamma/(1-\gamma)}$.

16.6 d) Graphiquement, $T_1 < T_2$, soit $\dfrac{T_1}{T_2} < 1$. Or, $\dfrac{p_2}{p_1} = \left(\dfrac{T_1}{T_2}\right)^{\gamma/(1-\gamma)}$ avec $\gamma > 1$, c'est-à-dire que $\dfrac{\gamma}{1-\gamma} < 0$. Ainsi, $\dfrac{T_1}{T_2} < 1$ implique que $\left(\dfrac{T_1}{T_2}\right)^{\gamma/(1-\gamma)} > 1$. Autrement dit, $\dfrac{p_2}{p_1} > 1$ donc $p_2 > p_1$.

16.7 Le transfert thermique correspond géométriquement à l'aire du cycle parcouru dans le diagramme entropique. Il est compté positivement si le cycle est parcouru dans le sens horaire (moteur) et négativement si le cycle est parcouru dans le sens trigonométrique (récepteur). Attention ici, l'entropie est donnée en $\mathrm{kJ \cdot K^{-1}}$ donc $Q_{\mathrm{ABCDA}} = (T_{\mathrm{B}} - T_{\mathrm{A}})(S_{\mathrm{C}} - S_{\mathrm{B}}) = 100 \cdot 1{,}5 \times 10^3 = 1{,}5 \times 10^5\ \mathrm{J}$.

16.8 a) Une enthalpie massique est indiquée en $\mathrm{J \cdot kg^{-1}}$, et non en J. Le point A est à droite de la courbe de saturation et en dessous du point critique donc le fluide est à l'état gazeux. Les courbes isenthalpes ($\mathrm{d}h = 0$) sont quasi horizontales, c'est-à-dire presque confondues avec des courbes isothermes ($\mathrm{d}T = 0$) : le modèle du gaz parfait peut être considéré comme valide au point A car la relation $\mathrm{d}h = c\,\mathrm{d}T$ n'est pas mise en défaut au point A. Enfin, le point A passe par la courbe isobare 0,05 bar représentée en pointillés.

....

16.8 b) Le point B est à gauche de la courbe de saturation et en dessous du point critique donc le fluide est à l'état liquide. Une lecture graphique, réalisée à l'aide d'une règle graduée, puis l'application d'une « règle de trois », conduit à évaluer l'abscisse du point B comme étant égale à $600\,\mathrm{J \cdot kg^{-1} \cdot K^{-1}}$.

....

16.8 c) La grandeur x représente le titre massique en *vapeur* dans le mélange. Le point E se situe à équidistance (le long de la courbe isotherme passant par le point E) des courbes isotitres $x = 0{,}6$ et $x = 0{,}8$. Ainsi, $x_{\mathrm{E}} = 0{,}7$.

Comme le titre en vapeur est de 0,7, celui en liquide est de 0,3.

....

16.8 d) En passant de l'état E à l'état F (situé sur la courbe d'ébullition), le système passe d'un état diphasé à un état de liquide juste saturant : la vapeur saturante se liquéfie. De plus, cette transformation est isotherme ; or, l'eau étant un corps pur, elle est également isobare.

....

16.8 f) Par lecture graphique, $s_{\mathrm{F}} = 800\,\mathrm{J \cdot K^{-1} \cdot kg^{-1}}$. Ainsi, $s_{\mathrm{F}} - s_{\mathrm{E}} = 800 - 5800 = -5\,000\,\mathrm{J \cdot K^{-1} \cdot kg^{-1}}$.

....

16.8 g) L'incrément des courbes isenthalpes est de $200\,\mathrm{J \cdot kg^{-1}}$. Aussi, le point E étant situé à équidistance (le long de la courbe isotherme passant par le point E) des courbes isenthalpes 1800 et $2\,000\,\mathrm{kJ \cdot kg^{-1}}$, il vient que $h_{\mathrm{E}} = 1\,900\,\mathrm{kJ \cdot kg^{-1}}$. De même, $h_{\mathrm{F}} = 250\,\mathrm{kJ \cdot kg^{-1}}$, d'où $h_{\mathrm{F}} - h_{\mathrm{E}} = 250 - 1900 = -1\,650\,\mathrm{kJ \cdot kg^{-1}}$.

....

16.9 a) Pour une phase condensée incompressible indilatable (domaine liquide, à gauche de la courbe de saturation), $\mathrm{d}h = c_p\,\mathrm{d}T$ donc, à T constante, h est constante. Une courbe isotherme doit donc être verticale dans cette zone.

Pour un mélange liquide-vapeur d'un corps pur (zone sous la courbe de saturation) à l'équilibre, si T est fixée alors p est fixée aussi. Une courbe isotherme doit donc être horizontale dans cette zone.

Pour un gaz parfait (domaine vapeur, à droite de la courbe de saturation, et pour une faible pression), $\mathrm{d}h = c_p\,\mathrm{d}T$ donc, à T constante, h est constante. Une courbe isotherme doit donc être verticale dans cette zone.

....

16.9 b) On peut procéder par élimination :

- Il ne s'agit pas d'isobares car nous aurions alors des droites horizontales.
- Il ne s'agit pas d'isenthalpes car nous aurions alors des droites verticales.
- Il ne s'agit pas d'isothermes car, dans la zone gaz à faible pression (domaine de validité de l'hypothèse gaz parfait), nous aurions alors des droites verticales.
- Il ne s'agit pas d'isotitres car certaines courbes sont en dehors du domaine liquide + vapeur.

Il s'agit donc nécessairement d'isentropes.

....

16.9 c) Ces courbes n'existent que dans le domaine « Liquide + Vapeur » et se rejoignent toutes au point critique, il s'agit donc d'isotitres.

....

16.10 a) La pression est de 100 bar donc $100 \times 1{,}00 \times 10^5\,\mathrm{Pa} = 1{,}00 \times 10^7\,\mathrm{Pa}$.

La température est indiquée en °C donc la réponse (b) ne convient pas. Le point A est à gauche de la courbe de saturation et en dessous du point critique donc le fluide est à l'état liquide.

....

16.10 b) Par lecture graphique, la pression est de 10^0bar = 1 bar ≠ 1 Pa donc la réponse (a) ne convient pas. Le point B est sous la courbe de saturation donc la réponse (b) convient. La valeur de x indiquée correspond au titre massique en vapeur. Sa valeur est de 0, 4 donc le titre en liquide est $1 - 0{,}4 = 0{,}6$.

16.10 c) Le long d'une isotherme, on a $\mathrm{d}T = 0$; avec la seconde loi de Joule, cela implique : $\mathrm{d}h = 0$.

Les courbes isenthalpes sont donc des portions de droites parallèles à l'axe des ordonnées (puisque h est la grandeur en abscisses).

16.10 d) Le modèle du gaz parfait est une bonne approximation lorsque les courbes isothermes ($\mathrm{d}T = 0$) sont également des courbes isenthalpes ($\mathrm{d}h = c_p\,\mathrm{d}T = 0$), ce qui tend à être le cas en zone (a).

16.11 a) L'équation d'état donne $p = \dfrac{R}{Mv}T$ donc, en différentiant à v fixé, il vient $\mathrm{d}p = \dfrac{R}{Mv}\,\mathrm{d}T$. L'utilisation de la 2nde loi de Joule puis la division par $p\ln(10)$ permet d'écrire :

$$\frac{\mathrm{d}p}{p}\frac{1}{\ln(10)} = \frac{R}{Mv}\frac{1}{p\ln(10)}\frac{\mathrm{d}h}{c_p} \quad \text{soit} \quad \frac{\mathrm{d}(\ln(p)/\ln(10))}{\mathrm{d}h} = \frac{R}{c_p M v \ln(10)}\frac{1}{p} \quad \text{d'où} \quad \frac{\mathrm{d}\log(p)}{\mathrm{d}h} = \frac{A}{p} \text{ avec } A = \frac{R}{\ln(10)Mvc_p}$$

une constante pour une transformation isochore ($v = \text{cste}$).

16.11 e) La courbe isobare est de pente nulle ; donc il s'agit de la courbe ④.

Du fait de la seconde loi de Joule, la courbe isotherme est également une courbe isenthalpe, c'est-à-dire de pente infinie. Ainsi, la courbe isotherme est la courbe ①.

Pour une courbe isochore, il a été montré que $\dfrac{\mathrm{d}\log(p)}{\mathrm{d}h} = \dfrac{A}{p}$ avec A une constante.

Ainsi, dans un diagramme $(\log(p), h)$, il apparaît que la pente n'est pas constante ; elle tend vers l'infini lorsque h tend vers 0 : la courbe ③ est donc la courbe isochore et, par élimination, la courbe ② est la courbe isentrope.

16.12 a) L'échelle des abscisses étant linéaire, il est possible d'utiliser la position du point B par rapport à la courbe de saturation pour déterminer si le fluide contient plus de liquide ou plus de vapeur. Ici, le point B est plus proche de la courbe de bulle (isotitre $x = 0$ en trait plein) que de la courbe de rosée (isotitre $x = 1$ en trait plein) donc il y a davantage de liquide que de vapeur.

16.12 b) L'enthalpie massique du fluide diphasé correspond à l'abscisse du point B : $h_\mathrm{B} = 1\,320\,\mathrm{kJ\cdot kg^{-1}}$.

16.12 c) L'enthalpie massique de la vapeur saturante de l'état représenté par le point B correspond à l'abscisse du projeté de B sur la courbe de rosée : $h_{\mathrm{v,B}} = 2\,650\,\mathrm{kJ\cdot kg^{-1}}$.

16.12 d) L'enthalpie massique du liquide saturant de l'état représenté par le point B correspond à l'abscisse du projeté de B sur la courbe de bulle : $h_{\mathrm{l,B}} = 420\,\mathrm{kJ\cdot kg^{-1}}$.

16.12 f) On a

$$x_\mathrm{B} = \frac{h_\mathrm{B} - h_{\mathrm{l,B}}}{h_{\mathrm{v,B}} - h_{\mathrm{l,B}}} = \frac{1320 - 420}{2650 - 420} = \frac{900}{2230} \approx \frac{900}{2250} = \frac{9000}{2250} \times 10^{-1} = 0{,}40,$$

ce qui est cohérent avec le fait que le point B soit placé sur la courbe isotitre $x = 0{,}4$.

16.12 g) Pour rappel, l'enthalpie massique du liquide saturant d'un mélange diphasé correspond à l'abscisse du projeté de cet état sur la courbe de bulle tandis que l'enthalpie massique de la vapeur saturante correspond à l'abscisse du projeté sur la courbe de rosée. Dans le diagramme $\big(\log(p), h\big)$, la distance entre ces deux projetés est $h_{\mathrm{v}} - h_{\mathrm{l}} = \Delta_{\mathrm{vap}} h$.

Graphiquement, il apparaît que h_{v} diminue et que h_{l} augmente avec la pression, d'où une enthalpie de vaporisation $\Delta_{\mathrm{vap}} h$ qui diminue lorsque la pression augmente.

16.13 b) L'équation d'état des gaz parfaits est $PV = nRT$ avec n la quantité de matière et V le volume.

Or, $n = m/M$ (m est la masse) donc il vient $PV = mTR/M$, soit $Pv = rT$ avec $v = V/m$.

16.13 c) On a $v = \dfrac{rT}{p} = \dfrac{0{,}46 \times 10^3 \times (260 + 273)}{100 \times 10^3} = 2{,}45\,\mathrm{m^3 \cdot kg^{-1}}$.

16.13 d) De manière générale, les points $\mathrm{M}(x, y)$ le long d'un segment défini par les points $\mathrm{M_1}(x_1, y_1)$ et $\mathrm{M_2}(x_2, y_2)$ vérifient $y = y_1 + (x - x_1)\dfrac{y_2 - y_1}{x_2 - x_1}$.

16.14 c) Par extensivité et additivité de l'enthalpie, $h_{\mathrm{i}} = x h_{\mathrm{g}} + (1 - x) h_\ell$ avec x le titre massique de la vapeur saturante. Ici, $x = 90\,\% = 0{,}90$ et $1 - x = 10\,\% = 0{,}10$.

16.14 d) On a $q = \Delta h = h_\ell(P = 1{,}0142\,\mathrm{bar}) - h_{\mathrm{i}}$ avec h_{i} l'enthalpie massique initiale du mélange et

$$h_{\mathrm{i}} = 10\,\% \times h_\ell(P = 1{,}0142\,\mathrm{bar}) + 90\,\% \times h_{\mathrm{g}}(P = 1{,}0142\,\mathrm{bar}) = 10\,\% \times 419{,}2 + 90\,\% \times 2\ 675{,}6 = 2\,450\,\mathrm{kJ \cdot kg^{-1}}.$$

Ainsi, le transfert thermique massique est $q = 419{,}2 - 2\ 450 = -2\,031\,\mathrm{kJ \cdot kg^{-1}}$.

16.15 a) La transformation (D) étant isentropique, la loi de Laplace est valide : $PV^\gamma = \mathrm{cste}$. De plus, le gaz est parfait donc l'injection de l'équation d'état $PV = nRT$ dans la loi de Laplace aboutit à $TV^{\gamma-1} = \mathrm{cste}$.

16.15 b) Lors de la transformation (D) isentrope, le volume décroît de $3V_1$ à V_1. De plus, le volume et la température ne sont pas reliés par une relation linéaire ($TV^{\gamma-1} = \mathrm{cste}$). Ainsi, seule la réponse (b) vérifie ces deux conditions.

16.16 a) L'équation d'état des gaz parfaits donne $p = \dfrac{nR}{V} T$.

Or, ici, $V = m \times v_0 = nMv_0$. Ainsi, $p = \dfrac{R}{Mv_0} T$, d'où $\dfrac{\partial p}{\partial T} = \dfrac{R}{Mv_0} = \mathrm{cste}$: une courbe isochore est une courbe de pente constante (et positive) dans un diagramme (p, T).

16.16 e) La courbe isobare est de pente nulle donc il s'agit de la courbe ①. La courbe isotherme est de pente infinie donc il s'agit de la courbe ④. La courbe isochore est une courbe de pente constante (finie et non nulle) donc il s'agit de la courbe ③. Par élimination, la courbe ② est la courbe isentrope.

16.17 h) La courbe isotherme est de pente nulle donc il s'agit de la courbe ④.La courbe isentrope est de pente infinie donc il s'agit de la courbe ①.

Il reste deux courbes à identifier : la courbe isobare de pente $\dfrac{T_0}{c_p}$ et la courbe isochore de pente $\dfrac{T_0}{c_v}$. Le rapport entre la pente de la courbe isochore et celle de la courbe isobare est $\dfrac{T_0}{c_v} \times \left(\dfrac{T_0}{c_p}\right)^{-1} = \dfrac{c_p}{c_v} = \gamma > 1$: au point M_0, la courbe isochore est plus pentue que la courbe isobare donc la courbe ② est la courbe isochore et la courbe ③ est la courbe isobare.

16.18 a) La transformation (D) étant isentropique, la loi de Laplace est valide : $PV^\gamma = \text{cste}$. De plus, le gaz est parfait donc l'injection de l'équation d'état $PV = nRT$ dans la loi de Laplace aboutit à $P^{1-\gamma}T^\gamma = \text{cste}$.

16.18 b) Lors de la transformation (A) isobare, la température augmente donc la réponse ⓐ est à rejeter. La transformation (C) étant isochore, la relation entre la pression et la température est une relation linéaire $P = \dfrac{nRT}{V}$, ce qui correspond à une portion de droite. Pour la transformation (D) isentropique, la pression et la température vérifient $P = \dfrac{\text{cste}}{T^{\frac{\gamma}{1-\gamma}}}$, ce qui ne peut pas être une portion de droite puisque $\gamma > 1$; la réponse ⓒ ne convient pas.

16.19 a) Le point I se trouve à l'intersection de la courbe isobare $250\,\text{mbar} = 2{,}5 \times 10^{-1}\,\text{bar}$ et de la courbe isotherme $100\,°\text{C}$. La courbe isobare de $2{,}5 \times 10^{-1}$ bar est la droite horizontale située à peu près à mi-chemin entre la deuxième et la troisième graduation en partant de la graduation associée à 10^{-1}bar. La courbe isotherme de $100\,°\text{C}$ correspond à la courbe en pointillés étiquetée « $T = 100\,°\text{C}$ ».

Par lecture graphique de l'abscisse du point I, on a $h_\text{I} = 2\,680\,\text{kJ} \cdot \text{kg}^{-1}$.

16.19 b) Le point I se trouve à droite de la courbe de saturation (et bien en dessous de l'isobare critique, une droite horizontale passant par le sommet de la courbe de saturation). Ainsi, le fluide est initialement une vapeur sèche.

16.19 c) Le point I passe par une courbe isentrope qui est ici représentée à l'aide de tirets. La valeur associée n'est pas indiquée, mais les deux courbes isentropes voisines indiquent $7\,\text{kJ} \cdot \text{K}^{-1} \cdot \text{kg}^{-1}$ et $9\,\text{kJ} \cdot \text{K}^{-1} \cdot \text{kg}^{-1}$. L'incrément du réseau des courbes isentropes est de $1\,\text{kJ} \cdot \text{K}^{-1} \cdot \text{kg}^{-1}$ donc $s_\text{I} = 8\,\text{kJ} \cdot \text{K}^{-1} \cdot \text{kg}^{-1}$.

16.19 d) Le point F est à l'intersection de la courbe isentrope $s_\text{F} = s_\text{I} = 8\,\text{kJ} \cdot \text{K}^{-1} \cdot \text{kg}^{-1}$ et de la courbe isobare $p_\text{F} = 1\,\text{bar}$, c'est-à-dire la droite passant par l'ordonnée 10^0 bar. Par lecture graphique de l'abscisse du point F, on a $h_\text{F} = 2\,980\,\text{kJ} \cdot \text{kg}^{-1}$ donc $w = 2980 - 2680 = 300\,\text{kJ} \cdot \text{kg}^{-1}$.

16.19 e) Le point F passe par la courbe isotherme comprise entres les courbes isothermes de $200\,°\text{C}$ et $300\,°\text{C}$. L'incrément étant de $50\,°\text{C}$, cette isotherme est associée à $250\,°\text{C}$ donc $T_\text{F} = 250\,°\text{C}$.

16.19 f) L'entropie finale est désormais $s_{\text{F}'} = (1 + 6\,\%)s_\text{F} = (1 + 0{,}06) \times 8 = 8 + 0{,}48 \approx 8{,}5\,\text{kJ} \cdot \text{K}^{-1} \cdot \text{kg}^{-1}$. Or, il n'y a aucune courbe isentrope tracée pour cette valeur d'entropie massique. Il faut interpoler la position du point F′ dans le diagramme $\big(\log(p), h\big)$. Pour cela, il suffit de tracer un segment horizontal le long de la courbe isobare de 1 bar qui relie les courbes isentropes de $8\,\text{kJ} \cdot \text{K}^{-1} \cdot \text{kg}^{-1}$ et $9\,\text{kJ} \cdot \text{K}^{-1} \cdot \text{kg}^{-1}$. La position du point F′ est approximativement au milieu du segment tracé. Le point F′ passe par la courbe isotherme de $400\,°\text{C}$ donc $T_{\text{F}'} = 400\,°\text{C}$.

16.19 g) L'élévation totale de température s'exprime comme $T_{\text{F}'} - T_\text{I}$ tandis que celle due à la compression (réversible) est $T_\text{F} - T_\text{I}$. L'élévation de température due aux irréversibilités est donc $T_{\text{F}'} - T_\text{F}$. Sa proportion relativement à l'élévation totale est donc $\dfrac{T_{\text{F}'} - T_\text{F}}{T_{\text{F}'} - T_\text{I}} \times 100$.

Fiche n° 17. Thermodynamique industrielle (MP)

Réponses

17.1 a) .... ⓐ

17.1 b) .... ⓓ

17.1 c) .... ⓒ

17.1 d) .... ⓐ

17.2 a) .... ⓒ

17.2 b) .... ⓓ

17.2 c) .... ⓐ

17.2 d) .... ⓐ

17.3 a) .... ⓒ

17.3 b) .... $\dfrac{1}{M}\dfrac{\gamma R}{\gamma - 1}(T_2 - T_1)$

17.3 c) .... $c_2 = \sqrt{\dfrac{2}{M}\dfrac{\gamma R}{\gamma - 1}(T_1 - T_2)}$

17.3 d) .... $383\,\mathrm{m\cdot s^{-1}}$

17.4 a) .... ⓑ

17.4 b) .... ⓐ

17.5 a) .... ⓐ

17.5 b) .... ⓐ

17.5 c) .... ⓑ

17.5 d) .... ⓓ

17.5 e) .... ⓐ

17.5 f) .... ⓒ

17.5 g) .... $-\dfrac{w_1 + w_3}{q_2}$

17.5 h) .... $1 - \dfrac{T_4 - T_1}{T_3 - T_2}$

17.6 a) .... $1 \to 2$

17.6 b) .... $50\,\mathrm{kJ\cdot kg^{-1}}$

17.6 c) .... $2 \to 3$

17.6 d) .... $-200\,\mathrm{kJ\cdot kg^{-1}}$

17.6 e) 4

17.7 a) .... $2{,}50\,\mathrm{kJ\cdot K^{-1}\cdot kg^{-1}}$

17.7 b) .... $50\,°\mathrm{C}$

17.7 c) .... $110\,\mathrm{kJ\cdot kg^{-1}}$

17.7 d) .... $140\,\mathrm{kJ\cdot kg^{-1}}$

17.7 e) 0,78

17.7 f) .... $100\,\mathrm{J\cdot K^{-1}\cdot kg^{-1}}$

Corrigés

17.1 a) La transformation est adiabatique donc $q = 0$ et $s_{\mathrm{e}} = q/T = 0$; la transformation est réversible donc $s_{\mathrm{c}} = 0$. Finalement, $\Delta h = w_{\mathrm{i}}$ et $\Delta s = 0$.

17.1 b) Il n'y a pas de pièce mobile donc $w_{\mathrm{i}} = 0$ et donc $\Delta h = q$; on a $\Delta s = s_{\mathrm{e}} + s_{\mathrm{c}}$.

17.1 c) La transformation est adiabatique donc $q = 0$ et $s_{\mathrm{e}} = q/T = 0$; il n'y a pas de pièce mobile donc $w_{\mathrm{i}} = 0$ et ainsi $\Delta h = 0$. On a $\Delta s = s_{\mathrm{c}}$.

17.1 d) La transformation est adiabatique donc $q = 0$ et $s_e = q/T = 0$; la transformation est réversible donc $s_c = 0$ et ainsi $\Delta h = w_i$; $\Delta s = 0$.

17.2 a) On a $\Delta h = c_p \Delta T \approx 1\,\mathrm{kJ\cdot kg^{-1}\cdot K^{-1}} \times 10\,\mathrm{K} = 10\,\mathrm{kJ\cdot kg^{-1}}$.

17.2 b) On a $e_c = \dfrac{1}{2}v^2 \approx 0,5 \times \left(10\,\mathrm{m\cdot s^{-1}}\right)^2 = 50\,\mathrm{J\cdot kg^{-1}}$.

17.2 c) On a $\Delta e_p = g\Delta z \approx 10\,\mathrm{m\cdot s^{-2}} \times 1\,\mathrm{m} = 10\,\mathrm{J\cdot kg^{-1}}$.

17.3 a) On a $\Delta h + \Delta e_p + \Delta e_c = q_e + w_i$. Ici, $\Delta e_p = 0$, $q_e = 0$ (adiabatique car isolée thermiquement) et $w_i = 0$ (tuyère indéformable). On en déduit : $\Delta h + \Delta e_c = 0$ (donc $h + e_c = \text{cste}$).

17.3 b) La deuxième loi de Joule s'écrit : $\Delta h = c_p(T_2 - T_1) = \dfrac{1}{M}\dfrac{\gamma R}{\gamma - 1}(T_2 - T_1)$.

17.3 c) Comme c_1 est négligable, on en déduit des questions précédentes :

$$\frac{1}{2}c_2^2 = -\Delta h = -\frac{1}{M}\frac{\gamma R}{\gamma-1}(T_2 - T_1) \qquad \text{et} \qquad c_2 = \sqrt{\frac{2}{M}\frac{\gamma R}{\gamma-1}(T_1 - T_2)}.$$

17.3 d) La vitesse d'éjection est alors $c_2 = 383\,\mathrm{m\cdot s^{-1}}$.

17.4 a) La première phase étant isentropique, les températures sont liées par la loi de Laplace :

$$T_1^\gamma p_1^{1-\gamma} = \text{cste} = T_2^\gamma p_2^{1-\gamma} \quad \text{donc} \quad T_2^\gamma = T_1^\gamma \left(\frac{p_1}{p_2}\right)^{1-\gamma},$$

ce qui conduit au résultat en prenant la puissance $1/\gamma$ de l'ensemble.

17.5 a) Parcouru dans le sens horaire, le cycle est moteur.

17.5 b) Les travaux w_2 et w_4 sont nuls. Les travaux reçus pendant le cycle sont w_1 et w_3.

17.5 c) La deuxième phase est isobare, d'où : $q_2 = \Delta h = c_p(T_3 - T_2)$.

17.5 d) La quatrième phase est isobare, d'où : $q_4 = \Delta h = c_p(T_1 - T_4)$.

17.5 e) Le transfert thermique est nul pour cette transformation (isentropique). Le premier principe pour les systèmes en écoulement permanent s'écrit donc ici : $\Delta h = w_1$. d'où : $w_1 = h_2 - h_1 = c_p(T_2 - T_1) > 0$.

17.5 f) De même, on a $w_3 = h_4 - h_3 = c_p(T_4 - T_3) < 0$.

17.5 g) Les échanges énergétiques étant algébriques, le rendement du cycle est défini par $\rho = -\dfrac{w_i}{q_c} = -\dfrac{w_1 + w_3}{q_2}$.

17.5 h) Le rendement du turbopropulseur est alors : $\rho = -\dfrac{c_p(T2 - T_1 + T_4 - T_3)}{c_p(T_3 - T_2)} = 1 - \dfrac{T_4 - T_1}{T_3 - T_2}$.

17.6 a) Le compresseur a pour effet d'augmenter la pression et la température du fluide : ici, il s'agit donc de l'étape $1 \to 2$.

17.6 b) D'après le premier principe industriel, on a $w_{\text{compr}} = h_2 - h_1 = 450 - 400 = 50\,\text{kJ} \cdot \text{kg}^{-1}$.

17.6 c) Le domaine de la vapeur est à droite du diagramme, celui du liquide à gauche, la liquéfaction correspond donc à l'étape $2 \to 3$.

17.6 d) D'après le premier principe industriel, $q_{\text{cond}} = h_3 - h_2 = 250 - 450 = -200\,\text{kJ} \cdot \text{kg}^{-1}$.

17.7 a) La compression étant réversible, et en l'absence d'échange thermique, la compression est isentropique donc $s_{\text{S,rév}} = s_{\text{E}} = 2{,}50\,\text{kJ} \cdot \text{K}^{-1} \cdot \text{kg}^{-1}$.

17.7 b) L'état de sortie « S,rév » du compresseur se trouve à l'intersection entre l'isentrope passant par E et l'isobare à $P_{\text{S}} = 10\,\text{bar}$, comme schématisé ci-dessous.

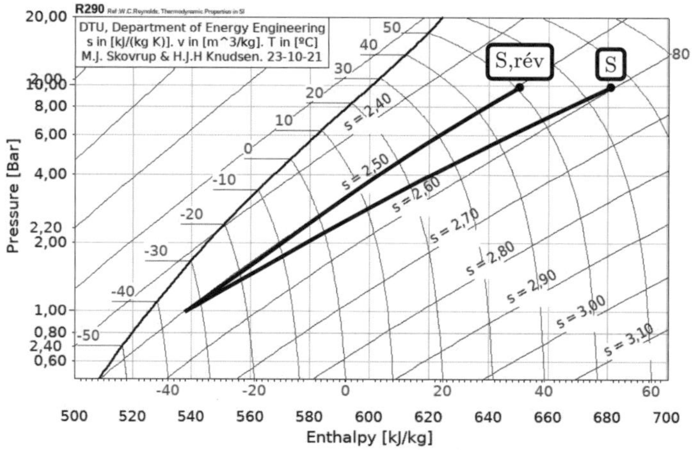

17.7 c) D'après le premier principe industriel, on a $w_{\text{rév}} = h_{\text{S,rév}} - h_{\text{E}} = 650 - 540 = 110\,\text{kJ} \cdot \text{kg}^{-1}$.

17.7 d) La donnée de la température permet de placer le point S sur le diagramme. D'après le premier principe industriel, on a $w = h_{\text{S}} - h_{\text{E}} = 680 - 540 = 140\,\text{kJ} \cdot \text{kg}^{-1}$.

17.7 f) La compression est adiabatique, il n'y a donc pas d'entropie échangée. Toute la variation d'entropie correspond à une création, d'où $s_{\text{créée}} = s_{\text{S}} - s_{\text{E}} = 2{,}60 - 2{,}50 = 0{,}1\,\text{kJ} \cdot \text{K}^{-1} \cdot \text{kg}^{-1}$.

Fiche n° 18. Signaux

Réponses

18.1 a) 0

18.1 b) .... $\dfrac{1}{2}$

18.1 c) 0

18.2 a) .... ⓒ

18.2 b) .... ⓓ

18.3 a) .... instable

18.3 b) .... stable

18.3 c) .... instable

18.3 d) .... stable

18.3 e) .... instable

18.4 a) .... ⓒ

18.4 b) .... ⓐ

18.4 c) .... ⓐ

18.5 a) .... ⓐ

18.5 b) .... ⓒ

18.5 c) .... ⓒ

18.6 a) .... 0,75 A

18.6 b) .... 4 V

18.6 c) .... 333 Hz

18.6 d) .... ⓐ

18.6 e) .... ⓑ

18.6 f) .... ⓐ

18.6 g) .... 2,56 mH

18.7 a) .... ⓑ

18.7 b) .... ⓐ

18.7 c) .... ⓑ

18.7 d) .... 1,6 µF

18.8 a) .... ⓑ

18.8 b) .... ⓒ

18.9 a) .... ⓑ

18.9 b) .... ⓐ

18.9 c) .... ⓒ

18.9 d) .... 50 Ω

18.9 e) .... 7 mH

18.10 a) .... $4x^0$

18.10 b) .... $4x^{-2}$

18.10 c) .... $1x^0$

18.10 d) .... $\dfrac{2}{3}x^0$

18.10 e) .... $\dfrac{2}{5}x^1$

18.10 f) .... $\dfrac{3}{5}x^0$

18.11 a) .... 1 ms

18.11 b) .... 2 V

18.11 c) .... 1 kHz

18.11 d) .... ⓑ

18.11 e) 0

18.11 f) .... ⓐ et ⓓ

18.11 g) .... ⓐ

18.12 a) .... 20 ms

18.12 b) .... 0,1 V

18.12 c) .... 0,1 V

18.12 d) .... 50 Hz

18.12 e) .... 0,1 V

18.12 f) .... ⓑ et ⓒ

18.12 g) .... ⓐ

18.13 a) .... 1 Hz

18.13 b) .... 16,7 Hz

18.13 c) .... 12,5 Hz

18.13 d) .... 9,61 Hz

18.13 e) .... ⓐ

18.13 f) .... Repliement de spectre

18.13 g) .... ⓓ

18.14 a) .... ⓐ

18.14 b) .... $\dfrac{\mathrm{d}s}{\mathrm{d}t} + \omega_0 s = H_0\omega_0 e$

18.14 c) .... ⓑ

18.15 a) .... B

18.15 b) .... A

18.15 c) C

18.15 d) .... E

18.15 e) .... D

18.16 a) .... 0,1 ms

18.16 b) .... 0,005 ms

18.16 c) .... 10 V

18.16 d) 0,6

18.16 e) .... 200 kHz

18.16 f) .... 10 kHz

Corrigés

18.1 a) On a $\frac{1}{T}\int_0^T \cos(\omega t)\,\mathrm{d}t = \left[\frac{\sin(\omega t)}{\omega}\right]_0^T = 0$ car la fonction $t \mapsto \sin(\omega t)$ est T-périodique.

18.1 b) Il faut commencer par linéariser le $\cos^2$:

$$\frac{1}{T}\int_0^T \cos^2(\omega t)\,\mathrm{d}t = \frac{1}{T}\int_0^T \frac{1+\cos(2\omega t)}{2}\,\mathrm{d}t = \frac{1}{2}$$

comme la fonction $\cos(2\omega t)$ est périodique de période $\frac{T}{2}$.

18.1 c) Il faut faire une intégration par parties. On a :

$$\frac{1}{T}\int_0^T t\cos(\omega t)\,\mathrm{d}t = \frac{1}{T}\left[\frac{t}{\omega}\sin(\omega t)\right]_0^T - \frac{1}{T}\int_0^T \frac{1}{\omega}\sin(\omega t)\,\mathrm{d}t = 0.$$

18.2 On commence par remarquer que les deux graphiques tendent vers une valeur non nulle : cela élimine la proposition (b) et les propositions (a) et (f), qui ne sont pas stables.

La proposition (e) est l'équation d'un oscillateur harmonique : elle ne correspond pas aux graphiques.

Le signal $s_1(t)$ présente une discontinuité de sa pente : il est donc régi par une équation différentielle du premier ordre : c'est la proposition (c).

On en déduit que le signal $s_2(t)$ est associé à la proposition (d).

18.3 Pour une équation différentielle linéaire à coefficients constants homogène, une condition nécessaire de stabilité, et suffisante pour les systèmes du premier et du second ordre, est que tous les coefficients de l'équation différentielle soient de même signe.

18.4 En régime permanent, le condensateur se comporte comme un interrupteur ouvert et la bobine comme un fil : on a $u_C(0^-) = E$, $i(0^-) = i_C(0^-) = 0$.

La bobine impose la continuité de l'intensité électrique qui la traverse et le condensateur la tension à ses bornes : on a $u_C(0^+) = E, i(0^-) = 0$. Comme $u_R = u_C$, on a donc $i_R(0^+) = \frac{E}{R}$, soit, d'après la loi des nœuds :

$$i_C(0^+) = -i_R(0^+) = -\frac{E}{R}.$$

En régime permanent, le condensateur se comporte comme un interrupteur ouvert et la bobine comme un fil : ainsi, on a $u_C(+\infty) = \frac{R}{R+r}E$, $i(0^-) = i_R(0^-) = \frac{E}{R+r}$ et $i_C(0^-) = 0$.

18.5 L'interrupteur étant ouvert et le régime permanent étant atteint : $i_2(0^-) = 0$ et $i_1(0^-) = i(0^-) = \frac{E_1}{2R}$.

La bobine impose la continuité du courant qui la traverse : $i(0^+) = i(0^-) = \frac{E_1}{2R}$. Pour déterminer i_1 et i_2, il nous faut deux équations ; on utilise la loi des mailles dans la grande maille et la loi des nœuds :

$$\begin{cases} i_1(0^+) + i_2(0^+) = \frac{E_1}{2R} \\ E_1 - Ri_1(0^+) = E_2 - Ri_2(0^+) \end{cases} \quad \text{donc} \quad \begin{cases} i_1(0^+) + i_2(0^+) = \frac{E_1}{2R} \\ i_1(0^+) - i_2(0^+) = \frac{E_1 - E_2}{R} \end{cases} \quad \text{donc} \quad \begin{cases} i_1(0^+) = \frac{3E_1 - 2E_2}{4R} \\ i_2(0^+) = \frac{2E_2 - E_1}{4R}. \end{cases}$$

En régime permanent, la bobine se comporte comme un fil. On a donc directement $i_1(+\infty) = \dfrac{E_1}{R}$, $i_2(+\infty) = \dfrac{E_2}{R}$ donc $i(+\infty) = \dfrac{E_1 + E_2}{R}$. On a donc le système :

$$\begin{cases} i_1(+\infty) + i_2(+\infty) & = i(+\infty) \\ E_1 - Ri_1(+\infty) & = Ri(+\infty) \\ E_2 - Ri_2(+\infty) & = Ri(+\infty). \end{cases}$$

En sommant les deux dernières lignes, on a directement $i(+\infty) = \dfrac{E_1 + E_2}{3R}$. On a alors le système :

$$\begin{cases} i_1(+\infty) + i_2(+\infty) & = \dfrac{E_1 + E_2}{3R} \\ i_1(+\infty) - i_2(+\infty) & = \dfrac{E_1 - E_2}{R}. \end{cases}$$

On a alors $i_1(+\infty) = \dfrac{2E_1 - E_2}{3R}$ et $i_2(+\infty) = \dfrac{2E_2 - E_1}{3R}$.

18.6 g) Le module de $\underline{Z}$ est tel que $|\underline{Z}| = \left|\dfrac{\underline{U}}{\underline{I}}\right| = \dfrac{4\,\text{V}}{0{,}75\,\text{A}} = \dfrac{16}{3}\,\Omega$. Or, on a $|\underline{Z}| = L\omega$; donc :

$$L = \frac{|Z|}{\omega} = \frac{16/3\,\Omega}{2\pi\dfrac{1\,000}{3}} = \frac{8 \times 10^{-3}}{\pi} = 2{,}56 \times 10^{-3}\,\text{H} = 2{,}56\,\text{mH}.$$

18.7 d) Graphiquement, on trouve $T = 1$ ms. Le module de l'impédance est $|\underline{Z}| = \left|\dfrac{\underline{U}}{\underline{I}}\right| = \dfrac{2\,\text{V}}{0{,}02\,\text{A}} = 100\,\Omega$. Donc,

$$C = \frac{1}{|\underline{Z}|\omega} = \frac{T}{2\pi|\underline{Z}|} \approx 0{,}16\frac{10^{-3}\text{s}}{100\,\Omega} = 1{,}6\,\mu\text{F}.$$

18.8 On a une association de dipôles en série : $\underline{Z} = R + \text{j}L\omega$. Comme $|\underline{Z}|$ est le rapport des amplitudes de la tension et de l'intensité électrique, on a $|\underline{Z}|^2 = R^2 + (L\omega)^2 = \left(\dfrac{U_0}{I_0}\right)^2$. L'argument de l'impédance vaut $\varphi = \arctan\left(\dfrac{L\omega}{R}\right)$.

18.9 L'analyse graphique donne :

$$U_0 = 8\,\text{V}, \quad I_0 = 100\,\text{mA}, \quad T = 0{,}7\,\text{ms} \quad \text{et} \quad \delta t_{u/i} = -100\,\mu\text{s}.$$

La pulsation est donc $\omega = \dfrac{2\pi}{T} = \dfrac{2\pi}{7} \cdot 10^4 = 8{,}97 \times 10^3\,\text{rad} \cdot \text{s}^{-1}$. La tension est en avance sur i donc $\varphi > 0$; donc le déphasage de la tension par rapport à l'intensité du courant électrique est égale à :

$$\varphi = -2\pi\frac{\delta t}{T} = 2\pi\frac{1/10}{0{,}7} = \frac{2\pi}{7} = \frac{2}{7}\pi.$$

À partir des relevés graphiques, on a le système :

$$\begin{cases} R^2 + (L\omega)^2 & = (80)^2 \\ \dfrac{L\omega}{R} & = \tan\left(\dfrac{2}{7}\pi\right). \end{cases}$$

On a donc $R^2\left[1 + \tan^2\left(\dfrac{2\pi}{7}\right)\right] = \left(\dfrac{U_0}{I_0}\right)^2 = \left(\dfrac{8}{0{,}1}\right)^2$ donc $R = \dfrac{U_0/I_0}{\sqrt{1 + \tan^2\left(\dfrac{2\pi}{7}\right)}} = \dfrac{U_0}{I_0}\cos\left(\dfrac{2\pi}{7}\right) = 50\,\Omega$.

On en déduit $L = 7\,\text{mH}$.

18.11 c) La période étant de $T = 1\,\text{ms}$, la fréquence du fondamental est $f = \dfrac{1}{T} = 1\,\text{kHz}$.

18.11 d) La fonction $u(t)$ est décroissante sur l'intervalle $[0, T/2]$: cela élimine les propositions (a) et (d).

En $T/2$, on a $u(T/2) = -U$: c'est donc la réponse (b).

18.11 e) La valeurs a_0 correspond à la valeur moyenne : elle est donc nulle ici.

18.11 f) Par intégration par parties, on trouve :

$$a_n = \frac{4}{T}\int_0^{T/2} U\left(1 - \frac{4t}{T}\right)\cos(2\pi f n t)\,\mathrm{d}t = \frac{4U}{T}\left(\left[\left(1-\frac{4t}{T}\right)\frac{\sin(2\pi f n t)}{2\pi f n}\right]_0^{T/2} + \frac{4}{T}\int_0^{T/2}\frac{\sin(2\pi f n t)}{2\pi f n}\,\mathrm{d}t\right)$$

$$= \frac{4U}{T}\left(0 + \frac{4}{T}\left[-\frac{\cos(2\pi f n t)}{(2\pi f n)^2}\right]_0^{T/2}\right) = \frac{16U}{4\pi^2 T^2 f^2 n^2} \times (-\cos(\pi n) + 1) = \frac{4U}{\pi^2 n^2}(1 - \cos(\pi n)).$$

On a donc $a_n = 0$ si n est pair et $a_n = \dfrac{8U}{\pi^2 n^2}$.

18.12 d) La fréquence fondamentale est $\nu = \dfrac{1}{T} = \dfrac{1}{20\,\text{ms}} = 50\,\text{Hz}$.

18.12 e) Par définition, on a $\underline{c_0} = \dfrac{1}{T}\displaystyle\int_0^T s(t)\,\mathrm{d}t = s_0 = 0{,}1\,\text{V}$.

18.12 f) Pour ce signal carré particulier, numériquement, $s_0 = S_\text{m}$. Ainsi, $s(t \in [0, T/2]) = s_0 + S_\text{m} = 2S_\text{m}$ et $s(t \in [T/2, T]) = 0$. Il vient alors :

$$\underline{c_n} = \frac{1}{T}\int_0^{T/2} 2S_\text{m}\,\mathrm{e}^{-\mathrm{i}n\,2\pi\nu\,t}\,\mathrm{d}t = \frac{2S_\text{m}}{-\mathrm{i}n\,2\pi\nu}\left[\mathrm{e}^{-\mathrm{i}n\,2\pi\nu\,t}\right]_0^{T/2}$$

$$= \frac{2S_\text{m}}{-\mathrm{i}n\,2\pi\nu}\left[\mathrm{e}^{-\mathrm{i}n\pi\overbrace{\nu T}^{=1}} - 1\right] = \frac{2S_\text{m}}{-\mathrm{i}n\,2\pi\nu}\left((-1)^n - 1\right) = \begin{cases} 0 & \text{si } n \text{ pair} \\ \dfrac{2S_\text{m}}{\mathrm{i}n\pi\nu} & \text{si } n \text{ impair.} \end{cases}$$

18.12 g) Les harmoniques de rang pair doivent êtres nulles, ce qui exclut le cas (b).

De plus, numériquement, on a $s_0 = S_\text{m}$ et $2/\pi \approx 0,64 < 1$, d'où $s_0 > 2s_0/\pi = 2S_\text{m}/\pi$: cette relation n'est pas vérifiée dans le cas du spectre (c).

18.13 b) La période T_e d'échantillonnage est la durée entre deux points d'acquisition successifs. La fréquence d'échantillonnage f_e vaut donc :

$$f_e = \frac{1}{T_e} = \frac{N}{T_\text{max}} = \frac{500}{30} = 16{,}7\,\text{Hz}.$$

18.13 e) Il d'agit du spectre (a) car les autres font apparaître des pics « fantômes » vu que la fréquence $\dfrac{f_e}{2}$ est inférieure à la fréquence des harmoniques.

18.13 g) C'est le critère de Shannon-Nyquist.

18.14 a) On a $\underline{H} \underset{\omega\to 0}{\longrightarrow} H_0$ et $\underline{H} \underset{\omega\to+\infty}{\longrightarrow} \dfrac{\omega_0 H_0}{\mathrm{j}\omega} \underset{\omega\to+\infty}{\longrightarrow} 0$; le filtre est donc un passe-bas. Le dénominateur étant d'ordre 1, c'est un passe-bas d'ordre 1.

....

18.14 b) On a :

$$\frac{\underline{s}}{\underline{e}} = \frac{H_0}{1 + j\dfrac{\omega}{\omega_0}} \quad \text{donc} \quad \left(1 + \mathrm{j}\frac{\omega}{\omega_0}\right)\underline{s} = H_0\underline{e}.$$

Multiplier par $\mathrm{j}\omega$ est équivalent à dériver en réel ; on trouve donc l'équation différentielle $s + \dfrac{1}{\omega_0}\dfrac{\mathrm{d}s}{\mathrm{d}t} = H_0 e$.

....

18.15 a) Le pré-amplificateur ne change que l'amplitude du signal, pas son spectre : le spectre B correspond à $u_2(t)$.

....

18.15 b) Le filtre passe-bande a une bande passante assez étroite pour ne garder que $f_p - f_m$, f_p et $f_p + f_m$: le spectre A correspond donc à $u_3(t)$.

....

18.15 d) Le multiplieur donne en sortie :

- pour une fréquence en entrée de f_p :

$$k(A\cos(2\pi f_p t)) \times U_p \cos(2\pi f_p t) = kAU_p \cos^2(2\pi f_p t) = kAU_p \frac{1 + \cos(2\pi[2f_p]t)}{2} \ ;$$

- pour une fréquence en entrée de $f_p \pm f_m$:

$$\begin{aligned} k(A\cos(2\pi[f_p \pm f_m]t)) \times U_p \cos(2\pi f_p t) &= kAU_p \cos(2\pi[f_p \pm f_m]t)\cos(2\pi f_p t) \\ &= kAU_p \frac{\cos(2\pi[f_m]t) + \cos(2\pi[2f_p + f_m]t)}{2}. \end{aligned}$$

Le signal $u_4(t)$ correspond au spectre E.

....

18.16 d) La tension $u_+(t)$ oscille entre 4 V et 16 V. En identifiant les valeurs extrêmes à partir de son expression, on a le système :

$$\begin{cases} U_p(1+m) = 16\,\mathrm{V} \\ U_p(1-m) = 4\,\mathrm{V} \end{cases} \quad \text{donc} \quad \begin{cases} U_p = 10\,\mathrm{V} \\ m = 0{,}6. \end{cases}$$

....

Fiche n° 19. Circuits logiques (MPI)

Réponses

19.1 a) .... ⓒ

19.1 b) .... ⓒ

19.1 c) .... ⓐ

19.2 a) .... ⓑ

19.2 b) .... ⓑ

19.2 c) .... ⓐ

19.2 d) .... ⓒ

19.2 e) 256

19.3 a) .... ⓑ

19.3 b) .... ⓒ

19.3 c) .... ⓐ

19.3 d) .... ⓑ

19.3 e) 10101

19.4 a) .. $1 \times 10^2 + 2 \times 10^1 + 1 \times 10^0$

19.4 b) .... $1 \times 3^2 + 2 \times 3^1 + 1 \times 3^0$

19.4 c) .... ⓐ ⓒ

19.4 d) .... $1 \times b^2 + 2 \times b^1 + 1 \times b^0$

19.4 e) .... ⓓ

19.5 a) .... $1 - A \times B$

19.5 b) .. $1 - (A + B) + A \times B$

19.5 c) .... $\overline{A \cap B}$

19.5 d) .... $\overline{A \cup B}$

19.5 e) .... ⓑ et ⓓ

19.6 a) .... ②

19.6 b) .... ④

19.6 c) .... ③

19.6 d) .... ①

19.6 e) .... ⓒ

19.7 a) .... 1 V

19.7 b) .... 0 V

19.7 c) .... 0 V

19.7 d) .... 0 V

19.7 e) .... NOR

19.8 a) .... 0 V

19.8 b) .... 0 V

19.8 c) .... 0 V

19.8 d) .... 1 V

19.8 e) .... AND

19.9 a) 0

19.9 b) 0

19.9 c) 1

19.9 d) 1

19.9 e) .... XOR

19.10 a) .... Vrai

19.10 b) .... Faux

19.10 c) .... Faux

19.10 d) .... Bistable

Corrigés

19.1 a) On a :

$$3\,746\,\text{ko} = 3{,}746 \times 10^6\,\text{o}, \qquad 3\,221\,\text{Kio} = 3{,}298 \times 10^6\,\text{o} \qquad \text{et} \qquad 3{,}746\,\text{Mio} = 3{,}928 \times 10^6\,\text{o}.$$

Par comparaison, la valeur la plus élevée est la réponse ⓒ.

....

19.1 b) On a :

$$4{,}588\,\text{Gio} = 4{,}926 \times 10^9\,\text{o}, \qquad 2^{10} \times 4{,}482\,\text{Mio} = 2^{30} \times 4{,}482\,\text{o} = 4{,}813 \times 10^9\,\text{o} \qquad \text{et} \qquad 2^{10} \times 4{,}653\,\text{Mo} = 4{,}765 \times 10^9\,\text{o}.$$

Par comparaison, la valeur la plus faible est la réponse ⓒ.

....

19.1 c) On a :

$$2^{32} \times 2{,}845\,\text{ko} = 1{,}222 \times 10^{13}\,\text{o} \qquad 2^{10} \times 1{,}368\,\text{Gio} = 2^{40} \times 1{,}368\,\text{o} = 1{,}504 \times 10^{12}\,\text{o}$$
$$2^{3} \times 0{,}158\,\text{To} = 2^{3} \times 0{,}158 \times 10^{12}\,\text{o} = 1{,}264 \times 10^{12}\,\text{o}.$$

Par comparaison, la valeur la plus élevée est la réponse ⓐ.

19.2 a) On a :

$$12/2 \xrightarrow{\text{reste } 0} 6/2 \xrightarrow{\text{reste } 0} 3/2 \xrightarrow{\text{reste } 1} 1/2 \xrightarrow{\text{reste } 1} 0 \qquad \text{soit} \qquad 1100 \text{ (réponse ⓑ).}$$

19.2 b) On a :

$$35/2 \xrightarrow{\text{reste } 1} 17/2 \xrightarrow{\text{reste } 1} 8/2 \xrightarrow{\text{reste } 0} 4/2 \xrightarrow{\text{reste } 0} 2/2 \xrightarrow{\text{reste } 0} 1/2 \xrightarrow{\text{reste } 1} 0 \qquad \text{soit} \qquad 100011 \text{ (réponse ⓑ).}$$

19.2 c) On a :

$$123/2 \xrightarrow{\text{reste } 1} 61/2 \xrightarrow{\text{reste } 1} 30/2 \xrightarrow{\text{reste } 0} 15/2 \xrightarrow{\text{reste } 1} 7/2 \xrightarrow{\text{reste } 1} 3/2 \xrightarrow{\text{reste } 1} 1/2 \xrightarrow{\text{reste } 1} 0.$$

Donc, l'écriture en base 2 de 123 est 1111011 : la bonne réponse est ⓐ.

19.2 d) On a :

$$255/2 \xrightarrow{\text{reste } 1} 127/2 \xrightarrow{\text{reste } 1} 63/2 \xrightarrow{\text{reste } 1} 31/2 \xrightarrow{\text{reste } 1} 15/2 \xrightarrow{\text{reste } 1} 7/2 \xrightarrow{\text{reste } 1} 3/2 \xrightarrow{\text{reste } 1} 1/2 \xrightarrow{\text{reste } 1} 0.$$

Donc, l'écriture en base 2 de 255 est 11111111 : la bonne réponse est ⓒ.

19.2 e) Le nombre binaire 11111111 correspond à 255 en décimal ; comme le nombre binaire 00000000 correspond à 0 en décimal, un nombre binaire composé de 8 chiffres peut donc prendre $255 - 0 + 1 = 256$ valeurs.

19.3 a) On a :

$$1111 \to 1 \times 2^3 + 1 \times 2^2 + 1 \times 2^1 + 1 \times 2^0 = 15 \text{ (réponse ⓑ).}$$

19.3 b) On a :

$$10101 \to 1 \times 2^4 + 0 \times 2^3 + 1 \times 2^2 + 0 \times 2^1 + 1 \times 2^0 = 21 \text{ (réponse ⓒ).}$$

19.3 c) On a :

$$101010 \to 1 \times 2^5 + 0 \times 2^4 + 1 \times 2^3 + 0 \times 2^2 + 1 \times 2^1 + 0 \times 2^0 = 42 \text{ (réponse ⓐ).}$$

19.3 d) On a :

$$10111101 \to 1 \times 2^7 + 0 \times 2^6 + 1 \times 2^5 + 1 \times 2^4 + 1 \times 2^3 + 1 \times 2^2 + 0 \times 2^1 + 1 \times 2^0 = 189 \text{ (réponse ⓑ).}$$

19.3 e) D'après l'énoncé et les réponses aux questions a) et c), ce calcul correspond en décimal à $\dfrac{42}{15-13}$, soit $21|_{10}$. D'après la question b), on a $21|_{10} = 10101|_2$.

....

19.4 a) La base étant 10, on peut s'appuyer sur l'exemple fourni dans l'énoncé.
On a $121|_{10} = 1 \times 10^2 + 2 \times 10^1 + 1 \times 10^0$.

....

19.4 b) La décomposition est similaire à la question précédente, mais la base est désormais 3 et non 10.
On a $121|_3 = 1 \times 3^2 + 2 \times 3^1 + 1 \times 3^0$.

....

19.4 c)

- On a $121|_3 = 1 \times 3^2 + 2 \times 3^1 + 1 \times 3^0 = 9 + 6 + 1 = 16 \neq 121 = 121|_{10}$. La réponse ⓐ est vraie.
- Dans une même base, deux nombres d'écritures différentes sont forcément différents. La réponse ⓑ est fausse.
- On a $121|_3 = 1 \times 3^2 + 2 \times 3^1 + 1 \times 3^0 = 9 + 6 + 1 = 16$. La réponse ⓒ est vraie.
- Raisonnons par contre-exemple : si $b = 10$, le résultat est faux (questions précédentes). La réponse ⓓ est fausse (sauf si $b = 3$ mais c'est un cas particulier).

....

19.4 d) La décomposition est similaire aux questions précédentes, mais la base est désormais b.
On a $121|_b = 1 \times b^2 + 2 \times b^1 + 1 \times b^0 = b^2 + 2b + 1$.

....

19.4 e) On a $121|_b = b^2 + 2b + 1 = (b+1)^2$ donc $121|_b$ est pour toute base le carré du nombre $b + 1$. Ainsi, la bonne réponse est ⓓ.

Vérifions ce résultat. Si $b = 10$ alors $b + 1 = 11|_{10}$ et effectivement $11^2 = 121|_{10}$; si $b = 3$ alors $b + 1 = 11|_3 = 4|_{10}$ et effectivement $4^2 = 16 = 121|_3$.

....

19.5 a) On remplace $\overline{A}$, $\overline{B}$ par les formules correspondantes, soit $\overline{A} \cup \overline{B} = (1 - A) \cup (1 - B)$.

On remplace alors $\cup$ par la formule correspondante. On a :

$$\begin{aligned}(1-A) \cup (1-B) &= (1-A) + (1-B) - (1-A) \times (1-B)\\ &= 1 - A + 1 - B - (1 - B - A + A \times B) = 1 - A \times B.\end{aligned}$$

....

19.5 b) On remplace $\overline{A}$, $\overline{B}$ par les formules correspondantes, soit $\overline{A} \cap \overline{B} = (1 - A) \cap (1 - B)$.

On remplace alors $\cap$ par la formule correspondante. On a :

$$(1-A) \cap (1-B) = (1-A) \times (1-B) = 1 - B - A + A \times B = 1 - (A+B) + A \times B.$$

....

19.5 c) On constate que la formule $1 - A \times B$ correspond à une fonction NON appliquée à une fonction ET appliquée sur les deux entrées A et B, soit $1 - A \times B = \overline{A \times B} = \overline{A \cap B}$.

....

19.5 d) On constate que la formule $1-(A+B)+A \times B$ correspond à une fonction NON appliquée à une fonction OU appliquée sur les deux entrées A et B, soit $1 - (A+B) + A \times B = \overline{A + B - A \times B} = \overline{A \cup B}$.

....

19.5 e) En identifiant les énoncés de la première question de l'entraînement et les réponses obtenues à la deuxième, on constate que les propositions valides sont ⓑ et ⓓ.

....

19.7 a) Comme $V_A = V_B = 0\,\text{V}$, les deux transistors de type 2 sont fermés et les deux transistors de type 1 sont ouverts. La sortie est donc directement liée à $V_E = 1\,\text{V}$, donc $V_S = 1\,\text{V}$.

19.7 b) Comme $V_A = 1\,\text{V}$, un des transistors de type 2 est ouvert et un des transistors de type 1 est fermé. La sortie est donc directement liée à la masse, donc $V_S = 0\,\text{V}$.

19.7 c) Comme $V_B = 1\,\text{V}$, un des transistors de type 2 est ouvert et un des transistors de type 1 est fermé. La sortie est donc directement liée à la masse, donc $V_S = 0\,\text{V}$.

19.7 d) Comme $V_A = V_B = 1\,\text{V}$, les deux transistors de type 2 sont ouverts et les deux transistors de type 1 sont fermés. La sortie est donc directement liée à la masse, donc $V_S = 0\,\text{V}$.

19.7 e)

On constate que la table de vérité de ce circuit électrique correspond à celle d'une porte NOR. Réponse (c).

V_A	V_B	V_S
0	0	1
1	0	0
0	1	0
1	1	0

19.8 a) Comme $V_A = V_B = 0\,\text{V}$, les deux transistors de type 2 sont fermés et les deux transistors de type 1 sont ouverts. La sortie est donc directement liée à la masse, donc $V_S = 0\,\text{V}$.

19.8 b) Comme $V_B = 0\,\text{V}$, un des transistors de type 1 est ouvert et un des transistors de type 2 est fermé. La sortie est donc directement liée à la masse, donc $V_S = 0\,\text{V}$.

19.8 c) Comme $V_B = 0\,\text{V}$, un des transistors de type 1 est ouvert et un des transistors de type 2 est fermé. La sortie est donc directement liée à la masse, donc $V_S = 0\,\text{V}$.

19.8 d) Comme $V_A = V_B = 1\,\text{V}$, les deux transistors de type 2 sont ouverts et les deux transistors de type 1 sont fermés. La sortie est donc directement liée à $V_E = 1\,\text{V}$, donc $V_S = 1\,\text{V}$.

19.8 e)

On constate que la table de vérité de ce circuit électrique correspond à celle d'une porte AND.

V_A	V_B	V_S
0	0	0
1	0	0
0	1	0
1	1	1

19.9 a) Si $A = B = 0$ alors les deux portes ET sont alimentées par une entrée 0 et une entrée 1, donc renvoient chacune 0. La porte OU est donc connectée à deux entrées 0 et renvoie donc 0.

19.9 b) Si $A = B = 1$ alors les deux portes ET sont alimentées par une entrée 0 et une entrée 1, donc renvoient chacune 0. La porte OU est donc connectée à deux entrées 0 et renvoie donc 0.

19.9 c) Si $A = 0$ et $B = 1$ alors la porte ET en haut est alimentée par deux entrées 1 et renvoie 1, tandis que la porte ET en bas est alimentée par deux entrées 0 et renvoie 0. La porte OU est donc connectée à une entrée 0 et une entrée 1 : elle renvoie donc 1.

....

19.9 d) Si $A = 1$ et $B = 0$ alors la porte ET en haut est alimentée par deux entrées 0 et renvoie 0, tandis que la porte ET en bas est alimentée par deux entrées 1 et renvoie 1. La porte OU est donc connectée à une entrée 0 et une entrée 1 : elle renvoie donc 1.

....

19.9 e) Le signal en sortie sera nul si et seulement si les deux entrées sont de même niveau logique. Cela correspond à la fonction OU EXCLUSIF, aussi notée XOR.

....

19.10 a) Cette situation se produit notamment avant l'instant t_1 (on a $Q = 0$), entre les instants t_4 et t_5 (on a $Q = 1$) et après l'instant t_8 (on a $Q = 1$). On constate qu'alors la valeur de Q correspond à celle avant que la situation ne se produise : la sortie reste dans son état antérieur. L'affirmation est vraie.

....

19.10 b) Lorsque R passe du niveau logique 0 à 1 (aux instants t_1 et t_5), la sortie Q passe immédiatement de son état antérieur à 0, et non pas à l'état 1. La commande permet au contraire d'assurer que Q vaut 0 (on parle de commande *Reset* en anglais, signifiant « réinitialiser »). L'affirmation est donc fausse.

....

19.10 c) Lorsque S passe du niveau logique 0 à 1 (aux instants t_3 et t_7), la sortie Q passe à 1 (on parle de commande *Set* en anglais, signifiant « initialiser »), mais lorsque S repasse à 0 depuis l'état 1 (aux instants t_4 et t_8), on constate que la sortie Q reste à l'état 1 (elle ne passe pas mais reste !). L'affirmation est donc fausse.

....

19.10 d) Une fois la sortie Q dans un état, seule l'activation de l'une des commandes (R ou S) la fera changer de valeur. Autrement dit, les deux états logiques 0 et 1 de Q sont stables (quand un jeu de niveaux d'entrée la met dans un état de sortie, elle y reste) et l'on peut dire que la bascule RS est un circuit bistable.

....

Fiche n° 20. Physique statistique (MP)

Réponses

20.1 a) ...... ⓑ

20.1 b) ...... ⓐ

20.2 a) ...... $3{,}3 \times 10^{19}$

20.2 b) ...... $0{,}31\,\mathrm{nm}$

20.3 a) ...... ⓓ

20.3 b) ...... $29\,\mathrm{g}\cdot\mathrm{mol}^{-1}$

20.4 ...... $5 \times 10^{18}\,\mathrm{kg}$

20.5 a) ...... ⓐ

20.5 b) ...... ⓐ et ⓑ

20.5 c) ...... $8{,}4\,\mathrm{km}$

20.5 d) ...... $0{,}35\,\mathrm{bar}$

20.6 a) ...... ⓐ

20.6 b) ...... ⓒ

20.7 a) ...... ⓒ

20.7 b) ...... $\dfrac{p_m}{p_n} = \exp\left(-\dfrac{E_m - E_n}{k_\mathrm{B}T}\right)$

20.7 c) ...... ⓓ

20.7 d) ...... ⓐ

20.8 a) ...... ⓐ

20.8 b) ...... ⓒ

20.8 c) ...... ⓒ

20.8 d) ...... ⓑ

20.8 e) ...... $C = \dfrac{N\varepsilon^2}{k_\mathrm{B}T^2}\left(1 - \tanh^2\left(\dfrac{\varepsilon}{k_\mathrm{B}T}\right)\right)$

20.9 a) ...... ⓑ

20.9 b) ...... ⓐ

20.10 ...... ⓐ

20.11 a) ...... ⓒ

20.11 b) ...... ⓐ

20.11 c) ...... $5{,}1 \times 10^2\,\mathrm{m}\cdot\mathrm{s}^{-1}$

20.12 a) ...... ⓒ

20.12 b) ...... ⓒ

20.12 c) ...... ⓑ

Corrigés

20.1 a) La densité volumique moléculaire est $N^* = \dfrac{P\mathcal{N}_A}{RT} = \dfrac{1 \times 10^5\,\mathrm{Pa} \times 6{,}02 \times 10^{23}\,\mathrm{mol}^{-1}}{8{,}31\,\mathrm{J}\cdot\mathrm{K}^{-1}\cdot\mathrm{mol}^{-1} \times 373\,\mathrm{K}} = 1{,}9 \times 10^{25}\,\mathrm{m}^{-3}$. Reste à multiplier par le volume étudié $1\,\mathrm{mm}^3 = 1 \times 10^{-9}\,\mathrm{m}^3$. On peut aussi écrire que $1\,\mathrm{mm}^{-3} = 1 \times 10^{9}\,\mathrm{m}^{-3}$.

......

20.1 b) On a $d = (N^*)^{-1/3}$ où N^* est la densité volumique moléculaire. Donc :

$$d = \left(1{,}9 \times 10^{25}\,\mathrm{m}^{-3}\right)^{-1/3} = 3{,}7 \times 10^{-9}\,\mathrm{m}d = 3{,}7\,\mathrm{nm}.$$

......

20.2 a) La densité volumique moléculaire est :

$$N^* = \frac{\mu \mathcal{N}_A}{M} = \frac{1 \times 10^3\,\mathrm{kg\cdot m^{-3}} \times 6{,}02 \times 10^{23}\,\mathrm{mol^{-1}}}{18 \times 10^{-3}\,\mathrm{kg\cdot mol^{-1}}} = 3{,}3 \times 10^{28}\,\mathrm{m^{-3}}.$$

Reste à multiplier par le volume étudié $1\,\mathrm{mm}^3 = 1 \times 10^{-9}\,\mathrm{m}^3$. On peut aussi écrire que $1\,\mathrm{mm}^{-3} = 1 \times 10^9\,\mathrm{m}^{-3}$.

....

20.2 b) On a $d = (N^*)^{-1/3}$ où N^* est la densité volumique moléculaire. Donc :

$$d = \left(3{,}3 \times 10^{28}\,\mathrm{m^{-3}}\right)^{-1/3} = 3{,}1 \times 10^{-10}\,\mathrm{m} = 0{,}31\,\mathrm{nm}.$$

....

20.3 b) On a $M(\mathrm{air}) \approx 0,2\mathrm{M(O_2)} + 0,8\mathrm{M(N_2)} \approx 29\,\mathrm{g\cdot mol^{-1}}$.

....

20.4 La pression au sol est le rapport du poids de l'atmosphère sur la surface du sol terrestre.

Donc $M_{\mathrm{atm}} = \dfrac{P_{\mathrm{sol}}\, 4\pi R_T^2}{g}$. On trouve $M_{\mathrm{atm}} = \dfrac{1 \times 10^5\,\mathrm{Pa} \times 4\pi \times \left(6{,}4 \times 10^6\,\mathrm{m}\right)^2}{10\,\mathrm{m\cdot s^{-2}}} = 5 \times 10^{18}\,\mathrm{kg}$.

....

20.5 a) L'argument de la fonction exponentielle est sans dimension donc H est une distance.

....

20.5 b) Une analyse dimensionnelle permet de trancher entre les quatre propositions. Le produit RT est une énergie molaire (unité : $\mathrm{J\cdot mol^{-1}}$) et le produit MgH est aussi une énergie molaire (avec H une distance). Le rapport $\dfrac{MgH}{RT}$ est donc sans dimension.

Le produit $k_\mathrm{B}T$ est une énergie de même que mgH. Le rapport $\dfrac{mgH}{k_\mathrm{B}T}$ est donc sans dimension.

....

20.6 a) La fonction $z \mapsto P(z)$ est décroissante. Or $P_\mathrm{A} < P_\mathrm{B}$ donc le niveau A est plus haut que le niveau B.

....

20.6 b) On a $\dfrac{P_\mathrm{B}}{P_\mathrm{A}} = \exp\!\left(-\dfrac{z_\mathrm{B} - z_\mathrm{A}}{H}\right)$. À $T_0 = 293\,\mathrm{K}$, $H = 8{,}57\,\mathrm{km}$. On trouve $z_\mathrm{A} - z_\mathrm{B} = H \ln(P_\mathrm{B}/P_\mathrm{A}) = 3{,}1\,\mathrm{m}$.

....

20.7 a) Écrire la condition de normalisation $\displaystyle\sum_{i \geqslant 1} p_i = 1$.

....

20.7 c) Sachant que $\dfrac{p_{i_0}}{p_1}$ est le minimum de tous les $\dfrac{p_i}{p_1}$, si $\dfrac{p_{i_0}}{p_1} \approx 1$ alors $\dfrac{p_i}{p_1} \approx 1$ pour $1 \leqslant i \leqslant i_0$.

Or $\dfrac{p_{i_0}}{p_1} = \exp\!\left(-\dfrac{E_{i_0} - E_1}{k_\mathrm{B}T}\right)$. Donc $\dfrac{p_{i_0}}{p_1} \approx 1$ si et seulement si $E_{i_0} - E_1 \ll k_\mathrm{B}T$. Dans ce cas, les différents états quantifiés sont équiprobables.

....

20.7 d) L'état le plus peuplé est celui de plus basse énergie. Si un seul état est très peuplé, c'est donc celui d'énergie E_1. La condition $p_2/p_1 \ll 1$ implique $p_i/p_1 \ll 1$ pour $2 \leqslant i \leqslant i_0$. Cette condition est vraie si et seulement si $E_2 - E_1 \gg k_\mathrm{B}T$.

....

20.8 e) On a $C = \dfrac{\mathrm{d}\langle E_{\text{système}}\rangle}{\mathrm{d}T} = \dfrac{\mathrm{d}\langle E_{\text{système}}\rangle}{\mathrm{d}\beta} \cdot \dfrac{\mathrm{d}\beta}{\mathrm{d}T}$ avec $\langle E_{\text{système}}\rangle = -N\varepsilon \tanh(\beta\varepsilon)$. D'une part, $\dfrac{\mathrm{d}\beta}{\mathrm{d}T} = -\dfrac{1}{k_\mathrm{B}T^2}$ et d'autre part $\dfrac{\mathrm{d}\tanh(x)}{\mathrm{d}x} = 1 - \tanh^2(x)$. On obtient $C = \dfrac{N\varepsilon^2}{k_\mathrm{B}T^2}\left(1 - \tanh^2\!\left(\dfrac{\varepsilon}{k_\mathrm{B}T}\right)\right)$.

....

20.11 a) On note $\vec{v} = \dot{x}\vec{e_x} + \dot{y}\vec{e_y} + \dot{z}\vec{e_z}$ la vitesse du centre de masse de la molécule. L'énergie cinétique de la molécule $E_c = \dfrac{1}{2}m\left(\dot{x}^2 + \dot{y}^2 + \dot{z}^2\right)$ comporte trois termes quadratiques. Sa valeur moyenne $\langle E_c\rangle = \dfrac{1}{2}m\left\langle v^2\right\rangle = \dfrac{1}{2}mv^{*2}$ est aussi égale à $\dfrac{3}{2}k_{\mathrm{B}}T$, en appliquant le théorème d'équipartition de l'énergie.

....

20.11 b) On note $\vec{v} = \dot{x}\vec{e_x} + \dot{y}\vec{e_y} + \dot{z}\vec{e_z}$ la vitesse du centre de masse de la molécule. La valeur moyenne de $\dfrac{1}{2}mv^2 = \dfrac{1}{2}m\left(\dot{x}^2 + \dot{y}^2 + \dot{z}^2\right)$(3 termes d'énergie quadratique) est $\dfrac{3}{2}k_{\mathrm{B}}T$ (théorème d'équipartition de l'énergie). La vitesse quadratique moyenne est donc $v^* = \sqrt{\dfrac{3k_{\mathrm{B}}T}{m}}$, que la molécule soit monoatomique, diatomique ou autre.

....

20.11 c) On a $v^* = \sqrt{\dfrac{3 \times 8{,}31\,\mathrm{J\cdot K^{-1}\cdot mol^{-1}} \times 293\,\mathrm{K}}{28 \times 10^{-3}\,\mathrm{kg\cdot mol^{-1}}}}$.

....

20.12 a) On note $\vec{v} = \dot{x}\vec{e_x} + \dot{y}\vec{e_y} + \dot{z}\vec{e_z}$ la vitesse du centre de masse de la molécule. L'énergie cinétique de la molécule $E_c = \dfrac{1}{2}m\left(\dot{x}^2 + \dot{y}^2 + \dot{z}^2\right)$ comporte trois termes quadratiques.

....

20.12 b) L'énergie potentielle d'un oscillateur harmonique unidimensionnel s'écrit $E_p = \dfrac{1}{2}kx^2$ où x est l'écart à la position d'équilibre. Celle d'un oscillateur harmonique tridimensionnel comporte trois termes quadratiques de ce type.

....

20.12 c) L'énergie d'un oscillateur tridimensionnel comporte donc six degrés de liberté énergétiques quadratiques. Sa valeur moyenne est donc $\langle E_1\rangle = 6 \times \dfrac{k_{\mathrm{B}}T}{2} = 3k_{\mathrm{B}}T$. La valeur moyenne de l'énergie molaire est alors $\langle E_m\rangle = N_A\langle E_1\rangle = 3k_{\mathrm{B}}N_AT = 3RT$. En dérivant $\langle E_m\rangle$ par rapport à T, on trouve la capacité thermique du solide dans le cadre de ce modèle : $C = 3R$ (loi de Dulong et Petit).

....

Fiche n° 21. Physique quantique

Réponses

21.1 a) .... $1{,}9 \times 10^{-34}\,\mathrm{m}$

21.1 b) .... $7 \times 10^{-21}\,\mathrm{m}$

21.1 c) .... $8 \times 10^{-6}\,\mathrm{m}$

21.1 d) .... $2{,}5 \times 10^{-11}\,\mathrm{m}$

21.1 e) .... ⓒ et ⓓ

21.2 a) .... $\dfrac{1}{2}$

21.2 b) .... $\dfrac{3}{4}$

21.2 c) .... $\dfrac{5-2\sqrt{6}}{12}$

21.2 d) .... $\dfrac{11-2\sqrt{6}}{12}$

21.3 a) .... $A = \dfrac{1}{2a}$

21.3 b) .... $A = \dfrac{1}{\sqrt{b}}$

21.3 c) .... $A = \dfrac{1}{2}\sqrt{\dfrac{3}{a}}$

21.4 a) .... $A = \sqrt{\dfrac{2}{a}}$

21.4 b) .... $A = \dfrac{1}{2\sqrt{a}}$

21.4 c) .... $A = \sqrt{\dfrac{3}{b}}$

21.5 .... ⓐ et ⓒ

21.6 a) 0

21.6 b) .... $\dfrac{\hbar^2 k^2}{2m}$

21.6 c) .... ⓐ

21.6 d) .... ⓑ

21.6 e) .... $|\Psi(x,t)|^2 = A^2$

21.6 f) .... oui

21.7 a) .... $A = \sqrt{\dfrac{2\alpha}{\pi}}$

21.7 b) .... $\dfrac{1}{4} + \dfrac{1}{2\pi}$

21.7 c) 0

21.8 a) .... ⓑ

21.8 b) .... $A = 2\alpha^{3/2}$

21.8 c) .... $1 - 5\mathrm{e}^{-2}$

21.9 a) .... $-\dfrac{2m}{\hbar^2} E \varphi_{\mathrm{I}}(x)$

21.9 b) .... $A_{\mathrm{I}} \cos\left(\sqrt{\dfrac{2m}{\hbar^2}E}x\right) + B_{\mathrm{I}} \sin\left(\sqrt{\dfrac{2m}{\hbar^2}E}x\right)$

21.9 c) .... $-\dfrac{2m}{\hbar^2}(E - V_{\mathrm{II}})\varphi_{\mathrm{II}}(x)$

21.9 d) .... $A_{\mathrm{II}} \cos\left(\sqrt{\dfrac{2m}{\hbar^2}(E - V_{\mathrm{II}})}x\right) + B_{\mathrm{II}} \sin\left(\sqrt{\dfrac{2m}{\hbar^2}(E - V_{\mathrm{II}})}x\right)$

21.9 e) .... $\dfrac{2m}{\hbar^2}(V_{\mathrm{III}} - E)\varphi_{\mathrm{III}}(x)$

21.9 f) .... $A_{\mathrm{III}} \mathrm{e}^{\sqrt{\frac{2m}{\hbar^2}(V_{\mathrm{III}}-E)}x} + B_{\mathrm{III}} \mathrm{e}^{-\sqrt{\frac{2m}{\hbar^2}(V_{\mathrm{III}}-E)}x}$

21.9 g) .... $B_{\mathrm{III}} \mathrm{e}^{-\sqrt{\frac{2m}{\hbar^2}(V_{\mathrm{III}}-E)}x}$

21.10 a) .... ⓑ

21.10 b) .... $A_{\mathrm{I}} \mathrm{e}^{-Qa} = A_{\mathrm{II}} \cos(Ka)$

21.10 c) .... $QA_{\text{I}}e^{-Qa} = KA_{\text{II}}\sin(Ka)$

21.10 d) .... $A_{\text{III}}e^{-Qa} = A_{\text{II}}\cos(Ka)$

21.10 e) .... $QA_{\text{III}}e^{-Qa} = KA_{\text{II}}\sin(Ka)$

21.10 f) .... $A_{\text{I}} = A_{\text{III}}$

21.10 g) .... $\frac{Q}{K} = \tan(Ka)$

21.11 a) .... ⓒ

21.11 b) .... $A_{\text{I}}e^{-Qa} = -A_{\text{II}}\sin(Ka)$

21.11 c) .... $QA_{\text{I}}e^{-Qa} = KA_{\text{II}}\cos(Ka)$

21.11 d) .... $A_{\text{III}}e^{-Qa} = A_{\text{II}}\sin(Ka)$

21.11 e) .... $-QA_{\text{III}}e^{-Qa} = KA_{\text{II}}\cos(Ka)$

21.11 f) .... $A_{\text{I}} = -A_{\text{III}}$

21.11 g) .... $-\frac{K}{Q} = \tan(Ka)$

21.12 a) .... $\frac{16E(V_0 - E)}{V_0^2}$

21.12 b) .... ⓑ

21.12 c) .... ⓑ

21.12 d) .... ⓐ

21.13 a) .... $1{,}4 \cdot 10^{-4}$

21.13 b) .... 1,4 µA

21.13 c) .... ⓑ

21.13 d) .... 0 A

Corrigés

21.1 b) Attention à la conversion de la masse m du grain de pollen : on a $m = 5 \times 10^{-12}$ kg.

21.1 c) On a $\lambda = \frac{h}{p} = \frac{h}{m \times v} = \frac{6{,}6 \times 10^{-34}\,\text{kg} \cdot \text{m}^2\text{s}^{-1} \cdot 3\,600\,\text{s} \cdot \text{h}^{-1}}{3 \times 10^{-21}\,\text{kg} \cdot 0{,}1 \times 10^{-3}\,\text{m} \cdot \text{h}^{-1}} = 8 \times 10^{-6}\,\text{m}$.

21.1 d) On a $\lambda = \frac{h}{p} = \frac{h \times \mathcal{N}_A}{M \times v} = \frac{6{,}6 \times 10^{-34}\,\text{kg} \cdot \text{m}^2\text{s}^{-1} \times 6{,}0 \times 10^{23}\,\text{mol}^{-1} \times 3\,600\,\text{s} \cdot \text{h}^{-1}}{32{,}0 \times 10^{-3}\,\text{kg} \cdot \text{mol}^{-1} \times 1\,800 \times 10^3\,\text{m} \cdot \text{h}^{-1}} = 2{,}5 \times 10^{-11}\,\text{m}$.

21.1 e) On a, pour ⓐ, $10 \times 10^{-3}\,\text{m} > 1{,}9 \times 10^{-32}\,\text{m}$; pour ⓑ, $5 \times 10^{-6}\,\text{m} > 7 \times 10^{-19}\,\text{m}$; pour ⓒ, $4{,}2 \times 10^{-8}\,\text{m} < 8 \times 10^{-4}\,\text{m}$; pour ⓓ, $2{,}9 \times 10^{-10}\,\text{m} < 2{,}5 \times 10^{-9}\,\text{m}$.

Le virus de l'hépatite B ainsi que la molécule de O_2 peuvent donc être qualifiés de quantiques.

21.2 a) On obtient $|\varphi_1(M)|^2 = \frac{1}{2}$.

21.2 b) Avec l'ouverture des fentes n° 1 et n° 2, on obtient :

$$|\varphi_1 + \varphi_2|^2 = |\varphi_1|^2 + |\varphi_2|^2 + 2\,\text{Re}(\varphi_1\varphi_2^*) = \frac{1}{2} + \frac{1}{4} + 2\,\text{Re}\left(\frac{1}{\sqrt{2}} \times \frac{-\text{i}}{2}\right) = \frac{3}{4}.$$

Il est également possible de raisonner à l'aide de la définition du module d'un nombre complexe :

$$|\varphi_1 + \varphi_2|^2 = \left|\frac{1}{\sqrt{2}} + \frac{\text{i}}{2}\right|^2 = \left(\sqrt{\left(\frac{1}{\sqrt{2}}\right)^2 + \left(\frac{1}{2}\right)^2}\right)^2 = \frac{1}{2} + \frac{1}{4} = \frac{3}{4}.$$

21.2 c) Avec l'ouverture des fentes n° 2 et n° 3, on obtient :

$$|\varphi_2+\varphi_3|^2=|\varphi_2|^2+|\varphi_3|^2+2\,\mathrm{Re}(\varphi_2\varphi_3^*)=\frac{1}{4}+\frac{1}{6}+2\,\mathrm{Re}\left(\frac{\mathrm{i}}{2}\times\frac{\mathrm{e}^{\mathrm{i}\pi/2}}{\sqrt{6}}\right)=\frac{5}{12}+2\left(-\frac{\sqrt{6}}{12}\right)=\frac{5-2\sqrt{6}}{12}.$$

En effet, on a $\mathrm{i}\,\mathrm{e}^{\mathrm{i}\pi/2}=-1$ et $\dfrac{1}{\sqrt{6}}=\dfrac{\sqrt{6}}{6}$.

21.2 d) Avec l'ouverture de toutes les fentes, on obtient :

$$\begin{aligned}|\varphi_1+\varphi_2+\varphi_3|^2&=|\varphi_1|^2+|\varphi_2|^2+|\varphi_3|^2+2\,\mathrm{Re}(\varphi_1\varphi_2^*+\varphi_1\varphi_3^*+\varphi_2\varphi_3^*)\\&=\frac{1}{2}+\frac{1}{4}+\frac{1}{6}+2\,\mathrm{Re}\left(\frac{-\mathrm{i}}{\sqrt{8}}+\frac{\mathrm{e}^{\mathrm{i}\pi/2}}{\sqrt{12}}+\frac{\mathrm{i}\,\mathrm{e}^{\mathrm{i}\pi/2}}{\sqrt{24}}\right)=\frac{11}{12}+2\left(\frac{-1}{\sqrt{24}}\right)=\frac{11-2\sqrt{6}}{12}.\end{aligned}$$

21.3 a) Calculons la probabilité de présence dans tout l'espace. On a :

$$\int_{-\infty}^{+\infty}|\varphi(x)|^2\,\mathrm{d}x=A\int_{-\infty}^{+\infty}\mathrm{e}^{-|x|/a}\,\mathrm{d}x=2A\int_0^{+\infty}\mathrm{e}^{-x/a}\,\mathrm{d}x=2A\big[-a\mathrm{e}^{-x/a}\big]_0^{+\infty}=2Aa=1.$$

Donc, on a $A=\dfrac{1}{2a}$.

21.3 b) De même, calculons la probabilité de présence dans tout l'espace. On a :

$$\int_{-\infty}^{+\infty}|\varphi(x)|^2\,\mathrm{d}x=A^2\int_{-\infty}^{+\infty}\mathrm{e}^{-2|x|/b}\,\mathrm{d}x=2A^2\int_0^{+\infty}\mathrm{e}^{-2x/b}\,\mathrm{d}x=2A^2\left[-\frac{b}{2}\mathrm{e}^{-2x/a}\right]_0^{+\infty}=A^2b=1.$$

Donc, on a $A=\dfrac{1}{\sqrt{b}}$.

21.3 c) De même, calculons la probabilité de présence dans tout l'espace. On a :

$$\int_{-\infty}^{+\infty}|\varphi(x)|^2\,\mathrm{d}x=A^2\int_{-a}^{a}\left(1-\frac{x^2}{a^2}\right)\mathrm{d}x=A^2\left[x-\frac{x^3}{3a^2}\right]_{-a}^{a}=\frac{4}{3}A^2a=1\quad\text{donc}\quad A=\frac{1}{2}\sqrt{\frac{3}{a}}.$$

21.4 a) De même, calculons la probabilité de présence dans tout l'espace. On a :

$$\int_{-\infty}^{+\infty}|\varphi(x)|^2\,\mathrm{d}x=A^2\int_0^a\cos^2\left(\frac{\pi x}{a}\right)\mathrm{d}x=\frac{A^2}{2}\int_0^a\left(1+\cos\left(\frac{2\pi x}{a}\right)\right)\mathrm{d}x=\frac{A^2}{2}\left[x+\frac{a}{2\pi}\sin\left(\frac{2\pi x}{a}\right)\right]_0^a=\frac{A^2a}{2}=1.$$

Donc, on a $A=\sqrt{\dfrac{2}{a}}$.

21.4 b) Tout d'abord, calculons la densité de probabilité de présence $|\varphi(x)|^2$. On a :

$$|\varphi(x)|^2=\varphi(x)\varphi^*(x)=A^2\big(\mathrm{e}^{\mathrm{i}\pi x/a}+1\big)\big(\mathrm{e}^{-\mathrm{i}\pi x/a}+1\big)=2A^2\left(1+\cos\left(\frac{\pi x}{a}\right)\right).$$

Passons à la probabilité de présence dans tout l'espace. On a :

$$\int_{-\infty}^{\infty}|\varphi(x)|^2\,\mathrm{d}x=2A^2\int_{-a}^{a}\left(1+\cos\left(\frac{\pi x}{a}\right)\right)\mathrm{d}x=2A^2\left[x+\frac{a}{\pi}\sin\left(\frac{\pi x}{a}\right)\right]_{-a}^{a}=4A^2a=1.$$

Ainsi, on a $A=\dfrac{1}{2\sqrt{a}}$.

21.4 c) Par décomposition, la probabilité de présence P dans tout l'espace s'écrit :

$$P = A^2 \int_0^a \frac{x^2}{a^2}\,\mathrm{d}x + A^2 \int_a^b \frac{(b-x)^2}{(b-a)^2}\,\mathrm{d}x = A^2 \left[\frac{x^3}{3a^2}\right]_0^a + \frac{A^2}{(b-a)^2}\left[\frac{X^3}{3}\right]_0^{b-a} = \frac{A^2 a}{3} + \frac{A^2(b-a)}{3},$$

où on utilise le changement de variable $X = b - x$. La normalisation de la probabilité donne $A = \sqrt{\dfrac{3}{b}}$.

21.5 En mécanique quantique, un état stationnaire est représenté par une fonction d'onde dont la densité de probabilité de présence $|\Psi(x,t)|^2$ est indépendante du temps.

- (a) $|\Psi(x,t)|^2 = A^2 \neq f(t)$.
- (b) $|\Psi(x,t)|^2 = A^2\cos^2(kx - \omega t) = f(x,t)$.
- (c) $|\Psi(x,t)|^2 = A^2\cos^2(kx) \neq f(t)$.
- (d) $|\Psi(x,t)|^2 = A^2\cos^2(kx)\cos^2(\omega t) = f(x,t)$.
- (e) $|\Psi(x,t)|^2 = 2A^2(1+\cos((\omega_2-\omega_1)t)) = f(t)$.

Ainsi, les fonctions d'onde (a) et (c) représentent des états stationnaires.

21.6 a) La grandeur $V(x,t)$ représente l'énergie potentielle. Pour une particule libre, elle est nulle.

21.6 c) Seule la forme $\Psi(x,t) = A\mathrm{e}^{\mathrm{i}(kx-\omega t)}$ permet de retrouver, avec les bons signes, l'énergie totale d'une particule quantique : $\dfrac{\hbar^2 k^2}{2m} + V = \hbar\omega$, où $V = 0$ puisqu'il s'agit d'une particule libre.

21.6 d) La fonction d'onde s'exprime comme une fonction de la forme $f(x - ct)$, il s'agit d'une onde progressive suivant les x croissants.

21.6 f) La densité de probabilité de présence $|\Psi(x,t)|^2$ ne dépend pas du temps alors l'état est stationnaire.

21.7 a) Calculons la probabilité de présence dans tout l'espace. On a :

$$\int_{-\infty}^{+\infty} |\varphi(x)|^2\,\mathrm{d}x = A^2 \int_{-\frac{\pi}{2\alpha}}^{\frac{\pi}{2\alpha}} \cos^2(\alpha x)\,\mathrm{d}x = A^2 \int_0^{\frac{\pi}{2\alpha}} (1+\cos(2\alpha x))\,\mathrm{d}x = A^2\left[x + \frac{1}{2\alpha}\sin(2\alpha x)\right]_0^{\frac{\pi}{2\alpha}} = \frac{A^2\pi}{2\alpha} = 1.$$

Donc, on a $A = \sqrt{\dfrac{2\alpha}{\pi}}$.

21.7 b) Pour calculer cette probabilité, reprenons le calcul précédent en changeant les bornes d'intégration :

$$P = \int_0^{\frac{\pi}{4\alpha}} |\varphi(x)|^2\,\mathrm{d}x = \frac{A^2}{2}\int_0^{\frac{\pi}{4\alpha}} (1+\cos(2\alpha x))\,\mathrm{d}x = \frac{\alpha}{\pi}\left[x + \frac{1}{2\alpha}\sin(2\alpha x)\right]_0^{\frac{\pi}{4\alpha}} = \frac{1}{4} + \frac{1}{2\pi}.$$

21.7 c) Le calcul de la position moyenne n'est pas nécessaire. Il suffit de remarquer que la densité de probabilité de présence est paire dans l'intervalle. Par conséquent, la position moyenne est nulle : $\langle x \rangle = 0$.

21.8 a) Le calcul de la probabilité de présence dans tout l'espace s'écrit :

$$\int_{-\infty}^{+\infty} |\Psi(x,t)|^2\,\mathrm{d}x = A^2 \int_0^{+\infty} x^2 \mathrm{e}^{-2\alpha x}\,\mathrm{d}x.$$

Il s'agit donc de la réponse (b).

21.8 b) La normalisation de la fonction d'onde impose :

$$P = \int_{-\infty}^{+\infty} |\Psi(x,t)|^2 \, dx = A^2 \int_0^{+\infty} x^2 e^{-2\alpha x} \, dx = 1.$$

Calculons l'intégrale, à l'aide d'une intégration par parties. On a :

$$\begin{aligned}\int_0^{+\infty} x^2 e^{-2\alpha x} \, dx &= \left[-\frac{x^2}{2\alpha} e^{-2\alpha x}\right]_0^{+\infty} + \int_0^{+\infty} \frac{x}{\alpha} e^{-2\alpha x} \, dx \\ &= 0 + \frac{1}{\alpha}\left(\left[-\frac{x}{2\alpha} e^{-2\alpha x}\right]_0^{+\infty} + \int_0^{+\infty} \frac{1}{2\alpha} e^{-2\alpha x} \, dx\right) = 0 - \frac{1}{4\alpha^3}\left[e^{-2\alpha x}\right]_0^{+\infty} = \frac{1}{4\alpha^3}.\end{aligned}$$

Il vient, par normalisation, $A = 2\alpha^{3/2}$.

21.8 c) La probabilité de trouver la particule dans l'intervalle $[0, 1/\alpha]$ se détermine par :

$$P = \int_0^{1/\alpha} |\Psi(x,t)|^2 = 4\alpha^3 \int_0^{1/\alpha} x^2 e^{-2\alpha x} \, dx.$$

Le calcul est similaire au cas précédent en remplaçant la borne supérieure. Ainsi,

$$\begin{aligned}\int_0^{1/\alpha} x^2 e^{-2\alpha x} \, dx &= \left[-\frac{x^2}{2\alpha} e^{-2\alpha x}\right]_0^{1/\alpha} + \int_0^{1/\alpha} \frac{x}{\alpha} e^{-2\alpha x} \, dx \\ &= -\frac{e^{-2}}{2\alpha^3} + \frac{1}{\alpha}\left(\left[-\frac{x}{2\alpha} e^{-2\alpha x}\right]_0^{1/\alpha} + \int_0^{1/\alpha} \frac{1}{2\alpha} e^{-2\alpha x} \, dx\right) \\ &= -\frac{e^{-2}}{2\alpha^3} - \frac{e^{-2}}{2\alpha^3} - \frac{1}{4\alpha^2}\left[e^{-2\alpha x}\right]_0^{1/\alpha} = \frac{1}{4\alpha^3}(1 - 5e^{-2}).\end{aligned}$$

Finalement, $P = 1 - 5e^{-2}$.

21.9 a) Dans la zone I, le potentiel est nul. Donc, d'après l'équation de Schrödinger indépendante du temps,

$$-\frac{\hbar^2}{2m}\frac{d^2\varphi_I(x)}{dx^2} = E\varphi_I(x) \qquad \text{donc} \qquad \frac{d^2\varphi_I(x)}{dx^2} = -\frac{2m}{\hbar^2}E\varphi_I(x).$$

21.9 b) Comme le coefficient $-\frac{2m}{\hbar^2}E < 0$, il vient que $\varphi_I(x) = A_I \cos\left(\sqrt{\frac{2m}{\hbar^2}E}x\right) + B_I \sin\left(\sqrt{\frac{2m}{\hbar^2}E}x\right)$.

21.9 c) Dans la zone II, d'après l'équation de Schrödinger indépendante du temps, il vient que :

$$-\frac{\hbar^2}{2m}\frac{d^2\varphi_{II}(x)}{dx^2} + V_{II}\varphi_{II}(x) = E\varphi_{II}(x) \qquad \text{donc} \qquad \frac{d^2\varphi_{II}(x)}{dx^2} = -\frac{2m}{\hbar^2}(E - V_{II})\varphi_{II}(x).$$

21.9 d) Comme le coefficient $-\frac{2m}{\hbar^2}(E - V_{II}) < 0$, il vient que :

$$\varphi_{II}(x) = A_{II} \cos\left(\sqrt{\frac{2m}{\hbar^2}(E - V_{II})}x\right) + B_{II} \sin\left(\sqrt{\frac{2m}{\hbar^2}(E - V_{II})}x\right).$$

21.9 e) Dans la zone III, d'après l'équation de Schrödinger indépendante du temps, il vient que :

$$-\frac{\hbar^2}{2m}\frac{\mathrm{d}^2\varphi_{\mathrm{III}}(x)}{\mathrm{d}x^2} + V_{\mathrm{III}}\varphi_{\mathrm{II}}(x) = E\varphi_{\mathrm{III}}(x) \quad \text{soit} \quad \frac{\mathrm{d}^2\varphi_{\mathrm{II}}(x)}{\mathrm{d}x^2} = \frac{2m}{\hbar^2}(V_{\mathrm{III}} - E)\varphi_{\mathrm{II}}(x).$$

21.9 f) Comme on a $\frac{2m}{\hbar^2}(V_{\mathrm{III}} - E) > 0$, il vient que :

$$\varphi_{\mathrm{III}}(x) = A_{\mathrm{III}}\mathrm{e}^{\sqrt{\frac{2m}{\hbar^2}(V_{\mathrm{III}}-E)}x} + B_{\mathrm{III}}\mathrm{e}^{-\sqrt{\frac{2m}{\hbar^2}(V_{\mathrm{III}}-E)}x}.$$

21.9 g) Lorsque $x \to +\infty$ dans la zone III, le terme $A_{\mathrm{III}}\mathrm{e}^{\sqrt{\frac{2m}{\hbar^2}(V_{\mathrm{III}}-E)}x} \to +\infty$, il faut donc le supprimer afin que la fonction d'onde soit de carré sommable. Ainsi, on a $\varphi_{\mathrm{III}}(x) = B_{\mathrm{III}}\mathrm{e}^{-\sqrt{\frac{2m}{\hbar^2}(V_{\mathrm{III}}-E)}x}$.

21.10 a) En dérivant par rapport à x les expressions données pour les fonctions φ_{I}, φ_{II} et φ_{III}, on trouve directement $\gamma = A_{\mathrm{III}}$, $\alpha = A_{\mathrm{II}}$ et $\beta = A_{\mathrm{I}}$.

21.10 b) On a $A_{\mathrm{I}}\mathrm{e}^{-Qa} = A_{\mathrm{II}}\cos(-Ka)$ donc $A_{\mathrm{I}}\mathrm{e}^{-Qa} = A_{\mathrm{II}}\cos(Ka)$.

21.10 c) On a $QA_{\mathrm{I}}\mathrm{e}^{-Qa} = -KA_{\mathrm{II}}\sin(-Ka)$ donc $QA_{\mathrm{I}}\mathrm{e}^{-Qa} = KA_{\mathrm{II}}\sin(Ka)$.

21.10 e) On a $-QA_{\mathrm{III}}\mathrm{e}^{-Qa} = -KA_{\mathrm{II}}\sin(Ka)$ donc $QA_{\mathrm{III}}\mathrm{e}^{-Qa} = KA_{\mathrm{II}}\sin(Ka)$.

21.10 f) D'après les réponses aux questions b) et d), il vient que :

$$A_{\mathrm{I}}\mathrm{e}^{-Qa} = A_{\mathrm{II}}\cos(Ka) \quad \text{et} \quad A_{\mathrm{III}}\mathrm{e}^{-Qa} = A_{\mathrm{II}}\cos(Ka) \quad \text{donc} \quad A_{\mathrm{I}}\mathrm{e}^{-Qa} = A_{\mathrm{III}}\mathrm{e}^{-Qa} \quad \text{soit} \quad A_{\mathrm{I}} = A_{\mathrm{III}}.$$

21.10 g) D'après les réponses des questions d) et e), il vient que :

$$A_{\mathrm{I}}\mathrm{e}^{-Qa} = A_{\mathrm{II}}\cos(Ka) \qquad \text{et} \qquad QA_{\mathrm{I}}\mathrm{e}^{-Qa} = KA_{\mathrm{II}}\sin(Ka).$$

Donc, on a $QA_{\mathrm{II}}\cos(Ka) = KA_{\mathrm{II}}\sin(Ka)$; et donc $\frac{Q}{K} = \tan(Ka)$.

21.11 a) En dérivant par rapport à x les expressions données pour les fonctions φ_{I}, φ_{II} et φ_{III}, on trouve directement $\alpha = A_{\mathrm{III}}$, $\beta = A_{\mathrm{II}}$ et $\delta = A_{\mathrm{I}}$.

21.11 b) On a $A_{\mathrm{I}}\mathrm{e}^{-Qa} = A_{\mathrm{II}}\sin(-Ka)$ donc $A_{\mathrm{I}}\mathrm{e}^{-Qa} = -A_{\mathrm{II}}\sin(Ka)$.

21.11 c) On a $QA_{\mathrm{I}}\mathrm{e}^{-Qa} = KA_{\mathrm{II}}\cos(-Ka)$ donc $QA_{\mathrm{I}}\mathrm{e}^{-Qa} = KA_{\mathrm{II}}\cos(Ka)$.

21.11 f) D'après les réponses des questions e) et g), il vient que :

$$QA_{\mathrm{I}}\mathrm{e}^{-Qa} = KA_{\mathrm{II}}\cos(Ka) \qquad \text{et} \qquad -QA_{\mathrm{III}}\mathrm{e}^{-Qa} = KA_{\mathrm{II}}\cos(Ka).$$

Donc, on a $QA_{\mathrm{I}}\mathrm{e}^{-Qa} = -QA_{\mathrm{III}}\mathrm{e}^{-Qa}$; et donc $A_{\mathrm{I}} = -A_{\mathrm{III}}$.

21.11 g) D'après les réponses des questions f) et g), il vient que :

$$A_{\rm III}{\rm e}^{-Qa} = A_{\rm II}\sin(Ka) \qquad \text{et} \qquad -QA_{\rm III}{\rm e}^{-Qa} = KA_{\rm II}\cos(Ka).$$

Donc, on a $-QA_{\rm II}\sin(Ka) = KA_{\rm II}\cos(Ka)$; et donc $-\dfrac{K}{Q} = \tan(Ka)$.

....

21.12 a) Grâce à l'approximation donnée dans l'énoncé, on peut écrire :

$$1 + \frac{V_0^2}{4E(V_0 - E)}\sinh^2(ka) \approx \frac{V_0^2}{4E(V_0 - E)}\left(\frac{{\rm e}^{ka}}{2}\right)^2 = \frac{V_0^2{\rm e}^{2ka}}{16E(V_0 - E)}.$$

Le coefficient T s'écrit donc :

$$T = \frac{16E(V_0 - E)}{V_0^2}{\rm e}^{-2ka} \quad \text{d'où} \quad T_0 = \frac{16E(V_0 - E)}{V_0^2}.$$

....

21.12 b) Le coefficient de transmission est proportionnel à ${\rm e}^{-2ka}$. Ainsi, plus la barrière est épaisse (donc plus a est grand), plus la probabilité de transmission diminue.

....

21.12 c) En explicitant la valeur de k, on voit que le coefficient de transmission est proportionnel à ${\rm e}^{-\sqrt{m}}$: plus m augmente, plus la probabilité de transmission diminue. Un proton a donc beaucoup moins de chances d'être transmis qu'un électron.

....

21.12 d) Si l'énergie E de la particule augmente, k diminue et, ainsi, le coefficient de transmission $T = {\rm e}^{-2ka}$ augmente.

....

21.13 a) Dans le cas d'un électron, de masse $m_e = 9{,}1 \times 10^{-31}$ kg, on trouve $k = 5{,}2 \times 10^9\,{\rm m}^{-1}$, ce qui conduit à $T = 1{,}4 \cdot 10^{-4}$.

....

21.13 b) L'intensité transmise I_t est donnée par $I_t = T \times I = 1,4 \times 10^{-4} \times 10\,{\rm mA} = 1{,}4 \times 10^{-6}\,{\rm A} = 1{,}4\,\mu{\rm A}$.

....

21.13 c) Même justification que pour la question c) de l'exercice précédent.

....

21.13 d) En remplaçant par des protons, on obtient $k = 2{,}2 \times 10^{11}\,{\rm m}^{-1}$ et $T' = 5,5 \times 10^{-193}$: la probabilité de transmission est extrêmement faible. Par conséquent, $I'_t = T' \times I = 5{,}5 \times 10^{-195}$ A.

Il est légitime de considérer l'intensité du courant transmis I'_t comme étant nulle.

....

Fiche n° 22. Transformations chimiques (MP)

Réponses

22.1 a) .... $-250\,\mathrm{kJ\cdot mol^{-1}}$

22.1 b) .... $-130\,\mathrm{kJ\cdot mol^{-1}}$

22.1 c) .... $-915\,\mathrm{kJ\cdot mol^{-1}}$

22.2 a) .... $\alpha = -2$ et $\beta = 1$

22.2 b) .... $50{,}0\,\mathrm{kJ\cdot mol^{-1}}$

22.3 a) .... $-44{,}5\,\mathrm{J\cdot K^{-1}\cdot mol^{-1}}$

22.3 b) .... $-124\,\mathrm{J\cdot K^{-1}\cdot mol^{-1}}$

22.3 c) .... $-12\,\mathrm{J\cdot K^{-1}\cdot mol^{-1}}$

22.4 a) .... $-236{,}7\,\mathrm{kJ\cdot mol^{-1}}$

22.4 b) .... $3{,}15\cdot 10^{41}$

22.4 c) .... $-93{,}0\,\mathrm{kJ\cdot mol^{-1}}$

22.4 d) .... $2{,}04\cdot 10^{16}$

22.4 e) .... $-911\,\mathrm{kJ\cdot mol^{-1}}$

22.4 f) .... $4{,}89\cdot 10^{159}$

22.5 a) .... $-78\,\mathrm{kJ\cdot mol^{-1}}$

22.5 b) .... $-123{,}5\,\mathrm{J\cdot K^{-1}\cdot mol^{-1}}$

22.6 a) .... $-28\,\mathrm{J\cdot K^{-1}\cdot mol^{-1}}$

22.6 b) .... $-99\,\mathrm{kJ\cdot mol^{-1}}$

22.6 c) .... (d) et (e)

22.6 d) .... $-99\,\mathrm{kJ\cdot mol^{-1}}$

22.6 e) .... $28\,\mathrm{J\cdot K^{-1}\cdot mol^{-1}}$

22.7 .... (a), (c) et (d)

22.8 a) .... $-46{,}1\,\mathrm{kJ\cdot mol^{-1}}$

22.8 b) .... $\ln\left(\dfrac{K_2^\circ}{K_1^\circ}\right) = \dfrac{\Delta_r H^\circ}{R}\left(\dfrac{1}{T_1} - \dfrac{1}{T_2}\right)$

22.8 c) 0,42

22.9 a) .... (a), (b) et (d)

22.9 b) .... $2\,C(s) + 3\,H_2(g) + \frac{1}{2}\,O_2(g) \rightarrow C_2H_5OH(\ell)$

22.9 c) .... 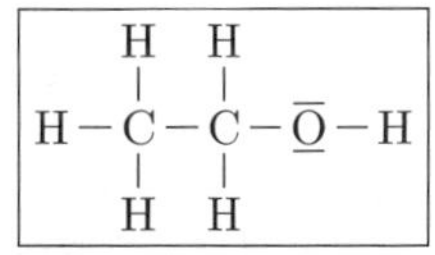

22.9 d) ....

C−C	C−H	C−O	O−H
1	5	1	1

22.9 e) .... $\Delta_f H^\circ(C_2H_5OH(\ell)) = -1{,}66\times 10^3\,\mathrm{kJ\cdot mol^{-1}}$

22.10 a) .... (a), (c) et (d)

22.10 b) .... (d)

22.10 c) .... $-65\,\mathrm{kJ\cdot mol^{-1}}$

22.11 a) .... (c) et (d)

22.11 b) .... ΔH_{chi} pour (1)
ΔH_{phy} pour (2)

22.11 c) .... $\Delta H_{\text{chi}} = \Delta_r H^\circ \times n_0$

22.11 d) .... $\Delta H_{\text{phy}} = (3C^\circ_{p,m,H_2O} + 2C^\circ_{p,m,CO_2})n_0(T_f - T_i)$

22.11 e) .... $\Delta H = \Delta H_{\text{phy}} + \Delta H_{\text{chi}}$

22.11 f) .... 7 088 °C

22.12 a) .... (b)

22.12 b) .... (a)

22.12 c) .... (c)

22.12 d) .... (a)

22.12 e) .... (c)

22.12 f) .... (b)   **22.12** g) .... (b)

Corrigés

22.1 a) On applique la loi de Hess à l'enthalpie de réaction. On a :

$$\Delta_r H^\circ = \Delta_f H^\circ(H_2O(g)) - \frac{1}{2} \times \Delta_f H^\circ(O_2(g)) - \Delta_f H^\circ(H_2(g))$$
$$= -250\,kJ \cdot mol^{-1} - \frac{1}{2} \times 0\,kJ \cdot mol^{-1} = -250\,kJ \cdot mol^{-1}.$$

22.1 b) On applique la loi de Hess à l'enthalpie de réaction. On a :

$$\begin{aligned}\Delta_r H^\circ &= \Delta_f H^\circ(CH_4(g)) + \Delta_f H^\circ(H_2O(\ell)) - \Delta_f H^\circ(CH_3OH(\ell)) - \Delta_f H^\circ(H_2(g))\\ &= 1 \times \left(-70\,kJ \cdot mol^{-1}\right) + 1 \times \left(-300\,kJ \cdot mol^{-1}\right) - 1 \times \left(-240\,kJ \cdot mol^{-1}\right) - 1 \times 0\,kJ \cdot mol^{-1}\\ &= -130\,kJ \cdot mol^{-1}.\end{aligned}$$

22.1 c) On applique la loi de Hess à l'enthalpie de réaction. On a :

$$\begin{aligned}\Delta_r H^\circ &= 2 \times \Delta_f H^\circ(CO_2(g)) + 2 \times \Delta_f H^\circ(H_2O(\ell)) - \Delta_f H^\circ(CH_3COOH(\ell)) - 2\Delta_f H^\circ(O_2(g))\\ &= 2 \times (-400\,kJ \cdot mol^{-1}) + 2 \times (-300\,kJ \cdot mol^{-1}) - (-485\,kJ \cdot mol^{-1})\\ &= -915\,kJ \cdot mol^{-1}.\end{aligned}$$

22.2 a) La réaction (3) s'écrit comme combinaison linéaire des réactions (1) et (2) selon la relation :

$$(3) = 1 \times (2) - 2 \times (1).$$

On a donc $\alpha = -2$ et $\beta = 1$.

22.2 b) On a $\Delta_r H_3^\circ = -2 \times \Delta_r H_1^\circ + \Delta_r H_2^\circ$. Donc,

$$\Delta_r H_3^\circ = -2 \times (-562{,}6\,kJ \cdot mol^{-1}) + (-1\,075{,}2\,kJ \cdot mol^{-1}) = 50{,}0\,kJ \cdot mol^{-1}.$$

22.3 a) On applique la relation donnée à l'entropie : $\Delta_r S^\circ = S_m^\circ(H_2O(g)) - S_m^\circ(H_2(g)) - \frac{1}{2} S_m^\circ(O_2(g))$. D'où :

$$\Delta_r S^\circ = 189\,J \cdot K^{-1} \cdot mol^{-1} - 131\,J \cdot K^{-1} \cdot mol^{-1} - \frac{205\,J \cdot K^{-1} \cdot mol^{-1}}{2} = -44{,}5\,J \cdot K^{-1} \cdot mol^{-1}.$$

22.3 b) On applique la relation donnée à l'entropie. On a :

$$\Delta_r S^\circ = S_m^\circ(H_2O(\ell)) + S_m^\circ(CH_4(g)) - S_m^\circ(H_2(g)) - S_m^\circ(CH_3OH(\ell)).$$

Donc,

$$\Delta_r S^\circ = 65\,J \cdot K^{-1} \cdot mol^{-1} + 70\,J \cdot K^{-1} \cdot mol^{-1} - 131\,J \cdot K^{-1} \cdot mol^{-1} - 128\,J \cdot K^{-1} \cdot mol^{-1} = -124\,J \cdot K^{-1} \cdot mol^{-1}.$$

22.3 c) On applique la relation donnée à l'entropie. On a :

$$\Delta_r S^\circ = 2 \times S_m^\circ(H_2O(\ell)) + 2 \times S_m^\circ(CO_2(g)) - S_m^\circ(CH_3COOH(\ell)) - 2 \times S_m^\circ(O_2(g)).$$

Donc,

$$\begin{aligned}\Delta_r S^\circ &= 2 \times 65\,J \cdot K^{-1} \cdot mol^{-1} + 2 \times 214\,J \cdot K^{-1} \cdot mol^{-1} - 160\,J \cdot K^{-1} \cdot mol^{-1} - 2 \times 205\,J \cdot K^{-1} \cdot mol^{-1}\\ &= -12\,J \cdot K^{-1} \cdot mol^{-1}.\end{aligned}$$

22.4 a) On applique la relation donnée, avec $\Delta_r H_1^\circ = -250\,\text{kJ}\cdot\text{mol}^{-1}$ et $\Delta_r S_1^\circ = -44{,}5\,\text{J}\cdot\text{K}^{-1}\cdot\text{mol}^{-1}$. On a :

$$\Delta_r G_1^\circ = \Delta_r H_1^\circ - T\times\Delta_r S_1^\circ = -250\,\text{kJ}\cdot\text{mol}^{-1} - 298\,\text{K}\times(-44{,}5\times10^{-3}\,\text{kJ}\cdot\text{K}^{-1}\cdot\text{mol}^{-1}) = -236{,}7\,\text{kJ}\cdot\text{mol}^{-1}.$$

22.4 b) La constante d'équilibre s'exprime par la relation $\Delta_r G_1^\circ = -RT\ln K_1^\circ$. Donc,

$$K_1^\circ = \exp\left(-\frac{\Delta_r G_1^\circ}{RT}\right) = \exp\left(\frac{236{,}7\times10^3\,\text{J}\cdot\text{mol}^{-1}}{8{,}314\,\text{J}\cdot\text{K}^{-1}\cdot\text{mol}^{-1}\times298\,\text{K}}\right) = 3{,}15\cdot10^{41}.$$

22.4 c) On applique la relation donnée, avec $\Delta_r H_2^\circ = -130\,\text{kJ}\cdot\text{mol}^{-1}$ et $\Delta_r S_2^\circ = -124\,\text{J}\cdot\text{K}^{-1}\cdot\text{mol}^{-1}$. On a :

$$\Delta_r G_2^\circ = \Delta_r H_2^\circ - T\times\Delta_r S_2^\circ = -130\,\text{kJ}\cdot\text{mol}^{-1} - 298\,\text{K}\times(-124\times10^{-3}\,\text{kJ}\cdot\text{K}^{-1}\cdot\text{mol}^{-1}) = -93{,}0\,\text{kJ}\cdot\text{mol}^{-1}.$$

22.4 d) La constante d'équilibre s'exprime par la relation $\Delta_r G_2^\circ = -RT\ln K_2^\circ$. Donc,

$$K_2^\circ = \exp\left(-\frac{\Delta_r G_2^\circ}{RT}\right) = \exp\left(\frac{93{,}0\times10^3\,\text{J}\cdot\text{mol}^{-1}}{8{,}314\,\text{J}\cdot\text{K}^{-1}\cdot\text{mol}^{-1}\times298\,\text{K}}\right) = 2{,}04\cdot10^{16}.$$

22.4 e) On applique la relation donnée, avec $\Delta_r H_3^\circ = -915\,\text{kJ}\cdot\text{mol}^{-1}$ et $\Delta_r S_3^\circ = -12\,\text{J}\cdot\text{K}^{-1}\cdot\text{mol}^{-1}$. On a :

$$\Delta_r G_3^\circ = \Delta_r H_3^\circ - T\times\Delta_r S_3^\circ = -915\,\text{kJ}\cdot\text{mol}^{-1} + 298\,\text{K}\times12\times10^{-3}\,\text{kJ}\cdot\text{K}^{-1}\cdot\text{mol}^{-1} = -911\,\text{kJ}\cdot\text{mol}^{-1}.$$

22.4 f) La constante d'équilibre s'exprime par la relation $\Delta_r G_3^\circ = -RT\ln K_3^\circ$. Donc,

$$K_3^\circ = \exp\left(-\frac{\Delta_r G_3^\circ}{RT}\right) = \exp\left(\frac{911\times10^3\,\text{J}\cdot\text{mol}^{-1}}{8{,}314\,\text{J}\cdot\text{K}^{-1}\cdot\text{mol}^{-1}\times298\,\text{K}}\right) = 4{,}89\cdot10^{159}.$$

22.5 a) La loi de Hess généralisée appliquée à l'enthalpie libre donne la relation :

$$\Delta_r G^\circ = 2\times\Delta_f G^\circ(H_2O) + 2\times\Delta_f G^\circ(C\ell_2) - \Delta_f G^\circ(O_2) - 4\times\Delta_f G^\circ(HC\ell).$$

Donc,

$$\Delta_r G^\circ = 2\times -229\,\text{kJ}\cdot\text{mol}^{-1} + 2\times0\,\text{kJ}\cdot\text{mol}^{-1} - 0\,\text{kJ}\cdot\text{mol}^{-1} - 4\times(-95\,\text{kJ}\cdot\text{mol}^{-1}) = -78\,\text{kJ}\cdot\text{mol}^{-1}.$$

22.5 b) On a $\Delta_r G^\circ = \Delta_r H^\circ - T\Delta_r S^\circ$. Donc,

$$\Delta_r S^\circ = \frac{\Delta_r H^\circ - \Delta_r G^\circ}{T} = \frac{-114{,}8\,\text{kJ}\cdot\text{mol}^{-1} + 78{,}0\,\text{kJ}\cdot\text{mol}^{-1}}{298\,\text{K}} = -123{,}5\,\text{J}\cdot\text{K}^{-1}\cdot\text{mol}^{-1}.$$

22.6 a) On détermine graphiquement le coefficient directeur a en prenant deux points, par exemple le point A$(600\,;-115,5)$ et le point B$(300\,;-107)$. Ainsi, on a

$$a = \frac{\Delta_r G^\circ(A) - \Delta_r G^\circ(B)}{T(A) - T(B)} = \frac{(-115,5+107)\times10^3\,\text{kJ}\cdot\text{mol}^{-1}}{600\,\text{K} - 300\,\text{K}} = -28\,\text{J}\cdot\text{K}^{-1}\cdot\text{mol}^{-1}.$$

22.6 b) L'équation est de la forme $y = ax + b$, avec $a = -28\,\text{J}\cdot\text{K}^{-1}\cdot\text{mol}^{-1}$. On détermine graphiquement l'ordonnée à l'origine b en choisissant un point particulier, par exemple le point B$(300\,;-107)$.

On a donc $b = \Delta_r G^\circ(B) - a\cdot T(B)$. Donc,

$$b = -107\times10^3\,\text{J}\cdot\text{mol}^{-1} + 28\,\text{J}\cdot\text{K}^{-1}\cdot\text{mol}^{-1}\times300\,\text{K} = -99\times10^3\,\text{J}\cdot\text{mol}^{-1}.$$

22.6 c) On a $\Delta_r G^\circ = \Delta_r H^\circ - T\Delta_r S^\circ$ et on suppose l'approximation d'Ellingham vérifiée. Donc, le coefficient directeur de la droite représentant $\Delta_r G^\circ$ en fonction de T est $-\Delta_r S^\circ$ et l'ordonnée à l'origine est $\Delta_r H^\circ$.

22.6 d) D'après les questions précédentes, on a $\Delta_r H^\circ = b = -99 \times 10^3\,\mathrm{J\cdot mol^{-1}} = -99\,\mathrm{kJ\cdot mol^{-1}}$.

22.6 e) D'après les questions précédentes, on a $a = -\Delta_r S^\circ$ donc $\Delta_r S^\circ = -a = 28\,\mathrm{J\cdot K^{-1}\cdot mol^{-1}}$.

22.7 Une constante d'équilibre est sans dimension, les enthalpies libres standard de réaction et les enthalpies standard de réaction s'expriment en $\mathrm{J\cdot mol^{-1}}$, les entropies standard de réaction s'expriment en $\mathrm{J\cdot K^{-1}\cdot mol^{-1}}$; de plus, T s'exprime en K et R en $\mathrm{J\cdot K^{-1}\cdot mol^{-1}}$. Les expressions homogènes sont donc (a), (c) et (d).

22.8 a) On a $\Delta_r H^\circ = \Delta_f H^\circ(\mathrm{NH_3(g)}) = -46{,}1\,\mathrm{kJ\cdot mol^{-1}}$.

22.8 b) Par intégration de la relation de van 't Hoff, on obtient $\ln K_2^\circ - \ln K_1^\circ = -\dfrac{\Delta_r H^\circ}{RT_2} - \left(-\dfrac{\Delta_r H^\circ}{RT_1}\right)$, ou encore $\ln\left(\dfrac{K_2^\circ}{K_1^\circ}\right) = \dfrac{\Delta_r H^\circ}{R}\left(\dfrac{1}{T_1} - \dfrac{1}{T_2}\right)$.

22.8 c) D'après l'expression intégrée de la relation de van 't Hoff, $\ln\left(\dfrac{K_2^\circ}{K_1^\circ}\right) = \dfrac{\Delta_r H^\circ}{R}\left(\dfrac{1}{T_1} - \dfrac{1}{T_2}\right)$. On en déduit donc $K_2^\circ = K_1^\circ \times \exp\left(\dfrac{\Delta_r H^\circ}{R}\left(\dfrac{1}{T_1} - \dfrac{1}{T_2}\right)\right) = 6{,}8 \times \exp\left(\dfrac{-46{,}1 \times 10^3\,\mathrm{J\cdot mol^{-1}}}{8{,}314\,\mathrm{J\cdot K^{-1}\cdot mol^{-1}}}\left(\dfrac{1}{400\,\mathrm{K}} - \dfrac{1}{500\,\mathrm{K}}\right)\right) = 0{,}42$.

22.9 a) La réaction de formation d'un corps est définie à partir de ses éléments pris dans leur état standard sous forme de corps simples (constitués d'un seul élément). L'éthanol étant constitué de carbone, d'hydrogène et d'oxygène, sont impliqués dans sa formation le carbone C(s), le dihydrogène $\mathrm{H_2(g)}$ et le dioxygène $\mathrm{O_2(g)}$.

22.9 b) On considère la formation d'une mole d'éthanol $\mathrm{C_2H_5OH}(\ell)$, constitué de 2 atomes de carbone, 6 atomes d'hydrogène et 1 atome d'oxygène. Pour ce faire, il faut donc 2 moles de carbone C(s), 3 moles de dihydrogène $\mathrm{H_2(g)}$ et $\frac{1}{2}$ mole de dioxygène $\mathrm{O_2(g)}$.

La réaction de formation de l'éthanol est donc : $2\,\mathrm{C(s)} + 3\,\mathrm{H_2(g)} + \frac{1}{2}\,\mathrm{O_2(g)} \longrightarrow \mathrm{C_2H_5OH}(\ell)$.

22.9 c) Le schéma de Lewis de l'éthanol est : 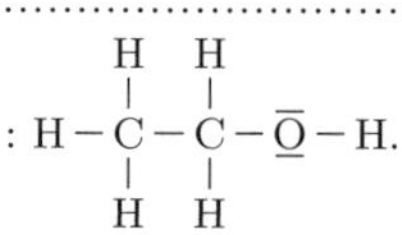.

22.9 d) Le schéma de Lewis précédent montre que l'éthanol est constitué de cinq liaisons C–H, une liaison C–C, une liaison C–O et une liaison O–H.

22.9 e) On exprime l'enthalpie standard de formation de l'éthanol liquide en sommant les énergies des liaisons rompues et en retranchant les énergies des liaisons formées. On a :

$$\begin{aligned}\Delta_f H^\circ(\mathrm{C_2H_5OH}(\ell)) &= 3 \times \mathcal{E}(\mathrm{H{-}H}) + \frac{1}{2} \times \mathcal{E}(\mathrm{O{=}O}) - (5 \times \mathcal{E}(\mathrm{C{-}H}) + \mathcal{E}(\mathrm{C{-}C}) + \mathcal{E}(\mathrm{C{-}O}) + \mathcal{E}(\mathrm{O{-}H}))\\ &= 3 \times 435 + \frac{1}{2} \times 502 - (5 \times 411 + 346 + 358 + 459) = -1{,}66 \times 10^3\,\mathrm{kJ\cdot mol^{-1}}.\end{aligned}$$

22.10 a) Par définition, l'énergie de liaison est l'énergie à fournir pour rompre une liaison donnée (ou une mole de cette liaison) : la réponse (a) est correcte. La réponse (b) est fausse car la formation d'une mole de $N_2(g)$ à partir de deux moles de N(g) libère une énergie égale à $\mathcal{E}(N{\equiv}N)$. Les réponses (c) et (d) sont exactes d'après la définition donnée.

22.10 b) Lors de l'étape (1), on forme deux moles d'ammoniac liquide donc $(1) = 2 \times \Delta_f H^\circ(NH_3(\ell))$.

Lors de l'étape (2), on forme deux moles d'ammoniac liquide à partir d'ammoniac gazeux donc cette liquéfaction (inverse de la vaporisation) libère une énergie égale à $-2 \times \Delta_{vap}H^\circ(NH_3(\ell))$: $(2) = -2 \times \Delta_{vap}H^\circ(NH_3(\ell))$. C'est donc la réponse (d) qui est correcte.

22.10 c) On utilise le cycle pour écrire une égalité entre l'énergie du chemin (1) et celle du chemin (2)→(3)→(4). On a ainsi :

$$\begin{aligned} 2 \times \Delta_f H^\circ(NH_3(\ell)) &= \mathcal{E}(N{\equiv}N) + 3 \times \mathcal{E}(H{-}H) - 6 \times \mathcal{E}(N{-}H) - 2 \times \Delta_{vap}H^\circ(NH_3(\ell)) \\ &= 960 + 3 \times 450 - 6 \times 400 - 2 \times 20 = -130\,kJ \cdot mol^{-1}. \end{aligned}$$

Donc, $\Delta_f H^\circ(NH_3(\ell)) = -65\,kJ \cdot mol^{-1}$.

22.11 a) Lors d'une transformation monobare, la pression initiale du système est égale à la pression finale mais elle peut varier durant la transformation : la réponse (a) est donc fausse. Lors d'une transformation adiabatique, le système n'échange pas de chaleur avec l'extérieur mais la température peut tout de même varier : la réponse (b) est donc fausse mais la réponse (c) est exacte. Enfin, pour une transformation adiabatique et monobare, la variation d'enthalpie du système est nulle : la réponse (d) est exacte.

22.11 b) L'étape (1) correspond au passage des réactifs aux produits mais sans variation de température : c'est donc une transformation chimique isotherme, dont la variation d'enthalpie est ΔH_{chi}. L'étape (2) correspond à l'évolution de la température du système de la température T_i à la température T_f, sans modification de l'avancement. La variation d'enthalpie est donc ΔH_{phy}.

22.11 c) On a $\Delta H_{chi} = \displaystyle\int_0^{n_0} \Delta_r H \, d\xi \approx \Delta_r H^\circ \times n_0$.

22.11 d) On a $\Delta H_{phy} = \displaystyle\int_{T_i}^{T_f} C_p \, dT$ avec $C_p = \displaystyle\sum_k n_k \times C^\circ_{p,m,k} = 3n_0 \times C^\circ_{p,m,H_2O(g)} + 2n_0 \times C^\circ_{p,m,CO_2(g)}$.

On obtient donc :

$$\Delta H_{phy} = \int_{T_i}^{T_f} (3n_0 \times C^\circ_{p,m,H_2O(g)} + 2n_0 \times C^\circ_{p,m,CO_2(g)})\, dT = (3C^\circ_{p,m,H_2O(g)} + 2C^\circ_{p,m,CO_2(g)}) \times n_0 \times (T_f - T_i).$$

22.11 e) On a $\Delta H = \Delta H_{phy} + \Delta H_{chi}$.

22.11 f) On a $\Delta H = \Delta H_{phy} + \Delta H_{chi} = (3C^\circ_{p,m,H_2O(g)} + 2C^\circ_{p,m,CO_2(g)})n_0(T_f - T_i) + \Delta_r H^\circ \times n_0 = 0$. On en déduit que $T_f - T_i = -\dfrac{\Delta_r H^\circ}{3C^\circ_{p,m,H_2O(g)} + 2C^\circ_{p,m,CO_2(g)}}$, soit $T_f = T_i - \dfrac{\Delta_r H^\circ}{3C^\circ_{p,m,H_2O(g)} + 2C^\circ_{p,m,CO_2(g)}}$.

L'application numérique donne $T_f = 25\,°C + \dfrac{1\,236 \times 10^3\,J \cdot mol^{-1}}{3 \times 33{,}6\,J \cdot K^{-1} \cdot mol^{-1} + 2 \times 37{,}1\,J \cdot K^{-1} \cdot mol^{-1}} = 7\,088\,°C$.

22.12 a) Une transformation endothermique est favorisée par une augmentation de la température : (b).

22.12 b) Par définition du quotient de réaction pour des espèces chimiques en phase gazeuse, on a :

$$Q = \frac{P_{H_2}^3 \times P_{CO}}{P_{CH_4} \times P_{H_2O} \times (P^\circ)^2} = \frac{x_{H_2}^3 \times x_{CO}}{x_{CH_4} \times x_{H_2O}} \times \left(\frac{P_{tot}}{P^\circ}\right)^2.$$

Ainsi, seule l'expression de la réponse (a) est correcte.

....

22.12 c) Une augmentation isotherme de la pression totale entraîne une augmentation de la valeur du quotient de réaction Q. Pour retrouver l'état d'équilibre, Q doit diminuer, la réaction évolue donc dans le sens de la diminution de la quantité de matière de gaz, soit le sens inverse : (c).

....

22.12 d) Par définition du quotient de réaction pour des espèces chimiques en phase gazeuse, on a :

$$Q = \frac{P_{H_2}^3 \times P_{CO}}{P_{CH_4} \times P_{H_2O} \times (P^\circ)^2} = \frac{x_{H_2}^3 \times x_{CO}}{x_{CH_4} \times x_{H_2O}} \times \left(\frac{P_{tot}}{P^\circ}\right)^2.$$

En remplaçant pour chaque constituant la fraction molaire x_i par $\dfrac{n_i}{n_{tot}}$, on obtient :

$$Q = \frac{n_{H_2}^3 \times n_{CO}}{n_{CH_4} \times n_{H_2O} \times n_{tot}^2} \times \left(\frac{P_{tot}}{P^\circ}\right)^2.$$

Seule l'expression de la réponse (a) est correcte.

....

22.12 e) D'après l'expression du quotient de réaction, l'ajout de dihydrogène fait augmenter n_{H_2} mais aussi n_{tot}. L'augmentation de n_{H_2} étant plus importante que celle de n_{tot}, cela mène à une augmentation du quotient de réaction. Le retour à l'état d'équilibre implique que le quotient de réaction diminue, l'évolution se fait donc dans le sens inverse : (c).

....

22.12 f) D'après l'expression du quotient de réaction, l'ajout d'eau fait augmenter n_{H_2O} et n_{tot}, qui apparaissent tous les deux au dénominateur, donc cela mène à une diminution du quotient de réaction. Le retour à l'état d'équilibre implique que le quotient de réaction augmente, l'évolution se fait dans le sens direct : (b).

....

22.12 g) Le diazote est spectateur donc son ajout ne participe qu'à l'augmentation de la quantité de matière totale d'espèces gazeuses n_{tot} : cela mène à une diminution du quotient de réaction. Le retour à l'état d'équilibre implique que le quotient de réaction augmente, l'évolution se fait dans le sens direct : (b).

....

Fiche n° 23. Courbes intensité-potentiel (MP)

Réponses

23.1 a) .... $10^{-3}\,mol/L$

23.1 b) .... $0\,V$

23.2 a) .... Ⓐ

23.2 b) .... Ⓑ

23.2 c) .... Cu

23.2 d) .... Cu^{2+}

23.3 a) .... Oxydation

23.3 b) .... Ⓐ

23.3 c) .... Réduction

23.3 d) .... Ⓑ

23.4 .... Ⓐ

23.5 a) .... $0{,}4\,V$

23.5 b) .... $-0{,}3\,V$

23.5 c) .... $0{,}2\,V$

23.5 d) .... $-0{,}1\,V$

23.6 a) .... lent

23.6 b) .... $HSO_4^- + 3\,H^+ + 2\,e^- = SO_2 + 2\,H_2O$

23.6 c) .... $-0{,}14\,V$

23.6 d) .... $0{,}34\,V$

23.6 e) .... $-0{,}36\,V$

23.7 a) .... Ⓐ

23.7 b) .... Ⓓ

23.7 c) .... Ⓒ

23.7 d) .... Ⓐ et Ⓑ

23.7 e) .... Ⓐ

23.8 a) .... Ⓒ

23.8 b) .... $-0{,}3\,mA$

23.8 c) .... $-0{,}03\,mA$

23.9 a) .... $2\,Cl^- \rightarrow Cl_2 + 2\,e^-$

23.9 b) .... $2\,H_2O \rightarrow O_2 + 4\,H^+ + 4\,e^-$

23.10 a) .... $2\,IO_3^- + 12\,H^+ + 10\,e^- = I_2 + 6\,H_2O$

23.10 b) .... ③

23.10 c) .... ⑥

23.10 d) .... ② et ⑦

23.10 e) .... $0{,}15\,V$

23.10 f) .... $-0{,}26\,V$

23.10 g) .... Ⓐ et Ⓒ

Corrigés

23.1 a) La demi-équation électronique du couple rédox Cu^{2+}/Cu s'écrit $Cu^{2+} + 2\,e^- = Cu$. Le potentiel de l'électrode de travail à courant nul s'identifie au potentiel de Nernst, à savoir :

$$E_{ab} = E^\circ_{Cu^{2+}/Cu} + \frac{0{,}06}{2}\log\left(\frac{[Cu^{2+}]}{C^\circ}\right) = E^\circ_{Cu^{2+}/Cu} + \frac{0{,}06}{2}\log\left(\frac{C}{C^\circ}\right).$$

Sur le graphique, nous lisons $E_{ab} = 0{,}25\,V$. Nous obtenons donc :

$$C = C^\circ \times 10^{\frac{2(E_{ab}-E^\circ)}{0{,}06}} = 1\,mol/L \times 10^{\frac{2(0{,}25\,V-0{,}34\,V)}{0{,}06\,V}} = 10^{-3}\,mol/L.$$

23.1 b) La tension lue au voltmètre est $U = E_{Cu^{2+}/Cu} - E_{ECS} = 0{,}25\,V - 0{,}25\,V = 0\,V$.

23.2 a) Plus le potentiel est faible, plus le milieu est réducteur. Le domaine ① est le domaine du réducteur.

23.2 b) Plus le potentiel est élevé, plus le milieu est oxydant. Le domaine ② est le domaine de l'oxydant.

23.2 c) Dans Cu^{2+}/Cu, Cu est le réducteur. L'espèce A appartient au domaine du réducteur : c'est Cu.

23.2 d) Dans Cu^{2+}/Cu, Cu^{2+} est l'oxydant. L'espèce B appartient au domaine de l'oxydant : c'est Cu^{2+}.

23.3 a) Au niveau de l'anode se produit une oxydation. La réaction est alors : $Fe \rightarrow Fe^{2+} + 2\,e^-$.

23.3 c) Au niveau de la cathode se produit une réduction. La réaction est alors : $Fe^{2+} + 2\,e^- \rightarrow Fe$.

23.4 On considère la réaction $Fe^{3+} + e^- \rightarrow Fe^{2+}$.

Comme Fe^{2+} est le réducteur, il est à droite de la courbe ; comme Fe^{3+} est l'oxydant, il est à gauche de la courbe.

Au niveau de la partie anodique de la courbe ($i > 0$), une oxydation est observée. La flèche va donc du réducteur vers l'oxydant. Au niveau de la partie cathodique de la courbe ($i < 0$), une réduction est observée. La flèche va donc de l'oxydant vers le réducteur. Seule la figure ⓐ convient.

23.5 a) On a $E(20\,mA) = 0{,}6\,V$ et $E_{ab} = 0{,}2\,V$. Nous avons donc $\eta_a = E(20\,mA) - E_{ab} = 0{,}4\,V$.

23.5 b) On a $E(-20\,mA) = -0{,}1\,V$ et $E_{ab} = 0{,}2\,V$. Nous avons donc $\eta_c = E(-20\,mA) - E_{ab} = -0{,}3\,V$.

23.5 c) On a $\lim_{i_0 \to 0^+} E(i_0) = 0{,}4\,V$ et $E_{ab} = 0{,}2\,V$. Nous avons donc $\eta_a = 0{,}2\,V$.

23.5 d) On a $\lim_{i'_0 \to 0^-} E(i'_0) = 0{,}1\,V$ et $E_{ab} = 0{,}2\,V$. Nous avons donc $\eta_c = -0{,}1\,V$.

23.6 a) On a $V_{ox} \neq V_{red}$; le couple est donc lent.

23.6 c) On a $E(HSO_4{}^-/SO_2) = E^\circ(HSO_4{}^-/SO_2) + \dfrac{0{,}06}{2}\log\left(\dfrac{[HSO_4{}^-][H^+]^3}{[SO_2].C^{\circ\,3}}\right)$. Ainsi,

$$E(HSO_4{}^-/SO_2) = 0{,}16\,V + 0{,}03\,V \cdot \log\left(\frac{10^{-1}\,mol/L \cdot (10^{-4}\,mol/L)^3}{10^{-3}\,mol/L \cdot (1\,mol/L)^3}\right) = -0{,}14\,V.$$

23.6 d) Le surpotentiel anodique s'écrit : $\eta_a = V_{ox} - E(HSO_4{}^-/SO_2) = 0{,}2\,V - (-0{,}14\,V) = 0{,}34\,V$.

23.6 e) Le surpotentiel cathodique s'écrit : $\eta_c = V_{red} - E(HSO_4{}^-/SO_2) = -0{,}5\,V - (-0{,}14\,V) = -0{,}36\,V$.

23.7 a) Le courant est non nul donc on a réaction. Il est négatif donc on a une réduction. La seule réduction proposée est $H^+ \longrightarrow H_2$.

23.7 b) Le courant est nul donc absence de réaction. Pour un palier de diffusion, la cinétique est limitée ; toutefois, une réaction est observée. Si c'était un palier, le courant serait non nul.

23.7 c) Le courant est non nul donc une réaction se déroule. Il est positif donc on a une oxydation. La seule réduction proposée est $H_2O \longrightarrow O_2$.

23.7 d) On ne peut observer que les couples dont les potentiels que l'on suppose voisins du potentiel standard se trouvent entre les « murs du solvant » donc entre $-0{,}25$ V et 1,5 V.

23.7 e) D'après la question précédente, on ne peut pas observer les couples ⓒ et ⓓ. Le couple est visiblement rapide et on n'observe pas de palier de diffusion en oxydation. C'est donc un métal qui s'oxyde. La seule réponse possible est donc ⓐ.

23.8 a) Les seules espèces qui ne sont pas soumises au phénomène de diffusion sont le solvant (H_2O et H^+) et le métal constituant l'électrode. Dans la liste, seul Cu^{2+} peut être soumis au phénomène de diffusion.

23.8 b) Le courant de diffusion est lu au niveau du palier horizontal sur la courbe $i(E)$: $i_{\text{diff}} = -0{,}3\,\text{mA}$.

23.8 c) Si on dilue la solution d'un facteur 10, alors [réactif] est divisée par 10 donc i_{diff} également d'après la relation $i_{\text{diff}} = nKS[\text{réactif}]$.

23.9 a) Le courant est positif donc on a une oxydation. De plus, on a un palier de diffusion donc ce ne peut pas être l'oxydation du solvant. La réponse est $2\,Cl^- \rightarrow Cl_2 + 2\,e^-$.

23.9 b) L'autre oxydation possible est l'oxydation de l'eau, qui est le solvant. De plus, on n'observe pas de palier de diffusion. La réponse est $2\,H_2O \rightarrow O_2 + 4\,H^+ + 4\,e^-$.

23.10 b) La flèche $IO_3^- \longrightarrow I_2$ correspond à la réaction de réduction de IO_3^- en I_2. Cette réaction s'observe sur la partie cathodique de la courbe. En partant du potentiel à l'abandon $E_{\text{ab}} = E(IO_3^-/I_2) = 1{,}19\,\text{V}$, le courant cathodique devient non nul pour $E < 0{,}93\,\text{V}$. La partie de la courbe correspondant à la réduction de IO_3^- en I_2 est donc la partie ③.

23.10 c) La flèche $I_2 \longrightarrow IO_3^-$ correspond à la réaction d'oxydation de I_2 en IO_3^-. Cette réaction s'observe sur la partie anodique de la courbe. En partant du potentiel à l'abandon $E_{\text{ab}} = E(IO_3^-/I_2) = 1{,}19\,\text{V}$, le courant anodique devient non nul pour $E > 1{,}34\,\text{V}$. La partie de la courbe correspondant à l'oxydation de I_2 en IO_3^- est donc la partie ⑥.

23.10 d) Les paliers de diffusion s'observent sur les parties ② et ⑦.

23.10 e) D'après l'énoncé, on a $E = E^\circ$ pour le couple IO_3^-/I_2. Le surpotentiel (ou la surtension) anodique est égal à $1{,}34\,\text{V} - 1{,}19\,\text{V} = 0{,}15\,\text{V}$.

23.10 f) D'après l'énoncé, on a $E = E^\circ$ pour le couple IO_3^-/I_2. Le surpotentiel (ou la surtension) cathodique est égal à $0{,}93\,\text{V} - 1{,}19\,\text{V} = -0{,}26\,\text{V}$.

23.10 g) Ce sont les murs du solvant ou fronts du solvant. Les deux expressions sont couramment utilisées. Le solvant est ici l'eau.

Fiche n° 24. Phénomène de corrosion (MP)

Réponses

24.1 a) ⓑ

24.1 b) ⓑ

24.1 c) ⓐ

24.1 d) 60 mC

24.1 e) 20 µg

24.2 a) O_2/H_2O

24.2 b) ⓐ

24.2 c) ⓔ

24.2 d) 0,99 V

24.2 e) 0,36 V

24.3 a) ⓒ

24.3 b) 5×10^{-6} mol

24.3 c) ⓓ

24.3 d) 1,9 C

24.4 a) ⓑ

24.4 b) ⓑ

24.4 c) ⓒ

24.4 d) ⓑ,ⓓ

24.5 a) Zn

24.5 b) O_2

24.5 c) $2\,Zn + O_2 + 2\,H_2O = 2\,Zn^{2+} + 4\,HO^-$

24.5 d) ⓐ

24.5 e) ⓐ

24.6 a) $E^\circ_{Mg^{2+}/Mg} + 0{,}03\log\left(\dfrac{[Mg^{2+}]}{C^\circ}\right)$

24.6 b) −2,55 V

24.6 c) $E^\circ_{H^+/H_2} - 0{,}06\,\text{pH} - 0{,}03\log\dfrac{p_{H_2}}{p^\circ}$

24.6 d) −0,24 V

24.6 e) ⓐ

24.6 f) oui

24.7 a) Le zinc

24.7 b) ⓐ

24.7 c) ⓑ

24.7 d) Le fer

24.7 e) ⓓ

24.8 a) $Mg + 2\,H^+ = Mg^{2+} + H_2$

24.8 b) −1 V

24.8 c) $2n\mathcal{F}$

24.8 d) 7,8 C

24.8 e) 13 mA

24.9 a) 2

24.9 b) $-M_{Fe}\dfrac{d\xi}{dt}$

24.9 c) ⓓ

24.10 a) $\dfrac{2\mathcal{F}m_0}{i_{corr}M_{Cu}}$

24.10 b) ⓑ

24.10 c) non

Corrigés

24.1 a) Le courant circule de l'électrode de cuivre vers l'électrode de zinc. Les électrons sont donc produits au niveau de l'électrode de zinc et migrent vers l'électrode de cuivre pour y être consommés.

24.1 b) La cathode est donc l'électrode de cuivre, lieu de la réduction : on a $Cu^{2+} + 2\ e^- = Cu$.

24.1 c) Le sens du courant permet de comprendre que le zinc s'oxyde. Nous observerons la réaction suivante : $Zn = Zn^{2+} + 2\ e^-$.

24.1 d) D'après la définition du courant, on a $I = \dfrac{Q}{\tau}$ et donc $Q = I \times \tau = 100 \times 10^{-6}\,\text{A} \times 10 \times 60\,\text{s} = 60\,\text{mC}$.

24.1 e) La seule réaction se produisant est $Zn + Cu^{2+} = Zn^{2+} + Cu$.

Au cours de cette réaction, lorsque deux moles d'électrons sont échangées entre les deux couples rédox, une mole de zinc est consommée.
Durant le temps τ, $n = \dfrac{Q}{\mathcal{F}}$ moles d'électrons sont échangées. Donc la masse de zinc consommée est : $m = M_{\text{Zn}}\dfrac{Q}{2\mathcal{F}}$.
On trouve finalement : $m = 65{,}4\,\text{g} \cdot \text{mol}^{-1} \times \dfrac{60 \times 10^{-3}\,\text{C}}{2 \times 96\,500\,\text{C} \cdot \text{mol}^{-1}} = 20\,\mu\text{g}$.

24.2 a) Il s'agit d'une courbe à courant positif, donc d'une oxydation. Le couple à considérer est donc celui dans lequel l'eau est le réducteur, c'est-à-dire O_2/H_2O.

24.2 c) La demi-équation du couple s'écrit : $O_2 + H^+ + 4\,e^- = 2\,H_2O$. On en déduit :

$$E_{\text{N}} = E^\circ + \frac{0{,}06}{4}\log\frac{(p_{O_2}/p^\circ)\,([H^+]/c^\circ)^4}{1^2}.$$

24.2 d) Le calcul conduit à $E_{\text{N}} = 0{,}99\,\text{V}$.

24.2 e) On a $\eta_a = 1{,}35\,\text{V} - E_{\text{N},O_2/H_2O} = 0{,}36\,\text{V}$.

24.3 b) Dressons le tableau d'avancement pour la réaction d'oxydoréduction considérée :

	2 Fe +	O_2 +	4 H^+ =	2 Fe^{2+} +	2 H_2O
État initial	n_1	n_2	n_3	0	/
Après un temps τ	$n_1 - 2\xi$	$n_2 - \xi$	$n_3 - 4\xi$	2ξ	/

où n_1, n_2 et n_3 sont des quantités de matière à l'instant initial.
Au bout du temps τ, la masse restante de Fe est $m_1' = \dfrac{45}{100}m_1$.
À la lecture du tableau d'avancement, nous avons $n_1' = n_1 - 2\xi$, ce qui peut s'écrire sous la forme :

$$m_1' = M_{Fe}n_1' = M_{Fe}(n_1 - 2\xi) = m_1 - 2M_{Fe}\xi.$$

Nous obtenons ainsi : $2M_{Fe}\xi = \dfrac{100-45}{100}m_1$. Finalement $\xi = \dfrac{55}{200}\dfrac{m_1}{M_{Fe}} = \dfrac{55 \times 1 \times 10^{-3}\,\text{g}}{200 \times 55{,}8\,\text{g} \cdot \text{mol}^{-1}} = 5 \times 10^{-6}\,\text{mol}$.

24.3 c) On a $Fe = Fe^{2+} + 2\ e^-$. Au bout d'un temps τ, 2ξ moles de fer sont consommées. Il y a donc 4ξ moles d'électrons échangées.

24.3 d) D'après les questions précédentes, $Q = 4\xi\mathcal{N}_A e = 4\xi\mathcal{F} = 4 \times 5 \times 10^{-6}\,\text{mol} \times 96\,500\,\text{C}\cdot\text{mol}^{-1} = 1{,}9\,\text{C}$.

24.4 a) Il n'existe aucun domaine commun entre Al et H_2O, donc Al n'est jamais stable dans l'eau.

24.4 b) La passivation se fait toujours sous forme d'oxyde solide, les ions ne sont pas des espèces passivantes car ils ne peuvent pas rester accrochés en surface du métal et le protéger de la corrosion.

24.4 c) En milieu acide, l'espèce stable est l'ion Al^{3+}. L'aluminium passe en solution, la plaque va donc se dissoudre progressivement.

24.4 d) En milieu neutre ou légèrement basique, l'espèce stable est le solide Al_2O_3, qui peut rester accroché en surface et protéger la plaque : c'est la passivation. Une partie de l'aluminium est néanmoins consommée pour former l'oxyde.

24.5 a) Le zinc s'oxyde sous l'action du dioxygène. Il va donc se corroder.

24.5 b) Le dioxygène se réduit en HO^-.

24.5 c) La réaction de réduction du dioxygène s'écrit : $O_2 + 2\,H_2O + 4\,e^- = 4\,HO^-$.
La réaction d'oxydation du zinc s'écrit : $Zn = Zn^{2+} + 2\,e^-$.
La réaction d'oxydoréduction est donc : $2\,Zn + O_2 + 2\,H_2O = 2\,Zn^{2+} + 4\,HO^-$.

24.5 d) La production de HO^- assure une augmentation du pH.

24.6 a) Il y a deux électrons échangés, donc la loi de Nernst s'écrit $E_{Mg^{2+}/Mg} = E^\circ_{Mg^{2+}/Mg} + \dfrac{0{,}06}{2}\log\left(\dfrac{[Mg^{2+}]}{c^\circ}\right)$.

24.6 c) La loi de Nernst s'écrit :

$$E_{H^+/H_2} = E^\circ_{H^+/H_2} + \frac{0{,}06}{2}\log\frac{[H^+]^2/(c^\circ)^2}{p_{H_2}/p^\circ} = E^\circ_{H^+/H_2} - 0{,}06\,\text{pH} - 0{,}03\log\frac{p_{H_2}}{p^\circ}.$$

24.6 e) Le couple Mg^{2+}/Mg est rapide alors que le couple H^+/H_2 est lent, c'est donc sur la courbe de ce dernier que doit se retrouver le surpotentiel, ce qui élimine la proposition (b). L'intensité est toujours une fonction croissante du potentiel, ce qui élimine la proposition (c). Un courant d'oxydation (courant anodique) est toujours positif. Notons que, dans notre cas, le magnésium est oxydé ($E_{H^+/H_2} > E_{Mg^{2+}/Mg}$), ce qui élimine la proposition (d). Le bon diagramme est donc celui de la proposition (a).

24.6 f)

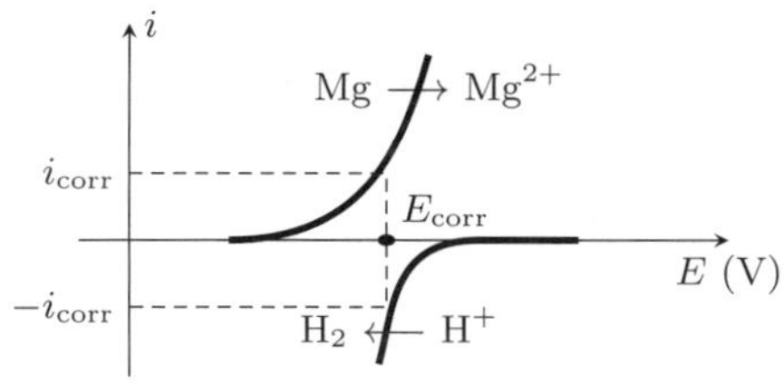

24.7 a) Le métal le plus facilement corrodable (c'est-à-dire susceptible d'être oxydé) d'un point de vue thermodynamique est le réducteur le plus fort, donc celui de potentiel standard le plus faible, soit ici le zinc.

24.7 b)

Dans cette question, les courbes à considérer sont d'une part $Zn \longrightarrow Zn^{2+}$ et d'autre part $H_2O \longrightarrow H_2$ sur Zn, les seules représentées en trait plein sur la figure ci-contre.

On lit graphiquement :

$$E_c \approx -0{,}85\,\text{V} \quad \text{et} \quad i_c \approx 2\,\text{mA}.$$

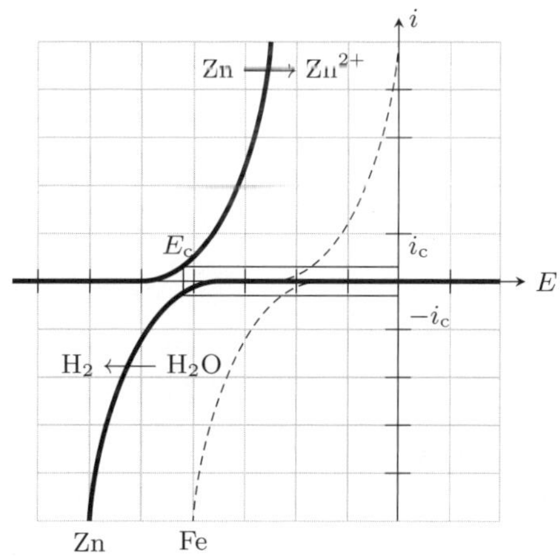

24.7 c)

Les courbes à considérer sont cette fois d'une part $Zn \longrightarrow Zn^{2+}$ et d'autre part $H_2O \longrightarrow H_2$ sur Fe, comme indiqué sur la figure ci-contre.

On lit graphiquement :

$$E_c \approx -0{,}65\,\text{V} \quad \text{et} \quad i_c \approx 18\,\text{mA}.$$

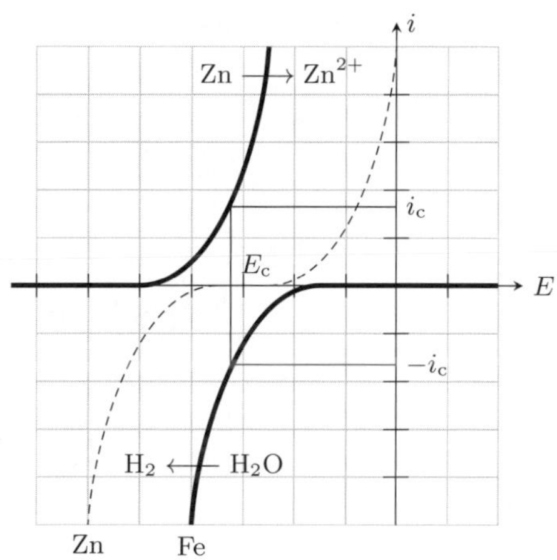

24.7 d) La réduction de l'eau est beaucoup plus rapide sur le fer, c'est donc là qu'elle a (majoritairement) lieu.

24.7 e) Les électrons sont libérés du côté zinc de la jonction, car c'est Zn qui est oxydé, et consommés du côté fer, car c'est là que H_2O est réduite. Ainsi, ils se déplacent globalement du zinc vers le fer.

24.8 b) Le potentiel pour lequel les courants sont égaux en valeur absolue est $E_c = -1\,V$.

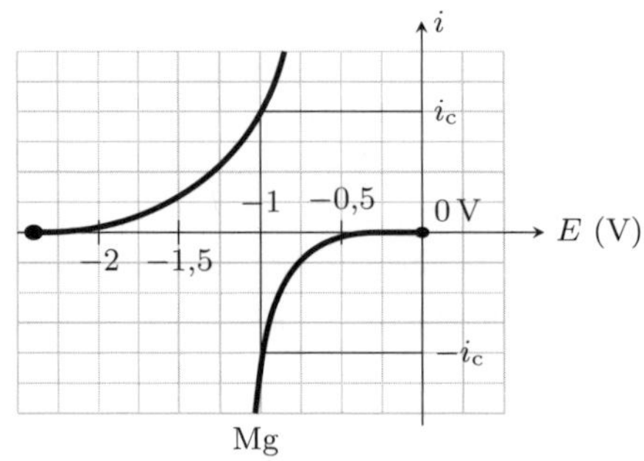

24.8 c) La demi-équation électronique s'écrit $2\,H^+ + 2\,e^- = H_2$, il faut donc échanger 2 moles d'électrons pour former 1 mole de dihydrogène. Ainsi, pour la formation de n moles de H_2, il faut $2n$ moles d'électrons, d'où une charge totale $2n\mathcal{F}$.

24.8 d) D'après l'équation d'état des gaz parfaits, la quantité de matière de dihydrogène formée est :

$$n = \frac{PV}{RT} = \frac{1 \times 10^5\,\text{Pa} \times 1 \times 10^{-6}\,\text{m}^3}{8{,}3\,\text{J}\cdot\text{mol}^{-1}\cdot\text{K}^{-1} \times 298\,\text{K}} = 4{,}0 \times 10^{-5}\,\text{mol}\,,$$

ce qui donne une charge échangée : $Q = 2n\mathcal{F} = 2 \times 4{,}0 \times 10^{-5}\,\text{mol} \times 9{,}65 \times 10^4\,\text{C}\cdot\text{mol}^{-1} = 7{,}8\,\text{C}$.

24.8 e) Nous obtenons : $i = \dfrac{Q}{\Delta t} = \dfrac{7{,}8\,\text{C}}{600\,\text{s}} = 13\,\text{mA}$.

24.9 a) Le nombre d'oxydation du fer sous sa forme réduite Fe est nul. Celui du fer sous sa forme d'oxyde $Fe(OH)_2$ est +II. Nous en déduisons : $\alpha = 2$.

24.9 b) Dressons le tableau d'avancement pour la réaction d'oxydoréduction considérée :

	Fe +	$\frac{1}{2}O_2$ +	H_2O =	$Fe(OH)_2$
État initial	n_1	n_2	/	0
À l'instant t	$n_1 - \xi$	$n_2 - \frac{\xi}{2}$	/	ξ

où n_1 et n_2 sont les quantités de matière à l'instant initial.

On a $n_1 = \dfrac{m_0}{M_{Fe}}$ et, à l'instant t, $n_1' = \dfrac{m(t)}{M_{Fe}} = n_1 - \xi$. On a donc $m(t) = M_{Fe}(n_1 - \xi) = m_0 - M_{Fe}\xi$. Ainsi,

$$\frac{\mathrm{d}m}{\mathrm{d}t} = -M_{Fe}\frac{\mathrm{d}\xi}{\mathrm{d}t}.$$

24.10 a) À l'aide de la définition du courant de corrosion, on a $\int_0^\tau \mathrm{d}t = \int_0^{\xi_f} \frac{2\mathcal{F}}{i_{\text{corr}}} \mathrm{d}\xi$, ce qui conduit à : $\tau = \frac{2\mathcal{F}}{i_{\text{corr}}}\xi_f$.
Au bout du temps τ, une masse m_0 de cuivre est consommée. On a donc $\xi_f = \frac{m_0}{M_{\text{Cu}}}$ et donc $\tau = \frac{2\mathcal{F}m_0}{i_{\text{corr}}M_{\text{Cu}}}$.

....

24.10 b) La masse de cuivre corrodé est $m_0 = \rho_{\text{Cu}}S(e_1 - e_2)$. Le temps τ vérifie :

$$\begin{aligned}\tau &= \frac{2\mathcal{F}}{i_{\text{corr}}M_{\text{Cu}}}\rho_{\text{Cu}}S(e_2 - e_1)\\ &= \frac{2 \times 96\,500\,\text{C} \cdot \text{mol}^{-1}}{65 \times 10^{-6}\,\text{A} \times 63{,}5\,\text{g} \cdot \text{mol}^{-1}} \times 8{,}96\,\text{g} \cdot \text{cm}^{-3} \times 2\,\text{cm}^2 \times (0{,}500\,\text{cm} - 0{,}498\,\text{cm})\\ &= 16{,}75 \times 10^5\,\text{s}.\end{aligned}$$

Le temps τ correspond donc à 19 jours et 10 heures.

....

24.10 c) On a $\tau = 1 \times 3\,600\,\text{s} + 45 \times 60\,\text{s} = 6\,300\,\text{s}$ et

$$\begin{aligned}\tau &= \frac{2\mathcal{F}}{i_{\text{corr}}M_{\text{Cu}}}m_0,\\ M_{\text{Cu}} &= \frac{2\mathcal{F}}{i_{\text{corr}}\tau}m_0,\\ M_{\text{Cu}} &= \frac{2 \times 96\,500\,\text{C} \cdot \text{mol}^{-1}}{55 \times 10^{-6}\,\text{A} \times 6\,300\,\text{s}} \times 0{,}1 \times 10^{-3}\,\text{g}\\ &= 55{,}8\,\text{g} \cdot \text{mol}^{-1} \neq 63{,}5\,\text{g} \cdot \text{mol}^{-1}.\end{aligned}$$

L'électrode n'est donc pas en cuivre.

....

Fiche n° 25. Piles et accumulateurs (MP)

Réponses

25.1 a) ⓑ et ⓓ

25.1 b) ⓐ

25.1 c) $Q = 0{,}52\,\mathrm{A \cdot h}$

25.2 a) $Q = I\Delta t$

25.2 b) ⓓ

25.2 c) $n_{\mathrm{Ag^+}} = n_{\mathrm{e}}$

25.2 d) $n_{\mathrm{Pb^{2+}}} = \dfrac{n_{\mathrm{e}}}{2}$

25.2 e) $[\mathrm{Ag^+}]_{\mathrm{f}} = 75{,}8\,\mathrm{mmol \cdot L^{-1}}$

25.2 f) $[\mathrm{Pb^{2+}}]_{\mathrm{f}} = 112\,\mathrm{mmol \cdot L^{-1}}$

25.3 a) $\mathrm{Zn^{2+} + 2\,e^- = Zn}$

25.3 b) $\mathrm{Ag^+ + e^- = Ag}$

25.3 c) $\mathrm{Zn + 2\,Ag^+ \longrightarrow Zn^{2+} + 2\,Ag}$

25.3 d) ⓐ et ⓓ

25.4 a) $E_{\mathrm{Zn}} = -0{,}79\,\mathrm{V}$

25.4 b) $E_{\mathrm{Cu}} = 0{,}32\,\mathrm{V}$

25.4 c) + : Cu et − : Zn

25.4 d) + (cathode) : Cu ; − (anode) : Zn

25.4 e) ⓒ et ⓓ

25.4 f) $U_{\mathrm{co}} = 1{,}11\,\mathrm{V}$

25.4 g) $\Delta_{\mathrm{r}}G = -2{,}12 \times 10^2\,\mathrm{kJ \cdot mol^{-1}}$

25.5 a) $K^\circ = \dfrac{a(\mathrm{Cu})_{\text{éq}} \times a(\mathrm{Zn^{2+}})_{\text{éq}}}{a(\mathrm{Zn})_{\text{éq}} \times a(\mathrm{Cu^{2+}})_{\text{éq}}}$

25.5 b) $K^\circ = \dfrac{[\mathrm{Zn^{2+}}]_{\text{éq}}}{[\mathrm{Cu^{2+}}]_{\text{éq}}}$

25.5 c) $E = E^\circ(\mathrm{Zn^{2+}/Zn}) + \dfrac{0{,}059}{2}\log\left(\dfrac{[\mathrm{Zn^{2+}}]}{C^\circ}\right)$

25.5 d) $E = E^\circ(\mathrm{Cu^{2+}/Cu}) + \dfrac{0{,}059}{2}\log\left(\dfrac{[\mathrm{Cu^{2+}}]}{C^\circ}\right)$

25.5 e) ⓐ et ⓓ

25.5 f) ⓐ

25.5 g) $K^\circ = 10^{37} > 1$

25.6 a) $\mathrm{Cu^{2+} + 2\,e^- = Cu}$

25.6 b) $\mathrm{Cu^{2+} + e^- = Cu^+}$

25.6 c) $\mathrm{Cu^+ + e^- = Cu}$

25.6 d) ⓐ

25.6 e) ⓐ

25.6 f) ⓑ

25.7 a) $\mathrm{2\,Cl^- \longrightarrow Cl_2 + 2\,e^-}$

25.7 b) $\mathrm{2\,H_2O + 2\,e^- \longrightarrow H_2 + 2\,HO^-}$

25.7 c) $\mathrm{2\,H_2O + 2\,Cl^- \longrightarrow Cl_2 + H_2 + 2\,HO^-}$

25.8 a) $2{,}16 \times 10^9\,\mathrm{C}$

25.8 b) $1{,}12 \times 10^4\,\mathrm{mol}$

25.8 c) $254\,\mathrm{m^3}$

25.8 d) $91{,}7\,\%$

25.9 a) $6{,}48 \times 10^9\,\mathrm{J}$

25.9 b) $2{,}78 \times 10^7\,\mathrm{J \cdot m^{-3}}$

25.10 a) $\mathrm{Au(CN)_2{}^- + e^- = Au + 2\,CN^-}$

25.10 b) ⓑ

25.10 c) ⓐ

25.10 d) .... $4\,HO^- = 2\,H_2O + O_2 + 4\,e^-$

25.10 e) .... $E(O_2\,/\,H_2O) = 0{,}39\,V$

25.10 f) .... ⓒ

25.10 g) .... ⓑ

25.11 a) .... ⓒ

25.11 b) .... ⓐ

25.12 a) .... ⓑ

25.12 b) .... ⓓ

25.12 c) . $4\,Ag^+ + 2\,H_2O \longrightarrow 4\,Ag + O_2 + 4\,H^+$

25.12 d) .... ⓑ

25.13 a) .... $Sn^{4+} + 2\,H_2O \longrightarrow Sn + O_2 + 4\,H^+$

25.13 b) .... ⓒ

25.13 c) .... ⓓ

25.13 d) .... ⓑ et ⓒ

Corrigés

25.1 a) Lorsque les valeurs maximales sont atteintes pour u et i, la loi d'Ohm donne : $I = \dfrac{U}{R} = \dfrac{0{,}40\,V}{15\,\Omega} = 27\,mA$.

25.1 b) La quantité d'électricité Q correspond à la charge électrique échangée entre les électrodes pendant la durée Δt. Pour une intensité constante $I = \dfrac{U}{R}$, il vient : $Q = I\Delta t = \dfrac{U\Delta t}{R}$.

25.1 c) On a $Q = \dfrac{0{,}40\,V \times 70 \times 10^3\,s}{15\,\Omega} = 1{,}9 \times 10^3\,C = 0{,}52\,A \cdot h$ puisque $1\,A \cdot h = 3\,600\,C$.

25.2 a) La quantité d'électricité Q correspond à la charge électrique échangée entre les électrodes pendant la durée Δt. Pour une intensité constante I, il vient : $Q = I\Delta t$.

25.2 b) Chaque électron porte, en valeur absolue, la charge e, d'où la charge électrique échangée : $Q = n_e \times \mathcal{N}_A \times e$. Il vient : $n_e = \dfrac{Q}{\mathcal{N}_A e}$ ou encore $n_e = \dfrac{Q}{\mathcal{F}}$ ou encore $n_e = \dfrac{I\Delta t}{\mathcal{F}}$.

25.2 c) D'après la demi-équation à la cathode : $n_{Ag^+} = n_e$.

25.2 d) D'après la demi-équation à l'anode : $n_{Pb^{2+}} = \dfrac{n_e}{2}$.

25.2 e) Dans le bécher (1), les ions argent sont consommés : $\left[Ag^+\right]_f = C_1 - \dfrac{n_{Ag^+}}{V_1}$, soit $\left[Ag^+\right]_f = C_1 - \dfrac{I\Delta t}{V_1\mathcal{F}}$. Il vient :

$$\left[Ag^+\right]_f = 0{,}100\,mol \cdot L^{-1} - \frac{65{,}0 \times 10^{-3}\,A \times 1{,}00 \times 3\,600\,s}{100{,}0 \times 10^{-3}\,L \times 96\,500\,C \cdot mol^{-1}} = 7{,}58 \times 10^{-2}\,mol \cdot L^{-1}.$$

25.2 f) Dans le bécher (2), les ions plomb sont formés : $\left[Pb^{2+}\right]_f = C_2 + \dfrac{n_{Pb^{2+}}}{V_2}$, soit $\left[Pb^{2+}\right]_f = C_2 + \dfrac{I\Delta t}{2V_2\mathcal{F}}$. Il vient :

$$\left[Pb^{2+}\right]_f = 0{,}100\,mol \cdot L^{-1} + \frac{65{,}0 \times 10^{-3}\,A \times 1{,}00 \times 3\,600\,s}{2 \times 100{,}0 \times 10^{-3}\,L \times 96\,500\,C \cdot mol^{-1}} = 1{,}12 \times 10^{-1}\,mol \cdot L^{-1}.$$

25.3 a) Dans le sens de la réduction : $Zn^{2+} + 2\,e^- = Zn$.

25.3 b) Dans le sens de la réduction : $Ag^+ + e^- = Ag$.

25.3 c) La première demi-équation fait intervenir deux électrons alors que la deuxième n'en fait intervenir qu'un : il faut multiplier cette dernière par deux, soit $2\,Ag^+ + 2\,e^- = 2\,Ag$. Il suffit ensuite de sommer les deux équations en prenant garde de placer les réactifs à gauche (Zn et Ag^+) pour tenir compte du sens de la réaction. En précisant les états physico-chimiques, cela donne : $Zn(s) + 2\,Ag^+(aq) \longrightarrow Zn^{2+}(aq) + 2\,Ag(s)$. Les électrons n'apparaissent pas dans l'équation de la réaction.

25.3 d) D'après l'équation précédente, le zinc est consommé alors que de l'argent est formé. C'est donc l'électrode de zinc qui s'amincit et celle d'argent qui s'épaissit.

25.4 a) On note E_{Zn} le potentiel de la demi-pile de zinc. Avec l'approximation $\dfrac{RT\ln(10)}{\mathcal{F}} \approx 0{,}059\,V$ à 25 °C, la loi de Nernst donne : $E_{Zn} = E^\circ(Zn^{2+}/Zn) + \dfrac{0{,}059}{2}\log\left(\dfrac{[Zn^{2+}]}{C^\circ}\right) = -0{,}76\,V + \dfrac{0{,}059\,V}{2}\log\left(\dfrac{0{,}1\,mol\cdot L^{-1}}{1\,mol\cdot L^{-1}}\right) = -0{,}79\,V$.

25.4 b) On note E_{Cu} le potentiel de la demi-pile de cuivre. Avec l'approximation $\dfrac{RT\ln(10)}{\mathcal{F}} \approx 0{,}059\,V$, la loi de Nernst donne : $E_{Cu} = E^\circ(Cu^{2+}/Cu) + \dfrac{0{,}059}{2}\log\left(\dfrac{[Cu^{2+}]}{C^\circ}\right) = 0{,}34\,V + \dfrac{0{,}059\,V}{2}\log\left(\dfrac{0{,}25\,mol\cdot L^{-1}}{1\,mol\cdot L^{-1}}\right) = 0{,}32\,V$.

25.4 c) On a $E_{Zn} = -0{,}79\,V$ et $E_{Cu} = 0{,}32\,V$ donc $E_{Zn} < E_{Cu}$. On en déduit que le pôle + est à droite (cuivre) et que le pôle − est à gauche (zinc).

25.4 d) Le pôle + est à droite (cuivre) et correspond à la cathode (siège de la réduction). Le pôle − est à gauche (zinc) et correspond à l'anode (siège de l'oxydation).

25.4 e) Dans les fils, les électrons se déplacent de l'électrode de zinc (anode) vers l'électrode de cuivre (cathode). Dans le pont salin, les cations (ions ammonium ${NH_4}^+$) se déplacent du compartiment de gauche (zinc) vers le compartiment de droite (cuivre) alors que les anions (ions nitrate ${NO_3}^-$) se déplacent du compartiment de droite (cuivre) vers le compartiment de gauche (zinc).

25.4 f) La tension à vide, choisie positive, est $U_{co} = E_{Cu} - E_{Zn} = 0{,}32\,V + 0{,}79\,V = 1{,}11\,V$.

25.4 g) On a $\Delta_r G = -eFU_{co} = -2FU_{co} = -2 \times 96\,500\,C\cdot mol^{-1} \times 1{,}11\,V = -2{,}1 \times 10^2\,kJ\cdot mol^{-1}$.

25.5 a) Par définition, on a $K^\circ = \dfrac{a(Cu)_{éq} \times a(Zn^{2+})_{éq}}{a(Zn)_{éq} \times a(Cu^{2+})_{éq}}$.

25.5 b) On a $K^\circ = \dfrac{a(Cu)_{éq} \times a(Zn^{2+})_{éq}}{a(Zn)_{éq} \times a(Cu^{2+})_{éq}}$, avec $a(Zn)_{éq} = a(Cu)_{éq} = 1$ (solide pur), $a(Zn^{2+})_{éq} = \dfrac{[Zn^{2+}]_{éq}}{C^\circ}$ et $a(Cu^{2+})_{éq} = \dfrac{[Cu^{2+}]_{éq}}{C^\circ}$ (solutés), où $C^\circ = 1\,mol\cdot L^{-1}$ est la concentration standard. Il vient : $K^\circ = \dfrac{[Zn^{2+}]_{éq}}{[Cu^{2+}]_{éq}}$.

25.5 c) D'après la relation de Nernst : $E = E^\circ(Zn^{2+}/Zn) + \dfrac{0{,}059}{2}\log\left(\dfrac{[Zn^{2+}]}{C^\circ}\right)$.

25.5 d) D'après la relation de Nernst : $E = E^\circ(\mathrm{Cu^{2+}/Cu}) + \dfrac{0{,}059}{2}\log\left(\dfrac{[\mathrm{Cu^{2+}}]}{C^\circ}\right)$.

25.5 e) On a :

$$E_{\text{éq}} = E^\circ(\mathrm{Zn^{2+}/Zn}) + \frac{0{,}059}{2}\log\left(\frac{[\mathrm{Zn^{2+}}]_{\text{éq}}}{C^\circ}\right) = E^\circ(\mathrm{Cu^{2+}/Cu}) + \frac{0{,}059}{2}\log\left(\frac{[\mathrm{Cu^{2+}}]_{\text{éq}}}{C^\circ}\right).$$

Donc, on a :

$$E^\circ(\mathrm{Cu^{2+}/Cu}) - E^\circ(\mathrm{Zn^{2+}/Zn}) = \frac{0{,}059}{2}\log\left(\frac{[\mathrm{Zn^{2+}}]_{\text{éq}}}{C^\circ}\right) - \frac{0,059}{2}\log\left(\frac{[\mathrm{Cu^{2+}}]_{\text{éq}}}{C^\circ}\right) = \frac{0{,}059}{2}\log\frac{[\mathrm{Zn^{2+}}]_{\text{éq}}}{[\mathrm{Cu^{2+}}]_{\text{éq}}}.$$

On peut également écrire cette égalité :

$$E^\circ(\mathrm{Zn^{2+}/Zn}) - E^\circ(\mathrm{Cu^{2+}/Cu}) = \frac{0{,}059}{2}\log\left(\frac{[\mathrm{Cu^{2+}}]_{\text{éq}}}{C^\circ}\right) - \frac{0{,}059}{2}\log\left(\frac{[\mathrm{Zn^{2+}}]_{\text{éq}}}{C^\circ}\right) = \frac{0{,}059}{2}\log\frac{[\mathrm{Cu^{2+}}]_{\text{éq}}}{[\mathrm{Zn^{2+}}]_{\text{éq}}}.$$

25.5 f) On a $E^\circ(\mathrm{Cu^{2+}/Cu}) - E^\circ(\mathrm{Zn^{2+}/Zn}) = \dfrac{0{,}059}{2}\log\dfrac{[\mathrm{Zn^{2+}}]_{\text{éq}}}{[\mathrm{Cu^{2+}}]_{\text{éq}}} = \dfrac{0{,}059}{2}\log K^\circ$. On en déduit :

$$K^\circ = 10^{\frac{2}{0{,}059}(E^\circ(\mathrm{Cu^{2+}/Cu}) - E^\circ(\mathrm{Zn^{2+}/Zn}))}.$$

25.5 g) On a $K^\circ = 10^{\frac{2}{0{,}059}(0{,}34+0{,}76)} = 10^{37}$.

La constante d'équilibre est supérieure à 1 donc la réaction est favorisée thermodynamiquement.

25.6 a) L'équation (1) est $\mathrm{Cu^{2+}} + 2\,\mathrm{e^-} = \mathrm{Cu}$.

25.6 b) L'équation (2) est $\mathrm{Cu^{2+}} + \mathrm{e^-} = \mathrm{Cu^+}$.

25.6 c) L'équation (3) est $\mathrm{Cu^+} + \mathrm{e^-} = \mathrm{Cu}$.

25.6 d) On a (1) = (2) + (3).

25.6 e) D'après la loi de Hess : (1) = (2) + (3), soit $\Delta_{1/2}G_1^\circ = \Delta_{1/2}G_2^\circ + \Delta_{1/2}G_3^\circ$.

25.6 f) Dans la relation précédente, on remplace $\Delta_{1/2}G^\circ$ par $-n \times \mathcal{F} \times E^\circ$, où n est le nombre d'électrons échangés pour chaque demi-équation. On obtient alors l'égalité suivante : $-2 \times \mathcal{F} \times E_1^\circ = -\mathcal{F} \times E_2^\circ - \mathcal{F} \times E_3^\circ$, soit $2E_1^\circ = E_2^\circ + E_3^\circ$, ou encore $E_3^\circ = 2E_1^\circ - E_2^\circ = 0{,}52\,\mathrm{V}$.

25.7 b) La nature fortement basique du milieu complexifie légèrement l'écriture de la réaction : le plus simple est alors de commencer par l'écrire en milieu acide, puis d'ajouter autant de $\mathrm{HO^-}$ que nécessaire à droite et à gauche pour faire disparaître les $\mathrm{H^+}$.

25.7 c) Il suffit de sommer les deux demi-équations précédentes. En précisant les états physico-chimiques, cela donne : $2\,\mathrm{H_2O}\,(\ell) + 2\,\mathrm{Cl^-(aq)} \longrightarrow \mathrm{Cl_2(g)} + \mathrm{H_2(g)} + 2\,\mathrm{HO^-(aq)}$.

25.8 a) On a $Q_{\text{éch}} = jS\Delta t = 6{,}00 \times 10^3\,\mathrm{A \cdot m^{-2}} \times 100\,\mathrm{m^2} \times 3\,600\,\mathrm{s} = 2{,}16 \times 10^9\,\mathrm{C}$.

25.8 b) D'après l'équation de réaction électrochimique, il faut deux moles d'électrons pour former une mole de dichlore. Autrement dit, une mole d'électrons échangés permet de former une demi-mole de dichlore. La charge utile à la réaction est par hypothèse égale à la charge échangée donc $n_{\mathrm{Cl_2}} = 0{,}5 \times \dfrac{Q_{\text{éch}}}{\mathcal{F}}$, avec $\mathcal{F}$ la charge portée, en valeur absolue, par une mole d'électrons (constante de Faraday). Il vient : $n_{\mathrm{Cl_2}} = 0{,}5 \times \dfrac{2{,}16 \times 10^9\,\mathrm{C}}{96\,500\,\mathrm{C \cdot mol^{-1}}} = 1{,}12 \times 10^4\,\mathrm{mol}$.

25.8 c) L'équation d'état des gaz parfaits donne :

$$V_{\mathrm{Cl_2}} = \frac{1{,}12 \times 10^4\,\mathrm{mol} \times 8{,}314\,\mathrm{J \cdot mol^{-1} \cdot K^{-1}} \times 273\,\mathrm{K}}{1{,}00 \times 10^5\,\mathrm{Pa}} = 254\,\mathrm{m^3}.$$

25.8 d) Le rendement faradique est le rapport entre la charge utile et la charge échangée, et donc également le rapport entre les quantités de matière réelle et maximale formées, et de même entre les volumes.

25.9 a) On a $\mathcal{E} = 3{,}00\,\mathrm{V} \times 6{,}00 \times 10^3\,\mathrm{A \cdot m^{-2}} \times 100\,\mathrm{m^2} \times 3\,600\,\mathrm{s} = 6{,}48 \times 10^9\,\mathrm{J}$.

25.9 b) En raisonnant sur une heure d'électrolyse, on trouve $\dfrac{6{,}48 \times 10^9\,\mathrm{J}}{233\,\mathrm{m^3}} = 2{,}78 \times 10^7\,\mathrm{J \cdot m^{-3}}$.

25.10 a) À la cathode, la réduction des ions aurocyanure mène à la production d'or et d'ions cyanure : on a donc $\mathrm{Au(CN)_2{}^-} + \mathrm{e^-} = \mathrm{Au} + 2\,\mathrm{CN^-}$. Il suffit de bien lire l'énoncé et d'équilibrer la demi-équation.

25.10 b) Les électrons sont « consommés » au niveau de l'électrode (1), là où ils permettent aux ions aurocyanure d'être réduits : les électrons se déplacent réellement de l'électrode (2) vers l'électrode (1).

25.10 c) Le sens conventionnel du courant est opposé au sens réel de déplacement des électrons donc, en tenant compte de l'orientation choisie pour I, on en déduit que $I < 0$. On retrouve bien le fait que, sur une courbe intensité-potentiel, le fonctionnement cathodique correspond à $I < 0$.

25.10 d) La demi-équation électronique de l'oxydation de l'eau est : $2\,\mathrm{H_2O} = 4\,\mathrm{H^+} + \mathrm{O_2} + 4\,\mathrm{e^-}$. Le pH étant ici fixé à 14, la demi-équation doit être équilibrée en milieu basique : $4\,\mathrm{HO^-} = 2\,\mathrm{H_2O} + \mathrm{O_2} + 4\,\mathrm{e^-}$.

25.10 e) Chaque potentiel standard est donné à pH $= 0$, donc il faut commencer par écrire la demi-équation associée au couple de l'eau à l'anode en milieu acide : $2\,\mathrm{H_2O} = 4\,\mathrm{H^+} + \mathrm{O_2} + 4\,\mathrm{e^-}$. Il vient :

$$E(\mathrm{O_2}\,/\,\mathrm{H_2O}) = E^\circ(\mathrm{O_2}\,/\,\mathrm{H_2O}) - 0{,}059\,\mathrm{pH} = 1{,}23\,\mathrm{V} - 0{,}059\,\mathrm{V} \times 14 = 0{,}40\,\mathrm{V}.$$

25.10 f) La tension minimale à imposer est la différence de potentiel entre celui du couple de l'eau en oxydation et celui du couple de l'or en réduction : $(0{,}40\,\mathrm{V} + 0{,}60\,\mathrm{V}) - (-0{,}60\,\mathrm{V}) = 1{,}60\,\mathrm{V}$.

25.10 g) Au-delà d'une certaine valeur, le solvant pourrait être réduit.

25.11 a) Il s'agit d'une courbe à courant négatif, donc de réduction. Pour le couple $\mathrm{H^+/H_2}$, le surpotentiel égal à $-0{,}30\,\mathrm{V}$ doit être ajouté au potentiel d'équilibre valant $-0{,}20\,\mathrm{V}$. Il y a donc un décalage de la courbe vers la gauche, par rapport au potentiel d'équilibre.

25.11 b) Initialement, seuls les cations sont présents dans la solution. Au cours de l'électrolyse, certains métaux au moins vont se déposer à la cathode, mais ils ne pourront alors pas s'oxyder. En revanche, compte tenu du potentiel de Nernst, l'oxydation de l'argent serait parfaitement envisageable... s'il y en avait. Le raisonnement serait le même pour les autres métaux.

....

25.12 a) Puisqu'il s'agit de l'anode, la réaction électrochimique est forcément une oxydation... or la seule oxydation possible ici est celle de l'eau en dioxygène.

....

25.12 b) Puisqu'il s'agit de la cathode, la réaction électrochimique est forcément une réduction, si bien qu'ici les quatre processus proposés sont théoriquement possibles et entrent en compétition. Celui qui a lieu en pratique est celui pour lequel la tension seuil d'électrolyse, c'est-à-dire la tension pour laquelle les réactions ont lieu avec un courant non nul, est la plus faible. On constate graphiquement qu'il s'agit ici de la réduction de Ag^+ en Ag.

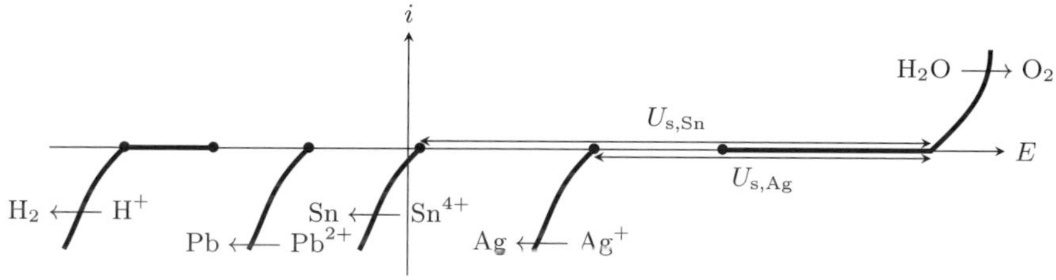

....

25.12 c) En précisant les états physico-chimiques : $4\,Ag^+(aq) + 2\,H_2O(\ell) \longrightarrow 4\,Ag(s) + O_2(g) + 4\,H^+(aq)$.

....

25.12 d) La réaction est observée si la tension appliquée est supérieure à la tension seuil discutée précédemment : $U_{s,Ag} = 1{,}05\,V + 0{,}70\,V - 0{,}6\,V = 1{,}15\,V$.

....

25.13 a) La réaction électrochimique qui doit forcément avoir lieu à la cathode est la réduction de Sn^{4+} pour que de l'étain métallique s'y dépose ; la réaction anodique n'est en revanche pas modifiée. En précisant les états physico-chimiques, cela donne : $Sn^{4+}(aq) + 2\,H_2O(\ell) \longrightarrow Sn(s) + O_2(g) + 4\,H^+(aq)$.

....

25.13 b) Comme discuté dans l'entraînement précédent, le dépôt d'argent se forme pour une tension plus faible que le dépôt d'étain : s'il reste des impuretés d'argent dans la solution, alors elles se déposeront avant l'étain et il faut donc les éliminer. En revanche, le plomb se dépose à la cathode pour une tension supérieure à l'étain, ces impuretés ne sont donc pas gênantes pour réaliser l'électrolyse.

....

25.13 c) La réaction est observée si la tension appliquée est supérieure à la tension seuil discutée précédemment : $U_{s,Sn} = 1{,}05\,V + 0{,}70\,V - 0{,}05\,V = 1{,}70\,V$.

....

25.13 d) La tension seuil est celle pour laquelle le courant est (quasi) nul, donc la vitesse de réaction aussi. Comme on peut le voir sur l'allure des courbes courant-potentiel, obtenir un courant plus élevé nécessite une tension plus élevée. À ce phénomène s'ajoute la chute ohmique, liée à la conductivité électrique imparfaite de la solution. En revanche, les réactions parasites affectent le rendement de l'électrolyse mais ne modifient pas la tension à imposer.

....

88087 - (I) - CRB 80° - PAF/LUM - PRU
Dépôt légal : avril 2025
Imprimé en Espagne par Unigraf S. L.